I0043661

Hermann. Rudolf Aubert

Physiologie der Netzhaut

Hermann. Rudolf Aubert

Physiologie der Netzhaut

ISBN/EAN: 9783741158681

Hergestellt in Europa, USA, Kanada, Australien, Japan

Cover: Foto ©Lupo / pixelio.de

Manufactured and distributed by brebook publishing software
(www.brebook.com)

Hermann. Rudolf Aubert

Physiologie der Netzhaut

PHYSIOLOGIE

DER

NETZHAUT.

VON

DR. HERMANN AUBERT,

PROFESSOR AN DER UNIVERSITÄT ZU BRESLAU.

Mit 67 Figuren in Holzschnitt

BRESLAU.

VERLAG VON E. MORGENSTERN.

(fr. Aug. Schulz & Co.)

1865.

VORREDE.

In der vorliegenden Schrift habe ich eine Darstellung der Empfindungen und Wahrnehmungen, welche unser Gesichtssinn vermittelt, zu
geben versucht.

Für die Darstellung von Thätigkeiten des Organismus, welche auf
der einen Seite in das Gebiet der Physik, auf der anderen Seite in das
Bereich der Psychologie hinübergreifen, ist die Gewinnung eines bestimmten Standpunktes erstes Erforderniss. Ich glaube meinen Standpunkt in der Einleitung scharf genug charakterisirt zu haben — ob er
der richtige ist, wird die Zukunft lehren; dass er für mich der allein
mögliche ist, wird man mir zugeben, nachdem ich den Gang meiner Entwickelung werde kurz angegeben haben.

Das Werk, welches die Richtung meines wissenschaftlichen Interesses
bestimmt hat, ist Immanuel Kant's Kritik der reinen Vernunft. Die Ueberzeugung, welche ich, damals noch auf der Schule, daraus gewann, dass
alle unsere Erkenntniss abhängig ist von den Funktionen, von der Construction unseres Verstandes und unserer Vernunft, erweckte in mir den
dunklen Trieb, zu erfahren, ob denn unsere Empfindungen in eben dieser
Weise abhängig seien von der Construction unserer Sinne. Das müsste,
fand ich, die Physiologie lehren, wie man sieht, fühlt, hört, was dabei
im Auge u. s. w. vor sich geht, es müsste sich daraus ergeben, ob sich
die Welt uns ganz anders darstellen würde, wenn unsere Sinnesorgane
anders fungirten — und so, eine Fakultät wählend, studirte ich Medicin.
Nächst Henle's Vorlesungen über Physiologie, waren es Johannes Müller's,
Ernst Heinrich Weber's, Volkmann's, Lotze's Werke, in welchen ich

das, was Kant für unsere geistigen Thätigkeiten nachgewiesen hat, auf
die Funktionen unserer Sinne angewendet fand. Man wird nicht leicht
zwei selbstständige Denker finden, welche auf verschiedenen Gobieten ein
und dasselbe Ziel in solcher Harmonie verfolgen, wie es Kant auf dem
Gebiete der Metaphysik, Müller in dem Gebiete der Physiologie der
Sinne gethan haben: die Funktionen der Seele werden uns von Kant
ebenso als specifische Energicen derselben dargestellt, wie die Thätigkeiten
unserer Sinnesorgane von Müller; die aprioristischen Vorstellungen, die
Kategoricen, die Ideen Kant's sind gerade so maassgebend für unsere
mögliche Erkenntniss, wie Müller's specifische Energicen der Nerven für
unsere möglichen Empfindungen und Wahrnehmungen; was existirt,
existirt nur insofern es gedacht werden kann nach Maassgabe der Construction unserer Seele, als es empfunden oder wahrgenommen werden kann
gemäss der Construction unserer Sinne. — Alle späteren Beobachtungen
und Erfahrungen, das Studium abweichender Lehren und Systeme hat
nur dazu beigetragen, mich auf dem Kant-Müller'schen Standpunkte zu
befestigen. Ich bin überzeugt, dass Kant mit Recht die Revolution,
welche er selbst in der Metaphysik hervorgebracht hat, vergleicht mit
der Revolution, welche von Copernicus in der Astronomie ausgegangen
ist — und dass dieselbe, von Johannes Müller in die Physiologie der
Sinne getragen, hier ebenso für unabsehbare Zeiten fortwirken wird, wie
das Copernicanische Sonnensystem in der Astronomie.

Wie ferner Kant die G r e n z e n unserer geistigen Erkenntnissmög-
lichkeit fixirt hat, so hat Ernst Heinrich Weber für die Sinne das Problem
klar und scharf ausgesprochen: wir hätten, gleichwie der Physiker die
Genauigkeit seiner Instrumente prüfe, die G r e n z e n unserer sinnlichen
Fähigkeiten zu bestimmen. Weber hat durch eigene Beobachtungen und
Messungen den Weg gezeigt, welcher hier einzuschlagen sei; meine Untersuchungen über das indirecte Sehen und über den Drucksinn der Haut
sind die Folge des Studiums der Weber'schen Arbeiten gewesen. In
vollem Umfange ist später diese Grenzregulirung unserer Sinnesthätigkeiten
von Fechner in seiner Psychophysik angestrebt worden. Fechner hat
nicht nur den detaillirten Plan zu einer Physik der Sinne und der Seele
entworfen, sondern theils das vorhandene Material sogleich in den Bau
eingefügt, theils durch eigene Versuche neues Material herbeigeschafft.
Soll ich das Verhältniss meiner eigenen Bemühungen zu Fechner's gross-
artigem Gebäude der Psychophysik charakterisiren, so glaube ich es mit
dem Behauen einzelner Bausteine, mit der Stützung einzelner Balken, mit
der Umlegung eines einzelnen nicht ganz sicheren Grundsteines vergleichen
zu können.

In der Lehre von der Unterschiedsempfindlichkeit habe ich diese letztere Procedur vorgenommen, indem ich neue Versuche über unsere Empfindlichkeit für Lichtdifferenzen angestellt habe, deren Resultate mit den meisten bisher vorliegenden Daten nicht in Uebereinstimmung sind. Fechner hat inzwischen (Berichte der math.-phys. Classe der Gesellschaft der Wissenschaften zu Leipzig, 1864, p. 1), ohne meine Versuchsresultate selbst zu beanstanden, die approximative Gültigkeit seines psychophysischen Grundgesetzes im Gebiete des Lichtsinnes aufrecht zu erhalten gesucht. Ueber einzelne Punkte in Fechner's Aufsatz werde ich mich anderswo eingehender auszusprechen haben — im Allgemeinen scheint mir die Angelegenheit so zu stehen: Bestätigt sich Fechner's Gesetz für alle anderen Sinnesgebiete, so wird der Lichtsinn eine Ausnahme machen, für die ein besonderer Grund ausfindig gemacht werden muss; aber auch wenn diese Abweichung des Lichtsinnes nicht erklärt werden kann, wird man, die Gültigkeit des Gesetzes in allen anderen Sinnesgebieten vorausgesetzt, das psychophysische Gesetz als Grundformel für die weiteren psychophysischen Entwickelungen bestehen zu lassen berechtigt sein. Ob sich aber sonst noch Ausnahmen von Fechner's psychophysischem Gesetze finden werden, das kann nur durch neue umfassendere Versuche festgestellt werden.

So giebt denn die vorliegende Schrift die Lehre von unsern Gesichtsempfindungen und Wahrnehmungen in möglichster Vollständigkeit, mit sorgfältiger Abwägung und bestimmter Begrenzung des psychischen Antheils und mit vorwiegender Berücksichtigung der durch Messung festzustellenden Grenzen, welche der Function unseres Sehorgans gesetzt sind.

Wenn ich auf messende Versuche so grossen Werth lege, so bedarf dies bei der ganzen jetzigen Richtung der Naturwissenschaften keiner Rechtfertigung — doch bemerke ich, dass es bei mir allerdings ziemlich lange gedauert hat, ehe ich zur Stellung bestimmter physiologischer Fragen, Fragen auf die das Experiment eine Antwort geben kann, gelangt bin. Oft habe ich mir Fragen gestellt und mit grossem Zeitaufwande verfolgt, die, wie ich später sah, längst beantwortet waren. Das geht gewiss vielen Beobachtern ebenso, aber keiner hat das so offen bekannt als Magendie: Dans les premiers temps de mes recherches physiologiques, il m'est arrivé souvent de faire à part moi une découverte, et quand, selon une habitude que je conserve encore, le travail étant fait, je consultais les auteurs, je trouvais ma découverte tout entière dans Haller. J'étais fort contrarié et j'ai pesté souvent contre ce maudit livre où l'on trouvait tout. Ich bekenne, dass es mir sogar in neuerer und neuester Zeit ebenso mit Helmholtz Physiologischer Optik gegangen ist.

Doch bin ich auf diesem Wege dahin gelangt, dass ich in der vorliegenden Schrift über nichts gesprochen habe, was ich nicht selbst gesehen und durchversucht habe. Die mitgetheilten Beobachtungen sind Resultate, welche sich sämmtlich an ein und demselben Versuchs-Individuum ergeben haben.

Ich habe es mir ferner zur Aufgabe gemacht, die Angaben Anderer nur nach vorhergegangener Einsicht in ihre Werke zu citiren, und wo ich ausser Stande war, die betreffenden Werke zu erlangen, das ausdrücklich zu bemerken. Eine vollständige Literaturangabe und historisch-kritische Würdigung jedes Autors halte ich bei der unendlich reichen Literatur des Gesichtssinnes für kaum ausführbar. Die Physiologie des Gesichtssinnes hat sich allmählig, nicht in Folge einer plötzlichen Revolution entwickelt und man kann daher von ihr sagen, was Macaulay von der Englischen Verfassung sagt: there never was a moment, at which the chief part of what existed was not old. Ich habe mich darauf beschränkt, denjenigen herauszufinden, welcher den ersten Gedanken gehabt, denjenigen, welcher die betreffende Frage in ihrer Tragweite und in ihrem ganzen Umfange zu erfassen gewusst hat, und diejenigen, welche vorzugsweise den Läuterungsprocess besorgt haben. Wer in einer Sache Recht hat und wer um dieselbe das meiste Verdienst hat, sind zwei sehr verschiedene Fragen — die Entscheidung der letzteren Frage hat die meisten Schwierigkeiten.

Ich bin so glücklich gewesen, von einem vortrefflichen Physiker, meinem hochverehrten Freunde Magnus so manchen guten Rath zu erhalten, und fühle mich verpflichtet, demselben öffentlich meinen aufrichtigen Dank dafür zu sagen.

In dem Bewusstsein eines redlichen und ernsten Strebens hege ich die Hoffnung und das Vertrauen, dass der sachkundige Leser bei strenger und gewissenhafter Prüfung meiner Untersuchungen sich vielfach in Uebereinstimmung mit mir finden, und wo das nicht der Fall ist, mir die Anerkennung nicht versagen werde, dass auch ich gestrebt habe zur Erkenntniss des Wahren beizutragen: Multi pertransibunt et augebitur Scientia.

Breslau, den 15. September 1861.

Hermann Aubert.

INHALTSVERZEICHNISS.

Einleitung: Physiologische Elemente des Sehens. S. 1—22.

Seite

§ 1. Begrenzung der Aufgabe 1
§ 2. Methode der Untersuchung 2
§ 3. Die Lichtempfindung oder der Lichtsinn 4
§ 4. Anatomisches Substrat der Lichtempfindung 5
§ 5. Der Farbensinn 7
§ 6. Der Raumsinn 7
§ 7. Gesichtsfeld und Orientirung 8
§ 8. Beziehungen des Gesichtsinnes zu anderen Sinnen 10
§ 9. Beziehungen unserer Wahrnehmungen auf Körper; psychischer Antheil 13
§ 10. Sinnlicher Antheil 14
§ 11. Bestimmung der Entfernung 17
§ 12. Harmonie in unsern Wahrnehmungen 18
§ 13. Anatomische Postulate 19
§ 14. Subjective Thätigkeit 19
§ 15. Consequenzen 21

Erster Abschnitt: Der Lichtsinn. S. 23—105.

§ 16. Bezeichnung der Aufgabe 23

Capitel 1: Adaptation der Netzhaut. S. 25—42.

§ 17. Herstellung eines finstern Zimmers 25
§ 18. Lichterscheinungen im Finstern 27
§ 19. Adaptation des Auges 28
§ 20. Lichtquelle bei den Versuchen 32
§ 21. Photometrische Beurtheilung derselben 33
§ 22. Adaptationscurven 35
§ 23. Adaptations-Grösse 34
§ 24. Adaptations-Geschwindigkeit 39
§ 25. Temperatur des eben sichtbaren Platindrahtes 40

Capitel II: Bestimmung des kleinsten, eben wahrnehmbaren Lichtreizes. S. 42—48.

§ 26. Bei kleinem Gesichtswinkel 42
» 27. Einfluss des Gesichtswinkels 43
» 28. Für das Gesammtgesichtsfeld 46

Capitel III: Bestimmung der Empfindlichkeit des Sehorgans für Lichtunterschiede. S. 49—82.

§ 29. Empfindlichkeit für Helligkeitsunterschiede 49
» 30. Sichtbarkeit der Sterne 50

A. Einfluss der absoluten Helligkeit auf die Wahrnehmbarkeit von Helligkeitsunterschieden. S. 52—82.

§ 31. Angaben der Beobachter 52
» 32. Schattenversuche mit Kerzenlicht 54
» 33. Mit Tageslicht. Verhältniss der absoluten Helligkeit zur Unterschiedsempfindlichkeit 57
» 34. Unterschiedsempfindlichkeit und absolute Helligkeit 61
» 35. Ungültigkeit des psychophysischen Gesetzes 63
» 36. Helligkeitsgrenzen in weissen Versuchen 66
» 37. Verhältniss zwischen Helligkeit und Unterschiedsempfindlichkeit . 68
» 38. Versuche mit der Masson'schen Scheibe 70
» 39. Verhältniss der Helligkeit von weissem und schwarzem Papier . 72
» 40. Neue Modification der Masson'schen Scheibe 74
» 41. Versuche damit 76
» 42. Maximum der Unterschiedsempfindlichkeit 77
» 43. Genauigkeit der Versuche 79

B. Einfluss der Grösse des Objects auf die Wahrnehmbarkeit von Helligkeitsunterschieden. S. 82—89.

§ 44. Versuche mit den Jaeger'schen Tafeln 82
» 45. Versuche mit der Masson'schen Scheiben 85
» 46. Bedingungen für die Wahrnehmbarkeit der Objects 88

Capitel IV: Der Lichtsinn in den verschiedenen Regionen der Netzhaut. S. 89—95.

§ 47. Helligkeitsverhältnisse auf der Peripherie der Netzhaut 89
» 48. Verhältniss der Lichtempfindlichkeit von Centrum und Peripherie 92
» 49. Unterschiedsempfindlichkeit daselbst 95

Capitel V: Zeitliche Verhältnisse beim Lichtsinne. S. 96—106.

§ 50. Nachdauer eines Lichteindruckes 96
» 51. Aufhören der Empfindung bei Fortdauer eines Lichtreizes . . . 97
» 52. Verhältniss zwischen Centrum und Peripherie der Netzhaut . . 98
» 53. Abnahme der Empfindungsintensität 103

Zweiter Abschnitt: Der Farbensinn. S. 106—188.

§ 54. Aufgaben und Nomenclatur 106

Capitel I: Einfluss des Gesichtswinkels auf die Wahrnehmbarkeit der
Farben. S. 108—124.

§ 55. Einfluss des Gesichtswinkels beim directen Sehen (cf. p. 868 Anm.) 108

» 56. Einfluss des Gesichtswinkels beim indirecten Sehen 116

« 57. Abnahme der Farbenempfindlichkeit nach der Peripherie der
Netzhaut hin 120

» 58. Vergleich der Farbenempfindlichkeit beim directen und indirecten
Sehen 123

Capitel II: Abhängigkeit der Farbenempfindung von der Farbenintensität. S. 124—132.

§ 59. Farben der Sterne 124

« 60. Beobachtungen an Pigmenten 125

» 61. Vernachsamanalen 126

» 62. Verhältniss zwischen Gesichtswinkel und Farbenintensität . . . 129

Capitel III: Grenzen der Empfindlichkeit für Farbennüancen, Farbentöne und Farbenintensitäten. S. 132—154.

§ 63. Aufgaben 132

» 64. Methode der Untersuchung 133

» 65. Qualität der Farbennüancen 135

» 66. Untere Grenze der Wahrnehmbarkeit von Farbennüancen . . . 139

» 67. Zuverlässigkeit der Methode 141

» 68. Einfluss der Helligkeit auf die Empfindlichkeit für Farbennüancen 143

» 69. Empfindlichkeit für Unterschiede von Farbennüancen 144

» 70. Empfindlichkeit für Farbenintensitäten 146

» 71. Empfindlichkeit für Farbennüancen 147

» 72. Empfindlichkeit für Unterschiede von Farbenintensitäten . . . 149

» 73. Empfindlichkeit für Farbentöne 150

» 74. Intensitäten der Farbentöne 152

» 75. Verhältniss von Farbentönen zu Farbennüancen und Farbenintensitäten 153

Capitel IV: Vernichtung der Farbenempfindung durch Mischung von
Farben. S. 154—177.

§ 76. Methoden der Farbenmischung 154

» 77. Maxwell's Farbenkreisel 159

» 78. Vergleich der Pigmente mit homogenen Farben 161

» 79. Mischungen homogener Farben (Helmholtz) 162

» 80. Farbengleichungen 165

» 81. Maxwell's Farbengleichungen 167

» 82. Helligkeit der Mischung 169

» 83. Construction einer Farbentafel für die Gleichungen 170

» 84. Bedeutung derselben 172

» 85. Grenze ihrer Gültigkeit 176

» 86. Einfluss der Beleuchtung 177

Seite

Capitel V: Hypothesen von der Farbenempfindung. S. 177—186.

§ 87. Young's Hypothese 177
» 88. Gründe für und gegen dieselbe. — Farbenblindheit — Vergleich
        mit den übrigen Sinnen 179
» 89. Bedeutung der Farbenempfindungen 186

Dritter Abschnitt: Der Raum- und Ortssinn. S. 187—279.

§ 90. Aufgaben 187

Capitel I: Wahrnehmbarkeit kleinster Punkte. S. 189—209.

§ 91. Netzhautbild kleinster Punkte 189
» 92. Wahrnehmbarkeit der Netzhautbilder 191
» 93. Angaben anderer Beobachter 193
» 94. Schwarze und weisse Objecte, Punkte und Linien, Kernbild und
        Halbbild 195
» 95. Annähernde Bestimmung eines physiologischen Punktes . . 198
» 96. Einfluss der Helligkeit 204
» 97. Physiologische Punkte und anatomische Elemente 207

Capitel II: Die Wahrnehmbarkeit distincter Punkte. S. 209—235.

§ 98. Angaben anderer Beobachter 209
» 99. Volkmann's neue Untersuchungen 211
» 100. Eigene Bestimmungen nach Volkmann's Methode 214
» 101. Irradiation von Schwarz und Weiss 217
» 102. Die kleinsten wahrnehmbaren Distanzen der Netzhautbilder . 221
» 103. Berechnung der kleinsten Werthe 226
» 104. Empfindungskreise, physiologische Punkte und anatomische Ele-
        mente der Netzhaut 227
» 105. Unterscheidbarkeit von Linien und Punkten 229
» 106. Einfluss der absoluten Helligkeit auf die Wahrnehmbarkeit von
        Distanzen 230
» 107. Doppelsterne und Irradiationsverhältnisse 233
» 108. Wahrnehmbarkeit von Formen 234

Capitel III: Die räumliche Wahrnehmung beim indirecten Sehen.
S. 235—253.

§ 109. Angaben anderer Beobachter 235
» 110. Bestimmungen bei momentaner Beleuchtung 237
» 111. Einfluss der Distanz 240
» 112. Das indirecte Sehen in verschiedenen Meridianen der Netzhaut 244
» 113. Verhältniss zwischen Gesichtswinkel und Raumwinkel . . 246
» 114. Empfindungskreise auf der Peripherie der Netzhaut . . . 249
» 115. Die Empfindungskreise als Grössenmaassstab 251

Capitel IV: Ausdehnung und Continuität des Gesichtsfeldes. S. 253—269.

§ 116. Ausdehnung des Gesichtsfeldes 253
» 117. Der Mariotte'sche blinde Fleck — Continuität 255

* *Capitel V*: Der Ortsinn. S. 259—279.

§ 118. Orientirung im Gesichtsfelde — Schätzung von Distanzen und
Richtungen im Gesichtsfelde 259
» 119. Täuschungen bei der Schätzung von Distanzen — Erklärungs-
versuche — Grösse der Mondscheibe 264
» 120. Täuschungen bei der Schätzung von Richtungen (ZÖLLNER) . . 269
» 121. Von dem sogenannten Vorkehrtsehen 273
» 122. Beziehungen zwischen Netzhaut und Haut — unrichtige Lokalisa-
tion 274

Vierter Abschnitt: Das binoculare und stereoskopische Sehen. S. 280—331.

§ 123. Aufgaben 280

Capitel I: Die Lichtempfindung beim binocularen Sehen. S. 281—293.

§ 124. Angaben anderer Beobachter — FECHNER's paradoxer Versuch 281
» 125. Eigene Messungen — Episkotister 284
» 126. Einfluss der absoluten Helligkeit 288
» 127. Erklärung des paradoxen Versuches 290
» 128. Versuche mit Doppelbildern 292

Capitel II: Farbenempfindung beim binocularen Sehen. S. 293—305.

§ 129. Photometrische Bestimmung farbiger Gläser (DOVE) 293
» 130. Binoculare Farbenmischung — Minimumpunkt und Nullpunkt . 294
» 131. Wettstreit der Gesichtsfelder 298
» 132. Räumlicher Wettstreit im Gesichtsfelde 300
» 133. Empfindung des Glanzes — monoculärer und binoculärer Glanz 302

Capitel III: Das binoculare Einfachsehen. S. 305—312.

§ 134. Versuche, das binoculare Einfachsehen zu erklären 305
» 135. Correspondirende Punkte und identische Punkte — Horopter 308
» 136. Physiologische Bedeutung des Horopters 311

Capitel IV: Das stereoskopische Sehen. S. 312—326.

§ 137. Bedingungen für das Sehen von Körpern 312
» 138. Das stereoskopische Sehen mit zwei Augen 313
» 139. Identische Stellen und stereoskopisches Sehen — stereoidentische
Punkte 318
» 140. WHEATSTONE's Versuch 321
» 141. Stereoskopisches Sehen mit einem Auge 323
» 142. Einfluss der Augenbewegungen und der Vorstellung 325

Capitel V: Entfernung und Grösse. S. 326—331.

§ 143. Nomenclatur 326
» 144. Mittel zur Schätzung der Entfernung 328
» 145. Wahrnehmung der Grösse 330

Seite

Fünfter Abschnitt: Das subjective Sehen. S. 332—390.

§ 146. Aufgaben 332

Capitel I: Die permanente Lichtempfindung. S. 333—337.

§ 147. Formen der Lichterscheinungen im objectiv lichtlosen Raume —
Phantastische Erscheinungen 333

Capitel II: Die Lichtempfindung in Folge von Druck und Electricität.
S. 337—346.

§ 148. Die Lichtempfindung in Folge von beschränktem momentanem
Druck — Accommodationsphosphen 337

» 149. Lichtempfindung in Folge andauernden Druckes auf den ganzen
Augapfel — Chorioidalgefässe — Centralarterie . . . . » 340

» 150. Lichtempfindung in Folge electrischer und galvanischer Reizung 343

Capitel III: Die Nachbilder und der Contrast. S. 347—390.

§ 151. Nomenclatur. 347
» 152. Dauer und Intensität des primären Lichteindruckes 348
» 153. Für Farben und verschiedene Helligkeiten 352
» 154. Die positiven Nachbilder 353
» 155. Farben der positiven Nachbilder 358
» 156. Verhältnisse complementärer Nachbilder zur primären Erregung 361
» 157. Die negativen, complementären Nachbilder 364
» 158. Verhältniss der negativen Nachbilder zum primären Eindruck . 367
» 159. Das Abklingen der Nachbilder (Blendungsbilder) 370
» 160. Oscillationen der Nachbilder 373
» 161. Die Nachbilder auf der Peripherie der Netzhaut 375
» 162. Die Fechner'schen subjectiven Farben 377
» 163. Contrast und Induction — Helligkeiten — farbige Schatten —
Spiegelversuch — zeitlicher Fensterversuch 380
» 164. Theorien der Nachbilder und des Contrastes 386

Schluss: Verhältniss der Physiologie der Netzhaut zur Anatomie derselben. S. 390—394.

§ 165. Purkinje's Aderfigur — Heinrich Müller's Schlüsse auf die
empfindende Schicht der Netzhaut — Young's Fasern . . . 390

EINLEITUNG.

Physiologische Elemente des Sehens.

§ 1. Die Funktionen unseres Körpers lassen sich zu einem grossen Theile auf rein physikalische Vorgänge zurückführen, welche mit unsern physikalischen Gesetzen vollkommene Harmonie zeigen; aber unser Organismus bietet auch eine grosse Menge von Thätigkeiten dar, welche gänzlich ausserhalb des Bereiches der Physik stehen, mit physikalischen Vorgängen nicht verglichen, auf physikalische Sätze nicht zurückgeführt werden können. Zu diesen Thätigkeiten gehört namentlich das ganze Gebiet des eigentlichen Empfindens. Denn wenn auch unsere Empfindungs- oder Sinnesorgane mit Einrichtungen und Apparaten versehen sind, welche nach physikalischen Gesetzen wirken; wenn ferner auch während des Empfindens in unsern Nerven physikalische und chemische Veränderungen ablaufen: so bleibt das Empfinden selbst doch immer ein Vorgang *sui generis*, dessen Erkenntniss und Untersuchung recht eigentlich die Aufgabe der Physiologie ist. In der Untersuchung des Gesichtssinnes tritt die angedeutete Theilung der Aufgabe am klarsten und schärfsten hervor. So weit das Sehen von den Brechungsverhältnissen der Augenmedien bedingt ist, so weit es auf Bewegungen unserer Augäpfel beruht, ist die Untersuchung desselben eine Aufgabe für die angewandte Physik, und kann nur mit physikalischen Mitteln gelöst, nur auf physikalische Gesetze und Prinzipien zurückgeführt, nur als physikalischer Vorgang begriffen werden. Die Empfindung des Lichtes und der Farben ist aber ein Vorgang, der nicht mehr in das Gebiet der Physik gehört. Was in dem Nerven vorgeht, wenn er Roth oder Blau empfindet, ist uns jetzt noch gänzlich unbekannt, und wenn wir auch wirklich einst erführen, dass ein bestimmter electrischer, chemischer, überhaupt physikalischer Process in den Nerven während des Empfindens von Roth oder Weiss abläuft; so würde damit das Empfinden selbst immer noch nicht erklärt sein. Denn eine physikalische Erklärung des Empfindens von Licht würde nachzuweisen haben, dass aus der Form und Mischung des anato-

1

mischen Substrates und aus der durch die Lichtwellen darin hervorgebrachten Veränderung die Empfindung von Weiss, Roth u. s. w. mit Nothwendigkeit resultiren müsse.

Vom physiologischen Standpunkte aus haben wir einen derartigen Nachweis nicht zu führen; wir fassen die Empfindungen unseres Gesichtssinnes als eine specifische Thätigkeit unseres Sehorganes auf und analysiren dieselben oder zerlegen sie in ihre Componenten. Da die Empfindungen erst entstehen, nachdem das Licht einen bestimmten Weg durch den lichtbrechenden Apparat des Auges genommen hat, so werden wir die Leistungen des Sehapparates von denen des Sehorganes abzugrenzen haben. Unter Sehorgan verstehe ich aber die Netzhaut und die mit ihr in Zusammenhang stehenden nervösen Bildungen (tractus opticus), welche der Empfindung dienen. Da ferner das Sehen vielfach mit rein psychischen Thätigkeiten verbunden ist, so werden wir auch eine Grenzlinie zwischen dem Empfinden und dem Auslegen des Empfundenen zu ziehen haben. Die „Physiologie der Netzhaut" wird demnach die Aufgabe haben: zu untersuchen, was die Netzhaut (und ihre Fortsetzung bis zum Centralorgan) beim Sehacte leistet, ihre Leistungen gegen die physikalischen und psychischen Vorgänge zu begrenzen, und dieselben in ihre Elemente zu zerlegen.

Ein Lichtstrahl wird also zunächst durch die brechenden Medien, dann von der Netzhaut in anderer Form weiter geleitet, in Empfindung umgesetzt, und gelangt als solche zum Bewusstsein. Wie wir aber im Allgemeinen die Funktionen unseres Körpers an einzelne Organe von besonderer anatomischer Bildung gebunden sehen, so werden wir die einzelnen durch Analyse gefundenen Elemente einer Funktion auch bestimmten, anatomisch gesonderten Elementartheilen der Organe zuzuschreiben suchen und es wird eine weitere Aufgabe der Physiologie des Sehorganes sein, zu untersuchen, an welches anatomische Substrat die Funktionen desselben gebunden sind.

§. 2. Die Methode der Untersuchung besteht darin, dass wir die zu unserm Bewusstsein kommenden Gesichtserscheinungen als physiologischen Vorgang auffassen, die äusseren und inneren Bedingungen für das Zustandekommen desselben aufsuchen, und prüfen, wie sich die Erscheinungen durch Variation der Bedingungen verändern. Die Variation der in einer Beobachtung gegebenen Bedingungen ist das Experiment.

Die Auffassung einer Gesichtserscheinung als physiologischer Vorgang ist schwierig, weil uns das Leben fortwährend nöthigt, unsere Wahrnehmungen als Basis für unsere Handlungen zu verwerthen, wobei uns die Erscheinung an sich und die Bedingungen ihres Zustandekommens nicht weiter interessiren. Wenn wir z. B. ein Object nicht deutlich sehen können, so nähern wir uns demselben, bis es uns deutlich erscheint — aber wir kümmern uns nicht weiter darum, welche Bedingungen bezüglich des Sehactes wir bei dieser Procedur variirt haben. Damit aus einer Wahrnehmung eine Beobachtung werde, sind vielfache Abstractionen und eine besondere Richtung unserer geistigen Thätigkeit erforderlich, welche unsere Wahrnehmungen nicht für unsere äussere Lebensthätigkeit zu benutzen, sondern als Vorgänge in unserm Organismus aufzufassen sucht. Haben wir diese Fähigkeit erworben, so sind die Bedingungen des beobachteten Vorganges zu suchen. Das Aufsuchen und Feststellen der Bedingungen für eine Gesichtserscheinung muss sich sowohl auf die Aussenwelt, als auch auf unser Sehorgan erstrecken. Sofern die äusseren Bedingungen festzustellen sind, haben die Gesichtserscheinungen dieselbe Untersuchungsmethode zu beanspruchen, wie alle Vorgänge, welche Gegenstand der Beobachtung und des Experimentes werden; insofern aber die Bedingungen durch unser eignes Sehorgan gesetzt werden und für dieses festzustellen sind, d. h. insofern unser Sehorgan Object der Beobachtung und Untersuchung wird, tritt die **Selbstbeobachtung** als besondere Methode hinzu.

Die Physiologie des Sehorgans hat es fast durchweg mit Selbstbeobachtung zu thun; denn wenn wir auch die äussern Vorgänge benutzen und variiren, so thun wir es doch nur zu dem Zwecke, dadurch Empfindungsvorgänge zu bewirken, und diese zu beobachten und zu untersuchen. Die Empfindungsvorgänge fassen wir dann als **Leistungen unserer Organe** auf, und suchen dieselben in ähnlicher Weise zu bestimmen, wie der Physiker die Leistungen seiner Instrumente bestimmt.

Die Leistungen eines Organes können qualitativ und quantitativ verschieden sein; streng genommen sind alle Empfindungen unseres Sehorgans nur qualitativ verschieden, indem können wir theils mit Bezug auf die äussere Ursache, theils in Rücksicht auf Unvergleichbarkeit vieler Empfindungen unter einander qualitative und quantitative Verschiedenheiten der Empfindung statuiren. Gemischtes und homogenes Licht sind objectiv verschieden; die Empfindung weissen Lichtes ist mit der Empfindung farbigen Lichtes nicht in der Weise vergleichbar, wie es die mehr oder weniger lebhaften Empfindungen weissen Lichtes sind. Wir unterscheiden daher die Qualität und die Intensität der Empfindung, und finden innerhalb ein und derselben Qualität der Empfindung verschiedene Intensitäten derselben, aber nicht umgekehrt.

Die Intensität einer Empfindung lässt sich, insofern sie auf quantitativ verschiedene Verhältnisse ausser uns bezogen wird, messen. Wir nennen die Ursache einer Empfindung einen Reiz und suchen das Verhältniss zwischen der Grösse des Reizes und der Intensität der Empfindung. Wir können aber die Intensität der Empfindung nicht direct nach der Grösse des Reizes messen, sondern nur auf Umwegen. Denn wir haben keinen Maassstab und keine Maasseinheit für die Intensität unserer Empfindungen, sondern können nur den Punkt bestimmen, wo eine Empfindung eben aufhört gleich Null zu sein und den Punkt, wo zwei Empfindungen eben aufhören, einander gleich zu sein. Die Bestimmung dieser beiden Punkte in allen möglichen Beziehungen bildet die Basis für die

Lehre, welche Fechner unter dem Namen „*Psychophysik*" begründet hat, deren Aufgabe eben die Auffindung gesetzlicher Beziehungen zwischen Empfindung und Reiz ist. Da wir nun die Grösse des Reizes unter Umständen quantitativ bestimmen, d. h. messen können, so wird die Methode der Untersuchung unseres Sehorgans darauf beruhen, dass wir Reize herstellen und messen, welche eine eben merkliche Empfindung oder einen eben merklichen Unterschied von Empfindungen bewirken.

Es ist einleuchtend, dass die Angabe des Punktes, wo eine Empfindung eben merklich wird, abhängig ist von der Genauigkeit, mit der wir den Reiz messen und von der Präcision, womit uns die Empfindung zum Bewusstsein kommt. Die Messung des Reizes ist Sache der Technik — das Sichbewusstwerden einer Empfindung hängt ausser von dem Zustande des Empfindungsorganes auch von rein psychischen Thätigkeiten, Aufmerksamkeit, Urtheil u. s. w. ab. Um diese Zufälligkeiten bei der Bestimmung des Gränzpunktes, wo ein Reiz eben empfunden wird, auszuschliessen, hat Fechner sich des Verfahrens bedient, eine grosse Menge von Einzelbestimmungen zu machen und aus ihnen das Mittel zu ziehen. Man bestimmt also z. B. in 100 oder 1000 unter einander möglichst gleichen Beobachtungen, ob man eben noch etwas sieht oder nicht, und vergleicht die Summe der Fälle, in denen man nichts gesehen hat, mit der Summe der Fälle, in denen man etwas gesehen hat oder in denen man zweifelhaft geblieben ist. Diese Methode — die Methode der richtigen und falschen Fälle — wird also das Resultat geben, wie oft man etwas gesehen hat, und wie oft man nichts gesehen hat, wo wirklich etwas zu sehen war, und umgekehrt, wie oft man etwas gesehen hat, wo nichts zu sehen war; sie lehrt also, wie gross der Gränzdistrict zwischen der Merklichkeit und Unmerklichkeit ist, und führt weiter zu dem etwas wunderlichen Schlusse, dass wir nicht unmittelbar wahrnehmen, sondern erst ausrechnen müssen, ob wir etwas sehen oder nicht. Wir werden im dritten Capitel des zweiten Abschnittes § 67 auf diese Methode zurückkommen.

Im Folgenden haben wir zunächst die Componenten zu suchen, aus denen sich unser Sehen zusammensetzt. Wir schliessen dabei, wie gesagt, die physikalischen Vorgänge der Brechung des Lichtes, bevor es zur Netzhaut gelangt, aus, und betrachten nur die Thätigkeit des eigentlichen Sehorgans oder der Netzhaut im weiteren Sinne.

§ 3. Die allgemeinste Thätigkeit unserer Netzhaut ist die **Empfindung des Lichtes**: wir wissen von keiner Thätigkeit derselben, wenn nicht eine Lichtempfindung mit ihr verbunden ist. Auf alle Einwirkungen von aussen her reagirt das Sehorgan mit Lichtempfindung oder gar nicht, mögen die Bewegungen des Lichtäthers, oder ein Druck, oder ein elektrischer Strom u. s. w. auf die Netzhaut einwirken. Unser Sehorgan hat aber Lichtempfindung, ohne dass von aussen her eine Einwirkung stattfindet: die Empfindung der tiefsten Dunkelheit ist auch eine Lichtempfindung, denn unser Gesichtsfeld ist selbst in der grössten Finsterniss niemals ganz lichtlos und schwarz, sondern hat ausser den

meist vorhandenen einzelnen Lichtfünkchen auch eine graue Nüance, welche
eben der Ausdruck einer Lichtempfindung ist. Aber selbst wenn jener Licht-
staub und die graue Nüance des dunkeln Gesichtsfeldes fehlten, würden wir die
Empfindung eines absoluten Schwarz immer noch als eine Lichtempfindung
bezeichnen müssen; denn sie ist nicht Nichts, sondern jedenfalls eine Empfindung, und zwar eine Empfindung, die sich mit irgend welchen andern Empfindungen durchaus nicht vergleichen lässt, als eben nur mit den schwächsten
Lichtempfindungen von denen sie nur dem Grade nach verschieden ist. — Mag
also eine Lichtempfindung von aussen her erregt werden, oder nur die innere
subjective Lichtproduction stattfinden; zu aller Zeit wird, so weit unser Bewusstsein und unsere Erfahrung reicht, ununterbrochen Lichtempfindung vorhanden sein, und nur wenn unser Bewusstsein aufhört, erfahren wir nichts
mehr von dieser allgemeinen Thätigkeit unseres Sehorgans.

Wie alle Empfindungen kommt die Lichtempfindung nur zum Bewusstsein,
wenn Differenzen nach Raum oder Zeit in derselben entstehen. Wir haben niemals ein dem Raume nach gleichmässig beleuchtetes Gesichtsfeld und wenn wir
auch objectiv eine gleichmässig helle Fläche vor uns haben könnten, so würde
die subjective Thätigkeit unserer Netzhaut Ungleichmässigkeiten setzen. Auch
ist unser Gesichtsfeld nie auch nur eine Sekunde lang unverändert, da, wie wir
später sehen werden, jede Lichtempfindung sogleich eine subjective Thätigkeit
des ganzen Sehorgans hervorruft. wodurch die Empfindung verändert wird.
Wären wir ohne Unterbrechung in einem ganz gleichmässig hellen oder dunkeln
Raume, dessen Helligkeit keinem Wechsel in der Zeit unterworfen wäre, so
würde die Lichtempfindung überhaupt nicht zu unserm Bewusstsein kommen —
eben so wenig wie der überall gleichmässige und nur geringem Wechsel unter-
worfene Druck der Atmosphäre zu unserm Bewusstsein kommt. Wir empfinden
also eigentlich nicht Licht, sondern nur Lichtdifferenzen. Die allgemeine
Frage für unsere Untersuchung wird also sein: unter welchen Bedingungen empfinden wir Lichtdifferenzen? und : wie grosse Lichtdifferenzen können wir empfinden?
Diese Fragen werden nach verschiedenen Richtungen zu specialisiren sein. Wir
werden aber die Fähigkeit unserer Netzhaut, Licht oder Lichtdifferenzen zu
empfinden, mit dem Ausdrucke „Lichtsinn" bezeichnen.

§ 4. Es wird ferner zu untersuchen sein, welchem anatomischen
Substrat wir diese Funktion unseres Sehorgans, die Lichtempfindung zuzuschreiben haben? Zu Aristoteles Zeit verlegte man
den Sitz der Lichtempfindung in die durchsichtigen Medien des Auges; zu
Mariotte Zeiten schwankte man zwischen der Chorioidea und Retina; jetzt nimmt
man allgemein die Retina als lichtempfindendes Organ an. Wir müssen hier
zweierlei unterscheiden: es ist nicht zu bezweifeln, dass die Bewegungen des
Lichtäthers, insofern sie eine Empfindung erregen, nur bis zu der Stäbchenschicht
der Netzhaut dringen, von da an aber eine andere, dem Nerven eigenthümliche,
uns nicht weiter bekannte Art der Bewegung oder Leitung eintritt; diese Be-

wegung oder Leitung ist nothwendig für diejenige Lichtempfindung, welche durch Bewegungen des Lichtäthers hervorgebracht wird, sie ist aber weiter die Lichtempfindung selbst, noch ist sie nothwendig für andere Arten von äussern Einwirkungen. Denn eine Lichtempfindung findet auch noch statt, wenn nach Zerstörung oder Entfernung der Netzhaut der Stamm des Sehnerven mechanisch gereizt wird; Ja sie findet bei augenblicklich cerebraler Amaurose, wo der Sehnerv degenerirt ist, wo keine Spur objectiven Lichtes mehr wahrgenommen werden kann, oft mit grosser Intensität statt. Solche Kranke klagen oft über eine sehr unangenehme Empfindung von grosser Helligkeit, ohne zu wissen, ob sie sich in einem finstern Zimmer befinden, oder ob Sonnenlicht in ihr Auge fällt. In einem Falle, den ich der Mittheilung meines Freundes Dr. Forster verdanke, hatte der Kranke, dem jede Empfindung für objectives Licht fehlte, abwechselnd an manchen Tagen die Empfindung einer sehr lästigen Helligkeit, an andern Tagen die Empfindung tiefer Dunkelheit. Wenn aber bei degenerirter Netzhaut und bei degenerirtem oder zerstörtem Sehnerven noch eine Lichtempfindung stattfinden kann, so muss man wohl schliessen, dass die Netzhaut und der Sehnerv Organe sind, welche durch Lichtwellen, Druck u. s. w. erregt werden, und diese ihre Bewegung in anderer Form, als es in den durchsichtigen Medien des Auges der Fall war, fortpflanzen; dass sie aber nicht die Organe sind, in welchen die Nerventhätigkeit in Empfindung umgesetzt wird. Vielmehr müssen die für eine solche Umwandlung bestimmten Organe näher dem Gehirncentrum oder demjenigen Orte liegen, wo die Empfindung zum Bewusstsein kommt. Die Leitung einer Lichtschwingung oder Lichtbewegung durch Netzhaut und Sehnerv muss also verschieden sein von der Umsetzung der Nerventhätigkeit in Empfindung. Man kann es nach den Experimenten von Herbert Mayo (*Journal de Physiologie expérimentale par Magendie III*, p. 319) und von Flourens (*Recherches expérimentales sur le système nerveux* 1824, p. 152) an Thieren, sowie nach mehreren pathologischen Erfahrungen beim Menschen, welche Longet (*Anatomie et Physiologie du Système nerveux II*, 61) gesammelt hat, wahrscheinlich finden, dass dieses Organ in den Vierhügeln liegt, da Reizung der Vierhügel denselben Effect auf die Iris hervorbringt, wie die Beleuchtung der Netzhaut; Zerstörung der Vierhügel dagegen Unbeweglichkeit der Iris erzeugt. Da also die Vierhügel wohl das Centralorgan sind, in welchem die Erregung sensibler Fasern auf motorische übertragen wird, so könnten sie vielleicht auch das Organ enthalten, in welchem die Erregung der Opticusfasern in Empfindung übergeht. Wenigstens wird man schliessen dürfen, dass wenn die Vierhügel dieses Organ nicht enthalten, die Umsetzung der Nerventhätigkeit in Empfindung durch ein dem Bewusstseinscentrum noch näheres Organ vermittelt wird.

　　Ich erinnere, dass die Frage nach Lichtempfindung bei degenerirtem Sehnerven verschieden ist von der Frage, ob noch subjectives Sehen von Formen unter diesen Umständen möglich, oder nach den Angaben der Kranken wahrscheinlich ist, eine Frage, auf die wir noch zurückkommen werden.

§ 5. Wir haben den Lichtsinn als die Fähigkeit, Lichtdifferenzen zu empfinden, definirt; wir müssen jetzt diese Bestimmung beschränken, indem wir dem Lichtsinne nur die Unterscheidung von Lichtquantitäten oder Lichtinten-sitäten zuschreiben, davon aber die Fähigkeit, Lichtqualitäten zu empfin-den, trennen. Die Lichtqualitäten, welche wir unterscheiden können, sind die Farben; eine andere Lichtqualität, das polarisirte und unpolarisirte Licht bringt keine verschiedenen Empfindungsqualitäten hervor; wir können beiderlei Lichtarten nur insofern unterscheiden, als sie Verschiedenheiten in der Lichtintensität oder in der Farbe des Lichtes erzeugen. Die Fähigkeit, Farben zu empfinden, nenne ich Farbensinn. Der Farbensinn kann sowohl durch Lichtätherwellen, von verschiedener Länge, als durch Druck, durch electrische Reizung, durch Ver-giftung erregt werden. Von dem Organ des Farbensinnes gilt dasselbe, was von dem Organ des Lichtsinnes gesagt worden ist, und wir werden im 5. Kapitel des zweiten Abschnittes, § 87 und § 88, sehen, dass die Unterscheidung leitender und empfindender Organe beim Farbensinn von Wichtigkeit ist.

§ 6. Die Empfindung von Lichtdifferenzen ist eine nothwendige Bedingung zum Sehen, aber wesentlich für das Sehen ist es ausserdem, dass diese Diffe-renzen nicht blos in der Zeit, sondern auch gleichzeitig dem Raume nach statt-finden. Wir haben gleichzeitig verschieden starke Lichtempfindungen und weisen denselben verschiedene Orte in dem Raume unseres Gesichtsfeldes an. Wie wir das Letztere bewirken, werden wir nachher zu untersuchen haben; zuerst wollen wir die Fähigkeit, verschieden starke Lichtempfindungen gleichzeitig zu haben, und die daraus zu ziehenden Folgerungen besprechen. — /Wenn wir zwei ver-schiedene Empfindungen derselben Qualität gleichzeitig haben, so müssen wir dafür zwei Organe voraussetzen,) welche die beiden Eindrücke zuerst isolirt auf-nehmen, isolirt in Empfindung umsetzen und die Empfindungen isolirt zum Be-wusstsein bringen. Je mehr verschiedene Empfindungen gleichzeitig stattfinden sollen, um so mehr isolirt empfindende Organe müssen vorhanden sein, und für das Sehorgan muss deren Zahl, wie wir sehen werden, ausserordentlich gross sein. Wir haben uns demnach unsere Netzhaut aus einer grossen Menge von Theilen zusammengesetzt zu denken, welche den Lichteindruck isolirt aufnehmen, und dann wiederum eben so viele Theile, welche die Empfindung isolirt zum Bewusstsein bringen. Diese Voraussetzung ist nothwendig, wenn wir uns vor-stellen sollen, dass ein einzelner leuchtender Punkt als solcher empfunden werden soll, da ja zugleich mit ihm die andern Punkte als nichtleuchtend oder anders-leuchtend empfunden werden müssen. Bevor nun ein leuchtender Punkt in der Aussenwelt einen Eindruck als Punkt auf unsere Netzhaut machen kann, müssen seine Strahlen durch die brechenden Medien des Auges wieder zu einem Punkte auf der Netzhaut vereinigt werden, und je genauer das der Fall ist, um so besser isolirt wird er dann von der Netzhaut weiter befördert werden und zum Bewusst-sein gelangen können. Diese Fähigkeit unseres Auges, einzelne Punkte distinct zu sehen, bezeichnet man als die „Schärfe des Sehens"; diese ist also eben so wohl von der Construction der brechenden Medien abhängig, als von der Organisation unserer Netzhaut und unseres Sehorgans. Ohne weiter zu untersuchen, wie viel der Sehapparat (die brechenden Medien) und wie viel das Sehorgan für das Erkennen eines Punktes leistet, können wir den kleinsten wahrnehmbaren Punkt, welcher also an der Gränze der Wahrnehmbarkeit steht, als „physiologischen Punkt" bezeichnen. Ein physiologischer Punkt ist etwas anderes als ein mathematischer Punkt, denn er hat eine Ausdehnung; er ist etwas anderes als ein materieller Punkt, denn wir können uns einen physiologischen Punkt nicht von beliebiger, von zufälligen Umständen abhängiger Grösse denken; sondern wir können seine Grösse fest bestimmen und messen für ein individuelles Auge. Unsere Netzhaut werden wir uns dann aus einem Aggregat physiologischer Punkte zusammengesetzt denken: Die Vereinigung dieser Punkte zum Gesichtsfelde ist das demnächst zu besprechende Problem.

Es ist ebenso nothwendig, anzunehmen, dass jeder physiologische Punkt isolirt empfindet, wie es erforderlich ist, sich zu denken, dass Beziehungen dieser isolirten Empfindungen auf einander statthaben, wenn die Wahrnehmung einer Form zu Stande kommen soll. Der Punkt a, um es kurz auszudrücken, weiss nichts von dem Punkte b; wie erfährt er etwas von ihm? Offenbar erfährt er direkt nichts von ihm, und die Beziehungen der beiden Punkte finden nicht auf einander, sondern auf ein Drittes statt, was man sensorium commune, Bewusstsein, Seele, psychische Thätigkeit nennt. Von der Art und Weise, in welcher hier die Vereinigung der von den empfindenden Organen gelieferten Data bewerkstelligt wird, davon können wir uns keine speciellere Vorstellung machen. Im Allgemeinen müssen wir aber behaupten, dass eine weitere Verwerthung der Einzelempfindungen des Sehorgans durch dieses letztere nicht geleistet werden kann, und schon hier die psychische Thätigkeit einzugreifen hat; dass ferner die Einzelempfindungen zuerst mit reinen Vorstellungen der Seele oder Schematen des Verstandes (Kant, *Kritik der reinen Vernunft* 1828, p. 131 u. f.) combinirt, oder auf solche übertragen werden müssen, damit alsdann eine Vereinigung derselben stattfinden könne, dass dazu aber wiederum die Mitwirkung somatischer Thätigkeiten erforderlich ist.

Um zu erläutern, was ich meine, will ich einen speciellen Fall betrachten. Ich nehme an, unsere Netzhaut bestünde aus 100 empfindenden oder physiologischen Punkten und von diesen würden 3 Punkte durch Licht afficirt, die übrigen 97 nicht. Wie diese 3 Punkte in der Aussenwelt oder in dem Bilde auf unserer Netzhaut liegen, kann nicht zu unserer Kenntniss kommen, da wir ja nichts davon wissen, wie jene 3 empfindenden Punkte unserer Retina in unserm Sensorium liegen. Es muss also möglich sein, dass wir auf indirectem Wege zu der Kenntniss von der Lage dieser 3 Punkte gelangen und das ist der Fall. Wir combiniren nämlich diese 3 Punkte mit irgend einem Schema unseres Verstandes: das einfachste Schema wird eine grade Linie sein. Wir ziehen also von den Punkten zu einander Linien und combiniren diese Linien wieder unter einander zu einem andern Schema, z. B. einem Dreieck. Damit ist eine Beziehung der drei Punkte zum Sensorium und mittelst dieses eine Beziehung der Punkte zu einander gegeben. — Denken wir uns ferner die übrigen 97 Punkte auch afficirt, aber schwächer als jene 3 Punkte und lassen wir nun einen Wechsel in der Empfindung sämmtlicher Punkte eintreten — so werden wir, wie wir jene 3 Punkte mit einem Schema combinirt hatten, die Affection sämmtlicher empfindenden Punkte mit der allgemeinsten Vorstellung, also mit der reinen Vorstellung des Raumes in Verbindung bringen. Dadurch gelangen wir dann zu der sinnlichen Vorstellung vom Raume oder zu der Vorstellung des gleichzeitigen Nebeneinanderseins im Raume. Je mehr Empfindungen wir weiterhin mit der sinnlichen Vorstellung in Verbindung bringen, um so genauer wird die Vorstellung werden. Indem wir ferner die Punkte, welche uns hervorstechende Empfindungen verschaffen, mit einander durch Ziehen von Linien combiniren, grenzen wir sie zugleich gegen die übrigen empfindenden Punkte oder gegen den übrigen Raum ab, und gelangen so zu sinnlichen Vorstellungen von Formen im Raume.

Mit dieser Darstellung ist zugleich die Erklärung des sogenannten „Nach aussen Setzens" unserer Empfindungen gegeben; dass wir unsere Empfindungen nach aussen versetzen, ist nicht eine Funktion unserer Sinnesorgane; es ist die nothwendige Folge von der Combination unserer Empfindungen mit der reinen Vorstellung vom Raume, welchen wir uns überall vorhanden denken müssen. Die reine Vorstellung des Raumes ist aber eine nicht weiter aufzulösende Funktion unserer Seele; die Eintragung unserer Empfindungen in den Raum ist mithin keine sinnliche, sondern eine psychische Thätigkeit.

Es muss als eine glückliche Eigenschaft unserer Sprache erscheinen, dass dieselbe zwei Worte hat für die von uns unterschiedenen Vorgänge: sie bezeichnet die Affection unserer Netzhaut durch Licht als Empfindung, die Vorworthung derselben durch Leistungen unserer psychischen Organe dagegen als Wahrnehmung. Helligkeitsgrade, Farben sind Empfindungen; Begrenzung der Lichteindrücke, Formen sind Wahrnehmungen. Die ersteren finden statt durch blosse Thätigkeit des Empfindungsorganes, die zweiten nur durch eine Verbindung der Thätigkeit des Empfindungsorganes mit psychischen Thätigkeiten.

§ 7. Dadurch, dass wir unsere isolirten Empfindungen mit Vorstellungen combiniren und die daraus resultirenden Wahrnehmungen mit Hülfe des Erinnerungsvermögens sammeln, gewinnen wir ein Material, welches einer weitern psychischen Verarbeitung unter Mitwirkung einer besonderen somatischen Funktion, nämlich der Bewegungen, unterworfen wird. Wir können unsere Augen nur in der Weise bewegen, dass bei jeder Bewegung ganz andere empfindende Punkte getroffen werden, dass aber die Relation der afficirten Punkte unter einander nahezu dieselbe bleibt. Wenn 3 physiologische Punkte zu der Wahrnehmung eines Dreiecks combinirt sind, so wird durch Bewegungen des Auges die Wahrnehmung des Dreiecks nicht wesentlich verändert und doch sind es nach der

Bewegung 3 ganz andere Punkte, welche die Empfindung vermitteln, als vor der
Bewegung. Die Bewegungen aber sind, da sie willkürliche sind, zugleich auch
bewusste. Durch die Bewegungen werden Reihen empfindender Punkte nach
einander afficirt und so werden wir ein neues System von Linien mit Hülfe der
Bewegungen ziehen. Mit Hülfe eines solchen Netzes von Linien, welche wir im
Raume ziehen, gelangen wir unter Mitwirkung des Erinnerungsvermögens zu der
Abstraction des Gesichtsfeldes. In dieses verlegen wir fortan alle Empfin-
dungen und Wahrnehmungen unseres Gesichtssinnes.

Indem wir aber die gleichzeitig stattfindenden Lichtempfindungen räumlich
von einander getrennt wahrnehmen, und indem wir Bewegungen von einem leuchtenden Punkte zum andern machen, bringen wir unsere Wahrnehmungen in räumliche Beziehungen zu einander, d. h. wir fassen sie als entfernt von einander auf,
oder lokalisiren sie in dem Felde des Sehens. Das Lokalisiren geschieht
vorläufig nur in Bezug auf die Wahrnehmungen zu einander, nicht in Bezug auf
Abstractionen oder aprioristische Vorstellungen, die wir von dem Raume haben,
d. h. nicht in Bezug auf oben und unten, rechts und links, sondern nur in Bezug
auf das räumliche Nebeneinander im Gesichtsfelde. Die Fähigkeit, den Objecten
einen Ort im Gesichtsfelde in Bezug auf einander anzuweisen, bezeichne ich als
Ortssinn.

§ 8. Wir sind jetzt im Stande, die Frage zu erörtern, wie es bei der Unvergleichbarkeit der Empfindungen verschiedener Sinne mit einander dennoch
möglich ist, die Sinnesthätigkeiten mit einander in Verbindung zu setzen. Thatsache ist, dass wir vielfältig die eine Sinnesthätigkeit durch die andere unterstützen, ergänzen, dass wir sie also Beide in Verbindung bringen. Wir sehen
z. B. dahin, wo wir etwas hören oder fühlen, wir sehen dahin, wo wir etwas
fühlen wollen, wir rectificiren unser Urtheil über das, was wir fühlen, nach dem,
was wir sehen, u. s. w. Und doch sind Druckempfindungen mit Lichtempfindungen ohne Zweifel unvergleichbar. Die Lösung dieser Frage liegt darin, dass
nicht unsere Empfindungen sondern unsere Wahrnehmungen mit
einander combinirt werden. Die specifischen Empfindungen des Tastsinnes sind gänzlich unvergleichbar mit den specifischen Empfindungen des Gesichtssinnes, aber die Verwerthung dieser Empfindungen, d. h. ihre Combination
mit Bewegungen und Vorstellungen ist bei beiden Sinnen völlig analog. Wir
haben auch beim Tastsinne isolirt empfindende Elemente, deren Thätigkeit auf
Schemata übertragen wird: durch diese Uebertragung und durch Verbindung
mit Bewegungen wird uns die Vorstellung von der Ausbreitung unserer Haut als
empfindende Fläche verschafft, und sie dient uns als Mittel zur Orientirung auf
ihr und zur Erkennung räumlicher Verhältnisse. Die Wahrnehmungen, deren
sinnliche Basis die Druckempfindung ist, lassen sich nun vergleichen mit den
Wahrnehmungen, denen als Basis die Lichtempfindung dient, welche aber beide
aus der Amalgamirung mit sonst gleichen Vorgängen, den Bewegungen und den
aprioristischen Verstandesthätigkeiten, hervorgegangen sind. Gesichts- und

Empfindungsobjecte lassen sich deswegen in Bezug auf Form u. s. w. vollständig mit einander vergleichen, aber nicht in Bezug auf Helligkeit und Schwere. Geruchs-, Gehörs- und Geschmackswahrnehmungen, bei welchen die Combinationen mit Bewegungen und Vorstellungen viel beschränkter sind, lassen sich nur in sehr geringem Grade mit Gesichts- oder Tastwahrnehmungen in Beziehung bringen.

Da es fortwährend unser Bemühen ist, die Objecte ausser uns zu erkennen, so ist es natürlich, dass wir dazu alle unsere Sinnesthätigkeiten verwenden: dadurch werden wir oft zu einer Verbindung der Erfahrungen des Tastsinnes mit den Erfahrungen des Gesichtssinnes geführt. Die Verbindung ist so leicht und geschieht so unwillkürlich, dass es schwer ist, sich ihrer bewusst zu werden. Sie wird wesentlich dadurch erleichtert, dass wir unsere Empfindungen keineswegs als in uns vorsichgehende Processe auffassen, sondern alle unsere Sinnesthätig-keiten auf die Objecte als Eigenschaften derselben übertragen. Wir denken und sagen nicht: „ich empfinde Roth oder Hell in Kreisform", sondern wir sagen: „ich sehe einen rothen oder hellen Kreis". Wenn wir nun von einem Objecte sagen, es sei ein harter, schwarzer Würfel, so haben wir damit zwei Empfindungen, die an sich unvereinbar sind, an ein Object gebunden dadurch, dass wir zwei congruente Wahrnehmungen, die eines Würfels durch den Tast-sinn und die eines Würfels durch den Gesichtssinn zu Grunde gelegt haben.

In einer Hinsicht ist die Verbindung der Wahrnehmungen, die wir durch den Gesichtssinn machen, mit denen, die wir durch den Tastsinn erwerben, durchaus nothwendig. Unsere Augäpfel und mit ihnen unsere Netzhaut sind im Kopfe beweglich, hängen aber mit der empfindenden Haut so zusammen, dass Bewegungen des Augapfels von der Conjunctiva empfunden werden. Ausserdem ist aber der Kopf sammt den Augen gegen den Rumpf, letzterer für sich und gegen die Extremitäten, endlich unser ganzer Körper gegen die Objecte ausser uns beweglich. Durch Bewegungen unseres Kopfes wird also eben so gut eine Verschiebung der Netzhaut den Objecten gegenüber hervorgebracht, wie durch die Bewegung unserer Augen. Bestände nun kein Rapport zwischen den Wahr-nehmungen durch unsere Haut und denen durch unser Auge, so würde keine Ein-heit in der Wahrnehmung und Lokalisirung eines Objectes stattfinden können — unser Tastsinn würde nach seinen Empfindungen dem Object einen andern Ort anweisen, als unser Gesichtssinn und es würde uns das Kriterium fehlen, welchen Eindruck wir für den richtigen zu halten hätten. Wir müssen also die Wahrneh-mungen unseres Gesichtssinnes immer auslegen mit Rücksicht auf die Lage der Augen, welche durch die Stellung unseres Kopfes und unseres Körpers herbeigeführt worden ist. Das Lokalisiren einer Wahrnehmung ist dann abhängig ebensowohl von dem Orte, wo unsere Netzhaut getroffen wird, als von der Lage, in welcher sich die Netzhaut befindet: soll also Uebereinstimmung in den Lokalisirungen sein — und das ist für unsere Bewegungen unumgänglich nöthig — so werden die Wahrnehmungen durch unser Auge mit denen durch unsere Körperoberfläche

vergleichbar und combinirbar sein müssen. Dass wir uns dieser Combinationen
nur selten bewusst werden, rührt daher, dass wir sie so unzählige Male gemacht haben.

§ 9. Theils durch Verbindung der Wahrnehmungen durch unser Auge mit
denen durch unsere Haut, theils durch Vergleichung unserer Gesichtswahrnehmungen werden wir zu einer weitern Auslegung derselben veranlasst. Wir legen
aber unsere Gesichtswahrnehmungen so aus, dass wir sie nicht auf unser Gesichtsfeld, sondern auf den Raum überhaupt beziehen und kommen dadurch zur Annahme von Körpern. Wir haben hier wieder die 3 Faktoren: 1) psychische
Thätigkeit, 2) Leistungen des Sehorgans und 3) Einfluss der Bewegungen zu
berücksichtigen.

Körper können wir nur im Raume und als Theile des Raumes uns denken;
aller Vorstellung von Körpern muss daher die reine Vorstellung des Raumes vor-
hergehen. Die reine Vorstellung des Raumes ist der Art, dass wir uns den Raum
nach allen Dimensionen ausgedehnt denken; wir reduciren aber nach einer Regel
unseres Verstandes den Raum auf 3 Dimensionen und messen ihn nach diesen
3 Dimensionen. Diese sind daher rein aprioristischer Natur und können nimmermehr durch Sinnesthätigkeiten gewonnen werden. In diesen Raum setzen wir,
immer noch unabhängig von sinnlicher Thätigkeit, räumliche Schemata, d. h.
Schemata von Körpern, welche wir gleichfalls nach allen Dimensionen ausgedehnt
und nach allen Dimensionen begränzt denken, die wir aber auch wieder auf
3 Dimensionen reduciren können. Dergleichen Schemata von Körpern oder
Stücke des Raumes sind zunächst mathematisch gedachte und construirbare Formen, z. B. eine Kugel, ein Würfel, eine Pyramide u. s. w. Dergleichen Schemata
stellen nicht Individuen, sondern Gattungen von Körpern vor und werden ganz
unabhängig von Grösse, Lage und individueller Form gedacht. Wie z. B. das
Schema eines Dreiecks weder einem spitzwinkligen noch einem stumpfwinkligen
entspricht, sondern nur ein Dreieck in abstracto ist; so ist auch in dem Schema
einer Pyramide keine Bestimmung über das Verhältniss der Grundfläche zur Höhe
vorhanden; es liegt auch weder auf der Basis noch auf der Spitze und hat weder
eine Höhe, welche dem Durchmesser der Erdbahn gleich käme, noch eine Höhe
von 1 *Millimeter*.

Mit diesen allgemeinen Regeln unseres Verstandes haben wir nun die Thätigkeiten unserer Sinne zu combiniren, oder, was dasselbe ist, auf diese Schemata
müssen wir unsere sinnlichen Empfindungen und Wahrnehmungen übertragen.
Die Schemata unserer Vorstellung und die Wahrnehmungen unserer Sinne sind an
sich incongruent; sie werden aber congruent durch unser Denken und zwar durch
die Auslegung unserer Sinneswahrnehmungen. Als obersten Satz muss ich die
Behauptung aufstellen: **wir legen unsere Sinneswahrnehmungen so
aus, dass dieselben in Bezug auf die Objecte in Harmonie sind;**
und als zweiten Satz: **die Harmonie der Sinneswahrnehmungen oder
die Einheit der Objecte wird nur dadurch möglich, dass wir**

unsere Sinnesthätigkeiten auf ein ausserhalb der Sinnlichkeit stehendes Schema beziehen.

Ich will diese Sätze zunächst durch ein Beispiel erläutern. Welche Sinneswahrnehmungen bekommen wir von einem Würfel? Durch unser Sehorgan erhalten wir Anschauungen, welche mit unserer Vorstellung nicht harmoniren und höchstens einem Theile derselben entsprechen; wir sehen von den 6 Seiten eines Würfels höchstens 3 auf einmal und zwar in Folge der perspectivischen Verschiebung nicht als quadratische Flächen; von seinen 12 Kanten sehen wir höchstens 10, von seinen 8 Ecken höchstens 7. Bewegen wir den Würfel oder bewegen wir uns selbst um den Würfel herum, so bekommen wir immer wieder neue Bilder, und alle diese Bilder würden wir niemals vereinigen, wenn wir nicht die Tendenz hätten, ein einheitliches Object zu bekommen und deswegen dieselben auf ein solches bezögen. Betasten wir ferner denselben Würfel, so fühlen wir eine Anzahl Flächen, Kanten und Ecken, aber auch diese Wahrnehmungen durch den Tastsinn sind niemals einander gleich, und ausserdem sehr verschieden von denjenigen, die wir durch den Gesichtssinn bekommen haben. Beiderlei Reihen von Wahrnehmungen stehen in keinem nothwendigen Zusammenhange, wir bringen aber einen Zusammenhang in dieselben dadurch, dass wir versuchen, sie auf ein einziges Object zu beziehen. Offenbar sind alle diese Sinneswahrnehmungen sowohl untereinander als mit der Vorstellung von einem Würfel incongruent. Wollen wir sie congruent machen, so bleibt nichts anderes übrig, als dass wir entweder eine unserer sinnlichen Wahrnehmungen oder eine unserer Vorstellungen als Basis oder als feststehend hinstellen und versuchen, ob sich an diese Grundlage die übrigen Wahrnehmungen und eine der Vorstellungen so anreihen lassen, dass ein einheitliches Object zu Stande kommt. Wie wir uns aber täglich im gewöhnlichen Leben überzeugen können, ist der Vorgang der, dass durch eine Sinneswahrnehmung eine Vorstellung hervorgerufen wird, dass wir diese Vorstellung sofort als Basis hinstellen und auf sie die übrigen Sinneswahrnehmungen zu übertragen suchen. Sehen wir also einen Würfel, so wird sofort die Vorstellung oder das Schema eines Würfels inducirt, und die weiteren Sinneswahrnehmungen beziehen wir auf dieses Schema. Erst wenn Sinneswahrnehmungen auftreten, die sich mit diesem Schema nicht in Einklang bringen lassen, so suchen wir nach einem neuen Schema, auf welches wir die Sinneswahrnehmungen so beziehen können, dass dieselben einander bei Voraussetzung der Einheit des Objects nicht widersprechen.

Wir haben hier die Frage nicht weiter zu prüfen, wie weit die Schemata oder Vorstellungen rein aprioristisch sind, und wie weit sie durch die Wahrnehmungen modificirt werden, ja in wie weit sie in Folge von Wahrnehmungen neu gebildet werden. Letzteres muss der Fall sein können (denn dass z. B. das Schema eines Vogels uns angeboren wäre und latent bliebe, bis die Wahrnehmungen hinzutreten, können wir nicht annehmen) und dann wird der Gang unserer Geistesthätigkeit der sein, dass wir eine der Wahrnehmungen zur dominirenden machen, uns von ihr ein Schema abstrahiren und auf dieses die übrigen Wahrnehmungen beziehen. So bekommen wir ein Schema von einem Menschen, einem Hunde u. s. w., welches wir zu dem Schema eines Affen, eines Fuchses u. s. w. umgestalten können. Das Schema wird aber immer das nothwendige vermittelnde Glied sein zwischen der sinnlichen Vorstellung und dem Begriff.

Hiermit wäre der Antheil der psychischen Thätigkeit an der Wahrnehmung von Körpern erörtert; er besteht, kurz zusammengefasst, 1) in der reinen Vorstellung des nach überall hin ausgedehnten Raumes, 2) in der Bildung von Schematen, die wir uns gleichfalls nach allen Richtungen hin ausgedehnt im Raume denken, 3) in der Uebertragung sinnlicher Wahrnehmungen auf solche Schemata.

§ 10. Wir haben zweitens den Antheil der Sinnesthätigkeit bei Wahrnehmung von Körpern zu besprechen. Es ist Thatsache, dass wir aus manchen Wahrnehmungen unseres Gesichtsinnes ohne Weiteres auf das Vorhandensein von Körpern, aus andern auf das Vorhandensein von Flächen schliessen. Nach der Anordnung der empfindenden Elemente in der Haut und Netzhaut kann man versucht sein, zu glauben, dass wir, so weit die Sinnesthätigkeit reicht, nur Flächen sehen, dass wir aber zum Sehen oder Fühlen von Körpern besonderer Einrichtungen oder psychischer Thätigkeiten bedürften. Eine solche Annahme ist indess nicht haltbar. Die anatomische Anordnung der Endpunkte unserer empfindenden Elemente an der Oberfläche der Haut oder Netzhaut kann für die Auslegung unserer Empfindungen nicht massgebend sein; es könnte höchstens darauf ankommen, wie sich die Endigung der empfindenden Elemente am Centrum verhält und von diesen wissen wir absolut nichts. — Wir haben ferner gar keinen physiologischen Grund, unsere Empfindungen in eine ebene oder gekrümmte oder gar ungleichmässige Fläche zu projiciren: das sogenannte Projiciren oder Nachaussensetzen der Empfindungen ist, wie wir im § 6 gesehen haben, überhaupt kein Sinnesact, sondern ein psychischer Act; es ist immer nur die Auslegung unserer Empfindungen und die Beziehung derselben auf die Einheit eines Objectes. — Es kann sich also, wenn von dem Antheile der sinnlichen Wahrnehmung an dem Erkennen von Körpern die Rede ist, nur um diejenigen Momente handeln, welche uns der Gesichtsinn bietet, um das Wahrgenommene als Fläche oder als Körper auszulegen. Die genauere Besprechung dieser Verhältnisse kann erst im vierten Abschnitt erfolgen; hier werden wir nur die einzelnen Momente aufführen.

Zunächst muss ich bezweifeln, dass wir durch die Wahrnehmungen des Gesichtsinnes allein zu der Voraussetzung oder Annahme von Körpern gezwungen werden, sondern glaube, dass dazu die Mitwirkung des Tastsinnes erforderlich ist, dass wenigstens der Tastsinn für sich, namentlich aber der Tastsinn in Verbindung mit dem Gesichtsinn einen stärkeren Zwang auf uns ausübt, die Wahrnehmungen auf körperliche Objecte zu beziehen, als der Gesichtsinn für sich. Unsere Entwickelung ist der Art, dass wir zuerst Eindrücke von Körpern durch den Tastsinn bekommen und zwar wahrscheinlich schon bei den Bewegungen, die wir im Uterus machen. Wir müssen dort schon den Widerstand unserer eignen Körpertheile als Druck empfinden und durch die Bewegungen unserer Glieder gegen einander müssen wir Wahrnehmungen machen, welche wir, wenn wir sie überhaupt auf etwas beziehen, jedenfalls eher auf Körper, als auf Flächen beziehen werden. Als neugeborne Kinder greifen wir daher auch nach Allem, was einen Eindruck auf den neu hinzugekommenen Gesichtssinn macht, indem wir uns Auskunft über das Empfundene mittelst des bereits mehr unterrichteten Tastsinnes zu verschaffen suchen. Wenn man die Bewegungen eines kleinen Kindes beobachtet, so bemerkt man, dass seine Augenbewegungen sehr unsicher, seine Hand- und Armbewegungen dagegen relativ sehr bestimmt sind, und dass jeder Gesichtseindruck Greif- oder Tastbewegungen hervorruft. Der Grund davon kann wohl nur der sein, dass das Kind darnach strebt, mit dem ihm bereits geläufigeren Empfindungsorgane die Eindrücke des weniger gebrauchten Organs zu untersuchen. Ohne Zweifel wird es durch seinen Tastsinn auch zu genauerer Erkenntniss der Objecte in Bezug auf ihre Räumlichkeit gelangen wegen der bei weitem grösseren Beweglichkeit des Tastorgans. Die Beweglichkeit unserer Glieder und besonders unserer vorderen Extremitäten nach allen Dimensionen, das vollständige Umfassen eines Objectes mit den Händen wird die Vorstellung von einem Körper leichter anzuregen oder anzulösen im Stande sein, als die Empfindungen, welche wir durch unsere weniger bewegliche Netzhaut bekommen. — Sind wir aber durch den Tastsinn schon zu der Wahrnehmung von Körpern gelangt, so muss die Rolle unseres Gesichtssinnes eine wesentlich andere sein, als wenn wir durch ihn allein zu der Wahrnehmung von Körpern gelangen sollen. Im ersten Falle wird er gewissermassen die Funktion einer bestätigenden Behörde, im letztern Falle die einer vorschlagenden Behörde haben; im ersteren Falle wird er sich nach den Wahrnehmungen des Tastsinnes richten und über ein Entweder - Oder an die Seele berichten, im letzteren Falle wird er der Seele viele Möglichkeiten zur Untersuchung und Entscheidung vorzulegen haben.

Nach dieser Episode wollen wir uns wieder zu den Leistungen des Gesichtssinnes wenden. Nothwendig zu dem Schluss, dass wir einen Körper sehen, scheinen zunächst zwei in bestimmter Weise verschiedene Gesichtswahrnehmungen von einem Objecte; denn zwei verschiedene Gesichtswahrnehmungen überhaupt veranlassen uns keineswegs zur Annahme eines Körpers. Wir können zwei verschiedene Gesichtswahrnehmungen oder Bilder von einem und demselben Objecte bekommen:

1) indem wir mit beiden Augen zugleich sehen; dann müssen aber die Bilder, wenn sie miteinander zu einer körperlichen Vorstellung verbunden werden sollen, ganz bestimmte Beziehungen zu einander haben und dürfen nur bis zu einem gewissen Grade von einander abweichen. Ist dies nicht der Fall, so combiniren wir zwar die beiden Bilder mit derselben Leichtigkeit zu einem einzigen Objecte, aber ohne einen Körper zu supponiren; z. B. wenn wir im Stereoskop

mit dem einen Auge eine vertikale, mit dem andern eine horizontale Linie sehen, oder mit dem einen Auge ein rothes Quadrat, mit dem andern einen blauen Kreis. Binoculares und stereoskopisches Sehen sind demnach durchaus zweierlei. Ersteres ist eine Verbindung des gleichzeitig Empfundenen, letzteres ein Auslegen des gleichzeitig Wahrgenommenen.

2) können wir uns zwei verschiedene Bilder von ein und demselben Objecte verschaffen, wenn wir unsern Standpunkt verändern. Auch hier ist ein bestimmtes Verhältniss der beiden Bilder zu einander erforderlich, denn zwei verschiedene Bilder bekommen wir, wenn wir unsern Standpunkt verändern, auch von einer Fläche und einer Linie. Hierauf werden wir im nächsten Paragraphen zurückkommen.

3) erhalten wir zwei verschiedene Bilder von einem Körper, wenn derselbe durch Bewegungen seine Lage verändert; dann combiniren wir die beiden Bilder in der Voraussetzung, dass beide zu ein und demselben Objecte gehören. Hier schliessen wir aber unter Umständen umgekehrt. Wenn z. B. ein Object, von dem wir anderweitig wissen, dass es sich um seine Axe dreht, uns immer dasselbe Bild darbietet, so schliessen wir, dass dasselbe eine Kugel oder überhaupt ein Rotationskörper sei.

4) können zwei verschiedene Bilder für uns entstehen, durch die Accommodation für nähere und fernere Punkte, indem die näheren Punkte in dem einen Bilde, die ferneren Punkte in dem andern Bilde undeutlich werden.

Nur in dem ersten dieser vier Fälle findet nothwendig Sehen mit beiden Augen statt, in den übrigen drei Fällen braucht nur ein Auge thätig zu sein. Es geht also daraus schon hervor, dass zur Beziehung unserer Wahrnehmungen auf Körper binoculares Sehen nicht erforderlich ist.

Wir schliessen aber auch auf Körper, ohne dass uns zwei verschiedene Bilder, die wir auf ein Object beziehen, geboten werden. Das ist der Fall, wenn ein Object gewisse Verschiedenheiten der Helligkeit, welche wir Schattirungen nennen, zeigt; indess setzt das immer voraus, dass wir schon Erfahrungen über die Körperlichkeit des Objects gemacht haben, mit welchen wir die vorliegende Wahrnehmung in Einklang zu bringen vermögen.

In allen den erwähnten Fällen, mit Ausnahme des ersten und des letzten, wird die sinnliche Thätigkeit unterstützt durch Bewegungen, die wir mit unsern Augen oder mit unserm Körper ausführen, oder die vom Objecte ausgeführt werden und in dieser Beziehung kann man sagen, dass unser Gesichtssinn zugleich ein Tastsinn sei; da ja auch beim Sehen eine Art von Umgehen der Objecte, wie beim Tasten, stattfindet.

Was wir in allen diesen Fällen wahrnehmen, ist keineswegs so beschaffen, dass wir unsere Wahrnehmungen zuerst auf Flächen zu beziehen hätten. Man schafft sich offenbar eine unnütze Schwierigkeit, wenn man annimmt, wir sähen eigentlich Flächen und kämen erst durch die Unmöglichkeit, das Gesehene als Fläche anzulegen, zu der Nothwendigkeit, Körper zu supponiren. Wir sind ohne Zweifel mindestens eben so geneigt, unsere Wahrnehmungen auf Körper zu beziehen, als auf Flächen, da die Wahrnehmung für sich weder in der einen noch in der andern Hinsicht präjudicirt. Wir werden aber im Folgenden zu dem Schlusse kommen, dass wir in einer Hinsicht eigentlich nur körperlich sehen, d. h. nur Stücke des Raumes beim Sehen abgränzen, welche von ebenen oder unebenen Flächen begränzt sind.

§ 11. Nachdem wir gesehen haben, wie wir unsere Empfindungen in Bezug auf ihr Nebeneinander localisiren, wie wir weiter unsere Wahrnehmungen auf körperliche Objecte im Raume beziehen, bleibt noch übrig, die supponirten Körper zu uns selbst in eine räumliche Beziehung zu bringen und ihnen einen Ort im Raume mit Bezug auf uns selbst anzuweisen. Die Anweisung eines Ortes im Raume für ein Object in Bezug auf uns selbst ist aber gleichbedeutend mit der Bestimmung seiner Entfernung von uns.

Es bedarf keiner Auseinandersetzung, dass diese Bestimmung nothwendig ist — wir haben aber hier den Modus zu untersuchen, durch den diese Bestimmung möglich wird.

Den Raum zwischen uns und einem Objecte müssen wir als körperlich ausgedehnt, oder gradezu als einen Körper auffassen, als einen Körper, dessen eine Begränzung wir selbst, dessen zweite Begränzung das Object, und dessen dritte Begränzung die gedachte Verbindungsfläche zwischen uns und dem Objecte ist. Wenn aber der Raum zwischen uns und dem Objecte ein Körper ist, so müssen für die Wahrnehmung und Auslegung dieses Körpers dieselben Regeln gelten, wie für die Beziehung unserer Wahrnehmungen auf Körper überhaupt; das heisst: es sind dieselben physiologischen Vorgänge, die uns über die Körperlichkeit eines Objectes und die uns über seine Entfernung belehren. Gehen wir daher auf die im vorigen Paragraphen aufgestellten Bedingungen für das Sehen von Körpern zurück, so finden wir dieselben völlig anwendbar für die Bestimmung der Entfernung eines Objectes von uns. Denn wir können die Entfernung des Objectes bestimmen:

1) beim Sehen mit zwei Augen durch die Aehnlichkeiten und Differenzen der beiden gleichzeitigen Wahrnehmungen, verbunden mit dem Bewusstsein von unsern Augenbewegungen (Convergenz der Sehaxen);

2) durch die Veränderung unseres Standpunktes und die daraus resultirende Parallaxe;

3) durch Bewegungen des Objects, welche an unserm Auge eine Parallaxe bilden, allerdings nur unter gewissen Umständen und Annahmen;

4) durch die Accommodation für Nähe und Ferne;

5) durch die Deutlichkeit des Objects insofern sie bedingt wird durch sogenannte Luftperspective.

Es folgt daraus, dass, wenn eine Ebene oder Linie die Begränzung des Objectes bildet, das Bild von derselben sich unter jenen Bedingungen ebenfalls ändern muss, insofern es die Begränzung des Körpers d. h. des Raumes zwischen uns und dem Objecte repräsentirt, dieser aber selbst seine Form ändert.

Auch hier muss es uns auffallen, wie sehr der Tastsinn bei der Schätzung der Entfernung eines Objectes betheiligt ist, und es bleibt zweifelhaft, ob wir ohne den Tastsinn ein einigermassen sicheres Urtheil über die Entfernung der Objecte würden erlangen können, ja es ist die Frage, ob wir ohne Tastsinn irgend ein Interesse daran hätten, etwas über die Entfernungen der Objecte zu erfahren. — Der grosse Einfluss, welchen die Bewegungen darauf haben, welche Entfernung von uns wir den Objecten anweisen, geht aus der obigen Darstellung hervor.

Von der mit der Schätzung der Entfernung eines Objects in nahem Zusammenhange stehenden Beurtheilung der Grösse desselben wird später die Rede sein.

§ 12. Alle die hier angeführten Auslegungen dessen, was wir wahrnehmen, haben wir von dem Bestreben abgeleitet, Harmonie in unsere Wahrnehmungen zu bringen. Aber wir verbinden nicht nur unsere Wahrnehmungen zu diesem Zwecke mit gewissen Annahmen und Voraussetzungen, sondern wir unterdrücken und ignoriren auch gradezu einen Theil unserer Empfindungen und Wahrnehmungen, nämlich, wenn dieselben die von uns geforderte Harmonie unserer Vorstellungen stören. Wir ignoriren z. B. das eine der Doppelbilder, welche wir von Objecten bekommen, in denen unsere Augenaxen nicht convergiren, in dem Grade, dass es den meisten Menschen schwer wird, sich der beiden Bilder bewusst zu werden. Bei gewissen Fällen von Schielen liegt wahrscheinlich die Ursache der Schwachsichtigkeit des einen Auges in der fortdauernden absichtlichen Vernachlässigung der durch dasselbe vermittelten Wahrnehmungen. Ferner, wenn wir mit einem Auge in das Mikroskop sehen, so vernachlässigen wir die Wahrnehmungen des andern offenen Auges vollständig, und es wird uns, wenn wir einmal an das Ignoriren des einen Auges beim Mikroskopiren gewöhnt sind, ziemlich schwer, gelegentlich beide Augen zugleich zu benutzen, wenn wir z. B. ein mikroskopisches Object messen oder zeichnen wollen. In diesen Fällen widersprechen unsern Wahrnehmungen von den Objecten der geforderten Einheit derselben, von der wir auf Grund vieler andern Wahrnehmungen oder Erfahrungen überzeugt sind, und damit wir in unsern Vorstellungen nicht irritirt werden, ignoriren wir die ihnen nicht anzupassenden Wahrnehmungen.

Es kommen auch Conflicte vor zwischen unserm Gesichtsinn und den übrigen Sinnen, namentlich zwischen Gesichtsinn und Tastsinn — z. B. in Bezug auf die Beurtheilung von Dimensionen, indem wir die Objecte mittelst des Tastsinnes grösser schätzen als mittelst des Gesichtsinnes — ferner bei Nachbildern und andern subjectiven Thätigkeiten des Gesichtsinnes, wo wir etwas zu sehen glauben, ohne das Gesehene fühlen zu können — ferner zeigt sich die Disharmonie bei dem alten Experiment, wenn wir mit gekreuzten Fingern statt einer Kugel deren zwei zu fühlen glauben, aber nur eine sehen u. s. w. Bei diesen Conflicten verfahren wir so, dass wir die Wahrnehmung des einen Sinnes zur dominirenden machen und nach ihr unsere Auslegung und unsere Vorstellung einrichten, die andere entgegengesetzte Wahrnehmung aber unterdrücken. Immer aber stellen wir Harmonie zwischen unsern Wahrnehmungen und Vorstellungen her. In wie weit wir dazu berechtigt sind, ist eine Frage, die im einzelnen Falle oft schwer zu entscheiden sein dürfte — darüber aber kann kein Zweifel sein, dass wir zu einer Entscheidung und zur Herstellung einer Harmonie in unsern Wahrnehmungen gezwungen sind, da auf ihr die Möglichkeit zweckmässiger Bewegungen beruht, deren wir fortwährend bedürfen. Wollten wir die Conflicte zwischen unsern Sinnen bestehen lassen, so würden wir völlig unsicher in unsern Bewegungen sein.

§ 13. Die Wahrnehmung distincter Punkte in unserm Gesichtsfelde, die Zusammensetzung derselben zu Bildern, die Combination dieser Bilder mit Verstandesthätigkeiten und Bewegungen lässt auf ausserordentlich complicirte anatomische Apparate schliessen. Von diesen Apparaten wissen wir aber bis jetzt nichts. Wir kennen nicht die centrale Endigung der Opticusfasern, nicht die Endigung der Augenmuskelnerven, und eben so wenig die Verbindung beider Arten von Nerven mit einander oder mit den Bewegungs- und Empfindungsnerven des übrigen Körpers. Können wir doch nur unbestimmt den Ort angeben, in welchem wohl die Verbindung der Opticus- und Augenmuskelnerven vor sich gehen mag, welcher mit einiger Wahrscheinlichkeit in den Vierhügeln angenommen werden dürfte. Wir können daher nur die Postulate aufstellen, welche die Physiologie an die Anatomie macht. Diese sind: 1) Nachweis einer Verbindung der isolirt leitenden und empfindenden Elemente sowohl einer, als beider Netzhäute mittelst eines Centralorgans. 2) einer Verbindung der Augenmuskelnerven untereinander so wie mit dem zur Accommodation dienenden Nervencentrum und mit dem centralen Empfindungsorgane der Sehnerven; 3) der Verbindung dieser Centralorgane mit dem Gefühlscentrum der Haut; 4) einer Verbindung mit dem Centrum der Körpermuskelnerven; 5) einer Verbindung aller dieser Apparate mit dem Organe für die aprioristischen Thätigkeiten.

Diese Postulate werden Jedem einleuchten, der sich nicht eine ganz vage Vorstellung von der Seele macht und sie als ein gesetzloses und ungebundenes X betrachtet. Allerdings muss die Maschinerie sehr complicirt sein, aber sie wird kaum verwickelter sein, als der Organismus eines Staatswesens. Denkt man sich aber die Seele als ein Ding, was alle jene Funktionen ohne Weiteres besorgt, so befindet man sich auf dem Standpunkte der Leute, welche meinen, in einem Staate besorge der König oder Kaiser Alles — was doch bekanntlich nicht der Fall ist.

§ 14. Es giebt eine Reihe von Vorgängen beim Gesichtssinne, welche unter der Benennung „subjectives Sehen" oder „subjective Thätigkeit des Gesichtssinnes" zusammengefasst werden. Die Definition der subjectiven Thätigkeit hat grosse Schwierigkeiten, offenbar, weil eigentlich jede Thätigkeit unserer Sinne

eine subjective ist und die Beziehungen derselben auf ein Object als veran-
lassende Ursache immer hypothetisch und ungewiss sind, so weit es die Beschaffenheit des Objectes betrifft. Will man unter subjectiver Thätigkeit eine solche
verstehen, welche keine entsprechende, objectiv vorhandene Ursache habe, so
verstösst man gegen die Regeln des gesunden Menschenverstandes.

Man hat die Ursachen der Erregung des Sehnerven oder die Reize desselben
als Eintheilungsgrund benutzt und adäquate von inadäquaten Reizen unterschieden; dann weiter die durch adäquate Reize, d. h. Aetherschwingungen hervorgebrachte Thätigkeit für objectiv, die durch inadäquate Reize, z. B. Druck, Electricität u. s. w. veranlasste Thätigkeit für subjectiv erklärt. Aber abgesehen von
der Willkür, mit der wir adäquate Reize statuiren, ist diese Eintheilung durchaus
unzureichend. Wenn wir z. B. in die Sonne blicken, so ist das Licht derselben
offenbar ein adäquater Reiz; dem darauf folgenden Blendungsbilde, wenn wir
die Augen schliessen, entspricht der vorhergegangene Reiz, welcher adäquat war,
folglich ist das Blendungsbild keine subjective Erscheinung — aber eben so gut
können wir sagen: dem Blendungsbilde entspricht gegenwärtig kein adäquater
Reiz, folglich ist das Blendungsbild doch eine subjective Erscheinung. Dieselbe
Schwierigkeit findet sich bei den Erscheinungen des simultanen Contrastes. Wenn
ich auf einen blauen Streifen Papier, der auf einem weissen Grunde liegt, blicke,
so erscheint mir der Grund gelb tingirt. Ein adäquater Reiz fehlt insofern, als
kein gelber Grund vorhanden ist; ein adäquater Reiz ist aber insofern da, als in
dem weissen Grunde auch Gelb vorhanden ist, welches durch das daneben
liegende Blau stärker hervorgehoben wird; man kann also die Erscheinungen des
simultanen Contrastes eben so gut für subjectiver, wie für objectiver Natur
erklären. So lassen sich viele andere Erscheinungen nicht classificiren und es
ist aufs Neue Willkür nothwendig.

Es scheint mir am zweckmässigsten, ein ganz anormophysiologisches Princip
als Eintheilungsgrund zu benutzen, nämlich das Nützlichkeitsprincip, und **objective Thätigkeit der Netzhaut alles das zu nennen, was uns
dazu dient, die Objecte der Aussenwelt zu erkennen, subjective
Thätigkeit dagegen alles, was nicht dazu dient, oder uns dabei
entgegenwirkt.** Zur subjectiven Thätigkeit würden demnach zu zählen sein:
die Licht- und Farbenerscheinungen bei Druck, bei Electricitätseinwirkung, die
Lichterscheinungen im Finstern, das Verschwinden fixirter und indirect gesehener
Objecte, die Blendungsbilder, Nachbilder und Erinnerungsbilder, die simultanen
Contrasterscheinungen, die Erscheinungen nach Vergiftung (z. B. Santoninwirkun-
gen). Diese Definition empfiehlt sich auch dadurch, dass sie für den speciellen
Fall die Aufgabe involvirt, zu bestimmen, wie weit unsere Sinneswahrnehmungen
durch subjective Thätigkeit verändert oder gestört werden; denn bei jeder Gränz-
bestimmung unserer Sinnesthätigkeit wird ja die Frage auftreten, ob die Gränze
durch subjective Thätigkeit gesetzt wird, oder in dem Bau des Organes u. s. w.
zu suchen ist; eine Frage, auf welche Fechner in theoretischer Beziehung

wichtige Schlüsse für die Gültigkeit seines psychophysischen Gesetzes basirt hat, wie wir weiterhin sehen werden.

§ 15. Diese Auseinandersetzungen schienen mir nothwendig zur Charakterisirung des Standpunktes, von dem aus ich die folgenden eigenen Untersuchungen unternommen, und die Beobachtungen anderer Forscher betrachtet habe. Der Standpunkt ist ein wesentlich idealistischer, denn er stellt in weiterer Consequenz unsere Sinneswahrnehmungen nur als Thätigkeiten unserer Sinnesorgane gegenüber sonst gänzlich unbekannten und unerkennbaren Vorgängen in der Aussenwelt hin, ja er macht schliesslich die Existenz der Welt von unserer Sinnesthätigkeit abhängig, da ja Alles für uns nur insofern existirt, als es von unsern Sinnen und unserm Verstande erfasst wird, das Reale aber, wenn es existirt, durchaus unbestimmt und unbestimmbar bleibt. Gleichwohl ist dieser Standpunkt die nothwendige Consequenz aus unendlich vielen Erfahrungen, und, wie ich glaube, der Standpunkt der meisten Physiologen.

Die angedeutete Disharmonie zwischen den Annahmen des alltäglichen Lebens und dem physiologischen Standpunkte zu lösen, kann indess nicht Aufgabe der Physiologie sein — denn für die Physiologie existirt ja diese Disharmonie überhaupt nicht. Auf dem Gebiete der speculativen Philosophie dagegen wird die Zulässigkeit des physiologischen Standpunktes von vielen Axiomen und Deductionen abhängig sein, welche ausserhalb alles naturwissenschaftlichen Interesses liegen. Ich will hier nur noch bemerken, dass wir von unserm Standpunkte aus die Qualität des Realen zwar gänzlich unbestimmt lassen müssen, dass aber die Existenz eines Realen mit Relationen, welche den Relationen unserer Wahrnehmungen entsprechen, zur höchsten Wahrscheinlichkeit wird. Denn wir finden, dass die Uebereinstimmung unserer verschiedenen sinnlichen Wahrnehmungen unter einander sehr gross ist, dass z. B. unser Tastsinn fast immer da einen Widerstand findet, wo unser Gesichtssinn einen Körper diagnosticirt hat, dass unser Gesichtssinn da gewisse Vorgänge wahrnimmt, wo unser Gehörsinn die Ursache von Tönen hinverlegt hat, dass meistens unser Geruchs- und Geschmackssinn die von unserm Gesichtssinn prognosticirten Empfindungen auslöst u. s. w. Wir finden ferner eine grosse Uebereinstimmung unserer Sinneswahrnehmungen mit Vorgängen, die wir auf Grund ganz abstracter Verstandesoperationen postuliren, z. B. bei der Beobachtung von bestimmten Constellationen, welche viele Jahre vorher berechnet worden sind, bei der sichtbaren, fühlbaren, hörbaren Wirkung von Maschinen oder Instrumenten, welche zur Hervorbringung eben dieser Wirkung nach den reinsten Abstractionen unseres Verstandes, nach Zahlen construirt worden sind u. s. w. Es wird dadurch nicht blos die Existenz äusserer Vorgänge, sondern auch eine gewisse Correlation der äussern Vorgänge und unserer sinnlichen Wahrnehmung zu einer so grossen Wahrscheinlichkeit, dass wir sie als gewiss annehmen können.

Wenn wir dem in der Einleitung inne gehaltenen Gedankengange in der speciellen Untersuchung unseres Gesichtsinnes folgen, so ergeben sich folgende Abtheilungen:

    A. die Lichtempfindung oder der Lichtsinn;

    B. der Farbensinn;

    C. der Raumsinn und Ortssinn;

    D. das stereoskopische und binoculare Sehen;

    E. das subjective Sehen.

DER LICHTSINN.

§ 16. Wir betrachten nach § 1 die Lichtempfindung als einen nicht weiter zu erklärenden Vorgang *sui generis*, als eine „specifische Energie", die wir als Thatsache hinnehmen müssen. Wir haben aber die Bedingungen aufzusuchen, unter denen Lichtempfindung stattfindet.

Alles, was auf die Netzhaut einwirkt, bringt entweder gar keine Empfindung oder Lichtempfindung hervor. Wir werden aber im vorliegenden Abschnitte nur diejenigen Einwirkungen oder Reize berücksichtigen, welche von Schwingungen des Lichtäthers oder sogenanntem objectiven Licht herrühren. Von diesen untersuchen wir hier nur die durch farbloses, weisses Licht hervorgebrachten Empfindungen. Es handelt sich also nur um die Empfindungen, welche durch quantitativ verschiedene Lichtreize hervorgerufen worden, also um die Empfindung von Lichtintensitäten. Die Fähigkeit, Intensitäten des Lichtes zu empfinden, bezeichne ich als „Lichtsinn", und unterscheide diesen Theil der Lichtempfindung von der Fähigkeit, die Farben des Lichtes zu empfinden, oder dem Farbensinne, so wie von den subjectiven Lichtempfindungen, welche im fünften Abschnitt besprochen werden. Mit dem Worte „Lichtsinn" wird also eine bestimmte Beziehung unserer Lichtempfindung abgegränzt.

Wenn wir den Gesichtsnerven als ein lebendiges Organ auffassen, in welchem ununterbrochen gewisse organische Vorgänge ablaufen, so müssen wir annehmen, dass diese Vorgänge, so lange sie ganz gleichmässig verlaufen, nicht empfunden worden oder wenigstens nicht zu unserm Bewusstsein kommen. Sobald aber eine Störung oder Veränderung in diesem Verlaufe stattfindet, wird eine Empfindung, welche zu unserm Bewusstsein gelangt, stattfinden können. Sie wird stattfinden müssen, wenn jene Veränderung eine gewisse Grösse oder Intensität erreicht.

Wie gross die Veränderung in der Thätigkeit des Nerven sein müsse, wissen wir nicht und können es direct nicht messen; wohl aber können wir die Grösse des äussern Reizes direct bestimmen, welche eine derartige Veränderung in der Thätigkeit unseres Sehnerven, d. h. eine Empfindung hervorbringt. Es ist demnach die Frage:

Wie gross muss ein Lichtreiz sein, wenn er eine Empfindung hervorbringen soll?

Die Beantwortung dieser Frage bietet ausserordentliche Schwierigkeiten, welche durch die zeitlichen und räumlichen Beziehungen des Sehorgans bedingt werden. Durch die zeitlichen Beziehungen insofern, als erstens unser Sehorgan fast ununterbrochen Lichtreizen ausgesetzt ist und zweitens die Erregungen desselben die Lichtreize überdauern. Wollen wir also die geringste Grösse bestimmen, welche ein Lichtreiz haben muss, um eine Lichtempfindung hervorzubringen, so müssen wir zuerst unsere Netzhaut jeder Lichteinwirkung entziehen und dann in unserm Gesammtgesichtsfelde eine Beleuchtung erzeugen, welche eben im Stande ist, eine Lichtempfindung hervorzurufen. Die Schwierigkeiten, welche sich dieser Bestimmung entgegenstellen, würden rein technischer Natur sein, wenn nicht der zweite Umstand, die Fortdauer der Erregung unseres Empfindungsorganes sich geltend machte. Denn offenbar müssen wir die Unfähigkeit, in tiefer Finsterniss schwaches objectives Licht sehen zu können, wenn wir vorher dem Lichte ausgesetzt gewesen sind, auf eine subjective Erregung unserer Netzhaut schieben, welche der Wahrnehmung objectiven Lichtes entgegenwirkt. Diese Erregung kann entweder als eine Abstumpfung für Lichteindrücke oder Ermüdung der Netzhaut aufgefasst werden, oder als eine gesteigerte subjective Thätigkeit. Durch Aufenthalt im lichtlosen Raume ändert sich der Zustand der Netzhaut und wir werden in der Beobachtung der Veränderungen dieses Zustandes ein Mittel haben, die angeregte Alternative der Entscheidung näher zu bringen. — Es wird dann die Frage sein, wann die Erregung aufhört oder wann das Auge für die tiefste Dunkelheit adaptirt ist? ob dieser Zustand schon nach Stunden, oder erst nach Tagen oder Wochen eintritt?

Würde experimentell die Lichtmenge festgestellt, welche in die tiefste Finsterniss gelangen muss, damit eine Lichtempfindung stattfinde, so würde damit nur ein specieller Fall unserer Aufgabe bestimmt sein, nämlich der Fall, wo die Lichtempfindung aufhört, gleich Null zu sein. Es müssten ausserdem noch die Fälle untersucht werden, in denen dem constant einwirkenden Lichtreize ein so grosses Plus von Licht hinzugefügt wird, dass ein Unterschied zwischen den beiden Lichtempfindungen bemerkt werden kann.

Bei diesen Bestimmungen ist vorausgesetzt, dass die Netzhaut in ihrer ganzen Ausdehnung von dem Lichtreize afficirt werde. Wir haben aber auch den räumlichen Verhältnissen Rechnung zu tragen und demnächst die Lichtintensität zu bestimmen, welche ein einzelner Punkt im absolut dunklen Gesichtsfelde haben müsste, um wahrgenommen werden zu können. Daran schliesst sich wieder die Frage, welche Lichtintensität eine Fläche von gewisser Ausdehnung haben muss, um sich von dem übrigen dunklen Gesichtsfelde zu unterscheiden und darum würde allgemein die Frage zu formuliren sein: welche Grösse und welche Lichtdifferenz muss ein Object gegen seine Umgebung haben, um als verschieden von derselben wahrgenommen werden zu können? Die oben gestellte Frage: wie gross ein Lichtreiz sein müsse, um eine Lichtempfindung hervorzurufen, würde demnach in folgende specielle Fragen, welche einer experimentellen Beantwortung fähig sind, zerfallen:

A. bei dunklem Gesichtsfelde:

1) Welche Helligkeit muss ein Object haben, um oben noch wahrgenommen werden zu können?

2) Wie gross muss die Erhellung des Gesammtgesichtsfeldes sein, um empfunden werden zu können?

3) Wie ändert sich die Erregbarkeit der Netzhaut im lichtlosen Raume?

B. bei hellem Gesichtsfelde:

4) Welche Differenz von Helligkeiten im Gesammtgesichtsfelde ist erforderlich, um empfunden werden zu können?

5) Welchen Einfluss hat die Grösse eines Objectes bei bestimmter Lichtdifferenz, und welchen Einfluss hat die Lichtdifferenz bei bestimmter Grösse des Objects auf die Wahrnehmbarkeit desselben?

6) Zeigen alle empfindenden Punkte der Netzhaut in diesen Beziehungen ein gleiches Verhalten?

7) Wie ändert sich die Erregbarkeit der Netzhaut während der Einwirkung eines Lichtreizes?

Diese Fragen werden wir in den folgenden Capiteln zu beantworten suchen.

CAPITEL I.

Adaptation der Netzhaut *).

§ 17. Ohne schon jetzt auf die Frage einzugehen, ob unser Sehorgan auch ohne objectives Licht Lichtempfindungen hat, wird es von Interesse sein, zu untersuchen, wo die Gränze der Empfindlichkeit für objectives Licht liegt, ob

---

*) Ich werde mit dem Worte „Adaptation" die Accommodation des Auges für Lichtintensitäten bezeichnen und bitte, dass auch andere Beobachter meinem Vorschlage folgen möchten, mit „Accommodation" lediglich die Einrichtung des Auges für Ferne und Nähe, mit „Adaptation" die Einrichtung für verschiedene Helligkeiten zu bezeichnen.

diese Gränze constant oder veränderlich ist, eventualiter, wie sich diese Gränze verändert. Die zur Beantwortung dieser Frage erforderlichen Versuche müssen in einem ganz finstern Raume angestellt werden, in welchem sich eine minimale, willkürlich veränderliche und messbare Lichtquelle befindet. Die gefundene Gränze ist die Gränze der absoluten Empfindlichkeit für objectives Licht (*Reizschwelle*, Fechner), im Gegensatze zu der später zu besprechenden Empfindlichkeit für Lichtunterschiede (*Unterschiedsschwelle*, Fechner).

Es hat grosse Schwierigkeiten, aus einem gewöhnlichen Wohnzimmer alles Licht auszuschliessen, oder wenn die absolute Lösung dieser Aufgabe zweifelhaft scheinen sollte — denn man könnte z. B. glauben, dass durch die Poren einer Mauer auch noch Quantitäten von Licht durchgingen — das Licht aus demselben so weit auszuschliessen, dass man nach dem Aufenthalte von vielen Stunden während intensivster Tageshelle keine Spur einer Lichtquelle in demselben bemerkt. Nach verschiedenen Vorversuchen bin ich, um alles Licht abzuhalten, in folgender Weise verfahren:

Die Fensterscheiben werden mit dünnen Scheiben von Zinkblech, welches der Pappe aus vielen Gründen vorzuziehen ist, belegt und ringsherum an den Rändern mit Fensterkitt verschmiert. Der Fensterkitt darf nicht zu sparsam aufgetragen werden, da sonst ein rothes Licht durch ihn hindurchdringt. Ebenso werden die Ritzen zwischen den Fensterflügeln und dem Fensterkreuze mit Kitt verschmiert. Ist dies mit Sorgfalt ausgeführt, so gelangt kaum noch eine Spur von Licht durch die Fenster hinein. Um auch diese Spur zu tilgen, wird über das ganze Fenster ein Rahmen gedeckt, welcher mittelst Schrauben gegen den Rand des Fensterfutters gepresst wird. Der Rahmen ist mit Pappe überzogen, die auf der einen Seite mit Asphaltlack überstrichen, auf der andern mit schwarzem Papier beklebt ist. Die schmalen Kanten der Leisten des Rahmens, welche an die Fensterfutter gepresst werden, sind mit Tuchleisten benagelt. Werden die Rahmen angeschraubt, ohne dass die Fenster mit Zinkblech belegt sind, so ist nach Aufenthalt von einer Stunde kaum eine Spur von Licht zu bemerken: der doppelte Verschluss bietet also wohl ausreichende Sicherheit für den absoluten Abschluss des Lichtes an den Fenstern. Eine Spalte erscheint aber nun zwischen Fensterfutter und Mauer: diese Gränze wird daher ringsherum mit Fensterkitt verschmiert und ausserdem ein wurstförmiges Polster von Watte in schwarzem Cattun zwischen Rahmen und Mauer gestopft.

An den Thüren werden zunächst alle Ritzen mit Fensterkitt verschmiert und der Rand des Thürfutters mit Tuchleisten benagelt. Es ist nicht sehr schwer, das Licht, welches durch die Thüren kommt, auf diese Weise bis auf sehr kleine Spuren abzuschliessen; aber diese kleinen Löcher, welche Licht durchlassen, zu verstopfen, hat seine grossen Schwierigkeiten, weil sie gewissermassen Röhren sind, in deren Axe sich das Auge befinden muss, um Licht wahrzunehmen. Um daher auch diese Spuren von Licht sicher abzuhalten, werden, wie bei den Fenstern, Holzrahmen von einer solchen Grösse, dass sie über das ganze Thürfester übergreifen und mit ihren vorragenden Rändern gegen die Wand gepresst werden, an die Thür festgeschraubt. Die Rahmen sind gleichfalls mit Pappe und schwarzem Papier überzogen und wo sie an die Wand und den Fussboden stossen, mit Tuchleisten benagelt. Auch bei geöffneter Thür lassen die Rahmen kein bemerkbares Licht durch. Dass durch die Ritzen zwischen den Dielen oder durch die Decke des Zimmers oder durch eine Stelle der Wände Licht dringt, habe ich nie bemerkt; auch im Ofen habe ich bei offener Klappe keinen Lichtschein bemerken können.

Ob ein absoluter Lichtausschluss überhaupt möglich ist, kann zweifelhaft sein, aber ich muss anführen, dass mir eine so tiefe Finsterniss, wie in meinem Zimmer, sonst niemals vorgekommen ist, dass ich nach einem Aufenthalte von über 6 Stunden, bei grosser Tageshelle ausserhalb, keine Spur von objectivem Licht habe bemerken können, und glaube daher, dass der Abschluss des Lichtes in meinem Zimmer wohl eben so vollständig ist, wie in von Reichenbach's höchst umsichtig construirter Dunkelkammer. (von Reichenbach, *Der sensitive Mensch*. 1855.)

§ 18. Trete ich aus der Tageshelle in das finstere Zimmer, so ist mein Gesichtsfeld keineswegs lichtlos oder schwarz; vielmehr sehe ich in einer etwas grauen Fläche erstens eine Menge kleiner etwas gelblich tingirter Lichtpunkte und Lichtlinien von sehr verschiedener Form, welche in einem fortwährenden Wechsel begriffen sind; zweitens grosse helle Massen, Wolken vergleichbar, welche oft einen bedeutenden Theil des Gesichtsfeldes einnehmen und meist hellgrau, ohne farbige Nüance sind. Gewöhnlich sind ihre Begränzungen wie bei den Wolken unregelmässig und verlieren sich allmählig, mitunter sind sie aber auch an der einen Seite von einer graden scharfen Linie begränzt. Diese Wolken wechseln vielfach in ihrer Form, bleiben aber auch öfters viele Sekunden lang unverändert. Eine genauere Beschreibung dieser subjectiven Erscheinungen wird erst im fünften Abschnitte folgen: hier will ich nur so viel feststellen, dass das Gesichtsfeld im absolut finstern Raume nicht lichtlos oder schwarz ist.

Da von in vielen Fällen subjective Lichterscheinungen der Wahrnehmung objectiven Lichtes entgegenwirken, z. B. bei den Blendungsbildern und Nachbildern, so könnte man der Ansicht sein, die Empfindung subjectiven Lichtes hindere die Wahrnehmung sehr geringer Lichtmengen im finstern Zimmer, und je mehr diese subjective Thätigkeit zurücktritte, um so geringere Lichtmengen müssten wahrgenommen werden können: kurz die Adaptation des Auges erfolge, weil die subjective Thätigkeit immer mehr zurücktrete. Dieser Annahme scheinen aber die Thatsachen zu widersprechen. Denn nach stundenlangem Aufenthalte im Finstern, wenn die Empfindlichkeit für Lichteindrücke bedeutend gesteigert ist (wie wir sogleich genauer feststellen werden), hören die subjectiven Erscheinungen keineswegs auf, ja ich kann nicht einmal behaupten, dass sie erheblich vermindert würden, das Gesichtsfeld also reiner und schwärzer wäre; im

Gegentheil habe ich einige Male eine merkliche Zunahme der subjectiven Lichtempfindung bemerkt. Beruhte aber die Adaptation des Auges auf einem Zurücktreten der subjectiven Thätigkeit des Sehorgans, so müsste offenbar das Gesichtsfeld bei langem Aufenthalte im Dunkeln schwärzer und lichtloser werden.

Es ist also wahrscheinlicher, dass subjective Lichtempfindung und Adaptation des Auges unabhängig von einander sind. Die Entscheidung hängt davon ab, welche Vorstellung wir uns von dem nervösen Organe für die Lichtempfindung machen. Denkt man sich nach dem in der Einleitung § 4 Angeführten die subjective Empfindung von Licht im Centrum stattfindend, so wird bei Abhaltung des objectiven Lichtes die Erregbarkeit der eigentlichen Netzhaut und des Nervus opticus zunehmen, ohne dass sich die subjective Empfindung ändert. Dann kann ein auf die Netzhaut wirkendes objectives Licht kleiner sein, um einen Eindruck hervorzubringen, als bei weniger erregbaren zuleitenden Organen. Mit dieser Auffassung ist im Einklange die beobachtete Zunahme der Empfindlichkeit für objectives Licht bei gleichbleibender subjectiver Lichtempfindung im finstern Raume, die heftige Blendung beim Austritt aus dem finstern Zimmer, die grosse Helligkeit im Gesichtsfelde, wenn ein gelinder Druck auf das Auge, d. h. die Retina ausgeübt wird, nachdem man längere Zeit im Finstern gewesen ist — in diesen Fällen ist bei gleichbleibender Erregung des Centrums eine erhöhte Erregbarkeit des zuleitenden Organs die Ursache der lebhafteren Lichtempfindung.

§ 19. Um die geringste Lichtintensität zu bestimmen, welche für mein Auge noch wahrnehmbar ist, musste ich vorher den Gang der Adaptation meines Auges oder die Curve derselben untersuchen und die Frage stellen:

Um wieviel und mit welcher Geschwindigkeit nimmt die Empfindlichkeit des Auges für Licht beim Aufenthalte im Finstern zu?

Erforderlich zur Untersuchung dieser Frage ist 1) eine Lichtquelle von sehr geringer Intensität, welche willkürlich verändert werden kann und deren Veränderungen gemessen werden können; 2) eine Bestimmung der Zeit, in welcher die Lichtquelle verändert wird.

Als Lichtquelle in dem ganz finstern Zimmer diente ein Platindraht, welcher durch den galvanischen Strom glühend gemacht wurde. Der Draht kann willkürlich verlängert und dadurch sein Glühen geschwächt werden. Bestimme ich die Länge des Drahtes, bei welcher unmittelbar nach dem Eintritt ins finstere Zimmer eben noch eine Spur von Licht wahrgenommen werden kann, verlängere ihn dann um eine bestimmte Grösse, und bestimme, nach welcher Zeit der verlängerte Draht wieder sichtbar wird; so bekomme ich eine Relation zwischen den Drahtlängen, bei denen ein Glühen eben bemerkbar ist, und der Zeit, welche das Auge im lichtlosen Raume zubringen muss, um das Glühen wahrnehmen zu kön-

Kann ich dann die Intensität des Lichtes bei verschiedenen Drahtlängen photometrisch bestimmen, so bekomme ich an Stelle der Drahtlängen Lichtreize von verschiedener Größe und die Zeiten, in denen sich das Auge für dieselben adaptirt.

§ 20. Ich lasse nun die näheren Angaben über die Versuche und zwar
zunächst über die Einrichtung der Lichtquelle folgen.

Fig. 1.

In den Klemmen eines Daniell'schen Elementes *Figur 1.* C Z werden die
beiden gut amalgamirten Messingdrähte a und b als Electroden festgeschraubt.
Der Draht a ist in C unbeweglich, der Draht b dagegen kann in Z um seine
Axe gedreht werden, und dadurch das Stück desselben jenseits der Biegung von
der Electrode a entfernt und ihr genähert werden. An der Electrode a ist ein
Platindraht p mittelst einer Schlinge befestigt, welcher über die Electrode b
gespannt ist und durch das Gewicht Q von 50 Grammes in gleichmäßiger Span-
nung erhalten und an die Electrode b angedrückt wird. Durch Drehung der
Electrode b in Z wird also die Länge des Platindrahtes vergrössert und verkleinert. Da die Verlängerung und Verkürzung des Platindrahtes im Finstern
geschehen muss und gemessen werden soll, so ist ein besonderes Verfahren erforderlich. Mir dienten zur Einstellung und Messung Täfelchen aus dünner, aber
harter Holzpappe von der Form, wie sie *Fig. 2* zeigt. Das untere breitere Ende
in Form eines Rechteckes ist das Maass und misst 10, 11, 12 ..... bis 40 Mm.

Das obere schmalere Ende wird zwischen die Electroden a und b, *Fig. 1*, geschoben, und nachdem die Schraube in Z gelüftet ist, werden durch Hinauf-schieben der Täfelchen die Electroden von einander entfernt und dadurch der Platindraht verlängert. Hat z. B. der Draht eine Länge von 14 Mm. gehabt, so wird das Täfelchen 15 zwischen die Electroden geschoben und dadurch der

Fig. 2.

Draht um 1 Mm. verlängert u. s. w. Nach jeder Einstellung wird die Schraube in Z wieder angezogen. Vor dem Beginn eines Versuchs werden die Täfelchen der Reihe nach auf den Tisch gelegt und es macht dann keine Schwierigkeit die richtigen Täfelchen der Reihe nach im Finstern zu finden, und den Platindraht auf die angegebene Weise um je 1 Mm. zu verlängern. Die bereits benutzten Täfelchen werden der Reihe nach an einen besondern Ort gelegt, so dass nach Vollendung des Experimentes eine Controlle stattfinden und etwaige Versehen festgestellt und eliminirt werden können.

Zur Bestimmung der Zeit, in welcher die Verlängerung des Platindrahtes geschah, musste im hellen Nebenzimmer ein Gehülfe mit einer Uhr sitzen, welchem ich, sobald ich den Draht sehen konnte, die Zahl der Millimeter, auf welche der-selbe eingestellt war, zurief. Der Gehülfe rief mir dann die Zeit zu, und wir notirten beide die angegebenen Zeiten und Drahtlängen. In einigen Versuchen notirte ich ohne Gehülfen die Zeit, indem ich eine Uhr mittelst einer Dommxxx-schen Zündmaschine auf Augenblicke beleuchtete und die Zeit ablas. Diese Beleuchtung ist genügend, um die Zahlen auf der Uhr deutlich erscheinen zu lassen und doch so schwach, dass der Gang der Adaptation dadurch gar nicht oder nur unmerklich beeinflusst wird. Ich notirte die Zeit und Drahtlänge jedes-mal auf einen besondern Zettel, den ich dann in die Tasche steckte. Verschiedene Notirungen auf ein und dasselbe Blatt Papier im Finstern zu machen, ist nicht zweck-mässig, da es leicht zu Confusion und Irrthümern führt, wie ich im Anfange der Versuche erfahren habe.

Auf diese Weise werden also zunächst Drahtlängen und Zeiten ge-wonnen — ich muss jetzt auf einige Schwierigkeiten, die von Seiten des Elementes veranlasst werden, eingehen.

Das geschlossene Element muss nämlich 4—6 Stunden lang ganz constant bleiben. Rauchende Salpetersäure kann man aber in dem festverschlossenen Raume nicht wohl anwenden. Ich habe daher ein Daniell'sches Element benutzt. Der Kupfermantel desselben, *Fig. 1*, ist durchlöchert und mit einem durchlöcherten Boden von Kupferblech versehen; dieser Becher von Kupfer ist bis über das Niveau der gesättigten Lösung von schwefelsaurem Kupferoxyd mit Kristallen dieses Salzes angefüllt, so dass diese Flüssigkeit wohl während 5—6 Stunden als unveränderlich angesehen werden kann. Der Zinkmantel ist sehr sorgfältig

amalgamirt und befindet sich in einer grossen Quantität (2½ Quart) sehr stark
verdünnter Schwefelsäure; ich habe meistens eine Verdünnung der officinellen
Schwefelsäure (= 81 % SO_3) von 100 Volumina Wasser auf 1 Volumen Säure
angewendet, nur in einem Experimente eine Verdünnung von 50 Volumina Wasser
und in einigen im Anfange angestellten Versuchen eine Verdünnung von 25 Vol.
Wasser auf 1 Vol. Säure. Die Veränderung der Säure während der Versuchs-
zeit von 5—6 Stunden dürfte wohl auch nur sehr gering gewesen sein. — Der
Raum zwischen dem Zink und dem Glase war so gross, dass die Säure bequem
mit einem Glasstabe, s. Fig. 1, umgerührt werden konnte. Da sich aber an der
innern Wand des Zinkmantels eine schwarze Masse ansetzt (Kupferoxyd?), so
bediente ich mich zu dessen Entfernung eines lackirten Messingringes m, welcher
genau die Wände des Zinkmantels berührte und mittelst eines daran befestigten
Stabes n an dem Zinkmantel auf und ab geschoben werden konnte, so dass der
Niederschlag an dem Zinkmantel immer wieder entfernt und zugleich die zwischen
Thonzelle und Zinkmantel befindliche Säure umgerührt werden konnte. Der
Zinkmantel ist, um die Communication der äussern und innern Flüssigkeit zu
erleichtern, geschlitzt. Dass die einzelnen Theile des Elementes sorgfältig gegen
einander befestigt sind (durch Korkstreifen) und unverrückt gegen einander bleiben, versteht sich von selbst. — Ferner liess ich das geschlossene Element immer
eine Stunde vor dem Beginn der Versuche stehen, eine Zeit, in welcher eine
vollständige Constanz erreicht zu werden scheint. Dass die Constanz des Stromes
während vieler Stunden sich erhalten habe, scheint mir folgende Prüfung zu
beweisen. Um 9½ Uhr Morgens stellte ich das Element im finstern Zimmer auf
und musste bis 10 Uhr den Platindraht allmählig bis auf 20 Mm. verlängern,
bei welcher Länge ich ihn unmittelbar nach dem Eintritt ins Finstere eben leuchten sah, bei 21 Mm. Länge dagegen nicht. So liess ich das Element und ging
von Zeit zu Zeit in das finstere Zimmer, wo ich immer dieselbe Drahtlänge nöthig
fand zur Ebenmerklichkeit einer Lichtempfindung bis 3½ Uhr Nachmittags;
um 4 Uhr aber musste ich den Draht auf 19 Mm. verkürzen, um ihn unmittelbar
nach dem Eintritt ins Finstere leuchten zu sehen. Da die Versuche nicht über
3 Stunden gedauert haben, so ist wohl anzunehmen, dass das Element während
der Dauer der Versuche constant geblieben ist. — Da die Electroden stark
amalgamirt waren, so ist die Berührung des Platindrahtes mit denselben wohl
immer sehr gleichmässig gewesen. Ueber die Gleichmässigkeit des sehr dünnen
Platindrahtes habe ich dagegen keine Untersuchungen angestellt, glaube aber dieselbe nach den Resultaten der Versuche, in denen verschiedene Stücke angewendet
wurden, als sehr gross annehmen zu müssen. Ferner war die Länge des Platindrahtes zwischen den Electroden genau gleich der Distanz der Electroden, wie
sie mittelst der Täfelchen von Pappe eingestellt wurde. — Endlich ist zu bemerken, dass der Platindraht niemals zu einem so starken Glühen gebracht
wurde, dass dadurch eine Dehnung und Verlängerung hätte herbeigeführt
werden können.

Eine Schwierigkeit wird noch veranlasst durch die Methode der Einstellung des Platindrahtes: die Empfindlichkeit des Beobachters nimmt nämlich in den ersten zwei Minuten, nachdem man in das Finstere gekommen ist, so schnell zu, dass es nicht möglich ist, innerhalb dieser Zeit den Draht so schnell zu verlängern, dass sich zuverlässige Zeitangaben nach Sekunden erreichen liessen — meine Angaben in dieser Zeit sind daher nur ungefähr und ich habe in den Curven eine grade Linie für diese ungenau bestimmten Zeiten gezogen.

§ 21. Bevor ich die gefundenen Zahlen anführe, ist die Frage zu erledigen, was die Drahtlängen in photometrischer Beziehung zu bedeuten haben? Die Erwärmung eines Platindrahtes ist abhängig von der Stromstärke, dem Widerstande des Elementes und des Drahtes, von der Ableitung der Wärme durch die Luft und durch die Electroden, das Glühen des Drahtes aber ist abhängig von seiner Temperatur. Ueber diese Verhältnisse liegen Untersuchungen vor, erstens von J. Müller (Bericht über die neuesten Fortschritte der Physik, 1849, p. 386), welcher die Helligkeit des Glühens nicht gemessen, sondern nur geschätzt hat, die daher für mich nicht verwerthbar sind; zweitens Untersuchungen von Zöllner (Poggendorff's Annalen, Bd. 109, p. 266), welcher die photometrischen Werthe des Glühens eines Platindrahtes bei verschiedenen Stromstärken genau bestimmt hat und in Uebereinstimmung mit Müller zu dem Satze gekommen ist, „dass die Lichtentwickelung mit steigender Stromstärke ungemein schnell wächst". Indess zeigen sich grade in diesem Verhältnisse bei Zöllner's Versuchen so bedeutende Schwankungen, dass aus denselben keine weiteren Schlüsse gezogen werden können. Denn legt man die Werthe der Tabelle I unter IQ (p. 266) und die Werthe der Tabelle II unter S zu Grunde, und berechnet darnach das Verhältniss der Stromstärke zu der Lichtintensität, so zeigen sich sehr beträchtliche Differenzen selbst bei ein und demselben Drahte.

Diesen Versuchen gegenüber habe ich es aufgegeben, eine Relation zwischen dem elektrischen Strome und den Intensitäten des Glühens zu suchen, sondern habe in einfachster Weise die Abnahme der Lichtintensität bei Verlängerung des Drahtes bestimmt. Nachdem ich die grösste Länge des Drahtes am Ende eines Adaptationsversuches, also 1—3 Stunden nach dem Eintritt ins finstere Zimmer, eingestellt hatte, bei welcher ich eben noch ein Leuchten wahrnehmen konnte, hielt ich ein graues Glas vor beide Augen, so dass der Draht nicht mehr zu sehen war. Dann verkürzte ich den Draht durch Stellung der einen Electrode allmählig so weit, bis ich ihn durch das graue Glas hindurch eben wieder sehen konnte, und bestimmte seine Länge. Um so viel, als das Glas Licht absorbirte, musste dann der Draht an Lichtintensität bei seiner Verkürzung zugenommen haben.

Die Lichtabsorption des Glases wurde auf zweierlei Weise bestimmt. Erstens mittelst gleicher Schatten. Vor einem weissen Papier ab

Fig. 3 ist ein Stab *S* aufgestellt. Von diesem Stabe fällt ein Schatten *l* auf das Papier von dem Lichte *L*, vor welchem das graue Glas aufgestellt ist; neben *l* auf das weisse Papier fällt der Schatten *l'* von dem Lichte *L'*, welches durch kein Glas gedämpft ist. Dann wird *L'* so weit entfernt, bis die beiden Schatten *l* und *l'* ganz gleich erscheinen. Dies trat ein bei einer Entfernung des Lichtes *L* von der Tafel = 535 Mm. und einer Entfernung des Lichtes *L'* = 2630 Mm., also einer 4,9 mal grösseren Entfernung des Lichtes *L'*. Da die beiden Lichter, wie ich anderweitig untersucht hatte, sehr annähernd gleich hell und sehr gleichmässig brannten, die Schatten ihre Intensität während einer Viertelstunde auch kaum merklich änderten, so glaube ich diese Bestimmung als hinlänglich genau ansehen zu können. Es würde also, die Beleuchtung durch das Licht *L'* = 1 gesetzt, die Beleuchtung durch das Licht *L* = 4,9² = 24 zu setzen sein, die Lichtabsorption des Glases also = 95,84 %, oder nahezu = 96 %.

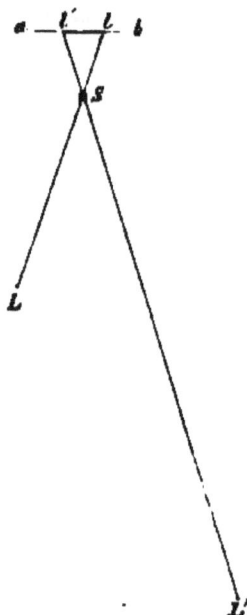

Fig. 3.

Zweitens wurde die Absorption des Lichtes durch das Glas bestimmt mittelst eines noch öfter zu erwähnenden Instrumentes, welches ich *Episkotister* (ἐπισκοτίστης, Verfinsterer, Verdunkler) nennen will. Derselbe besteht aus 2 geschwärzten Messingscheiben, an deren jeder 4 Octanten ausgeschnitten sind, in der Weise wie es *Fig. 5* zeigt.

Die beiden Scheiben werden auf einander gelegt und können durch Drehung um ihren Mittelpunkt so gegen einander gestellt werden, dass die vollen Octanten der einen Scheibe beliebig grosse Stücke der ausgeschnittenen Octanten der andern Scheibe bedecken. Dann bleiben entsprechend grosse Sectoren übrig, wo die Ausschnitte der beiden Sectoren über einander liegen, durch welche also das Licht hindurchgehen kann. In *Fig. 4* ist die eine Scheibe concentrisch, die andere Scheibe radiär liniirt. Die weissen Sectoren sind die Theile der Scheibe, welche das Licht durchblassen. An einer Gradtheilung 0° ..... 45° (*Fig. 4*) kann die Grösse des freigelassenen Sectors abgelesen werden. In an befinden sich Stifte an der concentrisch schraffirten Scheibe, welche in einem Schlitze der radiär schraffirten Scheibe gehen und auf den Stiften befinden sich Schraubenmuttern, mittelst deren die Scheiben gegen einander festgeschraubt werden können. Die Scheiben sind in *Fig. 4* so gestellt, dass je 12° eines

3

Quadranten Licht durchlassen, die übrigen 78° des Quadranten nicht. Wird nun die Scheibe an einer Axe befestigt und mittelst eines Triebrades u. s. w. in schnelle Rotation versetzt, so hat sie das Ansehen eines grauen Glases, dessen Dunkelheit und Durchsichtigkeit man durch Stellen der Scheiben gegen einander beliebig

Fig. 4.   Fig. 5.

ändern, und an dem man die Menge des durchgehenden und des abgehaltenen Lichtes durch Ablesen der Grade genau bestimmen kann.

Zu dem vorliegenden Zwecke, die Menge des durch das graue Glas durchgelassenen Lichtes zu bestimmen, wurde das graue Glas in einem Gestell festgeschraubt, dicht daneben der Episkotister aufgestellt und in schnelle Rotation gesetzt. Dann wurde abwechselnd durch das graue Glas und durch den Episkotister ein so matt beleuchtetes weisses Papierstückchen betrachtet, dass es durch das graue Glas nur eben wahrnehmbar war, und die Oeffnung des Episkotisters so lange gestellt, bis das Papier, durch ihn gesehen, ebenso erschien, wie durch das Glas. Dazu musste der offene Sector des Episkotisters auf 4° eingestellt werden; die Gesammtöffnung desselben betrug mithin 16°, der undurchsichtige Theil 344°. Es wurden also 4,₄₄ % Licht durchgelassen durch das graue Glas und den Episkotister und 95,₄₄ % absorbirt, respective nicht durchgelassen. Dieser Werth differirt so wenig, als irgend erwartet werden kann, von dem mittelst des Schattenversuches erhaltenen Werthe von 95,₄₄ % für die Menge des absorbirten Lichtes.

Nimmt man nun an, von dem grauen Glase würden 4,₄₄ % bis 4,₁₆ % oder im Mittel 4,₄ % oder ¹/₂₃ Licht durchgelassen, so wird der Platindraht 23 mal stärker leuchten müssen, um durch das graue Glas hindurch eben wahrgenommen werden zu können, als er ohne Glas leuchten muss, um an der Gränze der Sichtbarkeit zu stehen. In der folgenden Tabelle I sind von 6 Versuchsreihen die Drahtlängen zusammengestellt, bei denen die schwächste Spur eines Leuchtens mit blossen Augen und durch das graue Glas hindurch bemerkt werden konnte.

Tabelle 1.

No. der Versuche:	Der Draht ist eben sichtbar bei einer Länge von:		Differenzen:
	ohne Glas.	mit Glas.	
I.	27 Mm.	21 Mm.	6
II.	(27) ,	20 ,	(7)
III.	29 ,	22 ,	7
IV.	(34) ,	(26) ,	(8)
V.	26 ,	20 ,	6
VI.	31 ,	25 ,	6

Die Schwankungen in den Differenzen der Drahtlängen sind nicht sehr bedeutend, wenn man bedenkt, dass die Messmethode keine grosse Genauigkeit gestattet und dass es schwierig ist, genau den Punkt zu bestimmen, wo man eben etwas wahrnimmt. Auch muss ich zum Versuch IV bemerken, dass ebenso wie bei Versuch II das Leuchten bei der Länge des Drahtes von 34 Mm., resp. 27 Mm. nur auf Momente zu bemerken war, also eigentlich etwas niedrigere Zahlen stehen müssten, dass andererseits der Werth 26 in Versuch IV zu niedrig ist, und zwischen 26 Mm. und 27 Mm. gefunden wurde. Für die Differenz würden dann richtiger 7 Mm. anzunehmen sein.

Im Mittel entsprechen dann etwa 6,5 Mm. der Verlängerung des Drahtes einer Abnahme der Helligkeit um das 23fache.

Berücksichtigt man ferner, dass die Unterschiede der Drahtlängen nicht sehr gross sind, dass Schwankungen in den gefundenen Werthen stattfinden, dass aus demselben kein constantes Verhältniss zwischen der absoluten Länge des Drahtes und der Differenz zu ermitteln ist; so wird es der Einfachheit wegen gestattet sein, die Verlängerung des Drahtes um 1 Mm. einer photometrischen Einheit gleich zu setzen, welche sich ergeben würde

$$= \frac{23}{6,5} = 3,5, \text{ d. h. die Helligkeit des Leuchtens nimmt bei einer}$$

Verlängerung des Drahtes um 1 Mm. ungefähr um das 3,5fache ab.

§ 22. Nachdem wir so ein ungefähres Helligkeitsmaass für unsere Lichtquelle gewonnen haben, können wir an die Lösung der in § 19 gestellten Aufgabe gehen: um wieviel und mit welcher Geschwindigkeit die Empfindlichkeit des Auges für Licht im Finstern zunimmt?

Unmittelbar nach dem Eintritt in das finstere Zimmer wird also der Draht um je 1 Millimeter verlängert, wenn er eben als ein leuchtendes Object wahrgenommen worden ist, und die Zeit, wo dies der Fall gewesen ist, bestimmt.

In der folgenden Tabelle sind die 4 letzten Beobachtungen, welche mit Berücksichtigung aller Vorsichtsmaassregeln an ein- und demselben Stück Platindraht gemacht worden sind, zusammengestellt. In der ersten Columne ist die Zahl der Minuten angegeben, welche verflossen, bevor der um je 1 Millimeter verlängerte Draht eben gesehen werden konnte. 0 bedeutet den Anfang des Ver-

3*

suches, wo der Platindraht so lang war, dass er unmittelbar nach dem Eintritt in das finstere Zimmer eben gesehen werden konnte. In den Versuchen I bis III war 1 Vol. Schwefelsäure auf 100 Vol. Wasser, in Versuch IV 1 Vol. Schwefelsäure auf 50 Vol. Wasser genommen. Versuch I, II, und IV wurden Abends, III Vormittags angestellt. Die Nummern der Versuche sind dieselben, wie in Tabelle I.

Tabelle II.

I.		II.		III.		IV.	
Zeit.	Draht-länge.	Zeit.	Draht-länge.	Zeit.	Draht-länge.	Zeit.	Draht-länge.
0	19 Mm.	0	18 Mm	0	19 Mm.	0	24 Mm
1/8'	20	1/4'	19		20		25
1/3'	21	1/4'	20	2'	21		26
1'	22	1/4'	21		22	2'	27
1'	23	1/4'	22		23		28
2'	24	1/2'	23	2'	24		29
10'	25	5'	24	3'	25	1 1/2'	30
14'	26	6'	25	5'	26	2 1/8'	31
62'	27	33'	26	11'	27	10'	32
		85'	(27)	24'	28	48'	33
				78'	29	74'	(34)
91'	9 Mm.	132'	9 Mm.	125'	10 Mm.	138'	10 Mm.

Dieser Tabelle gemäss lassen sich die Adaptationscurven construiren, welche in *Figur 6* (Seite 37) dargestellt sind.

Auf der Abscisse ist die Zeit angegeben und zwar so, dass 1 Millimeter = 1 Minute ist; auf der Ordinate sind die Längen des Platindrahtes in der Weise verzeichnet, dass der Verlängerung des Drahtes um 1 Millimeter eine Distanz von 5 Millimeter auf der Ordinate entspricht. Die 5 Millimeter würden der im vorigen § gefundenen photometrischen Maasseinheit, also einer 3,5fachen Lichtabnahme gleich zu setzen sein. Die an der Ordinate stehenden Zahlen geben zugleich die absoluten Längen des Drahtes in Millimetern an. Die vertikalen Linien bezeichnen das Ende der einzelnen Versuche, indem Versuch I nach 91, II nach 132 Minuten u. s. w. beendet war.

Tabelle und Zeichnung geben eine Vorstellung von der Grösse und von der Geschwindigkeit der Adaptation.

§ 23. Die Grösse der Adaptation, d. h. die Zunahme der Empfindlichkeit für Lichtreize, wird ausgedrückt durch die Abnahme der Helligkeit des Platindrahtes. Der Draht ist um 9 bis 10 Mm. verlängert worden, hat also, da seine Verlängerung um 1 Mm. einer 3,5mal geringeren Helligkeit gleicht, am Ende des Versuchs eine etwa 35mal geringere Helligkeit gehabt, als am Anfange desselben. Die Empfindlichkeit nimmt also während eines etwa 2stündigen Aufenthaltes im Finstern so zu, dass ein um das 35fache schwächerer Lichtreiz dieselbe Empfindung hervorbringt; oder, da Reiz und Empfindlichkeit reciprok sind: Die

Empfindlichkeit für Lichtreize ist am Ende meiner Versuche
35mal grösser gewesen, als am Anfange derselben. Um eine

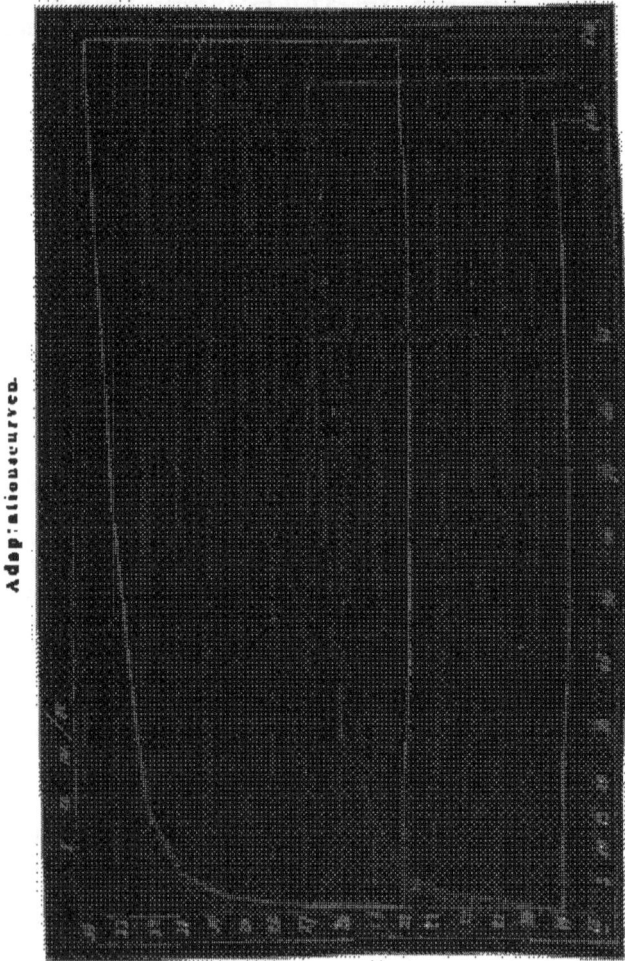

ungefähre Vorstellung von der Grösse der Empfindlichkeitszunahme zu geben,
will ich zwei Helligkeiten, deren Differenz sich nach einer im § 39 zu besprechen-

den Methode bestimmen lässt, und die etwa dieselbe Differenz haben, angeben:
dunkelgraues Löschpapier würde *ceteris paribus* am Ende der Versuche eben so
hell, als mattes weisses Vellupapier am Anfange derselben erscheinen. Wir werden dort sehen, dass sehr dunkles mattes schwarzes Papier nur etwa 57mal
dunkler ist, als sehr weisses Papier.

Was nun aber den Anfangspunkt der Curven betrifft, so lässt sich
dieser nicht mit sehr grosser Genauigkeit bestimmen. Wenn man nämlich in das
finstere Zimmer tritt, so vergehen doch unvermeidlich einige Sekunden, bevor
man den Draht gefunden hat; in dieser Zeit hat aber die Empfindlichkeit offenbar schon zugenommen, und es ist daher kein genauer und sicherer Anfangspunkt
zu gewinnen. Das erste bemerkliche Glühen des Drahtes im Hellen als Anfangspunkt zu nehmen, ist ausserdem, dass es irrationell wäre, deswegen unzweckmässig, weil Tageshelle oder Lampenbeleuchtung an sich auch sehr ungleichmässig sind. Eine Differenz um 1 Mm. dürfte in verschiedenen Versuchen kaum
zu vermeiden sein, grösser glaube ich dieselbe aber nicht taxiren zu dürfen.

Die Gränze der Adaptation oder die höchste Empfindlichkeit habe ich am
Ende meiner Versuche offenbar noch nicht erreicht gehabt. Aber ein Blick auf
die Gestalt der Curven oder die Erwägung, dass in den letzten 3 Versuchen über
eine Stunde erforderlich gewesen ist, ehe ich den um 1 Mm. verlängerten Draht
wahrnehmen konnte, führt dahin, anzunehmen, dass ich wohl erst innerhalb mehrerer Stunden so weit adaptirt gewesen sein würde, um den Draht bei einer
weiteren Verlängerung um 1 Mm. leuchten zu sehen. Ob das Element so lange
constant zu erhalten gewesen wäre, bezweifle ich. Auch will ich nicht unterlassen, zu bemerken, dass diese Adaptationsversuche an Langweiligkeit alles weit
übertreffen, was ich je kennen gelernt habe! — Es wäre aber auch möglich, dass
in der Adaptation ein Zurückgehen einträte, und nur stärkeres Leuchten in
späterer Zeit noch erkannt werden könnte. In Versuch II nahm nach einem
Aufenthalte von 132 Minuten im Finstern die subjective Lichtempfindung sehr
zu und ich konnte nach 176 Minuten den Draht nur noch bei einer Länge von
25 Mm. leuchten sehen. Der bald darauf eintretende Gehülfe sah nach wenigen
Sekunden den Draht bei 20 Mm. Länge leuchten, während ich ihn im Anfange
des Experiments nur bei 18 Mm., nicht mehr bei 19 Mm. Länge unmittelbar
nach dem Eintritt hatte leuchten sehen. Die Annahme, dass das Element an
Stromstärke abgenommen hätte, wird dadurch nicht wahrscheinlich gemacht. —
In Versuch IV trat gleichfalls nach 97 Minuten eine grosse subjective Helligkeit
im Gesichtsfelde ein, so dass ich den Draht bei 33 Mm. Länge, den ich schon
nach einem Aufenthalte von 64 Minuten gesehen hatte, nicht erkennen konnte;
ich sah ihn dann wieder nach 103 Minuten und konnte nach 138 Minuten sogar
bei der Länge von 34 Mm. auf kurze Zeit ein Leuchten des Drahtes wahrnehmen.
Leider muss es dahingestellt bleiben, ob Ungleichheit der Stromstärke oder
subjective Veränderungen die Ursache des Sinkens der Curven sind. Es bleibt
aber eine Aufgabe für spätere Untersuchungen, ob die Curve der Adaptation

parallel zur Abscisse wird und ob dies direct oder erst nach Oscillationen eintritt. Es ist wahrscheinlich, dass die Grösse der Adaptation individuell sehr verschieden sein wird — auch das ist noch zu untersuchen und wird bei gehörigen Vorsichtsmaassregeln vielleicht im Stande sein, den Schleier, welcher die bis jetzt noch so mystische „Sensitivität" bedeckt, zu lüften.

§ 24. Die Geschwindigkeit der Adaptation ist, wie die Tabelle und die Curven zeigen, im Anfange ausserordentlich gross, denn eine etwa 15 bis 20mal grössere Empfindlichkeit wird binnen 2 Minuten erreicht. Dann nimmt die Geschwindigkeit sehr merklich ab, denn es dauert viele Minuten, bevor die Empfindlichkeit 3 bis 4mal grösser geworden ist; endlich ist die Zunahme so langsam, dass über eine Stunde zu einer 3 bis 4maligen Vergrösserung der Empfindlichkeit erfordert wird. Wie die Curven lehren, gehen diese Stadien der Adaptation ganz allmählig in einander über, und sie würden ohne Zweifel noch allmähliger in einander übergehen, wenn die Methode der Messung eine vollkommenere gewesen wäre. Die Curven zeigen übrigens im Vergleich mit einander eine grosse Uebereinstimmung in dieser Beziehung, und dasselbe gilt von meinen übrigen 12 Curven, die ich hier nicht berücksichtigt habe. Auch ist der hier beobachtete Gang der Adaptation nicht abweichend von den gelegentlichen Beobachtungen im alltäglichen Leben; tritt man z. B. aus einem hellen Zimmer ins Freie bei hellem Sternhimmel, so ist man nach 2 Minuten schon im Stande, sich auf dem Wege zurechtzufinden, Sterne 5. Grösse zu erkennen und dergleichen, eine auffallende Zunahme der Empfindlichkeit bemerkt man aber in der nächsten Viertelstunde nicht. — Die Curven würden auch bei genaueren Messmethoden im Anfange noch steiler sein, denn erstens hat vor dem Anfange immer schon eine Adaptation einige Sekunden lang stattgefunden, zweitens ist im Anfange die Einstellung des Drahtes nicht mit der Geschwindigkeit ausführbar gewesen, mit welcher die Adaptation vor sich gegangen ist; drittens ist die Verlängerung des Drahtes von 18 Mm. auf 19 Mm. einer grösseren Lichtabnahme gleich zu setzen, als eine Verlängerung von 26 Mm. auf 27 Mm. Im Ganzen gilt aber der Satz, dass die Empfindlichkeit für Licht im Anfange des Aufenthalts im Finstern sehr schnell, allmählig aber immer langsamer zunimmt, und zwar im Anfange binnen $1/4$ Sekunde um eben so viel als nach Aufenthalt von $1/4$ Stunde binnen 1 Stunde.

Uebrigens stellt sich genauen Messungen noch eine grosse Schwierigkeit entgegen, nämlich die Schwierigkeit, den Punkt zu bestimmen, wo das Leuchten des Drahtes eben merklich wird. Das Leuchten des Drahtes ist niemals ganz gleichmässig; ausserdem verschwinden, wie wir weiter unten § 52 sehen werden, mattleuchtende Objecte im Finstern sehr leicht, wenn man sie fixirt. Nun habe ich den Draht immer schon vor der notirten Zeit auf Momente zu sehen geglaubt, und man könnte meinen, ich hätte diesen Zeitpunkt notiren sollen als den ersten Moment der Wahrnehmbarkeit des Lichtes; indess bestimmten mich zwei Erwägungen dies nicht zu thun: erstens hätte ich dadurch Resultate bekommen, die mit den im Anfange der Versuche gemachten Angaben nicht vergleichbar gewesen wären, weil im Anfange immer gleich ein continuirliches Leuchten stattfand; zweitens war wegen der fortdauernd erscheinenden subjectiven Lichtpunkte und Lichtlinien eine Verwechselung des Drahtes mit diesen sehr leicht möglich. Desswegen habe ich es vorgezogen, nur die Angaben zu benutzen, bei denen ich einige Sekunden lang den Draht hatte leuchten sehen und mich überzeugen können, dass keine subjective Erscheinung vorlag.

Eine eigenthümliche, für den Gang der Adaptation wichtige Erscheinung möchte ich der Aufmerksamkeit der Beobachter empfehlen. Im Anfange der Versuche hatte ich der Orientirung und Einübung wegen eine Cigarre geraucht, mit der ich den Apparat und so weiter jeden Augenblick zu beleuchten im Stande war; es ist mir mehrmals so vorgekommen, als ob kurze Zeit nach dieser Beleuchtung die Empfindlichkeit auf einige Sekunden zu-, dann aber wieder abgenommen hätte, denn ich sah den Draht deutlich leuchten, bald aber verschwand er wieder und kam erst nach vielen Minuten wieder zum Vorschein. In die spätern Versuche habe ich diese offenbare Störung in dem Adaptationsgange nicht einführen mögen.

Einen irgend auffallenden Einfluss der Tageszeit auf den Gang der Adaptation habe ich nicht gefunden. Nur in einem Versuche, vor dessen Beginn ich absichtlich mehrere Minuten lang auf frisch gefallenen Schnee gestarrt hatte, trat eine starke Knickung der Curve ein. Unmittelbar nach dem Eintritt ins Finstere bemerkte ich den Draht bei 20 Mm. Länge, dann stellte ich ihn auf 21 Mm., und konnte ihn erst nach 5 Minuten bei dieser Länge bemerken; von 21 Mm. zu 22 Mm. adaptirte ich mich dann in 1 Minute, von 22 zu 23 Mm. in 2 Minuten, u. s. f. und war nach 73 Minuten im Stande, den Draht bei 27 Mm. Länge zu sehen.

In Bezug auf die Qualität der Erscheinung des Drahtes habe ich zu bemerken, dass der Draht, wenn er eben sichtbar wird, keineswegs rothglühend oder glänzend erscheint, sondern wie ein Streifchen mattes weisses Papier oder ein Stückchen Milchglas, also fast ganz farblos oder weiss und nur etwas ins Gelbliche spielend. Der Draht beleuchtet seine Umgebung scheinbar gar nicht, man bemerkt die amalgamirten Electroden, das Glas des Elementes u. s. w. gar nicht — was übrigens ein Jeder bei einiger Ueberlegung ganz natürlich und nothwendig finden wird. Endlich ist der Draht nicht in seiner ganzen Länge sichtbar, sondern nur in der Mitte, und zwar wegen der Wärmeableitung der Electroden.

§ 25. Es schien mir wünschenswerth, zu bestimmen, bei welcher Temperatur des Platindrahtes noch ein Leuchten desselben zu bemerken wäre. Derselbe war so heiss, dass er bei seinen grössten Längen Papier von mässiger Dicke durchschnitt, wenn auch langsam, und das Papier dann einen gelblichen Rand an dem Schnitte zeigte. Der Versuch, dünne Metallplättchen, z. B. von Zinn, Blei, Zink, zu durchschneiden, und aus dem Schmelzpunkte dieser Substanzen die Temperatur des Drahtes zu bestimmen, mislang wegen der starken Wärmeleitung der Metallplättchen. Ich habe daher folgendes Verfahren eingeschlagen. Während ich im Finstern war und den Draht beobachtete, schmolz ein Gehülfe im Nebenzimmer, welches nur durch Kerzenlicht erleuchtet, sonst aber auch ganz verfinstert war, Metall in einem eisernen Tiegel. Auf ein gegebenes Zeichen verliess der Gehülfe mit dem Lichte das Nebenzimmer, in welches ich nun trat, und nach dem unmittelbar an der Thür befindlichen Tiegel sah. — Zinn und Blei gaben kein Resultat, d. h. es war nichts von dem Tiegel zu sehen, obgleich ich so nahe an demselben war, dass ich die ausstrahlende Wärme fühlte, und die Metalle noch flüssig waren, als das Licht wieder gebracht wurde. Als ich aber nach einem Aufenthalte von 16 Minuten im finstern Zimmer in das Nebenzimmer trat, wo der Eisentiegel mit geschmolzenem Zink stand, bemerkte ich sofort einen weissleuchtenden Tiegel, in dessen Innerm ein eben solches Leuchten zu bemerken war. Ich sah ihn mehrere Sekunden lang leuchten, indess nahm die Helligkeit schnell ab; als er nicht mehr zu sehen war, wurde sofort Licht gebracht: das Zink war nur noch in der Mitte in geringer Ausdehnung flüssig. Für das adaptirte Auge ist also das schwächste Glühen des Eisens, Zinks und Platina nicht ein Rothglühen, sondern ein Weissglühen, oder, genauer gesprochen, ein Weissleuchten. Der Tiegel machte genau den Eindruck, den ein insolirter Porzellantiegel macht, den man eben ins Finstere getragen hat. — Eine eben wahrnehmbare Lichtentwickelung würde für Eisen und Zink also bei einer Temperatur stattfinden, welche der des eben schmelzenden Zinks gleich wäre. Nach Thermometergraden sind solche Temperaturen leider sehr unsicher zu bestimmen. So finde ich in Gmelins Chemie für Schmelzpunkte des Zinks angegeben: 260°(Black), 371°(Wedgwood und Dalton), 342° (Darell), 500° (Schwarz), 374° (Morveau) — für den Schmelzpunkt des Bleies 262° (Biot), 282° (Newton), 312° (Morveau), 322° (Dalton), 325°(Rudberg), 334°(Kupffer) — für Zinn 223° (Ekman), 228° (Crighton), 230° (Kupffer), 207° (Morveau). Mit einem Thermometer, welchen Herr Professor Magnus die Güte hatte, mir zu leihen, habe ich den Schmelzpunkt stark knisternden ostindischen Banka-Zinns zu 220°, für künstliches Blei zu 295° gefunden. Den Schmelzpunkt des Zinks konnte ich nur so weit bestimmen, dass er über 365° liegen muss, denn der Thermometer reichte nur bis 370°, und die Kugel des Thermometers war bei 365° nicht völlig eingetaucht. Nehmen wir mit Wedgwood und Morveau den Schmelzpunkt des Zinks zu 370° an, so würde eine Lichtentwickelung etwa bei dieser Temperatur des Eisens und Zinks von 370° für ein adaptirtes Auge wahrzunehmen sein. „Nach Newton wird Eisen im Dunkeln schwachglühend bei 335° C., starkglühend bei 400°, in der Dämmerung leuchtend bei 474°, im Hellen leuchtend bei ungefähr 538°." (Gmelin, Chemie, I., p. 163; bei Newton habe ich die Angabe nicht finden können, in seinen Opticks von 1717 steht sie nicht.) Mit Berücksichtigung der oben angegebenen Abweichungen verschiedener

Beobachter, muss ich eine genügende Uebereinstimmung der Newton'schen Angabe mit meinem Resultate finden. — Da nun anzunehmen ist, dass alle Metalle
bei derselben Temperatur zu leuchten beginnen, so würde für den Platindraht
bei seiner grössten Länge eine niedrigere Temperatur als 300° nicht anzunehmen sein.

CAPITEL II.

Bestimmung des kleinsten, eben wahrnehmbaren Lichtreizes.
(Reizschwelle.)

§ 26. Nachdem wir gesehen haben, welchen Veränderungen die Empfindlichkeit für Lichtreize unterworfen ist, können wir erst an die Beantwortung der ersten
in § 18 gestellten Frage geben: welche Helligkeit ein Object haben
muss, um eben wahrgenommen werden zu können. Fechner hat den
Punkt, wo ein Reiz eine solche Grösse erreicht, dass er eine Empfindung auslöst,
die „Schwelle" genannt, gleichsam als träte der Reiz über die Thürschwelle
in das Haus der Empfindung. Er unterscheidet die Reizschwelle, d. h. also
die Gränze, wo überhaupt zuerst eine Empfindung entsteht, wenn ein Reiz einwirkt, und zweitens die Unterschiedsschwelle, d. h. die Gränze, wo ein
Zuwachs zu einem bereits vorhandenen Reize empfunden wird. Fechner behauptet ferner, beim Lichtsinne liesse sich eine Reizschwelle nicht bestimmen,
weil das Auge fortwährend durch innere Erregung eine Lichtempfindung hätte,
jeder äussere Lichtreiz also nur als ein Zuwachs zu der schon bestehenden Lichtempfindung aufzufassen wäre. Nach Fechner würde also nur die Bestimmung
der Unterschiedsschwelle möglich sein. *Psychophysik, I, p 238 u. f.*

Dass fortwährend Lichtempfindung stattfindet, auch ohne objectives Licht,
ist ganz gewiss richtig — aber ich kann Fechner's Behauptung nicht beitreten,
dass für die übrigen Sinne eine derartige subjective Thätigkeit nicht existirte,
mithin für sie eine Reizschwelle constatirbar wäre. — Geruch und Geschmack sind
zu wenig ausgebildete Sinne, als dass sie bei einer Entscheidung über derartige
Fragen in Betracht gezogen werden könnten. — Ob wir ununterbrochen subjective Gehörsempfindungen haben, scheint mir, da es kaum möglich sein dürfte,
alles objective Hören auszuschliessen vorerst nicht entscheidbar. Wir athmen
immer hörbar, das Herz schlägt hörbar, die Kleider machen Lärm u. s. w. Wir
sind also beim Gehörssinne gar nicht einmal im Stande, bis zur Kenntniss seiner
subjectiven Empfindungen vorzudringen, was doch beim Lichtsinne durch Abschluss alles objectiven Lichtes möglich ist. Wenn man daher einen schwächsten
Ton noch als Gränze des Hörbaren (Hörschwelle) bestimmt, so muss er verschiedene objective Geräusche übertönen, vielleicht auch subjective Empfindungen
erhöhen oder unterdrücken, kann also nicht als Repräsentant einer wirklichen
Reizschwelle angesehen werden. — Ebenso können wir uns unsern Tastsinn ohne

objectiven Reiz in irgend einem Theile seines Gebietes gar nicht denken: unter einem Druck steht unsere Haut immer und einzelne Theile derselben müssen nothwendig immer eine starke Druckempfindung vermitteln, auf die wir allerdings unsere Aufmerksamkeit nicht zu richten brauchen, die aber trotzdem vorhanden sein muss. FECHNER hat indess die von mir und KAMMLER gefundenen Druckgrössen und die von SCHAFHÄUTL angegebenen Schallstärken als Bestimmungen der Reizschwelle für Druckempfindung und Schallempfindung angenommen. Ebenso wie im Tast- und Gehörgebiete andere Empfindungen ausser den beabsichtigten mit ins Spiel kommen; ebenso wird eine Bestimmung des geringsten Lichtreizes, welcher eben noch eine Empfindung hervorrufen kann, gemacht werden, und mit gleichem Rechte als Bestimmung der Reizschwelle oder als kleinster absoluter Reiz angesehen werden müssen. Andernfalls müsste überhaupt die Bestimmung der Reizschwelle für alle Empfindungsgebiete als unausführbar angesehen werden.

Meiner Ansicht nach kann die Frage nach dem Einflusse subjectiver Erregung auf Empfindung objectiver Reize vorläufig in suspenso gelassen und zunächst eben so zu sagen Brutto-Bestimmung des unter den gegebenen Verhältnissen eben noch empfindbaren kleinsten Lichtreizes gemacht werden. Die Grösse des kleinsten, eben noch empfindbaren Lichtreizes im absolut lichtlosen Raume ergiebt sich aber aus den Componenten des Licht entwickelnden Objectes und ich habe daher für die Lichtstärke des Platindrahtes war die Maasse meiner Elemente und des Platindrahtes anzugeben.

Höhe des Kupfermantels . . . . 110 Mm.
Umfang desselben . . . . 222 »
Durchmesser desselben . . . . 70 »
Boden von Kupfer — Kupfervitriollösung ganz gesättigt.
Entfernung des Kupfers von der Thonzelle . . . . . . 7,5 »
Durchmesser der Thonzelle . . . . 85 »
Dicke der Thonzelle . . . . 2,5 »
Höhe des Zinkmantels . . . . 150 »
Umfang . . . . 337 »
Durchmesser . . . . 103 »
Entfernung desselben von der Thonzelle . . . . 9 »

Concentration der Schwefelsäure = 1 Volumen Säure von 81 %, auf 100 Vol. Wasser. Dicke des Platindrahtes aus seiner Länge = 427 Mm., dem spezifischen Gewichte = 21,55 und dem absoluten Gewicht = 0,125 Gr. berechnet = 0,128 Mm. Die directe Messung mit einem SEIBERT'schen Schraubenmikrometer ergab 0,128 Mm.

Die grösste Länge des Drahtes, bei der eben noch eine Lichtentwickelung wahrgenommen wurde, betrug 29 Mm. Die Augen befanden sich in einer Entfernung von etwa 200 Mm. von dem Drahte.

§ 27. Diese Bestimmung ist nun allerdings nicht geeignet, eine anschauliche Vorstellung von der Intensität des geringsten wahrnehmbaren Lichtes zu geben. Um daher zu bestimmen, welche Helligkeit der heisse Platindraht im Vergleiche mit Beleuchtungen durch Tageslicht hätte, stellte ich in dem finstern Zimmer einen kleinen Streifen weissen Papiers auf dunklem Grunde auf, und beleuchtete denselben mittelst Tageslichtes, welches durch ein sogleich zu beschreibendes Diaphragma eingelassen wurde.

Da zu verschiedenen Beobachtungen eine Beleuchtung durch bestimmte Mengen von Tageslicht erforderlich war, so brachte ich folgende Vorrichtung an einem der Fensterrahmen (s. § 17) an, welche dem von Foerster für künstliches Licht eingerichteten Photometer (Foerster, *Ueber Hemeralopie und die Anwendung eines Photometers. Breslau 1857. p 5.*) analog construirt ist.

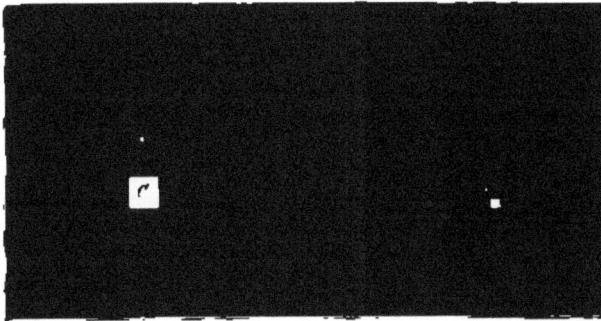

Fig. 7.

In den Ausschnitt eines an dem Fensterrahmen befestigten Brettes, Figur 7, ist in der Höhe von etwa 5 Fuss über dem Fussboden eine Scheibe von mattgeschliffenem weissen Glase C eingelassen und verkittet, welche, vom Himmel beleuchtet, die Lichtquelle ist. Eine solche Glastafel muss weiss, ohne Blasen, gleichmässig geschliffen und sehr sorgfältig gereinigt sein, da Feuchtigkeit, Fett u. s. w. ihre Durchsichtigkeit und Lichtzerstreuung wesentlich verändern. Diese Glasplatte wird unmittelbar bedeckt von einem Diaphragma A, B, welches dazu dient, die Grösse der Lichtquelle C beliebig zu verändern und zu messen. Das Diaphragma besteht aus zwei Tafeln von starkem Eisenblech, deren eine A in einem Falze der andern Tafel B nur so verschoben werden kann, dass die Oeffnung des Diaphragmas C immer ein Quadrat ist. Die Tafel mit dem Falze B ist an das Brett festgeschraubt und ihr Rand mit Fensterkitt verschmiert. Die Tafel A ist auf der Seite, welche der Glastafel zugekehrt ist, mit schwarzem Tuche überzogen, welches so viel federt, dass sie leicht verschoben werden kann, ohne sich jedoch von selbst zu verschieben, auch so fest und genau an B anliegt, dass kein Licht zwischen den beiden Tafeln durchdringen kann. Die einander angebohrten freien Ränder von *A* und *B* sind so geschnitten, dass die Oeffnung *C* immer ein Quadrat bildet, welches von 400 Quadratcentimeter bis *0* verkleinert werden kann. Auf dem Falze von *B* ist ein reducirter Maassstab 1 — 20 angebracht, dessen Abtheilungen halben Centimetern der Seite der quadratischen Oeffnung entsprechen; 7,₄ Millimeter des Maassstabes sind mithin gleich 5 Millimeter Seite der quadratischen Oeffnung des Diaphragmas. Auf der Tafel *A* befindet sich der zugehörige Index *a*. Die berechneten Abschnitte des Maassstabes wurden durch directe Messung controllirt. — An demselben Brette befindet sich in gleicher Höhe und in gleicher Entfernung von der Mittellinie des Rahmens ein eben so construirtes, nur kleineres Diaphragma, aus zwei gut auf einander geschliffenen geschwärzten Messingplatten bestehend. An die eine, verschiebbare, Messingplatte ist eine Zahnstange gelöthet, welche durch ein an der andern, festgeschraubten, Messingplatte befestigtes Zahnrad ganz allmählig verschoben werden kann. Auch hier ist eine Millimetern der quadratischen Oeffnung entsprechende Theilung und ein Index angebracht. Die Oeffnung des kleinern Diaphragmas kann bis zur Grösse von 25 Quadratcentimeter erweitert werden. — Natürlich wurden die Zinkbedeckungen der den Diaphragmen gegenüber befindlichen beiden Fensterscheiben in diesen Versuchsreihen entfernt.

Was die durch Veränderung der Diaphragmaöffnungen zu gewinnenden photometrischen Werthe betrifft, so dürfen wir nicht vergessen, dass die eigentliche Lichtquelle nicht das matte Glas, sondern der von der Sonne beleuchtete Himmel ist. Gleiche Oeffnungen des Diaphragmas haben also verschiedene photometrische Werthe, je nachdem der Himmel weiss, grau oder blau ist, und je nach dem Stande der Sonne, also dem Tageszeiten. — Ich bemerke, dass die Fenster nach Norden gelegen sind, directe Sonnenbeleuchtung der Glasscheibe also nicht stattgefunden hat.

Um nun zu bestimmen, welcher Beleuchtung mit Tageslicht die Helligkeit des Platindrahtes entspräche, klebte ich auf eine schwarze Pappscheibe einen weissen Papierstreifen von ⅛ Mm. Breite und 15 Mm. Länge, und befestigte die Pappscheibe an dem schwarzen Thürrahmen in gleicher Höhe mit der Oeffnung des Diaphragmas und parallel mit derselben in einer Entfernung von 6,5 Metres von der Lichtquelle. Die Oeffnung des grössern Diaphragmas *C* war zugeschoben und verdeckt. Die Oeffnung des kleinern Diaphragmas war die einzige Lichtquelle. Bei den Versuchen kehrte ich der Lichtquelle den Rücken zu und sah auf den weissen Papierstreifen, der etwa 200 Mm. von meinen Augen entfernt war. Ein Gehülfe stellte das Diaphragma ein und notirte die Grösse der Oeffnung und die Zeit.

An einem hellen Wintertage bei weissem, gleichmässig hellen Himmel Vormittags 9 Uhr 47' musste die Oeffnung des Diaphragmas 15 Mm. Seite haben, also = 225 Mm.² betragen, wenn ich unmittelbar nach dem Eintritt ins finstere Zimmer den weissen Papierstreifen erkennen sollte. Setzen wir die Helligkeit der vom Himmel beleuchteten Glasscheibe gleich der Helligkeit des Mondes (was

ziemlich zutreffend sein wird, denn die Helligkeit der Scheibe wird der des weissen
Himmels ziemlich gleich, die Helligkeit des Mondes aber der einer weissen Wolke
ziemlich gleich sein), so würde der Vollmond bei seinem scheinbaren Halbmesser
von 15′ 32″ in der Entfernung von 6,8 Mètres einer Kreisfläche von 24,4 Mm.
Halbmesser oder einem Quadrate von 43 Mm. Seite gleich sein. Die Beleuchtung durch die quadratische Oeffnung des Diaphragmas von 15 Mm. Seite würde
für den Papierstreifen also ungefähr 8mal schwächer sein, als die Beleuchtung
durch den Vollmond. Als ich bei dieser Oeffnung den Papierstreifen erkannt
hatte, wurde die Oeffnung auf 10 Mm. Seite verkleinert, welche nach einer
Minute Adaptation genügte zur Wahrnehmung des Streifens. Es musste also
die Oeffnung des Diaphragmas betragen:

$$
\begin{aligned}
&\text{um } 9 \text{ Uhr } 47' = 15 \text{ Mm. Seite} = 225 \text{ Mm.}^2\\
&\phantom{\text{um }} 9 \;\; , \;\; 48' = 10 \;\; , \quad , \\
&\phantom{\text{um }} 9 \;\; , \;\; 51' = 5 \;\; , \quad , \\
&\phantom{\text{um }} 10 \;\; , \;\; 17' = 2,5 \;\; , \quad , \quad = \; . \; 6,25 \;\; ,
\end{aligned}
$$

Die Empfindlichkeit der Netzhaut würde also nach 30 Minuten Aufenthalt
im beinahe ganz finstern Zimmer 36mal grösser geworden sein, was zwar mit
den beim Platindraht gewonnenen Werthen, § 23, nicht genau, aber doch mit
Berücksichtigung der Umwege und Fehlerquellen unerwartet gut stimmt. Die
Beleuchtung des Papierstreifens durch ein helles Quadrat — 6,25 Mm.²
in 6,8 Mètres Entfernung würde aber etwa 300mal schwächer sein, als
die Beleuchtung desselben durch den Vollmond, wenn man die
Helligkeit der Glasscheibe gleich der Helligkeit des Mondes setzt.

§ 29. Wir müssen uns daran erinnern, dass der leuchtende Platindraht
und der beleuchtete Papierstreifen nur einen kleinen Theil unserer Netzhaut
treffen. Es wird also erstens die Frage sein, ob es sich gleich bleibt, welcher
Theil unserer Netzhaut getroffen wird, und zweitens, ob die Helligkeit eine
andere sein muss, um oben wahrgenommen werden zu können, wenn ein grösserer Theil unserer Netzhaut afficirt wird?

In Bezug auf die erste Frage, ob die Netzhaut in ihrer ganzen
Ausdehnung gleich empfindlich ist gegen die schwächsten
Lichtreize, habe ich so viel feststellen können, dass bei sehr unfügichen
Augenbewegungen, die ich vor dem Platindrahte sitzend anführte, der für das
Centrum der Netzhaut wahrnehmbare Draht nicht verschwand; Messungen oder
irgend genauere Bestimmungen sind im Finstern freilich nicht ausführbar gewesen.
Auf einem grossen Theile der Netzhaut scheint aber für das adaptirte Auge die
Empfindlichkeit für Lichtreize gleich gross zu sein. Dieser Umstand ist für die
Ausführung der bisher beschriebenen Beobachtungen wichtig: denkt man sich
nämlich nur die fovea centralis oder die macula lutea mit einem feineren Licht-
sinne begabt, als die übrige Netzhaut, so wird es schwer und zum Theil dem
Zufall anheimgegeben sein, ob man den Draht in dem übrigens finstern Raume
findet, denn er wird ja alsdann nur unter der Bedingung sichtbar werden, dass

das Auge genau auf ihn gerichtet ist. Da das aber nicht der Fall ist, vielmehr die Netzhaut in grösserer Ausdehnung die gleiche Empfindlichkeit hat, so wird der Draht, auch indirect gesehen, sichtbar werden, und dann leicht eine Fixation desselben möglich sein. — Die Beobachtung der Astronomen, dass man sehr schwach leuchtende Sterne nur mit den peripherischen Theilen der Netzhaut sehen kann, würde sogar für eine grössere Empfindlichkeit dieser Theile sprechen — indess habe ich das bei den Beobachtungen des Platindrahtes nicht gefunden, und vermuthe, dass die Beobachtung der Astronomen aus verschiedenen Adaptationszuständen der centralen und peripherischen Netzhautregionen zu erklären ist. Davon wird weiter unten § 47 im 4. Capitel dieses Abschnittes die Rede sein.

Die zweite Frage, ob die Grösse der afficirten Netzhautstelle von Einfluss auf die Wahrnehmbarkeit lichtschwacher Objecte ist, scheint nach den Erfahrungen des alltäglichen Lebens dahin beantwortet werden zu müssen, dass ein lichtschwaches Object um so eher wahrgenommen werden kann, je grösser sein Netzhautbild ist; demgemäss würde ein Draht von grösserer Länge und Breite schon bei einer geringeren Helligkeit wahrgenommen worden sein. Ich habe in dieser Beziehung nur den extremsten Fall, wo nämlich das gesammte Gesichtsfeld erhellt wird, untersucht. Dies ist offenbar nur ein specieller Fall der eben aufgeworfenen Frage: welcher Grad von Helligkeit von dem Gesammtorgan eben noch wahrgenommen, d. h. von der tiefsten Dunkelheit unterschieden werden kann. In allen andern Fällen macht sich ausser der Grösse des Objectes, oder dem Raume, welchen es im Gesichtsfelde einnimmt, der simultane Contrast geltend, insofern der eine Theil des Gesichtsfeldes heller ist, als der andere. Wenn das gesammte Gesichtsfeld heller wird, so fehlt der simultane oder der räumliche Contrast — dagegen tritt ein Contrast der Zeit nach auf; denn wenn der Zustand einer Lichtempfindung zum Bewusstsein kommen soll, so muss er von einem vorhergehenden oder folgenden Zustande verschieden sein; ein Satz, welcher, wie aus § 3 hervorgeht, für alle Sinnesempfindungen gilt.

Die Bestimmung der zur Empfindung erforderlichen Helligkeit, d. h. der eben von der tiefsten Finsterniss unterscheidbaren Erhellung des Gesichtsfeldes, lässt sich experimentell leicht ausführen, sowohl für das adaptirte, wie für das nicht adaptirte Auge.

In dem finstern Zimmer ist ein Schirm von weissem, dünnem und gleichmässigen Papier (sogenanntem Papier ohne Ende), welcher von rechts nach links 2 Mètres, von oben nach unten 1 Mètre misst, in einer Entfernung von 5 Mètres von dem mit dem Diaphragmen versehenen Fenster und parallel zu demselben aufgestellt. Der Schirm kann mittelst der im vorigen Paragraphen beschriebenen photometrischen Vorrichtung verschieden stark beleuchtet werden. Der Beobachter befindet sich hinter dem Schirm, in der Mitte desselben und in möglichster Nähe desselben, so dass bei convergirenden Augenaxen der Schirm das ganze Gesichtsfeld ausfüllt. Ein Gehülfe regulirt die Oeffnung des Diaphragmas und notirt die Grösse derselben und die Zeit. Es ist zu bestimmen, bei welcher Grösse der Lichtquelle ein Unterschied in der Helligkeit des Gesichtsfeldes eben noch wahrgenommen werden kann, wenn abwechselnd die Lichtquelle verdeckt und frei gelassen wird?

An demselben Vormittage, wo die im vorigen Paragraphen beschriebenen Beobachtungen gemacht wurden, konnte ich, unmittelbar nachdem ich hinter den Schirm getreten war, um 11 Uhr 12′ bei 10 Mm. Seite der quadratischen Diaphragmaöffnung eine sehr deutliche Helligkeitsdifferenz bemerken, wenn die Diaphragmaöffnung verdeckt wurde; desgleichen kurz darauf bei 5 Mm. Seite, also 25 Mm.² Lichtquelle. Erst um 11 Uhr 16′ konnte ich eine Erhellung des Gesichtsfeldes bei 12,₅ Mm.² Lichtquelle eben wahrnehmen und erst um 11 Uhr 25′ bei 4 Mm.² Lichtquelle; um 11 Uhr 30′ nahm ich bei 1 Mm.² Oeffnung nicht mehr wahr, ob die Oeffnung verdeckt oder frei gelassen war. Uebrigens konnte ich einen Unterschied immer nur im Momente der Erhellung und Verdunkelung wahrnehmen, in den nächsten Augenblicken wusste ich nicht mehr zu sagen, ob ich den Schirm sähe; auch war die Erhellung immer deutlicher, als die Verdunkelung, was offenbar auf einer Blendung der Netzhaut beruht.

Die Helligkeit des Schirmes ist in diesen Versuchen abhängig von der Durchsichtigkeit oder der Durchscheinenheit des Papiers. Es darf daher kein Vergleich gemacht werden zwischen der Helligkeit des bei auffallendem Lichte beobachteten kleinen Papierstreifens, und der Helligkeit, welche von dem Papierschirme in mein Auge gelangte. Um aber einen Vergleich zwischen diesen beiden Objecten machen zu können, trat ich um 11 Uhr 30′ vor den Papierschirm und dicht an denselben, so dass wenigstens der grösste Theil meines Gesichtsfeldes von der Fläche des Schirmes angefüllt wurde. Hier war ich im Stande, mit eben so grosser Sicherheit die Erhellung und Verdunkelung des Gesichtsfeldes bei 1 Mm.² Oeffnung wahrzunehmen, als wenige Minuten vorher hinter dem Papierschirme bei 4 Mm.² Oeffnung des Diaphragmas.

Endlich habe ich auch bei dieser Oeffnung von 1 Mm.² noch eben meinen Schatten auf dem weissen Schirme wahrnehmen können, indem nur wenn ich mich bewegte oder im Momente, wo das Licht der Diaphragmaöffnung einfallen konnte.

1 Mm.² ist aber in einer Entfernung von 5 Mètres eine so kleine Fläche, dass sie mit blossem Auge nur noch als Punkt erscheint. Denn 1 Mm. ist in 5 Mètres = 41 Winkelsekunden, also etwas kleiner als Jupiter in der Opposition, wo dessen Grösse = 49″ oder gleich einem Quadrate von 1,₄ Mm. Seite ist — aber beträchtlich grösser als Venus zu der Zeit, wo sie ihren grössten Glanz hat und wo sie eine Sichel von etwa 40″ Länge und 10″ Breite hat. Venus giebt übrigens zu dieser Zeit unter sonst günstigen Umständen einen eben noch erkennbaren Schatten (Littrow, *Wunder des Himmels*, 1837, p. 298.).

Wir werden daher für die kleinste, eben noch merkliche Erhellung des dunkeln Gesichtsfeldes die Beleuchtung einer

weissen Fläche durch ein der Venus bei ihrem grössten Glanze
gleiches Licht oder durch ein quadratisches Stück weissen
Himmels von 41 Sekunden Seite setzen können. Wahrscheinlich
kann aber durch verlängerten Aufenthalt im Finstern eine noch grössere Empfindlichkeit der Netzhaut bewirkt werden, welche des Näheren zu bestimmen mit
meinem Diaphragma nicht ausführbar war.

Aus diesen Versuchen ergiebt sich ferner, dass die Helligkeit einer
kleinen Fläche beträchtlich grösser sein muss, um eben wahrgenommen werden zu können, als die Helligkeit des Gesammtgesichtsfeldes, denn der weisse Papierstreifen von 15 Mm. Länge und
$\frac{1}{8}$ Mm. Breite konnte höchstens noch bei 6,8 Mm.², der weisse Schirm, welcher
fast das ganze Gesichtsfeld ausfüllt, bei 1 Mm.² wahrgenommen werden. — Da
bei demselben Beleuchtung von 1 Mm.² auch mein Schatten auf dem weissen
Schirme wahrnehmbar war, so gilt auch für die minimale Helligkeit der Satz,
dass ein Object von grossem Gesichtswinkel bei geringerer
Helligkeit eben noch wahrgenommen werden kann, als ein
Object von kleinerem Gesichtswinkel.

Endlich sind diese Versuche geeignet, Aufschluss über die Lichtintensität
des unerleuchteten Gesichtsfeldes zu geben, oder, wie es Fechner ausdrückt,
über die Intensität des Augenschwarz. (Ueber ein psychophysisches Gesetz etc.:
Abhandlungen der math.-phys. Klasse der Sächs. Gesellschaft der Wissenschaften
1858, p. 452 und *Psychophysik I., p. 165.*) Da nämlich das unbeleuchtete
Gesichtsfeld dunkler erschienen ist, als der mit 1 Mm.² beleuchtete Schirm, so
muss die Helligkeit des unerleuchteten Gesichtsfeldes geringer sein, als die des
Schirmes gewesen ist. Wir werden im nächsten Capitel § 35 auf die Frage
kommen, um wie viel die Helligkeit des Augenschwarz geringer anzunehmen
sei, als die geringste Helligkeit des Gesammtgesichtsfeldes, welche eben noch
empfunden werden kann.

CAPITEL III.

Bestimmung der Empfindlichkeit des Sehorgans für Lichtunter-
schiede. (Unterschiedsempfindlichkeit, Fechner.)

§ 29. In den bisherigen Beobachtungen suchte ich zu bestimmen, wie
gross ein Lichtkreis sein müsste, um eben empfunden werden zu können. Wir
werden jetzt zu untersuchen haben, wie gross der Zuwachs zu einem
gegebenen Lichtkreise sein muss, damit er empfunden werden
und von dem schwächeren Reize als ein stärkerer Reiz unterschieden werden
könne. Die Versuche hierüber schliessen sich aufs engste den im letzten Para-

graphen des vorigen Capitels beschriebenen Beobachtungen an, und würden sich
zunächst auf

die Empfindung von Helligkeitsunterschieden im Gesammtgesichtsfelde

beziehen müssen.

Bei einigen Vorversuchen, in denen eine gegebene Lichtquelle um $\frac{1}{4}$,
$\frac{1}{8}$ u. s. w. vergrössert wurde, während der Beobachter hinter dem in § 28 beschriebenen Papierschirm stand, der das ganze Gesichtsfeld ausfüllt, zeigte sich
indess diese Methode der Untersuchung sehr umständlich und unzuverlässig. Es
ist nämlich dazu erforderlich, dass das Auge unverwandt wenigstens $\frac{1}{2}$ bis 1 Minute das gleichmässig helle Gesichtsfeld vor sich hat: bei diesem Anschauen der
hellen Fläche findet aber eine sehr erhebliche Verdunkelung des ganzen Gesichtsfeldes statt, deren Einwirkung auf die Erkennbarkeit schwacher Lichtunterschiede
von vornherein unbekannt ist, und erst einer besondern Untersuchung unterworfen
werden müsste. Ferner ist es bei dieser Untersuchung nicht statthaft, allmählige
Zuwüchse eintreten zu lassen, vielmehr ist es durchaus nothwendig, dass der
ganze Unterschied in einem Momente gesetzt werde.

Ich habe daher von diesen Versuchen Abstand genommen und die Empfindlichkeit für Lichtunterschiede nur in Bezug auf das Nebeneinander oder die
Empfindlichkeit für räumliche Lichtunterschiede untersucht. Es fragt sich dann:

Um wieviel muss ein Object gegen seine Umgebung an Helligkeit differiren, um von derselben eben unterschieden werden zu können?

§ 30. Wenn sich zwei Objecte von verschiedener Lichtintensität neben
einander befinden, so wird die Verschiedenheit der Empfindungen um so deutlicher sein, je grösser die Differenz der beiden Helligkeiten ist; je kleiner aber
die Unterschiede werden, um so schwieriger wird die Unterscheidung der Empfindungen und endlich wird kein Unterschied mehr wahrzunehmen sein. So sehen
wir kleine Wolken am Himmel immer weniger und weniger gegen den blauen
Grund contrastiren und endlich sich ganz auflösen und für unsere Wahrnehmbarkeit verschwinden. Wir sehen kleine Ungleichmässigkeiten in der Reinheit
des Papiers, des Leinenzeuges u. s. w., die wir nur bei grösster Aufmerksamkeit
eben noch bemerken können, während andere offenbar vorhandene Ungleich-
heiten, (z. B. wenn wir mit Wasser oder höchst verdünnter Tusche einen Strich
über ein weisses Papier gemacht haben, und denselben trocknen lassen) unserer
Wahrnehmung auch bei der grössten Aufmerksamkeit entgehen. Facorn hat
darauf aufmerksam gemacht, dass wir die Sterne bei Tage deswegen nicht sehen
können, weil die Helligkeit des Himmels so gross ist, dass die hellsten Sterne
zu wenig dagegen contrastiren, d. h. weil die Differenz der Helligkeit eines Sternes gegen die Helligkeit des Himmels zu gering ist, um noch empfunden werden
zu können. Sind wir aber im Stande, diese Differenz zwischen der Helligkeit
eines Sternes und der des Himmels zu vergrössern, so können wir die Sterne

sehen. Wir sind aber im Stande, die Helligkeit des Himmels zu vermindern und gleichzeitig die Helligkeit der Sterne zu vergrössern, und Arago hat darauf die merkwürdige Entdeckung Morins vom Jahre 1635 zurückgeführt, dass man mit dem Teleskop die kleinsten Sterne bei hellem Tage sehen kann, da man doch Fixsterne von der grössten Helligkeit mit blossem Auge bei Tage nicht sehen kann, und höchstens Venus bei ihrem grössten Glanze als ein matter Punkt am Tageshimmel erscheint. Nach Arago (*Astronomie populaire*, I., p. 186. — Humboldt's *Kosmos*, III., p. 83 und Anm. 39, p. 119) wird der Lichtkegel, welcher von einem punktförmigen Fixsterne kommt, eine grössere Basis haben, wenn er auf das Objectiv eines Teleskops, als wenn er auf unsere Cornea fällt; von dem Objectiv des Teleskops oder im letzteren Falle von unserer Cornea an werden die Strahlen wieder zu einem Punkte zusammengebrochen: dieser Punkt auf unserer Retina muss um so heller sein, je grösser die Basis des Lichtkegels ist, folglich muss der Fixstern im Teleskop heller erscheinen, als mit unbewaffnetem Auge. Dieses Verhältniss zeigt *Figur 5*, in welcher *a*
den Stern, *oo* das Objectiv des Teleskops, *re* die Cornea und *d* den Vereinigungspunkt der Lichtstrahlen auf der Netzhaut bedeutet, wo also der Lichtkegel *odo* eine viel grössere Basis hat, als der Lichtkegel *rdr*. Da der Fixstern durch das Teleskop nicht vergrössert wird, sondern immer als Punkt erscheint, so kommt die Vergrösserung des Teleskops nicht in Betracht, sondern nur der Durchmesser seines Objectivs. Umgekehrt verhält es sich aber mit der Umgebung des Sternes. Die Umgebung ist eine Fläche, welche durch das Teleskop vergrössert wird: die Vergrösserung einer Fläche ist aber in photometrischer Beziehung gleich zu achten einer Verminderung der leuchtenden Punkte auf derselben. In *Figur 8* wurde *ab* durch das Teleskop vergrössert bis *ab'*, so wird von *ab'* ebensoviel Licht zurückgeworfen werden, wie von *ab*, jeder einzelne Punkt der Linie *ab'* wird aber $\dfrac{ab'^2}{ab^2}$

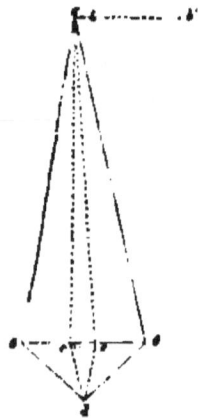

Fig. 6.

weniger Licht zurückwerfen, als jeder einzelne Punkt von *ab*; folglich muss die Umgebung des Sterns im Gesichtsfelde des Teleskops dunkler erscheinen, als im Gesichtsfelde des unbewaffneten Auges. Die Helligkeit des Sternes, als Punkt, hängt also von der Grösse des Objectivs, nicht von der Vergrösserung des Teleskops ab; die Helligkeit der Umgebung, als Fläche, hängt von der Vergrösserung des Teleskops ab, gegen welche die Grösse des Objectivs kaum in Betracht kommt. Da nun die Helligkeit des Sternes vermehrt, die Helligkeit seiner Umgebung vermindert, mithin die Differenz der Helligkeiten vergrössert wird; so wird es begreiflich, wie z. B. Enke, Mädler u. A. den Begleiter des

4*

Polarsterns, einen Stern 9. Grösse und nur 18″ vom Polarstern entfernt, bei Tage durch einen grossen Refractor haben deutlich sehen können — während die Akten darüber noch nicht geschlossen sind, ob unter den günstigsten Umständen jemals Sterne bei hellem Tage gesehen worden sind. (Humboldt, *Kosmos*, *III.*, *p. 82*; Madler, *Astronomie*, *1861*, *p. 565*. — Ueber die Sichtbarkeit der Sterne bei Tage s. Arago, *a. a. O., p. 205*; Humboldt, *Kosmos*, *III.*, *p. 71*.)

Im alltäglichen Leben haben wir oft ein Interesse, geringe Helligkeitsunterschiede wahrzunehmen: wenn wir z. B. einen Fleck auf dem Papier vermuthen, so beleuchten wir das Papier mit dem Fleck möglichst stark und sehen, indem wir den Kopf bewegen, hin und her auf dem Papier, um uns über das Vorhandensein des Flecks zu unterrichten. Die folgenden Versuche werden zeigen, dass wir hierbei nach ganz richtigen Principien verfahren. Wir untersuchen zunächst den

Einfluss der absoluten Helligkeit auf die Wahrnehmbarkeit von Helligkeitsunterschieden.

§ 31. Die Wahrnehmbarkeit von Helligkeitsunterschieden ist für die Physiker schon lange ein Problem der Untersuchung gewesen. Fechner, welcher sein psychophysisches Gesetz zum Theil auf die Empfindlichkeit für Lichtunterschiede basirt hat, giebt die Resultate der früheren Beobachter ausführlich an. (Ueber ein psychophysisches Gesetz: *Abh. d. Sächs. Acad. der Wissenschaften*, *Math.-phys. Klasse*, *1858*, *p. 469* und *Psychophysik*, *I.*, *p. 139 — 175*.) Arago und wahrscheinlich auch Bouguer, dessen Werk ich mir nicht habe verschaffen können, macht die Angabe, dass zwei Helligkeiten, deren Differenzen weniger als $\frac{1}{64}$ betragen, nicht mehr von einander unterschieden werden können. (*Astronomie*, *I.*, *p. 194*.) Volkmann hat bei derselben Methode des Versuches gefunden $\frac{1}{100}$ statt $\frac{1}{64}$ (Fechner *a. a. O.*). Steinheil hat nach einer andern Methode gefunden $\frac{1}{38}$. (*Denkschriften der Münchner Academie: Abhandlung über das Prismenphotometer*, *1837*, *p. 14*.) Masson hat wieder nach einer andern Methode gefunden $\frac{1}{80}$ (*Photométrie électrique: Annales de Chimie et de Physique*, *3me série*, *T. XIV. 1845, p. 129*). Endlich macht Arago noch die Angaben von $\frac{1}{9}$, $\frac{1}{11}$, $\frac{1}{7}$ nach Versuchen von Lacaille, Gordon und Mayrnel. (*Oeuvres d'Arago*, *X. Mémoires scientifiques I. Mémoires sur la photométrie*, *p. 256*.)

Diese bedeutenden Abweichungen in den Angaben der Beobachter machen ein näheres Eingehen in die Versuche nothwendig, um so mehr, da Fechner wichtige Consequenzen aus denselben gezogen hat, gegen die indess Helmholtz begründete Einwürfe gemacht hat. (Helmholtz, *Physiologische Optik*, *p. 312* und Fechner, *Psychophysik*, *II.*, *p. 364*.)

Bouguer, Arago und Volkmann haben sich der Methode bedient, eine weisse Tafel *ab Figur 9*, vor welcher ein Schatten werfender Stab *s* aufgestellt ist, von zwei Kerzen *L* und *L'* beleuchten zu lassen und denselben eine solche Stellung zu geben, dass von dem Stabe zwei Schatten *l* und *l'* auf der weissen Tafel entworfen werden. Der Schatten l' wird dann nur von dem Lichte L und der Schatten l nur von dem Lichte L' beleuchtet, der übrige Grund der weissen Tafel aber von beiden Lichtern L und L'. Befindet sich nun das eine Licht L näher an der Tafel, so wird es einen stärkeren Schatten l werfen, der übrigens hier weiter nicht in Betracht kommt, wird aber auch die Tafel und den Schatten l' stärker beleuchten, als die entferntere Kerze L'. Der Kerze L' ist nun eine solche Distanz von ab zu geben, dass der von ihr geworfene Schatten l' eben noch wahrgenommen werden kann. Dann ist die Tafel von L und L', der Schatten l' aber nur von L beleuchtet; ist die Helligkeit oder Lichtintensität von $L = J$, die von $L' = J'$, so ist für die Helligkeit der Tafel und des Schattens das Verhältniss $= \dfrac{J + J'}{J}$; die Differenz d oder der Unterschied zwischen der Helligkeit der Tafel, nämlich $J + J'$, und der des schwächeren Schattens l', nämlich J, ist also J', und das Verhältniss dieser Differenz zu der Lichtintensität J ist dann $= \dfrac{J'}{J}$.

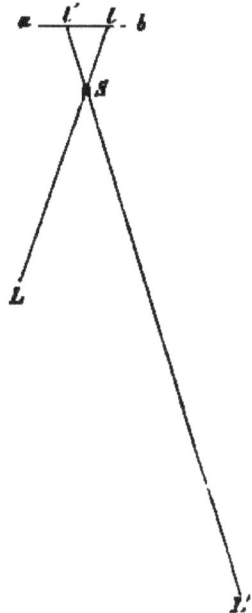

Fig. 9.

Bouguer und Arago haben im Versuche gefunden, dass das Licht L' 64mal weiter von der Tafel entfernt sein muss, als das Licht L, wenn der Schatten eben noch soll wahrgenommen werden können, oder dass, wenn $J' = 1$ ist, $J = 64$ sein muss, also $d = \frac{1}{64}$.

Volkmann hat die Versuche wiederholt und für d nicht $\frac{1}{64}$, sondern $\frac{1}{100}$ gefunden; er hat aber ausserdem die Intensität des Lichtes L variirt, indem er es in grössere oder geringere Entfernung von der weissen Tafel gebracht hat. Es hat sich dabei herausgestellt, dass bei Intensitäten von $L = 1$, $= 2,3$, $= 7,7$, $= 38,7$, die Intensität von L' immer 100mal geringer sein muss, wenn der Schatten l' eben merklich sein soll. Nur bei der Intensität von $L = 0,3$ hat Volkmann die Entfernung von L' 9mal grösser, die Intensität von L' also 92mal geringer, mithin $d = \frac{1}{92}$ statt $\frac{1}{100}$ gefunden. Fechner hat auf Grund dieser Versuche den Werth d als eine Constante angenommen und als *Unterschiedsconstante* bezeichnet; er hat innerhalb einer nicht näher bestimmten Gränze sein psychophysisches Gesetz auch im Gebiete der Lichtempfindung für gültig erklärt, dass nämlich die Empfindlichkeit für Lichtunterschiede gleich bleibt, wenn das Verhältniss der Lichtreize oder Lichtintensitäten sich nicht ändert.

Meine eigenen Versuche sind nun mit den Volkmann'schen ganz und gar nicht in Uebereinstimmung, ja sie zeigen so durchgreifende Differenzen, dass die Fechner'schen Schlüsse ungültig, wenigstens für den Lichtsinn, sein müssen. Ich werde zunächst meine Versuche beschreiben und dann auf Volkmann's Beobachtungen zurückkommen.

Vor einem weissen, glatt ausgespannten Papier *ab Figur 9* von 1 Quadratdecimeter Fläche, ist ein eiserner Stab von 2 Mm. Durchmesser und 60 Mm. Höhe aufgestellt, an dessen oberem Ende eine runde Metallplatte von 20 Mm. Durchmesser parallel zu dem Papier befestigt ist. Genau in gleicher Höhe mit dieser Platte stehen in gewissen Entfernungen von dem Papier zwei Stearinkerzen, welche sehr gleichmässig brennen, L und L'. Sie sind oft auf die Gleichheit ihrer Lichtintensität untersucht worden, ohne irgend erwähnenswerthe Ungleichheit zu zeigen. Ich will indess hier auf eine Täuschung aufmerksam machen, die mir nicht erklärlich ist, dass nämlich von zwei gleichen Schatten derjenige, welchen ich mehrere Sekunden lang fixire, dunkler erscheint, als der indirect gesehene, auch bei sehr geringer Distanz der Schatten von einander. — Die beiden Kerzen L und L' müssen ihr Licht unter einem Winkel auf das Papier auffallen lassen, und es ist die grösste Sorgfalt darauf zu verwenden, dass die Flammen der Kerzen immer gleiche Winkel mit dem Loth der Papierfläche bilden. Der Winkel muss so gross sein, dass die Schatten des Stabes sich nicht decken; dagegen haben sich in meinen Versuchen die Schatten der an dem Stabe befestigten Metallplatte immer etwas gedeckt, was vortheilhaft ist, indem es ein schnelleres Auffinden des sehr blassen Schattens l' möglich macht. Die Kerzen sind, damit der Reflex von den Wänden des Zimmers vermieden und die Lichtflamme selbst vom Auge des Beobachters abgeblendet werde, von 3 Seiten mit einem mattgeschwärzten Blechschirme umgeben,

wie *Figur 10* zeigt. Ein solches Stativ ist sehr zweckmässig, da es das Einstellen der Flamme in die richtige Höhe, das Verschieben in grössere oder geringere Entfernung auf derselben Linie sehr erleichtert. Der Blechschirm hat ausser dem Abblenden des Lichtes einen sehr günstigen Einfluss auf das ruhige Brennen des Lichtes, indem er jeden nicht sehr bedeutenden Luftzug abhält, dadurch aber wieder ein gleichmässiges Verbrennen des Dochtes, Schmelzen des Stearins u. s. w. ermöglicht. Die Flamme bildete immer eine concave Höhle in dem Stearin, in welcher kaum eine Spur flüssigen Stearins zu bemerken war. Die Kerzen oder Stative werden theils auf einem Tische verschoben, theils wird der Tisch selbst verschoben, was allmählig und genau in einer vorgezeichneten Linie geschehen muss.

Fig. 10.

Bei den Versuchen sitzt der Beobachter etwas zur Seite vor der beleuchteten Tafel, und blickt mit Unterbrechungen auf dieselbe, da ein starres Hinsehen auf die weisse Fläche Abstumpfung der Netzhaut und Nachbilder erzeugt. Es ist zweckmässig zum Erkennen des schwachen Schattens, den die entferntere

Lichtflamme wirft, den Kopf hin und her nach der Seite zu bewegen und abwechselnd der Papiertafel zu nähern und von ihr zu entfernen, da es schwer ist, für eine gleichmässige Ebene dauernd scharf accommodirt zu sein. Ein Gehülfe hat indess die Kerze zu stellen und zu verschieben; der Beobachter weiss nichts von der Entfernung der Lichter und hat, wie auch VOLKMANN vorschreibt, nur den Schatten zu beobachten. Ist die Gränze der Sichtbarkeit des Schattens gefunden, so werden die Entfernungen der Kerzen von der Tafel gemessen und notirt. In den meisten Versuchen wurde dem nächsten Lichte L eine Entfernung von 200 Mm., 300 Mm. u. s. w. von der Papiertafel gegeben, und dann das entferntere Licht L' so lange allmählig und mit öfterem Anhalten verschoben, bis der Schatten an der Gränze der Wahrnehmbarkeit war. Bei der Bestimmung dieser Gränze ist allerdings das subjective Ermessen ein nicht zu eliminirender Faktor und ich muss VOLKMANN vollkommen darin beistimmen, dass Schwankungen um $\frac{1}{10}$ des Totalabstandes von L' ganz unvermeidlich sind. Indess kommt man doch nach einiger Uebung zu einer grossen Genauigkeit des Urtheils wenigstens für eine und dieselbe Versuchsreihe, und jene Schwankung kommt auf Rechnung des ungleichmässigen Brennens der Kerze u. s. w. Nur in wenigen Versuchsreihen wurde dem entfernteren Lichte L' ein fester Stand gegeben und L verschoben. Die geringste Entfernung, in welcher die nähere Kerze aufgestellt wurde, betrug 75 Mm., die grösste Entfernung 2350 Mm.; die grösste Entfernung von L' betrug 14000 Mm.

Tabelle III.

J	I. $\frac{L}{L'}$	I. $\frac{J'}{J}$	II. $\frac{L}{L'}$	II. $\frac{J'}{J}$	III. $\frac{L}{L'}$	III. $\frac{J'}{J}$
(577)		$\frac{1}{144}$				
(177)		$\frac{1}{110}$				
100		1		1		1
44		$\frac{1}{104}$				
25						
16		104		104		101
7		94		114		113
4		90		$\frac{1}{7}$		$\frac{1}{67}$
1,8		61		$\frac{1}{70}$		61
1		$\frac{1}{21}$		$\frac{1}{17}$		$\frac{1}{7}$
0,78		$\frac{1}{34,4}$		42		38

In dieser Tabelle III sind die Resultate von 3 Versuchsreihen zusammengestellt, von denen II und III an ein und demselben Abende angestellt worden. In allen wurde das nähere Licht L zuerst festgestellt, und dann das entferntere L' so lange verschoben, bis der Schatten l' die geringste wahrnehmbare Differenz von dem Grunde hatte. In der ersten Columne sind der Reihe nach die Lichtintensitäten von L, dem näheren Lichte, verzeichnet, indem die Intensität von L der Entfernung von 2000 Mm. = 1 gesetzt, und darauf die übrigen Intensitäten reducirt sind. Man gewinnt dadurch einen Ueberblick über die Breite der angewendeten absoluten Helligkeiten. In den folgenden zwei Columnen für jede der 3 Versuchsreihen, ist in der ersten Columne das Verhältniss der Entfernungen von L zu L' angegeben, d. h. die unmittelbar abgelesenen Zahlen in Millimetern. In der zweiten Columne ist der Unterschied zwischen der Intensität des Schattens im Verhältniss zu der Intensität des Grundes angegeben,

also $\frac{J'}{J} = d$, berechnet aus den Quadraten der Entfernungen L und L'.

Die in der Tabelle III verzeichneten Versuche, so wie alle meine übrigen Versuchsreihen mit Kerzenheleuchtung ergeben übereinstimmend: dass mit der Abnahme der absoluten Helligkeit die Empfindlichkeit für Helligkeitsunterschiede gleichfalls abnimmt.

Wie man sieht, wird der Bruch $\frac{J'}{J} = d$, d. h. der Unterschied der Helligkeiten immer grösser, mithin die Unterschiedsempfindlichkeit (als reciproke Function) immer kleiner, je kleiner die Zahl für die Intensität der Kerze L, d. h. J wird, und es zeigt sich eine Gleichmässigkeit in dem Verhältnisse der Helligkeitsabnahme zur Empfindlichkeitsabnahme, welche mir überraschend war. Sie zeigt sich sowohl, wenn man die verschiedenen Versuchsreihen mit einander vergleicht, als auch innerhalb ein und derselben Versuchsreihe. Dass die Gleichmässigkeit nicht vollständig ist, wird jeder in der Ordnung finden, welcher Beobachtungen in dem Gebiete der Unterschiedsempfindlichkeit gemacht hat, denn abgesehen von unvermeidlichen äusseren Störungen und Ungleichmässigkeiten, ist das Urtheil darüber, ob noch eine Differenz wahrnehmbar ist oder nicht, immer bis zu einem gewissen Grade unsicher, also willkührlich.

Die Abnahme der Empfindlichkeit für Helligkeitsunterschiede steht ohne Zweifel in einem bestimmten Verhältnisse zur absoluten Helligkeit, und ich glaubte nach diesen Versuchen die Abnahme der Empfindlichkeit für Helligkeitsunterschiede proportional den Logarithmen der Lichtintensitäten (mit einer gewissen Beschränkung) zu finden; indess haben mir andere Versuche, in denen ich die Verminderung der Helligkeit bis zur äussersten Gränze trieb, gezeigt, dass ein solches Verhältniss nicht allgemein gültig ist. Ich werde darauf wieder zurückkommen § 37, bemerke aber hier schon, dass sich in allen übrigen Versuchen nach anderen Methoden immer das Resultat ergeben hat, dass die Unterschiedsempfindlichkeit für Helligkeiten mit der absoluten Helligkeit abnimmt.

Da Volkmann dieselbe Methode angewendet hat, und damit zu ganz andern Resultaten gekommen ist, so scheint es mir zunächst Pflicht, zu untersuchen, woher der Widerspruch rührt, in den ich mit einem so umsichtigen Forscher gekommen bin. Mir scheinen folgende Momente für Volkmann's abweichende Befunde die Ursache zu sein.

Erstens hat Volkmann nach den Angaben Fechner's (*Psychophysik I. p. 149*) die nähere Kerze L in Entfernungen von der weissen Tafel = 48 Mm., 108 Mm., 200 Mm., 300 Mm., 500 Mm., also Entfernungen von 2 Zoll, 4 Zoll, 8 Zoll, 12 Zoll und 18 Zoll aufgestellt. Bei der letzten Entfernung hat sich aber schon eine Abnahme der Unterschiedsempfindlichkeit gefunden, nämlich statt $\frac{1}{100}$ nur $\frac{1}{77}$; (denn das Licht L' war 9,6 mal weiter von der Tafel entfernt als L.) Die Entfernungen von 2 Zoll und 4 Zoll sind aber so gering, dass die Entfernung der Kerzenflamme nicht mehr mit Genauigkeit gemessen werden kann. Ob die Flamme eines Stearinlichtes 48 Mm. oder 45 Mm. von der Tafel entfernt ist, lässt sich kaum feststellen, und doch würde sich für 48 Mm. von L und 480 Mm. von L' $d = \frac{1}{100}$ für 45 Mm. von L und 480 Mm. von L' dagegen $d = \frac{1}{77}$ ergeben. — Der zweite Uebelstand bei so grosser Nähe des Lichtes an der Tafel ist, dass die Schatten des Stabes sehr diffuse Begrenzungen bekommen, wodurch sie sich viel schwerer von der Umgebung unterscheiden lassen, als Schatten mit scharfer Begrenzung. Volkmann würde also bei gleicher Intensität der Beleuchtung den Schatten noch bei grösserer Entfernung des Lichtes L' erkannt haben, wenn derselbe scharfe Grenzen gehabt hätte, würde also einen kleineren Bruch für die Helligkeitsunterschiede, d. h. eine grössere Unterschiedsempfindlichkeit gefunden haben. — Die dritte Störung bei grosser Nähe der Lichter wird dadurch verursacht, dass sich die Kerzenflamme im Gesichtsfelde des Beobachters befindet und denselben blendet, wodurch die Empfindlichkeit für schwache Lichteindrücke und Lichtdifferenzen vermindert wird, wie die Astronomen vielfach, namentlich bei Beobachtung der Uranusmonde festgestellt haben.

Zweitens ist die Zahl der Beobachtungen zu gering, (denn die letzte Beobachtung ist nicht mitzuzählen, weil sie eine geringere Unterschiedsempfindlichkeit ergiebt), um ein zuverlässiges Resultat zu liefern, wenigstens, um zu Schlüssen von der Tragweite, wie sie Fechner daraus gezogen hat, zu berechtigen.

Drittens scheinen die gewonnenen Zahlen aus verschiedenen Beobachtungsreihen hervorgegangen, also Mittelzahlen zu sein. Mittelzahlen aus wenigen Beobachtungen sind aber bei Untersuchungen, in denen unvermeidliche Fehlerquellen sich geltend machen, weniger zuverlässig, als die direkten Angaben, namentlich wenn verschiedene Beobachter zu Untersuchungen zugezogen werden, in denen das Urtheil eine Rolle spielt.

§ 83. Ich gehe jetzt zur Darstellung meiner übrigen Versuche mit verschwindendem Schatten.

Da mir ein genügender Raum, die Lichter in noch grösseren Entfernungen von der Tafel aufzustellen, nicht zu Gebote stand, so benutzte ich die im § 27 beschriebene Vorrichtung in dem finstern Zimmer *Figur 11* als Lichtquelle an Stelle der beiden Kerzen.

Die grosse Oeffnung *C* des Diaphragmas wird eingestellt und entspricht der näheren Kerze *L*. In einer Entfernung von 5 Mètres befindet sich parallel

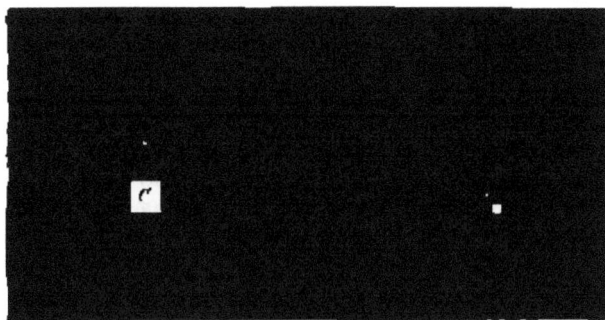

Fig. 11.

zu den beiden Oeffnungen der Diaphragmen, in der Mitte zwischen ihnen, so wie in gleicher Höhe mit denselben die weisse Tafel und der davor befindliche, Schatten werfende Stab, wie in den vorigen Versuchen. Die kleine Oeffnung des Diaphragmas entspricht der Kerze *L'*. Während der Beobachter die auf der Tafel entworfenen Schatten betrachtet, stellt ein Gehülfe die kleinere Oeffnung so lange, bis der von ihr entworfene Schatten die geringste Wahrnehmbarkeit erreicht hat. Da beide Oeffnungen immer quadratisch bleiben und die Lichtintensität in jedem ihrer Punkte gleich gross ist, so ist ihr Flächeninhalt, oder das Quadrat ihrer Seite, das Maass für deren absolute Helligkeit. Nachdem also bei einer bestimmten Grösse der Oeffnung *C* die Grösse, welche die andere Oeffnung haben muss, damit der Schatten eben noch wahrnehmbar sei, eingestellt worden ist, wird die Seite der kleineren Oeffnung gemessen und ihre Grösse notirt. Die Anstellung der Versuche ist daher eben so, wie bei den Versuchen mit 2 Kerzen.

Numerisch vergleichbar mit jenen Versuchen werden die mit Tageslicht angestellten Versuche und die in ihnen gefundenen Grössen, wenn man der Helligkeit einer Kerze die Helligkeit einer Diaphragmaöffnung von gewisser Grösse gleichsetzen kann. Diese Grösse ist leicht zu finden. Wird eine Kerzenflamme an die Stelle des zugeschobenen kleinen Diaphragmas gebracht, so dass sie einen Schatten von dem Stabe auf dem weissen Papier entwirft, so muss die Oeffnung des grossen Diaphragmas *C* so lange gestellt werden, bis beide Schatten gleich dunkel erscheinen. Vor der ersten hier verzeichneten Versuchsreihe musste die Oeffnung *C* 90 Mm. Seite oder 8100 Mm.² Fläche haben, wenn die beiden

Schatten gleich dunkel erscheinen sollten. Die Bestimmung ist übrigens nicht ganz genau zu machen, weil die Schatten verschieden gefärbt sind; indessen liess sich doch so viel mit Sicherheit angeben, dass bei 100 Mm. Seite der rothe Schatten (von dem Tageslichte geworfen) entschieden zu dunkel, bei 80 Mm. Oeffnung offenbar heller war, als der blaue Schatten. Selbstverständlich ist diese Grösse von der Helligkeit des Himmels abhängig und muss mithin für jede Versuchsreihe besonders bestimmt werden. — Ist nun der Schatten von 8100 Mm.² Oeffnung gleich dem Schatten der Kerze in 5 Mètres oder 5000 Mm. Entfernung, so muss der Schatten einer grösseren Oeffnung dem Schatten der Kerze in geringerer Entfernung gleichgesetzt werden können. Die Rechnung ergiebt, dass die Helligkeit der grössten Oeffnung des Diaphragmas von 200 Mm. Seite gleich ist der Helligkeit der Kerze in 2250 Mm. Entfernung. Bei den Versuchen mit Kerzen betrug die grösste Entfernung der Kerze L 9000 Mm.; da aber die grösste Oeffnung einer Entfernung der Kerze L von 2250 Mm. entspricht, so sind die absoluten Helligkeiten bei diesen Versuchen mit Tageslicht durchweg geringer, als bei den Versuchen mit Kerzenlicht. — Es war mir möglich, die Unterschiedsempfindlichkeit bis zur geringsten absoluten Helligkeit hin zu untersuchen, bei welcher überhaupt noch eine Lichtempfindung hervorgerufen wird.

Tabelle IV.

J	Berechnete Entfernung der Kerze L	$\dfrac{L}{L'}$	$\dfrac{J'}{J}$
10000	2250 Mm.		
5625	3000 "		
2500	4500 "		
1306	6000 "		
604	9000 "		
156	18000 "		
35	45000 "		
6,?	90000 "		
2,?	150000 "		
1	225000 "	2,5	0

Eine derartige Versuchsreihe ist in der vorstehenden Tabelle IV. dargestellt, die noch einiger Erläuterungen bedarf. Die Oeffnung des Diaphragmas, bei welcher überhaupt noch der Schatten auf dem Papier erkannt werden konnte, durfte an jenem Tage nicht unter $2\frac{1}{4}$ Mm. Seite sein. Diese Helligkeit ist = 1 gesetzt worden und auf sie die übrigen Helligkeiten reducirt; die reducirten Helligkeiten der grössten Oeffnung, also der Kerze L vergleichbar, = J sind in der ersten Columne verzeichnet. Daneben in der zweiten Columne sind die Entfernungen angegeben, welche nach meiner Berechnung die Kerze L hätte haben müssen, um eine gleiche Helligkeit, wie die Oeffnung des Diaphragmas zu erzeugen. In der dritten Columne sind die notirten Oeffnungen der beiden Diaphragmen, von denen die grössere L, die kleinere l' sei, und zwar deren Seite in Mm. angegeben, und in der vierten Columne die Grösse des Unterschiedes in den Helligkeitsverhältnissen $\frac{J'}{J} = d$. Die dritte und vierte Columne sind also mit den beiden Columnen der Tabelle III. vergleichbar. — Die Versuche sind an einem hellen Wintertage von 9½ bis 11 Uhr angestellt worden.

Auch in dieser Versuchsreihe zeigt sich im Allgemeinen eine Abnahme der Empfindlichkeit für Helligkeitsunterschiede bei abnehmender absoluter Helligkeit, wie ein Vergleich der ersten und vierten Columne ergiebt. Und zwar ist schon der erste Werth $\frac{1}{12}$ grösser, als der letzte Werth der 3. Tabelle $= \frac{1}{9}$ oder $\frac{1}{9}$, wie er für die Entfernung der Kerze L von 2000 Mm. gefunden wurde. In der That entspricht ja auch die durch die grösste Oeffnung des Diaphragmas gewonnene Beleuchtung der Tafel einer grösseren Entfernung der Kerze L, als die in jenen Versuchen der Tabelle III. möglich war. Es ist indess nicht zu übersehen, dass in den nächsten Beobachtungen eine Zunahme der Unterschiedsempfindlichkeit eingetreten ist, so dass bei schwächerer Beleuchtung die Empfindlichkeit für Helligkeitsunterschiede zuzunehmen scheint. Diese Zunahme ist indess nur scheinbar und rührt von einer besonderen Ursache her, nämlich von einem veränderten Adaptationszustande des Auges: ich hatte mich nämlich erst kurze Zeit im Finstern aufgehalten, als ich die Beobachtungen begann, und es musste sich daher der Einfluss der Adaptation bei längerem Aufenthalte im Finstern geltend machen. Bei der Reciprocität von Empfindlichkeit und Reiz wird aber offenbar ein empfindlicheres Auge denselben Effect haben, wie eine grössere Helligkeit, und wenn wir annehmen, dass, während die Helligkeit 8mal kleiner geworden ist, die Empfindlichkeit 10mal grösser geworden sei, so wird dadurch das ausnahmsweise Steigen der Curve genügend erklärt. Indess schien es mir doch nothwendig, für diese Erklärung weiteren Anhalt zu gewinnen und in anderen Versuchsreihen diese Fehlerquellen auszuschliessen. In mehreren Beobachtungsreihen habe ich denn auch eine gleichmässigere Abnahme der Unterschiedsempfindlichkeit nach vorheriger Adaptation der Netzhaut gefunden, von denen ich eine in der folgenden Tabelle V. anführe, welche eben so wie Tabelle IV. angeordnet ist.

In dieser Tabelle fällt nur der Werth $\frac{1}{13}$ aus der Reihe, die übrigen Werthe für $\frac{J'}{J}$ wachsen sonst durchweg bei der Abnahme der Werthe von J. Zu dieser Tabelle ist aber zweierlei in Bezug auf die Werthe von J zu bemerken. Wie man sieht, sind die Werthe von J in Tabelle V. grösser bei denselben Diaphragmaöffnungen, als in Tabelle IV. Das rührt daher, dass der Himmel an dem Versuchstage für Tabelle V. heller war, als dem Tage, wo die Beobachtungen für Tabelle IV. gemacht wurden. Dort wurde eine Oeffnung des Diaphragmas = 90 Mm. Seite gleich gefunden mit der Helligkeit der Kerze — hier aber entsprach die Helligkeit der Kerze einer Oeffnung von 80 Mm. Seite; wenn also dort die Helligkeit bei 200 Mm. Oeffnung = 10000 gesetzt wurde, so musste sie hier = 22500 gesetzt werden. Zweitens habe ich mir in der Berechnung des kleinsten Helligkeitswerthes eine Correctur erlaubt. Die geringste Helligkeit, bei der ein Schatten überhaupt noch zu erkennen war, hatte ich in der ersten Versuchsreihe = 2,5 Mm. Seite der Oeffnung gefunden, in der letzten Versuchsreihe aber = 1,85. Mit Bezug auf die Bestimmung mittelst der Kerze hätte ich aber finden müssen 1⅓ oder 1,85. Messen konnte ich indess die Grösse von 1,85 nicht genau, und da auch die Beobachtung bei dieser Finsterniss sehr unsicher ist, so habe ich diesen Werth corrigirt nach den photometrischen Bestimmungen mittelst der Kerze, und deshalb in der Tabelle eingeklammert. Es bedarf kaum der Bemerkung, dass dadurch in den Verhältnissen der Werthe J und $\dfrac{J'}{J}$ nichts geändert wird, wohl aber ergiebt sich daraus der Vortheil, dass die Tabellen dadurch mit einander vergleichbar werden.

Tabelle V.

J	Berechnete Entfernung der Kerze L.	L. L'	$\dfrac{J'}{J}$
22500	1600 Mm.	360 / 3⁷⁵	1
13456	2000 ,	150 / 14	41
5625	8000 ,	100 / 18	1/18
3164	4000 ,	78 / 13	1/13
1306	6000 ,	50 / 23	1/23
361	12000 ,	25 / 1	1/25
66	30000 ,	10 / 1	1/11
13	60000 ,	5 / 0,5	1/10
5	100000 ,	3 / 1,15	1/3
[1]	225000 :	[1,25]	0

§ 34. Wir sind nun im Stande, die Abnahme der Unterschieds-empfindlichkeit mit der Abnahme der absoluten Helligkeit zu vergleichen, und diesen Vergleich in einer Ausdehnung zu übersehen, welche von der Helligkeit, bei welcher wir Abends zu lesen pflegen, bis zu der geringsten Helligkeit, bei welcher noch ein Unterschied in der Helligkeit wahrgenommen werden kann, sich erstreckt. Dazu ist die folgende Tabelle VI. entworfen,

In welcher die mit den Kerzenversuchen und die mit den Versuchen bei Tageslicht gewonnenen Resultate, nach den absoluten Helligkeiten geordnet, zusammengestellt sind. In der ersten Columne sind die absoluten Helligkeiten der stärkeren Lichtquelle L verzeichnet, indem die geringste Helligkeit aus Tabelle IV. als Einheit zu Grunde gelegt worden ist. In der zweiten Hauptcolumne unter $\frac{J'}{J}$ folgen dann die Ergebnisse dreier Versuchsreihen in Bezug auf die Größe der Unterschiedsempfindlichkeit, und zwar in der ersten Untercolumne die Werthe von Versuch III. der Tabelle III., in der zweiten Untercolumne die Werthe der Tabelle V., in der dritten Untercolumne die Werthe aus Tabelle IV.

Tabelle VI.

J	$\frac{J'}{J}$			$\frac{L}{L'}$		
	III. s.	V.	IV.	III. s.	V.	IV.
1866425						
562500						
816081						
202500						
90000						
60625						
22500						
13056						
10000						
5625						
3164						
2500						
1806						
606						
361						
156						
54						
25						
13						
6						
5						
2½						
1		0	0		1,25	2,5

L
L'

In der dritten Hauptcolumne sind die direct gefundenen Versuchszahlen wiederum in 3 Reihen, den 3 Untercolumnen entsprechend, angegeben.

Auf Grund dieser Versuche, deren Besprechung im Einzelnen sogleich folgen wird, muss ich behaupten:

1. Eine Unterschiedsconstante, wie sie Fechner angenommen hat, existirt nicht. Das psychophysische Gesetz Fechners hat mithin im Gebiete der Lichtempfindung keine Gültigkeit.

2. Die verschiedenen Angaben über die Empfindlichkeit für Unterschiede von Bouguer, Arago, Steinheil, Masson, Volkmann sind wahrscheinlich grösstentheils an sich richtig; die Differenzen in jenen Angaben lassen sich daraus zum Theil erklären, dass jene Beobachter bei verschiedenen Helligkeiten ihre Bestimmungen gemacht haben.

§ 35. ad 1. Fechner hat den Werth $d = \frac{d'}{d}$ als *Unterschiedsconstante* bezeichnet, unter der Annahme, dass die Unterschiede von Helligkeiten, welche eben noch wahrgenommen werden könnten, ein constantes Verhältniss zu einander hätten, wenigstens in einer gewissen Breite. (*Psychophysik I. p. 244.*) Der Constans soll aber nach Fechner eine doppelte Gränze gesetzt werden, von denen uns jetzt nur die eine, nämlich die untere Gränze beschäftigen wird. Nach Fechner wird diese Gränze gesetzt durch die subjective Lichtempfindung oder die Helligkeit des *Augenschwarz*. Je grösser die subjective Lichtempfindung ist, um so kleiner wird die Empfindlichkeit für objective Reize sein müssen, und Fechner erklärt die Abweichungen von dem psychophysischen Gesetze aus dem Einflusse der subjectiven Lichtempfindung, welche sich um so mehr geltend mache, je schwächer der objective Reiz sei. Diesen Einfluss hat indess Fechner keineswegs nachgewiesen; denn die einzige Bestimmung, welche Volkmann von deren Helligkeit gemacht hat, ist der Art, dass sie nicht weiter für Volkmanns Angaben über Unterschiedsempfindlichkeit verwerthbar ist. Fechner giebt für die Helligkeit von Volkmanns Augenschwarz an, sie sei gleich der Erhellung einer Fläche von schwarzem Sammet durch eine Stearinkerze in 9 Fuss Entfernung. (*Psychophysisches Gesetz p. 482 und Psychophysik I. p. 168.*) Da Volkmann aber nicht angiebt, um wie viel der schwarze Sammet dunkler gewesen ist, als die weisse Tafel, auf welcher er die Schatten beobachtet hat, so ist aus jenen Angaben kein Schluss zu machen, wie weit die Helligkeit des Augenschwarz bei den Schattenversuchen in Betracht gekommen ist. Fechners Angabe über Volkmanns Augenschwarz ist aber auf folgende Weise berechnet: *Für Volkmanns Augen verschwand der Schatten auf einem Grunde von schwarzem Sammet, als das Licht (Stearinkerze) bis auf 87 Fuss davon zurückgerückt war. Sofern nun bei dieser Erleuchtung, die das Licht dem Augenschwarz zufügte, die Helligkeit $= \frac{1}{100}$ der Erleuchtung durch das Augenschwarz war, würde sie bei $\frac{1}{10}$ jener Entfernung,*

d. i. bei 8,2 Fuss Entfernung derselben gleich gewesen sein. Nach meinen Untersuchungen verschwindet 1) der Schatten auf dem weissen Papier bei einer Entfernung der Stearinkerze von etwa 225 Mètres (s. Tabelle IV. und V.) oder 700 bis 800 Fuss bei ziemlich adaptirtem Auge. 2) Ist bei dieser Dunkelheit nach meinen Untersuchungen die Unterschiedsempfindlichkeit nicht $= \frac{1}{1\frac{1}{3}0}$, sondern höchstens $= \frac{1}{3}$, wonach die Helligkeit des Augenschwarz gleich der Erhellung des weissen Papiers durch eine Stearinkerze in

$$\frac{225}{\frac{1}{3}} \text{ Mètres} = 130 \text{ Mètres} = 400 \text{ Fuss} \text{ anzunehmen sein würde, eine Hellig-}$$

keit, die so gering ist, dass sie bei den meisten der benutzten Helligkeiten gar nicht in Betracht kommen kann. Vergleiche § 28. — Aber selbst wenn man Fechners Unterschiedsconstante als richtig annimmt, so würde die Helligkeit des Augenschwarz gleich der Erhellung des weissen Papiers durch eine Stearinkerze in $\frac{225}{9}$ Mètres $= 22,5$ Mètres oder 75 Fuss zu setzen sein, also immer noch einer sehr geringen Helligkeit gleichen. Wenn aber die subjective Helligkeit im Gesichtsfelde nicht gross ist, so können die von mir gefundenen Werthe für die Unterschiedsempfindlichkeit, d. h. die Abnahme der Unterschiedsempfindlichkeit bei abnehmender absoluter Helligkeit, nicht aus der Einwirkung subjectiver Empfindungen abgeleitet werden.

ad 2. Alle Beobachter, mit Ausnahme von Helmholtz, stimmen in dem Satze überein, dass die Empfindlichkeit des Auges für Unterschiede unabhängig ist von der absoluten Helligkeit — und jeder Beobachter giebt einen andern Bruch für die Unterschiedsempfindlichkeit an.

Bouguer sagt: *la sensibilité de l'oeil est indépendant de l'intensité de la lumière* und giebt an $\frac{1}{64}$. Da ich mir Bouguer's Werk nicht habe verschaffen können, so kenne ich die nähere Begründung seines Satzes nicht.

Steinheil: *die Unsicherheit jeder einzelnen Schätzung beträgt nicht über $\frac{1}{15}$ der gesammten Helligkeit, diese mag gross oder klein sein.* Steinheil's Lichtintensitäten haben differirt von 1 bis 2,58, eine Differenz, die wohl kaum zu einem solchen Ausspruche berechtigen dürfte.

Masson, (auf dessen Versuche ich genau eingehen werde § 38 — 43): *En faisant varier l'intensité de l'éclairement, j'ai trouvé que, quand il était suffisant, pour qu'on pût facilement lire dans un in-octavo, la sensibilité ne variait pas pour un même individu. J'ai fait varier de plusieurs manières la puissance du rayon lumineux réfléchie par le disque. J'ai pris la lumière d'une carcel placée à diverses distances du disque, l'éclairement par un temps sombre et couvert; j'ai opéré à la lumière diffuse après le coucher du soleil; j'ai employé la lumière solaire réfléchie par un héliostat et quelquefois j'ai rendu le faisceau divergent au moyen d'une lentille.* Er giebt an $\frac{1}{120}$. — Ich bedauere, den detaillirten Angaben dieses ausgezeichneten Physikers gegenüber behaupten zu müssen, dass er den eigentlichen Kern der Sache nicht erfasst hat, und finde den Schlüssel zu seinen Angaben in den bald auf jenes Citat folgenden Worten: *Quelques-uns (verres coloris), le rouge par exemple, absorbaient une telle quantité de lumière, qu'on royait difficilement la couronne.* Masson ist also erst beim Sehen durch das rothe Glas an der eigentlichen Gränze der Unterschieds-empfindlichkeit gekommen und ist im Uebrigen so zu Werke gegangen: Er hat die Scheibe, deren Kranz $\frac{1}{18}$ dunkler war, bei jenen verschiedenen Beleuchtungen beobachtet und immer den Kranz erkannt. Das ist bei mir eben so. Aber Masson hat übersehen, dass der Kranz mit erheblich verschiedener Deutlichkeit gesehen wird, und sich keineswegs bei jenen Beleuchtungen an der Gränze der Unterschiedsempfindlichkeit befanden; er hat folglich nicht die Gränze der Unterschiedsempfindlichkeit bestimmt, sondern nur das ganz richtige Faktum, dass die Gränze bei den angegebenen Helligkeiten nicht unter $\frac{1}{18}$ sinkt.

Arago wiederholt bestätigend Masons Angaben (*Astronomie I. p. 194*) und giebt *Oeuvres X. p. 256* folgendes an: Lacroix, Gordon und Masson haben bei ein- und derselben Methode für die Unterschiedsempfindlichkeit gefunden $\frac{1}{9}$, $\frac{1}{11}$, $\frac{1}{11}$, Differenzen, die Arago als *phénomène physiologique* betrachtet und nicht weiter bespricht. Die Methode ist folgende: Mit einem Fernrohr, in welchem sich ein Rochon'sches Prisma befindet, und vor dessen Ocular ein drehbares Nichol'sches Prisma angebracht ist, wird durch ein Loch in schwarzer Pappe auf den bedeckten Himmel gesehen; durch die Drehung des Nicol wird das eine der durch das Rochon erhaltenen Bilder (von der Oeffnung in der Pappe) in einem messbaren Verhältnisse zu dem andern Bilde lichtschwächer gemacht. Die Helligkeit ist hier offenbar 1) viel geringer, als bei einer mit vollem Tageslichte beleuchteten weissen Scheibe, (wie in Massons Versuchen) 2) variabel, da sie schliesslich von der Helligkeit des bedeckten Himmels abhängig ist. Das erste Moment erklärt, dass jene 3 Beobachter grössere Brüche gefunden haben, als Masson — das zweite Moment erklärt, dass die *resultats très-peu concordants* sind. Aragos Angaben beweisen also nicht nur nichts für Fechners psychophysisches Gesetz, sondern sind, unter der sehr wahrscheinlichen Annahme, dass die Helligkeit des Himmels in jenen 3 Bestimmungen eine verschiedene gewesen sei, mit meinen Versuchen im besten Einklange, denn ich habe bei 200 Mm. Oeffnung des Diaphragmas an dem helleren Tage (Tabelle IV.) gefunden $\frac{1}{9}$, an dem weniger hellen Tage (Tabelle IV.) $\frac{1}{17}$, was von Aragos $\frac{1}{9}$ und $\frac{1}{11}$ wenig differirt. — Wie bedeutend die Helligkeit der Sonne und also in noch höherem Grade die des Himmels im Laufe eines hellen Tages differirt, davon geben die photochemischen Untersuchungen von Bunsen und Roscoe in Poggendorf's Annalen Bd. 117. 1862. p. 561 Tabelle III. ein sehr anschauliches Bild.

Volkmanns Versuche und ihr Ergebniss von $\frac{1}{18}$ und $\frac{1}{17}$ habe ich schon oben § 32 besprochen.

Endlich hat Fechner noch Beobachtungen an Wolkenrändern, deren Helligkeit er verminderte, gemacht und zur Begründung seines psychophysischen Gesetzes benutzt. Dass dieselben meinen Resultaten nicht entgegen stehen, werde ich erst § 43 zeigen können, bemerke indess, dass diesem scharfsinnigen Beobachter die Differenzen in der Deutlichkeit, welche Masson übersehen hatte, keineswegs entgangen sind. (Psychophysisches Gesetz p. 458.)

Auf Helmholtz's Angriffe gegen Fechner's Lehre kann ich erst später § 43 eingehen.

Die Angaben der erwähnten Beobachter unterstützen also keineswegs das psychophysische Gesetz Fechner's im Gebiete der Lichtempfindung, sind aber grösstentheils sehr wohl mit dem Resultate meiner Versuche in Uebereinstimmung, dass mit der Abnahme der absoluten Helligkeit die Empfindlichkeit für Helligkeitsunterschiede gleichfalls abnimmt. Wenn ich mit diesem Satze so ausgezeichneten Forschern wie Bouguer, Arago, Steinheil, Masson, Volkmann und Fechner entgegentrete, so glaube ich dazu theils durch die Ausdehnung, die ich meinen Versuchen gegeben habe, berechtigt zu sein, theils dadurch, dass ich meine Aufmerksamkeit speciell auf dieses Verhältniss zu richten veranlasst wurde, während die erwähnten Beobachter ihre Versuche in geringer Ausdehnung und mehr gelegentlich angestellt haben.

§ 86. Der dem psychophysischen Gesetz von mir entgegengestellte Satz bedarf zunächst einer Beschränkung. Die grösste Lichtintensität, welche ich angewendet habe, ist etwa der gleichzusetzen, welche wir Abends beim Lesen zu haben pflegen. Wie sich höhere Helligkeitsgrade in Bezug auf die Empfindlichkeit für Unterschiede verhalten, habe ich nach dieser Methode nicht untersucht, und zwar, wie ich offen bekenne, aus Furcht, meine Augen für andere subtile Untersuchungen untauglich zu machen. Es ist wohl mit Fechner anzunehmen, dass bei grösseren Lichtintensitäten, z. B. einer mit Sonnenlicht beleuchteten weissen Scheibe wieder eine Abnahme der Unterschiedsempfindlichkeit wegen der starken Blendung des Auges eintritt; wir werden sehen, dass das der Fall ist, dass aber ausserdem in diesen Versuchen nicht die höchste Zahl für die Unterschiedsempfindlichkeit erreicht worden ist. Mit Rücksicht auf diese mittelst der Masson'schen Scheibe festgestellten Resultate müssen wir sagen: Die Empfindlichkeit für Lichtunterschiede nimmt ab mit der absoluten Helligkeit, wenn diese geringer wird, als die Helligkeit eines mittelst einer Stearinkerze möglichst stark beleuchteten weissen Papiers.

Die Breite der Helligkeitsgränze, innerhalb deren die Schattenversuche angestellt worden, ist immerhin sehr bedeutend, da die grösste Helligkeit 1365625, d. h. über eine Million mal grösser war, als die geringste Helligkeit. Ich habe dabei die Lichtintensität, bei welcher ich eben noch einen Schatten auf dem weissen Papier sehen konnte, = 1 gesetzt. Bei dieser Grösse ist aber nur insofern eine Unterschiedsempfindlichkeit anzunehmen, als man den Schatten subjectiv, das Papier objectiv beleuchtet sein lässt. Nimmt man, was ich nicht zugebe, eine subjective Beleuchtung nicht an, oder nicht sie als mit objectivem Lichte unvergleichbar an, so würde mit jener Grösse die Gränze der absoluten Empfindlichkeit (Reizschwelle Fechner) gegeben sein.

Dass unser Auge bei einer mehr als eine Million mal grösseren Helligkeit, als der Helligkeit, welche eben noch eine Empfindung hervorbringt, sehen kann, ja dass hier erst die Intensität der gewöhnlichen Beleuchtung kaum erreicht wird und unser Auge noch viel stärkere Helligkeiten ertragen kann, wird weniger wunderbar scheinen, wenn wir den Umfang eines niedrigeren Sinnes, des Drucksinnes, damit vergleichen. Nach meinen und Kammler's Untersuchungen fühlt man noch ein Gewicht von 2 Milligrammen (Moleschott, *Untersuchungen zur Naturlehre des Menschen V. p. 149*); ein um 1 Million grösseres Gewicht, d. h. 2 Kilogrammes oder 4 Pfund, übt bei gleichem Querschnitt von 9 Mm.² einen immer noch erträglichen Druck aus. Unser Gesichtssinn ist aber nicht nur in verschiedenen Beziehungen feiner als der Tastsinn, sondern auch noch einer grösseren Veränderung seiner Empfindlichkeit durch die Adaptation für Helligkeiten fähig.

Diesen Einfluss, die Adaptation des Auges, haben wir aber bei einer weiteren Verwerthung der Resultate meiner Versuche sehr zu berücksichtigen. Mit der Abnahme der absoluten Helligkeit nimmt die Empfindlichkeit des Auges zu, und eine geringere Helligkeit muss demselben Eindruck machen, wenn das Auge entsprechend empfindlicher geworden ist. Es ist also die Frage, ob, eventualiter in welchem Verhältnisse mit der grösseren Empfindlichkeit des Auges die Unterschiedsempfindlichkeit zunimmt? So lange dieser Faktor unbekannt ist, kann an die Aufstellung einer Formel für das Verhältniss zwischen Helligkeit und Unterschiedsempfindlichkeit nicht gedacht werden. Die geringste wahrnehmbare Lichtintensität in meinen Versuchen ist aber bei adaptirtem Auge bestimmt und = 1 gesetzt worden; für das nicht adaptirte Auge müsste aber die Helligkeit bedeutend grösser sein, um eben wahrgenommen werden zu können, nämlich nach § 23 etwa 30mal grösser.

Ich habe in dieser Beziehung gefunden, dass unmittelbar nach dem Eintritt in das finstere Zimmer aus dem diffusen Tageslichte die grössere Oeffnung des Diaphragma = 50 Mm. Seite, die kleinere 25 Mm. Seite haben musste, wenn der schwächere Schatten eben von dem Grunde unterscheidbar sein sollte. Die Helligkeit des Himmels war an jenem Tage so, dass 90 Mm. Seite der Diaphragmaöffnung gleich der Helligkeit der Stearinkerze waren. Für dieselbe Oeffnung des Diaphragma war also die Unterschiedsempfindlichkeit des nicht adaptirten Auges = ¼, während sie beim adaptirten Auge nach Tabelle VI. ⅟₁₅ betragen hatte. Daraus geht hervor, wie bedeutend der Einfluss der Adaptation für die Unterschiedsempfindlichkeit ist — ihn aber näher und in grösserer Ausdehnung zu bestimmen, ist mir nicht gelungen, weil meine Augen durch öfteren Wechsel von Hell und Dunkel so geblendet und irritirt wurden, dass ich die bei diesen Versuchen erhaltenen Resultate als ganz werthlos ansehen muss.

§ 37. Diesen Schwierigkeiten gegenüber wird es erlaubt sein, um ein ungefähres Verhältniss zwischen der Lichtintensität und der Unterschiedsempfindlichkeit an Stelle des psychophysischen Gesetzes ausfindig zu machen, nur diejenigen Versuche in Betracht zu ziehen, bei denen der Einfluss der Adaptation sich nur in geringem Grade hat geltend machen können, nämlich die Versuche mit den beiden Kerzen. Bei diesen Versuchen scheint mir der Einfluss der Adaptation nicht sehr gross gewesen sein zu können, da sich das Licht L immer in einem und demselben Zimmer befand, das Licht L' aber nur bei den ersten 4 Bestimmungen der Tabelle III. in demselben Zimmer war, bei den übrigen Bestimmungen dagegen in die anstossenden Zimmer gebracht werden musste. Die Erhellung der Decke des Zimmers und der einen Wand (denn von 3 Wänden war das Licht durch den Blechschirm abgeblendet, s. Anstellung der Versuche § 32) kann daher wohl nicht grosse Verschiedenheiten erzeugt haben, indess macht sich dieser Einfluss doch in den folgenden Tabellen VII. und VIII. schon bemerklich. In dieser Reihe der Versuche zeigt sich aber, dass **bei 100mal stärkerer Beleuchtung die Unterschiedsempfindlichkeit 3mal grösser ist.** Diese Beziehung schien mir auf ein **logarithmisches Verhältniss** hinzudeuten. Setzen wir den Logarithmus der Lichtintensität bei Entfernung der Kerze L von 2000 Mm. $= 1$, so bekommen wir für den Logarithmus der Lichtintensität bei Entfernung der Kerze L' von 200 Mm. die Zahl 3. Mit der Annahme, **dass die Unterschiedsempfindlichkeiten wie die Logarithmen der Lichtintensitäten zunehmen,** erhalten wir die in der folgenden Tabelle VII. nach den Versuchen berechneten und gefundenen Werthe. Ich lege dabei, die Tabelle III. Columne 3. erhaltenen Zahlen, zu Grunde, setze den grössten Bruch für die Unterschiedsempfindlichkeit von $\frac{1}{5} = 1$ und reducire darauf die übrigen Werthe für die grösseren Unterschiedsempfindlichkeiten; desgleichen setze ich den Logarithmus der geringsten Lichtintensität $= 1$ (denn nur unter dieser Annahme stimmen die Zahlen). Diese Werthe, also der reducirte Werth von J und der reducirte Werth von $\frac{J'}{J}$ sind in den beiden ersten Columnen angegeben. In der dritten Columne sind die Entfernungen der Kerze L' berechnet, welche dieselbe nach meiner Annahme hätte haben müssen, wenn die Uebereinstimmung vollkommen wäre, und zwar mit Zugrundelegung des bei der grössten Entfernung von L gefundenen Abstandes von L'. In der 4. Columne sind die wirklich im Versuche gefundenen Distanzen der Kerze L'. In der 5. Columne die Differenzen der gefundenen Werthe von den berechneten angegeben. Die Zahlen der Entfernungen sind Millimeterwerthe.

Die Tabelle VIII. ist eben so gewonnen und eingerichtet wie Tabelle VII., bezieht sich aber auf die Versuchsreihe Tabelle III., Columne 2. In ihr ist $\frac{J'}{J} = \frac{1}{7}$ gleich $\frac{1}{4}$ gesetzt und demgemäss die übrigen Unterschiedsempfindlichkeiten berechnet.

Tabelle VII. (cf. Tabelle III., 2.)

log. J.	$\frac{J'}{J}$	Abstände von L'		Differenzen.
		Berechnet.	Gefunden.	
1	$\frac{1}{1}$			
1,247		10457 Mm.	10200 Mm.	$- 257 = \frac{1}{40}$
1,602		7900 ,	7170 ,	$- 730 = \frac{1}{10}$
1,851		6370 ,	6060 ,	$- 310 = \frac{1}{20}$
2,204		4640 ,	5300 ,	$+ 660 = \frac{1}{8}$
2,397		3670 ,	4090 ,	$+ 320 = \frac{1}{12}$
2,643		3045 ,	3300 ,	$+ 255 = \frac{1}{11}$
3		2163 ,	2420 ,	$+ 257 = \frac{1}{9}$

Tabelle VIII. (cf. Tabelle III., 2.)

log. J.	$\frac{J'}{J}$	Abstände von L'		Differenzen.
		Berechnet.	Gefunden.	
1				
1,247		10850	10450	$- 400 = \frac{1}{26}$
1,602		8200	8400	$+ 200 = \frac{1}{42}$
1,851		6610	6460	$- 150 = \frac{1}{42}$
2,204		4813	5350	$+ 537 = \frac{1}{10}$
2,397		4016	4090	$+ 74 = \frac{1}{51}$
2,643		3160	3330	$+ 170 = \frac{1}{19}$
3		2244	2420	$+ 176 = \frac{1}{13}$

Die in den Versuchen gefundenen Entfernungen des Lichtes L' weichen von den nach meiner Hypothese berechneten Entfernungen, welche das Licht L' hätte haben sollen, so wenig ab, dass die Differenzen innerhalb der Breite der subjectiven Beurtheilung, welche Volkmann, wie erwähnt, auf $\frac{1}{11}$ schätzt, liegen, ausserdem aber auch von ungleichmässigem Brennen der Kerze u. s. w. veranlasst sein können. Allein ich mache darauf aufmerksam, dass die Annahme von $log. J = 1$ willkürlich ist, und nur dadurch gerechtfertigt werden kann, dass es mir nicht gelungen ist, das Ende oder den Anfang der Reihe zu finden. Wenn ich daher den Satz, dass die Empfindlichkeit für Unterschiede wie die Logarithmen der Lichtintensitäten abnimmt, für diesen beschränkten Abschnitt meiner Untersuchungen als empirische Formel hinstelle, so bin ich andrerseits weit entfernt, denselben als ein *Gesetz* aufzufassen, welches auch für die übrigen Lichtintensitäten Geltung hätte. Ich hebe vielmehr nochmals hervor, dass nur mit Ausschluss des Adaptationseinflusses ein derartiges Verhältniss zwischen Lichtintensität und Empfindlichkeit für Lichtunterschiede festgestellt werden kann und durch Versuche bis zu den äussersten Gränzen der Lichtempfindung verfolgt werden muss.

Dass ich durch meinen Angriff gegen Fechner's psychophysisches Gesetz keineswegs der Psychophysik entgegen zu wirken beabsichtige, sondern im Gegentheil dem grossartigen Grundgedanken Fechner's volle Anerkennung zolle, wird hoffentlich aus dieser ganzen Untersuchung hervorgehen, und es sollte mir leid thun, wenn ich zu der entgegengesetzten Auffassung irgendwo unbewusst Veranlassung gegeben hätte.

§ 38. Ich komme nun endlich zu den Versuchen mit der Masson'schen Scheibe, welche mich zuerst an der Gültigkeit des Fechner'schen psychophysischen Gesetzes zweifelhaft gemacht haben. Masson'sche Scheiben sind weisse runde Scheiben, auf die ein schwarzer Sectorabschnitt *Figur 12* von einer beliebigen Anzahl von Graden aufgeklebt ist. Wird die Scheibe in schnelle Rotation gesetzt, so bildet der Sectorabschnitt wegen der Nachdauer des Lichteindruckes einen continuirlichen Ring oder Kranz; je kleiner die Anzahl der Grade des Sectorabschnittes ist, um so undeutlicher wird der Kranz, d. h. um so schwieriger ist der Unterschied der Helligkeit zwischen dem Kranze und dem Grunde der Scheibe wahrzunehmen, und Masson hat gefunden, dass ein schwarzer Sector von 3° auf einer weissen

Fig. 12.

Scheibe einen Kranz giebt, welcher von guten Augen bei verschiedenen Beleuchtungen noch gesehen werden kann (*Études de Photométrie électrique* in den *Annales de Chimie et de Physique* 3me série T. XIV. 1845. p. 129 und im Auszuge in Fechner *Psychophysisches Gesetz*, *Abhandlungen der Sächsischen Academie d. W. 1858. p 473 und Psychophysik I. p. 152*). Die Helligkeit des Kranzes ist dann $\frac{1}{120}$ geringer, als die des Grundes der Scheibe.

Masson's Methode, die Unterschiedsempfindlichkeit zu bestimmen, hat zunächst Helmholtz mit einer Modification der Masson'schen Scheiben angewendet und gefunden, dass der Bruch für die Unterschiedsempfindlichkeit bei verschiedenen Beleuchtungen nicht constant ist, vielmehr giebt er p. 315 seiner *physiologischen Optik* folgendes an: *Ich konnte an hellen Sommertagen am Fenster bei Bewegung des Blicks noch einen Rand scharf sehen, wo der Unterschied der Helligkeit $\frac{1}{172}$ war, und verwaschen erschien mir auch noch ein Rand von $\frac{1}{230}$, auf Augenblicke sogar einer von $\frac{1}{347}$ Unterschied. Etwas* mühsamer und anstrengender erschienen die Wahrnehmungen bis zu $\frac{1}{18}$ bei direkter Sonnenbeleuchtung der Scheibe. In der Mitte des Zimmers konnte ich zu derselben Zeit nur Ränder von $\frac{1}{17}$ Unterschied wahrnehmen, den von $\frac{1}{13}$ nur selten und unbestimmt.

Ohne Helmholtz Untersuchungen zu kennen [*], hatte ich bei Benutzung dieser Scheiben zur Hervorbringung von Farbennüancen bemerkt, dass ein farbiges Sectorstück von 1^0 auf einer matten schwarzen Scheibe noch einen deutlich wahrnehmbaren Kranz bei schneller Rotation gab, während auf einer weissen Scheibe ein Sector 5^0 haben musste, um eben so deutlich gesehen werden zu können. Noch deutlicher wurde der Kranz, wenn statt des rothen ein weisser Sectorabschnitt von 1^0 auf eine schwarze Scheibe geklebt war, ja $\frac{1}{2}^0$ gab noch einen sehr deutlichen Kranz. Es wäre falsch, danach die Unterschiedsempfindlichkeit auf $\frac{1}{360}$ oder $\frac{1}{720}$ zu setzen und einen Widerspruch darin gegen Masson $\frac{1}{120}$ zu finden. Denn nehmen wir an, von dem Schwarz würde gar kein Licht reflectirt, so würden wir, wenn wir Weiss $= W$, Schwarz $= O$ setzen, für die schwarze Scheibe mit weissem Sector von $\frac{1}{2}^0$ als Ausdruck für das Verhältniss der Helligkeiten des Kranzes zum Grunde bekommen: $\dfrac{\frac{1}{2}W + 359\frac{1}{2}O}{360\,O}$ ein unbestimmter Ausdruck, welcher aussagt: ein Kranz, welcher 720 mal dunkler ist, als weisses Papier, kann von einer lichtlosen Umgebung noch unterschieden werden.

Nun ist es aber nicht richtig, dass schwarzes Papier gar kein Licht reflectirt, worauf auch Fechner schon vor langer Zeit aufmerksam gemacht hat. Wir haben keinen schwarzen Grund, welcher gar kein reines Licht mehr zurückwerfen vermöchte. *Auf dem schwärzesten Körper können wir noch mit Leichtigkeit dessen Unebenheiten unterscheiden, zum Beweise einer ungleichförmigen Zurückwerfung, die darauf statt hat. Man lasse ferner auf die schwärzeste Oberfläche, die man sich verschaffen kann, im finstern Zimmer durch ein Loch des Fensterladens direktes Sonnenlicht fallen, so wird der Fleck, den dieses auf der Oberfläche beleuchtet, ohne Vergleich lichter erscheinen, als die Umgebung, was nicht der Fall sein könnte, wenn das Schwarz nicht noch eine ansehnliche Menge Licht zurückzuwerfen vermöchte. (Poggendorff Annalen 1858. Bd. 44 p. 514.)*

Wenn aber schwarzes Papier Licht reflectirt, so hat man, um jene beiden Versuche mit der schwarzen und der weissen Scheibe unter einander vergleichbar

---

[*] Leider hat der Herr Verleger die Verbreitung der physiologischen Optik von Helmholtz wesentlich erschwert, insofern dieselbe einzeln überhaupt nicht käuflich ist, sondern nur im Zusammenhange mit sämmtlichen übrigen Lieferungen der Encyclopädie der Physik, von welcher das Helmholtz'sche Werk einen Theil bildet. Offenbar ist es dem Privatmann nicht zuzumuthen, dass er, um Helmholtz Werk zu erlangen, gegen 100 Thaler für Werke ausgiebt, die er nicht bedarf, und eine öffentliche Bibliothek schafft Werke in Lieferungen nicht an, weil sie dieselben nicht kann einbinden lassen, ungebunden aber dem Publikum nicht preisgeben will und darf.

zu machen, zu bestimmen, wie viel Licht von dem schwarzen Papier weniger
reflectirt wird, als von dem weissen Papier, d. h. wir müssen die Helligkeit
des schwarzen Papiers im Verhältniss zu der des weissen Papieres
bestimmen oder messen.

§ 39. Diese Messung lässt sich leicht ausführen: die schwarze Scheibe
muss so stark, die weisse Scheibe so schwach beleuchtet werden, dass beide
Scheiben gleich hell erscheinen. Die messbaren Unterschiede der Beleuchtungsstärke ergeben dann die Differenz der Helligkeiten des schwarzen und weissen
Papiers.

Ich verfuhr folgendermassen: In dem finstern Zimmer wurde gegenüber der
Lichtquelle (der Oeffnung des Diaphragms) eine weisse Scheibe W Figur 13 an

Fig. 13.

einer schwarzen Wand ab befestigt in einer Entfernung von 5,5 Mètres von der
Lichtquelle und in gleicher Höhe mit ihr. Eine etwa 8 mal kleinere schwarze
Scheibe S, auf einem dünnen schwarzen Drahte befestigt, wurde auf einem verschieb-
baren Stativ festgestellt und näher der Lichtquelle L. In genau gleicher Höhe mit
ihr und mit der weissen Scheibe aufgestellt. Sie stand so weit zur Seite einer von
der Lichtquelle L zu der weissen Scheibe W gezogenen Linie, dass sie das zu W
von L gehende Licht nicht verdeckte. Ich sah, indem sich mein Auge dicht
neben L in A befand, durch eine schwarze Röhre so nach den beiden Scheiben,
dass sie sich beide auf die schwarze Wand projicirten, und also zwei helle
Scheiben von ziemlich gleicher Grösse dicht neben einander in dem sonst dunkeln Gesichtsfelde erschienen. Durch Verschiebung des Stativs mit der schwarzen Scheibe S von und nach der Lichtquelle konnte die Beleuchtung der schwarzen Scheibe vermindert und vermehrt werden. Die Helligkeit beider Scheiben
erschien gleich, wenn S 730 Mm., W 5500 Mm. von L entfernt waren. Bei
verschiedenen Lichtstärken von L, hervorgebracht durch grössere oder kleinere
Oeffnungen des Diaphragms, so wie bei Anwendung von Kerzenlicht statt des

Tageslichtes, habe ich immer in verschiedenen Versuchen und ohne vor der Bestimmung eine Kenntniss von der Entfernung der Scheibe S zu haben, sondern lediglich nach der gleichen Helligkeit der beiden Bilder urtheilend, dieselbe Entfernung angegeben. Bei 750 Mm. Entfernung war die weisse, bei 700 Mm. Entfernung die schwarze Scheibe deutlich zu hell. Es ist aber nothwendig, bei diesem Versuche für die ferne weisse Scheibe zu accommodiren, weil man sonst nicht zu einem sicheren Urtheil kommt — die schwarze Scheibe ist nämlich nicht gleichmässig genug, und man sieht desshalb bei der grossen Nähe die geringsten Unebenheiten wegen ihrer verschiedenen Beleuchtung hervortreten, die den Vergleich mit der gleichmässig erscheinenden weissen Scheibe sehr erschweren. Accommodirt man aber für die Ferne, so erscheint die in der Nähe befindliche schwarze Scheibe vollkommen gleichmässig. Daraus ergiebt sich, dass die weisse Scheibe $\left(\frac{750}{700}\right)^2 = 7{,}48^2 = 57$ mal heller ist, als die schwarze Scheibe. Da das Manchem wunderbar scheinen wird, so führe ich an, dass Unzer angiebt: *Die Helligkeit der reinsten weissen Farbe sei kaum 100mal grösser, als die des dunkelsten Schwarz.* (Unzer, *Die bildende Kunst. Goettingen 1838. p. 176*, wahrscheinlich nach *Jules Jamin's* Angabe). Bezeichnen wir *Schwarz* mit S, *Weiss* mit W, so haben wir $W = 57\,S$, $S = \frac{1}{57}\,W$.

Wir kommen dadurch zu einer andern Ansicht über das Helligkeitsverhältniss einer schwarzen Scheibe zu einem Kranze mit weissem Sector, so wie zu einer andern Auffassung des Verhältnisses zwischen der weissen und schwarzen Scheibe. — Denn wird auf eine schwarze Scheibe ein Sector von $\frac{1}{2}{}^{\circ}$ *Weiss* aufgeklebt, so wird derselben eine bedeutende Quantität von Helligkeit zugefügt, da der weisse Sector 57mal heller ist, als ein eben so grosser schwarzer Sector. Setzen wir die Helligkeit der schwarzen Scheibe $= 360$, so beträgt die Helligkeit des Sectors von $\frac{1}{2}{}^{\circ}$ *Weiss* $28\frac{1}{2}$; diese Helligkeit ist zu $360 - \frac{1}{2}$ hinzuaddiren, so dass der Kranz, welchen ein Sector von $\frac{1}{2}{}^{\circ}$ *Weiss* auf der schwarzen Scheibe bildet, eine Helligkeit haben würde von 388. Da 388 die grössere, 360 die geringere Helligkeit repraesentirt oder den Werthen der Schattenversuche analog $J + J' = 388$, $J = 360$ sein würde, so müssen wir für den Werth $d = \frac{J'}{J}$ setzen $\frac{388 - 360}{360} = \frac{28}{360} = \frac{1}{13}$. — Bei der weissen Scheibe mit einem Sector von 3° *Schwarz* haben wir dagegen für die Scheibe $360 \cdot 57$, für den Kranz $(360 - 3) \cdot 57 + 3$; wenn wir also wieder das Verhältniss des Helleren zum Dunkleren feststellen wollen, bekommen wir

$$\frac{360 \cdot 57 - \left((360 - 3) \cdot 57 + 3\right)}{(360 - 3) \cdot 57 + 3} = \frac{1}{121}$$

Ein halber Grad *Weiss* ist also für die lichtärmere schwarze Scheibe eine viel bedeutendere Grösse, als drei Grad *Weiss* für die lichtreichere weisse Scheibe.

Dadurch werden wir nun in den Stand gesetzt, die beiden Scheiben in Bezug auf ihre Helligkeitsunterschiede vergleichen zu können, und zugleich ein Maass für ihre absolute Helligkeit zu gewinnen; somit bekommen wir

eine Methode, unsere Unterschiedsempfindlichkeit mit Rücksicht auf
absolute Helligkeit untersuchen zu können.

§ 40. Bei dieser Untersuchung der Unterschiedsempfindlichkeit zeigt sich,
dass die Werthe von $\frac{1}{3}$ für die schwarze und $\frac{1}{17}$ für die weisse Scheibe nicht
die äusserste Gränze der Unterschiedsempfindlichkeit bezeichnen, denn in beiden
Fällen waren noch sehr deutliche Kränze auf den Scheiben zu sehen, und ausserdem war der hellere Kranz auf der schwarzen Scheibe entschieden deutlicher,
als der dunklere Kranz auf der weissen Scheibe. Ich musste also Mittel anwenden, um die äussersten Gränzen wahrnehmbarer Unterschiede erreichen zu
können. Einen Streifen weissen Papiers von weniger als $\frac{1}{3}°$ bei einem Halbmesser der ganzen Scheibe von 100 Mm. zu schneiden, genau im Radius auf-
zukleben, ohne dass Gummi hervordringt, ohne dass der Streifen breiter gedrückt
oder geschwärzt wird, scheint mir nach mehreren misslungenen Versuchen uner-
reichbar. Ich kam durch diese Schwierigkeit auf eine Methode, die eine genauere
Untersuchung der Unterschiedsempfindlichkeit mittelst der Massox'schen Scheibe
möglich macht, als bisher geschehen konnte.

Wenn ein Sectorabschnitt von $\frac{1}{8}°$ *Weiss* auf einer schwarzen Scheibe noch
einen sehr deutlichen Kranz giebt, so muss er undeutlicher werden, wenn ich
dem *Schwarz* eine Quantität *Weiss* zusetze, denn dadurch vermindere ich offenbar die Differenz der beiden Componenten. Diess kann bei Scheiben, welche
in Rotation versetzt werden, dadurch geschehen, dass ich einen ganzen weissen
Sector von dem Radius der schwarzen Scheibe auf diese klebe. Um aber den
weissen Sector beliebig vergrössern und verkleinern zu können, wendete ich das
Verfahren an, welches Maxwell bei seinen farbigen Scheiben benutzt hat zur
Mischung von Farben in verschiedenen Verhältnissen. (s. § 77.) Die weisse
Scheibe bekommt einen radiären Schlitz wie in *Figur 14 B*, und einen eben

 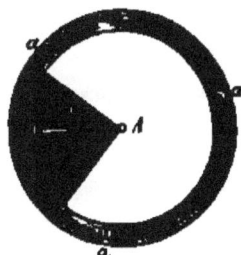

Fig. 14.   Fig. 15.

solchen schneidet man in die schwarze Scheibe mit dem Sectorabschnitt; dann
schiebt man beide Scheiben so in einander, dass die weisse Scheibe einen Sector
der schwarzen Scheibe deckt, wie es in *Figur 15* dargestellt ist, wo H die mit

dem weissen Sectorabschnitt C beklebte schwarze Scheibe ist, welche zum grössten Theile von der weissen Scheibe A bedeckt wird. Rotirt diese Scheibe, so giebt sie ein Grau, in welchem ein hellerer durch den Sectorabschnitt C gebildeter Kranz sichtbar wird. Da bei diesen Scheiben eine sehr schnelle Rotation von mindestens 40 Umdrehungen in der Sekunde erforderlich ist, wenn man sichere Resultate erlangen will, ich aber immer eine Geschwindigkeit von über 60 Umdrehungen i. d. S. angewendet habe, so ist eine sichere Befestigung der Scheiben gegen einander durchaus nothwendig; ich habe daher die Scheiben mittelst des Blechringes b b *Figur 13* vermöge der Schrauben a a a gegen eine sehr ebene Scheibe von Holzpappe geschraubt. cf. § 77. Je weiter A über B geschoben wird, um so heller wird die rotirende Scheibe, je mehr B über A geschoben wird, um so dunkler wird die Scheibe beim Rotiren. Mit der Helligkeit der ganzen Scheibe ändert sich aber offenbar die Differenz der Helligkeiten von Kranz und Grund der Scheibe, denn 1^0 *Weiss* $+ 359^0$ *Schwarz* differirt von 360^0 *Schwarz* offenbar mehr, als 1^0 *Weiss* $+ 179^0$ *Schwarz* $+ 180^0$ *Weiss* von 180^0 *Weiss* $+ 180^0$ *Schwarz*, wenn 1 *Weiss* $=$ 57 *Schwarz* ist. Man ist also im Stande durch Verschieben der Scheiben A und B über einander die Differenzen der Helligkeiten zwischen Kranz und Grund und zugleich die absoluten Helligkeiten der Scheibe beliebig zu verändern und zu messen. Ich habe die Unterschiedsempfindlichkeit an 5 Scheiben dieser Construction untersucht, indem auf die schwarzen Scheiben Sectorabschnitte von $\frac{1}{2}^0$, 1^0, $1\frac{1}{2}^0$, 2^0, $2\frac{1}{2}^0$ aufgeklebt waren, und die weisse Scheibe so weit über die schwarze geschoben wurde, bis der Kranz dem Verschwinden nahe war.

Bezeichnen wir die Anzahl der Grade des weissen Sectorabschnittes mit a W, so besteht der Kranz der schwarzen Scheibe aus a^0 $W + 360^0$ $S — a^0$ S, der schwarze Grund aus 360^0 S; wird über den schwarzen Grund die weisse Scheibe geschoben um x^0, so besteht der Kranz aus

$$a^0 \; W + (360^0 — x^0) \; S — a^0 \; S + x^0 \; W,$$

der Grund aus $(360)^0 — x^0)$ $S + x^0$ W,

das Verhältniss der Helligkeiten $\frac{J + J'}{J}$ ist also

$$\frac{J + J'}{J} = \frac{(a + x) \; W + (360 — x — a) \; S}{x \; W + (360 — x) \; S}$$

und die Differenz der Helligkeiten, bezogen auf die geringere Helligkeit J, also

$$\frac{J'}{J} = d = \frac{(a + x) \; W + (360 — x — a) \; S — (x \; W + (360 — x) \; S)}{x \; W + (360 — x) \; S}$$

$$= \frac{a \; W — a \; S}{x \; W + (360 — x) \; S}$$

und da wir $S = \frac{1}{57}$ W gefunden haben, so ist

$$\frac{J'}{J} = d = \frac{a . 56}{x . 57 + 360 — x}$$

§ 41. Bei den Versuchen, die ich mit diesen Scheiben im diffusen Tageslichte in ganz gleicher Weise mit allen Vorsichtsmassregeln anstellte, bekam ich
an verschiedenen Tagen so bedeutend von einander abweichende Resultate, dass
ich durch eine Verschiedenheit in meiner subjectiven Beurtheilung der Ebenmerklichkeit dieselben nicht erklären konnte. Den Grund davon fand ich alsbald
darin, dass das diffuse Tageslicht sehr verschiedene Helligkeit an verschiedenen
Tagen hat, womit sich die absolute Helligkeit der Scheibe wiederum ändert. So
bekommen wir also einen **doppelten Einfluss** auf die Helligkeit der
Scheiben, nämlich 1) die Menge des an Stelle des *Schwarz* gesetzten *Weiss* und
2) die Beleuchtungsintensität. Die 5 Scheiben werden also bei derselben Beleuchtung verschiedene Helligkeiten repräsentiren, andererseits wird ein und
dieselbe Scheibe (wie bei Helmholtz's Versuchen) verschiedene Werthe geben,
wenn sich die Intensität der Beleuchtung ändert.

Ich führe in der folgenden Tabelle 3 Versuchsreihen an, die ich im diffusen
Tageslichte ohne Beschränkung desselben erhalten habe. Die in senkrechter
Ebene rotirenden Scheiben waren 2½ Fuss vom Fenster entfernt, ich hatte dem
Fenster den Rücken zugekehrt und beobachtete immer erst, wenn die Scheiben
in so schneller Rotation waren, dass sie vollkommen still zu stehen schienen.
Alle Beobachtungen sind Vormittags gemacht. Tabelle IX ist nach den Sectorabschnitten von ⅓° bis 2½° geordnet, welche in der ersten Columne unter α
stehen. In den 3 Columnen für die Versuche I, II, III steht in der ersten Untercolumne die Grösse des weissen Sectors, welcher über die schwarze Scheibe
geschoben werden musste, in Graden angegeben, also unter x^0W; in der zweiten
Untercolumne die berechnete Differenz der Helligkeitsverhältnisse $\frac{J'}{J} = d$.

Tabelle IX.

Sector-Abschnitt.	I. Grauer Himmel.		II. Heller Himmel.		III. Heller Himmel.	
$\alpha =$	$x^0W =$	$\frac{J'}{J}$	$x^0W =$	$\frac{J'}{J}$	$x^0W =$	$\frac{J'}{J}$
⅓°	64°	$\frac{1}{111}$	73°	$\frac{1}{134}$	67°	$\frac{1}{111}$
1°	145°	$\frac{1}{151}$	180°	$\frac{1}{141}$	180°	$\frac{1}{141}$
1½°	235°	$\frac{1}{160}$	230°	$\frac{1}{134}$	250°	$\frac{1}{111}$
2°	325°	$\frac{1}{168}$	300°	$\frac{1}{113}$	305°	$\frac{1}{113}$
2½°						

Diese Zahlen bedürfen einer näheren Erklärung. Berücksichtigen wir zuerst
die zwei erwähnten Quellen, welche für die Helligkeit der Scheibe von Einfluss
sind, nämlich erstens die Menge des *Weiss*, welches der schwarzen Scheibe zugesetzt werden muss, und zweitens die Helligkeit des Himmels: Je mehr *Weiss*
zugesetzt wird, um so grösser wird die Helligkeit des aus der Mischung von

Schwarz und *Weiss* resultirenden *Grau*. Bei gleicher Helligkeit des Himmels wird also das *Grau* heller bei Zusatz von 325° *Weiss*, als bei Zusatz von 61° *Weiss*: die Unterschiedsempfindlichkeit muss demgemäss bei der helleren Scheibe grösser sein, als bei der dunkleren Scheibe. Damit sind die Zahlen der ersten Versuchsreihe in Uebereinstimmung, wo die Unterschiedsempfindlichkeit bei der dunkelsten Scheibe $\frac{1}{37}$ beträgt, allmählig, mit der Helligkeit der Scheiben zunehmend, bis $\frac{1}{48}$ steigt, einer höheren Zahl, als wir bisher für die Unterschiedsempfindlichkeit gefunden haben (*cf. Tab. III, 1.*). — Nimmt andererseits die Helligkeit des Himmels zu, so wird für denselben Sectorabschnitt die Unterschiedsempfindlichkeit grösser, und so finden wir für Sectorabschnitt von $\frac{1}{2}$° bei dunklerem Himmel $\frac{1}{31}$, bei hellem Himmel $\frac{1}{47}$ und $\frac{1}{57}$; desgleichen für Sectorabschnitt von 1° bei grauem Himmel $\frac{1}{57}$, bei hellem Himmel $\frac{1}{78}$. — Für die Sectorabschnitte von $1\frac{1}{2}$° und 2° findet sich aber ein solches Verhältniss zwischen Helligkeit und Unterschiedsempfindlichkeit nicht, und die Zahlen der Versuchsreihen II und III scheinen meiner Erklärung geradezu zu widersprechen, denn wir finden bei **zunehmender Helligkeit eine Abnahme der Unterschiedsempfindlichkeit**. Dieser Widerspruch führt unsere Aufmerksamkeit auf einen bisher nur angedeuteten Umstand von grosser Wichtigkeit für eine dereinst aufzustellende Formel für die Unterschiedsempfindlichkeit.

§ 42. Fechner hat bereits mehrfach darauf hingewiesen, dass sein psychophysisches Gesetz auch eine **obere Grenze** haben müsse, wo nämlich die Helligkeit so gross werde, dass eine Blendung des Auges stattfinde. Dass das im Allgemeinen richtig ist, dafür bietet uns das alltägliche Leben mancherlei Belege; wir können im diffusen Tageslichte besser die Buchstaben einer Schrift erkennen, als bei directer Sonnenbeleuchtung — wir können genauer die Gleichheit zweier Schatten, als die Gleichheit zweier Kerzenflammen beurtheilen — wir dämpfen die Beleuchtung an unsern Mikroskopen, um geringe Helligkeitsdifferenzen (bei sehr durchsichtigen Objecten) unterscheiden zu können u. s. w. Wie wir aber gesehen haben, stellt die Unterschiedsempfindlichkeit nach der einen Seite, nämlich bei abnehmender Helligkeit, eine allmählig abfallende Curve dar und es ist von vornherein wahrscheinlich, dass nach der andern Seite ein ähnliches Verhalten der Curve stattfinden werde. Unter dieser Voraussetzung müssen wir bei einer gewissen, mittleren Helligkeit ein **Maximum** für die **Unterschiedsempfindlichkeit** oder den Scheitelpunkt der Curve erhalten, von wo aus sowohl bei zunehmender, als bei abnehmender Helligkeit die Unterschiedsempfindlichkeit abnimmt.

Die Versuche II und III in Tabelle IX scheinen dieser Annahme günstig zu sein; das Maximum der Unterschiedsempfindlichkeit würde für 1° bei dem Werthe von $\frac{1}{78}$ erreicht werden; bei geringerer Helligkeit der Scheibe und ebenso bei grösserer Helligkeit der Scheibe aber die Abnahme der Unterschiedsempfindlichkeit sich zeigen. In Versuch II ergiebt die dunkelste Scheibe mit $\frac{1}{2}$° und die hellere Scheibe mit $1\frac{1}{2}$° die gleiche Unterschiedsempfindlichkeit von $\tfrac{1}{7}$ c. und ebenso ist es in Versuch III. — Dass bei einer gewissen Intensität der Beleuchtung eine geringere Unterschiedsempfindlichkeit beobachtet werde, als bei Beschränkung oder Verminderung dieser Intensität, davon konnte ich den Beweis bei diesen Versuchen unmittelbar beibringen. Ich hatte mich nämlich bei den Versuchen immer so vor die Scheiben gestellt, dass dieselben das volle Tageslicht erhielten. Unter dieser Bedingung fand ich bei wolkenlosem Himmel für einen Sectorabschnitt von 2° die Gränze der Unterschiedsempfindlichkeit bei Zusatz von 300° Weiss. Stellte ich mich dagegen so vor die Scheibe, dass dieselbe von meinem Kopfe diffus beschattet wurde, so konnte ich den Kranz sehr deutlich erkennen, auffallend deutlicher als bei voller Beleuchtung der Scheibe. Umgekehrt konnte ich bei der Scheibe von 1° Sectorabschnitt bei Zusatz von 168° Weiss den Kranz nur im vollen Tageslichte, dagegen bei der geringsten Beschattung nicht mehr sehen. — Bei der Scheibe von $2\tfrac{1}{2}^\circ$ Sectorabschnitt konnte ich bei voller Beleuchtung und 345° Weiss keinen Kranz erkennen, sehr deutlich wurde derselbe aber bei Beschattung der Scheibe. Dergleichen Beobachtungen habe ich so oft wiederholt, dass ich an dem Faktum nicht zweifeln konnte.

Bei dieser Annahme, dass die Unterschiedsempfindlichkeit bei einer gewissen Helligkeit ihr Maximum erreiche und Abnahme und Zunahme dieser Helligkeit geringer werde, zeigen sich also meine Versuche in bester Uebereinstimmung unter einander.

Das Maximum der Unterschiedsempfindlichkeit $= \tfrac{1}{15}$ würde bei einiger Abschwächung des hellsten diffusen Tageslichtes, oder bei der Beleuchtung einer grauen (nicht weissen) Scheibe durch helles diffuses Tageslicht erreicht werden — wenigstens für meine Augen. In dieser Beziehung muss ich allerdings bemerken, dass ich an hellen Tagen lieber in einiger Entfernung vom Fenster lese und schreibe, als in unmittelbarer Nähe derselben; dass ich desgleichen bei sehr hellem Lampenlichte nicht gern lese und Gaslicht in grosser Nähe mir wegen seiner Helligkeit beim Lesen oder Schreiben unangenehm ist. Für andere Augen, die anders gewöhnt sind, mag daher wohl das Maximum der Unterschiedsempfindlichkeit bei einer grösseren Helligkeit erreicht werden.

Tabelle X. (s. pag. 79.)

Sector-abschnitt	IV.		V.		VI.	
	4 M.	200 Mm.	1 M.	200 Mm.	Sonnenschein.	
$\alpha =$	$x^\circ W \to$	$\dfrac{J'}{J}$	$x^\circ W =$	$\dfrac{J'}{J}$	$x^\circ W \to$	$\dfrac{J'}{J}$
$\tfrac{1}{2}^\circ$	—	—	39°	$\tfrac{1}{10}$	70°	$\tfrac{1}{13}$
1°	—	—	110°	$\tfrac{1}{11}$	140°	$\tfrac{1}{14}$
$1\tfrac{1}{2}^\circ$	20°	$\tfrac{1}{11}$	177°	$\tfrac{1}{12}$	195°	$\tfrac{1}{14}$
2°	68°	$\tfrac{1}{12}$	235°	$\tfrac{1}{13}$	225°	$\tfrac{1}{14}$
$2\tfrac{1}{2}^\circ$	160°	$\tfrac{1}{13}$	344°	$\tfrac{1}{14}$	260°	$\tfrac{1}{13}$

Um die Abnahme der Unterschiedsempfindlichkeit von ihrem Maximum nach beiden Seiten hin nachzuweisen, stellte ich nun folgende Versuche an. Erstens beobachtete ich die Scheiben bei beträchtlich verminderter Beleuchtungsintensität, nämlich im finstern Zimmer bei Oeffnung des Diaphragma von 200 Mm. Seite in 1 Mètre und in 4 Mètres Entfernung von dieser Lichtquelle. Die hierbei gefundenen Werthe sind in der vorhergehenden Tabelle X unter IV und V verzeichnet. Zweitens beobachtete ich die Scheiben bei voller Sonnenbeleuchtung Mittags zwischen 12 und 2 Uhr im Februar. Die gefundenen Zahlen sind unter VI zusammengestellt. Im Uebrigen ist Tabelle X ebenso wie Tabelle IX geordnet.

Diese Versuche liefern eine vollständige Bestätigung meiner Annahme: je mehr die Beleuchtung in Versuch IV und V abgeschwächt worden ist, um so kleiner ist die Unterschiedsempfindlichkeit geworden, und ausserdem zeigen die Brüche für die Unterschiedsempfindlichkeit um so kleinere Nenner, je dunkler die Scheiben sind. — In dieser Richtung finden wir also dasselbe, was uns die Schattenversuche (§ 34) gelehrt haben, dass mit der absoluten Helligkeit auch die Unterschiedsempfindlichkeit abnimmt. Man könnte auch mittelst dieser Scheiben, wenn man sie mit einer Kerze in verschiedenen Entfernungen beleuchtete, die bei dem Schattenversuche erhaltenen Resultate controliren; indess ist das Experimentiren mit zwei Kerzen oder mit zwei Diaphragmaöffnungen sehr viel bequemer, als das Experimentiren mit diesen Scheiben, da das An- und Abschrauben des Blechringes, das Stellen der schwarzen und weissen Scheibe und das Drehen der Scheiben viel umständlicher und sehr zeitraubend ist. Da sich nun im Allgemeinen eine so vollständige Uebereinstimmung mit den Schattenversuchen zeigt, so habe ich in der angegebenen Weise keine Versuche mit den Scheiben angestellt.

Besonders wichtig sind aber die Versuche unter VI, indem sie auch den andern Theil meiner Annahme glänzend bestätigen: dass bei zunehmender Helligkeit über die Helligkeit des diffusen Tageslichtes hinaus wiederum eine Abnahme der Unterschiedsempfindlichkeit eintritt. Denn erstens wird das Maximum derselben bei directer Sonnenbeleuchtung überhaupt nicht erreicht; zweitens wird die Unterschiedsempfindlichkeit stetig kleiner, je heller die Scheiben werden und wenn wir die Zahlen unter VI mit den Zahlen unter V vergleichen, so nimmt hier der Bruch $\frac{J'}{J}$ mit der Helligkeit der Scheiben stetig ab, dort aber stetig zu. Ich glaube damit sicher nachgewiesen zu haben: dass die Unterschiedsempfindlichkeit ihr Maximum etwa bei der Helligkeit diffusen Tageslichtes erreicht, und abnimmt, sowohl wenn die Beleuchtung stärker, als wenn sie schwächer wird.

§ 43. Was die Genauigkeit meiner Zahlenangaben betrifft, so habe ich anzugeben, dass die Ablesungen bis auf 1° genau sind. Dagegen ist die Einstellung der Scheiben über einander bis zum Verschwinden des Kranzes nicht mit solcher Genauigkeit zu machen, wegen der Unsicherheit des Urtheils darüber, ob noch eine Spur eines Kranzes zu sehen ist, oder nicht. Es ist nicht möglich, innerhalb 5° eine Verschiedenheit in der Deutlichkeit, mit der man den Kranz sieht, zu bemerken. Indess ist bei einiger Uebung im Beobachten, bei Aufmerksamkeit und Gewissenhaftigkeit die Schwankung im Urtheil bei ein und demselben Beobachter nicht über 10° an verschiedenen Versuchstagen zu setzen. Durch 10° wird der Nenner des Bruches $\frac{f'}{f}$ um 5 bis 6 Einheiten geändert. Unterschiede in der Helligkeit des Himmels können auch zu Fehlern Veranlassung geben, und ich habe daher viele Versuchsreihen, in denen eine bemerkbare Verdunkelung oder Aufhellung des Himmels eingetreten war, hier nicht weiter erwähnt. — Das Einstellen der Scheiben ist sehr zeitraubend auch bei beträchtlicher Uebung und ich habe zu einer Versuchsreihe mindestens 2 Stunden gebraucht. — Uebrigens muss ich bemerken, dass meine Resultate nicht wesentlich geändert werden würden, wenn meine Bestimmung der Helligkeitsdifferenz zwischen *Schwarz* und *Weiss* ungenau wäre, da es sich hier weniger um absolute Grössen, als um Relationen handelt, ausserdem aber zu allen Versuchen ein und dieselben 5 Scheiben gedient haben, deren Conservirung in *statu integro* ich mir daher sehr habe angelegen sein lassen.

Die Schattenversuche haben vor den Scheibenversuchen den Vorzug einer grösseren Bequemlichkeit und Schnelligkeit voraus, die Scheibenversuche dagegen erfordern weniger Raum und können bei höchsten und niedrigsten Lichtintensitäten gemacht werden. Welche von beiden zuverlässiger sind, wage ich nicht zu entscheiden: Subjectivität des Urtheils und unbemerkbare Schwankungen der Helligkeit sind beiden gemeinsame Fehlerquellen.

Meine Beobachtungen stehen im Widerspruch mit Masson's und Fechner's Angaben und scheinen sogar früheren Beobachtungen von mir selbst zu widersprechen.

Was zunächst Masson betrifft, so habe ich schon bemerkt, dass er bei den verschieden starken Beleuchtungen von directer Sonnenbeleuchtung bis zu einer Helligkeit, bei der man eben noch Druckschrift lesen kann, offenbar nicht die äusserste Gränze der Unterscheidbarkeit erreicht, sondern sich immer mehr oder weniger von dieser Gränze entfernt gefunden hat; die eigentliche Gränze der Unterschiedsempfindlichkeit aber erst beim Sehen durch rothes Glas, *ou il reconit difficilement la couronne*, erreicht hat. Diese Gränze so genau wie möglich zu bestimmen, ist aber gerade mein besonderes Augenmerk gewesen, so dass die Differenz unserer Resultate erklärlich ist. Unter $\frac{1}{12}$ bin ich ja auch nur bei starker Beschränkung des Lichtzutrittes gekommen.

Fechner ist auf sein psychophysisches Gesetz durch folgende Beobachtung geführt worden: *Er suchte bei halbbedecktem Himmel zwei benachbarte Wolkenstellen auf, welche sich so wenig unterschieden, dass der Unterschied nur als eben*

merklich gelten konnte, oder statt dessen einen Wolkendunst, der als nur eben merk-
licher Schein im klaren Himmelsgrunde schwebte, und also nur einen eben merklichen Lichtunterschied darbot.　Nahm Fechner graue Gläser vor die Augen und
sah durch diese nach den Wolken, so fand er den Unterschied mindestens so
deutlich als vorher — aber Prof. Hankel fand ihn nach der Abschwächung (d. h.
durch die grauen Gläser gesehen) noch etwas deutlicher und schärfer hervortretend,
als vorher (d. h. ohne Gläser).　Fechner, Psychophysisches Gesetz: Abhandl. d.
Sächs. Acad., 1858, p. 457 und 462.)　Diese Angaben Fechner's und namentlich Hankel's sind in vollster Harmonie mit meinen Befunden: denn ohne graue
Gläser war die Beleuchtung des Himmels offenbar zu hell, um das Maximum der
Unterschiedsempfindlichkeit zu geben; dieses wurde aber erreicht, oder jene
beiden Beobachter näherten sich ihm mehr bei der Abschwächung der Helligkeit
durch graue Gläser; Hankel hat also dasselbe beobachtet, was ich bei meinen
mit Sonnenlicht beleuchteten Scheiben im Vergleich mit den im diffusen Tageslicht beobachteten Scheiben gefunden habe.　Diese Beobachtungen an Wolken
sind daher Fechner's Gesetz entgegen, harmoniren dagegen mit meinen Resultaten.

Endlich komme ich zu meinen eigenen Untersuchungen (Beiträge zur Physiologie der Netzhaut in: Abhandlungen der Schlesischen Gesellschaft, Abtheil. für
Naturw. u. Medicin, 1861. Hft. I. p. 61 u. Moleschott, Untersuchungen, Bd. VIII.,
p. 304.).　In diesen konnten Kränze auf weissen Scheiben durch schwarze Sectorabschnitte von 60°, 30°, 15°, 10° im finstern Zimmer noch bei 5 Mm. Seite der
Diaphragmaöffnung gesehen werden, Sectorabschnitte von 5° und 3° gaben aber
erst bei grösserer Oeffnung des Diaphragma eben bemerkbare Kränze.　Dass
die beiden letzten Angaben auf eine Abnahme der Unterschiedsempfindlichkeit
hinweisen, habe ich schon damals hervorgehoben, — dass aber jene grösseren
Sectoren noch erkannt wurden bei ein und derselben schwachen Beleuchtung,
hat bei näherer Ueberlegung nichts mit der Unterschiedsempfindlichkeitsgränze
zu thun; die Gränze wird bei dem Sectorabschnitt von 10° gewesen sein, die
Sectorabschnitte 15°, 30°, 60° haben natürlich auch sichtbare Kränze gebildet,
aber sehr deutliche Kränze, welche nicht an der Gränze der Ebenmerklichkeit
gestanden haben. — Da ich indess damals nur wenige Beobachtungen und alle
nur bei starker Verdunkelung gemacht hatte, die Uebergänge durch grössere
Lichtintensitäten mir aber fehlten, und ich die Adaptation der Netzhaut für
gleichbedeutend hielt mit dem Abnehmen subjectiver Lichtempfindung; so glaubte
ich damals meine Versuche mit dem Fechner'schen Gesetze in Uebereinstimmung
bringen zu können.

Dagegen habe ich hervorzuheben, dass meine Versuche durchaus in Uebereinstimmung sind mit den Angaben, welche Helmholtz gemacht hat (Physiologische Optik, p. 315) und auf Grund deren er bereits eine Aenderung der psychophysischen Formel vorgenommen hat.　Gegen die Angaben von Helmholtz und
gegen die Aenderung der Fundamentalformel hat sich inzwischen Fechner

(*Psychophysik*, *II.*, *p. 586*) erklärt, so dass meine erneute Untersuchung der Unterschiedsempfindlichkeit in weiter Ausdehnung wohl genügend motivirt sein dürfte.
Um aber ein neues Gesetz an Stelle des Fechner'schen Gesetzes im Gebiete des
Lichtsinnes zu setzen, dazu scheinen mir meine Versuchsbestimmungen noch
nicht ausreichend. Indess glaube ich folgende Sätze als sicher festgestellt betrachten zu können:

1) Bouguer's Satz: *la sensibilité de l'oeil est indépendant de
l'intensité de la lumière* ist geradezu unrichtig, und ebenso hat
Fechner's Gesetz *bei gleichbleibendem Unterschiede der Reize bleibt
der Empfindungsunterschied derselbe* im Gebiete des Lichtsinnes
keine Gültigkeit.

2) Die Empfindlichkeit für Lichtunterschiede hängt vielmehr ab von der absoluten Helligkeit der Objecte und von der
absoluten Empfindlichkeit (Adaptationszustand) der Netzhaut.

3) Die Empfindlichkeit für Lichtunterschiede erreicht ein
Maximum, und zwar für meine Augen bei einer Helligkeit, welche
etwas geringer ist, als die des diffusen Tageslichtes. Helligkeiten, welche um $\frac{1}{120}$ von einander verschieden sind, kann ich
dann noch als verschieden empfinden.

4) Von diesem Maximum nimmt die Unterschiedsempfindlichkeit stetig ab sowohl bei Abnahme als bei Zunahme der absoluten
Helligkeit. In welchem Verhältnisse die Abnahme stattfindet und wie sich
dazu die Adaptation des Auges verhält, bleibt noch zu untersuchen.

Zu untersuchen ist noch nach dem im § 16 Gesagten:

Der Einfluss der Grösse eines Objectes auf die Wahrnehmbarkeit
von Helligkeitsunterschieden.

§ 44. Wir haben gefunden, dass ein Object um eine gewisse Helligkeit
von seiner Umgebung differiren muss, damit wir die beiden Helligkeiten als verschieden empfinden können; wir haben dabei aber keine Rücksicht auf die Grösse
des Objectes d. h. auf die Ausdehnung genommen, in welcher unsere Netzhaut
von den beiden Helligkeiten afficirt wird. Es ist aber eine Wahrnehmung des
alltäglichen Lebens, dass bei abnehmender absoluter Helligkeit und bei abnehmender Helligkeitsdifferenz nur grössere Objecte erkannt werden können, kleinere
dagegen nicht. Zuerst scheint Tobias Mayer über dieses Verhältniss bestimmte
Versuche angestellt zu haben (*Experimenta circa visus aciem in Commentarii Societatis Goettingensis, 1754, p. 97 u. f.*). Foerster, welcher später hierüber
genauere Versuche angestellt hat (*Ueber Hemeralopie und die Anwendung eines
Photometers im Gebiete der Ophthalmologie. Breslau 1857.*), drückt sich über
dieses Verhältniss folgendermassen aus: *„Gesichtswinkel und Helligkeit sind gleichsam die beiden Faktoren, aus denen die Schärfe der Eindrücke, welche wir durch
unser Auge empfangen, resultirt. Je kleiner der eine ist, desto grösser muss der*

andere sein, wenn noch eine Wahrnehmung zu Stande kommen soll — sie ergänzen sich gegenseitig. Forster hat diesen Satz bewiesen durch Versuche, in denen er schwarze Objecte von verschiedener Grösse auf weissem Grunde bei verschieden starker Beleuchtung beobachten liess, und hat für gesunde und hemeralopische Augen die Grenze der Helligkeit bestimmt, bei welcher Objecte von bestimmter Grösse oder unter bestimmtem Gesichtswinkel erkannt werden können.

Prüfen wir Forster's Experimente in Bezug auf Empfindlichkeit für Lichtunterschiede, so wird die erste Frage sein: ist in Forster's Versuchen bei Verminderung der absoluten Helligkeit auch eine Verminderung der Helligkeitsunterschiede eingetreten? Wenn *Schwarz* gar kein Licht reflectirte, so würde allerdings bei Abnahme der Helligkeit des *Weiss* eine Aenderung in dem Verhältnisse der Helligkeit von *Weiss* und *Schwarz* eingetreten sein; da aber *Schwarz* (im vorliegenden Falle) nur höchstens 60mal weniger Licht reflectirt, als *Weiss*, so würde erst bei sehr niedrigen Helligkeitsgraden eine Aenderung in dem Verhältnisse der Componenten eingetreten sein. Die Differenz der Helligkeiten muss also bei abnehmender absoluter Helligkeit bis zur untersten Grösse nahezu dieselbe geblieben sein. Abgesehen von dieser unteren Grösse sprechen die Forster'schen Versuche gegen das psychophysische Gesetz, denn sie ergeben, dass bei abnehmender Helligkeit die Wahrnehmbarkeit von Unterschieden aufhört. Bei Annahme der Richtigkeit des psychophysischen Gesetzes und der Beobachtungen Forster's würde man zu dem wunderbaren Resultate kommen, dass eine eben von ihrer Umgebung unterscheidbare Linie bei schwacher Beleuchtung besser müsste unterschieden werden können, als eine stark gegen ihre Umgebung contrastirende Linie. Denn wenn die Unterschiedsempfindlichkeit ohne Rücksicht auf absolute Helligkeit immer dieselbe bleibt, so muss eine ganz matte graue Linie auf weissem Papier, die ich im hellen Tageslichte eben unterscheiden kann, auch bei schwacher Beleuchtung ebenso unterschieden werden können; nach Forster's Versuchen hört aber eine feine schwarze Linie auf weissem Papier bei einer noch immer ganz beträchtlichen Helligkeit auf, sichtbar zu sein.

Um zunächst ein Bild von Forster's Versuchen und ihren Resultaten zu geben, ohne das Beobachtungsobject zu wechseln, führe ich zwei von mir erhaltene Versuchsreihen an, welche den Einfluss der Grösse des Objectes im Verhältnis zu der Abnahme der Helligkeit anschaulich machen.

Als Objecte dienten in diesen Versuchen die Buchstaben der Jäger'schen Tafeln. Dieselben wurden parallel zu der matten Glastafel in der Diaphragmaöffnung meines finstern Zimmers (s. Fig. 7, § 27) und in 1 Mètre Entfernung von derselben gehalten. Dicht neben dem Diaphragma und gleichfalls in 1 Mètre Entfernung von den Jäger'schen Tafeln befanden sich meine Augen. Nach gehöriger Adaptation der Augen wurde die kleinste Oeffnung von 2,5 Mm. eingestellt, bei der aber kein Buchstabe zu erkennen war; dann wurde die Oeffnung auf 5 Mm. vergrössert, wobei ich die grössten Buchstaben (No. 20) eben erkennen konnte, dann die Oeffnung von 10 Mm. u. s. w. Die folgende Tabelle XI, welche

keiner weiteren Erklärung bedarf, giebt eine Uebersicht der Resultate von zwei
Versuchsreihen, von denen I. am 5. Februar 1861, Nachmittags 2 Uhr, II. am
23. Februar 1861, Morgens 9 Uhr, gewonnen wurde.

Tabelle XI.

Oeffnung des Diaphragma.	I.		II.
	Nummern der Jaeger'schen Tafeln.		
2,5 Mm.	0		0
5 ,	Nr. 20		vor Nr. 20 nur ein grosses D.
10 ,	, 19	mangelhaft	Nr. 20 gut, 19 mangelhaft.
15 ,	, 19		, 19 gut, 18 gut, 17 nur der Anfang.
20 ,	, 18	und 17	, 17 und 16.
25 ,	, 17		, 16 sehr mangelhaft.
30 ,	, 16		, 16 gut — 14 einzelne Buchstaben.
35 ,	, 16		, 14 ziemlich gut.
40 ,	, 15	und 14	, 13 kaum einzelne Worte.
45 ,	, 14		, 13 mangelhaft.
50 ,	, 13		, 13 gut.
60 ,	, 13		, 12 einzelne Worte.
70 ,	, 12	einzelne Worte	, 12 mangelhaft.
80 ,	, 12		, 12 — 11 — 10 den Anfang.
90 ,	, 11	und 10	, 10 einzelne Worte.
100 ,	, 10		, 10
150 ,	, 9	mangelhaft	, 9 mangelhaft.
200 ,	, 9	gut	, 8 — 7 — 6 nur den Anfang.

Wenn man bedenkt, ein wie complicirter Act das Lesen ist, so wird man
die Uebereinstimmung zwischen den beiden Versuchsreihen genügend finden; in
II. war die Helligkeit des Himmels merklich grösser, als in I. Ueberraschend ist
die scharfe Gränze, welche für das Erkennen der Buchstaben durch die Helligkeit gesetzt wird: Konnte ich die eine Schriftprobe bei einer gewissen Beleuchtung ganz gut lesen, so war ich doch nicht im Stande, von der nächsten Nummer
mehr als einzelne Buchstaben mühsam zu erkennen — aber eine geringe Erweiterung des Diaphragma genügte, um die kleinere Schrift erkennen zu lassen.
Ich habe zum Verständniss dieser Versuche noch zu bemerken, dass ich bei
dieser Entfernung der Jaeger'schen Tafeln von 1 Metre bei hellem diffusen
Tageslichte No. 5 noch gut, No. 4 mangelhaft lesen, von No. 3 nur einzelne
Buchstaben erkennen kann.

Bei derartigen Versuchen ist der Unterschied zwischen der Helligkeit des
weissen Papiers und der Druckerschwärze constant, aber ausserordentlich gross im
Verhältniss zu den übrigen bisher untersuchten Helligkeitsdifferenzen; variabel
sind die absolute Helligkeit und der Gesichtswinkel. Um aber die Frage zu
erledigen, welchen Einfluss die Grösse eines Objectes oder der Gesichtswinkel auf die Wahrnehmbarkeit seiner Helligkeitsdifferenzen hat, müssen die Versuche anders angestellt werden. Die absolute
Helligkeit muss constant, die Helligkeitsdifferenz im Einzelversuche gleichfalls

constant, der Gesichtswinkel dagegen variabel sein. Habe ich z. B. auf der Masson'schen Scheibe einen Kranz, der in grösster Nähe eben noch von dem Grunde der Scheibe unterschieden werden kann, so ist zu untersuchen, ob dieser Kranz auch noch in grösserer Entfernung d. h. unter einem kleineren Gesichtswinkel gesehen werden kann, *eventualiter* welche Helligkeitsdifferenzen die Scheibe darbieten muss, damit in einer gegebenen Entfernung der Kranz unterschieden werden könne. — Wenn wir uns aber von einem Objecte entfernen, so sind wir in der glücklichen Lage, dadurch nur die Grösse, dagegen nichts in der Helligkeit unseres Retinabildes von dem Objecte zu verändern. Schon Smith (*Lehrbegriff der Optik* von Robert Smith, übersetzt von Kaestner. 1755. p.25.) hat den Satz aufgestellt: *die Stärke des Lichtes oder die Helligkeit des Gemäldes auf dem Netzhäutchen bleibt bei allen Entfernungen der Sache vom Auge einerlei*, ein Satz, welcher, wie auch Hassenfratz (*Vom Lichte*, p. 18) und Arago (*Astronomie*, I., p. 139 und 186) auseinandergesetzt haben, allgemein von Objecten mit einem merkbaren Durchmesser, d. h. von Flächen, dagegen nicht von Punkten gilt.

§ 45. Die Versuche darüber, welchen Einfluss der Gesichtswinkel auf die Empfindbarkeit von Helligkeitsunterschieden hat, konnten daher in folgender einfacher Weise angestellt werden: Eine Masson'sche Scheibe wird von einer Stearinkerze beleuchtet, welche 2300 Mm. von ihr entfernt ist, und deren Licht durch einen Schirm von dem Beobachter abgeblendet wird. Der Beobachter befindet sich zuerst in grösster Nähe der Scheibe, und stellt dieselbe so ein, dass er in dieser Nähe d. h. bei grösstem Gesichtswinkel eben noch einen Kranz unterscheiden kann. Während ein Gehülfe die Scheibe dreht, entfernt sich der Beobachter allmählig, bis er den Kranz nicht mehr unterscheiden kann; dann wird ein grösserer Sector eingestellt, und für diesen die Entfernung bestimmt, in welcher der Beobachter eben noch den Kranz unterscheiden kann u. s. w. Bei der Berechnung des Gesichtswinkels habe ich die Breite des Kranzes oder den Radiustheil des Sektorabschnittes = 25 Mm. zu Grunde gelegt, welcher dividirt durch die Entfernung die Tangente des Gesichtswinkels giebt. — Für die in der nächsten Tabelle XII verzeichneten Versuche mit weissen Scheiben ist die Unterschiedsempfindlichkeit

$$d = \frac{360\,W}{(360 - a)\,W + a}$$

und da nach § 39 W = 57.3 ist

$$d = \frac{360.\,57}{(360 - a)\,57 + a}.$$

Die absolute Helligkeit des weissen Grundes ist in diesen Versuchen constant. In der ersten Columne stehen die Sectorabschnitte von a Graden angegeben, daneben die berechneten Unterschiedsempfindlichkeiten $d = \frac{r}{J}$, dann die gefundenen Entfernungen und in der vierten Columne die berechneten Gesichtswinkel.

Tabelle XII. (Weisse Scheiben.)

Sector-abschnitt $= \alpha$	$\dfrac{J'}{J}$	Entfernung.	Gesichts-winkel.
5°	$\frac{1}{11}$	900 Mm.	7°
10°	$\frac{1}{21}$	2000 ,	0° 43'
15°	$\frac{1}{33}$	5000 ,	0° 17' 10"
30°	$\frac{1}{11}$	13500 ,	0° 6' 22"

Die Unterschiedsempfindlichkeit nimmt also mit kleiner werdendem Gesichtswinkel sehr schnell ab, denn bei einer 10fachen Verkleinerung desselben hat sie um die Hälfte abgenommen, bei einer 25fachen um das 3fache, bei einer 60fachen um das 6fache abgenommen, während nach § 37 die Verminderung der absoluten Helligkeit eine viel geringere Abnahme der Unterschiedsempfindlichkeit bewirkt.

Machen sich beide Einflüsse geltend, so sinkt die Unterschiedsempfindlichkeit noch rapider, wie die folgende Tabelle XIII, für schwarze Scheiben mit weissen Sectoren zeigt. Die Versuche sind übrigens in derselben Weise ausgeführt. Beziehen wir wieder, wie in den bisherigen Versuchen den Unterschied der Helligkeiten auf die geringere Helligkeit, so ist

$$d = \frac{J'}{J} = \frac{a\,W + (360 - a)\,S}{360\,S} = \frac{n.\,56.}{360};$$

wobei wir, wenn $a > 6°\,25'$ wird, ganze Zahlen für die Unterschiedsempfindlichkeiten erhalten. Denken wir uns ferner einen Kranz aus 180° Weiss und 180° Schwarz gebildet, so ist dieser 28mal heller als die schwarze Scheibe, aber nur $\frac{1}{2}$mal heller, d. h. halb so hell, als der Grund der weissen Scheibe.

Tabelle XIII. (Schwarze Scheiben.)

Sector-abschnitt $= \alpha$	$\dfrac{J'}{J}$	Entfernung.	Gesichts-winkel.
2° (+ 39° 11')	$\frac{1}{10}$	900 Mm.	7°
1½° (+ 9° 11')	$\frac{1}{12}$	900 ,	7°
1°	$\frac{1}{14}$	900 ,	7°
5°	$\frac{1}{1,7}$	4000 ,	0° 21' 30"
10°	1,555...	6250 ,	0° 13' 47"
20°	3,111...	8750 ,	0° 9' 50"
30°	4,666...	11000 ,	0° 7' 50"
60°	9,3	15600 ,	0° 6' 22"

In den beiden ersten Versuchen dieser Tabelle war die weisse Scheibe um 39° resp. 9° über die schwarze Scheibe geschoben worden, so dass die absolute

Helligkeit der Scheibe grösser geworden war, als die der schwarzen Scheibe; daher sind die Werthe für d kleiner, als der im dritten Versuche erhaltene Werth, ohne dass der Gesichtswinkel sich geändert hätte. — In den übrigen 6 Versuchen ist dagegen die absolute Helligkeit des Grundes der Scheibe unverändert geblieben und die bedeutende Abnahme der Unterschiedsempfindlichkeit nur auf den Einfluss des Gesichtswinkels zu schieben. Die Abnahme findet, wie man sieht, in starker Progression statt, indem zuerst bei Abnahme des Gesichtswinkels um das 20fache die Unterschiedsempfindlichkeit um das 5fache ungefähr abnimmt, dann aber bei 20° und 60° mit der Abnahme des Gesichtswinkels um ½ die Unterschiedsempfindlichkeit um das 3fache sinkt. Setzen wir den extremsten Fall, wo nur die Differenz zwischen *Schwarz* und *Weiss* = 57 noch unterschieden werden kann, so tritt dieser Fall bei der hier angewendeten Beleuchtung für einen Gesichtswinkel von etwa 3 Minuten ein, so dass, bei Abnahme des Gesichtswinkels um die Hälfte, die Unterschiedsempfindlichkeit um das 6fache abnehmen würde.

In Bezug auf die Versuche der Tabelle XIII muss ich dem Einwurfe begegnen, als hätte ich hier nicht mehr die Unterschiedsempfindlichkeit, sondern die Empfindlichkeit für einen minimalen Lichtreiz überhaupt bestimmt. Wird nämlich das Schwarz sehr lichtschwach, und es befindet sich in einem solchen Schwarz ein helleres Object, so wird die Sichtbarkeit dieses Objectes nur von seiner eigenen Helligkeit, nicht von dem Verhältniss seiner Helligkeit zu der seiner Umgebung abhängen; es wird unter dieser Bedingung der Unterschied zwischen den Helligkeiten des *Weiss* und *Schwarz* = 57 nicht mehr bestehen. — Dieser Fall ist indess in meinen Versuchen nicht eingetreten, denn das *Schwarz* der Scheibe erschien immer noch mit einer bemerkbaren grösseren Helligkeit als die in grösserer Entfernung von dem Lichte hinter den Scheiben befindliche schwarze Wand. Bei den grössten Entfernungen konnte die Scheibe allerdings von dem Hintergrunde nicht mehr unterschieden werden, wohl aber erschien sie heller, als ein in ihrer Nähe befindliches Stück Sammet. Es muss folglich noch eine empfindbare Menge Licht von dem *Schwarz* der Scheibe zur Netzhaut gelangt sein, so dass ein Vergleich zweier objectiven Helligkeiten, nicht ein Vergleich einer objectiven Helligkeit mit der subjectiven Helligkeit des Augenschwarz, mithin eine Bestimmung der Unterschiedsempfindlichkeit stattgefunden hat.

Kommen wir wieder auf Fortsza's Satz zurück, „*dass Helligkeit und Gesichtswinkel einander ergänzen*", so wird durch diese Versuche ein wesentliches Supplement zu jenem Satze geliefert und ein Zusammenhang desselben mit Erscheinungen der Unterschiedsempfindlichkeit nachgewiesen. Es ist interessant, dass Fortsza einen derartigen Zusammenhang postulirt hat, obgleich seine Schrift vor den Fechner'schen Untersuchungen erschienen ist; er sagt daselbst (*p. l.*): „*Anstatt Helligkeit werden wir richtiger sagen* Contrast, *denn damit ein Object wahrgenommen werde, ist nicht sowohl eine gewisse absolute Helligkeit* nothwendig, als vielmehr ein gewisser Contrast, in welchem der Gegenstand bezüglich seiner Helligkeit und Farbe zur Umgebung steht." Contrast ist aber dasselbe wie Helligkeitsunterschied, und wir werden daher mit Rücksicht auf meine Versuche sagen müssen:

Die Sichtbarkeit eines Objectes d. h. die Wahrnehmbarkeit eines Lichteindruckes ist abhängig 1) von der absoluten Helligkeit, 2) von dem Helligkeitsunterschiede oder dem Contraste, 3) von dem Gesichtswinkel oder der Grösse des Netzhautbildes.

§ 46. Einige Beispiele mögen zeigen, welche Harmonie dadurch in unsere Vorstellungen von der Sichtbarkeit der Objecte gebracht wird, und wie wir uns an der Hand dieses Satzes Rechenschaft über unsere Wahrnehmungen geben können.

Bei den Schattenversuchen (§ 31 u. f.) ist der Gesichtswinkel immer derselbe geblieben, die Wahrnehmbarkeit des Schattens ist abhängig gefunden worden von der absoluten Helligkeit und von dem Helligkeitsunterschiede gegen die Umgebung.

Bei den Versuchen mit den Jaeger'schen Tafeln (§ 44) ist der Helligkeitsunterschied zwischen der Druckerschwärze und dem Papier derselbe geblieben, mit Abnahme des Gesichtswinkels hat aber die absolute Helligkeit vermehrt werden müssen, wenn die Buchstaben erkannt werden sollten.

Ein und dieselbe Schrift können wir bei bestimmtem Gesichtswinkel und gleichbleibender Helligkeit lesen, wenn sie auf intensiv weissem Papier gedruckt ist — wir können sie nicht lesen, wenn sie auf grauem Papier gedruckt ist: Gesichtswinkel und absolute Helligkeit sind dieselben, verändert ist der Unterschied der Helligkeiten. Dasselbe ist der Fall bei blasser Schrift im Gegensatze zu tiefschwarzer Schrift.

Wir können eine Schrift in einer gewissen Entfernung nicht mehr lesen; wir nähern uns derselben und können sie lesen: Helligkeitsunterschied und absolute Helligkeit sind dieselben geblieben, nur der Gesichtswinkel ist geändert worden.

Beim preussischen Militair ist es Vorschrift, *Reveille zu blasen, wenn man Geschriebenes lesen kann*; diese Vorschrift basirt darauf, dass im Verlaufe der Morgendämmerung die absolute Helligkeit zunimmt.

Wir sehen einen Sonnenflecken oder den Eintritt einer Sonnenfinsterniss nicht mit blossem Auge; wir halten ein dunkles Glas vor die Augen und sehen sie; Gesichtswinkel und Helligkeitsunterschied ist unverändert; verändert ist die absolute Helligkeit. Dasselbe gilt von den Beobachtungen der Venus.

Die Fixsterne haben keinen merklichen Durchmesser, ihr Gesichtswinkel ist also immer derselbe. Sie können bei Tage nicht gesehen werden, weil die Helligkeit des umgebenden Himmels zu wenig gegen ihre nicht veränderte Helligkeit differirt. — Beim Beobachten der Fixsterne am Tage durch Teleskope wird ihr Gesichtswinkel nicht verändert, aber ihre Helligkeit wird vergrösert, die Helligkeit der Umgebung vermindert (cf. § 30), also absolute Helligkeit und Helligkeitsunterschied vermehrt. Fixsterne 9. Grösse können wir beim dunkelsten und reinsten Himmel mit blossem Auge nicht sehen; wir sehen sie aber durch Teleskope, welche weder ihren Gesichtswinkel, noch die Helligkeit ihrer Umgebung verändern, aber ihre absolute Helligkeit und damit ihre Helligkeitsdifferenz vermehren.

Eine weitere Aufgabe der Psychophysik wird es sein, diese 3 Beziehungen der absoluten Helligkeit, des Helligkeitsunterschiedes und des Gesichtswinkels in bestimmten Formeln auszudrücken. Diese müssen auf Versuche gegründet werden, in denen bei je zwei zu variirenden Faktoren Grössebestimmungen mit constantem dritten Faktor gemacht werden. Das Verhältniss der absoluten Helligkeit zu dem Contraste, mit Ausschluss einer Veränderung des Gesichtswinkels, habe ich zu bestimmen gesucht, ohne indess zu einer Formel gelangen zu können, welche als allgemein gültig zu betrachten wäre, (cf. § 37). Meine eben angegebenen Versuche, über das Verhältniss zwischen Gesichtswinkel und Helligkeitsunterschieden bei gleichbleibender absoluter Helligkeit kann ich nur als ersten Anfang betrachten; Versuche über das Verhältniss zwischen Gesichtswinkel und absoluter Helligkeit bei unverändertem Contraste sind von Fortrer (*Hemeralopie* etc.) und von mir (§ 44) angestellt worden, aber nicht in solcher Form, dass sie mit den übrigen Versuchsbestimmungen in Vergleich gebracht werden könnten. —

CAPITEL IV.

Der Lichtsinn in den verschiedenen Regionen der Netzhaut.

§ 47. Bisher haben wir die Frage unberücksichtigt gelassen, ob alle Theile unserer Netzhaut in Bezug auf die Wahrnehmung von Helligkeit und von Helligkeitsunterschieden ein gleiches Verhalten zeigen. Wir haben uns darauf beschränkt, zu untersuchen, was mit dem centralen Theile der Netzhaut, oder was mittelst sogenannten directen Sehens erkannt werden kann. Wenn wir nun die Frage stellen, ob wir beim indirecten Sehen dieselbe Empfindlichkeit für Helligkeiten und Helligkeitsunterschiede finden, wie beim directen Sehen? so ist diese Frage nicht gleichbedeutend damit: ob wir einen eben so feinen Lichtsinn auf den peripherischen Netzhautregionen haben, wie auf den centralen? Denn die Lichtmenge, welche von einem Objecte auf das Centrum unserer Netzhaut oder die *Macula lutea* gelangt, ist nicht eben so gross, wie die Lichtquantität, welche von demselben Objecte auf einen am Aequator des Auges gelegenen Theil der Netzhaut auffällt.

Der erste, welcher auf die Verhältnisse der Helligkeit des Retinalbildes in verschiedenen Regionen der Netzhaut aufmerksam gemacht hat, scheint Mus gewesen zu sein. Er sagt Poggendorfs *Annalen* Bd. 42. 1837. p. 239: *Die Gegenstände werden, je weiter sie von der Augenaxe im Gesichtsfelde entfernt sind,*

nicht nur undeutlicher, sondern auch *dunkler gesehen, bis ein Aufhören des Sehens
durch den Mangel an Lichtstrahlen entsteht.* Die Ursache davon ist eben die Lage
des Sehloches gegen den Lichtwirbel, weil es nämlich gegen die seitlichen Strahlen
als ein sich verengender elliptischer Ring zu betrachten ist, welcher immer mehr
Strahlen von ihnen abschneidet, bis es die zu sehr seitwärts entfernten, gegen die
der Ring zur Linie wird, gar nicht hinein lässt. Dass die Gegenstände, indirect
gesehen, dunkler erscheinen, ist nicht richtig; richtig ist dagegen das übrige
Raisonnement Milns. Fornux hat beides sehr wohl unterschieden, wenn er sagt:
(Hemeralopie etc. p. 32): Die Bilder, welche auf die Seitentheile der Netzhaut
fallen, sind erheblich lichtschwächer, als die im Centrum liegenden, da die Basis
der Strahlenkegel, welche nach der Retina hin convergiren, eine viel grössere bei
der letzteren ist, und kurz vorher: die Empfindlichkeit der central gelegenen Netzhautelemente braucht nicht grösser zu sein u. s. w. — Ich wiederhole meine früher
in Moleschott Untersuchungen IV, p. 222 gegebenen Auseinandersetzungen:

Die beistehende *Figur 16* zeigt, wie man sich die Sache zu denken hat.

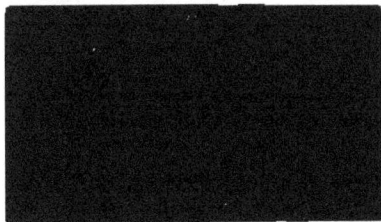

Fig. 16.

bg sei der Durchmesser der
Pupille, db ein Durchschnitt der
Iris und a, a', a'' leuchtende
Punkte. Die von a, a', a'' aus-
strahlenden Lichtbüschel bilden,
da die Oeffnung der Pupille eine
Kreisfläche ist, Kegel mit ein
und derselben Basis, aber von
verschiedener Neigung der Axe
und von verschiedenen Axen-
winkeln. Denkt man sich um
die leuchtenden Punkte a, a', a'' Kugeln von gleichem Radius, so werden deren
Oberflächen die Kegel schneiden und diese Schnittflächen werden doppelt gekrümmte Curven sein. Dieser Theil der Kugeloberflächen, welcher von den Kegeln
ausgeschnitten wird, ist das Maass für die durch die Oeffnung des Diaphragma
gehende Lichtmenge, wenn die Punkte a, a', a'' gleich hell sind. Da man es indess
hier mit sehr spitzen Kegeln zu thun hat, wegen der Kleinheit der Pupille im Verhältniss zu der Entfernung der leuchtenden Punkte, so würde man statt der Curven Schnittflächen, senkrecht zur Axe des Kegels und für jeden Kegel gleich weit
entfernt von der Spitze derselben, nehmen können, die dann Ellipsen wären.
Die Flächenräume derselben sind dann den einfallenden Lichtmengen nahezu
proportional. — So einfach sind nun die Verhältnisse beim Auge freilich nicht,
denn die Lichtstrahlen erfahren, bevor sie durch die Pupille gehen, eine Ablenkung durch den Meniscus, welchen Cornea und Flüssigkeit der vordern Augen-
kammer bilden. Endlich kommt hinzu, dass, je schiefer Strahlen auffallen, um
so mehr Licht reflectirt wird; es muss also um so weniger Licht bis zur Retina
gelangen, je mehr von der Cornea und vordern Linsenfläche zurückgeworfen

wird; damit ist ein neues Moment für die Verminderung der von seitlich gelegenen Punkten zur Retina gelangenden Lichtmenge gegeben. Auch hierauf hat Fonssen bereits a. a. O. aufmerksam gemacht.

Im Ganzen hat Mus darin Recht, dass die Lichtstärke der Bildpunkte auf der Netzhaut um so mehr abnehmen muss, je mehr dieselben vom Centrum der Netzhaut entfernt sind.

Die zweite Behauptung Mns., dass man die Gegenstände mit den peripherischen Regionen der Netzhaut dunkler sehe, ist aber nicht richtig. Für gewöhnlich bemerkt man keinen Unterschied in der Helligkeit eines Bildes, welches ins Centrum oder auf die Peripherie der Netzhaut fällt; ja die Astronomen behaupten, die Peripherie der Netzhaut sei empfindlicher für sehr schwache Lichteindrücke, als das Centrum, und es ist Praxis bei ihnen, sehr lichtschwache Sterne, wie z. B. die Trabanten des Saturn so zu beobachten, dass sie an denselben vorbeisehen. Annso sagt daher (*Astronomie I, p. 189*; on peut dire une paradoxe, que pour apercevoir un objet très-peu lumineux, il faut de pas le regarder. So häufig das Phänomen übrigens zeit Casem erwähnt worden ist, so sind doch bisher nur, in Folge einer Anregung von Rutte, einige bestimmte Zahlenangaben von d'Anaso gemacht worden. Danach betrug bei d'Annso der Winkelabstand vom Centrum, unter welchem ein lichtschwacher Stern am deutlichsten erschien, einmal 11°, ein ander Mal 13° 2'. (Rutte *Explicatio facti, quod minimae paulum lucentes stellas tantum peripheria retinae cerni possunt*. Programm. *Lipsiae 1859* n. Fruem Ueber einige Verhältnisse des binocularen Sehens, *Abhandlungen der Sächsischen Gesellschaft der Wissenschaften. Bd. VII. 1860. p. 373.*) Die d'Annso'schen Mittheilungen lassen ein wichtiges Moment unberücksichtigt, nämlich den Adaptationszustand der Netzhaut. Wie sehr sich dieses Moment bei astronomischen Beobachtungen geltend macht, erhellt sehr deutlich aus folgender Stelle in Annso's *Astronomie I, p. 144*: „*Vingt minutes*" dit Wollam Humschel, „*n'étaient pas de trop quand je venais d'une pièce éclairée, si je voulais que mon oeil reposé me permit de discerner dans le télescope des objets très-délicats.*" *Après le passage d'une étoile de 3ème grandeur dans le champ de l'instrument, il fallais à l'illustre astronome un pareil intervalle de 20 minutes, pour que l'oeil reprit sa tranquillité.* Auch die Trabanten des Uranus konnte der jüngere Herschel erst wahrnehmen, nachdem er eine Viertelstunde lang das Auge am Ocular gehabt und sorgfältig die Einwirkung jedes andern Lichtes vermieden hatte.

Offenbar wird aber die Netzhaut vorzugsweise an denjenigen Stellen geblendet sein, welche von dem Lichte, also in diesen Fällen von den beobachteten Sternen getroffen worden sind, d. h. den centralen Stellen; die peripherischen dagegen, welche den dunklern Parthieen des Gesichtsfeldes oder gar der lichtlosen Wandung der Teleskop-Röhre gegenüber sich befunden haben, werden besser adaptirt oder empfindlicher für Lichtreize geworden sein. Es müssen daher bei derartigen Angaben die Adaptationsverhältnisse des Auges, die Grösse des Gesichtsfeldes im Teleskop, die vorhergegangenen Beobachtungen u. s. w. berücksichtigt werden, wenn sie für die Lichtempfindlichkeit des Centrums der Netzhaut im Vergleich mit der Peripherie massgebend sein sollen.

§ 48. Bei meinen in dem ersten Kapitel mitgetheilten Versuchen im finstern Zimmer habe ich meine Aufmerksamkeit auch auf diesen Punkt gerichtet. Hatte ich das Glühen des Platindrahtes eben bemerkt, so drehte ich den Kopf oder die Augen von dem leuchtenden Drahte hinweg; ich habe keine Messungen über die Drehung machen können, habe ihn aber bei Drehungen, die ich auf mindestens 30° schätzen muss, immer noch sehen können, und auch so lange ich ihn überhaupt sehen konnte, niemals einen Unterschied in seiner Helligkeit bemerkt, wenn ich ihn direct oder indirect sah. Wenn ich diese Versuche machte, war ich immer schon längere Zeit im Finstern gewesen. Bei anderen Versuchen, die ich im folgenden Capitel § 52 besprechen werde, habe ich nach vorhergegangener Adaptation der Netzhaut keinen Unterschied zwischen Peripherie und Centrum bemerkt.

Ich habe ferner auf Veranlassung des Herrn Professor Fechner und nach einer von ihm vorgeschriebenen Anordnung vor mehreren Jahren Versuche darüber angestellt, ob ein Gegenstand, welcher direct gesehen, heller erscheint, als wenn er indirect gesehen wird, und ob er in dem einen Meridian der Netzhaut heller erscheint, als in einem anderen? (Aubert, *Beiträge zur Physiologie der Netzhaut in: Abhandlungen d. Schlesischen Gesellschaft. Naturw. Abtheil. 1861. Heft I. p. 16* und Molescrott *Untersuchungen Bd. VIII. p. 262).* Zu diesem Behufe wurde ein Quadratzoll weisses Papier, welcher auf schwarze Pappe aufgeklebt war, dem Fenster gegenüber aufgestellt und in je 25° Entfernung davon kleine Objecte zum Fixiren angebracht. Das Auge befand sich im Mittelpunkte des durch die fünf Punkte bezeichneten Kugelsegmentes; der Halbmesser der idealen Kugel, mithin die Entfernung des Auges von dem Objecte betrug 1 Mètre. Nun wurde das Auge etwa zwei Secunden auf das Object, dann eben so lange auf den oberen Fixationspunkt gerichtet, und angegeben, bei welcher Richtung der Augenaxe das Object heller erschienen sei; dasselbe wurde für den unteren, den rechten und den linken Fixationspunkt bestimmt. Ebenso wurde die Helligkeit des Papierquadrats bei der Fixation des oberen Punktes mit der bei der Fixation des unteren Punktes u. s. w. verglichen. Diese Versuche wurden mit dem rechten Auge bei Verdeckung des linken, mit dem linken bei Verdeckung des rechten, und endlich mit beiden Augen gemacht. Eine solche Versuchsreihe ist in der folgenden Tabelle XIV. dargestellt. In der ersten Columne sind die jedesmaligen Fixationspunkte angegeben; wenn es heisst O mit R, so bedeutet das: zuerst wurde das Auge auf den oberen, dann auf den rechten Fixationspunkt gerichtet und die Helligkeit der beiden Eindrücke mit einander verglichen. In den daneben stehenden Columnen ist dann angegeben, bei welcher Fixation das Object heller erschien, und diese ist allein angegeben, der minder hell erscheinende Punkt dagegen weggelassen. In zweifelhaften Fällen, d. h. wo ich zu keiner Entscheidung kommen konnte, welche Empfindung stärker gewesen sei, ist o geschrieben worden und mitunter noch bemerkt, welche Empfindung zu präraliren schien.

Tabelle XIV.

Fixations-punkte.	Rechtes Auge.	Linkes Auge.	Beide Augen.
O mit R	R	R	R
„ „ L	L	L	L
„ „ U	o	U	o
„ „ C	C	C	C
R mit O	R	R	R
„ „ U	R	R (wenig)	R (wenig)
„ „ L	o	o oder R	o
„ „ C	C	o oder C	C
U mit R	R	R	R (wenig)
„ „ L	L	L	L (wenig)
„ „ O	o oder U	o	o
„ „ C	C	C	C
L mit R	o	o oder R	R
„ „ O	L	L	o
„ „ U	L	o	L
„ „ C	o	C	C
C mit R	o	o	o oder C
„ „ L	C	C	C
„ „ O	C	C	C
„ „ U	C	C	C

In den 60 Beobachtungen dieser Tabelle ist also das Bild von dem Papierquadrate im Centrum immer am hellsten erschienen, nur 3 bis 5 mal bin ich zweifelhaft geblieben und zwar 2 bis 4 mal beim Vergleiche des Centrums mit der rechten Seite der Netzhaut, 1 mal zwischen Centrum und linker Netzhautseite. — Demnächst ist das Object auf der rechten Seite heller, als in den übrigen Richtungen erschienen in 15 Fällen; 4 Fälle sind zweifelhaft geblieben. Auf der linken Seite ist es in 10 Fällen, auf der unteren in nur 2 Fällen heller erschienen, aber in 6 Fällen zweifelhaft gelassen worden, ob es unten oder oben heller erschienen ist; auf der oberen Seite ist die Empfindung in keinem Falle unzweifelhaft lebhafter gewesen.

In einer zweiten Versuchsreihe wurde an Stelle des weissen Papierquadrats ein Ausschnitt von 1 Quadratzoll in schwarzer Pappe mit einer dahinter befindlichen Milchglasglocke über einer Photogenflamme angewendet, um ein intensiveres Licht oder wenigstens einen stärkeren Contrast zu gewinnen, als in der vorigen Versuchsreihe; die Beobachtungen wurden Abends mit Ausschluss anderen Lichtes gemacht. Die Resultate weichen von den Resultaten der Tab. XIV. nicht sehr ab, denn es ergab sich, dass das Centrum immer für heller angesehen worden war und zwar in 24 Fällen; dass die rechte Seite in 11 Beobachtungen (1 mal zweifelhaft), die obere Seite in 8 Beobachtungen (4 mal zweifelhaft), die linke

Seite in 3 Beobachtungen (1 mal zweifelhaft) eine stärkere Empfindung vermittelt
hatte, dass aber die untere Seite, mit Ausnahme von 3 zweifelhaften Fällen,
immer die schwächste Empfindung gezeigt hatte.

Endlich wurde hinter dem Ausschnitte des Schirmes die freie Flamme der
Lampe angebracht; diese blendete indem so stark, und es traten so starke Nachbilder auf, dass ich nur eine Beobachtungsreihe, und zwar mit dem rechten
Auge ausgeführt habe, in der das Bild im Centrum unter 8 Fällen 7 mal als
heller angesprochen wurde.

Aus diesen Beobachtungen scheint nun doch hervorzugehen, dass Milk
Recht hat, wenn er behauptet, ein Object erschiene auf den peripherischen Netzhautregionen dunkler, als im Centrum, besonders wenn wir bedenken, dass es
sich hier um eine Zone handelt, welche nur 25° von der *fovea centralis* der
Netzhaut entfernt ist. Leider ist es nicht wohl ausführbar, entferntere Zonen
nach dieser Methode zu untersuchen, weil die Bewegungen der Augen bei
grösseren Winkeln nicht mit der nöthigen Schnelligkeit und Präcision ausgeführt
werden können. Die zur Retina gelangende Lichtmenge wird aber gerade erst
in den dem Aequator des Auges näheren Zonen erheblich vermindert.

Indess darf ich nicht unterlassen, auf einige Umstände aufmerksam zu
machen, welche für die Beurtheilung von Helligkeitsdifferenzen nach dieser
Methode sehr störend sind. Erstens ist man immer geneigt, ein Object, welches
scharf begränzt erscheint, für heller zu halten, als wenn es verwaschen erscheint;
dadurch ist das Centrum immer im Vortheil gegen die Peripherie. Zweitens bekommen die indirect gesehenen Objecte meistens eine bläulich-graue Nüance,
und es ist immer schwieriger zwei Empfindungen in Bezug auf ihre Gleichheit
zu beurtheilen, wenn qualitativ verschiedene Empfindungen mit im Spiele sind.
Drittens erregt mir folgender Umstand Bedenken über die Genauigkeit meiner
Beobachtungen: wenn man das Auge auch noch so kurze Zeit auf ein beleuchtetes Object richtet, so wird es während des Anschauens dunkler; führt man nun
eine Augenbewegung aus, so erscheint das Object sofort heller, wenn auch nur
für einen Augenblick — das erschwert die Vergleichung von Helligkeiten nach
einander ganz ungemein. Obwohl nun diese Störung bei allen Beobachtungen
constant ist, und dadurch der Fehler zum Theil ausgeglichen werden mag, so
dürfen wir doch nicht vergessen, dass erstens die hier zu beobachtenden Helligkeitsdifferenzen sehr gering sind, und zweitens, wie wir im nächsten Capitel sehen
werden, die Ermüdung für Lichtreize auf den peripherischen Netzhautregionen
schneller erfolgt, als auf den centralen.

Gegenüber der obigen physikalischen Deduction, wonach von ein und
demselben Objecte weniger Licht auf peripherische Regionen der Netzhaut gelangt, als auf das Centrum, dürfte auch folgende physiologische Deduction
am Platze sein: es ist sehr gut denkbar, dass, auch wenn weniger Licht von
einem Punkte auf die Peripherie fällt, als auf das Centrum, uns doch der Punkt
an beiden Stellen gleich hell erscheinen würde. Ohne Zweifel würden wir, wenn

wir Jahre lang in halb so starker Beleuchtung gelebt hätten, als jetzt, alles eben so hell finden und eben so viel sehen können, als jetzt. In diesem Zustande müssen sich gewisse Zonen unserer Netzhaut befinden. Sie haben von Anfang an immer nur halb so viel Licht bekommen, als der gelbe Fleck, sie werden also von der halben Lichtintensität, eben so stark afficirt werden (die Reciprocität von Reiz und Empfindlichkeit vorausgesetzt), als das Centrum von der ganzen Intensität. Die Objecte werden uns also, indem der schwächere Reiz bei entsprechend erhöhter Empfindlichkeit die gleiche Empfindung auslöst, eben so hell auf der Peripherie, als im Centrum erscheinen müssen.

In Erwägung dieser Eigenschaft unseres Empfindungsorgans, in Erwägung ferner, dass meine in Tabelle XIV. verzeichneten Beobachtungsresultate den erwähnten Bedenken unterliegen, in Erwägung endlich, dass die von den Astronomen behauptete grössere Empfindlichkeit der Netzhautperipherie für Lichtreize wahrscheinlich von den verschiedenen Adaptationszuständen des Centrums und der Peripherie herzuleiten ist — scheint mir die Annahme gerechtfertigt, dass der Lichtsinn in der ganzen Ausbreitung der Netzhaut keine irgend erheblichen Verschiedenheiten darbietet.

Auf die eigenthümlichen Accommodationsverhältnisse des Auges für die Peripherie der Netzhaut werde ich im 3. Abschnitte eingehen, wo der Raumsinn dieser Regionen behandelt wird.

§ 49. Es ist hier noch einer schon von Bouguer gestellten Frage Erwähnung zu thun; *quelle force doit avoir une lumière pour qu'elle en fasse disparoître une autre plus foible?* Für das directe Sehen, bei unmittelbar neben einander befindlichen Lichtintensitäten ist diese Frage schon durch die Schattenversuche (§ 33 u. f.) erledigt worden. Damit ist aber die Sache nicht erschöpft. Den Astronomen begegnet es oft, dass sie einen schwachen Stern nicht sehen können, wenn sich zugleich ein sehr heller Stern im Gesichtsfelde befindet, und sie helfen sich dann damit, dass sie den hellen Stern verdecken. Für das Verschwinden des kleinen Sternes ist von Einfluss, wie nahe der grössere Stern demselben ist. Dadurch kommt ein neues Moment in die Untersuchung der Unterschiedsempfindlichkeit. Denn es wird zu bestimmen sein, welchen Einfluss der Winkelabstand der beiden Lichtreize auf die Wahrnehmbarkeit des schwächeren Reizes hat. Ausserdem wird es nicht gleichgültig sein, welcher Theil unserer Netzhaut von dem stärkeren, welcher von dem schwächeren Lichte afficirt wird. Denn ein starkes Licht im Centrum wird voraussichtlich die Wahrnehmung eines schwachen Lichtes auf der Peripherie anders beeinflussen, als eine starke Lichtempfindung auf der Peripherie. — Einige Vorversuche haben mir indess die Lösung dieser Aufgabe so schwierig erscheinen lassen, dass ich vorläufig davon Abstand genommen habe. Das starke Licht muss nämlich einen ganz beträchtlichen Contrast gegen seine Umgebung haben, um ein schwächeres Licht in einiger Entfernung zur Seite verschwinden zu machen. Bei einem starken Lichte tritt, abgesehen von Blendung, Nachbildern u. s. w., eine sehr

störende Dispersion des Lichtes in den Augenmedien auf, so dass die Wahrnehmung des schwachen Lichtes wahrscheinlich mehr durch die in Folge der Dispersion statthabende Erhellung des Gesammtgesichtsfeldes vereitelt wird, als
durch die gleichzeitige Affection einer andern Retinastelle. Da ich mich hier
auf die Netzhaut beschränken will, eine Elimination jenes Einflusses mir aber
nicht möglich war, so habe ich den Gegenstand nicht weiter verfolgt.

CAPITEL V.

Zeitliche Verhältnisse beim Lichtsinn.

§ 50. Wenn wir die Vollkommenheit eines Sinnesorganes nach der Genauigkeit beurtheilen, mit der es uns die Vorgänge ausser uns signalisirt, so müssen
wir das Lichtempfindung vermittelnde Organ für ziemlich unvollkommen erklären.
Wir haben schon bei Gelegenheit des Adaptationsvorganges gesehen, wie lange
die Einwirkung hellen Lichtes die Empfindlichkeit der Netzhaut beeinflusst.
Wir finden aber auch, dass uns unser Lichtsinn falsche Angaben über die
Dauer einer Lichterscheinung macht, und zwar theils insofern er uns eine
längere, theils insofern er uns eine kürzere Dauer des Vorganges angiebt,
als in Wirklichkeit stattfindet.

In erster Beziehung sind die bekannten Phänomene zu erwähnen, bei denen
ein mit einer gewissen Geschwindigkeit bewegter Lichtpunkt eine Lichtlinie hervorbringt, Erscheinungen, welche d'Arcy zuerst einer besonderen Prüfung unterworfen hat. (*Mémoires de l'Académie des Sciences. Paris 1765. p. 439.*) Der
angenehme Eindruck eines Feuerrades u. s. w. beruht darauf, dass die Empfindung des Lichtes länger fortdauert, als der Lichtreiz, dass wir also noch die
Empfindung von dem leuchtenden Objecte auf einer Stelle unserer Retina haben,
welche von demselben nicht mehr getroffen wird. d'Arcy suchte die Dauer dieser
Empfindung zu messen und ging dabei von der Annahme aus, dass wenn ein
leuchtender Punkt einen Kreis beschreibt, die ganze Kreislinie zusammen leuchtend
erscheinen muss, wenn die Geschwindigkeit des Lichtpunktes so gross ist, dass
er auf jeden Punkt seiner Bahn genau in dem Momente zurückkehrt, wo der Eindruck, den sein vorheriger Aufenthalt an demselben erzeugte, eben verschwindet.
Die Dauer eines Kreisumlaufes ist dann gleich der Dauer der Empfindung. Für
eine glühende Kohle, die im Kreise gedreht wird, hat d'Arcy die Dauer der Empfindung = 0,13″ gefunden. d'Arcy hat die sehr wahrscheinliche Annahme gemacht, dass diese Zahl sich ändern würde mit der Intensität des Lichtes, der
Farbe und dem Gesichtswinkel desselben. Plateau (Poggendorf, Ann. Bd. 20.
1830. p. 309) hat für weisses Papier im diffusen Tageslichte die Dauer der
Empfindung = 0,35″ bestimmt, eine Zahl, die ihm zu hoch scheint, und die er
übrigens von der Beurtheilung des Beobachters abhängig macht. Plateau macht
darauf aufmerksam, dass die Empfindung oder der Eindruck allmählig an Stärke

abnimmt, dass man also einen continuirlichen Kreis, aber von ungleichmässiger Helligkeit schon bei einer viel langsameren Drehung sähe, als einen ganz gleichmässig hellen Kreis. Von der Richtigkeit dieser Bemerkung wird sich Jeder überzeugt haben, der einmal mit rotirenden Scheiben, auf denen verschieden helle Sectoren angebracht sind, gearbeitet hat. Ich habe deshalb in meinen Versuchen mit der Masson'schen Scheibe immer eine Geschwindigkeit von mindestens 60 Umdrehungen in der Secunde angewendet ($ 40), welche, da der Sector immer eine gewisse Zahl von Graden hatte, auch nach Emsmann's Bestimmungen der Dauer zu $0''_{,33}$ (Poggendorff, *Ann. 91. 1854. p.611*) vollkommen ausreichend gewesen sein muss, um einen ganz gleichmässigen Kranz zu erzeugen. Die Wichtigkeit von Plateau's Bemerkung werden wir im fünften Abschnitte zu würdigen haben. — Indess sowohl diese Angabe, als einige andere Auseinandersetzungen Plateau's lassen Bestimmungen nach dieser Methode so unsicher erscheinen, dass sie mit der Umständlichkeit der Versuche in keinem Verhältnisse stehen.

Eine ganz andere Methode scheint mir zu genaueren Resultaten führen zu können. Die Dauer des electrischen Funkens scheint ganz unendlich kurz zu sein; lässt man nun zwei electrische Funken in bestimmtem Zeitintervall nach einander überspringen, so wird man bestimmen können, welcher Zeitraum zwischen beiden Funken liegen kann, ohne dass man eine Unterbrechung in der Beleuchtung wahrnimmt. Die Zeitbestimmung würde mittelst eines electrischen Chronoskops, am leichtesten vielleicht mit einer kleinen Modification des Hipp'schen Instrumentes (J. Müller, *Bericht über die Fortschritte der Physik*, p. 839, Poggendorff Annalen, 1845. Bd. 66, p. 440) gemacht werden. Als Beobachtungsobject könnte theils der Funken selbst, theils, zur Untersuchung schwächerer Lichtintensitäten, Objecte, die von den Funken erleuchtet werden, dienen. Leider fehlen mir zur Zeit die erforderlichen Vorrichtungen.

Auf das Faktum, dass die Empfindung des Lichtreiz überdauert, sind verschiedene zierliche, aber zu Messungen nicht taugliche Apparate gegründet, (Plateau's Phänakistoskop gleichbedeutend mit Stampfer's stroboskopischen Scheiben und Plateau's Phorolyt, Horner's *Daedaleum*, Plateau's Anorthoskop u. s. w.), die ich hier nicht weiter beschreibe. Auch der Farbenkreisel, den wir im zweiten Abschnitte vielfach benutzen werden, beruht darauf.

§ 51. Wir finden nun auch das Umgekehrte, dass nämlich ein Lichtreiz nach einer gewissen Zeit aufhört, eine Empfindung auszulösen, dass also ein Object in unserem Gesichtsfelde verschwindet. Wir haben hier zu unterscheiden das Verschwinden von Objecten, welche direct, und solcher, welche indirect gesehen werden.

Der erste Beobachter, welcher das Verschwinden indirect gesehener Objecte verfolgt hat, scheint Troxler gewesen zu sein, welcher seine Versuche in einem auch jetzt noch sehr lesenswerthen Aufsatze *in Himly und Schmidt's Ophthalmologischer Bibliothek, Bd. II, Stück 2*, im Jahre 1802 bekannt gemacht hat: (*Ueber das Verschwinden gegebener Gegenstände innerhalb unseres Gesichtskreises.*)

Er bringt Objecte von verschiedener Form und Farbe auf einen gleichmässigen Grunde an und findet, „dass dieselben alsbald sich verlieren und zwar zuerst das vom fixirten Punkte am weitesten entfernte." Das geschehe sowohl bei der hellsten Beleuchtung des Tageslichtes, als bei Verfinsterung des Zimmers durch Vorhänge, als bei Kerzenlicht. Er bemerkt zu den Versuchen mit farbigen Objecten, das Verschwinden geschähe nicht durch Verdeckung mittelst der Complementärfarbe, sondern durch Herabbrechen des Grundes und er sagt p. 51: *Noch blieb was aber nach dem Verschwinden aller Objecte ausser dem fixirten die reine Grundfläche zurück, auf der sie sich befanden.*

Die Erscheinung wurde von Purkinje bestätigt und er suchte sie auf die „wallenden Nebelstreifen" zurückzuführen, ohne sich indess ganz bestimmt darüber zu erklären, ob er das Auftauchen der subjectiven Nebelstreifen für die Ursache des Verschwindens der Objecte hält *(Beiträge zur Kenntniss des Sehens in subjectiver Hinsicht I, p. 16 u. II, p. 14).*

Ausführlich verbreitet sich über das Phänomen Brewster, welcher schon vor Purkinje darauf aufmerksam geworden war, in seinen Briefen über die natürliche Magie an Walter Scott, (Berlin 1835, p. 19) und Handbuch der Optik (1835, II, p. 81), indem er das Wiedererscheinen des verschwundenen Objectes auf Bewegungen des Auges zurückführt, (was eigentlich auch schon Troxler gethan hat und angiebt, dass die Täuschung leichter für ein, als für beide Augen stattfinde. Ein leuchtendes Object, ein Licht, verschwinde dagegen, indirect gesehen, nicht, sondern breite sich zu einer wolkigen Masse aus.

Auf das Verschwinden direct gesehener oder fixirter Objecte hat zuerst Fechner aufmerksam gemacht, nachdem wir es bei Gelegenheit unserer gemeinschaftlichen Untersuchungen über das indirecte Sehen 1855 beobachtet hatten. Er sagt darüber (Hemeralopie etc. p. 13): *Bei einer sehr schwachen Beleuchtung und kleinen Objecten tritt nämlich die Erscheinung ein, dass letztere, wenn man sie einige Momente lang ruhig betrachtet hat, plötzlich, anstatt noch deutlicher zu werden, verschwinden, um bald wieder aufzutauchen."* Letzteres erklärt er aus kleinen Bewegungen der Augen, „indem dieselben Bilder neue, bisher auf andere Weise erregte Retinatheile treffen." Fechner's Angaben beziehen sich also nicht auf die peripherischen Theile der Netzhaut allein, sondern auf die g a n z e Netzhaut, was ausdrücklich p. 14 gesagt wird: „Es dauerte nicht lange, bis sowohl die fixirte Ziffer als alle andern in dem Grau des Papierbogens, das immer dunkler wurde, vollständig verschwand."

§ 52. Bei Wiederaufnahme dieser Beobachtungen habe ich Folgendes gefunden:

1) Im verbreiteten Tageslichte oder bei hellem Lampenlichte verschwindet, wie Troxler, Purkinje und Brewster angeben, der fixirte Punkt nicht, dagegen verschwinden grosse und kleine Unebenheiten u. s. w. v o n d e r P e r i p h e r i e h e r, und bei sehr ruhiger Haltung des Auges kommt es vor, dass A l l e s b i s a u f den fixirten Punkt sich von der Peripherie her in einen Nebel hüllt, in wel-

chem sich die Objecte fast ganz auflösen. Die Farbe oder das Weiss oder Schwarz des Grundes von einem helleren Nebel bedeckt, erfüllen das Gesichtsfeld. — Vielleicht ist diese Erscheinung schon manchem Beobachter, wenn er sich hat photographiren lassen, aufgefallen: indem ich nämlich der Aufforderung des Photographen, einen gegebenen Punkt in dem hellen Atelier zu fixiren, gewissenhaft folgte, sah ich nach wenigen Sekunden nur noch einen weissen Nebel um mich herum. Auffallend ist mir bei diesen Beobachtungen ein eigenthümliches Wogen gewesen, als ob z. B. ein weisser Papierbogen sich ausdehnte. Peripherische Nachbilder treten nachher mit grosser Lebhaftigkeit und Schärfe auf.

2) Eine Lampe, mit oder ohne Milchglasglocke, verschwindet, wie ich gegen Baxwarn behaupten muss, vollständig, wenn sie 15^0 bis 20^0 vom Centrum entfernt ist, während der fixirte Punkt sichtbar bleibt. Ich muss mich dabei in Acht nehmen, nicht für die Ferne zu accommodiren, denn dann verschwindet auch der fixirte Punkt. Baxwarn hat offenbar nur den Anfang der Erscheinung gesehen, nämlich die Verwandlung des Lichtes in einen leuchtenden Nebel; ist man im Stande, noch länger ruhig zu fixiren, was allerdings über 30 Secunden geschehen muss, so verschwindet auch der helle Nebel.

3) Im finsteren Zimmer ist es mir oft begegnet, dass weisse Papierscheiben, wenn sie sehr schwach beleuchtet waren, unsichtbar wurden, und zwar wenn ich sie fixirte oder auf dieselben visirte. — Um genauer das Verhalten des Centrums und der Peripherie meiner Netzhaut zu untersuchen, machte ich in dem finsteren Zimmer folgende Vorrichtung: Ich stellte 5 kleine Convexspiegel a,b,c,d,e Fig. 17 in Form eines stehenden Kreuzes so auf, dass sie Punkte auf einer idealen Kugeloberfläche von 1 Mtr. Halbmesser bildeten, in deren Mittelpunkt das Auge sich befand; die peripherischen Spiegel $abde$ waren von dem centralen Spiegel c um je 20^0 entfernt; die Umgebung der Spiegel war ganz schwarz. Wird nun eine ganz kleine Oeffnung an dem Diaphragma (cf. § 27 Fig. 7) eingestellt von 2—3 Mm. Seite, so erscheinen in dem dunkeln Ge-

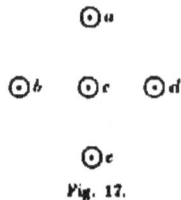

Fig. 17.

sichtsfelde nur 5 helle Punkte, wie Sterne am tiefdunkeln Himmel, welche durch Vergrösserung und Verkleinerung der Diaphragmaöffnung lichtstärker und lichtschwächer gemacht werden können, ohne dass das Spiegelbild der Oeffnung anders als punktförmig erscheint. Ueber die Spiegel können Stücke von schwarzer Pappe gehängt werden, auf welche Quadrate aus weissem Papier von 20 Mm. Seite aufgeklebt sind, deren Helligkeit gleichfalls nach der Stellung des Diaphragma verändert werden kann. — Nach dem Ticken einer Uhr konnte ich bestimmen, wann das eine oder andere der beobachteten Objecte verschwand. Ich werde im Folgenden die Spiegelbilder der Diaphragmaöffnung der Kürze wegen als „Sterne" bezeichnen.

a) Bei kleinster Oeffnung des Diaphragma, von etwa 1 Quadratmillimeter, verschwinden die peripherischen Sterne binnen etwa 7 Secunden, der fixirte

7*

dagegen verschwindet nicht. Die indirect gesehenen Sterne erscheinen nur im ersten Augenblicke klein und scharf, breiten sich sofort aus und bilden helle Nebelflecke, welche immer matter werden und endlich ganz vergeben. Bei etwas grösserer Oeffnung geht das Verschwinden der indirect gesehenen Sterne eben so vor sich, dauert aber länger, etwa 14 bis 20 Sekunden. Wird durch ein rothes Glas vor den Augen die Intensität der Sterne stark vermindert, so verschwinden die peripherischen Sterne, welche übrigens weiss erscheinen, schon in 3—4 Sekunden; der fixirte dagegen erscheint nur kurze Zeit roth, verschwindet aber nicht.

Wird die Diaphragmaöffnung so vergrössert, dass die Sterne stark glänzend und blendend erscheinen, so geht gleichwohl das Verschwinden der peripherischen Sterne in derselben Weise vor sich und dauert auch nicht länger als etwa 20″. Dabei erscheint der mittelste Stern ganz scharf, so dass eine Accommodations-veränderung durchaus nicht als die Ursache davon angesehen werden kann, dass sich die peripherischen Sterne in helle Nebel auflösen. Dass auch diese Nebel verschwinden, spricht gegen Burerra's oben erwähnte Angabe, denn die Sterne haben ein so intensives Licht und contrastiren so stark gegen die Umgebung, dass sie sich wie das Licht einer Kerze verhalten. Burerra's Angabe erklärt sich daraus, dass er nicht lange genug fixirt hat. In der That ist ein 20″ bis 30″ langes Fixiren, wenn man glänzende Objecte indirect sieht, sehr schwer, und trotz meiner nicht unbedeutenden Uebung in dergleichen Versuchen, habe ich viele vergebliche Experimente gemacht. Eine kleine Augenlidbewegung, eine kleine Kopfbewegung u. s. w. sind vollkommen ausreichend, die verschwundenen Objecte sofort wieder erscheinen zu lassen.

Bei den Sternen dieser Art macht es keinen Unterschied, ob man sie beobachtet unmittelbar nachdem man ins Finstere gekommen ist, oder ob man sich vorher eine halbe oder ganze Stunde lang darin aufgehalten hat, ob man mit dem Centrum die Diaphragmaöffnung vorher angesehen hat, oder nicht. Allerdings bemerkt man unter dieser Bedingung im Centrum oder um das Centrum ein helles Nachbild, indess ist dasselbe bei mir nie im Stande gewesen, den Glanz des fixirten Sternes auszulöschen. — Rerra sagt in seiner *Explicatio facti, quod minimae paullum incenta stellae tantum peripheria cerni possint* (*Programma Lipsiae 1859*): Wenn man, nachdem man sich im Hellen aufgehalten habe, in das *Photometer* sehe, so könne man bei den geringsten Beleuchtungsgraden *grosse schwarze Objecte in demselben nicht direct, sondern nur indirect sehen*; habe man sich dagegen längere Zeit im Finstern aufgehalten, so könne man sie auch *direct sehen*. Rerra hat, wie wir sogleich sehen werden, ganz recht, wenn es sich, wie bei ihm, um dunkle oder sehr lichtschwache Fllöhen handelt, sein Anspruch darf indess nicht auf punktförmige glänzende Objecte ausgedehnt werden, wie es die Sterne sind.

Ferner muss ich bemerken, dass, wenn die peripherischen Sterne meiner Vorrichtung nicht gleich lichtstark sind, was man durch Anfassen der Spiegel

mit fettigen oder schweissigen Fingern leicht bewerkstelligen kann, der licht-
schwächere Stern um eine kurze Zeit früher verschwindet, als der lichtstärkere;
die Differenz kann sogar mehrere Secunden betragen, und man darf sich also dadurch nicht verführen lassen, etwa eine Verschiedenheit in verschiedenen Meridianen der Netzhaut anzunehmen. Vielmehr muss ich aus meinen Beobachtungen
schliessen, dass sich in ein und derselben Zone der Netzhaut das Verschwinden heller sternartiger Objecte gleichmässig verhält.

Dagegen verschwinden die Sterne schneller, wenn sie auf weiter vom
Centrum entfernte Zonen der Netzhaut fallen, denn wenn ich z. B.
a fixirte (Figur 17), so verschwand e früher als c, desgleichen b früher als c,
wenn ich d fixirte. Genauere Bestimmungen habe ich in dieser Beziehung noch
nicht gemacht.

b) Wurden statt der Spiegel die weissen Quadrate von 20 Mm. Seite auf
schwarzer Pappe aufgestellt und dieselben schwach beleuchtet, so zeigte sich zunächst in Uebereinstimmung mit Hueck's Angaben ein wesentlicher Unterschied
zwischen der adaptirten und nicht adaptirten Netzhaut.

Fixirte ich unmittelbar nachdem ich aus dem hellen in das finstere Zimmer
gekommen war, das centrale Quadrat bei einer Beleuchtung, die dasselbe eben
erkennen liess (etwa 2,5 Mm. Seite der Oeffnung), so verschwand dasselbe nach
2″—5″, die peripherischen Quadrate dagegen verschwanden viel später, etwa
nach 20—30 Sekunden, oder sie verschwanden überhaupt nicht. Bei etwas
stärkerer Beleuchtung verschwand das Centrum in 7″—11″, die peripherischen
Quadrate erst nach 25—30 Secunden oder gar nicht. Es tritt hier der Beobachtung eine Schwierigkeit entgegen, indem das Auge nicht sicher mehr fest-
gehalten werden kann, wenn kein Fixationspunkt vorhanden ist; das geringste
Schwanken bringt natürlich sofort die Objecte wieder zur Erscheinung. Daher
sind die meisten Versuche so ausgefallen, dass das Centrum verschwand, während
die peripherischen Quadrate sichtbar blieben, nach wenigen Secunden aber
wieder alle fünf Quadrate zum Vorschein kamen.

War ich dagegen über eine halbe Stunde im Finstern gewesen, so verschwanden
Centrum und Peripherie bei einer dem Adaptationszustande entsprechend schwachen Beleuchtung ganz gleichzeitig, oder es waren kaum anzugebende Zeit-
differenzen zwischen dem Verschwinden in wechselndem Sinne; dasselbe erfolgte
bei schwächster Beleuchtung nach wenigen Secunden, bei stärkerer Beleuchtung
erst nach etwa 20 Secunden. Nach noch längerem Aufenthalte im Finstern trat
weiter keine Veränderung in dem Phänomen ein.

Dieser Unterschied in dem Verhalten der künstlichen Sterne und der
Quadrate ist sehr auffallend. Allerdings ist aber die Helligkeit der Sterne auch
bei der kleinsten Oeffnung des Diaphragma, mithin ihr Contrast gegen die Umgebung oder ihre relative Helligkeit immer viel bedeutender, als die Helligkeit
und der Contrast der Papierquadrate. Daher rührt es wohl auch, dass die Art
und Weise des Verschwindens bei den Quadraten eine ganz andere ist,

als bei den Sternen. Während die Sterne, wie erwähnt, sich in einen Nebel auflösen, welcher verschwindet, werden die Quadrate förmlich weggewischt, nachdem
sie das Minimum von Sichtbarkeit erreicht haben, sie „verduften", um mich eines
bezeichnenden populären Ausdrucks zu bedienen. Die Zeit des Verschwindens
ist daher auf die Secunde genau nicht zu bestimmen, indess doch bei den Quadraten noch eher, als bei den Sternen. Helmholtz (*Physiologische Optik p. 364*)
hat die Art des Verschwindens ähnlich beschrieben, wenn er sagt: *Übrigens verschwinden auch schwache objective Bilder wie ein nasser Fleck auf einem erwärm-
ten Blecke (Aubert) wenn man einen Punkt starr fixirt, z. B. eine Landschaft in
der Nacht betrachtet.* Ob indess der erwähnte Unterschied nur auf die Verschiedenheit der Lichtintensität zu schieben ist, geht aus meinen Versuchen nicht hervor, da die Ausdehnung der leuchtenden Fläche zugleich verschieden ist.

c) Befand sich in der Mitte *c* ein weisses Quadrat, an den peripherischen
Punkten dagegen die Spiegel, so musste, wenn alle 5 Objecte sichtbar sein sollten,
ein bedeutendes Missverhältnis der Lichtintensitäten des Centrums zu denen der
Peripherie stattfinden, denn wenn die Sterne schon bei 1 Mm. Oeffnung des
Diaphragma ganz deutlich sind, so ist alsdann von dem weissen Papierquadrat
absolut nichts zu sehen, wenigstens im Anfange, nachdem man in das Finstere
gekommen ist; es bedarf dazu mindestens einer Oeffnung von 5 Mm. Seite. Bei
einer solchen Oeffnung haben aber die Sterne eine sehr grosse Lichtintensität. —
Unmittelbar nach dem Eintritt in das finstere Zimmer verschwand das fixirte mittelste Quadrat in etwa 6—8 Secunden, während die Sterne gegen 25 Secunden
sichtbar blieben. Um nun gleich die peripherischen mit den centralen Netzhaut-
theilen zu vergleichen, wurden nach einander die vier Sterne fixirt, und gezählt, bis
wann das indirect gesehene Quadrat verschwinde; es hat sich hier in mehreren
Versuchen immer nur um wenige Secunden Differenz gehandelt, so dass sich
kein grosser Unterschied im Verschwinden des Quadrats auf der Peripherie herausgestellt hat, indess ist die Differenz doch immer zu Gunsten der Peripherie ausgefallen, wo es länger sichtbar geblieben ist.

Nach einer Viertelstunde Aufenthalt im Finstern und entsprechend verklei-
nerter Oeffnung des Diaphragma verschwand das centrale Quadrat, wenn es
fixirt wurde, fast gleichzeitig mit den Sternen; dasselbe geschah, wenn ein Stern
fixirt wurde: der fixirte Stern blieb zwar immer sichtbar, aber das indirect gesehene Quadrat und die indirect gesehenen Sterne verschwanden fast gleichzeitig.

Nach noch längerem Aufenthalte im Finstern kehrte sich das
Verhältnis um; das fixirte Quadrat im Centrum blieb sichtbar, die Sterne
verschwanden nach etwa 20 Secunden.

Wir haben bei dieser Art der Anstellung des Versuches den Uebelstand,
dass die Lichtintensitäten der Objecte sehr verschieden sind, dafür aber den
Vortheil, unmittelbar hinter einander das Verhalten des Centrums zur Peripherie
durch Veränderung des Fixationspunktes prüfen und verschwindende oder nicht
verschwindende Punkte fixiren zu können.

d) Dasselbe ist der Fall, wenn sich in der Mitte ein sternartiges Spiegelbild, an der Peripherie vier Quadrate von weissem Papier befinden. Wurde unmittelbar nach dem Eintritt in das Finstere der helle Stern im Centrum fixirt, so verschwanden die Quadrate in etwa 8″—10″; wurde aber eines der Quadrate fixirt, so verschwand es meist schon nach 2″—3″, so dass sich hier ein nicht zu übersehender Unterschied zwischen Centrum und Peripherie der Netzhaut zeigte. Nach längerem Aufenthalte im Finstern verschwanden die Quadrate, wenn der centrale Stern fixirt wurde, nach etwa 10″; wurde aber eines der Quadrate fixirt, so verschwand dieses nebst dem indirect gesehenen Sterne und den indirect gesehenen Quadraten fast gleichzeitig, oder es blieb der Nebel des Sternes und das fixirte Quadrat etwas länger, als die peripherisch-gesehenen Quadrate.

§ 53. Die Resultate dieser Beobachtungen lassen sich etwa in folgenden Sätzen zusammenfassen:

Im stark verdunkelten Zimmer verschwindet die Lichtempfindung im Centrum nicht, wenn der helle Punkt stark gegen seine Umgebung contrastirt; je weniger er gegen seine Umgebung contrastirt, je lichtschwächer er ist, um so früher hört er auf, eine Empfindung hervorzubringen.

Bei nicht adaptirter Netzhaut verschwinden gleich lichtschwache Objecte früher, wenn sie direct, als wenn sie indirect gesehen werden; dagegen bei adaptirter Netzhaut in beiden Fällen gleichzeitig. Da nun die Empfindung der nicht adaptirten Netzhaut im Centrum früher erlischt, als auf der Peripherie, so muss man schliessen, dass die Netzhaut im Centrum früher ermüdet, als auf der Peripherie.

Eine starke Lichtempfindung hört bei adaptirter und nicht adaptirter Netzhaut nur auf der Peripherie, aber nicht im Centrum auf.

Ebenso hört im diffusen Tageslichte die Empfindung bei gleichmässig fortwirkendem Reize nur in der Peripherie, aber nicht im Centrum auf.

Wenn es übrigens im diffusen Tageslichte auch nicht zu einem vollständigen Verschwinden des fixirten Punktes kommt, so bemerkt man doch, dass ein helles Object während des Fixirens allmählig dunkler wird. Bei sehr intensivem Lichte zeigt sich das am schnellsten: so erscheint die Sonnenscheibe nach Betrachtung während weniger Secunden wie mit einem grauen Schleier überzogen; ein weisses Papier erscheint nach 20 bis 30 Secunden anhaltender Fixation viel dunkler, fast grau; eine Kerzenflamme, welche ruhig brennt, wird nach einigen Secunden schon erheblich trüber. Für farbige Objecte ist dieser Erscheinung schon früher von Fechner gedacht worden, ich werde darauf aber erst im fünften Abschnitte bei Besprechung der Nachbilder eingehen können.

Hierher gehörige Erscheinungen habe ich mehrfach an den Masson'schen Scheiben mit weissem Sector auf dunklem Grunde beobachtet. Sieht man auf den weissen Sector bei stillstehender Scheibe einige Secunden lang, und setzt dann die Scheibe ganz langsam in Bewegung, so macht es den Eindruck, als ob

Im Momente des Anfangs der Drehung hinter einem dunkleren Sector ein viel hellerer und weisserer Sector hervorkäme: offenbar hat die Empfindung während des Anschauens an der entsprechenden Netzhautstelle abgenommen, und indem nun bei Bewegung des Sectors andere nicht abgestumpfte Stellen der Netzhaut von dem Lichtreize getroffen worden sind, ist daselbst die Empfindung stärker gewesen.

Dass ein Lichtreiz nur kurze Zeit die stärkste Empfindung hervorbringt, zeigen besonders gut Versuche mit dem Episkotister (s. *Figur 4*, § 21). Stellt man an demselben eine Oeffnung von 10^0 bis 15^0 ein, so dass 80^0 bis 75^0 von den schwarzen Scheiben bedeckt sind, und dreht denselben sehr langsam, so erscheinen die hinter ihm liegenden Objecte auffallend hell, fast blendend. Am hellsten wurde für mein Auge ein weisses Papierquadrat auf schwarzem Grunde, wenn ich 2 Quadranten des Episkotister ganz verdeckte und an den übrigen 2 Quadranten je $22^1/_2^0$ Oeffnung einstellte; dann die Scheibe nur 2mal in der Secunde rotiren liess. Das Papierquadrat wurde also nur während des Vorübergehens der Oeffnung gesehen, nachher während des Vorüberganges der schwarzen Scheibe die Einwirkung des Reizes unterbrochen; die Dauer der Einwirkung betrug also etwa $^1/_{16}$ Secunde, und wurde dann während $^3/_{16}$ Secunden unterbrochen. Da bei einer schnelleren sowie bei einer langsameren Rotation eine geringere Helligkeit des Papiers wahrgenommen wurde, so scheint $^1/_{16}$ Secunde für diese Helligkeit die Zeit zu sein, in welcher die Empfindung ihr Maximum erreicht. Man darf übrigens die Beobachtung nur einige Secunden lang anstellen, weil sich sonst subjective Empfindungen mit der Erscheinung compliciren.

Es geht daraus hervor: **Ein Lichtreiz ruft nur im ersten Momente seines Einwirkens das Maximum der Empfindung hervor; während der Dauer des Reizes nimmt die Intensität der Empfindung ab, so dass sie bei schwachen Reizen während der Einwirkung derselben zur Unmerklichkeit herabsinkt.**

Ganz allgemein können wir auf Grund aller in diesem Capitel zusammengestellten Erfahrungen sagen: **die Dauer der Lichtempfindung ist nicht gleich der Dauer des Reizes.**

Noch einen besonderen von Aubert und Fechner hervorgehobenen Fall dieses allgemeinen Satzes möchte ich hier erwähnen, dass nämlich ein Objekt in Bewegung leichter wahrgenommen wird als ein unbewegtes Objekt. Auch Volkmann hat bei seinen Schattenversuchen hierauf Rücksicht genommen, und immer den bewegten Schatten von dem Grunde zu unterscheiden gesucht. Messungen über das Verhältnis der Wahrnehmbarkeit ruhender und bewegter Objekte sind aber, so viel mir bekannt ist, nur auf Aubert's Veranlassung von Lademan, Gorgon und Mayron gemacht worden. Ich gebe hier nur die Zahlen, wie sie Aubert in seinen *Mémoires scientifiques*, *I*, (*Oeuvres X*) p. *258*, angieht. Der Apparat ist § 35 von mir beschrieben; die Bewegung hatte eine Geschwindigkeit von 12 Winkelminuten in der Secunde. Ein Unterschied der beiden Bilder war eben bemerkbar, wenn die Differenz ihrer Helligkeiten betrug

$$\text{I. in der Ruhe } \tfrac{1}{9}, \text{ in der Bewegung } \tfrac{1}{6},$$
$$\text{II. } \quad\quad\quad\quad \tfrac{1}{17}, \quad\quad\quad\quad \tfrac{1}{17},$$
$$\text{III. } \quad\quad\quad\quad \tfrac{1}{17}, \quad\quad\quad\quad \tfrac{1}{17}.$$

Fechner hat sich nach Anführung der Aubert'schen Messungen (*Psychophysik*, *I.*, *p. 177*) die Frage gestellt, ob dieser Einfluss der Bewegung darauf beruhe, dass der Unterschied auf neue, noch nicht ermüdete Stellen der Retina falle, oder darauf, dass derselbe eine grössere Anzahl von Retinaelementen treffe? Aus meinen Versuchen ergiebt sich, dass Fechner mit vollem Rechte diese Frage aufgeworfen hat, und dass sich in der That beide Momente geltend machen können. Beim ersten Bewegen des Sectors auf der Masson'schen Scheibe, beim langsamen Drehen des Episkotister werden ohne Zweifel neue, noch nicht ermüdete Stellen der Netzhaut getroffen — bei den Schattenversuchen wird dasselbe der Fall sein, wenn der senkrecht stehende, Schatten werfende Stab horizontal bewegt wird; wird derselbe senkrecht bewegt, so wird der Gesichtswinkel für ihn grösser werden und der bedeutende Einfluss dieses Momentes ist in den Versuchen des 3. Capitels § 15 bestimmt worden. In den übrigen Versuchen mit der schnell rotirenden Masson'schen Scheibe, in denen ich Bewegungen mit Kopf und Augen gemacht habe, so wie in den Aubert'schen Versuchen sind vielleicht beide Momente zur Geltung gekommen.

ZWEITER ABSCHNITT.

DER FARBENSINN.

§ 54. Die Farbenempfindung ist ebenso wie die Lichtempfindung ein Vorgang *sui generis*. Worauf derselbe beruht, wissen wir nicht; denn dass die von der Physik angenommenen Lichtwellen verschiedene Form und Länge haben, demnach also wohl geeignet sein können, verschiedene Einwirkungen auf unser Gesichtsorgan hervorzubringen, ist nur die eine Seite des ganzen Prozesses; die andere Seite, dass unser Empfindungsorgan auf diese verschiedenen Einwirkungen in einer besonderen Weise reagirt, bleibt unerklärlich. Beim polarisirten Lichte sind die Aetherschwingungen auch anders als beim nichtpolarisirten Lichte, und wir können doch beiderlei Arten von Licht nicht direct von einander unterscheiden, sondern nur insofern sie Verschiedenheiten in der Lichtintensität oder der Farbe des Lichtes setzen.

Wir dürfen ferner nicht vergessen, dass unsere Farbenunterscheidung durchaus nicht congruent ist mit der Verschiedenheit der Lichtätherwellen; denn, während die Physik in dem prismatischen Spectrum Wellen von stetig abnehmender Länge nachweist, nehmen wir keineswegs eine unendliche Menge von Farbenqualitäten wahr; vielmehr setzen wir mit einer scheinbaren Willkür für bestimmte, durch nichts ausgezeichnete Wellenlängen gewisse principale Benennungen fest, nach denen wir die übrigen Farbenempfindungen registriren. Wir nennen z. B. die Farbenempfindung, welche durch Wellen von etwa 620 Millionthell eines Millimeters Länge hervorgebracht wird *Roth*, den Eindruck solcher Wellen von 550 Millionthell *Gelb*, und sehen die Eindrücke der dazwischen liegenden Wellen als Uebergänge zwischen *Roth* und *Gelb* an; ebenso bezeichnen wir den Eindruck der Wellen von etwa 500 Millionthell Länge als *Grün*, und die Wellen von grösserer Länge als 500 und geringerer Länge als 550 Millionthell bezeichnen wir als Uebergänge von *Grün* zu *Gelb*, aber wir sind weit davon entfernt den Eindruck des *Gelb*, als einen Uebergang von *Grün* zu *Roth* aufzufassen.

Offenbar liegt die Ursache, dass wir zwischen *Grün* und *Roth* den Eindruck gewisser Wellen als *Gelb* bezeichnen nicht in der Natur des objectiven Vorganges, sondern in der Beschaffenheit unserer Sinnesorgane, welche die Physiologie zu ermitteln hat. — Zweitens fassen wir Mischungen von Farben mit Schwarz oder Weiss als besondere Farben auf, und bezeichnen z. B. eine Mischung von *Schwarz* und *Roth* oder *Schwarz* und *Gelb* als „*Braun*". — Drittens erscheinen uns sehr verschiedene Mischungen von Farben mit verschiedener Wellenlänge, z. B. Pigmente, genau so, wie die Wellen von einerlei Länge; und ebenso, wie wir z. B. einem *Gelb* nicht ansehen können, was für Farben dasselbe, mit dem Prisma untersucht, geben wird, ebenso wenig können wir von einem *Weiss* oder *Grau* angeben, welche Farben das Prisma in demselben nachweisen wird.

Die Physiologie hat es indess nicht allein mit der Frage zu thun, welche qualitative Umwandelungen des Reizes durch die Empfindung stattfinden, sondern auch mit der Frage, wie sich die Grösse des Reizes zu der Intensität der Empfindung verhält, und in dieser Beziehung wird die Physiologie des Farbensinnes ähnliche Fragen zu beantworten haben, wie die Physiologie des Lichtsinnes. Wir werden also zunächst die Bedingungen festzustellen haben, unter denen farbiges Licht überhaupt eine Farbenempfindung hervorruft oder wo bei vorhandenem Reize die Empfindung gleich Null wird. Die Frage wird also sein: welche Grösse muss ein Reiz haben, um eine Farbenempfindung auszulösen. Die Grösse des Reizes hängt aber ab sowohl von der Ausdehnung, in welcher er unsere Netzhaut trifft, als von der Intensität, mit welcher er die einzelnen Elemente oder physiologischen Punkte der Netzhaut afficirt. Für die experimentelle Untersuchung gestaltet sich die Frage dann so: 1) welche Grösse muss eine farbige Fläche haben, um wahrgenommen werden zu können und 2) welche Intensität muss dieselbe haben?

So einfach die Frage zu sein scheint, so werden wir doch bald sehen, wie sehr complicirte Verhältnisse dabei ins Spiel kommen; namentlich ist es schwierig, den Antheil der Farbenintensität und der Lichtintensität eines Reizes zu bestimmen. Wir werden also auch zu untersuchen haben, wie viel farbiges Licht bei gegebenem Gesichtswinkel weissem Lichte beigemischt sein muss, wenn eine Farbenempfindung hervorgebracht werden soll, wie viel Farbe der einen Qualität zu der Farbe einer andern Qualität hinzugesetzt werden muss, um eine Veränderung in der Empfindung zu erzeugen u. s. w. Die Wahrnehmbarkeit der Farben wird daher in folgenden Beziehungen zu untersuchen sein:

1) Einfluss der Grösse des Netzhautbildes,
2) Einfluss der Helligkeit desselben,
3) Einfluss des beigemischten farblosen Lichtes,
4) Einfluss des beigemischten andersfarbigen Lichtes,
5) Einfluss der Mischung verschiedener Farben,
6) Einfluss der Stelle, welche auf der Netzhaut afficirt wird,
7) Einfluss des Zustandes der Netzhaut und der Dauer des Reizes.

Es ist nothwendig, bei der Darstellung der Untersuchungen eine bestimmte Terminologie zu gebrauchen. Ich werde hierin den Grassmann'schen Auseinandersetzungen (Poggendorff's Annalen, 1853, Bd. 89, p.69) folgen, die auch Helmholtz (*Physiologische Optik*, p.280 u. f.) adoptirt hat, und denen sich auch Maxwell's Bezeichnungen (*Transactions of the Royal Society of Edinburgh, Vol. XXI, 1857, p.279*) anschliessen. Danach ist „**Farbenton**" die Skala der Empfindungen, welche von der Wellenlänge der Aetherschwingungen oder von dem Verhältniss, in welchem zwei Pigmente gemischt werden, abhängig sind. Der Farbenton ist gleichbedeutend mit Maxwell's „*hue*"; *one may be more blue or more red than the other, that is, they may differ in hue*. Für die Empfindungen, welche die Mischung einer Farbe mit *Weiss* oder *Grau* oder *Schwarz* hervorbringt, werde ich die Bezeichnung „**Farbennüance**" brauchen, da der Ausdruck „*Sättigungsgrad*" (Helmholtz) und „*Intensität des beigemischten Weiss*" (Grassmann) nicht wohl der Beschreibung meiner Versuche anzupassen sein wird. Farbennüance ist dasselbe, was Maxwell mit „*tint*" bezeichnet: *one may be more or less decided in its colour; it may vary from purity on the one hand to neutrality of the other. This is sometimes expressed by saying, that they may differ in tint*. Drittens werde ich den Eindruck, welcher von der Intensität der Farben, also bei Spectralfarben von der Schwingungsexcursion, bei Pigmenten von der Intensität der Beleuchtung abhängig ist, in Uebereinstimmung mit Grassmann als „**Farbenintensität**" bezeichnen. Helmholtz nennt dies „*Lichtstärke*". Maxwell „*shade*": *one may be lighter or darker than the other, that is, the tints may differ in shade*.

Noch ein Ausdruck ist erforderlich: wir brauchen eine Benennung für die früher sogenannten einfachen Farben, wie *Roth, Gelb, Grün, Blau*, und können dafür diese von Leonardo da Vinci's Uebersetzer gebrauchte Bezeichnung nicht beibehalten; Grundfarben möchte ich sie auch nicht nennen, weil an diesen Ausdruck verschiedene Theorien sich knüpfen; ich werde daher die Benennung „**Principalfarben**" dafür benutzen, und bemerke, dass darunter Principalempfindungen verstanden werden. S. darüber Capitel V, § 89.

CAPITEL I.

Einfluss des Gesichtswinkels auf die Wahrnehmbarkeit der Farben.

a. Beim directen Sehen.

§ 55. Wenn uns der Farbensinn befähigt, die besondere Form des Lichtes, welche wir eben Farbe nennen, zu empfinden, so ist doch a priori anzunehmen, dass die Wahrnehmbarkeit der Farben, insofern sie Licht sind, denselben Gesetzen unterliegen wird, wie die Wahrnehmbarkeit farblosen Lichtes. Wie wir

beim Lichtsinne gefunden haben, dass Gesichtswinkel, absolute und relative
Helligkeit die Empfindung des Lichtes bedingen, so werden wir dasselbe für die
Empfindung farbigen Lichtes voraussetzen haben. Die Erfahrungen des alltäglichen Lebens bestätigen zum Theil diese Voraussetzung: wir können bei
abnehmender Helligkeit z. B. in der Dämmerung die Farben der Pigmente
schwieriger und weniger deutlich erkennen, wir können eine ferne Flagge oder
Fahne unter dem kleinsten Gesichtswinkel nicht mehr als farbig sehen und es
zeigt sich, dass die Sichtbarkeit von ihrer Farbe abhängig ist, wir können die
intensiv farbigen Lichte der Eisenbahntelegraphen in einer grossen Entfernung
zwar noch als helle, aber nicht mehr als intensiv farbige Punkte erkennen. Da
wir es aber als unsere Aufgabe betrachten, die Gränzen unserer Empfindlichkeit
auf Zahlenwerthe zurückzuführen, so müssen wir zunächst die Gesichtswinkel und die Lichtintensitäten zu bestimmen suchen, bei denen
eine Farbenempfindung eben noch stattfindet und bei denen sie
eben aufhört. Schon Purkinje hat hierauf aufmerksam gemacht. Er sagt (*Commen-
tatio de examine physiologico organi visus et systematis cutanei, Vratislaviae 1823*):
*Pari modo sensibilitas ornli in specificam coloris cuiusdam qualitatem ad diversas
distantias et sub certis gradibus luminis terminari poterit; non notum
est, qualitatem illam colorum in objectis affatim minutis ad justas distantias
evanescere.*

Plateau ist wohl der erste, welcher Messungen des Gesichtswinkels, unter
welchem farbige Objecte verschwinden, angestellt hat (Poggendorff's *Annalen,
Bd. 20, 1830, p. 328*). Er befestigte ein weisses, ein gelbes, ein rothes und ein
blaues Papier von 1 Ctm.² auf einer schwarzen Tafel, entfernte sich von den
Objecten, bis dieselben nur als kleine, kaum wahrnehmbare Wolken erschienen
und einige Schritte weiter vollständig verschwanden; diese Orte legte er
der Berechnung des Gesichtswinkels zu Grunde. In der einen Versuchsreihe
waren die farbigen Quadrate von der Sonne beschienen, in der zweiten Versuchsreihe waren sie im Schatten. Die Quadrate verschwanden

1) im Schatten:
Weiss bei 18", *Gelb* bei 19", *Roth* bei 31", *Blau* bei 42" Gesichtswinkel;

2) im Sonnenschein:
Weiss bei 12", *Gelb* bei 13", *Roth* bei 23", *Blau* bei 26" Gesichtswinkel.

Plateau hat in diesen Versuchen offenbar nicht bestimmt, bei welchem
Gesichtswinkel die Farbenempfindung aufhört, sondern wo ein farbiges
Object aufhört überhaupt gesehen zu werden. Bei dieser Bestimmung ist
unzweifelhaft die Helligkeit der Pigmente, respective ihr Contrast gegen die
Umgebung zunächst massgebend, und Plateau würde, wie wir sehen werden,
das umgekehrte Verhältniss gefunden haben, wenn er dieselben farbigen Objecte,
statt auf einer schwarzen, auf einer weissen Tafel befestigt hätte. Denn
gegen *Weiss* würden *Blau* und *Roth* stärker contrastirt haben, als *Gelb*, und

desswegen bei kleinerem Gesichtswinkel unterscheidbar gewesen sein. — Auch
der Einfluss der absoluten Helligkeit beim Sonnenschein, im Vergleich mit der
Beleuchtung durch diffuses Tageslicht, kann nur auf dieses Verhältniss des Contrastes bezogen werden. — Hiernach ist denn auch der Schluss Plateau's zu
modificiren: *dass die Netzhaut stärker von der gelben, als von der blauen Farbe
angegriffen werde.*

Ich habe mir für meine Versuche die Frage gestellt: unter welchem
Gesichtswinkel können farbige Objecte (Pigmente) im diffusen
Tageslichte eben noch als farbig erkannt werden? In Bezug auf
diese Frage macht E. H. Weber in Meissn's *Archiv*, *1849*, *p. 279*, die Bemerkung, dass man durch einen sehr engen Spalt eine grüne Fläche nicht mehr als
grün sehe und er schliesst daraus, dass eine gefärbte Fläche einen gewissen Umfang haben müsse, um in ihrer specifischen Farbe erscheinen zu können. Cf.
Graefe's *Archiv für Ophthalmologie*, *III*, *2*, *p. 59 und 60*. Es wird dabei erlaubt
sein, die Beleuchtung in ein und derselben Versuchsreihe als nahezu constant zu
betrachten, und auch Versuchsreihen von Tagen mit ziemlich gleicher Helligkeit
zu coordiniren.

In früheren Bestimmungen (*Abhandlungen der Schlesischen Gesellschaft*,
Abth. für Naturwissenschaften und Medicin, *Heft I*, *1861*, *p. 74* und Molescuott,
Untersuchungen, *Bd. VIII*, *p. 275*) bin ich in folgender Weise verfahren: An
dem Ende eines hellen Corridors von über 200 Fuss Länge befindet sich eine
schwarze Tafel auf einem Stativ. An dieser Tafel werden in einer Höhe mit den
Augen die farbigen Objecte aufgestellt. Sie bestehen aus je zwei Quadraten von
intensiv gefärbtem, glanzlosen Papier von je 10 Mm.
Seite und Distanz von einander. Sie sind theils auf
mattes weisses, theils auf mattes schwarzes Papier
aufgeklebt, welches 70 Mm. Breite und 90 Mm.
Höhe hat; die beiden Quadrate befinden sich senkrecht über einander, wie die *Figur 18* zeigt. Dergleichen Karten mit je zwei farbigen Quadraten
wurden in beliebiger Ordnung neben einander gestellt; ich näherte mich allmählig von dem entgegen
gesetzten Ende des Corridors, bis ich die Farbe
des einen oder andern Objects erkennen konnte, und
las an einem auf dem Fussboden liegenden in Meter
getheilten Bande die Entfernung von den Objecten
ab. Beobachtet habe ich nur an hellen Tagen, in
den Stunden von 1 bis 3½ Uhr Ende August und Anfang September. Auf der
folgenden Tabelle XV sind die Resultate einer solchen Beobachtungsreihe zusammengestellt, und die Gesichtswinkel für 10 Mm. d. h. der Seite des Quadrats berechnet.

Fig. 18.

Tabelle XV.

Doppelquadrate von je 10 Mm. Seite.	Erscheinen zuerst farbig bei	
	auf weissem Grunde.	auf schwarzem Grunde.
Weiss	—	0′ 30″
Roth	1′ 43″	0′ 59″
Schmutzig Roth	3′ 37″	1′ 23″
Braun	4′ 55″	1′ 23″
Orange	1′ 8″	0′ 59″ (59″)
Rosa	2′ 18″	3′ 49″
Gelb	3′ 27″	0′ 39″ (59″)
Hellgrün	2′ 64″	1′ 49″ (1′ 8″)
Blau	5′ 43″	4′ 17″
Hellblau	2′ 17″	1′ 23″ (1′ 8″)
Grau	4′ 17″	1′ 23″

Die Zahlen der Tabelle XV zeigen bedeutende Differenzen, sowohl wenn man die verschiedenen Farben mit einander vergleicht, als auch, wenn man die nebeneinander stehenden Werthe für ein und dasselbe Pigment auf weissem und auf schwarzem Grunde betrachtet. Zum Theil beruhen diese Verschiedenheiten wohl auf einer verschieden starken Affection des Farbensinnes, zum grösseren Theile aber wohl, wie die PLATEAU'schen Versuchszahlen, auf Helligkeitsdifferenzen. Wir haben dabei drei Momente zu berücksichtigen, nämlich die Farbennüance, die Farbenintensität und die Helligkeitsdifferenz oder den Contrast der Pigmente.

Die Farbennüance muss einen Einfluss auf die Sichtbarkeit einer Farbe haben, weil durch die Menge des beigemischten weissen oder farblosen Lichtes die Helligkeit des Pigmentes verändert wird. In dieser Beziehung hat schon SCHARFFER (*Abhandlung von den zufälligen Farben*, p. 37) darauf aufmerksam gemacht, dass von den Pigmenten, die wir benutzen können, nicht nur die eine Art von Lichtstrahlen, nach denen wir sie benennen, zurückgeworfen wird, sondern ausserdem eine beträchtliche Menge weissen Lichtes. Von einem *Hell-blau* werden also ceteris paribus mehr Lichtstrahlen, aber weniger blaue Strahlen in das Auge gelangen, als von einem gesättigten *Blau* — man sollte also a priori erwarten, dass ein gesättigtes *Blau* unter kleinerm Gesichtswinkel farbig erscheint, als ein *Hellblau*. Warum dies nicht der Fall ist, werden wir sogleich sehen. — In dem Chromgelb ist mehr *Weiss* vorhanden, als in dem Zinnober-roth oder dem Mennige-Orange: trotz grösserer Helligkeit ist also die Menge seiner Farbenstrahlen geringer, als die des Orange.

Die Farbenintensität macht sich bei einer Vergleichung verschiedener Pigmente insofern geltend, als wir nicht im Stande sind, zu bestimmen, ob ein reines *Gelb* u. s. w. heller oder dunkler ist, als ein reines *Blau* oder als ein reines *Roth* und die Bemühungen verschiedener Forscher, wie MELLONI, DOVE, HELMHOLTZ

(Poggendorff's *Annalen*, Bd. 83, p. 397. Bd. 94, p. 15) haben bisher nicht einmal für die reinen Farben des Prismas zu sicheren Resultaten geführt. Bei Pigmenten, wo die Farbenintensität von der Beleuchtung d. h. wo die Menge des von dem Pigmente zurückstrahlenden farbigen Lichtes abhängig ist von dem in der Lichtquelle enthaltenen farbigen Lichte, wird eine Vergleichung noch problematischer. Wenn z. B. in dem zur Beleuchtung dienenden Lichte mehr blaues Licht, als rothes Licht enthalten ist, so wird ein blaues Pigment lebhafter und intensiver gefärbt erscheinen, als ein rothes Pigment.

Beide Momente müssen von Einfluss auf die absolute Helligkeit der Farben sein. Mit der absoluten Helligkeit, mag dieselbe von dem beigemischten *Weiss* oder von der der Farbe zukommenden Intensität herrühren, ändert sich drittens der Contrast oder die Differenz der Helligkeit des Pigmentes gegen die Umgebung. Der Contrast kann sich aber in Bezug auf die Wahrnehmbarkeit der Farben in zwei Richtungen geltend machen. Entweder ist der Contrast zwischen dem Pigment und seiner Umgebung sehr gering; dann wird, wie wir oben § 45 gesehen haben, ein grosser Gesichtswinkel zur Wahrnehmung des Objectes überhaupt erforderlich. Dieser Fall ist in obigen Versuchen für *Blau* auf schwarzem Grunde eingetreten, welches in grosser Entfernung auf dem schwarzen Grunde gar nicht sichtbar war, da aber, wo es überhaupt sichtbar wurde, auch als ein ziemlich volles, gesättigtes *Blau* erschien. Ferner ist *Gelb* auf weissem Grunde auch erst bei grossem Gesichtswinkel überhaupt sichtbar geworden, wahrscheinlich auch wegen des geringen Contrastes gegen *Weiss*; denn als überhaupt ein Quadrat auf dem weissen Grunde erschien, war auch seine Farbe deutlich erkennbar; ja es trat sogar unter dem Gesichtswinkel von 3' 27'' zuerst nur ein matter gelblicher Schein auf, und bei genauerem Zusehen und kleinen Bewegungen des Auges zeigten sich denn auch die Umrisse des gelben Fleckes. Oder der Contrast zwischen dem Pigment und seiner Umgebung ist zu gross: dann erscheint das Pigment sehr dunkel und dem *Schwarz* so ähnlich, dass seine Färbung nicht mehr hervortritt. Das war der Fall bei *Braun*, *Blau* und *Grün* auf weissem Grunde; diese Pigmente auf weissem Grunde sehen in grosser Entfernung eben so aus, wie die schwarzen Quadrate auf weissem Grunde: auch hier wird also wohl die Farbenempfindung durch die Helligkeitsdifferenz beeinträchtigt und unterdrückt.

Die Bestimmungen der Tabelle XV sind also gewissermassen nur *Brutto*-Bestimmungen der Empfindlichkeit für Farben; zu einer *Netto*-Bestimmung müsste der Einfluss der Helligkeiten eliminirt werden können, also Pigmente von gleicher Farbenintensität und Nüance auf einer Umgebung von derselben Helligkeit wie die Pigmente beobachtet werden. Solche Pigmente giebt es aber nicht, und da auch der photometrische Werth der prismatischen Farbentöne unbekannt ist, so erscheint eine exacte Bestimmung des Gesichtswinkels, unter welchem die Farben empfunden werden können, überhaupt unausführbar.

Indem lassen sich doch auch positive Schlüsse aus den Beobachtungen ziehen, und zwar zunächst in Bezug auf die Wahrnehmbarkeit der verschiedenen Principalfarben. So ist *Orange* auf *Schwarz* schon bei einem Gesichtswinkel von 39'' farbig und zwar roth erschienen, *Roth* bei einem Gesichtswinkel von 58''; auf *weissem Grunde* sind diese beiden Pigmente auch unter sehr kleinen Gesichtswinkeln, von 1' 8'' und von 1' 13'' als farbig erkannt worden. Wie die Untersuchung derselben mit dem Prisma zeigt, enthalten diese beiden Pigmente nur Spuren von andern Farben beigemischt (cf. § 78 Tabelle XXV), so dass sie nahezu als reine Farben betrachtet werden können. Ebenso ist das *Ultramarin-Blau* nur wenig mit Roth, Grün und Violett verunreinigt. Die Helligkeit des *Blau* und *Roth* scheinen ausserdem auch keine beträchtliche Verschiedenheit zu haben, denn wenn man einen ganzen Bogen des rothen und blauen Papiers im diffusen Tageslichte neben einander sieht, so wird man kaum einen Unterschied in der Helligkeit der beiden Pigmente zu statuiren geneigt sein. Wenn nun gleichwohl das *Roth* unter einem viermal kleineren Gesichtswinkel erkannt wird, als das *Blau*, so muss man wohl annehmen, dass die rothen Strahlen eine stärkere Farbenempfindung auslösen, als die blauen. *Orange* ist allerdings heller, als *Roth* und *Blau*, aber gleichwohl ist es auf *Weiss* wie auf *Schwarz* unter einem kleineren Gesichtswinkel erkannt worden, als *Roth*. *Orange* würde daher die stärkste Einwirkung auf die Netzhaut *ceteris paribus* ausüben. Aehnliche Betrachtungen lassen sich über das *Gelb* anstellen, welches trotz seines starken Contrastes gegen *Schwarz* unter dem kleinsten Gesichtswinkel (39'') schon gelb erschienen ist. — Besondere Beachtung verdienen aber die beiden Pigmente *Grün* und *Hellblau*. Mit dem Prisma untersucht, unterscheiden sie sich hauptsächlich darin, dass in dem *Grün* wenig *Blau* und kein *Violett*, in dem *Blau* dagegen sehr wenig *Gelbgrün*, übrigens in beiden nur geringe Mengen von *Gelb*, *Orange* und *Roth* vertreten sind. Ein helles *Blau*, dem Himmelblau ähnlich, ist aber nicht als eine Mischung von *Blau* und *Weiss*, sondern von *Blau* und *Grün* anzusehen. Bei einem Gesichtswinkel von 1' 8'' waren die beiden Farben auf schwarzem Grunde nicht von einander zu unterscheiden; sie hatten beide einen Ton, der zwischen Blau und Grün zu liegen schien, so dass ich schwankte, ob ich ihn als Grün oder Blau bezeichnen sollte. Auf weissem Grunde dagegen erschien das *Hellblau* in grosser Entfernung (1' 8'') ganz schwarz, während *Grün* nicht so dunkel erschien; erst bei 1' 49'' erschien *Hellblau* wie ein tiefes Dunkelblau, während *Grün* schon bei 1' 30'' als „Grün oder Blau" bezeichnet wurde. Es scheint mir daraus hervorzugehen, dass *Grün* bei kleinerem Gesichtswinkel farbig erscheint, als *Hellblau*, und dass die Intensität des ersten Pigmentes grösser ist. Abgesehen von der bis jetzt unbestimmbaren Farbenintensität, werden wir mit Bezug auf ihre Sichtbarkeit unter kleinstem Gesichtswinkel die Farben in folgender Reihe zu ordnen haben:

Orange (und *Gelb*), *Roth*, *Grün*, *Cyanblau*, *Blau*.

Die Pigmente zeigen bei sehr kleinem Gesichtswinkel noch die Eigenthümlichkeit, dass ein Pigment zwar farbig erscheint aber von ganz anderem

8

Farbenton, als bei grösserem Gesichtswinkel. So erschien *Orange* auf *Schwarz* bei 39″ roth, bei 59″ erst *Orange*, d. h. zwischen *Roth* und *Gelb* liegend. Das dunkle *Braun* erschien auf *Schwarz* bei 1′ 8″ etwa rehfarben und wurde mit zunehmendem Gesichtswinkel immer dunkler. *Rosa* auf *Schwarz* erschien bei 39″ grau, bei 59″ gelb, bei 1′ 8″ goldgelb, bei 1′ 23″ röthlich-hellgelb, bei 2′ 18″ röthlich-gelb, und erst bei 3′ 47″ deutlich rosa. *Grün* auf *Schwarz* erschien bei 1′ 8″ bläulich, so dass es von Hellblau nicht unter-schieden werden konnte, und wurde erst bei 1′ 49″ deutlich grün. *Hell-blau* erschien auf *Weiss*, wie erwähnt unter 1′ 8″ schwarz, bei 1′ 49″ dunkel-blau und wurde allmählich immer heller. *Weiss* auf *Schwarz* war durch seine Helligkeit vor allen Pigmenten sehr ausgezeichnet, hatte aber öfters einen bläu-lichen Anflug. — *Grau* auf *Weiss* oder *Schwarz* erschien dagegen mit einem röthlichen Teint.

Dass sich der Farbenton bedeutend ändert, je nachdem man eine Farbe auf schwarzem oder weissem Grunde betrachtet, kann man leicht constatiren, wenn man ein rothes Quadratmillimeter auf schwarzes und ein genau ebensolches auf weisses Papier legt und in 2—3 Fuss Entfernung ansieht. Ebenso scheint ein blaues Quadratmillimeter auf intensivem *Weiss* schon in 3 bis 4 Fuss Entfernung fast schwarz, auf schwarzem Grunde aber graublau.

Diese Erscheinungen lassen sich unter der Annahme zusammenfassen, dass bei abnehmendem Gesichtswinkel die Helligkeitsdifferenz mehr, die Farbenintensität weniger empfunden wird. Ja die meisten Pig-mente erschienen unter kleineren Gesichtswinkeln als den in der Tabelle XV an-gegebenen ganz farblos. *Roth, Orange, Rosa, Gelb, Grün, Hellblau* erschienen auf *Schwarz* als hellere, auf *Weiss* als dunklere Flecke oder, wie Plateau sagt: als *eine kleine, kaum wahrnehmbare Wolke*. Dieser Ausdruck Plateau's ist sehr tref-fend, denn erstens ist von einer Form des Objects nichts zu erkennen, und zweitens erkennt man das Object nur auf Augenblicke bei scharfem Fixiren. Auch die Färbung ist immer nur auf Augenblicke und bei Bewegungen der Augen und des Kopfes erkennbar, will man das Object festhalten, so wird es so-gleich farblos.

Diese Versuche leiden an zwei zu beseitigenden Mängeln: erstens ist von meinen Augen das diffuse Tageslicht nur unvollkommen abgeblendet gewesen, zweitens haben sich immer 2 farbige Quadrate über einander befunden. Ich habe daher später noch einige Beobachtungen angestellt, in denen nur je 1 farbiges Quadrat sich auf schwarzem Grunde befand und in denen auch alles Seitenlicht von meinen Augen abgeblendet war; ich hatte eine schwarze Maske mit schwarzen Röhren vor den Augen vorgebunden, so dass nur von den Pigmenten und deren schwarzer Umgebung Licht in meine Augen gelangte. Die Pigmente waren die-selben, wie die früher angewendeten, die Quadrate hatten aber, da ich aus gerin-gerer Entfernung beobachten musste, nur eine Grösse von 2 Mm. Seite. Folgen-des sind die Ergebnisse:

Farbig erscheint

Orange	bei einem Gesichtswinkel von			35"
Roth	» »	»	»	39"
Grün	» »	»	»	44"
Blau	» »	»	» 2'	7"
Gelb	» »	»	»	41" (35"').

Wie zu erwarten war, sind unter diesen Verhältnissen die Farben unter noch kleineren Gesichtswinkeln, als in den früheren Versuchen erkannt worden, aber die Reihenfolge der Farben ist dieselbe geblieben in Hinsicht auf ihre Wahrnehmbarkeit. Auch in diesen Versuchen erschienen die Pigmente, mit Ausnahme des *Blau*, unter kleineren Gesichtswinkeln z. B. bei einem Gesichtswinkel von 30" als farblose Punkte. Beim *Gelb* ist die Bestimmung unsicher, weil es wegen seiner grossen Helligkeit sogleich diagnosticirt wird, und es äusserst schwierig ist, zu sagen, ob man eine Farbe empfindet, wenn man weiss, dass dieselbe da ist.

Im Ganzen ergiebt sich aus diesen Versuchen, dass die Farbenempfindung abhängig ist, 1. von dem Gesichtswinkel oder von der Ausdehnung, in welcher die Netzhaut afficirt wird, 2. von dem Contraste der Farbe gegen die Umgebung, 3. von dem Farbentone, der Farbennüance und der Qualität der Farbe.

Einige Tage nachdem ich dies niedergeschrieben hatte, erhielt ich den Aufsatz von v. Wittich: *Ueber die kleinste Ausdehnung, die eine farbigen Flächen geben darf, um sie noch in ihrer spezifischen Farbe zu sehen, in Centralblatt von Henkmann, Berlin 1863 p. 417, worin derselbe die Bemerkung macht, dass man die Farben der kleinsten Objecte nur auf Augenblicke bemerke, und desshalb Versuche mit momentaner Beleuchtung angestellt hat, um den Gesichtswinkel festzustellen, unter dem man die Farbe sicher und dauernd erkennt. v. Wittich's Mittheilung ist nur eine vorläufige, in welcher die Resultate angegeben werden, über die Methode, welche angewendet worden ist, aber nichts gesagt wird. Es wird daher zunächst die ausführlichere Veröffentlichung der Versuche abzuwarten sein. Dass man sehr kleine Objecte nur auf Augenblicke deutlich sieht, darauf habe ich schon früher aufmerksam gemacht (*Abhandlungen der Schlesischen Gesellschaft, Abthl. f. Naturw. u. Medicin 1861 Hft. 1 p. 80 und Molenhott Untersuchungen Bd. VIII. p. 283*). v. Wittich hat gefunden für Objecte von 2 Mm. Seite des Quadrats folgende Gesichtswinkel:

Bei dauernder Beleuchtung:

	Auf Schwarz	Auf Weiss
Roth	1' 10"	1' 50"
Gelb	1' 20"	2' 40"
Grün	2' 15"	1' 40"
Blau	3' 40"	2' 40"
Violett	5' 10"	5'

was mit *Tabelle XV.* ziemlich stimmt. — Bei momentaner Beleuchtung mussten
die Gesichtswinkel viel grösser sein. Ich werde darauf im fünften Abschnitte
näher eingehen.

b. Beim indirecten Sehen.

§ 56. Dass farbige Objecte, indirect gesehen, farblos erscheinen, haben
zuerst Troxler Himly und Schmidt *Ophthalmologische Bibliothek 1802, Bd. II.,
Stück 2 p. 51.* (s. oben § 51.) Purkyne oder Purkinje *) (*Beiträge zur Kenntniss des
Sehens in subjectiver Hinsicht I. p 76 und II. p. 14*) und Hensen (Müllers Archiv
1840 p. 85) festgestellt; später habe ich Graefes Archiv für Ophthalmologie III.,
2, p. 88) darüber ausführliche Versuche gemacht, in denen ich die Fragen
stellte, welchen Einfluss 1) der Gesichtswinkel des farbigen Objects, 2) die Umgebung desselben, 3) die Qualität der Farbe auf ihre Wahrnehmbarkeit in verschiedenen Meridianen der Netzhaut ausübt.

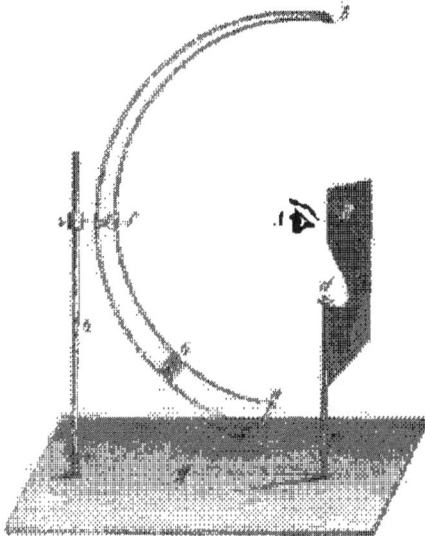

Fig. 19.

Zu diesen Versuchen wurde der Apparat *Figur 19* benutzt, welcher im Wesentlichen besteht erstens aus einem Halbkreise, in dem die Objecte vom Centrum nach der Peripherie und umgekehrt geschoben werden und zweitens aus

---

*) Auf den Beiträgen ist der Name Purkinje geschrieben, seit 1850 finde ich
ihn immer Purkyne geschrieben.

einem Schirme, welcher dem beobachtenden Auge einen bestimmten Ort anweist, zugleich aber das andre Auge verdeckt. Damit der zu fixirende Punkt f in der Mitte des Halbkreises afb mit dem beobachtenden Auge A in gleiche Höhe gestellt werden könne, ist der Halbkreis mittelst einer Hülse an der Stahlstange h, welche in das Brett g eingelassen ist, nach auf- und abwärts verschiebbar. Der Halbkreis afb kann um den horizontalen Stift f gedreht und in beliebigen Meridianen festgeschraubt werden; er hat einen Halbmesser von 0,s Mètre, und besteht aus 2 Blechrinnen, zwischen denen ein Object O nach dem fixirten Punkte f hin oder von demselben fort nach a und b hingeschoben werden kann. Die eine der Rinnen hat eine Gradtheilung, auf welcher man ablesen kann, wie weit von dem fixirten Punkte f das Object O sich befindet. — Der schwarze Blechschirm B ist in einen Schlitz des Stabes m mittelst der Schraubenmutter d festgeschraubt. Der Stab m ist in g um seine Achse drehbar, damit der Schirm sowohl das rechte, als das linke Auge verdecken kann. — Bei den Beobachtungen befindet sich das eine Auge A in dem idealen Mittelpunkte des Kreises afb also 0,s M. von f entfernt, die Nase des Beobachters findet Platz in dem Ausschnitte des Schirmes bei d und das andre Auge wird von dem Schirme B verdeckt. Nun wird f fixirt und zwar anhaltend und sicher, wozu einige Uebung erforderlich ist, und während dessen das Object O mit dem Pigmente allmählig von f weggeschoben, bis die Farbe des Pigmentes nicht mehr zu erkennen ist; dann liest man an der Gradtheilung ab, wie weit das Object von dem fixirten Punkte weggeschoben worden ist. Als Objecte dienten rothe, gelbe, grüne und blaue Quadrate von mattem, glanzlosem Papier (nicht Doppelquadrate, wie man aus der Figur schliessen muss), welche auf weisses und auf schwarzes Papier aufgeklebt waren. Die farbigen Quadrate haben die Grösse von 1, 2, 4, 8, 16, 32 Mm. Seite.

Je weiter das Object von dem fixirten Punkte fortgeschoben wird, auf um so weiter vom Centrum der Netzhaut entfernte Regionen muss sein Bild fallen. Nach der Stellung, die man dem Halbkreise an dem Apparate giebt, kann man die verschiedenen Meridiane der Netzhaut untersuchen; stellt man den Meridian senkrecht, so findet man die Abnahme der Farbenempfindlichkeit in dem senkrechten Meridiane der Netzhaut u. s. w.

Die bei den Versuchen gefundenen Werthe sind in Tabelle XVI. und XVII. zusammengestellt. — Die Bezeichnung L und R bezieht sich auf das linke und rechte Auge. O, U, A, J beziehen sich auf den obern, untern, äussern und innern Meridian, und entsprechend AO, AU, JO, JU auf die dazwischen liegenden um 45° entfernten Meridiane. Diese Bezeichnungen sind auf die Netzhaut zu beziehen. Die Zahlen in den Rubriken bedeuten die Entfernung des Objectes von dem fixirten Punkte f in Graden, wo die Farbenempfindung aufhörte, das Object also nur hell oder dunkel erschien. Die nicht ausgefüllten Stellen bedeuten, dass die farbige Fläche, so lange sie sichtbar war, immer farbig erschien.

Tabelle XVI.

Farbige Quadrate auf weissem Grunde.

Seite des Quadrats =		1 Mm.		2 Mm.		4 Mm.		8 Mm.		16 Mm.		32 Mm.	
	Augen.	L	R	L	R	L	R	L	R	L	R	L	R
Roth	J	25°	26°	25°	25°	32°	33°	48°	50°	55°	60°	76°	70°
	J U	15	18	16	18	29	25	38	35	48	40		
	U	14	14	16	18	28	22	36	33	39	39		
	U A	14	14	16	17	24	24	36	29	40	35		
	A	15	15	19	19	26	26	32	39	36	30	42	43
	A O	16	14	18	19	22	24	32	30	38	40	40	51
	O	12	15	16	18	22	24	33	35	44	49	50	45
	O J	17	16	20	19	20	32	45	46	50	58	68	60
	Mittel:	16	16½	18½	19½	26½	26	37½	36½	43	44½	(55)	(54)
Gelb	J	28°	30°	38°	36°	56°	58°	60°					
	J U	20	20	34	34	50	45						
	U	18	19	25	30	36	37						
	U A	20	18	25	25	40	40						
	A	22	20	32	30	50	38	55	50				
	A O	21	20	30	32	38	42	45	(40)				
	O	18	20	32	32	40	40	48	45				
	O J	22	24	34	34	45	46	70	60				
	Mittel:	21½	20½	31½	30½	44½	43½						
Grün	J	26°	26°	40°	48°	65°	62°	73°	75°				
	J U	20	19	35	36	50	60	60	56				
	U	20	17	35	32	35	36	47	45				
	U A	20	20	32	34	40	44	47	41				
	A	20	19	37	36	(50)	38	50	50				
	A O	18	24	35	34	55	32	38	42				
	O	17	20	35	32	40	45	40	(40)				
	O J	20	20	38	42	44	45	48	50				
	Mittel:	20½	20½	35½	36½	44½	40½	50½	49½				
Blau	J	15°	15°	26°	26°	62°	50°	64°	66°	74°	75°	78°	77°
	J U	11	11	22	23	35	30	52	49	54	58	66	58
	U	11	11	19	18	36	30	42	40	54	48		
	U A	13	14	23	19	30	35	49	44	54	48		
	A	14	14	26	24	36	34	50	50	60	52		
	A O	12	10	24	23	30	34	43	39	52	52		
	O	12	11	21	21	35	33	40	48	50	58	55	65
	O J	17	15	25	20	41	46	55	58	60	67	73	73
	Mittel:	13½	12½	23½	21½	36½	36½	49½	49½	57½	57½	(68)	(68)

Tabelle XVII.

Farbige Quadrate auf schwarzem Grunde.

	Seite des Quadrats …	1 Mm.		2 Mm.		4 Mm.		8 Mm.		16 Mm.		32 Mm.	
	Augen:	*L*	*R*	*L*	*R*	*L*	*R*	*L*	*R*	*L*	*R*	*L*	*R*
Roth.	*J*	34°	40°	39°	44°	50°	60°	74°	75°	86°	85°		
	J U	32	32	31	29	48	30	60	59	67	61		
	U	21	23	28	22	32	30	43	37	45	46		
	U A	28	25	30	30	31	38	43	42	45	50		
	A	30	30	35	30	36	39	45	45	54	60		
	A O	30	28	34	30	37	40	42	46	48	46		
	O	29	29	31	27	38	48	42	52	46	60		
	O J	30	29	38	38	50	53	67	79	80	75		
	Mittel	29¼	29½	33¼	31¼	41½	43	52	53½	58⅞	57½		
Gelb.	*J*	36	(45)	40	42	52	60	61	66	75	80	85	90
	J U	25	32	28	32	38	44	49	44	66	62	80	76
	U	24	28	28	26	29	36	43	49	50	49	62	60
	U A	28	25	30	28	36	36	36	40	47	46	60	50
	A	30	30	34	36	38	37	38	40	60	42	58	52
	A O	28	28	30	30	35	36	46	45	50	50	66	(48)
	O	26	30	28	26	35	43	42	49	46	56	62	66
	O J	30	35	30	38	46	49	59	(48)	70	61	86	90
	Mittel	28⅜	31⅝	31½	32¼	38⅝	41⅝	46¾	47⅝	56¼	55½	64¼	(63¼)
Grün.	*J*	30	34	38	36	60	45	72	66	85	80	90	
	J U	26	22	23	25	30	33	60	(37)	64	61	70	
	U	24	20	24	22	28	28	38	35	55	60		
	U A	24	24	26	23	31	31	40	38	58	50		
	A	28	25	28	(24)	36	35	46	36	58	54	60	
	A O	22	20	27	24	28	28	40	26	57	48		
	O	20	20	29	27	35	40	44	46	50	50	60	84
	O J	25	26	36	33	44	46	62	53	72	68	90	80
	Mittel:	24¼	23½	28⅝	(26¾)	35⅜	35⅜	47¾	(43¾)	62½	57⅜		
Blau.	*J*	50	60	58	64	70	68	85					
	J U	32	36	45	61	54	52	56	62				
	U	29	30	40	44	49	45		52				
	U A	32	36	45	47	48	50	55	55				
	A	40	40	45	48	50	54	60	60				
	A O	30	35	46	40	(45)	48	52	52				
	O	31	31	48	48	49	56	59	60				
	O J	43	44	56	50	68	66	74	70				
	Mittel.	35⅞	38	47⅞	49⅝	54⅛	54⅞	62⅞	68⅞				

§ 57. Aus diesen Beobachtungsresultaten lassen sich folgende Schlüsse ziehen:

1) Farbige Objecte erscheinen indirect unter gewissem Gesichtswinkel gesehen, farblos, und zwar auf weissem Grunde dunkel, auf schwarzem Grunde hell. Wird ein farbiges Object allmählig von dem Fixationspunkte nach der Peripherie des Gesichtsfeldes bewegt, so erscheint es nicht von einer bestimmten Stelle ab farblos, nachdem bis dahin seine volle Farbe wahrgenommen worden ist, sondern es wird ganz allmählig in seinem Farbentone geändert, bis es endlich gar keine Farbe mehr zeigt. Schon wenige Grade vom Fixationspunkte entfernt, wird ein höchst intensiv rothes Quadrat von 4 Min.¹ auf weissem Grunde dunkler; die Dunkelheit des Roth und der Contrast gegen den weissen Grund nehmen immer mehr zu, bis das Quadrat von der Färbung des beginnenden Rothglühens erscheint; noch um einige Grade mehr nach der Peripherie geschoben, sieht es farblos oder schwarz aus. Es ist daraus sogleich ersichtlich, dass der Punkt des Farbloswerdens nicht aufs Haar genau festgestellt werden kann, und das subjective Ermessen dabei eine grosse Rolle spielt. Indess für ein und denselben Beobachter, wenn er einige Uebung in derartigen Beobachtungen hat, findet sich nach einigen Vorversuchen eine gewisse Nuance in der Beurtheilung dessen ein, was man für farbig oder für farblos zu halten hat, so dass ich die Fehler der vorliegenden Beobachtungen bei kleinen Quadraten nicht über 2°, bei grossen Quadraten nicht über 5° schätzen zu müssen glaube. — Ferner erscheinen auf den Regionen der Netzhaut, wo die Farbe sehr matt wird, die Quadrate nicht mehr scharf begrenzt, sondern als verzogene, undeutliche Flecke. — Ausserdem werden die farbigen Objecte, indirect gesehen, sehr schnell farblos, wenn sie unbewegt sind, was schon Purkinje (Beiträge u. s. w. II. p. 14) bemerkt und auf die schnelle Ermüdung der peripherischen Netzhautregionen für Farbenempfindung geschoben hat. Hält man daher beim Schieben der Quadrate einen Augenblick inne, so erscheint das Quadrat sogleich schwarz; macht man aber kleine Bewegungen mit dem Object, so erscheint es wieder farbig; schiebt man es nun noch einige Grade weiter, so erscheint es auch bei kleinen Bewegungen farblos, und erst dieser Punkt ist von mir notirt worden.

Aehnlich wie Roth werden auch Blau und Grün immer dunkler auf weissem Grunde, je mehr man sie vom fixirten Punkte entfernt, und endlich schwarz oder farblos. Gelb dagegen geht erst in ein bräunliches Gelb, dann in ein schmutziges Hellbraun über, endlich erscheint es als ein dunkler, nicht grade schwarzer Fleck, an dem aber von Gelb keine Spur zu bemerken ist.

Auf schwarzem Grunde erscheint Roth, je mehr man es vom Fixationspunkte fortschiebt, um so heller und matter, wird dann rothgelb, dann gelbgrau und endlich Grau. Blau, Grün und Gelb werden immer heller und endlich grau in verschiedener Dunkelheit; Blau ist am dunkelsten grau, Gelb am hellsten und so stark contrastirend gegen die Umgebung, dass die Bestimmungen hier am schwierigsten und unsichersten sind. — Beim Blau habe ich mitunter eine eigenthümliche Erscheinung bemerkt: es schien nämlich, als ob sich der schwarze Grund mit Blau überzöge (*Induction Barros*); die Erscheinung ist indess vorübergehend und nicht constant.

Etwas anders beschreibt Purkinje die eben geschilderten Uebergänge (*Beiträge II p. 15 und 16*), ohne aber Angaben über die Grösse und Umgebung seiner Pigmente zu machen. *Zinnober zeigt sich am äussern Augenwinkel von 90° — 70° blass schilgelb, wird dann orange und geht allmählig gegen das Centrum des Gesichtsfeldes in seine reine Farbenqualität über; am innern Augenwinkel findet man dasselbe um 60° an; ein schönes reines Purpur zeigt sich am äussern Augenwinkel bei 90° schwarz, bei 80° blau, bei 70° violett, und beginnt erst bei 50° seine eigenthümliche Farbe anzunehmen.* Ohne Zweifel ist bei dem Zinnober die Umgebung dunkel, bei dem Purpur hell gewesen. Bei meinem mit sehr wenig Violett gemischten *Roth* habe ich und mehrere sachverständige Freunde einen Uebergang in Blau und Violett nicht wahrnehmen können. Doch bemerkt Helmholtz, (*Physiologische Optik p. 301*) er sehe *Rosaroth* an den Gränzen des Gesichtsfeldes als bläuliches oder violettes *Weiss*.

Fig. 26.

2 Je kleiner die farbigen Objecte sind, in um so geringerer Entfernung vom Centrum erscheinen sie farblos. In welchem Verhältniss der Gesichtswinkel der Objecte zu dem Abweichungswinkel von der Gesichtslinie, bei welchem die Farbenempfindung aufhört, steht, ergiebt sich aus den Tabellen. Um eine Anschauung davon zu geben, habe ich *Figur 26* entworfen, welche für *Blau* auf weissem Grunde nach den Zahlen der Tabelle XVI gezeichnet ist. Die beiden Netzhäute des rechten und linken Auges sind bis zum Aequator in die Ebene des Papiers als Kreisfläche projicirt. Der Radius jedes Kreises, dem halben Meridian der Netzhaut, also 90°, entsprechend, ist 22½ Mm., so dass 1° Abweichung von der Gesichtslinie durch ¼ Mm. repraesentirt ist. Die dem Centrum des Kreises nächste Zone gilt für die Quadrate von 1 Mm. Seite

oder 17′ 12″ Gesichtswinkel, die dann nach aussen folgenden für 2 Min., 4 Min., 8 Min. und die äusserste Zone für Quadrate von 16 Min. Seite oder von 4° 34′ Gesichtswinkel. Je grösser also die Gesichtswinkel für das farbige Object werden, um so grösser wird die Zone der Netzhaut, innerhalb welcher die Objecte farbig erscheinen. Dies wird auch sogleich klar, wenn man die Mittel in den Tabellen vergleicht. Auf die unregelmässige Form der Zonen werden wir sogleich eingehen.

3) Nicht nur für die qualitative Veränderung der Farbenempfindung ist die Umgebung massgebend, sondern auch für die Grösse der Netzhautregion, innerhalb welcher die Farbe empfunden wird, ist die Umgebung der Pigmente wichtig, wie ein Vergleich der beiden Tabellen zeigt. Vergleicht man die Mittel der Tabelle XVI mit denen der Tabelle XVII, so scheint sich zu ergeben, dass die Farbe auf einem grösseren Theile der Netzhaut empfunden werden kann, wenn das farbige Object von schwarzem Grunde umgeben ist. Es ist a priori wahrscheinlich, dass das weisse Papier eine Blendung der Netzhaut hervorruft, welche theils durch simultanen, theils durch succedanen oder successiven Contrast die eingetretene Verdunkelung der Farbe zur Folge hat. Indess ist es gewiss von Einfluss, ob ein Object sehr wenig oder sehr stark gegen seine Umgebung an Helligkeit differirt, obgleich die Verhältnisse in den Versuchen zu complicirt sind, als dass dieser Einfluss deutlich und gesondert hervortreten könnte. Denn dieselben Betrachtungen, die wir in § 55 bei Gelegenheit des directen Sehens über die Helligkeitsverhältnisse der Pigmente und deren Einfluss auf die Wahrnehmbarkeit der Farben angestellt haben, finden auch hier Anwendung, so dass nicht zu eruiren ist, wie weit die Farben an und für sich Differenzen setzen. Wir werden daher nur sagen können: Contrast und Helligkeit der Farben sind von grossem Einfluss auf die qualitative Farbenempfindung, so wie auf die Grösse der Netzhautparthie, innerhalb welcher die Farben empfunden werden können.

4) Dass die Empfindlichkeit für Farben in den verschiedenen Meridianen der Netzhaut sehr ungleichmässig abnimmt, geht aus den Tabellen hervor und tritt in *Figur 20* besonders deutlich vor Augen. Uebereinstimmend in beiden Netzhäuten ist Farbenempfindung auf der innern Seite der Netzhaut weiterhin möglich gewesen, als in irgend einer andern Richtung. Dem inneren Radius folgt zunächst der obere innere Radius, dagegen ist das Feld der Farbenempfindung nach aussen hin sehr beschränkt. — In dieser Beziehung stimmen sämmtliche Beobachtungen sehr gut unter einander überein, und wir werden im 3. Abschnitte sehen, dass dieses Resultat wieder in bester Harmonie ist mit der Bestimmung der Gesichtsfeldgränzen nach Förster (*Jahresbericht der Schlesischen Gesellschaft; Sitzung der medicinischen Section v. 4. Febr. 1859*). Von den beiden Zeichnungen der *Figur 20* ist die eine sehr nahezu das Spiegelbild der andern.

Dagegen zeigen sich nicht unerhebliche Abweichungen der Zonen vom Parallelismus oder der Concentricität, indem die gefundenen

Gränzpunkte für die Farbenempfindung bald näher an einander liegen, bald weiter von einander entfernt sind. Zum Theil glaube ich diese Differenzen auf Versuchsfehler beziehen zu müssen, die, wie oben bereits erwähnt wurde, hier ganz unvermeidlich sind, zum Theil sind sie aber wohl auch durch Unregelmässigkeiten in dem Bau der Netzhaut bedingt. Ich muss zunächst an die grösseren Blutgefässe der Netzhaut erinnern: es ist sehr wohl möglich, dass z. B. ein Quadrat von 1 Min. Seite an einer Stelle nicht mehr farbig erschienen ist, weil ein Gefäss ein Stück desselben verdeckt hat: die Bestimmung ist dann dem Fixationspunkte zu nahe ausgefallen. Die kleineren Quadrate sind bis an dieser Stelle nicht vorgeschoben worden, die grösseren Quadrate sind trotz des Blutgefässes noch farbig erschienen und weiter nach aussen hin fortgeschoben worden. Damit würde sich zum Beispiel die Abweichung des Quadrats von 1 Min. Seite auf dem Radius AC für das linke Auge genügend erklären lassen. Natürlich sind die farbigen Quadrate nicht die geeigneten Objecte zur Feststellung derartiger Einflüsse. — Aber auch wenn wir jene Abweichungen nur als Versuchsfehler ansehen, so können wir doch mit Sicherheit behaupten: dass der Farbensinn von dem gelben Flecke nach der Peripherie der Netzhaut hin keineswegs in concentrischen Kreisen abnimmt.

§ 58. Vergleichen wir die Ergebnisse unserer Versuche in Bezug der Farbenempfindlichkeit auf centralen und peripherischen Netzhautregionen, so tritt zuerst die Gleichheit der Farbenempfindlichkeit auf der ganzen Netzhaut in qualitativer Beziehung hervor. Sowohl beim directen als beim indirecten Sehen tritt der Fall ein, dass ein Pigment farblos erscheint, aber noch Helligkeitsdifferenzen gegen die Umgebung zeigt; dass seine Farbe bei Verminderung des Gesichtswinkels immer mehr zu verblassen scheint; dass die Helligkeit der Umgebung für die Art des Verblassens maassgebend ist. Differenzen treten dagegen in quantitativer Beziehung auf, indem der Gesichtswinkel für ein farbiges Object beim directen Sehen sehr klein (unter 1') sein muss, wenn es farblos erscheinen soll, dagegen um so grösser sein kann, je weiter es von der Gesichtslinie entfernt ist, — und indem zweitens die verschiedenen Pigmente für das Centrum in quantitativer Beziehung sich anders verhalten, als für die Peripherie der Netzhaut.

Für den Farbensinn der ganzen Netzhaut werden wir über folgende Sätze aufstellen können:

1) Zur Wahrnehmung der Farbe eines Objectes ist erforderlich, dass dessen Netzhautbild eine gewisse Ausdehnung habe bei Beleuchtung durch verbreitetes Tageslicht.

2) Die Farbenempfindung ist abhängig von der Umgebung des Pigments.

3) Die Farben sind nicht alle gleich wahrnehmbar, indess ist nicht festzustellen, in wie weit dies von Farbenton, Farbenintensität oder Farbennüance abhängt.

4° Die Farbenempfindlichkeit des normalen Auges ist für manche Farben nur quantitativ verschieden von der Farbenempfindlichkeit chromatopseudoptischer Augen.

CAPITEL II.

Abhängigkeit der Farbenempfindung von der Helligkeit des farbigen Objectes (Farbenintensität).

§ 59. In den bisherigen Untersuchungen ist die Beleuchtung der Pigmente als constant angenommen worden, und da die Versuche in diffusem Tageslichte bei heiterm Himmel in den Mittagsstunden angestellt worden sind, so ist nicht anzunehmen, dass erhebliche Differenzen in den Bestimmungen durch Helligkeitsverschiedenheiten veranlasst worden sind. Dass aber die Beleuchtung einer farbigen Fläche grossen Einfluss auf die Wahrnehmbarkeit einer Farbe hat, lehrt das alltägliche Leben. Ferner lehren die Beobachtungen der Astronomen, dass die Fixsterne, also Objecte ohne scheinbaren Durchmesser, farbig erscheinen können: die bisherigen Bestimmungen haben also nur für Pigmente in der Beleuchtung durch diffuses Tageslicht Geltung.

Die Beobachtungen der Astronomen sind deswegen von so grossem Interesse, weil bei den Fixsternen nur der Einfluss der Helligkeit auf die Farbenempfindung sich geltend macht, da ja eine Vergrösserung der Sterne durch Telescope nicht hervorgebracht wird, sondern nur eine Vermehrung der Helligkeit (s. oben § 30). Daher erscheinen die Sterne um so deutlicher farbig, je grösser das Objectiv des Teleskops ist, und erscheinen bei unbewaffnetem Auge kaum farbig. Aber auch im Teleskop hat die Färbung der Sterne ihre Gränze. STRUVE (*Mensurae micrometricae stellarum compositarum 1837*) sagt in dieser Beziehung p. 75: *In stellis minimis colores ob debilitatem evanescunt. Ordo stellarum nonus in sua scintillatione postremus videtur esse, in quo colores sine dubitatione positus percipi.* — Bei den farbigen Sternen ist uns aber ein Verhältniss gänzlich unbekannt, nämlich das Verhältniss zwischen der Quantität des weissen und der des farbigen Lichtes, welches sie aussenden. Ich habe schon früher die Meinung ausgesprochen, dass ein Stern 9. Grösse, welcher ausschliesslich farbiges Licht ausstrahlt, uns noch farbig erscheint, während uns ein Stern 4. oder 5. Grösse, wenn er zur Hälfte weisses, zur Hälfte farbiges Licht entsendet, uns nicht mehr gefärbt erscheint. Ich finde, dass STRUVE diesen Moment wohl beachtet hat und zu dem Schlusse gekommen ist, dass alle farbigen Sterne zugleich weisses Licht ausstrahlen. STRUVE sagt l. c. p. 74:

Si stella splendida rubra horizonti est vicina, imaginem videmus prismaticam, quae omnes quidem exhibet colores, in qua vero color ruber est majoris intensitatis, quam in imagine prismatica stellae albae — simili modo stella coerulea imaginem offert, in qua caeruleus praevalet color. Hujus diversitatis testimonium singulare offert stella duplex ι Bootis, ex altera 3,0 (magnitudinis) egregie flavo et altera 0,5 egregie caeruleo conspicua, quam auspice hanc in finem in horizontis vicinia adspexi. Duae ridentur imagines primaticae oblongae, colorum tenore diversae, cum in altera rubicundus excellat color, in altera caeruleus. Ex qua experientia probabile fit, nullas in caelo esse stellas, quae singulum offerant colorem prismaticum, sed omnes colores in omnibus esse conjunctos, ita tamen ut aequilibrium colorum, ut ita dicam, non semper accretur.

Herr Professor GALLE hatte die Freundlichkeit, mir am 18. April 1863 Abends 9] Uhr den ι Bootis bei 108maliger Vergrösserung zu zeigen, wo der grössere Stern ein schönes Spectrum darbot, der kleine dagegen zwar blau erschien, andere Farben aber nicht mit Sicherheit erkennen liess, weil die Distanz der beiden Sterne zu gering war. Herr Professor GALLE erklärte mir, dass das damals sichtbare Blau etwa die Gränze sei, wo Astronomen noch eine Färbung annähmen, und da mir die Farbe noch recht deutlich blau erschien, so kann ich mir wohl den Schluss erlauben, dass meine Farbenempfindlichkeit mindestens als völlig normal angesehen werden muss. Der blaue Stern von γ Andromedas war allerdings viel intensiver gefärbt. Ueber farbige Sterne vergleiche man HUMBOLDT, *Kosmos III. p. 171* — ARAGO, *Astronomie I. p. 453* - MAEDLER, *Astronomie p. 422, 528, 540.* LITTROW, *Atlas des gestirnten Himmels* und WURMB *d. g. II. p. 472.* Die Quelle ist aber immer STRUVE.

§ 60. Es war mir nun zunächst wünschenswerth, zu erfahren, bei welcher Beleuchtungsintensität die von mir in den Beobachtungen des vorigen Capitels benutzten Pigmente schon noch als farbig würden erkannt werden können. Um dies zu untersuchen, wurden jene farbigen Doppelquadrate (§ 55 *Figur 18*) auf schwarzem und weissem Grunde in dem finstern Zimmer dem Diaphragma (§ 27 *Figur 7*) gegenüber und in der Entfernung von 1 Mètre von der Oeffnung des Diaphragma aufgestellt. Unmittelbar neben dem Diaphragma, gleichfalls in der Entfernung von etwa 1 Mètre, befanden sich meine Augen. Nach gehöriger Adaptation der Netzhaut wurde dem Diaphragma die kleinste Oeffnung von ¼ Ctm. Seite gegeben und successive immer grössere Oeffnungen eingestellt. Sobald ich eine Farbe erkennen konnte oder zu erkennen glaubte, wurde die Angabe nebst der Grösse der Diaphragmaöffnung notirt.

Die folgende Tabelle XVIII enthält eine Uebersicht der Resultate einer solchen Versuchsreihe. Die Zahlen der ersten Columne bezeichnen die Grösse der Seite, welche der quadratischen Oeffnung gegeben war. Daneben stehen die Pigmente, deren Farbe erkannt worden war; wenn dieselben eingeklammert sind, so bedeutet das, dass sie nicht in ihrer wirklichen Farbe erschienen sind. Das Fragezeichen bedeutet, dass die Farbe noch nicht mit Sicherheit angegeben werden konnte, sondern nur vermuthet wurde.

Tabelle XVIII.

Seite der Oeffnung in Millimeter.	Doppelquadrate von 10 Mm. Seite und Distanz Gesichtswinkel = 84' 30''	
	auf schwarzem Grunde.	auf weissem Grunde.
2,5—5 10.	0	0
12,5	(Orange)	0
15	(Orange)	(Orange?) Roth? Grün.
20	Orange, Gelb, Roth, Rosa (Schmutzigroth)	Orange, Gelb, Roth, Rosa (Grün, Hellblau)
25	Schmutzigroth, (Grün) (Braun?)	Grün, Hellblau
30	Hellblau, Grün, Braun (Grün)	Grün, Hellblau (Blau?)
35	Grün	
40		Blau (Schmutzigroth)
50	Blau (Dunkelgrün)	Schmutzigroth
60		(Grün?) (Braun?)
70		Grün, Braun.
80	Dunkelgrün	
100	. . . .	Dunkelgrün

Zu dieser Tabelle ist zunächst zu bemerken, dass sie mit fünf anderen in derselben Weise an anderen Tagen gewonnenen Beobachtungsreihen sehr gut übereinstimmt, namentlich was die Reihenfolge der Pigmente in der Erkennbarkeit ihrer Farbe betrifft. Die Abweichungen beziehen sich fast nur auf grössere oder geringere Lichtmengen, welche erforderlich waren an verschiedenen Tagen, in Folge verschiedener Helligkeit des Himmels.

§ 61. Aus diesen Versuchen ergiebt sich:

1) dass Pigmente bei sehr verminderter Intensität der Beleuchtung farblos erscheinen, aber sich noch durch grössere oder geringere Helligkeit von ihrer Umgebung unterscheiden. Die Quadrate verschwinden nämlich keineswegs, sondern sind als Doppelquadrate sehr wohl sichtbar, zeigen auch sehr verschiedene Helligkeit trotz ihrer Farblosigkeit, so dass ich die Pigmente nach ihrem Helligkeitsgrade ordnen konnte. Die desfallsigen Bestimmungen, welche ich bei 2,5 Mm., 5 Mm., 10 Mm. Seite der Lichtquelle gemacht habe, sowohl für die Quadrate auf weissem wie für die auf schwarzem Grunde stimmen unter einander fast vollkommen überein, und sind bei 10 Mm. Seite der Lichtquelle, wo die Helligkeitsdifferenzen am meisten hervortreten, folgende:

I. Auf weissem Grunde:

1) *Schwarz, Braun, Roth, Schwarzigroth, Orange* und *Dunkelgrün* erschienen schwarz.

2) *Blau* etwas weniger tief schwarz.

3) *Grün* und *Hellblau* bedeutend heller.

4) *Rosa* noch heller.

5) *Gelb* am hellsten.

II. Auf schwarzem Grunde.

1) *Roth* am dunkelsten,

2) *Schwarzigroth*,

3) *Orange* und *Dunkelgrün*,

4) *Blau* und *Grün*,

5) *Grün* und *Hellblau*,

6) *Rosa* und *Gelb*,

7) *Weiss* bei weitem am hellsten.

Uebrigens waren die Objecte vorher von einer anderen Person aufgestellt worden, so dass ich von ihrer Farbe gar nichts wusste; erst nachher wurde die zum sicheren Erkennen der Farben nöthige Helligkeit hergestellt und an den von mir notirten Nummern die Farbe der Objecte geschrieben. Bestimmungen, die ich zwei Jahre später mit denselben Objecten gemacht habe, haben genau dieselbe Reihenfolge in der Helligkeit der farbigen Quadrate ergeben.

2 Die Farben der untern Seite des Spectrum werden bei geringerer Beleuchtungsintensität erkannt, als die der oberen Seite. Die Pigmente nämlich, welche bei der schwächsten Beleuchtung eine Spur von Färbung erkennen liessen, waren *Orange, Roth, Gelb* und *Rosa*, erst bei stärkerer Beleuchtung konnten *Grün* und *Hellblau*, bei noch stärkerer erst *Blau* erkannt werden. Dabei ist zu berücksichtigen, dass die Pigmente *Roth, Orange, Gelb* und *Rosa* sehr verschieden an Helligkeit erscheinen, sowohl bei unbeschränktem als bei beschränktem Lichtzutritt; andererseits hat das *Blau* offenbar eine grössere Dunkelheit als *Rosa, Gelb* und *Orange*. Dem gegenüber ist aus der Umstand hervorzuheben, dass *Blau* bei beschränktem Lichtzutritt auf *Schwarz* heller erschienen ist als *Roth* und *Orange*. Purkyně, Dove, Grail-ich und Helmholtz haben den Unterschied in der Wahrnehmbarkeit zwischen *Roth* und *Blau* bei schwacher Beleuchtung hervorgehoben, erwähnen aber nichts von dem zuletzt bemerkten Umstande. Purkyně (*Beiträge II, 109*): *Anfangs (vor Tagesanbruch) sieht man nur schwarz und grau. Gerade die lebhaftesten Farben, das Roth und das Grün erscheinen am schwärzesten. Das Blau war mir zuerst bemerkbar.* Grailich (*Sitzungsberichte der Wiener Academie 1854, Bd. 13, p. 252*) giebt an, bei zunehmender Dunkelheit seien auf Gemälden die rothen Parthien verschwunden, die blauen Stellen aber noch sichtbar geblieben.

Dove (Poggendorf Ann. Bd. 85, 1851, p. 397) führt an, dass man bei dem schwachen Sternenlichte das Blau des Himmels noch sähe; Helmholtz bestätigt (*Physiologische Optik* p. 317) diese Beobachtungen. Bei Pinxxar und Classen ist nicht unterschieden die Wahrnehmung von Farbe und von Helligkeitsdifferenz, und Dove's Bemerkung hat hier weiter keine Bedeutung, da man keinen rothen Himmel zum Vergleich mit dem blauen Himmel hat. — Man könnte sich vorstellen, dass die zu *Roth* gehörigen Pigmente deswegen dunkler erschienen seien als die blauen, weil das Himmelslicht mehr blaue als rothe Strahlen enthalten habe — wäre dies der Fall, und die Empfindlichkeit für alle Farben gleich gross, so hätten nothwendig die blauen Farben früher farbig erscheinen müssen, als die rothen, da von jenen offenbar mehr farbiges Licht auf die Netzhaut gelangt ist, als von diesen. Da aber immer die rothen Pigmente bei geringerer Helligkeit der Beleuchtung farbig erschienen sind, und dabei dunkler als das blaue Pigment, so muss man wohl schliessen, dass die rothe (und gelbe) Farbe bei geringerer Intensität den Farbensinn zu afficiren vermag, als die blaue Farbe, mithin die weniger brechbaren Strahlen bei geringerer Lichtintensität empfunden werden können, als die stärker brechbaren. Damit könnte man die Resultate von Helmholtz in Verbindung bringen, welcher fand, dass die übervioletten Strahlen des Spectrum schwerer und nur bei Ausschluss alles anderen Lichtes eine Empfindung von Farbe hervorbringen, indem diese brechbarsten Strahlen den allerschwächsten Eindruck auf die Netzhaut machen. Bei Festhaltung des Unterschiedes zwischen Helligkeit und Färbung komme ich also gerade zu dem entgegengesetzten Schlusse, wie die oben genannten Beobachter. Was Plateau erwiesen zu haben glaubte, scheint also anzutreffen, dass, abgesehen von Helligkeitsunterschieden, die Farbenempfindlichkeit der Netzhaut grösser ist für Strahlen von geringerer Brechbarkeit. Wir werden in § 62 sehen, dass die Empfindung des *Blau* noch räthselhafter wird.

3) Die Pigmente verändern bei abnehmender Beleuchtungsintensität ihren Farbenton oder ihre Farbennüance. Diese Erscheinung ist im alltäglichen Leben leicht zu constatiren: man erkennt in der Dämmerung eine Färbung an Bäumen, Blumen u. s. w., aber diese Färbung ist anders als bei voller Tagesbeleuchtung, indem der reine Ton, die Sättigung der Farbe verloren geht. Bei meinen Pigmenten tritt das sehr auffallend hervor. *Roth* (*Zinnober*) erscheint auf schwarzem wie auf weissem Grunde als ein schönes dunkles Braun. *Orange* sehr dunkel und rein Roth; *Gelb* erscheint schmutzig grau mit einem röthlichgelben Stiche und ist bei einer gewissen Helligkeit von *Rosa* nicht zu unterscheiden. *Grün* und *Hellblau* sehen ganz gleich aus. Das volle *Ultramarin-Blau* sieht auf schwarzem Grunde etwa wie graublaues Aktenpapier aus, auf weissem Grunde ist es nur sehr tief Dunkelblau, mit einer eigenthümlichen Weichheit der Oberfläche. Aehnlich ist es mit *Dunkelgrün*, welches auf *Schwarz* schmutzig graublau, auf *Weiss* tief dunkelgrün erscheint.

4) Die Umgebung des Pigmentes ist von Einfluss auf die Wahrnehmbarkeit der Farbe. Im Allgemeinen werden helle Pigmente auf weissem Grunde bei geringerer Lichtmenge erkannt, als auf schwarzem Grunde, dunkle Pigmente dagegen leichter auf schwarzem Grunde. So ist das sehr helle *Gelb* (Chromsaures Bleioxyd) bei schwächerer Beleuchtung auf weissem Grunde erkannt worden, desgleichen *Grün* und *Hellblau* — andererseits sind *Braun*, das schmutzige *Roth* und *Dunkelgrün* erst bei viel stärkerer Beleuchtung auf weissem als auf schwarzem Grunde erkannt worden. Es ist mir indess auffallend, dass die Differenzen in dieser Beziehung so gering sind, da man nach der bedeutenden Verschiedenheit, welche die Pigmente in Ton und Nüancen durch ihre Umgebung erhalten, auch grössere Verschiedenheiten der Beleuchtungsstärke erwarten sollte. Denn ein grünes oder hellblaues Quadrat erscheint auf weissem Grunde ganz dunkelgrau oder dunkelblaugrün, auf schwarzem Grunde so hell, dass ich mich in den ersten Versuchen nicht des Verdachtes erwehren konnte, einen Irrthum in der Notirung begangen zu haben.

Aehnlich wie beim Lichtsinne (§ 51 u. 52) und beim indirecten Sehen (§ 57, 1) fällt auch hier der Umstand auf, dass die Farbe der Pigmente bei schwächster Beleuchtung nur im ersten Momente des Anschauens empfanden wird, nach wenigen Secunden aber ganz verschwindet, ohne dass dabei das Object selbst unsichtbar wird.

§ 62. Da bei constanter Beleuchtung die Farbenempfindung unter einem gewissen Gesichtswinkel des Pigmentes aufhört, andererseits bei gleichbleibendem Gesichtswinkel die Farbenempfindung bei einer gewissen Verminderung der Helligkeit erlischt, so entsteht die Frage, ob beide Faktoren in einem bestimmten durch Zahlen ausdrückbaren Verhältnisse zu einander stehen? Ich hatte früher (*Abhandlungen der Schlesischen Gesellschaft 1861, Hft. I., p. 73*) auf Grund unzureichender Beobachtungen vermuthet, dass Beleuchtungsintensität und Gesichtswinkel einfach reciprok wären — woraus gefolgt sein würde, dass eine gewisse Summe farbiger Strahlen auf die Netzhaut fallen müsste, um eine Farbenempfindung hervorzurufen, es aber gleichgültig wäre, ob diese Summe auf einen grösseren oder kleineren Raum der Netzhaut vertheilt würde. Eine Ausdehnung der Versuche hat aber ergeben, dass wenigstens für Pigmente ein solches Verhältniss nicht besteht, sondern dass die Relation zwischen Gesichtswinkel und Helligkeit complicirter ist.

Die Versuche wurden in dem finsteren Zimmer angestellt. An einem schwarzen Schirm in 3 Mètres Entfernung von der quadratischen Lichtquelle werden farbige Papierquadrate von 64, 32, 16, 8, 4, 2 Mm. Seite, welche auf schwarzes Papier aufgeklebt sind, nach einander aufgestellt und die Oeffnung des Diaphragma so lange vergrössert, bis eine Färbung wahrnehmbar ist. Der Beobachter befindet sich dicht neben dem Diaphragma in derselben Entfernung = 3 M. von den Pigmenten. Zuerst wurde also das rothe Quadrat von 64 Mm. Seite aufgestellt; es erschien bei einer Oeffnung von 40 Mm. Seite eben roth, wenn nach nur auf Momente; dann wurde das Quadrat von 32 Mm. Seite aufgestellt, welches erst bei 51 Mm. Seite auf Momente roth erschien u. s. w.

In der Versuchsreihe, welche Tabelle XIX. verzeichnet ist, wurden abwechselnd rothe und blaue Quadrate aufgestellt. Die Grössen derselben sind in den beiden ersten Columnen angegeben, in der dritten Columne stehen die Gesichtswinkel für die Seiten der Quadrate, in der vierten Columne die Oeffnungen des Diaphragma und in der letzten Columne die Lichtintensitäten, wobei die Lichtintensität bei 40 Mm. Seite der Lichtquelle = 1 gesetzt ist.

Tabelle XIX.

Rothe Quadrate.	Blaue Quadrate.	Gesichts- winkel.	Seite der Lichtquelle.	Lichtinten- sitäten.
64 Mm.	64 Mm.	1° 13′ 23″	40 Mm.	1
32 „		86′ 41″	60 „	1,54
	32 „	58′ 41″	66 „	1,96
16 „		19′ 20″	69 „	2,00
	16 „	19′ 20″	70 „	3,01
8 „		9′ 10″	98 „	6
	8 „	9′ 10″	112 „	7,84
4 „		4′ 35″	135 „	11,38
	(4) „	6′ 63″	200 „	25
2 „		2′ 17″	200 „	25

Im Allgemeinen ergiebt sich aus dieser Tabelle, dass wenn der Gesichtswinkel für das farbige Object abnimmt, die Intensität der Beleuchtung zunehmen muss, damit eine Farbenempfindung ausgelöst werde. Dem schliesst sich auch die bei vollem Tageslichte gemachte Bestimmung an, bei dessen grösserer Lichtintensität *Roth* noch unter einem Gesichtswinkel von 39″, *Blau* unter einem Gesichtswinkel von 2′ 7″ farbig erschienen sind § 55 gegen das Ende. Will man aber dieses Verhältniss genauer ausdrücken, so treten verschiedene Complicationen hemmend ein. Es fällt zunächst die grosse Differenz zwischen dem rothen und dem blauen Pigmente auf. Die rothen Quadrate sind beinahe um das tausendfache an Flächeninhalt kleiner geworden, während die Beleuchtung um das 25fache intensiver geworden ist; die blauen um etwas mehr als das 100fache bei derselben Zunahme der Beleuchtung um das 25fache. In der folgenden Tabelle XX. sind für *Roth* und *Blau* die Zunahme der Lichtintensitäten und daneben die Abnahme der farbigen Flächen neben einander gestellt. Ich habe der bessern Uebersichtlichkeit wegen nur ganze Zahlen genommen und die Oeffnung des Diaphragma von 40 Mm. = 1 gesetzt, so wie bei *Blau* und *Roth* die kleinsten noch erkennbaren Flächen von 6 Mm. respective 2 Mm. Seite = 1.

Tabelle XX.

Blau.		Roth.	
Lichtinten- sitäten.	Flächen.	Lichtinten- sitäten.	Flächen.
1	110	1	1024
2	25	1½	256
4	7	3	64
8	2	6	16
[25]	[1]	11	4
		25	1

Für *Blau* ergiebt sich daraus (mit Ausschluss des letzten Werthes), dass bei einfacher Abnahme der Lichtintensitäten ungefähr eine quadratische Zunahme der Grösse der farbigen Fläche hat stattfinden müssen — für *Roth* eine noch stärkere, als quadratische Zunahme erforderlich gewesen ist. Das heisst: Die Wahrnehmbarkeit des *Blau* ist im Vergleich zu der Wahrnehmbarkeit des *Roth* von der Helligkeit in höherem Grade abhängig als von dem Gesichtswinkel. Den letzten Werth für *Blau* glaube ich deswegen ausschliessen zu dürfen, weil es nöthig war bei der grössten Oeffnung von 200 Mm. Seite mich dem Object von 3 M. auf 2 M. nähern zu müssen, um seine Farbe erkennen zu können.

Für den Grund dieses Verhaltens zwischen *Blau* und *Roth* scheint mir ein Anschluss in dem qualitativen Verhalten des *Blau* zu liegen. Wir haben oben § 55 gefunden, dass *Blau* bei diffusem Tageslichte unter kleinem Gesichtswinkel eben so dunkel, als der schwarze Grund erscheint, dass es dagegen bei verminderter Beleuchtungsintensität (§ 61) heller als der schwarze Grund erscheint, während das Umgekehrte bei *Roth* stattfindet, welches sich bei zunehmender Helligkeit und abnehmendem Gesichtswinkel immer mehr dem Ton des *Orange* nähert. So zeigte sich denn auch in der letzten Versuchsreihe die Helligkeit der blauen Quadrate um so auffallender, je schwächer die Beleuchtung war — je mehr diese zunahm, um so geringer wurde der Contrast der blauen Quadrate gegen den schwarzen Grund. Die rothen Quadrate dagegen contrastirten um so stärker gegen den Grund, je stärker die Beleuchtung wurde. · Mir sind keine Erscheinungen bekannt, die einen Anhalt zu einer Erklärung dieser Erscheinungen geben könnten — ich will aber auf ein Moment aufmerksam machen, was überhaupt Berücksichtigung verdient — nämlich die Adaptation der Netzhaut für Farben.

Die Bestimmungen der Tabelle XIX. sind mit adaptirtem Auge begonnen worden, aber während der Vermehrung der Lichtintensität ist der Adaptationszustand der Netzhaut verändert worden — eine unvermeidliche Complication des Verfahrens, welche für die gefundenen Werthe von grossem Einflusse sein muss. Es ist ferner keineswegs sicher, dass die Netzhaut sich mit gleicher Geschwindigkeit

9*

für Wellen der verschiedensten Länge adaptirt, und es ist denkbar, dass sich das Auge für blaues Licht schneller adaptirt, als für rothes Licht — d. h. blaues Licht einen Lichteindruck hervorbringt, rothes dagegen nicht. Damit ist nicht die Nothwendigkeit gegeben, dass das blaue Licht die Empfindung der Farbe auslöst, da ja die schwächsten Eindrücke nur Licht-, nicht Farbenempfindungen veranlassen (s. § 24 und 25; Staupe: in *stellis minimis coloren ab debilitatem evanescunt.)* Versuche über die Adaptation des Auges für Licht von verschiedener Brechbarkeit sind mir nicht bekannt, aber unter der Annahme, dass blaues Licht im adaptirten Auge einen stärkern Lichteindruck macht, als rothes Licht ist das räthselhafte Verhalten des *Blau* ganz begreiflich.

CAPITEL III.

Gränzen der Empfindlichkeit für Farbennüancen, Farbentöne und Farbenintensitäten.

§ 63. In den bisherigen Untersuchungen haben wir die Abhängigkeit der Farbenempfindung von der Grösse und Helligkeit eines Objectes betrachtet und im Allgemeinen eine Analogie zwischen dem Farbensinne und dem Lichtsinne gefunden, insofern bei beiden Gesichtswinkel und Helligkeit sich umgekehrt verhalten oder sich ergänzen. Wir sind bei diesen Versuchen auf den Einfluss des Contrastes gestossen und haben die Wirkung desselben auf den Ton und die Nüancen der Farben kennen gelernt für den Fall, wo die Differenz zwischen der Helligkeit des Pigmente und seiner Umgebung sehr gross ist. Es ist nun weitere Aufgabe, die Wahrnehmbarkeit des Contrastes oder die Unterschiedsempfindlichkeit auf dem Gebiete des Farbensinnes für die schwächsten Differenzen, also in ähnlicher Weise zu untersuchen, wie es beim Lichtsinne geschehen ist. Wie wir dort gefragt haben: welche Helligkeitsdifferenzen können eben noch empfunden werden? so haben wir jetzt die Frage zu stellen: welche Farbendifferenzen können eben noch unterschieden werden?

Für die Farben gestaltet sich die Untersuchung nicht so einfach, wie beim Lichte; denn beim Lichte handelt es sich nur um die Unterscheidbarkeit von mehr und weniger Licht. Bei den Farben haben wir verschiedene Arten von Licht, und müssen unterscheiden farbloses Licht und seine Beziehungen zu farbigem Lichte, so wie die Beziehungen der verschiedenen Farben zu einander. Es ist daher zu untersuchen: 1) welche Differenz von Färbung und Farblosigkeit, 2) welche Differenz von Farbennüancen, 3) welche Differenz von Farbenintensitäten, 4) welche Differenz von Farbentönen kann eben noch empfunden werden?

Alle diese Untersuchungen lassen sich für Pigmente sehr gut mittelst der

Masson'schen Scheibe *(Figur 21* und *Figur 22)* anstellen. Statt des weissen Sectorabschnittes *Figur 21* klebt man auf eine möglichst rein weisse Scheibe einen farbigen Sectorabschnitt, und untersucht, bei welcher Grösse des farbigen Sectors, wenn man die Scheibe in schnelle Rotation gesetzt hat,

Fig. 21.   Fig. 22.

eben noch eine Farbenempfindung stattfindet. An Stelle der weissen Scheibe wird man auch schwarze und graue Scheiben anzuwenden haben. So bekommt man schwach gefärbte Kränze, die von *Weiss* an unterscheiden sind. Zur Hervorbringung von Farbennüancen und Farbentönen kann man in ähnlicher Weise wie bei der Scheibe *Figur 22* auf einer farbigen Scheibe *B* einen weissen oder andersfarbigen Sectorabschnitt *C* aufkleben und über die Scheibe eine schwarze, weisse oder farbige Scheibe *A* schieben, bis auf der rotirenden Scheibe kein Kranz mehr zu bemerken ist.

Zu diesen Untersuchungen scheint mir noch eine Vorbemerkung erforderlich: Wenn man einen schwarzen Sectorabschnitt auf eine weisse Scheibe klebt, so bekommt man bei schneller Rotation einen Kranz, welcher dunkler ist, als der Grund der Scheibe; es handelt sich dann nur um Helligkeitsdifferenzen. Klebt man aber einen farbigen Sectorabschnitt auf eine weisse Scheibe, so wird der Kranz farbig: es handelt sich also nicht um Farbenunterschiede, sondern um die Sichtbarkeit einer Farbe überhaupt. Indess ist es, da ein Pigment immer dunkler ist, als *Weiss*, ganz unvermeidlich, dass auch hier Helligkeitsunterschiede sich geltend machen. Im speciellen Falle werden wir also immer Helligkeitsdifferenz und Färbung zu trennen und zu fragen haben: 1) ist ein Kranz überhaupt sichtbar, d. h. von dem Grunde der Scheibe zu unterscheiden? 2) erscheint der Kranz farbig?

Wie weit die Helligkeitsdifferenzen in diesen Versuchen abgeschwächt werden können, werden wir bald sehen. Zunächst will ich aber die Versuche mit farbigen Sectorabschnitten auf rein weissen Scheiben beschreiben.

§ 64. Scheiben von sehr ebener Holzpappe sind auf beiden Seiten mit möglichst rein weissem Papiere beklebt, sie haben einen Halbmesser von 1 Decimeter; der farbige Sectorabschnitt hat eine radiale Breite von 23 Mm. und ist mit seiner concaven Gränze 40 Mm. vom Centrum entfernt. Die Sectorenabschnitte betragen 60°, 30°, 15°, 10°, 5°, 3°, 2°, 1° und sind *Schwarz*, *Roth*, *Orange*, *Gelb*, *Grün* und *Blau*. Um die matten Papiere vor Reibung, Staub etc. zu schützen, werden die Scheiben in Kästen aufbewahrt, in denen sie reihenweise aufgestellt und in Rinnen am Rande gehalten werden. — Es ist ferner nöthig, dass die Scheiben beim Gebrauche nur am Rande angefasst werden, dass sie schnell an den Apparat angesteckt und von demselben abgenommen werden können; endlich ist es vortheilhaft und für manche Zwecke nothwendig, mehrere Scheiben in Rotation gleichzeitig neben einander beobachten zu können. Diesen Forderungen ist in folgender Weise genügt worden:

Um das Centrum der Scheibe wird ein Viereck mittelst eines Locheisens ausgeschlagen (s. *Figur 21*); in dieses viereckige Loch passt genau der viereckige Rand einer Schraubenmutter von Messing *g* in *Figur 23*, (wo *ff* die Pappscheibe bedeutet), welche auf die Schraube *h* aufgeschraubt wird. Man drückt, wenn man

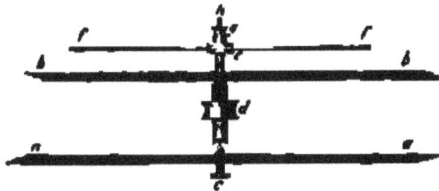

Fig. 23.

eine Scheibe an dem Rotationsapparate befestigen will, den viereckigen Messingrand in das centrale Loch der Scheibe fest ein, schraubt die Messingmutter *g* mit der daran haftenden Scheibe *ff* an die Schraube *h* an, was vermöge des Trägheitsmomentes der Scheibe sehr schnell geht, ohne dass man die Scheibe zu berühren nöthig hat. Damit die Pappscheibe genau in einer Ebene rotire, wird sie gegen eine Messingplatte *e* gedrückt. So wird die Scheibe an der Axe befestigt. Die Axe ist von Messing und geht vorn in einem Loche der Eisenschiene *bb*; zwischen den beiden Eisenschienen *aa* und *bb* befindet sich das Rad *d*, und von hinten wird gegen das Centrum der Axe der vor- und rückwärts stellbare Stahlstift *c* gedrückt. Dergleichen Räder mit Axen zum Anschrauben der Scheiben sind zwischen den Eisenschienen *aa* und *bb* fünf angebracht, so dass fünf Scheiben zugleich aufgesteckt und in eine gleich schnelle Rotation versetzt werden können. *Figur 24* zeigt den ganzen Apparat. Ueber die fünf kleinen Räder (*d* Fig. 23) und ein Triebrad geht in der durch die punktirte Linie angedeuteten Weise eine starke Darmsaite ohne Ende, welche mit Oel getränkt und dadurch sehr weich und geschmeidig gemacht ist. Das Triebrad hat einen 10 mal grösseren Halbmesser als die kleinen Räder, und kann mit einem zweiten hier nicht gezeichneten Triebrade so verbunden werden, dass eine Umdrehung des letzteren 30 Umdrehungen der Pappscheibe giebt. Die wenigen dem Beobachter sichtbaren Theile des Apparats sind geschwärzt; hinter dem Apparate ist ein schwarzer Pappschirm aufgestellt.

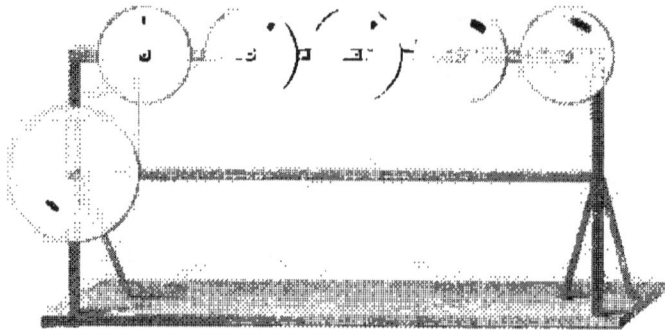

Fig. 24.

Dieser Apparat genügt den Anforderungen vollkommen. Das Triebrad wird mittelst einer Kurbel von einem Gehülfen gedreht und die Scheiben rotiren mit einer wegen ihres Trägheitsmomentes sehr gleichmässigen und so grossen Geschwindigkeit, dass der Kranz, welcher durch den farbigen Sectorabschnitt gebildet wird, vollkommen homogen erscheint und keine Spur der von PLATEAU (Poggendorff's Ann. Bd. 20, 1830, p. 319) beschriebenen radialen Streifen zeigt, welche bei langsamer Rotation auftreten — die Scheiben überhaupt vollkommen unbewegt erscheinen. Eine genauere Bestimmung der Rotationsgeschwindigkeit schien mir überflüssig; sie wird aber etwa gleich 50 bis 60 Umdrehungen in der Secunde betragen haben. Man hat in verschiedenen Versuchsreihen keinen grossen Unterschied in der Rotationsgeschwindigkeit zu befürchten: Beobachter und Gehülfe finden bald einen gewissen Ton heraus, der bei den Drehungen erreicht werden muss und bevor dieser Ton nicht gehört wird, wird nicht beobachtet. Dass sich in Folge der Anordnung der Darmsaite ohne Ende 3 Scheiben in entgegengesetzter Richtung drehen, als die beiden übrigen, ist für die Beobachtungen ohne Einfluss.

§ 65. Um zu erfahren, welches Ansehen die von den Sectoren gebildeten Farbennüancen hätten, wurden zuerst Beobachtungen im diffusen Tageslichte in der Weise angestellt, dass ich wusste, welche Scheiben angesteckt waren und nur die Qualität der Kränze beachtete. Dabei hat sich folgendes ergeben:

Roth 60° und 30° heller aber rein roth, 15° neigt stark zu Grau, 10° Grau überwiegend, 5° noch mehr Grau mit röthlichem Teint. 3° Grau mit röthlichem Stich. — Orange 60° bis 3° immer farbig, aber überwiegend Roth. — Gelb 60° bis 3° immer farbig. — Grün 60° und 30° reines Grün, 15° etwas grau,

10° überwiegend grau, 5° grau mit grünlich gelber Nüance, 3° gelblich grau. — *Blau* 60° schön violett, 30° ebenso aber etwas grau, 15° noch mehr grau mit röthlich bläulicher Nüance, 10° grau mit violettem Schimmer, 5° grau mit röthlichem Schein, 3° mattes Grau mit zweifelhaftem Anflug. — *Schwarz* 60° Grau mit röthlichgelbem Anflug, 30° grau mit grünlich-gelbem Anflug, 15° grau mit röthlichem Anflug, 10° ebenso, 5° grau mit bläulichem Anflug, 3° mattes Grau. Alle Sectoren von 2° und 1° gaben unbestimmte oder keine Resultate.

Diese Angaben aus dem Jahre 1861 habe ich in fast wörtlicher Uebereinstimmung mit Notizen aus dem Jahre 1859 gefunden. Sie ergeben: 1) dass bei den Pigmenten *Roth*, *Blau* und *Grün* der chromatische Eindruck um so schwächer wird, je mehr sie mit *Weiss* gemischt werden und schneller abnimmt, als die Helligkeitsdifferenz oder der photische Eindruck. *Orange* und *Gelb* dagegen zeigen diese Eigenthümlichkeit nicht, denn so lange eine Helligkeitsdifferenz zu bemerken ist, wird auch eine Färbung wahrgenommen, ja bei *Gelb* ist die Helligkeitsdifferenz so gering, dass nur in Folge der Farbenempfindung ein Kranz sichtbar ist.

Wenn wir damit die Resultate der Beobachtung unserer Pigmente unter kleinstem Gesichtswinkel vergleichen (cf. § 65), so zeigt sich eine gewisse Analogie: *Roth*, *Blau* und *Grün* auf weissem Grunde erschienen bei gewissem Gesichtswinkel vollständig farblos; *Orange* wurde nur dunkler und mehr dem Dunkelroth ähnlich, *Gelb* dagegen trat, wenn es überhaupt sichtbar wurde, immer deutlich in seiner Färbung auf.

Dem entsprechend finden wir auch hier, dass bei den ersten drei Pigmenten die Helligkeitsdifferenz überwiegt über die Färbung, bei *Orange* und *Gelb* aber immer die Färbung überwiegt. Wir bekommen also hier ein neues Kriterium für die Farbenintensität der Pigmente. Von *Grün* und *Gelb* werden aber Strahlen zurückgeworfen (wie die Untersuchung mit dem Prisma lehrt, § 78), welche zusammen *Weiss* bilden können — dadurch wird das Pigment an Helligkeit, aber nicht an Farbenintensität gewinnen und bei Vermischung mit *Weiss* wird nur die Farbenintensität eine Differenz in der Empfindung hervorbringen, dagegen die Menge des darin enthaltenen *Weiss* der Wahrnehmbarkeit des Pigmentes überhaupt entgegenwirken. *Roth* und *Orange* sind äusserst wenig, *Blau* auch nicht bedeutend mit andern Farben vermischt, so dass dieser Umstand das verschiedene Verhalten der Pigmente nicht erklären kann. — Aber es wäre möglich, dass die Pigmente mit *Schwarz* vermischt wären: das lässt sich untersuchen, wenn man die Pigmente auf weissem Grunde durch ein gleich dem Pigmente gefärbtes Glas betrachtet, indem dann z. B. von *Weiss* durch ein rothes Glas ebenso wie von *Roth* nur die rothen Strahlen durchgelassen werden, das rothe Pigment folglich eben so hell erscheinen muss, als der weisse Grund. Es zeigt sich nun dass *Roth* (Zinnober) durch ein rein rothes Glas (Kupferoxydul) betrachtet nur wenig dunkler erscheint als der weisse

Grund, und ebenso *Orange* und *Gelb*, da das rothe Glas auch diese Strahlen durchliess. *Grün* und *Blau* erscheinen durch grüne und blaue Gläser betrachtet allerdings dunkler als der Grund, aber auch intensiver gefärbt als der Grund, was beides wohl nur davon abhängt, dass grünes und blaues Glas (Kobaltoxyd, ausser den grünen und blauen noch alle möglichen andern Strahlen durchlassen. — Jedenfalls ist die Beimengung von *Schwarz* oder *Grau* zu gering, als dass sich aus ihr die bedeutenden Helligkeitsdifferenzen erklären liessen, welche die Kränze zeigten. Mir scheint daher keine andere Annahme möglich, als dass die von den Pigmenten repräsentirten Principalfarben mit verschiedener Intensität die Netzhaut erregen. Es würden dann *Gelb* und *Orange* diejenigen Principalfarben sein, welche die stärkste Erregung hervorbringen, dann *Grün*, dann *Roth* und zuletzt *Blau* folgen.

Eine ähnliche Uebereinstimmung zeigt sich, wenn wir die hier erlangten Resultate mit den Resultaten der Farbenempfindung bei verminderter Beleuchtung (s. § 60) vergleichen. Auch da sind *Gelb* und *Orange* diejenigen Farben, welche bei der geringsten Beleuchtungsintensität auf weissem Grunde sichtbar werden, dann erscheint *Roth*, dann *Grün* und erst bei noch stärkerer Beleuchtung *Blau*.

Der Contrast der Farben gegen *Weiss* kann sich bei ihrer Vermischung mit *Weiss* nicht so wie in jenen früheren Versuchen geltend machen, da der Unterschied in der Helligkeit des Kranzes und der Scheibe ja so ausserordentlich gering ist. — Wenn aber eine Farbe die Netzhaut schwächer afficirt, als eine andere, so wird unter den Verhältnissen dieser Versuche ein farbiger Sector, welcher die Netzhaut wenig afficirt, als ein solcher ansunehmen sein, welcher der Scheibe Helligkeit entzieht und diese Verminderung der Helligkeit kann an sich nur die Empfindung eines dunkleren *Weiss*, d. h. eines *Grau* hervorrufen. — So glaube ich es erklären zu müssen, dass die Kränze der blauen, rothen und grünen Sectoren beim Zurücktreten des Farbeneindrucks noch Helligkeitsdifferenzen haben wahrnehmen lassen; was bei *Orange* und *Gelb* nicht der Fall gewesen ist.

Wir werden später die Frage zu besprechen haben, ob bei den Rotationen der farbigen Sectorenabschnitte die Erzeugung eines Nachbildes Einfluss auf die Dunkelheit des Kranzes haben kann.

Ausser der Farbenintensität ändert sich mit der Nüancirung der Farben oder ihrer Vermischung mit *Weiss* bei manchen Pigmenten der Farbenton. Dass das Orange zu Roth mehr hinneigt, ist weniger auffallend; aber sehr wunderbar ist die Veränderung des Farbentones beim *Blau*. Dieses erscheint mit *Weiss* gemischt keineswegs Hellblau, sondern entschieden violett. Besonders schön und auffallend tritt dieser Uebergang von Blau zu Violett auf, wenn man eine von einer Archimedischen Spirale begränzte blaue Fläche auf einer weissen Fläche in schnelle Rotation setzt. — Die Untersuchung des *Blau* mit dem Prisma hat allerdings etwas Roth und ausserdem den Theil des Spectrum vom bläulichen Grün bis zum obern Ende des Spectrum, also überwiegend Blau, aber ausserdem etwas Roth und Violett ergeben, indem ist es doch sehr fraglich, ob eine derartige Zerlegung des Pigmentes durch Mischung mit Weiss überhaupt möglich ist.

Wahrscheinlicher ist es mir, dass wir es hier mit einer ganz absonderlichen Urtheilstäuschung zu thun haben, auf deren Möglichkeit ich durch eine Bemerkung von Helmholtz geführt worden bin. Helmholtz sagt in seiner physiologischen Optik p. 227: *Der gemeine Sprachgebrauch betrachtet den Himmel als den Hauptrepräsentanten des Blau* und behauptet ferner, dass die *Bläue* des Himmels dem Farbenton des Indigo angehöre. Nun ist aber in unsern Breitengraden der Himmel nur selten von diesem tiefen Blau, sondern meist von einem hellen Blau, welches deutlich zu Grün neigt, und dass ich oft einem aus *Ultramarinblau* und *Arsenikgrün* mittelst des Kreisels gemischten *Blau* höchst ähnlich gefunden habe. Dieses *Blau* ist aber der Repräsentant eines hellen Blau. Wenn wir nun grünliches Blau oder eine Mischung von Indigblau mit Grün als Hellblau und als eine Nüance (d. h. Mischung mit *Weiss*) des Indigblau ansehen — so müssen wir folgerichtig eine wirkliche Mischung des Indigblau mit *Weiss* für ein röthliches *Blau* halten, denn wenn wir *Grün* für *weiss* halten, so müssen wir ein reines *Weiss* für roth halten. Die Mischung des *Ultramarinblau* (dem Repräsentanten des prismatischen Indigblau nach Helmholtz) mit *Weiss* erscheint uns also röthlich blau oder violett, weil wir eine falsche Vorstellung vom *Hellblau* haben, welches nicht ein wahres *Indigblau*, sondern grünliches *Indigblau* ist.

§ 66. Wir haben nun genauer zu bestimmen, mit welcher Menge von *Weiss* ein Pigment gemischt werden kann, bevor die Farbenempfindung unterdrückt wird. Man kann die Nüancirung der Farbe durch ein Maximum von *Weiss* als die untere Gränze der Farbennüance auffassen im Gegensatz zu der Nüancirung der Farbe durch ein Minimum von *Weiss*, als der oberen Gränze. Um nun die erstere Gränze genauer zu bestimmen, wurden die Versuche mit den Masson'schen Scheiben so angestellt, dass ich 1) nicht wusste, was für Scheiben an dem Apparate rotirten. Die Scheiben wurden von einem Gehülfen angesteckt, in Drehung versetzt und erst, wenn die Rotation ganz schnell war, gab ich an und notirte sofort, was ich auf den einzelnen Scheiben gesehen hatte. Dann wurde darunter notirt, welche Sectoren auf den Scheiben gewesen waren, wenn dieselben wieder stillstanden. 2) Um die Zuverlässigkeit meiner Angaben einer weiteren Prüfung zu unterwerfen, wurde von dem Gehülfen nach Belieben eine ganz weisse Scheibe ohne Sector angesteckt und gedreht, so dass ich immer die Möglichkeit hatte, eine positive Angabe zu notiren, wo nichts zu sehen war, und eine negative, wo etwas zu sehen war. 3) wurden für jeden Sector eines jeden Pigmentes 10 Beobachtungen gemacht, und also die Fechner'sche *Methode der richtigen und falschen Fälle (Psychophysik I, p. 71, 73, 139 u. f.)* angewendet. Da sich bald herausstellte, dass Sectoren von 5° meist mit Sicherheit erkannt wurden, sind für diese nur je 5 Beobachtungen gemacht worden. 4) Beobachtete ich sowohl die Sichtbarkeit eines Kranzes überhaupt, als die Färbung desselben. 5) Der Apparat behielt immer denselben Stand dem Fenster gegenüber, die Beobachtungen wurden immer zu derselben Tageszeit und bei heiterm Himmel gemacht; ich selbst befand mich in möglichster Nähe der Scheiben und machte kleine Bewegungen mit dem Kopfe nach der Scheibe hin und von derselben zurück.

In der folgenden Tabelle XXI. habe ich meine 236 Einzelbeobachtungen zusammengestellt und nach den Pigmenten und nach der Grösse der Sectoren geordnet.

Tabelle XXI.

Sectoren.	$1^0 = 1/_{240}$	$2^0 = 1/_{180}$	$3^0 = 1/_{120}$	$5^0 = 1/_{72}$
Schwarz	7mal nichts 2 » unbestimmt 1 » gelblich	6mal nichts 4 » grau 1 » gelblich	1mal nichts 4 » grau 5 » grünlich	5mal grau.
(Zinnober) Roth	8mal nichts 1 » unbestimmt 1 » gelblich	9mal nichts 1 » unbestimmt	4mal grau 6 » röthlich	4mal röthlich. 1 » grau.
(Mennige) Orange	9mal nichts 1 » gelblich	2mal nichts 3 » unbestimmt 5 » röthl.-gelbl.	1mal mattes Grün 9 » röthlich	5mal röthlich.
(Chrom. Blei) Gelb	8mal nichts 1 » unbestimmt 1 » gelblich	6mal nichts 6 » gelblich	2mal nichts 8 » gelblich	6mal gelb.
(Kupfer Ars.) Grün	9mal nichts 1 » gelblich	3mal nichts 3 » gelblich 6 » grünlich	1mal nichts 1 » unbestimmt 8 » grünlich	8mal grünlich. 1 » graubläulich
(Ultramarin) Blau	9mal nichts 1 » gelblich	4mal nichts 5 » grau 1 » bläul.-grünl.	6mal grau 4mal blau	1mal grau. 1 » graublau 3 » blau.
Schwarze ohne Sector.	10mal nichts, 1mal grünlich-gelblich, 3mal grünlich, 1mal gelblich.			

Aus dieser Tabelle können wir Folgendes entnehmen:

1) Die Gränze der Empfindlichkeit für eine Farbe wird erreicht, wenn dieselbe mit 120 bis 180 Theilen *Weiss* gemischt wird. Bei 3^0 *Sector* sind bei weitem die meisten Bestimmungen richtig, bei 2^0 durchschnittlich ungefähr die Hälfte richtig, und für 1^0 kann man geradezu annehmen, dass nichts erkannt worden ist, was wir in § 67 besprechen werden.

2) Die Gränze ist daher ziemlich dieselbe, welche für die Wahrnehmbarkeit von Helligkeitsdifferenzen in diesen und in früher beschriebenen Versuchen (§ 41 Tabelle IX) gefunden worden ist. — Dass nun

farbige Sectoren eben so gut auf den Masson'schen Scheiben gesehen werden, wie schwarze Sectoren, muss auffallend sein, wenn wir folgendes erwägen: es muss ceteris paribus von Schwarz weniger Licht reflectirt werden, als von einem Pigmente; ein Kranz von einem schwarzen Sector muss also weniger Licht reflectiren, als ein Kranz von einem farbigen Sector; folglich muss die Lichtdifferenz gegen Weiss bei einem schwarzen Sector grösser sein, als bei einem farbigen Sector. Nehmen wir an, von Schwarz komme gar kein Licht in das Auge, von Roth ½ des weissen Lichtes, von Chromgelb, welches die ganze untere Seite des Spektrum bis zum Grün einnimmt, kämen ¾ des weissen Lichtes, so bekommen wir nach der Formel für die Differenzen der Lichtintensitäten des Kranzes und der Scheibe $= d$ (§ 10) bei einem Sectorabschnitt von 3°

$$\text{für } \textit{Schwarz } d = \frac{360 - (360 - 3)}{360} = \frac{3}{360}$$

$$\text{für } \textit{Roth } d = \frac{360 - (360 - 3\,(1 - \tfrac{1}{2}))}{360} = \frac{2,5}{360}$$

$$\text{für } \textit{Gelb } d = \frac{360 - (360 - 3\,(1 - \tfrac{3}{4}))}{360} = \frac{1}{360}$$

d. h. die Helligkeitsdifferenz ist bei einem gelben Sector von 3° so gross wie bei einem schwarzen Sector von 1°. Ein schwarzer Sector von 1° giebt aber keinen sichtbaren Kranz — ein gelber Sector von 3° hat unter 10 Bestimmungen 8mal einen sichtbaren Kranz gegeben. Es kann folglich nicht die geringere Helligkeit eines Pigmentes sein, wodurch es sich bei der stärksten Vermischung mit Weiss von der weissen Umgebung unterscheidet, sondern seine besondere Wirkung als Farbe, welche dasselbe auf unsere Netzhaut ausübt.

3) Vergleichen wir die verschiedenen Pigmente mit Rücksicht auf die Helligkeitsdifferenzen und die Färbungen der Kränze, so zeigt sich, dass bei Orange, Gelb und Grün sowohl bei Sectoren von 2° als 3° zugleich die Färbung hervorgetreten ist, bei Roth und Blau dagegen für Sectoren von 3° ziemlich eben so oft eine Helligkeitsdifferenz, als eine Färbung notirt worden ist, für Sectoren von 2° bei Blau nur die Helligkeitsdifferenz aufgefallen ist. Nehmen wir die oben gegebene Formel für Roth als richtig an, so würde sich für 2° eine Helligkeitsdifferenz von $\frac{1}{216}$ ergeben, welche jenseits der Gränze der Unterschiedsempfindlichkeit liegt; da aber die Färbung schon bei dem rothen Sector von 3° sehr undeutlich gewesen ist, so wird auch von dieser nichts haben wahrgenommen werden können — daher ist der Sector von 2° Roth gar nicht gesehen worden. Daraus würde zu schliessen sein, dass Orange, Gelb und Grün den Farbensinn stärker afficiren als Roth und als Blau — was mit den früher besprochenen Ergebnissen ziemlich übereinstimmt.

4) Die Untersuchungen lehren uns ferner, wie stark ein weisser Grund durch Schwarz oder durch Farben verunreinigt sein kann, ohne

dass wir im Stande sind, es wahrzunehmen. Wir sind zu dieser Wahrnehmung bei den Masson'schen Scheiben offenbar in sehr günstigen Verhältnissen, da Kranz und Grund der Scheiben unmittelbar an einander grenzen, da wir ferner im Voraus wissen, was zu sehen sein wird, und endlich wissen, wo es zu sehen sein wird. Wir werden daher annehmen können, dass wir auf einer weissen Fläche wie Papier, Leinwand u. s. w. Ungleichmässigkeiten in Helligkeit oder Färbung unter den günstigsten Umständen nicht mehr wahrnehmen können, wenn dieselben weniger als $\frac{1}{100}$ von einander differiren.

§ 67. Es ist nothwendig, sich über den Grad der Zuverlässigkeit dieser Bestimmungen klar zu werden, und da hier zum ersten Male die *Methode der richtigen und falschen Fälle* (Fechner) von mir angewendet worden ist, so will ich meine Bedenken gegen die Anwendung derselben auf dem Gebiete der Physiologie der Sinne hier mittheilen. Die Bestimmungen werden beeinflusst a) von objectiven, b) von subjectiven Verhältnissen. Zu den ersteren gehört vor Allem der Einfluss der Beleuchtung. Denn wir haben § 37 und § 42 gesehen, dass die Unterscheidung von Helligkeitsdifferenzen abhängig ist von der absoluten Helligkeit. Ein helleres oder dunkleres Tageslicht wird also Verschiedenheiten der Beobachtungsresultate bedingen: bei günstigster Beleuchtung werde ich z. B. einen Kranz von 2^0 Sector sehen können, bei stärkerer oder schwächerer Beleuchtung aber nicht. Dann ist das Tageslicht von verschiedener Färbung; es ist manchmal mehr, manchmal weniger blau. Ist es bläulich, so wird von einem blauen Sector mehr blaues Licht reflectirt, als wenn es weisslich ist, wo dann verhältnissmässig mehr Licht von dem weissen Grunde zurückstrahlt; dadurch wird der Contrast geändert, und es wird in Folge dessen ein und derselbe Sector einen bläulichen Kranz an dem einen Tage, an dem andern Tage einen mehr grauen Kranz bilden. Denn wir dürfen nicht vergessen, dass wir uns in diesen Versuchen immer an der äussersten Gränze des Wahrnehmbaren befinden, eine sehr kleine Veränderung also schon entgegengesetzte Ergebnisse hervorbringt. — Ferner werden die Scheiben Ungleichmässigkeiten darbieten; es ist kaum anzunehmen, dass auf 25 Scheiben das Papier ganz gleich und gleichmässig sein wird, auch wenn wir ausser Stande sind, eine Ungleichmässigkeit wahrzunehmen, wie aus der letzten Betrachtung des vorigen Paragraphen hervorgeht. Durch Summirung der Ungleichmässigkeiten zu einander und ihre Wirkung mit oder gegen den Sector muss die Wahrnehmbarkeit des Kranzes in dem einen oder andern Sinne beeinflusst werden.

Viel wichtiger sind aber die subjectiven Einflüsse; sie werden um so grösser werden, je länger die Versuche dauern: wenn z. B. ein halbes Jahr lang wöchentlich 2 Versuchsreihen gemacht werden, so wird der Beobachter im letzten Monate viel geübter sein, als im ersten. Man kann also nicht einfach addiren, sondern muss fractioniren. Aber in jeder einzelnen Beobachtungsreihe wechselt das subjective Urtheil, die Aufmerksamkeit, die Empfindlichkeit. Habe ich z. B.

in einer Beobachtung einen Sector angegeben, wo die weisse Scheibe ohne ec-tor gedreht worden ist, so bin ich das nächste Mal vorsichtiger, d. h. ich ändere den Maasstab in der Beurtheilung des Ebenmerklichen. Habe ich dann den Kranz eines Sectors z. B. von 3° Grün nicht wahrgenommen, so passe ich das nächste Mal gespannter auf. — Habe ich schon 10 Bestimmungen gemacht, so ist die Empfindlichkeit eine andere, als im Anfange; ein deutlicher Kranz, den ich eben gesehen habe, wirkt vielleicht als Nachbild oder Erinnerungsbild fort. Es ist ferner unvermeidlich, immer dieselbe Zeit auf die Einzelbestimmung zu ver-wenden: glaube ich einen Kranz deutlich zu sehen, so ist die Beobachtung in einer Secunde beendet; bin ich zweifelhaft, so dauert das Sehen auf die Scheibe vielleicht 20 Secunden, und bei der dritten Scheibe bin ich dann für den Augenblick offenbar sensuell und psychisch ermüdet. — Dazu kommen Einflüsse von Gemüthsaffecten: wenn ich 1000 Beobachtungen vor mir habe, so beob-achte ich in einer gedrückteren Stimmung, als wenn ich schon 900 davon hinter mir habe. Das muss einen Einfluss auf die einzelne Beobachtung haben. — Es ist gradezu unmöglich, alle die kleinen Nüancen in der Wahrnehmbarkeit zu be-achten und zu notiren, je mehr sich aber die Beobachtungen häufen, um so mehr findet der Satz Anwendung: *quod non est in actis, non est in mundo*.

Durch viele Tausende einzelner Beobachtungen mag eine Ausgleichung vieler von diesen Einflüssen herbeigeführt werden können, wie ja auch Fechner bei Gelegenheit seiner 25000 Druckbestimmungen *(Psychophysik I. p 93* und *182)* nachgewiesen hat, — indess ist doch auch dann immer noch die Frage, ob man nicht viele sehr zu beachtende Einflüsse mit hinwegnivellirt, da eine Beachtung aller Einflüsse gradezu eine Unmöglichkeit ist.

Und dann würde im günstigsten Falle das Resultat immer nur für das e i n e Individuum, welches beobachtet hat, gelten; eine Wiederholung der Versuche durch einen zweiten Beobachter aber eben so grosse Differenzen ergeben kön-nen, als bei der Anstellung weniger Versuche, und dann müssten wieder Tau-sende von Beobachtern zugezogen werden.

Wenn aber die Versuchsresultate auf Formeln zurückgeführt werden, so werden sich doch immer Abweichungen der beobachteten Werthe von den be-rechneten Werthen herausstellen, und es wird in jedem Falle Sache des *judicium*, der *secunda Petri*, um mit Kant zu reden, sein, ob man die Formel als zutreffend ansehen kann oder nicht.

Mir scheint daher die massenhafte Häufung von Beobachtungen in ihren Resultaten nicht im Verhältnisse zu stehen zu der dazu erforderlichen Zeit und Mühe. Was die vorliegenden Versuche betrifft, so glaube ich durch die wenigen § 41 und 42 angeführten Beobachtungen weiter gekommen zu sein, als durch die im vorigen Paragraph rubricirten viel zahlreicheren Bestimmungen.

Im Speciellen habe ich zu den Versuchen der Tabelle XXI. zu bemerken, dass bei den Sectoren von 1° angenommen werden zu müssen scheint, dass nie-mals ein von dem Sector herrührender Kranz gesehen worden ist. Denn bei den

20 Beobachtungen der weissen Scheibe ist auch viermal ein gelblicher Kraus angegeben worden, wo doch entschieden kein objectiver Kraus vorhanden gewesen ist, und damit correspondirend ist bei den Sectoren von 1° in 10 Beobachtungen ein oder zwei Mal eine wahrscheinlich falsche Angabe gemacht. Danach würde nun auch die Zahl der richtigen Fälle für 2°, 3° und 5° zu corrigiren sein — dass man dadurch aber, wie leicht zu übersehen ist, zu falschen Resultaten kommt, liegt an der viel zu kleinen Zahl der Beobachtungen. Woher übrigens die falschen Angaben rühren, weiss ich mir nicht zu erklären.

§ 68. Es ist selbstverständlich, dass mit *Weiss* gemischte Pigmente um so eher aufhören werden, farbig zu erscheinen, je schwächer die Beleuchtung ist, je kleiner der Gesichtswinkel wird und je weiter von der Gesichtslinie abweichend das Bild auf die Netzhaut fällt. Ueber den ersten Punkt habe ich früher Experimente angestellt, welche zugleich zeigen sollten, dass die Empfindlichkeit für Helligkeitsunterschiede von der absoluten Helligkeit abhängig ist. Da dieser Punkt durch genauere Versuche im 3. Capitel des 1. Abschnitts inzwischen erledigt ist, so führe ich dieselben hier nur so weit an, als sie sich auf die Wahrnehmbarkeit von Farbennüancen beziehen, und verweise übrigens auf meine *Beiträge zur Physiologie der Netzhaut in: Abhandlungen der Schlesischen Gesellschaft 1861, Abtheil. für Natur. Heft I. p. 94* oder MOLESCHOTT, *Untersuchungen Bd. VIII. p. 302 u. f.*

Tabelle XXII. giebt eine Uebersicht der einzelnen Resultate, geordnet nach den Pigmenten und nach der Grösse der farbigen Sectoren. Die Zahlen in den 5 letzten Columnen bedeuten die Grösse, welche die Seite der quadratischen Diaphragmaöffnung mindestens haben musste, wenn eine Färbung des Kranzes wahrnehmbar sein sollte. Die nicht ausgefüllten Felder zeigen an, dass bei der grössten Oeffnung des Diaphragma = 200 Mm. Seite die Kränze nicht farbig erschienen; die Zahlen mit Fragezeichen bedeuten, dass ich in meinem Urtheile schwankend war; die eingeklammerten Zahlen unter *Grün* zeigen an, dass der Kranz zwar farbig erschien, aber zwischen Blau und Grün keine Entscheidung getroffen werden konnte, sondern erst bei den daneben stehenden Zahlen für die Grösse der Lichtquelle Grün als solches erkannt werden konnte.

Tabelle XXII.

Sectoren.	Seite der Diaphragmaöffnung in Millimetern.				
	Roth.	Orange.	Gelb.	Grün.	Blau.
60°	20	10	20	(30) 100	20
30°	30	20	30	(40) 100	20
15°	50	20	40	(50) 200	30
10°	100	50	200	(50) 200	200
5°		100?	200?		200
3°		200?			

In Bezug auf die Empfindlichkeit für Farbennüancen bei verminderter Helligkeit haben die Untersuchungen ergeben: 1) dass je mehr die Stärke der Beleuchtung abnimmt, der farbige Sector, welcher den Kranz erzeugt, um so grösser
sein muss, wenn eine Färbung soll wahrgenommen werden können; was nach
den Versuchen in § 62 zu erwarten war. 2) dass *Orange* bei den geringsten Beleuchtungen und verhältnissmässig kleinsten Sectoren als farbig erkannt worden
ist, dann *Gelb*, dann *Roth* und *Blau*. Bei *Grün* ist wieder die Eigenthümlichkeit
hervorgetreten, dass es bei schwächeren Beleuchtungen mehr bläulich erscheint.
(cf. § 55 u. § 61, 3, 3 dass die Kränze bei geringerer Beleuchtung sichtbar
sind, als sie farbig erscheinen.

§ 69. Es handelte sich bei den Bestimmungen des vorigen Paragraphen
nicht um die Empfindung von Farbenunterschieden, sondern um die Empfindung von Farbe überhaupt. Wir haben jetzt zu untersuchen, wie weit wir
im Stande sind, Unterschiede von Farbennüancen zu empfinden. Wir
werden also zwei Farbennüancen zu bilden haben, welche sich von einander
durch eine gewisse Menge *Weiss*, von welchem die eine Nüance mehr enthält, als
die andere, unterscheiden, und bestimmen, bei welcher Differenz des zugesetzten
Weiss eben noch ein Unterschied merklich ist. Auf diese Weise bestimmen wir
die Unterschiedsempfindlichkeit für Farbennüancen.

Zur Erledigung dieser Vorlage habe ich für 3 von meinen Pigmenten, für
Roth, *Orange* und *Blau* Mischungen mit *Weiss* durch Anwendung der rotirenden
Scheiben hergestellt. Auf die weisse Scheibe *B*
Figur 25 ist ein Sectorabschnitt *C* eines Pigmentes
von 1° aufgeklebt; eine durch den Schlitz der
Scheibe *B* gesteckte, mit dem Sectorabschnitt
gleichfarbige Scheibe *A*, welche gleichfalls radial
geschlitzt ist (s. *Figur 14* § 40), wird so weit über
B geschoben, dass der farbige Sector *x*° beträgt,
der weisse also 360° — *x* und die Grösse *x* so
lange geändert, bis an der schnell rotirenden
Scheibe eben noch mit Mühe ein Kranz unterschieden werden kann. In dem Kranze wird also
x° + 1° des Pigments mit 360° — (*x*° + 1°) des
Weiss gemischt, an dem Grunde der Scheibe aber

Fig. 25.

x° Pigment mit 360° — *x*° des *Weiss*; oder wenn wir das farbige Pigment mit *P*,
Weiss mit *W* bezeichnen, so bekommen wir für das Verhältniss *V* des Kranzes zur Scheibe:

$$V = \frac{(x+1)\,P + (360 - (x+1))\,W}{x\,P + (360 - x)\,W}.$$

Ein Sector von 1° *Roth* giebt, wie wir eben gesehen haben, auf einer weissen Scheibe keinen bemerkbaren Kranz; wird durch Vorschieben der rothen
Scheibe über die weisse Scheibe die Menge des in die Nüance eintretenden *Weiss*

vermindert, so zeigt sich ein Kranz auf der Scheibe, welcher durch den 1° *Roth* erzeugt wird. Ich habe für die Gränze der Merklichkeit des Kranzes gefunden das Verhältniss

$$\text{für } Roth \quad V = \frac{236 \; Roth + 124 \; Weiss}{235 \; Roth + 125 \; Weiss} \tag{1}$$

Wurde die Menge des *Weiss* in dieser Gleichung vermehrt, indem der Sector der rothen Scheibe verkleinert wurde, so war keine Spur von einem Kranze mehr zu bemerken; wurde die Anzahl der Grade für *Weiss* kleiner genommen, so war ein sehr deutlicher dunklerer Kranz sichtbar, welcher um so mehr hervortrat, je geringer die Menge des zugemischten *Weiss* wurde.

Für *Orange* fand sich:

$$V = \frac{311 \; Orange + 49 \; Weiss}{310 \; Orange + 50 \; Weiss} \tag{2}$$

und für *Blau*

$$V = \frac{186 \; Blau + 174 \; Weiss}{185 \; Blau + 175 \; Weiss} \tag{3}$$

Auch bei diesen beiden Pigmenten erschien der Kranz um so deutlicher, je mehr *Weiss* der Mischung entzogen wurde und durch die Pigmente ersetzt. Daraus geht hervor, dass ein Zusatz von $\frac{1}{10}$ *Weiss* zu einem intensiv gefärbten Pigmente eine sehr deutliche und auffallende Veränderung in der Nüance ihrer Farbe erzeugt, und dass schon eine noch geringere Menge genügt, um eine eben merkliche Veränderung der Nüance hervorzubringen. Und zwar wird *Blau* durch eine geringere Menge von zugemischtem *Weiss* in seiner Nüance merklich geändert, als *Roth*, *Roth* aber durch eine geringere Menge, als *Orange*. — Denn offenbar ist es einerlei, ob ich einen Sectorabschnitt von 1° *Weiss* auf eine farbige Scheibe aufklebe und so viel *Weiss* zusetze, bis der hellere Kranz eben unterschieden werden kann, oder ob ich 1° Pigment auf eine weisse Scheibe klebe und so viel gleichnamiges Pigment zusetze, bis eben ein dunklerer Kranz wahrgenommen werden kann; nur bezieht sich dann der eine Ausdruck statt auf den Kranz auf den Grund der Scheibe und umgekehrt. — Je mehr *Weiss* sich aber in der Mischung befinden muss, damit die Gränze der Ebenmerklichkeit erreicht werde, um so weniger *Weiss* wird genügen müssen, um dem unvermischten Pigmente eine hellere Nüance zu verleihen.

Es ist mit Rücksicht auf die Auseinandersetzungen im § 38 u. f. leicht zu übersehen, dass die Helligkeit des Pigmentes an sich darauf von Einfluss sein muss, ob eine grössere oder geringere Menge von *Weiss* eine Nüancirung hervorbringt; denn je dunkler eine Farbe ist, um so mehr differirt sie gegen *Weiss*; 1° *Weiss* ist also für eine lichtarme Farbe ein grösserer Werth, als für eine lichtreiche Farbe. Es ist wahrscheinlich, dass die gefundenen Verschiedenheiten zwischen *Blau*, *Roth* und *Orange* nur von der Helligkeit der Farben an sich herrühren.

Da aber in meinen Pigmenten nur unerhebliche Mengen von *Weiss* oder *Schwarz* enthalten sind, so werden wir die Ergebnisse dieser Versuche auch auf Farben anwenden können und den Satz aufstellen: die Nüance einer Farbe (d. h. eines und desselben Farbentones) wird um so leichter merklich geändert, je weniger weisses Licht in derselben enthalten war.

Hieraus ist es wohl zu erklären, dass sehr gesättigte Pigmente, namentlich blaue Papiere und Gewebe, als so äusserst empfindlich gegen mechanische Eingriffe, Verunreinigungen, Staub u. s. w. bezeichnet werden: denn wie wir gesehen haben, kann eine Ungleichmässigkeit von weniger als $\frac{1}{10}$ auf *Weiss* nicht mehr wahrgenommen werden, während eine Ungleichmässigkeit, welche eine grössere Helligkeit des Pigmentes setzt, noch nicht $\frac{1}{10}$, wahrscheinlich nur $\frac{1}{100}$ zu betragen braucht, um empfunden werden zu können.

§. 70. Wir haben die Empfindlichkeit für Farbennüancen zu bestimmen gesucht, indem wir ein Pigment mit farblosem Lichte mischten, und zwar mit farblosem Lichte, welches viel intensiver war, als das farbige Licht. Mit der Erzeugung der Farbennüancen muss nothwendig ohne Abnahme der Farbenintensität in jedem einzelnen Punkte der farbig erscheinenden Fläche verbunden sein. Wollen wir den Einfluss, welchen die Abnahme der Farbenintensität für sich auf die Wahrnehmbarkeit der Farben ausübt, untersuchen, so werden wir die Farbe einer kleinen Fläche über eine grosse sonst lichtlose Fläche zu vertheilen haben: und das lässt sich wiederum mit unseren Scheiben erreichen, wenn wir einen Sectorabschnitt auf einer schwarzen Scheibe rotiren lassen. Wenn ein farbiger Sectorabschnitt von 1° auf eine schwarze Scheibe aufgeklebt, und dieselbe in Rotation gesetzt wird, so muss in jedem Punkte des Kranzes die Farbenintensität 360mal geringer sein, als die Farbenintensität des reinen Pigmentes. Man wird übersehen, dass wir hier denselben Effect hervorbringen, wie wenn wir die Beleuchtungsintensität für ein Pigment auf schwarzem Grunde vermindern, worüber in §. 60 und 61 gehandelt worden ist. Dort haben wir ausser der Gesammthelligkeit auch noch den Adaptationszustand unseres Auges verändert. Wenn wir eine schwarze Scheibe mit farbigem Sector in verbreiteten Tageslichte rotiren lassen, so wird die übrige Beleuchtung im Gesichtsfelde und die Adaptation des Auges nicht verändert.

Es hat sich ergeben, dass ein Sector *Roth*, *Orange* und *Blau* von 1° auf einer schwarzen Papierscheibe rotirend immer einen deutlichen farbigen Kranz erkennen lässt.

Damit ist also die Gränze der Empfindlichkeit für Farbenintensitäten noch nicht erreicht. Denn erstens ist der Kranz nicht an der Gränze der Sichtbarkeit, und zweitens ist, wie wir §. 39 gesehen haben, das schwarze Papier nicht lichtlos, sondern reflectirt eine gewisse Menge weissen Lichtes. Wir verändern mithin in diesen Versuchen nicht nur die Farbenintensität, sondern auch die Farbennüance. Es wird aus den folgenden Versuchen hervorgehen, dass die Intensität jener Farben um viel mehr als um 360 Male vermindert werden muss, um an die Gränze der Empfindlichkeit zu gelangen. — Vorher will ich nur anführen, dass 1° *Orange* den deutlichsten Kranz gab, demnächst *Roth*, dann *Blau*, und dass *Blau* nicht wie in jenen Versuchen mit adaptirtem Auge eine grössere Helligkeit zeigte, sondern wie in den Versuchen bei abnehmendem Gesichtswinkel einen tief dunkeln Kranz hervorbrachte. Dies scheint mir für meine oben (§ 62 zu Ende) gemachte Annahme zu sprechen, dass blaues Licht das adaptirte Auge stärker afficirt, als das nicht adaptirte Auge.

Um nämlich die Abschwächung des Farbeneindrucks durch die Nüancirung nachzuweisen, war es nur nöthig, die Menge des weissen Lichtes, welches von der Scheibe reflectirt wird, zu vermehren. Dies kann geschehen, wenn ich über die schwarze Scheibe einen weissen Sector schiebe, so dass wie in Figur 23 pag. 144 *C* den farbigen Sector von 1°, *B* die schwarze, *A* die weisse Scheibe darstellt. Die Versuche haben ergeben, dass für 1° *Orange* auf *Schwarz* noch 105° *Weiss*, für 1° *Roth* 38° *Weiss*, für *Blau* 29° *Weiss* zugesetzt werden mussten, ehe die Gränze der Empfindlichkeit erreicht wurde. Daraus ergiebt sich für das Verhältniss des Kranzes zur Scheibe

$$\text{für } Orange \; V = \frac{1° \; Orange + 254 \; Schwarz + 105 \; Weiss}{254 \; Schwarz + 105 \; Weiss} \tag{4}$$

$$\text{für } Roth \; V = \frac{1° \; Roth + 321 \; Schwarz + 38 \; Weiss}{322 \; Schwarz + 38 \; Weiss} \tag{5}$$

$$\text{für } Blau \; V = \frac{1° \; Blau + 330 \; Schwarz + 29 \; Weiss}{331 \; Schwarz + 29 \; Weiss} \tag{6}$$

d. h. bei einer 360maligen Verminderung der Farbenintensität dieser Pigmente ist die Färbung derselben noch deutlich zu erkennen; erst eine hinzukommende Verminderung des Sättigungsgrades (der Farbennüance) schwächt den Farbeneindruck bis zur Ebenmerklichkeit.

Ein Vergleich der drei Pigmente mit einander ergiebt, dass *Orange* am meisten, demnächst *Roth*, am wenigsten aber *Blau* in seiner Intensität und seiner Nüance verändert werden muss, was mit den obigen Versuchen § 60 in Uebereinstimmung ist.

Bei allen diesen Bestimmungen erschien der Kranz immer farbig — bei einer Vermehrung des *Weiss* war überhaupt kein Kranz mehr sichtbar, und hierin zeigt sich ein Unterschied gegen die Versuche in § 60, wo der Kranz auf weissen Scheiben zwar noch überhaupt sichtbar war, aber nicht farbig erschien, ausser bei *Orange*. Dieser Unterschied ist sehr begreiflich.

In den letzten Versuchen ist mit der Veränderung der Farbennüancen durch Zumischung von *Weiss* zugleich die absolute Helligkeit der Scheiben vermehrt worden, und damit, indem die Farben an Helligkeit zwischen *Schwarz* und *Weiss* stehen, der Contrast des Kranzes gegen den Grund der Scheibe erheblich abgeschwächt worden. Die Helligkeitsdifferenz hat sich also nicht mehr bemerklich machen können, sondern nur der Farbeneindruck.

§ 71. Mit Bezug auf diesen Punkt, so wie als Ergänzung der Bestimmungen für Farbennüancen auf weissen Scheiben, endlich im Anschluss an die Versuche in § 68 schien es mir wünschenswerth, das Verhältniss des Einflusses von Farbenintensitäten und Farbennüancen auf den Farbensinn zu untersuchen. Dazu ist nur eine Umkehrung der zuletzt beschriebenen Versuche erforderlich: man klebt farbige Sectoren von 1° auf eine weisse Scheibe, und setzt so viel *Schwarz* hinzu, bis der Kranz eben farbig erscheint. In den Versuchen der vorigen Paragraphen war an Stelle von 1° *Schwarz* 1° *Pigment* gesetzt worden — Jetzt wird an Stelle von 1° *Weiss* 1° *Pigment* gesetzt werden; dort ein Helleres an Stelle eines Dunkleren, hier umgekehrt.

Die Versuche haben folgende Verhältnisse des farbigen Kranzes zum farblosen Grunde der Scheibe ergeben:

$$\text{für } \textit{Orange } V = \frac{1° \textit{ Orange} + 265 \textit{ Schwarz} + 94 \textit{ Weiss}}{265 \textit{ Schwarz} + 95 \textit{ Weiss}} \tag{7}$$

$$\text{für } \textit{Roth } V = \frac{1° \textit{ Roth} + 200 \textit{ Schwarz} + 159 \textit{ Weiss}}{200 \textit{ Schwarz} + 160 \textit{ Weiss}} \tag{8}$$

$$\text{für } \textit{Blau } V = \frac{1° \textit{ Blau} + 270 \textit{ Schwarz} + 89 \textit{ Weiss}}{270 \textit{ Schwarz} + 90 \textit{ Weiss}} \tag{9}$$

Wurde der schwarze Theil der Scheibe vergrössert, so erschienen die Kränze deutlicher und intensiver gefärbt, wurde er verkleinert, so war zwar bei *Roth* und *Blau* noch ein Kranz zu bemerken, derselbe erschien aber nicht farbig. Für *Blau* konnte ein Kranz noch wahrgenommen werden bei 170° *Schwarz*, für *Roth* bei 185° *Schwarz*. Die bedeutende Differenz für *Blau* erklärt sich vollständig aus den Helligkeitsverhältnissen. Denn 1° *Blau* an Stelle von 1° *Weiss* setzt eine bedeutende Helligkeitsdifferenz, da aber die Wirkung des blauen Pigmentes auf den Farbensinn schwach ist, so wird eine erhebliche Mischung mit *Weiss* dieselbe ganz vernichten, ohne in gleichem Grade die Helligkeitsdifferenz aufzuheben. Das Umgekehrte macht sich beim *Orange* geltend: seine Helligkeitsdifferenz gegen *Weiss* ist gering, aber seine Wirkung als Farbe sehr intensiv. Daher ist zwar eine bedeutende Menge von *Schwarz* erforderlich um seiner Nüancirung durch *Weiss* entgegenzuwirken; wenn das *Orange* aber sichtbar wird, so wird es vermöge seiner Farbenintensität, nicht vermöge seiner Helligkeitsdifferenz sichtbar und erscheint daher immer als farbiger, nicht als dunklerer Kranz. *Roth* steht zwischen beiden in der Mitte, es ist heller, aber intensiver farbig als *Blau*. — Von diesem Gesichtspunkte aus lassen sich die Differenzen zwischen den Ergebnissen des vorigen Paragraphen und der vorliegenden Versuche genügend erklären. — Ich füge, was mit dieser Erklärung sehr gut übereinstimmt, hinzu, dass ich an demselben Tage (einem sehr hellen Tage) für 1° *Schwarz* gefunden habe

$$V = \frac{1 \textit{ Schwarz} + 165 \textit{ Schwarz} + 194 \textit{ Weiss}}{165 \textit{ Schwarz} + 195 \textit{ Weiss}} \tag{10}$$

woraus sich ergiebt $d = \frac{1}{165}$, also eine höhere Zahl, als in den Versuchen § 41 gefunden worden ist.

Rücksichtlich der Qualität des Erscheinens der Kränze habe ich noch anzuführen, dass bei dem Kranze von $1°$ *Orange* nur ein matter gelblicher Schein ohne scharfe Begränzung zu bemerken war, während der Sector von $1°$ *Roth* einen bräunlichen Kranz lieferte. *Blau* dagegen machte sich nur in complementarem Sinne bemerklich, indem das Grau des Kranzes rein grau, der Grund der Scheibe aber gelblich grau erschien; auch bei noch grösserer Ausdehnung des schwarzen Sectors war ein positives Blau nicht wahrzunehmen, dagegen ein sehr gelbes Grau auf dem Grunde der Scheibe.

Dass die Erscheinung von Kränzen in diesen Versuchen auf Helligkeitsdifferenzen beruht, geht auch aus Versuchen hervor, in denen ein Sectorabschnitt von $1°$ *Schwarz* auf eine weisse Scheibe geklebt war, und eine farbige Scheibe über die weisse Scheibe geschoben wurde. Bei einem gewissen Verhältnisse der farbigen zur weissen Scheibe erschien dann ein dunklerer Kranz; bei Vergrösserung der farbigen Scheibe erschien der Kranz deutlicher und umgekehrt.

Eben wahrnehmbar war ein Kranz, wenn für *Roth* und *Blau*

$$V = \frac{1 \; Schwarz + 155 \; Blau \, (Roth) + 201 \; Weiss}{156 \; Blau \, (Roth) + 205 \; Weiss} \qquad (11$$

war, für *Orange* aber

$$V = \frac{1 \; Schwarz + 180 \; Orange + 179 \; Weiss}{180 \; Orange + 180 \; Weiss} \qquad (12)$$

Vergleicht man damit (1) (2) und (3), so ist hier die Menge des in die Nüance eingetretenen *Weiss* viel grösser, als dort, wo statt des schwarzen Sector von $1°$ farbige Sectoren angewendet worden waren. Je mehr *Weiss* aber der Scheibe zugesetzt wird, um so undeutlicher wird der Kranz, folglich muss der schwarze Sector von $1°$ eine grössere Differenz gesetzt haben, als ein farbiger Sector, und diese kann nur eine Helligkeitsdifferenz sein.

Uebrigens ist es nicht möglich dem farbigen Kranze auf farbigem Grunde anzusehen, ob die Dunkelheit durch einen schwarzen oder durch einen farbigen Sectorabschnitt hervorgebracht wird. Da aber in den Versuchen (1) (2) und (3) durch die farbigen Sectorabschnitte nur verschiedene Farbennüancen, in den letzten Versuchen 11) und (12 verschiedene Intensitäten einer Farbennüance erzeugt worden sind, so geht daraus hervor, dass Farbennüancen nicht sicher von Farbenintensitäten unterschieden werden können. Wir werden hierauf in § 75 zurückkommen.

§ 72. Dass ein Pigment, welches 360 mal dunkler ist, als das vom Tageslichte beleuchtete Pigment, noch einen deutlichen Farbeneindruck hervorbringt, haben uns die Versuche (4) (5) (6) gelehrt; es wird nun die Frage sein, ob zwei Farbenempfindungen von einander unterschieden werden können, wenn die eine Farbe nur $\frac{1}{3\frac{1}{2}}$ n weniger intensiv ist, als die andere? Es hat sich gezeigt, dass ein Sector von $1°$ *Schwarz* auf einer farbigen Scheibe nicht mehr einen wahrnehmbaren Kranz hervorbringt; um die Versuche mit den andern Versuchen vergleichbar zu machen, wurde auf die schwarze Scheibe mit einem farbigen Sectorabschnitt von 1^0 eine gleichfarbige Scheibe, so weit geschoben, bis ein Kranz eben noch unterschieden werden konnte, es war mithin der Kranz um 1^0 *Schwarz* weniger verdunkelt, als der Grund der Scheibe. Folgende Gleichungen haben sich ergeben:

$$\text{für } \textit{Orange } V = \frac{1 \textit{ Orange} + 106 \textit{ Orange} + 264 \textit{ Schwarz}}{105 \textit{ Orange} + 255 \textit{ Schwarz}} \qquad (13)$$

$$\text{für } \textit{Roth } V = \frac{1 \textit{ Roth} + 60 \textit{ Roth} + 299 \textit{ Schwarz}}{60 \textit{ Roth} + 300 \textit{ Schwarz}} \qquad (14)$$

$$\text{für } \textit{Blau } V = \frac{1 \textit{ Blau} + 65 \textit{ Blau} + 294 \textit{ Schwarz}}{65 \textit{ Blau} + 295 \textit{ Schwarz}} \qquad (15)$$

Es ist hier dasselbe erreicht worden, als wenn ein schwarzer Sector von 1^0 auf einer farbigen Scheibe zur Bildung eines Kranzes gedient hätte und so viel *Schwarz* zugesetzt worden wäre, bis ein Kranz hätte bemerkt werden können. Wurde die farbige Scheibe grösser genommen, so verschwand der Kranz vollständig, wurde sie kleiner genommen, so erschien der Kranz deutlicher. Umgekehrt ist es bei den Farbennüancen (1) (2) (3) gewesen. Dagegen haben die farbigen Scheiben einen grösseren Theil des *Schwarz* verdecken müssen, damit die Gränze der Ebenmerklichkeit erreicht wurde, als die weissen Scheiben in (5) (6); nur in den Gleichungen für *Orange* (4) und (13) ist das Verhältniss dasselbe geblieben. Was ist der Grund dieser Verschiedenheit in dem Verhalten der Pigmente zu *Weiss?* Offenbar die Helligkeitsdifferenz und die Farbenintensität der Pigmente. *Orange* als das intensivste und hellste Pigment bringt mit vielem *Weiss* gemischt immer noch einen Farbeneindruck hervor, aber keine merkliche Helligkeitsdifferenz — ein geringerer Zusatz von *Schwarz* wird aber genügen, um bei *Orange* eine Helligkeitsdifferenz hervorzubringen, als bei *Roth* und *Blau*, die andererseits wegen geringerer Intensität durch Zusatz des intensiv wirkenden *Weiss* ihre F a r b e n w i r k u n g einbüssen.

§ 78. Wir haben mit Grassmann *für die Verschiedenheit der einzelnen homogenen Farben*, welche von der Schwingungsdauer abhängig ist, den Ausdruck „F a r b e n t o n" angenommen. Grassmann hat aber ferner den Satz bewiesen: *dass zwei Farben, deren jede constanten Farbenton, constante Farbenintensität und constante Intensität des beigemischten Weiss hat, auch constante Farbenwirkungen geben, gleichviel aus welchen homogenen Farben jene zusammengesetzt sind.* (Poggendorf Annalen, Bd. 89, 1853, p. 78), welchen Helmholtz einfacher dahin ausdrückt: *Gleich aussehende Farben gemischt geben gleich aussehende Mischungen.* (Physiologische Optik p. 283). Auf Grund dieses Satzes werden wir verschiedene F a r b e n t ö n e hervorbringen können, wenn wir Pigmente am Farbenkreisel mit einander mischen, und aus der Empfindlichkeit unseres Sehorgans für diese Mischungen auf die Empfindlichkeit desselben für die Farbentöne des Spectrum schliessen können.

Wird also ein rother Sectorabschnitt auf eine blaue Scheibe geklebt, so wird bei einer gewissen Grösse des Sectorabschnittes der Ton des Blau auf dem Kranze der rotirenden Scheibe geändert werden. Ich habe die 6 Combinationen der Pigmente *Roth*, *Orange* und *Blau* in der Weise untersucht, dass je ein Sector von 1° des einen Pigments auf Scheiben der andern Pigmente geklebt wurde und die Scheiben in schnelle Rotation gesetzt. Es hat sich ergeben, dass nur bei 1° *Orange* auf *Blau* eine Veränderung des Farbentones entstand, und zwar ein helleres und röthlicheres *Blau* erschien. Da es aber nicht wohl ausführbar ist, den Sectorabschnitt minutenweise zu vergrössern, so ersetzte ich, um die Sichtbarkeit des Kranzes zu erreichen, einen Theil der farbigen Scheibe durch eine schwarze Scheibe. Ich weiss sehr wohl, dass damit zugleich Farbenintensität und in geringem Grade auch Farbennüance geändert werden, aber immerhin giebt uns die Menge von *Schwarz*, welche in die Mischung aufgenommen werden muss, einige Auskunft, **wie leicht oder wie schwer der Ton einer Farbe durch Mischung mit einer andern Farbe verändert werden kann.** Unter diesem Gesichtspunkt ordne ich die folgenden Versuchsbestimmungen für die **Grösse, wo eine verschiedene Färbung des Kranzes** auftrat. Daneben in der letzten Columne der Tabelle XXIII. sind die Mengen des zugesetzten *Schwarz* angegeben, bei denen ein an Helligkeit differirender Kranz erschien.

Tabelle XXIII.

Farbe des Sectorabschnittes von 1°.	Farbe der Scheibe.	Menge des *Schwarz*	
		farbiger Kranz.	sichtbarer Kranz.
Orange	*Blau*	0	0
Orange	*Roth*	180	180
Roth	*Blau*	180	180
Blau	*Orange*	260	300
Blau	*Roth*	260	240
Roth	*Orange.*	?	260

Es scheint daraus hervorzugehen, dass der Ton des *Blau* am leichtesten, demnächst der des *Roth* und am schwersten der des *Orange* verändert wird. Wir werden auch ungefähr annehmen können, dass die Zumischung von $\frac{1}{3\,40}$ bis $\frac{1}{140}$ der einen Farbe zu der andern genügend ist, um den Ton der letzteren zu verändern. Bei einer solchen Empfindlichkeit unseres Sehorgans für Farbentöne müssen wir die Fähigkeit haben, im Spectrum von *Roth* durch *Orange*, *Gelb*, *Grün*, *Blau*, *Violett* gleichfalls eine erstaunliche Menge von Farbentönen zu unterscheiden, die wir wohl auf mindestens 1000 veranschlagen können, und welche ganz allmählig in einander übergehen.

Diese Auffassung drängt aber weiter zu der Frage, was uns dazu veranlasst hat, aus der grossen Menge von Farbentönen, die wir zu unterscheiden vermögen, bestimmte Töne als einfache Farben oder Principalfarben herauszugreifen, und nach ihnen die übrigen Farbentöne zu benennen und zu classificiren? Denn offenbar sind ja alle Farbentöne gleich berechtigt, unterschieden zu werden. Wir können auf diese Frage erst im fünften Capitel § 87 u. 88 eingehen.

§ 74. Wir dürfen auch hier nicht übersehen, dass die Helligkeits- und Intensitätsverhältnisse der Pigmente von Einfluss auf das Hervortreten von Farbentönen sind, dass z. B. das Orange durch seine grössere Helligkeit einen Vorzug oder ein Uebergewicht über Blau hat. Indess sind wir, wie gesagt, nicht im Stande die Helligkeit verschiedener Farben mit einander zu vergleichen. Um daher eine ungefähre Vorstellung zu bekommen, wie sehr Helligkeits- und Contrastwirkungen sich auch hier geltend machen, habe ich Versuche angestellt, in denen die farbigen Sectorabschnitte von 1° nicht auf andersfarbige Scheiben, sondern auf weisse Scheiben aufgeklebt wurden, und eine andersfarbige Scheibe so weit über die weisse Scheibe geschoben, bis ein Kranz gesehen werden konnte. Auf der weissen Scheibe B Figur 26 befindet sich also z. B. in C ein blauer Sectorabschnitt von 1°, und die rothe Scheibe A wird so weit über B geschoben, bis ein Kranz sichtbar wird. Die folgende Tabelle XXIV. enthält die Resultate.

Fig. 26.

Tabelle XXIV.

Farbe des Sectorabschnittes von 1° auf Weiss.	Farbe der Scheibe A.	Grösse der Scheibe A	
		sichtbarer Kranz.	farbiger Kranz.
Blau	Orange	310	—
Blau	Roth	190	–
Roth	Blau	210	–
Roth	Orange	310	—
Orange	Blau	260	260
Orange	Roth	270	270 !

Durch die Zumischung von Weiss werden hier Farbennüancen gebildet, welche heller sind, als die nicht nüancirten Pigmente. Je dunkler daher der Sectorabschnitt C und der farbige Sector A sind, um so mehr Weiss kann in die Mischung eintreten, wie die Zahlen für Roth mit Blau und Blau mit Roth ergeben; wo aber das hellere Orange in die Mischungen eintritt, da muss die Menge des Weiss geringer sein. — Die Ansichten, welche ich überhaupt durch meine Versuche von der Helligkeit der Farben gewonnen habe, schliessen sich den Ansichten des Vaters der Farbenlehre Newton vollkommen an. Newton sagt in seinen *Opticks* von 1717, B. I., P. I., Prop. 7, p. 85: *But it's farther to be noted, that the most luminous of the prismatick Colours are the yellow and orange. These affect the Senses more strongly than all the rest together and next to these in strength are the red and green. The blue compared with them is a faint and dark Colour and the indigo and violet are much darker and fainter, so that these compared with the stronger Colours are little to be regarded.* — Die Kränze sind nur dadurch sichtbar geworden, dass der farbige Sectorabschnitt von 1° an die Stelle von 1° *Weiss* gesetzt worden ist, wodurch der Contrast stärker geworden ist; wäre der Sectorabschnitt auf eine farbige Scheibe aufgeklebt und *Weiss* zugesetzt worden, so würde nichts von einem Kranze bemerkt worden sein.

Ein Vergleich der Tabellen XXIII. und XXIV. lehrt aber, dass die Verminderung der Intensität einer Farbe dieselbe geeigneter macht durch Zumischung einer andern Farbe, in ihrem Tone geändert zu werden, dass dagegen die Nüancirung einer Farbe (Mischung mit *Weiss*) der merklichen Veränderung des Tones durch Zumischung einer anderen Farbe entgegenwirkt.

Ferner kann man wohl nach den wenigen hier versuchten Pigmenten doch annehmen, dass der Ton einer Farbe durch eine andere um so schwieriger verändert wird, je weniger die beiden Farben von einander verschieden sind.

§ 75. Bei allen Versuchen dieses Capitels habe ich beim Beobachten immer streng unterschieden, ob ein Kranz überhaupt sichtbar gewesen oder ob derselbe farbig erschienen ist. Sehr häufig sind unter verschiedenen Umständen Kränze aufgetreten, welche wohl heller oder dunkler erschienen sind, als der Grund der Scheibe, in denen aber weder eine Färbung, noch bei farbigem Grunde eine Abweichung in dem Tone der Farbe empfunden worden ist. Es geht daraus hervor, dass wir bei den geringsten Differenzen zweier Farben, selbst unter den günstigsten Umständen, wenn die beiden Farben unmittelbar neben einander sich befinden, Farbenintensität, Farbenton und Farbennüancen nicht zu unterscheiden im Stande sind, und in viel grösserem Umfange macht sich dies geltend, wenn wir die Farben nicht unmittelbar neben einander haben, sondern die Empfindungen zeitlich oder räumlich getrennt sind. Wir können von einem *Blau* z. B. wohl sagen, ob es dunkler oder heller sei, als ein anderes *Blau*, aber ob das dunklere weniger intensiv, oder das hellere mehr nüancirt, das heisst ob es mehr mit *Weiss* gemischt sei, oder ob sein Ton mehr nach *Grün* hin neige — das können wir, wenn die Abweichungen nicht sehr erheblich sind, nicht angeben. Und wenn wir die Beobachtungen des ersten und zweiten Capitels mit berücksichtigen, so werden wir ganz allgemein sagen müssen, dass unser Lichtsinn sowohl für Reize überhaupt, als auch für Unterschiede von Reizen feiner ist, als unser Farbensinn. Wir haben indem dabei zu berücksichtigen, dass bei Mischung von Farben häufig eine Aufhebung des Farbeneindruckes stattfindet, durchgängig aber wohl eine Abschwächung desselben, indem mehr oder weniger *Grau* gebildet wird. Dies gilt nicht nur von Pigmenten, sondern wie HELMHOLTZ gezeigt hat, und wie wir im nächsten Capitel sehen werden, auch von der Mischung prismatischer Farben. Wenn wir z. B. *Blau* und *Gelb* mischen, so werden wir ausserordentlich grosse Mengen *Gelb* anwenden müssen, um den Eindruck von dieser Farbe zu empfinden, indem diese beiden Farben sich zu *Grau* neutralisiren, also nur ein helleres oder dunkleres *Blau* gebildet wird. —

Ich habe schliesslich noch Einiges über die Genauigkeit der Versuche zu bemerken. In den Versuchen, zu welchen Scheiben nach dem Schema in *Fig. 26* benutzt worden, wurde immer nur je eine Scheibe in Rotation gesetzt und A gegen B so lange gestellt, bis ein Kranz an der Gränze der Sichtbarkeit oder Färbung erschien. Die Figurente sind sehr gleichmässig, die Sectorabschnitte sehr sorgfältig von gleicher Grösse u. s. w. geschnitten und aufgeklebt; der Stand der Scheiben ist immer derselbe, die Messungen der Sectoren A und B bis auf 1° genau. Allerdings können durch Veränderungen in der Helligkeit des Himmels Ungleichmässigkeiten gesetzt werden, welche sowohl die absolute Helligkeit, wie die Färbung der Scheiben beeinflussen. Indess halte ich diese Störungen für unerheblich gegenüber der Bestimmung, wo ein Kranz an der Gränze der Ebenmerklichkeit ist; innerhalb 5° für die Stellung der Scheiben A und B ist die Entscheidung willkürlich — doch glaube ich nicht, dass eine stärkere Schwankung, als um 5° nach jeder Seite angenommen werden kann. — Durch wiederholtes Vor- und Rückstellen der Scheiben, Festschrauben, in Bewegungsetzen und Arretiren der Scheiben sind die Versuche so zeitraubend, dass massenhafte Bestimmungen nach der Methode der richtigen und falschen Fälle wohl Niemandem zugemuthet werden können. — Ich führe zum Schluss zwei mit einander vergleichbare Bestimmungen von ein und demselben Tage, aber ganz unabhängig von einander gemacht, an: es ergab sich für Gleichung (10)

$$V = \frac{1 \; Schwarz + 165 \; Schwarz + 194 \; Weiss}{165 \; Schwarz + 195 \; Weiss} \qquad \text{s. pag. 148.}$$

wo 170° zu viel, 160° *Schwarz* zu wenig war, und andererseits

$$V = \frac{1 \; Weiss + 166 \; Schwarz + 193 \; Weiss}{167 \; Schwarz + 193 \; Weiss} \qquad (16)$$

wo 188° *Weiss* zu wenig, 200° *Weiss* zu viel war.

CAPITEL IV.

Vernichtung der Farbenempfindung durch Mischung von Farben.

§ 76. Die Disharmonie zwischen unseren Sinnesempfindungen und den objectiven Vorgängen in der Aussenwelt, wie wir sie uns auf Grund vielfacher Combinationen als bestehend denken müssen, macht sich bei den Farben überhaupt und besonders in dem Verhältnisse der Farben zum *Schwarz* und *Weiss* fühlbar. Wenn wir nun unsere Empfindungen für massgebend gelten lassen, so müssen wir *Weiss* und *Schwarz* als coordinirte Empfindungen von *Roth*, *Gelb* u. s. w. ansehen — wenn wir die Erfahrungen der Physik in Betracht ziehen, so müssen wir *Weiss* als eine mechanische Mischung aller oder vieler verschiedener Aetherwellen, *Schwarz* als einen Mangel von Aetherbewegung, die Farben als Aetherwellen von verschiedener Länge bezeichnen und als nicht coordinirte Vorgänge auffassen. Wir haben ferner schon mehrere Bedingungen kennen gelernt, unter denen farbige Objecte aufhören einen Farbeneindruck hervorzubringen — wo also unsere Empfindung eine andere ist, als sie nach der anderweitig festgestellten Eigenschaft des Objectes sein sollte; es kann daher nicht wunderbarer erscheinen, dass durch Mischung von Aetherwellen, die für sich eine Farbenempfindung hervorrufen, die Empfindung farblosen Lichtes erzeugt wird. Wir haben zunächst die Bedingungen festzustellen, unter denen durch Mischung von Farben die Empfindung von *Weiss* hervorgebracht wird, und demnächst zu untersuchen, welche Schlüsse wir daraus auf die Constitution unseres empfindenden Organs machen können.

Die Methoden, deren man sich bedient hat, um Farben zu *Weiss* zu mischen, sind 1) mechanische Mischung von farbigen Pulvern, 2) Mischung des von Pigmenten reflectirten Lichtes, 3) Mischung des durch prismatische Zerlegung gewonnenen homogenen farbigen Lichtes.

Die erste Methode ist die unvollkommenste, weil sie uns weder eine genaue Bestimmung der Quantitäten von Pigment gestattet, welche wir mischen, noch uns Reflexe von einer einzigen Ebene liefert. Mischen wir farbige Pulver nach dem Gewichte, so müssen wir nicht nur das specifische Gewicht in Anschlag bringen, sondern auch die Grösse und Gestalt der farbigen Partikelchen; denn wenn ich 1 Gramm Zinnober mit 1 Gramm Indigo mische, so sind deren Volumina höchst verschieden; die einzelnen Körnchen des Zinnober und des Indigo sind aber auch sehr verschieden an Gestalt und Grösse, so dass dadurch die verschiedensten Verhältnisse gegeben werden können. Noch wichtiger ist der Umstand, dass die Körnchen des Farbstoffes eine körperliche Ausdehnung haben, das Licht also nach verschiedenen Richtungen reflectiren, es zum Theil gegen einander reflectiren, durchlassen u. s. w. Helmholtz erklärt daraus den Umstand, dass gelbe und blaue Pulver gemischt Grün geben, gelbe und blaue Strahlen gemischt aber Grau oder röthliches Grau. (Müller's *Archiv 1852*, p. 475.)

Die zweite Methode, die Mischung des von Pigmenten reflectirten Lichtes, ist in verschiedener Form angewendet worden. Die erste Form rührt von Lambert her, welcher, wie später Helmholtz, das auf einer Glasplatte gespiegelte Bild des einen Pigments auf ein anderes Pigment fallen liess, welches durch die Glasplatte hindurch gesehen wurde. Lambert ist dadurch zu wesentlich anderen Resultaten gekommen, als Tobias Meyer, welcher farbige Pulver mischte.

Da Lambert's Arbeiten unverdienter Weise in Vergessenheit gekommen sind, so führe ich seine Angaben wörtlich an und lasse die Zeichnung seiner Vorrichtung in *Figur 27* abdrucken. Lambert sagt *Photometria* § 1190 p. 527:

. . . . *ostendam, qua ratione colores a pigmentis reflexi invicem misceri possint et quinam inde prodierus sit color compositus.*

Experimentum IX. (§ 332) ito instauravi, ut tabulae A B C D (Fig. 33) imponerem chartam pigmento collitam, atque in vicem rectae J K substituerem chartam alio pigmento tinctam, cuius latitudo erat fere 2 vel 3 lin. longitudo 2 aut 3

Fig. 27. (Lambert Fig. 33.)

digitorum. Quo facto haud secus ac in exp. citato in L Q, L P visti imaginem utriusque partis chartae J L, L K, illam per refractionem, hanc vero per reflexionem. At quod facile praevideri potest, neutra pars colore naturali erat conspicua, cum color utriusque pigmenti alio alioque modo misceretur, prout undulabatur situs oculi (). Sequentes vero observari miverba:

1°. *Adhibita charta rubra et caerulea, imago colore mox roseneto, mox purpureo, mox violaceo erat conspicua. Optime enim uterque color videbatur permistus.*

2°. *Adhibita charta rubra et flava prodierunt colores imaginis varii citrini et minio similes optime iterum permisti.*

3°. *Adhibita charta flava et caerulea, quod paradoxon videbitur, imago nulla modo viridem induit colorem, verum aut erat flava obscurior aut cinerea obscurior colorem murium ferri et aeruginis spectandum sistens, aut caeruleo — purpurea videbatur.*

4°. *Adhibita charta viridi et flava similique modo viridi et caerulea, color imaginis singulas species colorum viridium a flavo aut caeruleum usque exhibuit.*

5°. *Adhibita denique charta viridi et rubra luridus tristisque emersit imaginis color, veluti ex fusco et cinereo mixtus*

Diese Methode Lambert's hat später Helmholtz selbständig wiedererfunden und ist dadurch zu demselben Resultaten gekommen wie Lambert. (Müllers Archiv 1852. p. 477. und Physiol. Optik p. 303.) Damit erledigen sich, wie mir scheint, die Reclamationen Plateau's gegen Helmholtz in Bezug auf die Entdeckung, dass

Blau und *Gelb* gemischt nicht Grün, sondern Weiss oder Grau geben (Poggendorfs Annalen, Bd. 88, 1853, p. 172, und Moigno's Cosmos II, 241). Denn als der erste, welcher die Beobachtung gemacht hat, dass Mischung gelber und blauer Strahlen nicht Grün, sondern Grau giebt, ist jedenfalls nicht Plateau, sondern Lambert zu nennen; als der erste, welcher die Wichtigkeit dieser Beobachtung zu würdigen, sie theoretisch weiter zu verwerthen und in unwiderleglicher Weise ihre Richtigkeit und den Grund abweichender Resultate darzuthun gewusst hat, wird immer Helmholtz zu nennen sein.

Eine zweite von Lambert herrührende Form dieser Methode, welche nicht nur zwei, sondern viele Pigmente zu mischen gestattet, besteht darin, dass durch Linsen in einer Camera obscura die Bilder von farbigen Flächen entweder auf einer weissen Fläche vereinigt werden, oder dass auf die eine farbige Fläche das Bild von einer oder mehreren anderen farbigen Flächen geworfen wird. (Lambert *Photometria* p. 529 § 1193 und 1195). Lambert ist durch diese Art der Mischung ziemlich zu denselben Resultaten gekommen, nur giebt er als resultirende Farbe aus Gelb und Blau *colorem luteum*, aus Roth und Grün *colorem prorsus luteum* an.

Eine dritte mehrfach variirte Form der Methode, von Pigmenten herrührende Farbenstrahlen zu mischen, ist die, dass man farbige Netzhautbilder zur Deckung bringt. Das kann erstens dadurch geschehen, dass man, wie du Tour zuerst gethan haben soll, die Bilder der beiden Augen durch Schielen über einander schiebt. (J. Müller *Physiologie des Gesichtssinnes* p. 80 u. 183). Zweitens, indem man mit Volkmann zwei Pigmentfarben in verschiedene Entfernung bringt und die Zerstreuungskreise der einen mit der deutlich gesehenen anderen Farbe combinirt (Müllers *Archiv 1838*, p. 373), oder nach Mile Vorschlag verschiedenfarbige nebeneinanderliegende Linien aus einer solchen Entfernung betrachtet, dass dieselben zusammenfliessen, oder durch farbige Gewebe in der Nähe des Auges auf entfernte Pigmente blickt (Müllers *Archiv 1839*, p. 64), oder wie Czermak im Hornsteinschen Versuche vor die beiden Oeffnungen der Platte verschiedenfarbige Gläser bringt (*Physiologische Studien* II. p. 35 oder *Sitzungsberichte der Mathem. naturw. Kl. der Wiener Academie Bd. XV. p. 457*).

Endlich ist eine Form dieser Methode die Mischung der Farben mittelst des Farbenkreisels, welche zuerst von Musschenbroek (*Introductio ad philosophiam § 1820*) für viele Pigmente zugleich angewendet worden zu sein scheint, demnächst von Plateau besonders benutzt und in neuerer Zeit besonders von Maxwell sehr vervollkommnet worden ist. Auf diese Methode werde ich bald näher einzugehen haben.

Gegen alle diese Methoden ist, wie Helmholtz erwiesen hat, ein wichtiger Einwand zu erheben, dass nämlich alle unsere Pigmente mehr oder weniger unrein sind, d. h. keineswegs nur die eine Art von Farbenstrahlen reflectiren, nach denen wir sie benennen. Will man also Mischungen homogener Farben erhalten, so muss man, wie es Newton zuerst gethan hat, Spectralfarben mischen.

(Newton *Optiks Book I. Part II., Prop. IV.— VI. u. VIII. 1717, p. 109--147; Figur 12, Pr. III. Bd. I. P. II*). Diese Methode ist erst wieder von Helmholtz in grosser Vollkommenheit angewendet worden und hat zu sehr genauen und wichtigen Resultaten geführt.

Helmholtz stellte sich die Aufgabe, die homogenen Farben des Spectrum so zu mischen, dass nur Strahlenbündel, welche von zwei der grösseren Fraunhofer'schen Linien eingeschlossen sind, mit einander gemischt würden, und dass dieselben in verschiedenen Verhältnissen gemischt werden könnten. Um die Mischfarbe gehörig beurtheilen zu können, musste alles fremde, durch Dispersion u. s. w. einfallende Licht ausgeschlossen werden, das farbige Feld von einer gewissen Grösse und Helligkeit sein, die Componenten der Mischung genau bestimmt und controllirt werden können. Der von Helmholtz zu diesen Untersuchungen construirte, verhältnissmässig einfache Apparat muss diese Anforderungen in vollkommenster Weise erfüllen. Beschrieben hat ihn Helmholtz in seiner *Physiologischen Optik p. 303*, wo auch die früher von Helmholtz angewendete und zuerst in Müllers *Archiv 1852 p. 466* beschriebene Vorrichtung dargestellt ist.

§ 77. Durch die Untersuchungen von Helmholtz sind nicht nur viele neue Thatsachen gewonnen und die bisherigen Anschauungen wesentlich geändert worden, sondern auch der Werth der mittelst des Farbenkreisels oder der Lambert'schen Methode zu erhaltenden Resultate erhöht und ein besseres Verständniss derselben ermöglicht worden. In Folge der Untersuchungen von Helmholtz wurde Grassmann veranlasst, die Newton'schen Principien der Farbenmischung einer neuen Prüfung zu unterwerfen. (Poggendorffs *Annalen Bd. 89, 1853, p. 69*). Grassmann hat nun die bisherigen Beobachtungen über Farbenmischung in Einklang gefunden unter der Annahme: dass **gleich aussehende Farben gemischt gleich aussehende Mischungen geben**. Daraus folgt, dass Pigmente, welche eben so aussehen wie die homogenen Farben des prismatischen Spectrum, gemischt eben so aussehende Mischungen geben, wie die Mischungen der homogenen Spectralfarben. Unter dieser Annahme haben denn auch die Untersuchungen mit dem Farbenkreisel ihren bleibenden Werth.

Die Mischungen von Farben mittelst des Farbenkreisels beruhen darauf, dass die Einwirkung der einen Farbe auf die Netzhaut noch fortdauert, während schon wieder eine andere Farbe einwirkt, und der Wechsel der Eindrücke so rasch erfolgt, dass aus ihnen eine besondere neue Empfindung resultirt, welche von den durch die Componenten hervorgebrachten Empfindungen völlig verschieden ist. Welche Vorgänge dabei in unseren Sinnesorganen stattfinden, ist allerdings ein ungelöstes Problem.

Die Vervollkommnung, welche Maxwell dem Farbenkreisel gegeben hat, (*Transactions of the Royal Society of Edinburgh XXI., 1857, p. 275*) besteht hauptsächlich darin 1) dass die Grösse der farbigen Sectoren leicht verändert und genau gemessen werden kann, 2) dass gleich aussehende Mischungen aus

verschiedenen Componenten unmittelbar mit einander verglichen 3) die Helligkeit der Mischungen bestimmt werden kann. — Da ich mich bei meinen Versuchen nur des MAXWELL'schen Kreisels bedient habe, so werde ich die Vorrichtung genauer beschreiben.

MAXWELL hat bei seinen Untersuchungen farbige Scheiben von der Form
Figur 28 benutzt, deren beliebig viele bequem mittelst des Schlitzes *S* in einander gesteckt und gegen einander verschoben werden können, so dass von jeder

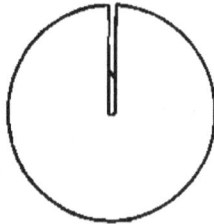

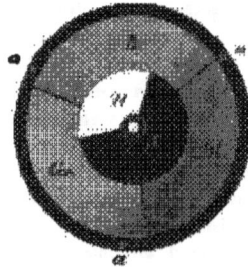

Fig. 28.   Fig. 29.

Scheibe ein Sector von einer bestimmten Anzahl Grade zu sehen ist. In *Fig 29*
sind diese Scheiben verschieden schraffirt und mit *R, Gr, Bl,* bezeichnet. Meine
Scheiben haben einen Halbmesser von 150 Mm. Durchmesser. Sie liegen zwischen einer Scheibe von sehr ebener Holzpappe und einem schwarzen Ringe von
Eisenblech *a, a, a,* welcher mittelst Schrauben und Muttern an die Holzpapp-
scheibe angedrückt wird, so dass sich die farbigen Scheiben bei der Rotation
in keiner Weise verschieben können. Aehnliche aber kleinere Scheiben von
starkem Papier mit einem Durchmesser von 75 Mm., *W* und *S* in *Figur 29,* bedecken die centrale Hälfte der farbigen Scheiben. Die eine der beiden Scheiben
W und *S* ist zwischen zwei farbige Scheiben gesteckt und wird ausserdem mittelst einer an die Axe geschraubten Mutter fest angedrückt. Durch Vor- und
Zurückschieben der farbigen Scheiben kann man denselben eine solche Stellung
geben, dass sie bei schneller Rotation ein reines Grau geben, und indem man
die schwarze und weisse Scheibe gegen einander stellt, kann man durch Mischung von *Schwarz* und *Weiss* bei der Rotation ein Grau erzeugen, welches
dem durch die farbigen Scheiben gebildeten Grau völlig gleich sieht.

Ueber die Art der Befestigung seiner Scheiben, so wie über die Schnelligkeit der Rotation sagt MAXWELL nichts. Er hat sich eines in horizontaler Ebene
rotirenden Kreisels der Art, wie sie von HARTON, BRÜCKE u. A. angegeben sind,
bedient, welche wie die Brummkreisel in Bewegung gesetzt werden. Solche
Kreisel sind zu quantitativen Bestimmungen nicht zweckmässig, denn erstens ist
die Rotationsgeschwindigkeit nicht gross genug und zweitens ist die Beleuchtung

ungleichmässig. Ich will daher noch einige Angaben über die Anstellung der Versuche machen.

. 1 Die Scheiben werden an der horizontalen Axe eines aufrecht stehenden Rotationsapparates festgeschraubt. Mittelst einer *Figur 23* und *24* § 64 pag. 134 ähnlichen Vorrichtung für eine Scheibe kann ohne Schwierigkeit eine Rotationsgeschwindigkeit von 60 bis 90 Umdrehungen in der Secunde erreicht werden. Das Triebrad bringt, wie die Messungen und die direkte Beobachtung ergeben, bei einer einmaligen Umdrehung 30 Umdrehungen der farbigen Scheibe hervor. Man kann ohne Anstrengung dem Triebrade 3 bis 4 Umdrehungen in der Secunde ertheilen, wodurch man 90 bis 120 Umdrehungen in der Secunde erhalten würde. Allerdings gleitet eine Schnur ohne Ende immer etwas, wenn sie auch noch so stark gespannt ist, indess wird man doch den Effect des Gleitens der Schnuren nicht höher anschlagen können, als auf eine Veränderung der Geschwindigkeit um 20 Drehungen, so dass immer noch eine Rotationsgeschwindigkeit von 70 bis 100 Umdrehungen in der Secunde bliebe. Es sind aber 50 bis 60 Umdrehungen in der Secunde mehr als genügend, um der Scheibe eine solche Geschwindigkeit zu ertheilen, dass sie vollkommen unbewegt erscheint. Man hat die Annehmlichkeit, diese Geschwindigkeit binnen 1 Minute zu erreichen; ebenso hört die Rotation, wenn man nicht weiter dreht, binnen etwa 2 Minuten von selbst wieder auf. Dies ist wichtig, da man die Scheiben oft anhalten muss, um sie anders zu stellen.

2) Die Scheiben werden immer an demselben Orte in der Nähe des Fensters aufgestellt, damit sie hell und gleichmässig beleuchtet sind. Auch um sie mit Lampenlicht zu beleuchten oder sie bei Beschränkung des Tageslichtes oder durch farbige Gläser zu beobachten, ist es zweckmässig, sie in einer verticalen Ebene rotiren zu lassen.

3 Es bedarf kaum der Erwähnung, dass die farbigen Papiere glanzlos und ganz gleichmässig sein müssen; um eine Verletzung oder ein Bereiben der sehr empfindlichen Oberfläche zu vermeiden, wurde die Rückseite der farbigen Papiere mit glattem Glanzpapiere überzogen und die Stellung der farbigen Scheiben so bewerkstelligt, dass nach Lockerschrauben des Blechringes die Peripherie der Scheibe, welche von dem Ringe bedeckt ist, mit einer Pincette gefasst und um eine gewisse Anzahl von Graden gestellt wurde. Wenn ich irgend einen Fleck oder bei der Rotation concentrische Kreise bemerkte, so habe ich immer die schadhaften Scheiben entfernt und durch neue ersetzt.

4) Der Beobachter darf die Scheiben erst ansehen, wenn sie in schnellster Rotation sind; die Blendung des Auges im Anfange des Drehens ist sehr lästig und gewiss nicht ohne Einfluss auf die Beobachtung und die Beurtheilung der Farblosigkeit und Helligkeit.

5) Leider ist es nicht möglich, die Scheiben so vollkommen genau zu centriren, dass nicht schmale farbige Ränder an der Peripherie der Scheiben aufträten. Dass dieselben für die Genauigkeit der Beurtheilung und Vergleichung

störend sind, ist ganz unzweifelhaft — indem bekommt man eine gewisse Uebung darin, sie unbeachtet zu lassen. Uebrigens treten solche farbige Ränder auch bei HELMHOLTZ's Methode der Mischung von Spectralfarben auf.

6) Die Messung wird mit Kreisen, die in Grade getheilt sind und am inneren Rande die Durchmesser der Scheiben haben, ausgeführt. Sie ist bis auf 1°, also $\frac{1}{360}$ genau. Die Beurtheilung der Farblosigkeit ist sehr fein und bis auf 1°—2° genau, denn wenn die Scheiben nur um 1°—2° nach erlangter Farblosigkeit gestellt werden, erscheinen sogleich beide Scheiben, sowohl die aus Farben, wie die aus *Schwarz* und *Weiss* zusammengesetzte farbig fingirt, und zwar complementär zu einander. Etwas weniger genau ist die Beurtheilung der Helligkeitsgleichheit, aber doch so, dass sie 3°—5° sicher nicht übersteigt.

Die Vorzüge der MAXWELL'schen Einrichtung des Farbenkreisels sind offenbar sehr gross und wohl auch der HELMHOLTZ'schen Methode gegenüber hervorzuheben. Denn 1) kann die Quantität des zur Mischung verwendeten Pigments sehr genau bestimmt werden, und das Pigment ist immer vollkommen gleichmässig, während die Farbentöne zwischen zwei grösseren FRAUENHOFER'schen Linien nicht unerheblich sich ändern. 2) Man kann das aus Farben gemischte Grau mit einem aus *Schwarz* und *Weiss* gemischten Grau unmittelbar vergleichen. Ich habe mich, indem ich die schwarze und weisse Scheibe fortliess, überzeugt, dass die Beurtheilung von reinem Grau sehr unsicher ist, dass eine Nüance nach Blau, Roth, Gelb nicht erkannt oder falsch bestimmt wird, wenn man nicht ein gleich helles Grau zum Vergleich daneben hat. 3) Es können unmittelbar neben einander Farbenmischungen aus verschiedenen Pigmenten beobachtet und einander gleich gemacht werden. 4) Der Einfluss verschiedener Beleuchtungen kann leicht untersucht werden. 5) Man kann die eingestellten Scheiben aufbewahren und nach beliebig langer Zeit verschiedenen Individuen, z. B. Farbenblinden vorlegen.

Andererseits dürfen nicht die Nachtheile dieser Methode unbeachtet bleiben, 1) dass man immer mit mehr oder weniger unreinen Pigmenten, nicht mit homogenem Lichte experimentirt. 2) dass der Beobachter A andere Pigmente benutzt, als der Beobachter B, die Resultate also keine allgemeine Gültigkeit haben, wenigstens nicht in quantitativer Beziehung. 3) Dass sich wahrscheinlich die Pigmente mit der Zeit in Ton, Intensität und Nüance verändern.

Die Methode von HELMHOLTZ muss daher immer als die werthvollste und zuverlässigste angesehen werden, aber sie würde mit Berücksichtigung der MAXWELL'schen Methode der Vervollkommnung fähig sein, dass die erhaltenen Mischungen der homogenen Farben verglichen würden mit einem Grau, dessen Helligkeit durch ein genaues Photometer bestimmt werden müsste.

§ 78. Wollen wir unter Annahme des Satzes, *dass gleich aussehende Farben gemischt gleich aussehende Mischungen geben*, die von HELMHOLTZ erhaltenen Resultate mit den durch Pigmente am Farbenkreisel zu erhaltenden Gleichungen vergleichbar machen, so müssen wir 1) das Aussehen der homogenen Farben

11

mit deren der Pigmente vergleichen und 2) die Verunreinigung der Pigmente bestimmen.

Helmholtz giebt *(Physiologische Optik p. 227)* die Pigmente an, welche den homogenen Farben des Spectrum am meisten gleichen. Die von Helmholtz angegebenen Pigmente habe ich darauf mit dem Prisma untersucht; es sind dieselben, welche ich bei meinen Untersuchungen angewendet habe, mit Ausnahme des *Berlinerblau* und des *Arsenikgrün*, über welches die preussische Medicinalpolizei den Bann ausgesprochen hat. Zur Untersuchung mit dem Prisma wurden die farbigen Papiere in kleinen Streifen von 1 Mm. Breite und 10 Mm. Länge auf schwarzen sehr reinen und tiefen Sammet ohne Falten gelegt, theils mit Sonnenlicht, theils mit diffusem Tageslicht beleuchtet und mit einem gleichzeitigen Flintglasprisma aus einigen Fuss Entfernung beobachtet. Ich kehrte dabei dem Fenster den Rücken. Die farbigen Streifen wurden entweder alle neben einander gelegt und zum Vergleiche ein weisser Streifen daneben, oder je eine Farbe neben dem weissen Streifen, oder jedes Pigment einzeln beobachtet. Der Gesichtswinkel für die Breite ist dann so gering, dass die Fraunhofer'schen Linien *D* und *E* noch bemerkt werden können, der Gesichtswinkel für die Länge aber so gross, dass die Farben sehr deutlich hervortreten.

Das *Roth* des Spectrum von der äussersten Gränze bis zur Linie *C* vergleicht Helmholtz (p. 227 a. a. O.) mit dem *Zinnober*. Dieser (meinem *Roth* gleich) zeigt *Roth* und *Orange*, an dieses gränzt ein dunkles *Grün*, ob dann eine Spur von *Blau* folgt, ist zweifelhaft, zuletzt erscheint ein mattes *Violett*.

Dem *Orange* und *Goldgelb* bis zur Linie *D* entspricht etwa die *Mennige* und *Bleiglätte*. *Mennige* (mein *Orange*) zeigt ein Spectrum von *Roth*, *Orange* und *Gelb*, es folgt ein dunkles *Grün*, dann eine Spur *Violett*. Es fehlen die gelbgrünen, blaugrünen und blauen Tinten.

Hinter *D* folgt ein *Gelb*, dessen Repraesentant unter den Pigmenten *Chromgelb* ist. Das sehr sorgfältig ausgewaschene *Chromgelb* giebt ein Spectrum: *Roth*, *Orange*, *Gelb*, *Gelbgrün*, *Grün* und eine kaum merkliche Spur von *Blau* und *Violett*. *Chromgelb* enthält also die ganze untere Seite des Spectrum und kann als ein complementäres *Gelb* bezeichnet werden, nämlich

$$= Weiss - (Blaugrün + Blau + Violett).$$

Grün zwischen *E* und *b* ist gut repraesentirt durch *Scheelsches Grün*, arseniksaures *Kupferoxyd*. Dieses und mein *Grün* enthält: wenig *Orange*, *Gelbgrün*, *Grün*, *Blaugrün*, wenig *Blau*.

Zwischen *F* und *G* folgt zuerst *Cyanblau*, dem *Berlinerblau* entsprechend, dann *Indigoblau*, dem *Ultramarin* entsprechend. *Berlinerblau* enthält *Orange*, *Gelbgrün*, *Grün*, *Blaugrün*, *Blau* und *Violett*. *Ultramarin* enthält sehr wenig *Roth* und *Grün*, dann *Blaugrün* und reicht durch *Blau* und *Violett* bis ans Ende des Spectrum, ist also fast das vollständige Complement zu *Chromgelb*. Wenn wir daher nur von den Mischungen am Farbenkreisel oder mittelst der Lambert'schen Methode wüssten, dass *Chromgelb* und *Ultramarin* *Weiss* geben, so würde daraus nichts weiter zu schliessen sein, weil sie beide zusammen sämmtliche homogenen Farben des weissen Lichtes enthalten.

Für *Violett* giebt Helmholtz keinen Repraesentanten an, und auch ich habe unter den Anilinfarben keinen ihm ähnlichen Farbenton finden können. Ich habe ein *Fuchsinpapier* benutzt, auf welchem das Fuchsin an Baryt gebunden aufgetragen war. Dies *Fuchsin* sieht mehr roth aus und enthält: *Roth*, *Orange*, dunkles *Grün*, etwas *Indigoblau* und *Violett*, es fehlen gänzlich *Gelbgrün* und *Blaugrün*.

Die folgende Tabelle XXV. giebt eine Uebersicht der homogenen Farben, welche die von mir benutzten Pigmente enthalten.

Tabelle XXV.

Weiss.	Zinnober.	Mennige.	Chromgelb.	Grün.	Ultramarin.	Fuchsin.
Roth	R	R	R		(R)	R
Orange	(Or)	Or	Or	(Or)		(Or)
Gelb		G	G			?
Gelbgrün			g. Gr	ge. Gr		
Grün	Gr	Gr	Gr	Gr	(Gr)	(Gr)
Blaugrün				bl. Gr	bl. Gr	
Blau			?	(Bl)	Bl	(Bl)
Violett	(Vi)	(Vi)	?		Vi	Vi

Die eingeklammerten Zeichen bedeuten, dass die Farbe sehr schwach erschien, die Fragezeichen, dass nur Spuren der homogenen Farbe bemerkbar waren.

Diese Untersuchungen zeigen, dass keines der Pigmente, welche wir den homogenen Farben des Spectrum höchst ähnlich finden, nur eine Art von Farbenstrahlen zurückwirft, sondern dass sie alle eine ganze Menge verschiedener homogener Farben reflectiren. Ja es scheint, als ob manche Pigmente nur dadurch farbig erschienen, dass sie gewisse homogene Farben nicht zurückwerfen, wie z. B. *Chromgelb* und *Schweinfurter Grün*. Wer das Spectrum von *Chromgelb* sieht, ohne das Pigment selbst zu sehen, wird nimmermehr vermuthen, dass diese Fülle von Farben von einer scheinbar so rein gelben Farbe herrühre. Für die Physiologie des Farbensinnes ergiebt sich daraus der Satz: dass wir nicht im Stande sind, aus der Empfindung einer Farbe zu erkennen, welche Farben objectiv vorhanden sind, oder welche Aetherschwingungen unsere Netzhaut afficiren.

§ 79. Wie sollen wir es uns aber erklären, dass ein Pigment, welches viele Farben zurückwirft, dieselbe Empfindung hervorruft, wie eine homogene Farbe? Wir finden dafür einen Anhalt in den Untersuchungen von Helmholtz über die Mischung von homogenen Farben. Aus diesen geht hervor, dass Mischungen von homogenen Farben eben dieselbe Empfindung hervorrufen können wie ungemischte homogene Farben, nur sind Intensität und Nüance mehr oder weniger verschieden. Helmholtz drückt diesen Satz so aus: *Der Farbeneindruck, den eine gewisse Quantität z beliebig gemischten Lichtes macht, kann stets nach hervorgebracht werden durch Mischung einer gewissen Quantität a weissen Lichtes und einer gewissen Quantität b einer gesättigten Farbe von bestimmtem Farbentone.* (*Physiologische Optik p. 282.*) Die Beobachtungen, auf welche dieser Satz gegründet ist, hat Helmholtz in einer Tabelle (*p. 279*) zusammengestellt, durch die wir in den Stand gesetzt werden, uns eine Vorstellung von dem Vorgange zu machen, welcher stattfindet, wenn ein Pigment, welches mehrere homogene Farben reflectirt, die Empfindung einer homogenen Farbe hervorruft. Ich lasse deshalb die Tabelle von Helmholtz hier folgen.

An der Spitze der verticalen und horizontalen Colonnen stehen die einfachen Farben; wo sich die betreffenden verticalen und horizontalen Colonnen schneiden, ist die Mischfarbe angegeben.

Tabelle XXVI (von Helmholtz).

	Violett.	Indigblau.	Cyanblau.	Blaugrün.	Grün.	Grüngelb.	Gelb.
Roth	Purpur	dk. Rosa	ws. Rosa	Weiss	ws. Gelb	Goldgelb	Orange
Orange	dk. Rosa	ws. Rosa	Weiss	ws. Gelb	Gelb	Gelb	
Gelb	ws. Rosa	Weiss	ws. Grün	ws. Grün	Grüngelb		
Grüngelb	Weiss	ws. Grün	ws. Grün	Grün			
Grün	ws. Blau	Wasserbl.	Blaugrün				
Blaugrün	Wasserbl.	Wasserbl.					
Cyanblau	Indigoblau						

{ dk. = dunkel. ws. = weisslich. }

Unter Wasserblau versteht Helmholtz die weisslichen Abstufungen (Nüance) des *Cyanblau*, unter *Rosa* die Nüancen des Purpurroth. (*Ph. O. p. 227.*)

Die Empfindung von *Weiss* kann nach dieser Tabelle also durch 4 verschiedene Combinationen je zweier homogener Farben hervorgebracht werden, und es scheint hierin eine experimentelle Bestätigung des Grassmann'schen Satzes zu liegen: *Es giebt zu jeder Farbe eine andere homogene Farbe, welche, mit ihr vermischt, farbloses Licht liefert.* (*Poggf. Ann. 89, p. 73.*) Ferner kann die Empfindung von *Gelb* durch Mischung rothen und grünen Lichtes, die Empfindung von *Blau* durch Mischung von *Grün* und *Violett* hervorgebracht werden u. s. w. Da es aber anderweitig festgestellt ist, dass durch die Mischung keine Veränderung der Wellenlängen hervorgerufen wird (etwa wie bei den Tartini'schen Tönen), sondern jede homogene Farbe beständig in der Mischung bleibt, so kann die Ursache der gleichen Empfindung bei ungleichen Componenten der Mischung nur in unseren Sinnesorganen liegen. Da wir aber auch nicht sagen dürfen, unsere Empfindungen würden gemischt, so muss die Mischung auf dem

Wege von der Stäbchenschicht bis zum Sensorium erfolgen. Wir werden darauf in § 88 zurückkommen.

Mit Bezug auf unsere Pigmente kommen wir aber durch die Untersuchungen von Helmholtz zu folgenden Ansichten: Wenn *Zinnober* dieselbe Empfindung hervorruft, wie der unterste Abschnitt des Spectrum, so werden wir uns vorstellen müssen, dass das *Violett* mit einem Theil des *Grün* zusammen weissliches *Blau* giebt, und *Orange* mit *Grün* Gelb, Blau und Gelb aber zusammen *Weiss* geben, was schliesslich keinen anderen Effect hat, als dass das *Roth* mit *Weiss* gemischt ist oder eine Nüance von *Roth* erscheint. Beim *Ultramarin* würden *Violett* und *Blaugrün* gemischt Wasserblau geben, *Roth* und *Blaugrün* Weiss, *Violett* und *Grün* weissliches Blau, also nur dem *Blau* noch *Weiss* hinzugefügt werden u. s. w. Eine so zu sagen rationelle Formel für *Chromgelb* würde dann sein:

$$Chromgelb = Gelb + (Roth + Grün) + (Orange + Gelbgrün) + Blau$$
$$= Gelb + \quad \text{was. Gelb} + \quad Goldgelb \quad + Blau$$
$$= Gelb + \quad\quad\quad\quad \text{was. Gelb}$$

So können wir uns erklären, dass ein Pigment, welches verschiedene homogene Farben zurückwirft, denselben Eindruck macht, wie eine homogene Farbe des Spectrum. Wir dürfen indess nicht vergessen, dass die quantitativen Verhältnisse der Mischungen und die Intensitäten der homogenen und gemischten Farben bis jetzt unbekannt sind.

§ 80. Nach diesem Excurse über das Verhältniss der Pigmente zu den homogenen Farben des Spectrum will ich nun die Gleichungen anführen, welche ich mittelst des in § 77 beschriebenen Farbenkreisels nach Maxwell erhalten habe.

Für *Weiss* habe ich folgende 6 Gleichungen erhalten:

$$73 \; Blau \quad + 122 \; Grün + 165 \; Roth \quad = 100 \; Weiss + 260 \; Schwarz \; (\alpha)$$
$$117 \; Blau \quad + 132 \; Grün + 111 \; Orange = 134 \; Weiss + 226 \; Schwarz \; (\beta)$$
$$160 \; Fuchsin + 117 \; Grün + 53 \; Roth \quad = 132 \; Weiss + 228 \; Schwarz \; (\gamma)$$
$$197 \; Blau \quad + 17 \; Grün + 146 \; Gelb \quad = 159 \; Weiss + 201 \; Schwarz \; (\delta)$$
$$203 \; Fuchsin + 140 \; Grün + 17 \; Gelb \quad = 140 \; Weiss + 220 \; Schwarz \; (\epsilon)$$
$$178 \; Fuchsin + 159 \; Grün + 23 \; Orange = 150 \; Weiss + 210 \; Schwarz \; (\zeta)$$

A. Die Gleichungen zeigen eine grosse Uebereinstimmung in qualitativer Beziehung mit den Resultaten, welche Helmholtz durch Mischung homogener Farben gewonnen hat. Nach Helmholtz giebt *Roth* und *Blaugrün* Weiss: dasselbe ist der Fall mit Gleichung (α) für *Blau*, *Grün* und *Roth*. Von diesen Pigmenten geben aber *Roth* und *Grün* zusammen gemischt ein *Gelb*, welches indess mit *Weiss* gemischt und weniger intensiv ist, als *Chromgelb*, was durch folgende Gleichung ausgedrückt wird: .

$$141 \; Grün + 219 \; Roth \quad = 73 \; Gelb + 52 \; Weiss + 235 \; Schwarz \quad (9)$$

Auch dies stimmt mit der Tabelle von Helmholtz, nach welcher *Roth* und *Grün* weissliches Gelb (ohne Angabe der Intensität) giebt.

Ferner geben homogenes *Orange* und *Cyanblau* Weiss. Damit stimmt meine Gleichung (*ϑ*) scheinbar nicht überein, da in ihr dem *Orange* das *Blau* und *Grün* in einem solchen Verhältniss zu einander gegenüberstehen, dass *Grün* überwiegt. Indem ist zu berücksichtigen, dass *Cyanblau* einer gesättigten Mischung von *Indigoblau* und *Grün* gleich zu achten ist; 250° *Ultramarin* und 110° *Grün* liefern aber ein nur wenig zu *Grün* neigendes *Blau*, welches dem *Cyanblau* des Spectrum am ähnlichsten sein dürfte; aber selbst gleiche Theile *Ultramarin* und *Grün* geben ein *Blau*, welches man noch nicht *Grünblau* oder *Blaugrün* nennen kann. Die ganze Abweichung würde sich also darauf beschränken, dass beim Kreisel etwas mehr *Grün* erforderlich gewesen ist; dabei ist zu berücksichtigen, dass die Sonderung der Farbentöne im *Blau* des Spectrum sehr schwierig ist. (*Phys. Opt. p. 227.*) Andererseits geben *Orange* und *Grün* am Kreisel eben so wie die Spectralfarben ein recht lebhaftes *Gelb*, welches ausgedrückt wird durch die Gleichung:

$$175 \; Grün + 185 \; Orange = 150 \; Gelb + 60 \; Weiss + 150 \; Schwarz \qquad (ϰ)$$

Endlich geben die beiden anderen Componenten der Gleichung (*ϑ*), nämlich *Orange* und *Ultramarin*, in Uebereinstimmung mit Helmholtz weissliches *Rosa*, d. h. eine Nüance des *Purpur* von geringerer Intensität, was in der folgenden Gleichung (*μ*) sehr anschaulich ausgedrückt wird:

$$212 \; Blau + 148 \; Orange = 248 \; Fuchsin + 18 \; Weiss + 94 \; Schwarz \qquad (μ)$$

denn das dem *Fuchsin* zugemischte *Weiss* drückt die Nüance, das *Schwarz* die verminderte Intensität aus.

Das *Fuchsin* selbst ist aber, wie gesagt, kein reines *Violett*, sondern ein mit *Weiss* gemischter *Purpur*, was aber in den Gleichungen (*γ*) und (*ε*) nicht hervortritt, denn in (*γ*) giebt es mit *Roth* und *Grün*, welche in diesem Verhältnisse zu einander *Grüngelb* liefern, *Weiss*, wie bei Helmholtz, und eben so in (*ε*) mit *Grün* und wenigem *Gelb* gleichfalls *Weiss*. Dasselbe gilt von Gleichung (*ζ*). Dagegen tritt der Unterschied des *Fuchsin* vom homogenen *Violett* in der folgenden Gleichung (*λ*) deutlich hervor, wo einer Mischung aus *Blau* und *Roth* noch *Weiss* zugesetzt werden muss, um sie einem an Intensität geschwächten *Fuchsin* gleich zu machen:

$$133 \; Blau + 212 \; Roth + 15 \; Weiss = 212 \; Fuchsin + 148 \; Schwarz \qquad (λ)$$

Wäre mein Fuchsin weniger röthlich gewesen, so würde in (*γ*) mehr *Roth*, in (*ε*) mehr *Gelb* und in (*ζ*) mehr *Orange* erforderlich gewesen sein, in *λ* aber würde das *Weiss* auf die rechte Seite der Gleichung gekommen sein. Uebrigens gab auch die Verbindung von *Grün* und *Fuchsin* ein sehr mattes *Blau* oder eigentlich ein bläuliches *Weiss*, dessen *Blau* in (*ε*) durch eine sehr geringe Menge *Gelb* getilgt wurde.

Die Gleichung *ϑ* endlich ist eine Bestätigung des von Lambert, Plateau und Helmholtz entdeckten Factum, dass *Blau* und *Gelb* vereinigt nicht *Grün*, sondern *Weiss* geben. *Ultramarin* und *Chromgelb* geben allerdings kein reines Weiss, sondern ein röthliches Weiss; ob dieses beigemischte Roth von dem *Ultramarin* oder dem *Chromgelb* herrührt, ist nicht zu bestimmen. Vielleicht ist die Sache den Untersuchungen von Helmholtz gegenüber noch etwas anders aufzufassen: wie Helmholtz selbst hervorhebt und leicht bestätigt werden kann, sind die Farbengränzen im Spectrum keineswegs genau und scharf, vielmehr sind ganz allmählige Uebergänge von einer Farbe zur andern ohne eine eigentliche Gränze vorhanden. Dem entsprechend giebt Helmholtz vom *Blau* dreierlei Angaben für Wellenlängen, nämlich 1809, 1793 und 1781 Milliontheil eines Pariser Zolles, für *Indigblau* aber 1716 und 1706. Von 1706 bis 1809 sind aber ganz allmählige Abnahmen des *Blau* und Zunahmen des *Grün* zu denken. Wird nun eine Mischung von zwei Farben gemacht, so werden immer Stücke von erheblicher Breite des Spectrum verwendet, in welchen viele Abstufungen des Farbentones enthalten sind — vom *Indigblau* wird also die eine Seite nach *Violett* neigen, die andere nach *Grün*, bei einer Mischung des *Indigblau* mit *Gelb* also leicht ein etwas nach *Grün* neigendes *Blau* in die Mischung mit eintreten können: dieselbe Betrachtung ist aber für das gegen *Gelbgrün* gränsende *Gelb* des Spectrum anzustellen. Beim Farbenkreisel so wie beim Lambert'schen Versuche sind dagegen im *Ultramarin* und *Chromgelb* keine Stufen von Farbentönen enthalten. — Lässt man aber Scheiben von 17° *Grün* und 343 *Ultramarin* oder auch von 28° *Grün* und 332° *Ultramarin* rotiren, so erhält man ein *Blau*, welches zwar etwas heller als *Ultramarinblau* ist, aber sehr wenig im Tone abweicht und jedenfalls dem tiefsten spectralen Indigblau sehr viel näher steht, als dem Cyanblau.

Im Ganzen stimmen die mit dem Farbenkreisel erhaltenen Gleichungen ganz vortrefflich mit den Untersuchungen von Helmholtz an Spectralfarben überein.

Wenn sich auch unter meinen Pigmenten keine gefunden haben, die zu einander complementär sind, so wird dadurch natürlich der Grassmann'sche Satz, dass es zu jeder Farbe eine andere homogene Farbe giebt, welche mit ihr gemischt Weiss liefert, nicht angefochten; denn je zwei meiner Pigmente haben immer Töne gegeben, welche im Spectrum repräsentirt sind, welche also immer den complementären Farbenton zu dem dritten Pigment geliefert haben. Nur für die Purpurfarben zwischen *Roth* und *Violett* findet Grassmanns Satz keine Anwendung, da sie im Spectrum fehlen.

§ 81. *H.* Wenn ich ferner meine Gleichungen mit den von Maxwell erhaltenen vergleiche, so zeigt sich auch eine ziemliche Uebereinstimmung. Indem hat Maxwell selbst verschiedene Papiere angewendet, so dass seine eigenen Gleichungen mehr von einander differiren, als von den meinigen. Maxwell hat Papiere von Penny und von Hay angewendet. Ich habe meine Papiere aus der Fabrik des Herrn Dittmann hierselbst bezogen, welcher mir die Angaben machte, dass *Roth* sei Zinnober, das *Orange* Mennige, das *Gelb* sehr sorgfältig ausgewaschenes und fein niedergeschlagenes Chromgelb, das *Grün* Schweinfurter Grün, das *Blau* Ultramarin feinster Qualität, das *Violet* Fuchsin (Anilin) an Baryt gebunden.

Reducire ich Maxwells Zahlen auf 360, so ist:

Bei Maxwell

133 *Roth* + 97 *Blau* + 139 *Grün* = 100 *Weiss* + 260 *Schwarz*

161 » + 91 » + 108 » = 80   » + 280   »

bei mir

165 » + 73 » + 122 » = 100   » + 260   »   (α)

Bei Maxwell

198 *Blau* + 118 *Gelb* + 44 *Grün* = 133 *Weiss* + 227 *Schwarz*

193 » + 114 » + 53 » = 121   » + 239   »

bei mir

197 » + 146 » + 17 » = 159   » + 201   »   (δ)

Bei Maxwell

242 *Roth* + 118 *Grün* = 81 *Gelb* + 33 *Weiss* + 216 *Schwarz*

bei mir

219 » + 141 » = 73 » + 52 » + 235   »   (ϑ)

Die qualitativen Verhältnisse sind bei Maxwell und mir dieselben; die quantitativen Verschiedenheiten finden in zwei Momenten ihre genügende Erklärung, nämlich erstens in der Verschiedenheit der farbigen Papiere, wie Maxwells Gleichungen für sich schon ergeben. Wie sehr sich dieses Moment geltend macht, zeigte sich mir recht frappant, als ich Papiere aus derselben Fabrik, welche einige Wochen frei gelegen hatten, also dem Lichte (nicht dem Sonnenlichte) und Staube ausgesetzt gewesen waren, am Kreisel untersuchte. Sie ergaben statt der Gleichung (δ)

197 *Blau* + 146 *Gelb* + 17 *Grün* = 165 *Weiss* + 195 *Schwarz*

die Gleichung

193 *Blau* + 141 *Gelb* + 26 *Grün* = 171 *Weiss* + 189 *Schwarz*

also eine Differenz von

+ 4 *Blau* + 5 *Gelb* — 9 *Grün* = — 6 *Weiss* + 6 *Schwarz*

Sie waren also alle verblichen, Grün aber hatte am meisten an Intensität verloren. — Das zweite Moment, welches zu berücksichtigen ist, liegt in der geringeren Geschwindigkeit, mit der sich Maxwells Scheiben gedreht haben müssen. Es ist sehr auffallend, wie sich sowohl Färbung, als Helligkeit bei veränderter Rotationsgeschwindigkeit mit verändern. *Roth* und *Gelb* treten bei Abnahme der Rotationsgeschwindigkeit viel mehr hervor, als *Blau* und *Grün*, so dass eine Farbencombination, welche im Beginne des Drehens roth erscheint, bei beschleunigter Geschwindigkeit immer mehr verblasst und endlich ganz farblos wird. Zugleich ist die Helligkeit des aus *Weiss* und *Schwarz* zusammengesetzten Grau bei langsamem Drehen bedeutend grösser. Offenbar beruht die Erscheinung darauf, dass der Eindruck des *Weiss*, *Gelb* und *Roth* längere Zeit dauert, als der des *Grün*, *Blau* und *Schwarz*, was mit Plateau's Bestimmungen (Poggendorffs Annalen 1830, Bd. 20, p. 313) harmonirt. Eine nähere Besprechung dieses Phänomens kann indess erst im fünften Abschnitte folgen. Meine Gleichungen sind bei einer Rotationsgeschwindigkeit von mindestens 60 Umdrehungen in der Secunde, meist aber von 70—100 Umdrehungen gewonnen worden. Maxwell muss bei seinem Kreisel eine bedeutend geringere Geschwindigkeit gehabt haben, woraus es erklärlich wird, dass er für *Roth*, *Gelb* und *Weiss* geringere Werthe gefunden hat, als ich. Ist übrigens die Rotation so schnell, dass die Scheibe völlig unbewegt erscheint, so ändert sich bei grösserer Geschwindigkeit der Eindruck nicht mehr merklich.

§ 82. C. Wir haben beim Farbenkreisel nach der Maxwell'schen Einrichtung den Vortheil, dass wir die Helligkeit des aus den Pigmenten gebildeten *Weiss* bestimmen können, und die 6 ersten Gleichungen zeigen, dass die Helligkeiten der Mischungen immer verschieden gewesen sind, denn die Menge des in dem Grau erhaltenen *Weiss* beträgt 159, 150, 140, 134, 132, 100. Dass überhaupt eine Mischung von Farben dunkler sein muss, als volles *Weiss*, ist sehr begreiflich, wenn man bedenkt, dass jede Farbe ja nur einen Theil des auf sie fallenden Lichtes zurückwirft, also immer weniger Licht, als *Weiss*. Wenn nun Farblosigkeit durch Mischung zweier Farben eintritt, so wird die Helligkeit der farblosen Mischung geringer sein müssen, als die Helligkeit aus der Mischung aller Farben, wenn sie ihr sämmtliches Licht auf eine gleich grosse Fläche concentriren. Wenn z. B. die Helligkeit des *Weiss* = 3, die des *Gelb* = 2, die des *Blau* = 1, des *Grün* auch = 1 gesetzt würde und 3 gleiche Sectoren von 120° dieser Pigmente gäben eine farblose Mischung, so würde die Helligkeit dieser Scheibe = ⅓ der Helligkeit einer weissen Scheibe sein, also gleich einer Mischung von 160° *Weiss* und 200° *Schwarz*. Hierbei würde es gleichgültig sein, ob die Helligkeit des Pigmentes von der Intensität der Farbe oder von beigemischtem *Weiss* herrührt. Dies wäre die einfachste Annahme, aber sie ist unbewiesen und unsicher, weil wir nicht wissen, was in dem Nerven vor sich geht, wenn verschiedene Farbenstrahlen ihn gleichzeitig afficiren. Es ist keineswegs nothwendig, wie Grassmann annimmt, *dass die gesammte Lichtintensität der Mischung die Summe ist aus den Intensitäten der gemischten Lichter;* sie kann kleiner sein, indem bei dem Vorgange im Nerven die Bewegungen einander zum Theil aufheben, oder grösser, wenn z. B. durch schnellen Wechsel der Erregung die Abstumpfung des Nerven vermindert wird. Vielleicht würde man mittelst der Helmholtz'schen Methode die Frage entscheiden können, indem man die Helligkeiten der Mischungen bestimmte. Man würde dabei zugleich die Intensitäten der verschiedenen Farbentöne des Spectrum zu bestimmen im Stande sein. Von Pigmenten dürfte kaum etwas zu erwarten sein. Doch scheint aus den Gleichungen so viel für die Pigmente hervorzugehen, dass *Gelb* die grösste Helligkeit der Mischung giebt, (δ), demnächst *Orange*, (β im Vergleich mit α und ϵ im Vergleich mit ϑ) dann *Grün* und *Fuchsin*, (ζ), die geringste Helligkeit aber *Roth* und *Blau*, (λ). Cf. § 74.

§ 83. *D.* Eine Hauptfrage muss es ferner sein, wie denn die G l e i c h u n g e n   u n t e r   e i n a n d e r   s t i m m e n? und diese Frage lässt sich am besten beantworten durch C o n s t r u c t i o n   e i n e r   F a r b e n t a f e l.

Seit Newton hat man unter der Annahme, dass die Intensität einer Farbe als ein Gewicht aufgefasst und bei einer Mischung von Farben der gemeinschaftliche Schwerpunkt durch Construction gefunden werden könne, Farbentafeln von verschiedener Ausführlichkeit entworfen. Auch für meine Gleichungen habe ich eine derartige Tafel in *Figur 30* dargestellt, indem ich der von Maxwell (*Transactions of the Society of Edinburgh 1857, Vol. XXI., p. 279*) angegebenen und von Helmholtz (*Ph. Optik p. 285 u. f.*) als richtig bewiesenen Construction gefolgt bin. Das Verfahren ist folgendes:

Man wählt 3 beliebige Farben, welche mit einander gemischt, ein eben solches *Grau* geben, wie man es durch gleichzeitige Mischung von *Schwarz* und

Fig. 30.

Weiss gewinnt. Diese 3 Farben seien *Blau*, *Roth* und *Grün*; man trägt sie an den Ecken eines gleichseitigen Dreiecks *B R Gr Figur 30* ein, und sucht nun ihren gemeinschaftlichen Schwerpunkt, d. h. den Punkt des *Grau* auf. Zunächst mischen wir 2 Farben der Gleichung (α) z. B. *Blau* und *Grün*; ihr Schwerpunkt muss in der Verbindungslinie *B Gr* liegen, und seine Lage wird weiter von den zur Mischung des *Grau* erforderlichen Quantitäten von *Blau* und *Grün* abhängig sein: je mehr *Blau* in der Gleichung enthalten ist, um so näher an *B*, je mehr *Grün* in ihr enthalten ist, um so näher an *Gr* muss α liegen. Gleichung (α) er- giebt für *Blau* 73°, für *Grün* 122°; wir nehmen also für *Blau* eine Masse von 73 Gewichtseinheiten, für *Grün* eine Masse von 122 Gewichtseinheiten an, und theilen *B Gr* nach der Proportion

$$\alpha B : \alpha Gr = 122 : 73.$$

Um nun mit diesen beiden Werthen das *Roth* in Verbindung zu bringen, zieht man die Linie α *R*; auf dieser muss der gemeinschaftliche Schwerpunkt für die drei Farben liegen. Man theilt also α *R* in dem Verhältniss von (122 + 73) zu 165 (dies ist die Zahl der für *Roth* gefundenen Grade) also

$$\alpha W : W R = 165 : 195$$

W ist dann der Punkt für die farblose Mischung.

Indess ist hier kein reines *Weiss* von voller Intensität zu denken, sondern Grau, und zwar ein Grau, welches der Versuch als gemischt ergiebt aus

$$100 \; Weiss + 260 \; Schwarz.$$

Dieses *Grau* ist also $\frac{360}{100}$ mal dunkler, als das weisse Papier, was durch einen Coëfficienten bezeichnet werden kann. Durch diesen wird das hier erhaltene ge- dämpfte *Weiss* mit dem in den andern Gleichungen enthaltenen *Weiss* vergleich- bar gemacht. Der Coëfficient würde also, wenn wir die Coëfficienten von *Blau*, *Roth* und *Grün* einander gleich und zwar = 1 setzen für *Weiss* = 3,6 sein; da indess das *Schwarz* nicht völlig lichtlos ist, sondern nur 57mal weniger Licht reflectirt, als das weisse Papier (s. § 39), so werden dem *Weiss* $\frac{260}{57}$ oder 4,5 zu- zuaddiren sein, wodurch der Coëfficient für *W* = 3,65 wird.

Auf dieses *W* können wir nun alle Gleichungen beziehen, welche *Grau* geben und demgemäss andere Pigmente, welche in einer farblosen Mischung ent- halten sind, in der Tafel verzeichnen. Wir können z. B. den Punkt für *Gelb* aus Gleichung (d) finden, welche giebt

$$17 \; Gr. + 146 \; G. + 197 \; Bl. = 159 \; W. + 201 \; S.$$

Wir finden zunächst δ in Figur 23 als Schwerpunkt für 17 *Grün* + 197 *Blau*. Da die Mischung Grau giebt, so muss der gemeinschaftliche Schwerpunkt für alle drei Componenten in *W* liegen, folglich der Punkt für *Gelb* in einer Verlängerung der Linie δ*W*. Um ihn zu finden, stellt man die Proportion

$$\delta W : W z = 146 \; G : (17 + 197).$$

Indess müssen wir, um die Gesammtintensität des *Weiss* zu erhalten, die Zahl der Grade für *Weiss*, also 159 mit dem Coëfficienten 3,65 multipliciren. Wir erhalten dann bei gleichzeitiger Berücksichtigung der Helligkeit des *Schwarz* auf der rechten Seite der Gleichung 562 W und wenn wir davon $(17 + 197)$ abziehen, so erhalten wir 348 g als corrigirten Werth statt 146 G, also die Proportion

$$\delta W : W'g = 348\, g : (17 + 197)$$

wodurch der Punkt für g bestimmt ist. Der Coefficient von G, welcher dessen Intensität ausdrückt, ist gleich dem corrigirten Werthe g dividirt durch den gefundenen Werth G, also $= \tfrac{1}{1}|\tfrac{2}{3} = 2{,}38$.

In derselben Weise sind Lage und Coefficient für *Orange* und *Violett* (*Fuchsin*) berechnet und in die *Figur 30* eingetragen worden. Da wir für *Gelb*, *Orange* und *Violett* mehrere Gleichungen haben, so beantwortet die Zeichnung zugleich die Frage, wie genau meine Gleichungen mit einander übereinstimmen.

Berücksichtigen wir zunächst die 3 Gleichungen für *Gelb* nämlich (δ) (ϑ) und ($\varkappa$). Wir haben den Punkt G gefunden aus einer Gleichung (δ), in welcher *Blau*, *Grün* und *Gelb* enthalten waren. Wir haben zweitens ein *Gelb* gewonnen durch Mischung von *Roth* und *Grün*, und zwar ein mit *Weiss* und *Schwarz* gemischtes *Gelb*. Offenbar muss dieses *Gelb* auf der Linie $R\,Gr$ (nach Aussage der linken Seite der Gleichung ϑ), aber auch auf der Linie $W'G$ (nach Aussage der rechten Seite der Gleichung ϑ) liegen, d. h. im Schneidepunkte dieser beiden Linien. Der kleine Strich bei ϑ in *Figur 30* giebt die Abweichung von $R\,Gr$ und von $W'G$ an, welche nach R hin 1 Mm., nach W hin weniger als 1 Mm. beträgt. Die Abweichung um 1 Mm. nach R entspricht einem Werthe von 8° an der Scheibe. Dieser Werth ist aber auf 3 Gleichungen zu vertheilen; denn G ist gefunden aus den beiden Gleichungen (α) und (δ) und ϑ aus der Gleichung (ϑ). Man braucht also nur eine Ungenauigkeit von 3° für jede der 3 Gleichungen anzunehmen; dies ist aber ein Werth, welcher sich wieder vertheilt 1) auf die Ungenauigkeit des Urtheils, 2) auf die Ungenauigkeit der Messung, 3) auf die Ungenauigkeit der Rechnung und Zeichnung, 4) auf die Ungleichmässigkeit der einzelnen farbigen Scheiben; so dass die Uebereinstimmung dieser Gleichungen über alles Erwarten genau ist, und a posteriori einen Beweis für die Zulässigkeit des Verfahrens liefert. Dasselbe gilt für die Abweichungen bei $\varkappa$.

Auch die Abweichungen bei der Bestimmung des Punktes Vi für *Violett* oder *Fuchsin* sind nicht grösser, zum Theil aber viel geringer. Es sind für *Fuchsin* 5 Gleichungen vorhanden, von denen (ε) und (ζ) vollkommen miteinander in Bezug auf die Richtung der Linie $W'Vi$ übereinstimmen, wenig von (λ) und (γ), am meisten aber von (μ) abweichen. Auch in Bezug auf die Entfernung von W sind die Abweichungen nicht bedeutend. Beiderlei Abweichungen sind in der Figur 30 ausgedrückt durch die Zickzacklinie $\mu\, Vi$.

§. 84. Die Frage ist nun, was die durch die Construction gefundene Lage der Punkte und was die Coefficienten derselben zu bedeuten haben.

Maxwell glaubt dadurch Einsicht in den *Ton*, die *Nüance* und die Intensität der Farben zu gewinnen, und sagt a. a. O. p. 282: *In this way the qua-*

*lities which we have already distinguished as hue tint and shade (s. § 64) are re-
presented on the diagram by angular position with respect to W, distance
from W, and coefficient.*

Wäre dies wirklich der Fall, so würde die Construction von unschätzbarem
Werthe sein, aber ich muss von vornherein auf die willkührlichen Annahmen bei
der Construction aufmerksam machen, wodurch wir einen Maasstab bekommen,
in welcher Ausdehnung die Behauptung Maxwells gültig sein kann. 1) Kann sich
die Construction nicht auf Farben, sondern nur auf Pigmente beziehen. Willkührlich ist 2) die Annahme der 3 Farben *Roth*, *Blau*, *Grün* als Grundfarben
(*standard colours*), 3) die Annahme, dass diese 3 Farben gleiche Coefficienten
d. h. gleiche Intensität haben. Endlich liegt dieser Construction die Grassmann'sche
unbewiesene Annahme zu Grunde, dass die Gesammtintensität der Mischung
gleich der Summe aus den Intensitäten der Componenten sei.

ad 1. Nehmen wir W als Centrum und schlagen mit dem Radius WB einen
Kreis um das Dreieck, ziehen dann die Linien WR, WOr, WG, WGr, WVi
bis an die Peripherie, so entsprechen die Bogenlängen den Winkeln, welche die
Farbenlinien mit einander bilden. Streckt man dann die Kreislinie zu einer gera-
den Linie, so erhält man Abstände der Farbenlinie, wie im Spectrum von *Roth*
bis *Violett*. Die Abstände zeigen ungefähr dieselben Verhältnisse zu einander,
wie die Abstände der Farbentöne im Spectrum, als deren Repräsentanten die
Pigmente dienen, aber auch nur ungefähr. Vergleiche ich die Abstände mit den
Abständen der Farben im Helmholtz'schen Spectrum (*Physiologische Optik Tafel IV,
Fig. I*) so liegen *Roth* und *Orange* bei mir zu nahe, *Gelb* und *Orange* stimmen,
Gelb und *Grün* zu weit von einander, *Blau* und *Grün* zu nahe an einander, *Blau*
und *Violett* stimmen, obgleich mein *Farbein* sehr von dem *Violett* des Spectrum
verschieden ist.

ad 2. Wenn man 3 beliebige andere Farben als Grundfarben in das gleich-
seitige Dreieck einträgt, und die Construction in derselben Weise durchführt, so
bekommt man nicht nur andere Coefficienten-Verhältnisse und Distanz-Verhält-
nisse für die einzelnen Pigmente von W, sondern auch andere Winkel. Offenbar
kann ich z. B. statt Gleichung (α) auch Gleichung (δ) zu Grunde legen und *Gelb*,
Grün und *Blau* als Grundfarben mit dem Coefficienten = 1 eintragen, oder
Gleichung (β) für *Orange*, *Grün* und *Blau*. Dabei müsste der Winkel B WGr
immer gleich gross bleiben, was nur dann der Fall sein kann, wenn die aus diesen
Gleichungen gefundenen W-Punkte sämmtlich in einem durch B und Gr geben-
den Kreisbogen liegen — dies ist nicht der Fall. Ebenso wenig findet man diese
Anordnung der W's, wenn man statt *Blau* das *Violett* setzt. — Dass aber grade
Blau, *Roth* und *Grün* als Grundfarbe angenommen worden sind, ist willkührlich
und beruht nicht auf andern Gründen, als dass *Roth* und *Blau* ungefähr die Enden,
Grün die Mitte des Spectrum einnimmt.

ad 3. Die Annahme, dass *Roth*, *Blau* und *Grün* gleiche Coefficienten d. h.
gleiche Intensitäten haben, ist nicht nur willkührlich, sondern auch ohne Zweifel

anrichtig, da *Grün* einen viel stärkeren Eindruck macht, als *Blau*. Wir bekommen überhaupt für *Weiss* den Coefficienten 3,45, für *Roth* = 1, für *Orange* = 2, für *Gelb* = 2,59, für *Grün* = 1, für *Indiglblau* = 1, für *Fuchsin* = 1,2 bis 1,8. Mit Ausnahme von *Grün* und *Fuchsin* würden die Intensitätscoefficienten ziemlich mit den Ansichten übereinstimmen, die wir von den Intensitäten anderweitig bekommen haben (cf. § 74). *Grün* hat aber entschieden einen zu niedrigen, *Fuchsin* einen zu hohen Coefficienten.

Trotzdem bleibt die Maxwell'sche Construction immer sehr werthvoll, und verspricht noch werthvollere Resultate, wenn sie auf Bestimmungen mit Spectralfarben angewendet wird. Denn sie macht es möglich bei Pigmenten und bei der Zugrundelegung von 3 bestimmten Pigmenten von gleicher Intensität jene 3 Componenten des Farbeneindrucks, die Intensität, die Nüance und den Ton der Pigmente zu unterscheiden.

Ich will mit Bezug hierauf zunächst die drei Gleichungen für *Gelb* (δ) (ϑ) und (χ) analysiren. Aus Gleichung (δ) haben wir die Lage des Punktes *G*, d. h. seine Entfernung von *W* und seine Richtung gegen *B* und *Gr* von *W* aus gefunden. Aus der Gleichung (ϑ) hat sich ein *Gelb* gefunden, welches weniger intensiv und mehr mit *Weiss* gemischt ist, als *Chromgelb*; die letztere Eigenschaft, d. h. seine Nüance wird in der Zeichnung ausgedrückt durch seine geringere Entfernung von *W*: d. h. ein aus *Roth* und *Grün* gemischtes *Gelb* enthält mehr *Weiss*, als das *Chromgelb*. Ein anderes *Gelb* ist in (χ) aus *Grün* und *Orange* gemischt worden; es liegt in der Zeichnung entfernter von *W* als das ϑ-*Gelb*, aber näher als *Chromgelb*, d. h. es ist weniger gesättigt als *Chromgelb*, aber gesättigter als ein aus *Roth* und *Grün* gemischtes *Gelb*. Das muss ebenso für andere Farben gelten und wir werden daher sagen können: Je näher bei ein und demselben Farbentone der ihm zukommende Punkt an *W* liegt, um so mehr ist es mit *Weiss* gemischt, je weiter es sich von *W* entfernt, um so weniger nüancirt ist es. Für ein gegebenes Pigment wird sich also mittelst des Farbenkreisels und der Construction finden lassen, ob es mehr oder weniger nüancirt ist, als ein anderes Pigment.

Das ϑ-*Gelb* und χ-*Gelb* ist aber auch weniger intensiv, als das *Chromgelb*, denn sie sind nicht blos mit *Weiss*, sondern auch mit *Schwarz* gemischt. Die Intensität jener beiden *Gelb* wird durch ihren Coefficienten ausgedrückt; wir finden denselben, wenn wir die Anzahl von Graden des *Chromgelb*, welche auf der rechten Seite der Gleichungen ϑ und χ stehen, mit dem Coefficienten für *Chromgelb* multipliciren und mit 360 dividiren. Wir finden dann für das ϑ-*Gelb* den Coefficienten = 0,48; für das χ-*Gelb* den Coefficienten = 0,999 = 1. Wir können also für ein gegebenes *Gelb* auch bestimmen, ob es mehr oder weniger Intensität hat, als *Chromgelb*, und dasselbe gilt für andere Pigmente.

Der Ton der verschiedenen *Gelb* hingegen ist derselbe bei δ, ϑ und χ. Haben wir aber ein *Gelb*, welches z. B. mehr *Grün* reflectirt, als *Chromgelb*, so wird dasselbe nicht auf der Linie *WG* liegen können, sondern auf einer Linie die von W zwischen $W'G$ und $W'Gr$ gezogen wird, sich finden müssen. Damit wird der Farbenton desselben im Verhältniss zu *Chromgelb* und *Schweinfurter Grün* bestimmt sein.

MAXWELL hat in dieser Weise verschiedene Pigmente bestimmt und in Fig. 1 Tafel VI. a. a. O. verzeichnet. Nur dürfen wir nicht die oben entwickelten Voraussetzungen bei solchen Bestimmungen ausser Acht lassen.

§ 85. Es ist weiter die Frage, ob die Bestimmungen der Intensität und Nüance für die Pigmente von verschiedenen Farbentönen auch Geltung haben? ob in Bezug auf *Figur 30 Blau* das gesättigtste, *Fuchsin* das am meisten mit *Weiss* vermischte Pigment ist? Nach MAXWELL's Ausspruch (p. 282) sollte man das für gültig halten: *If we examine the colours represented by different points in one of the lines through W, we shall find the purest and most decided colours at its outer extremity and the faint tints approaching to neutrality nearer to W.*

In *Figur 30* finden sich: die Entfernung des *Blau* von *Weiss* = 41,5 Mm., des *Grün* = 35, des *Roth* = 29, des *Orange* = 27, des *Gelb* = 24, des *Fuchsin* = 15. Vergleichen wir damit die Reinheit der Pigmente, wie sie die Untersuchung mit dem Prisma in Tabelle XXV § 78 ergeben hat, so erscheint die beträchtliche Differenz zwischen *Blau* und *Roth* nicht richtig, und noch weniger die Differenz zwischen *Grün* und *Fuchsin*. Ob die wahrscheinlich unrichtige Lage des *Grün* daran Schuld ist, dass *Fuchsin* so nahe an W liegt, scheint nicht nachweisbar. Denn erstens können wir nicht entscheiden, wie weit sich hier der Einfluss der Intensität des Pigments und wie weit sich der Einfluss der Intensität des Farbentones geltend macht.

Die Intensität des Pigmentes hängt davon ab, wie viel von dem auffallenden Lichte seiner Farbe dasselbe reflectirt, also wie wenig es mit *Schwarz* und *Weiss* gemischt ist. Die Intensität des Farbentones bedeutet die Stärke des Eindrucks, welchen derselbe auf das Sinnesorgan macht, hängt also von dem ab, was man Helligkeit der Farbe nennt (cf. § 55). Ein ganz reines *Roth* z. B. kann *ceteris paribus* einen stärkern Eindruck auf die Netzhaut machen, als ein ganz reines *Blau*: dann wird *Roth* weiter von W entfernt liegen müssen, als *Blau*; ist aber das rothe Pigment mehr mit *Schwarz* oder *Weiss* gemischt, als das blaue Pigment, so wird *Blau* entfernter von W liegen als *Roth*. — Wenn also *Grün* als solches eine grosse Intensität hat und das grüne Pigment (das *Schweinfurter Grün*) sehr rein ist, *Violett* dagegen, als solches eine sehr geringe Intensität hat, und sein Repräsentant *Fuchsin* sehr unrein ist, so wird es allerdings sehr viel weiter von W entfernt liegen müssen, als das grüne Pigment. Beiderlei Einflüsse zu isoliren und zu bestimmen, sind wir aber nicht im Stande   deswegen kann MAXWELL's Ausspruch nicht für einen Vergleich verschiedener Farbentöne mit einander Geltung haben.

Interessant ist mir das Verhalten des *Fuchsin* in einer anderen Beziehung gewesen. Es ist mehrfach namentlich von HELMHOLTZ hervorgehoben worden, dass eine Farbe, die aus zwei anderen Farben gemischt wird, niemals die Intensität einer homogenen Farbe hat, was am Farbenkreisel auch die Gleichungen für *Gelb* ergeben haben und was auch aus den Gleichungen für *Fuchsin* hervorgeht. Die Gleichungen für *Fuchsin* (λ) und (μ) haben mir viele Mühe gemacht. In diesen beiden Gleichungen suchte ich eine dem *Fuchsin* ganz gleiche Farbe durch Mischung von *Roth* und *Blau* und durch Mischung von *Orange* und *Blau* herzustellen. Das war mir dadurch möglich, dass dem *Roth* und *Blau* eine Quantität *Weiss*, dem *Fuchsin* aber eine Quantität *Schwarz* beigemischt wurde. Das bedeutet: *Fuchsin* repräsentirt ein *Violett* (oder *Purpur*), welches mehr mit *Weiss* gemischt ist, als die Mischung von *Zinnoberroth* und *Ultramarin*, aber Intensiver, als diese Mischung, denn es musste ihm *Schwarz* zugesetzt werden um seine Intensität jener Mischung gleich zu machen. Demgemäss liegt denn auch erstens der Punkt für *Fuchsin* näher an *W*, als der Punkt auf der Linie *R Bl*; zweitens ist der Coefficient des mit *Schwarz* gemischten *Fuchsin* $= 1$, der des reinen *Fuchsin* $= 1{,}\tau$ (im Mittel).

Nachdem ich diesen Punkt für *Fuchsin* so durch *Roth* und *Blau* bestimmt hatte, konnte ich mir aus der Zeichnung abstrahiren, was ich dem *Fuchsin* zusetzen müsste, um eine Färbung zu erhalten, welche der Mischung aus *Orange* und *Blau* gleich wäre. Denn der Punkt liegt jenseits der Linie *Or Bl*, folglich musste dem *Fuchsin Weiss* zugesetzt werden; bei der Intensität des *Orange* im Vergleich mit *Blau* war zu erwarten, dass der Coefficient kleiner sein würde, als $1{,}\tau$; folglich musste dem *Fuchsin Schwarz* zugesetzt werden, um seine Intensität zu vermindern: diese Voraussetzungen haben sich als richtig erwiesen, wie ein Blick auf die Gleichung (μ) lehrt.

Die Construction von MAXWELL ist also nicht nur geeignet, ein übersichtliches Bild zu gewähren, wie sich verschiedene Pigmente in Bezug auf Farbenton, Farbenintensität und Farbennüance zu einander verhalten, sondern sie kann uns auch darauf leiten, wie wir die Pigmente zu mischen haben, um einen bestimmten Farbeneindruck zu haben. Nach dieser Richtung scheint mir der MAXWELL'sche Farbenkreisel für die praktische Färberei von Wichtigkeit werden zu können. Man wird eine Farbe, die man einem Papier, einem Gewebe u. s. w. geben will, zuerst am Farbenkreisel nach Ton, Nüance und Intensität bestimmen können. Um z. B. ein schönes Hellblau zu erlangen, wird man am Farbenkreisel bestimmen, wie viel *Weiss* und *Grün* dem *Ultramarin* zugesetzt werden müssen, damit ein bestimmtes Hellblau gewonnen werde; grade für die sehr gemischten Farben, wie *Rosa*, *Braun*, sogenannte Steinfarbe u. s. w., würden sich mittelst des MAXWELL'schen Farbenkreisels die Farben ins Unendliche variiren und ihre Zusammensetzung in Bezug auf gewisse Farbstoffe aufs Genaueste bestimmen lassen. Ein braunes Kleid nach heutigem Geschmacke muss z. B. eine gewisse Menge *Blau* beigemischt haben — eben so ein volles saftiges Grün. Das imponirende *Roth* muss mit *Violett* gemischt sein, während das republikanische *Roth* reines *Zinnoberroth* ist. Die Verständigung zwischen Auftraggeber und Färber würde durch Anwendung des Farbenkreisels vielleicht sehr erleichtert worden können, denn der Auftraggeber wird, um ein gewisses *Rosa* zu erhalten, dem Färber nur eine Art Recept zu schreiben haben, z. B. 28 *Ultramarin*, 47 *Zinnober*, 285 *Weiss*, und sicher sein können, die bestimmte Farbe geliefert zu bekommen.

§ 86. Die Farbengleichungen gelten, wie Maxwell bemerkt hat, nur für eine bestimmte Beleuchtung. Meine Gleichungen sind an Tagen mit weissem Himmel gefunden worden, sie stimmen nicht mehr bei blauem Himmel. Noch viel weniger stimmen sie bei künstlichem Lichte, wo sowohl in der Färbung, als auch in der Helligkeit Verschiedenheiten auftreten. Man hat von vornherein zu erwarten, dass keine Gleichheit in der Helligkeit mehr stattfinden kann, wenn man die Scheiben durch ein farbiges Glas betrachtet. Wenn ich z. B. die aus *Roth*, *Blau* und *Grün* zusammengesetzte Scheibe und die aus *Schwarz* und *Weiss* bestehende Scheibe der Gleichung (*a*) durch ein rothes Glas betrachte, so erscheinen *Blau* und *Grün* bei ruhender Scheibe = *Schwarz*, *Roth* aber nahezu gleich *Weiss*, und ich bekomme also auf der linken Seite der Gleichung:

195 *Schwarz* + 165 *Weiss*, rechts aber: 260 *Schwarz* + 100 *Weiss*.

Der äussere Ring muss also beträchtlich heller erscheinen, als der innere Theil der Scheiben — was der Versuch auch bestätigt.

Es ist aber die Frage, ob die Gleichungen bei verminderter Helligkeit der Beleuchtung bestehen bleiben? Denn einerseits nimmt die Farbenintensität bei verminderter Helligkeit überhaupt ab, andererseits rufen die einen Pigmente bei geringeren Graden von Helligkeit eine Farbenempfindung hervor, als die anderen Pigmente (§ 60). Ferner zeigen die Pigmente bei beschränkter Beleuchtung sehr verschiedene Helligkeit (§ 61). Meine Versuche mit den Scheiben im finstern Zimmer haben aber ergeben, dass bei den verschiedensten Graden der Beleuchtungsintensität die Gleichungen bestehen bleiben, und zwar sowohl in Bezug auf Farblosigkeit, respective Farbengleichheit, als in Bezug auf Gleichheit der Helligkeiten.

CAPITEL V.

Hypothesen von der Farbenempfindung.

§ 87. Gegenüber der grossen Menge verschiedener Aetherwellen, welche die Physik als die äussere Ursache der verschiedenen Farbenempfindungen nachgewiesen hat, ist es schwierig, sich eine Vorstellung von dem vermittelnden Vorgange im Nerven zu machen. Wenn man sich den Intensitäten des Lichtes oder den Excursionsweiten der Aetherwellen entsprechende Stromintensitäten im Nerven denkt, so glaubt man sich bei einer solchen Vorstellung beruhigen zu kön-

12

nen — was für ein Vorgang im Nerven soll aber den Empfindungen von verschiedenen Farbentönen entsprechen? Will man die Lehre von den specifischen Sinnesenergien consequent festhalten, so muss man sich für jede qualitativ verschiedene Empfindung eine besondere leitende Nervenfaser denken, die den Eindruck zum Sensorium leitet. Die Unmöglichkeit, so viele specifische Nervenfasern anzunehmen, hat Brewster und Young dazu bewogen, Hypothesen zur Vereinfachung dieser Vorstellungen aufzustellen. Brewster hat 3 Grundfarben objectiver Natur angenommen, durch deren Mischung die verschiedenen Farben des Spectrum entständen, eine Annahme, deren Unhaltbarkeit festgestellt zu sein scheint (Helmholtz *Phys. Optik p. 290*). Thomas Young hat nicht 3 objective Grundfarben, sondern 3 verschiedene Arten von Fasern in jedem Nervenelement angenommen, von denen die einen von den längsten, die zweiten von den mittleren, die dritten von den kürzesten Aetherwellen afficirt würden. Ich führe Young's eigene Worte nebst Newton's Auseinandersetzungen, auf denen er fusst, hier an aus den *Philosophical Transactions 1802, p. 19*:

> To explain colours, I suppose, that as bodies of various sizes, densities, or sensations, do by percussion or other action excite sounds of various tunes, and consequently vibrations in the air of different bigness; so the rays of light by impinging on the stiff refracting superficies, excite vibrations in the ether — of various bigness; the biggest, strongest or most potent rays, the largest vibrations; and others shorter, according to their bigness, strength or power: and therefore the ends of the capillamenta of the optic nerve, which pave or face retina, being such refracting superficies, when the rays impinge upon them, they must there excite these vibrations, which vibrations will run along the aqueous pores or crystalline pith of the capillamenta through the optik nerves, into the sensorium; — and there, I suppose, affect the sense with various colours, according to their bigness and mixture: the biggest with the strongest colours, reds and yellows; the least with the weakest, blues and violets; the middle with green; and a confusion of all with white. (Newton, Ibsen *Vol. III.*, p. 262, Dec. 1675.)

Hierzu giebt Thomas Young folgendes Scholium: Since, for the reason here assigned by Newton, it is probable that the motion of the retina is rather of a vibratory than of an undulatory nature, the frequency of the vibrations must be dependent on the constitution of this substance. Now, as it is almost impossible to conceive each sensitive point of the retina to contain an infinite number of particles, each capable of vibrating in perfect unison with every possible undulation, it becomes necessary to suppose the number limited, for instance to the three principal colours, red, yellow and blue, of which the undulations or related in magnitude nearly as the numbers 8, 7 and 6; and that each of the particle is capable of being put in motion less or more forcibly, by undulations differing less or more from a perfect unison .... and each sensitive filament of the nerve may consist of three portions, one for each principal colour.

Newton und Young wollen also nur den Vorgang im Nerven bis zum Sensorium erklären. Maxwell und Helmholtz haben aber diesen 3 Arten von leitenden Nervenfasern entsprechende Grundempfindungen *(elementary sensations)* substituirt *(Physiologische Optik p. 291)* und dadurch die ganze Frage wesentlich complicirt und verrückt. (Allerdings sind mir Young's *lectures on natural philosophy, London 1807,* nicht zugänglich gewesen.) Es scheint mir daher nothwendig, die Frage auf ihre ursprüngliche Form zurückzuführen.

Dass die Zahl unserer Empfindungen von Farbentönen, Farbenintensitäten und Farbennüancen gradezu unbegränzt ist, lehrt das Sonnenspectrum, die Mischung der Spectralfarben, der Pigmente u. s. w. Welche von diesen Empfindungen wir als Grundempfindungen bezeichnen wollen, kann nur Sache der Willkühr (man gestatte mir diesen Ausdruck der Kürze wegen) sein: wir können dazu eben so gut die Empfindung wählen, welche durch Wellen von 2200 Milliontheil eines Zolles Länge hervorgebracht wird, wie die, welche durch Wellen von 2000 oder 1800 u. s. w. Milliontheil eines Zolles Länge ausgelöst wird, und indem wir diese Empfindung als Grundempfindung festsetzen, nach ihr eine Reihe von Empfindungen ordnen und benennen. Alle diese Empfindungen entstehen auf gänzlich unbekannte Art und Weise in unserem Sensorium, und die Young'sche Hypothese hat keineswegs das Problem lösen wollen, wie eine Aetherschwingung in Empfindung umgesetzt wird. Young will nur erklären, wie durch die leitenden Nervenfasern eine Vermittelung zwischen dem objectiven Vorgange und der subjectiven Empfindung hergestellt werden könne, ohne dass dazu unendlich viele Fasern erforderlich sind. Um die Leitung des Nerveneindrucks bis zum Sensorium zu erklären, nimmt er nur 3 Arten von Fasern an, von denen die eine Art zur Fortleitung der längsten Wellen, die zweite Art für Wellen von mittlerer Länge, die dritte für die kürzesten Wellen dient, oder vorzugsweise geeignet ist. Die Wellen von den dazwischen liegenden Längen werden nicht von einer, sondern von zwei Fasern zugleich aufgenommen, und zwar von der einen Art mehr, von der anderen Art weniger, je nachdem sich die Länge der Wellen dem einen der 3 Typen mehr nähert. In diesem Sinne werden wir es daher aufzufassen haben, wenn Helmholtz z. B. von *roth und grün empfindenden Fasern* spricht, *durch deren Erregung die Empfindung von Gelb vermittelt werde.* *(Ph. O. p. 290.)* Ich habe allerdings auch keinen recht passenden Ausdruck für die Fasern, welche die längsten, die mittleren und die kürzesten Wellen leiten sollen, finden können, ziehe es indessen doch vor, sie der Kürze wegen als *rothleitende, grünleitende und violettleitende Fasern* zu bezeichnen.

§ 88. Wir wollen nun untersuchen, was für und was gegen Young's Theorie spricht.

a) Die Menge der den Farbentönen, Farbenintensitäten und Farbennüancen zu Grunde liegenden objectiven Verschiedenheiten ist unendlich gross, und fast eben so gross ist die Menge der möglichen verschiedenen Farbenempfindungen.

Eine unendliche Menge von leitenden Fasern in einem Netzhantelemente anzunehmen, ist unzulässig.

b) Alle Farben, so wie auch *Weiss*, lassen sich durch 3 Farben, nämlich *Roth*, *Grün* und *Violett* bilden; wenn man also in jedem Netzhantelemente 3 Fasern annimmt, deren eine die wenigst brechbaren, eine die mittleren und eine die brechbarsten Strahlen leitet, so kann durch gleichzeitige, aber von *0* bis zum *Maximum* für jede Faser variirende Affection jede Farbenempfindung vermittelt werden und durch eine gewisse gleichmässige Affection aller 3 Fasern die Empfindung von farblosem Lichte. Hier tritt sogleich eine Schwierigkeit entgegen: durch Mischung von Pigmenten und Spectralfarben wird ausser der Mischfarbe immer noch *Weiss* in grösserer oder geringerer Menge gebildet. Wenn also die rothleitenden und die grünleitenden Fasern die Empfindung von *Gelb* vermitteln, so müssen wir annehmen, dass diese Empfindung eigentlich die Empfindung von *weisslichem Gelb* sei. Nehmen wir dies nicht an, so bleibt uns die Vermittelung der Empfindung von *Weiss* unbegreiflich. Diese Schwierigkeit ist eliminirbar. Denn wir kennen kein absolutes Maximum von Empfindung, sondern wir kennen ein Maximum von Empfindung überhaupt nur durch Vergleich mit einer Empfindung von geringerer Intensität. Der heftigste Schmerz z. B., welchen wir kennen, ist nur grösser, als die übrigen uns bekannten Schmerzen — die intensivste Lichtempfindung ist nur intensiver, als alle übrigen uns bekannten Lichtempfindungen: wie weit aber die stärkste Empfindung von dem Maximum der Empfindung entfernt ist, wissen wir nicht. Das intensivste und reinste *Gelb*, welches wir empfinden, ist daher auch nicht nothwendig das absolut reinste *Gelb*, sondern nur reiner, als jedes andere *Gelb*. Ob also die Empfindung des reinsten *Gelb* nicht die Empfindung eines *weisslichen Gelb* ist, können wir nicht weiter beurtheilen; es ist möglich, dass uns das *Gelb* des Spectrum viel gesättigter erschiene, wenn unsere rothleitenden Fasern zur Leitung des *Gelb* oder zur Leitung der Wellen von 2085 Millionthel eines Zolles Länge eingerichtet wären, während wir sonst annehmen müssen, dass sie zur Leitung von Wellen, welche 2400 Millionthel Zoll lang sind, am geeignetsten sind. Dasselbe gilt von der Empfindung des *Blau*.

Eine zweite Schwierigkeit für die Erklärung des Factum, dass wenn die Wellen des *Roth* und die Wellen des *Grün* gemischt werden, sie ein weisslicheres *Gelb* geben, als wenn die dazwischen liegenden Wellen auf das Sehorgan einwirken, liegt in Folgendem. Die Wellen des *Roth* afficiren die rothleitenden Fasern am stärksten, die Wellen des *Grün* ebenso die grünleitenden Fasern, die dazwischen liegenden Wellen können weder die rothleitenden Fasern, noch die grünleitenden in grösster Intensität afficiren: folglich müsste die Mischung der Wellen intensiver erscheinen, als die gleichartigen Wellen, was der Erfahrung widerspricht. Aus dieser Schwierigkeit können wir nur dadurch kommen, dass wir uns die Afficirbarkeit der 3 Faserarten unter der Form über einander greifender Curven, wie sie Brewster für die Lichtwellen angenommen hat, denken.

Dann werden durch Wellen mittlerer Länge ausser den grünleitenden Fasern auch noch die violettleitenden mit erregt werden, was nicht oder in geringerem Grade der Fall sein würde, wenn die Wellen länger, als die mittleren Wellen sind. Diese Hypothese würde sich kaum durch jetzt vorliegende Facta feststellen lassen, aber

c) wenn wir eine unendliche Menge leitender Fasern annehmen, so sind die Resultate der Farbenmischungen und die Empfindung des *Weiss* völlig unbegreiflich, und wir müssen uns dann jenseits der leitenden Fasern einen ähnlichen Mechanismus, wie ihn YOUNG postulirt, denken. Wenn jede Faser ihre specifische Empfindung hervorruft, wie soll dann eine Mischung der Empfindungen zu einer resultirenden Empfindung zu Stande kommen? Was heisst überhaupt: Mischung von Empfindungen? Ist die Empfindung zum Bewusstsein gekommen, so ist der ganze Process abgelaufen, und von einer Mischung kann weiter nicht die Rede sein. Ist sie nicht zum Bewusstsein gekommen, so müssen wir uns denselben Vorgang im Empfindungsorgan denken, den YOUNG in die Nervenfasern verlegt — wir gewinnen also dadurch gar nichts, verwickeln uns vielmehr unnützer Weise in den Streit darüber, ob es unbewusste Empfindungen giebt oder nicht. Wollen wir uns also überhaupt eine Vorstellung von dem Mechanismus machen, welcher erforderlich ist, um die Resultate der Farbenmischung zu ermöglichen, so ist der Weg, welchen YOUNG eingeschlagen hat, im Allgemeinen gewiss der richtige — wenn auch die specielle Form der Vorstellung von YOUNG nur als ein erster Versuch zur Lösung der Frage angesehen werden mag. Das müssen wir allerdings festhalten, dass diese Hypothese nicht erklären kann, weshalb wir, wenn die 2 Arten von Fasern gleich stark erregt werden, die Empfindung von *Gelb* haben, und dass wir überhaupt nicht erfahren können, wie irgend ein Vorgang eine Empfindung auslöst. (Cf. § 1.) Wir können uns aber durch YOUNG's Hypothese eine Vorstellung davon machen, wie zwei objectiv verschiedene Vorgänge ein und dieselbe Erregung in dem zum Sensorium leitenden Organe bewirken.

d) Eine bestimmtere Form gewinnt durch YOUNGs Hypothese die Erklärung der complementären Nachbilder. HELMHOLTZ sagt hierüber (*Phys. Opt. p. 367*): *Denn da das farbige Licht diese 3 Arten von Nerven nicht gleich stark erregt, so müssen den verschiedenen Graden der Erregung auch verschiedene Grade der Ermüdung folgen. Hat das Auge Roth gesehen, so sind die rothempfindenden (rothleitenden) Nerven stark gereizt und sehr ermüdet; fällt nachher weisses Licht in das Auge, so werden die grün- und violettempfindenden Nerven dann verhältnissmässig stärker afficirt, als die rothempfindenden. Der Eindruck des Blaugrün, der Complementärfarbe des Roth, wird deshalb in der Empfindung überwiegen.* Eine speciellere Anwendung der Hypothese auf die Nachbilder und Blendungsbilder werde ich im fünften Abschnitte geben.

e) Zur Prüfung der Young'schen Hypothese hat zuerst Maxwell Untersuchungen an Farbenblinden gemacht und zwei Fälle gefunden, in denen die Untersuchung mit dem Farbenkreisel einen Mangel der die längsten Wellen leitenden Fasern ergeben hat. Dieser wird ausgedrückt durch die Gleichung

$$15\ Gelb + 11\ Blau + 74\ Schwarz = 100\ Roth$$

und bei demselben Individuum durch

$$86\ Roth + 14\ Gelb = 40\ Grün + 60\ Schwarz$$

d. h. ein sehr dunkles *Blaugrün* macht denselben Eindruck, wie das volle *Roth*, und: ein gelbliches *Roth* bringt dieselbe Empfindung hervor, wie ein dunkles *Grün*. Aus der ersten Gleichung hat Maxwell ein Dreieck construirt, (mit Zugrundlegung des gleichseitigen Dreiecks *R, Bl, Gr*) in welchem statt des Punktes für *Roth* ein Punkt gefunden wird, welcher der Empfindung des *Schwarz* entspricht.

Für 2 Individuen stimmten die Gleichungen fast vollkommen, von 2 anderen Individuen sagt er: *they were not sufficiently critical in their observations. (Transactions of the Edinburgh Society Vol. XXI., p. 284.)* Maxwell schliesst daraus, dass die rothleitenden Fasern den Farbenblinden fehlen.

Wir haben keinen Grund, an der Richtigkeit von Maxwell's Bestimmungen irgend zu zweifeln, aber es ist mit Berücksichtigung älterer Beschreibungen von Farbenblinden höchst unwahrscheinlich, dass sie eine allgemeine Gültigkeit haben. Dass dies entschieden nicht der Fall ist, sondern dass sehr bedeutende Differenzen bei verschiedenen Farbenblinden mittelst des Maxwell'schen Farbenkreisels gefunden werden, hat Rose durch sehr ausgedehnte und mühsame Untersuchungen an einer grossen Anzahl Farbenblinder nachgewiesen. (Rose, Ueber stehende Farbentäuschungen, *Archiv für Ophthalmologie von Graefe*, VII., 2, p. 78.) Ich gebe hier nachstehend eine Tabelle, die aus einigen von Rose erhaltenen Farbengleichungen für Farbenblinde zusammengestellt ist, aus der sogleich die grosse Disharmonie in den Empfindungen von Farbenblinden hervortreten wird. Von den Gleichungen für das normale Auge weichen diese Gleichungen schon dadurch ab, dass sie nur viergliedrig sind; unter einander zeigen sie sehr bedeutende Differenzen sowohl in Bezug auf die Mengen von *Weiss* und *Schwarz*, welche genommen werden musste, als in Beziehung des Farbenantheils, welcher von dem einen oder andern Pigmente erforderlich war.

Schon aus dieser Zusammenstellung geht so viel hervor, dass der Zustand der Farbenblindheit nicht auf eine so einfache Formel zurückgeführt werden kann, wie man es nach Maxwell's Angaben voraussetzen könnte. Noch mehr tritt dies hervor, wenn man die übrigen Mittheilungen Rose's und seine Zeichnung vergleicht, in denen der *schwarze Punkt* Maxwell's alle möglichen Wanderungen macht. (a. a. O. *Taf. II.* Vergleiche auch Viernow's *Archiv. Bd. XX.*, p. 245 u. f. und *Taf. VI—VIII.*

Tabelle XXVII (nach Rose).

Normales Auge: 33½ *Roth* + 34 *Grün* + 32½ *Blau* = 24 *Weiss* + 76 *Schwarz.*

Indi-viduum.	Nro. der Gleichung.	Roth.	Blau.		Weiss.	Schwarz.
G	(46)	55	44½	=	7	93
H	(47)	45½	54½	=	4	96
J	(48)	50	50	=	15	85
E	(31)	52½	57½	=	12	88
A	(9)	29½	71½	=	8	92

		Roth.	Blau.		Grün.	Schwarz.
A	(8)	16½	83½	=	12	88
B	(20)	52½	47½	=	9	91
C	(26)	44	56	=	8½	91½
E	(28)	27½	72½	=	17½	82½
F	(33)	61	39	=	8½	91½
G	(48)	50	50	=	7½	92½
H	(50)	38	62	=	6½	93½
J	(51)	20½	78½	=	23	77

Ich habe Gelegenheit gehabt, einen höchst intelligenten, in ontorwissen-schaftlichen Beobachtungen geübten und an Geduldsproben gewöhnten Collegen *M.* untersuchen zu können, bei dem sich als Hauptformel ergab:

$$360^{0} \; Grün = 172 \; Gelb + 100 \; Schwarz + 88 \; Weiss \qquad (\nu)$$

d. h. das volle *Grün* erschien ihm als unreines *Gelb.*

Ferner:

$$315 \; Grün + 45 \; Schwarz = 225 \; Gelb + 125 \; Blau \qquad (o)$$

und

$$245 \; Grün + 115 \; Schwarz = 96 \; Gelb + 207 \; Roth + 57 \; Weiss \qquad (\pi)$$

Mein verehrter Collega gab immer nur an *zu blau* oder *zu gelb* und *zu hell* oder *zu dunkel*, hatte aber doch auch eine Empfindung für *Roth*, nur viel schwächer als ein normales Auge. Als ich ihm eine Scheibe drehte, welche aussen nur *Roth*, innen *Grün* und *Blau* enthielt (MAXWELL Nro. 4), erkannte er das *Roth* sofort als solches und erklärte es von dem inneren Theil der Scheibe für himmelweit verschieden. Erst nach Zusatz von sehr viel *Schwarz* und *Weiss* zum *Roth*, so wie von etwas *Schwarz* zu dem *Blau* und *Grün* stimmte ihm die Gleichung:

$$27 \; Roth + 83 \; Weiss + 250 \; Schwarz = 140 \; Grün + 81 \; Blau + 139 \; Schwarz \qquad (\varrho)$$

Die Gleichheit des inneren Kranzes aus *Blau*, *Grün* und *Schwarz* war deshalb sehr schwer herzustellen, weil er, wie Rose's Herr *A.*, bei dem geringsten Ueberschauer von *Blau* sogleich die Mischung für zu blau, bei einem Ueberschusse von *Grün* für zu gelb erklärte; die Differenz wurde bei weniger als 1° Verschiebung sofort erkannt. *Gelb* macht ihm übrigens einen angenehmen, *Blau* einen höchst widerwärtigen Eindruck, und ein ganzer Bogen ultramarinblaues Papier erregte wahren Abscheu und Ekel. Dagegen hatte er an den Gleichungen (α) bis (μ) nur wenig auszusetzen; sie stimmten ziemlich gut für ihn.

Für einen anderen Farbenblinden Herrn *F.* stimmte die Gleichung (ν) vollkommen, aber keine der übrigen Gleichungen des Herrn *M.* Für Herrn *F.* war Grösse und Helligkeit des farbigen Objects sehr wesentlich.

Gewiss ist wohl anzunehmen, dass die Farbenblindheit in allen möglichen Graden und in den verschiedenen in diesem Abschnitte behandelten Richtungen des Farbensinnes vorkommt, und MAXWELL hat wohl nur zufällig zwei sehr ähnliche Fälle zur Untersuchung gehabt.

Was folgt nun daraus für die YOUNG'sche Theorie? Schwerlich eine Widerlegung derselben, wie ROSE glaubt, dessen Gründe mir übrigens ganz unverständlich geblieben sind. Wir werden wie bei allen anderen Nerven nicht blos an vollkommene Paralyse, sondern auch an Parese einzelner Fasern zu denken haben. Ausserdem werden wir aber auch noch an die Möglichkeit denken müssen, dass die Fasern, welche für die Leitung der längsten Wellen bestimmt sind, mehr geeignet würden zur Leitung etwas kürzerer Wellen, dass also z. B. die rothleitenden Fasern zu gelbleitenden würden. Damit würde vielleicht der Fall meines Collegen erklärt werden können; mit dieser Verwandlung der rothleitenden in gelbleitende Fasern muss auch jedenfalls eine Veränderung der Empfindung von *Grün* verbunden sein, so dass *Gelb* und *Blau* die Hauptempfindungen sein würden. — Im Ganzen scheinen mir die Untersuchungen von Farbenblinden aber überhaupt nicht geeignet, um für oder wider die YOUNG'sche Theorie benutzt zu werden, weil zu viele Möglichkeiten in der Veränderung der Fasern denkbar sind, welche dem Zustandekommen einer Empfindung Hindernisse bereiten können.

f) HELMHOLTZ sieht mit Recht YOUNG's Hypothese als eine speciellere Durchführung der MÜLLER'schen Lehre von den specifischen Sinnesenergieen an: bei dieser Auffassung werden wir nach analogen Annahmen bei den übrigen Sinnen zu suchen haben.

1) Beim Tastsinn haben wir ausser dem hier nicht in Betracht kommenden Raumsinne die Druckempfindung und Temperaturempfindung. Von der Druckempfindung müssen wir unterscheiden die Empfindung der Berührung, oder, wie sie MEISSNER, der sie zuerst von der Druckempfindung als verschieden erkannt hat, nannte, die reine Tastempfindung κατ' ἐξοχήν, oder die einfache Tastempfindung. (MEISSNER, *Beiträge zur Anatomie und Physiologie der Haut*, 1853, p. 28.) Die Berührungsempfindung kann sowohl durch sehr schwachen Druck, als auch durch Temperaturdifferenzen, wenn sie in sehr geringer Ausdehnung wirken, erregt werden (FICK und WUNDERLI in MOLESCHOTT *Untersuchungen Bd. VII., p. 1*). Endlich haben wir viertens die Schmerzempfindung als eine spe-

elfache Empfindung zu unterscheiden. Die in der Haut endigenden sensiblen Nervenfasern müssen also vier verschiedene Empfindungen auslösen, die Erregung der Nervenfasern aber wird bewirkt für die Berührungsempfindung durch Druck- und Temperaturdifferenzen, für die Druckempfindung durch Druckdifferenzen, für die Temperaturempfindung durch Temperaturdifferenzen, für die Schmerzempfindung wiederum durch Druck- und Temperaturdifferenzen. Dass verschiedene Vorgänge im Nerven stattfinden müssen, damit diese verschiedenen Empfindungen ausgelöst werden, kann nicht zweifelhaft sein, aber es ist namentlich nach Beobachtungen an pathologischen Fällen kaum eine andere Annahme möglich, als dass besondere Nervenfasern oder Nervenbahnen für die Schmerzempfindung existiren. Dieser Gedanke liegt auch offenbar der Meissner'schen Lehre von der Funktion der Tastkörperchen, die Berührungsempfindung zu vermitteln, zu Grunde, und ich gestehe, dass ich diese Lehre bis jetzt missverstanden habe und erst durch die Young'sche Hypothese zum Verständniss der Meissner'schen Hypothese gekommen bin. In ähnlicher Weise will W. Krause (Anatomische Untersuchungen, 1861, p. 30) durch die Vater'schen Körperchen einen Theil der Muskelgefühlswahrnehmungen vermitteln lassen. Endlich ist es sehr unwahrscheinlich, dass Druck- und Temperaturempfindungen durch ein und dieselben Nervenfasern sollen vermittelt werden können.

Wenn wir aber beim Tastsinn verschiedene Fasern für die Vermittelung der verschiedenen Empfindungen postuliren, und die Anatomie bereits verschiedene Endigungen der Nerven nachgewiesen hat, so werden wir Grund genug haben, eine analoge Anordnung der zuleitenden Organe und des Empfindungsorgans für die Haut anzunehmen, wie sie Young für die Farbenempfindung in den Netzhautnerven angenommen hat.

2) Beim Geschmackssinn hat man schon lange für die eigentlichen Geschmacksempfindungen des Sauren, Salzigen, Bitteren und Süssen verschiedene Regionen auf der Zunge, also räumlich getrennte zuleitende Organe angenommen. Horn und Picht (Valentin's Physiologie, 1848, IIb p. 300 und W. Horn über den Geschmackssinn des Menschen, 1825, Picht, De gustus et olfactus nervo etc., Berolini 1828) haben sogar gefunden, dass ein und dieselbe Substanz verschiedene Geschmacksempfindungen in verschiedenen Regionen der Zunge hervorruft. Wenn diese Untersuchungen fehlerfrei sind, so würden sie gleichfalls als eine weitere Durchführung der Lehre von den specifischen Sinnesenergieen aufzufassen sein.

Beim Geruchssinn sind die Verhältnisse zu unklar.

3) Für den Gehörsinn hat in neuester Zeit Helmholtz die Young'sche Hypothese angewendet. (Helmholtz, die Lehre von den Tonempfindungen etc. 1863). Er schliesst p. 215 aus seinen Beobachtungen, dass es verschiedene Theile des Ohres sein müssen, welche durch verschieden hohe Töne in Schwingung versetzt werden und diese Töne empfinden, und sagt p. 220: Die Empfindung verschiedener Tonhöhen wäre hiernach also eine Empfindung in verschiedenen Nerven-

fasern. Die Empfindung der Klangfarbe würde darauf beruhen, dass ein Klang *ausser den seinen Grundtone entsprechenden Corti'schen Fasern noch eine An-* *zahl anderer in Bewegung setzte, also in mehreren verschiedenen Gruppen von* *Nervenfasern Empfindungen erregte u. s. w.*

Im Ganzen finden wir bei fast allen Sinnen Versuche, die specifischen Sinnesenergieen weiter zu zerlegen und den gefundenen Energieen besondere Empfindungs- oder Zuleitungsorgane zuzuschreiben. Das ist der Grundgedanke der Young'schen Hypothese; ob ihre specielle Form beibehalten werden kann, werden weitere Untersuchungen zu lehren haben.

§ 89. Darüber kann kein Zweifel sein, dass unsere Empfindung von Far- ben ganz unvergleichbar ist mit den objectiven Ursachen und mit dem Vorgange im Nerven. Wir haben aber das Bedürfniss, unsere **Empfindungen zu ord-** **nen und zu klassificiren**, und sind dazu genöthigt, um uns verständigen zu können. Wenn wir aber für unsere Empfindungen einen Eintheilungsgrund suchen, so können wir entweder besonders hervorragende, oder sich oft wieder- holende Empfindungen zur Basis nehmen, oder wir können die Ursachen als Eintheilungsgrund benutzen oder die Verschiedenheit der zuleitenden Organe oder Nerven. Bei den Farben hat man seit den ältesten Zeiten den ersten Ein- theilungsgrund benutzt, später den zweiten, in der neuesten Zeit den dritten. Die Bewegungen des Lichtäthers in ihrem stetigen Uebergange bieten offenbar keinen Anhalt dar — man könnte höchstens nach den Fraunhofer'schen Linien Abtheilungen bilden. Die Verschiedenheiten der zuleitenden Organe sind zu wenig bekannt. Es bleiben also nur die Empfindungen selbst übrig. Wollen wir uns über dieselben verständigen, so genügen als Hauptbezeichnungen unserer Em- pfindungen die Worte *Schwarz, Weiss, Roth, Gelb, Grün* und *Blau*, die ich daher als **Principalempfindungen** oder **Principalfarben** bezeichnen möchte. Es sind dieselben Empfindungen, welche LIONARDO DA VINCI (*Malerei 1786, p. 114*) *einfache Farben* genannt hat. Die Zusammensetzungen und sonstigen Modi- ficationen dieser Worte genügen, um alle unsere Farbenempfindungen auszu- drücken, oder wenigstens auf die Principalempfindungen in verständlicher Weise zu beziehen, und sie haben den Vorzug, unabhängig von Hypothesen zu sein. Bei dieser Ansicht kann es nur von historischem Interesse sein, die Annahmen über Zusammensetzung, Eintheilung u. s. w. der Farben zu verfolgen.

In einem

CAPITEL VI.

würden die zeitlichen Verhältnisse bei der Farbenempfindung zu untersuchen sein, indess ist es zweckmässiger, diese beim subjectiven Sehen, im Capitel von den Nachbildern zu besprechen.

DRITTER ABSCHNITT.

DER RAUM- UND ORTSSINN.

§ 90. In den beiden ersten Abschnitten haben wir unser Augenmerk hauptsächlich auf die Bedingungen gerichtet, welche zum Zustandekommen einer Empfindung erforderlich sind: wir haben jetzt die Vorgänge zu untersuchen, durch welche unsere Empfindungen zu Wahrnehmungen werden. Die Empfindung ist eine Thätigkeit, welche wir nur auf das Subject, auf uns selbst beziehen, die Wahrnehmung ist eine Empfindung, welche wir auf etwas ausser uns beziehen. Jeder Wahrnehmung müssen daher Empfindungen zu Grunde liegen, aber zugleich müssen psychische Thätigkeiten da sein, mit denen die Empfindungen combinirt werden. Die Wahrnehmung eines hellen Punktes im Dunkeln setzt zwei Empfindungen, nämlich die des Hellen und die des Dunkeln, wie setzt ausserdem die Vorstellung des Raumes voraus, ohne welche zwei gleichzeitige Empfindungen überhaupt nicht denkbar sind. Die psychische Thätigkeit bei der Wahrnehmung besteht erstens in der reinen Vorstellung a priori des Raumes und zweitens in der Eintragung unserer Empfindungen in diese Vorstellung. Wir reduciren den nach überall hin ausgedehnt zu denkenden Raum auf 3 Dimensionen und ordnen nach ihnen die Orte, welche wir in demselben unseren Empfindungen anweisen. Von Seiten unserer sinnlichen Thätigkeit müssen zu diesem Processe Data geliefert werden, welche uns induciren, unseren Empfindungen eine bestimmte und constante Auslegung zu geben. Für die horizontale und vertikale Dimension ist eine derartige Auslegung durch eine feste anatomische Anordnung unserer lichtempfindenden Organe gesichert, für die Verlegung unserer Empfindungen in der Tiefendimension sind anderweitige Einrichtungen unserer Sinnesorgane vorhanden, die erst im folgenden Abschnitte zur Sprache kommen werden.

Hier werden wir die Fähigkeit, unsere Empfindungen in Bezug auf die horizontale und vertikale Dimension anzuordnen, untersuchen. Die Fläche,

13

welche auf diese beiden Dimensionen reducirt wird, bezeichnen wir als Gesichtsfeld und denken uns dasselbe aus einer unendlichen Menge kleinster materieller
Punkte neben einander zusammengesetzt. Wir denken uns also unser Gesichtsfeld als eine continuirliche Fläche und lassen die Grösse der Punkte unbestimmt.
In wie weit aber unserer Vorstellung die sinnliche Wahrnehmung entspricht,
hat die Physiologie zu untersuchen. Sie hat zu bestimmen, welche Grösse die
kleinsten wahrnehmbaren Punkte unsres Gesichtsfeldes haben, ob deren Grösse
für unsere Wahrnehmungen ebenso unbestimmbar ist, wie für unsre Vorstellung,
oder ob wir eine endliche Ausdehnung für die wahrnehmbaren Punkte finden
können.   Bezeichnen wir einen solchen Punkt als physiologischen Punkt,
so wird der Versuch die Frage zu beantworten haben: welche Grösse hat
ein physiologischer Punkt? Da wir annehmen müssen, dass jeder Funktion
ein anatomisches Substrat entspreche, so wird sich mit dieser Untersuchung
die Frage verbinden: ob den für die physiologischen Punkte gefundenen Grössen anatomische Elemente unserer Netzhaut entsprechen oder nicht?

Die anatomische Beschaffenheit unsrer Netzhaut veranlasst weiter, zu untersuchen, ob die physiologischen Punkte in allen Theilen unseres Gesichtsfeldes
gleich gross sind und zweitens, wie weit unser Gesichtsfeld überhaupt ausgedehnt
sei? Zugleich ist zu bestimmen, wie weit der gedachten und postulirten Continuität des Gesichtsfeldes die Wahrnehmung entspricht.

Nehmen wir an, die Continuität des Gesichtsfeldes sei constatirt und wir
hätten eine bestimmte minimale Grösse für einen physiologischen Punkt gefunden; sind wir alsdann befähigt, begrünste Formen in unserm Gesichtsfelde wahrzunehmen? Abgesehen von den aprioristischen Schematen, deren Nothwendigkeit
in der Einleitung § 6—9 hervorgehoben wurde, bedürfen wir auch von Seiten der
Sinnlichkeit noch einer besonderen Einrichtung. Wenn zur Wahrnehmung die
Unterscheidung mindestens zweier Empfindungen erforderlich ist, so muss die
Feinheit oder Genauigkeit unserer Wahrnehmungen abhängig sein, von der Anzahl isolirter Empfindungen, die von einem gegebenen Stück unserer Netzhaut
isolirt zu unserem sensorium commune gelangen können. Denken wir uns, ein
Quadratmillimeter unser Netzhaut sei in jedem Punkte empfindlich, und die
Affection eines Punktes von $\frac{1}{100}$ Quadratmillimeter genüge, um eine Empfindung
hervorzurufen, so ist damit noch nicht die Nothwendigkeit gegeben, dass wir zwei
gesonderte Punkte von $\frac{1}{100}$ Quadratmillimeter auch gesondert wahrnehmen —
zu dieser Fähigkeit ist vielmehr noch eine Einrichtung nothwendig, welche die
isolirte Empfindung auch isolirt zum Bewusstseinscentrum leitet. Wir haben daher
zu untersuchen, wie gross der Raum unserer Netzhaut ist, innerhalb
dessen die Wahrnehmung zweier distincter Punkte möglich ist;
daran schliesst sich wiederum die Untersuchung, ob die Grösse dieses
Raumes in allen Theilen unseres Gesichtsfeldes oder unserer
Netzhaut die gleiche ist, oder nicht? Haben wir den kleinsten Punkt,

dessen Affection eine Empfindung hervorbringt, als physiologischen Punkt bezeichnet, so bezeichnen wir mit E. H. Wenn die kleinste Distanz zwischen zwei Punkten, welche distinct wahrgenommen werden können, als Durchmesser eines Empfindungskreises.

Alle diese Untersuchungen beziehen sich auf die Frage, mit welcher Genauigkeit wir den Raum unseres Gesichtsfeldes in kleinste Theilchen zerlegen können. Eine andere, schon in der Einleitung besprochene Frage ist es, wie wir dazu kommen, die isolirt empfundenen Punkte so zu einer Fläche zusammenzusetzen, dass eine Beziehung dieser Punkte auf einander stattfindet, dass wir also über die Lage jedes Punktes in dem Gesichtsfelde orientirt sind. Ich habe § 6 und 7 auseinandergesetzt, wie wir mit Hülfe aprioristischer Vorstellungen, mittelst des Erinnerungsvermögens und vermöge willkührlicher und bewusster Bewegungen dazu gelangen, uns in unserem Gesichtsfelde zu orientiren, und habe diese Fähigkeit als „Ortsinn" bezeichnet. Es bedarf keiner weiteren Auseinandersetzung, dass die Feinheit des Ortsinnes, d. h. die Genauigkeit, mit welcher wir einem Punkte einen Ort in unserem Gesichtsfelde anweisen, abhängig sein muss von der Feinheit des Raumsinnes, oder von der Genauigkeit, mit welcher wir die Punkte unseres Gesichtsfeldes zu unterscheiden vermögen. Aber es ist auch klar, dass Raumsinn und Ortsinn verschiedene Fähigkeiten sind: ein Mensch, welcher mit dem feinsten Raumsinne begabt wäre, welchem aber der Ortsinn fehlte, würde ausser Stande sein, eine Form zu erkennen, und sich der Aussenwelt gegenüber zurecht zu finden; er würde einer Armee tapferer Soldaten zu vergleichen sein, welche aller ihrer Führer beraubt wäre. Durch den Versuch ist aber festzustellen, wie fein der Ortsinn unserer Netzhaut ist und wie sich die Feinheit desselben zu der des Raumsinnes verhält.

Ich werde mich in diesem Abschnitte auf die Wahrnehmungen, welche von einem Auge vermittelt werden, beschränken und erst im nächsten Abschnitte die Distinctionsfähigkeit für Punkte, von denen jeder nur mit einem Auge gesehen wird, besprechen.

Es ergeben sich daraus folgende Probleme für die experimentelle Untersuchung:

1) Die Wahrnehmbarkeit kleinster Punkte,
2) die Unterscheidbarkeit distincter Punkte,
3) die Ausdehnung des Gesichtsfeldes,
4) die Orientirung im Gesichtsfelde.

Die drei ersten Punkte beziehen sich auf den Raumsinn, der letzte auf den Ortsinn der Netzhaut.

CAPITEL 1.

Wahrnehmbarkeit kleinster Punkte.

§ 91. Man pflegt für das deutliche Sehen die Bedingung aufzustellen, es müssten die von einem Punkte der Aussenwelt ausgehenden Lichtstrahlen wieder

in einem Punkte auf der Netzhaut vereinigt werden — allein die genauere Untersuchung der brechenden Medien des Auges hat gelehrt, dass diese Bedingung
durchaus nicht vollständig erfüllt wird. Denn die brechenden Medien unseres
Auges sind weder parabolisch gekrümmt, noch Abschnitte wirklicher Rotationskörper, noch sind sie genau centrirt, noch endlich vollkommen durchsichtig. In
Folge ihrer nicht parabolischen Krümmung müssen sie die von einem Punkte
ausgehenden Strahlen so brechen, dass ein Theil derselben nicht in dem Punkte
zusammentrifft, in welchem sich die grösste Menge derselben allerdings vereinigt.
Es muss also von einem leuchtenden Punkte unter den günstigsten Umständen ein
Bild entworfen werden, welches eine Scheibe darstellt, deren Mittelpunkt am hellsten
ist, und welche nach der Peripherie hin schnell an Lichtintensität abnimmt. Durch
die verschiedene Krümmung der brechenden Medien in horizontaler und vertikaler
Richtung muss ferner das Bild eines leuchtenden Punktes linienförmig werden, und
ein ähnlicher Effect muss aus der mangelhaften Centrirung der brechenden Medien
hervorgehen. Was endlich die unvollkommene Durchsichtigkeit der brechenden
Medien betrifft, so muss eine gleichmässige homogene Trübung eine Erhellung des
Gesammtgesichtsfeldes herbeiführen, indem der getrübte Theil selbst zur Lichtquelle
wird, eine ungleichmässige Trübung oder Lichtbrechung aber die verschiedenartig-
sten, für den speciellen Fall zu bestimmenden Veränderungen des Bildes erzeugen.

Jedenfalls wird bei bester Accommodation des Auges das Bild, welches von
einem lichtaussendenden Punkte auf der Netzhaut entworfen wird, nicht ein
Punkt sein können, sondern eine Fläche von gewisser Grösse und Form sein, in
welcher Punkte von verschiedener Lichtintensität liegen. Die Lichtintensität
in einem Punkte dieses Bildes wird aber unter allen Umständen geringer sein
müssen, als die Lichtintensität des objectiven Punktes. — Wenn wir nun von
einem wirklichen objectiven Punkte, d. h. einem Objecte von unmessbar kleinem
Durchmesser, welches durch ein tausendmal vergrösserndes Teleskop seine scheinbare Grösse nicht ändert, also von einem Fixsterne, eine Lichtempfindung bekommen, so dürfen wir daraus nicht schliessen, dass die Affection eines unmessbar kleinen Punktes unserer Netzhaut genüge, um eine Empfindung zu erzeugen.
Denn das Bild von dem Sterne auf unserer Netzhaut ist keineswegs ein Punkt,
sondern eine kleine Fläche, deren Grösse von der Construction der brechenden
Medien unseres Auges abhängig ist.

Wollen wir also die Grösse eines lichtempfindenden Elementes der Netzhaut
oder eines physiologischen Punktes derselben bestimmen, so haben wir die Grösse
zu bestimmen, welche die kleinste von einem objectiven Punkte hervorgebrachte
Fläche auf derselben mindestens haben muss, damit sie empfunden werden könne.

Eine directe Messung dieser Grösse ist bis jetzt nicht möglich; eine Berechnung der Grösse aus den Brechungsverhältnissen der Augenmedien ist eben
so wenig möglich, da wir trotz der genauen Untersuchungen der Krümmungs-
verhältnisse unserer Hornhaut und Linse doch viel zu wenige Faktoren für eine
derartige Berechnung bestimmen können. Es wird daher nur auf Umwegen

möglich sein, die Grösse eines physiologischen Punktes oder eines anatomischen Elementes unserer Netzhaut zu finden.

Wir müssen uns, bevor wir an die experimentelle Lösung der Frage gehen, zuerst klar machen, ob die Form des Netzhautbildes, wenn das Object ein Punkt ist, unveränderlich ist, oder ob sich dieselbe mit der Lichtintensität des Punktes ändert? Setzen wir die Accommodation des Auges als unverändert und als möglichst günstig, ebenso die Weite der Pupille als constant voraus, so muss die Brechung der von einem Punkte ausgehenden Lichtstrahlen in den Augenmedien immer dieselbe sein, und die Helligkeit des objectiven Punktes wird eine Veränderung in der Grösse oder Form des Netzhautbildes nicht herbeiführen können. Sehen wir von den complicirten Brechungsverhältnissen der Augenmedien ab, und stellen wir uns die einfacheren Verhältnisse der Lichtbrechung im Prisma vor, so können wir nicht im Zweifel sein und durch das Experiment nachweisen, dass die Form und Grösse des Spectrums durchaus unabhängig ist von der Intensität des Lichtpunktes; die Lage der Fraunhofer'schen Linien, ihre Entfernung von einander u. s. w. bleiben genau dieselben, und nur die Lichtintensität der einzelnen Punkte des Spectrums ändert sich. Ebenso müssen wir für die brechenden Medien des Auges annehmen, dass der Gang der Lichtstrahlen in ihnen immer ein und derselbe sei (unter den obigen Voraussetzungen), dass mithin auch die Grösse und Form des Netzhautbildes immer dieselbe sein müsse, wenn auch die grössten Verschiedenheiten in der Lichtintensität des Objectpunktes stattfinden.

§ 92. Mit dieser Annahme, zu welcher uns die Physik zwingt, scheint die Erfahrung im Widerspruche zu sein, denn sehr helle Fixsterne erscheinen uns grösser, als sehr lichtschwache Sterne und für terrestrische Objecte finden wir dasselbe in den Phänomenen, die in dem Capitel von der Irradiation zusammengefasst zu werden pflegen. Liegt hier eine sensorielle Täuschung zu Grunde, oder lässt sich die Erfahrung mit den physikalischen Postulaten in Einklang bringen? Volkmann hat das Verdienst diese Frage aufgestellt und gelöst zu haben. *Physiologische Untersuchungen im Gebiete der Optik. I. 1863. p. 38 u. 39.*

Die Helligkeit in jedem einzelnen Punkte des Netzhautbildes, oder überhaupt des Zerstreuungskreises, muss nämlich zu- und abnehmen mit der Lichtintensität des Objectpunktes. Der Zerstreuungskreis wird aber im Allgemeinen in seiner Mitte die grösste Helligkeit besitzen, indem die meisten Strahlen immerhin nahezu in einem Punkte convergiren, nach der Peripherie hin aber mehr oder weniger schnell an Helligkeit abnehmen. Stellen wir uns also den Zerstreuungskreis aus Zonen bestehend vor, welche vom Centrum nach der Peripherie an Helligkeit abnehmen, so wird bei einer bestimmten Helligkeit des Objectes die Lichtintensität einer gewissen Zone noch so gross sein, dass sie von der dunkleren Umgebung noch als merklich heller wahrgenommen werden kann. Nimmt die Helligkeit des Objectes ab, so wird die Zone nicht mehr wahrgenommen werden können, weil sie zu wenig gegen die Umgebung contrastirt, mithin wird die Ausdehnung des wahrnehmbaren Zerstreuungskreises eine geringere sein.

Das Umgekehrte muss eintreten, wenn die objective Lichtintensität zunimmt. Wir haben also eine physikalische Grenze (VOLKMANN) des Zerstreuungskreises, bedingt durch die Construction der brechenden Medien, und eine sensible Grenze (VOLKMANN) oder physiologische Grenze, abhängig von der Lichtintensität des Objectpunktes. Sei die abnehmende Lichtintensität der Zonen des Zerstreuungskreises in *Figur 31* veranschaulicht, so haben wir uns vorzustellen, dass die

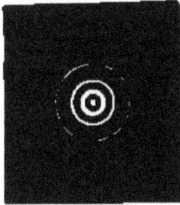

physikalische Grenze des Zerstreuungskreises bis zur Zone 6 reiche; in ihr ist die Helligkeit am geringsten; in der Ausdehnung bis zu Zone 6 wird also der Zerstreuungskreis nur bei grösster Lichtintensität des Objectpunktes wahrgenommen werden können. Bei geringeren Lichtintensitäten des Objectpunktes wird dagegen der Zerstreuungskreis nur bis zur Zone 5, 4, 3 u. s. w. wahrgenommen werden können. Diese Figur kann natürlich nur als eine ganz ungefähre Darstellung der Lichtverhältnisse betrachtet werden. Näher werden wir

Fig. 31.

der Natur des Vorganges kommen durch die *Figur 32*. Nehmen wir an, ein Punkt a sei x mal heller als seine Umgebung und dieses Plus von Helligkeit werde ausgedrückt durch die Ordinate ab; die Abscisse aa^3 bedeute den Halb-

messer des physikalischen (durch die Brechung der Augenmedien bedingten) Zerstreuungskreises; ferner werde die Abnahme der Lichtintensität im Zerstreuungskreise von seinem Centrum bis zu seiner Peripherie durch die Curve $b\beta a^3$ dargestellt; so wird der Durchmesser des sensiblen Empfindungskreises nicht von a bis a^3, sondern nur bis a^2 reichen, und durch die Ordinate $a^2\beta$ die Lichtdifferenz bezeichnet werden, welche mindestens vorhanden sein muss,

Fig. 32.

damit eine Unterscheidung von der Lichtintensität der Umgebung stattfinden könne. Mithin wird von dem physikalischen Zerstreuungskreise nur die Scheibe mit dem Halbmesser aa^2 wahrgenommen werden können. — In einem zweiten Falle sei der Objectpunkt a nur $\frac{1}{2}$ x mal heller, als seine Umgebung oder seine Helligkeit $= ac$; sein physikalischer Zerstreuungskreis muss gleichfalls den Radius aa^3 haben und wenn die Linie cya^3 die Helligkeitsabnahme von a bis a^3 bedeutet, so wird wieder durch die Ordinate $ya^1 = \beta a^2$ die Grenze der Unterscheidbarkeit von der Helligkeit der Umgebung gegeben sein. Der Halbmesser des wahrnehmbaren Zerstreuungskreises ist dann aber nur aa^1; mithin wird ein Objectpunkt von der Helligkeit ab von einer grösseren Fläche der Netzhaut wahrgenommen, als ein Punkt von der geringeren Helligkeit ac. Allgemein worden wir daher sagen können: Jemehr ein Punkt an Helligkeit gegen seine Umgebung contrastirt, um so grösser wird der wahrnehmbare Theil seines Netzhautbildes, und umgekehrt. — Endlich ergiebt sich aus *Figur 32*, dass ein Objectpunkt von geringerer Intensität als *a d* überhaupt keine so stark gegen seine Umgebung contrastirende Empfindung erregt, dass er von ihr unterschieden werden könnte: er wird daher gar nicht mehr wahrgenommen werden können.

Hiermit scheint es mir genügend erklärt, dass helle Fixsterne grösser erscheinen, als lichtschwache Fixsterne; es ergiebt sich ausserdem, dass der Gesichtswinkel, unter dem uns Objecte erscheinen, keine Auskunft giebt über die Grösse des afficirten Netzhauttheiles.

Diese Auseinandersetzungen beziehen sich zunächst nur auf Punkte von relativ grosser Helligkeit, deren Netzhautbild grösser ist, als das Object. Eine Anwendbarkeit derselben auf die Phänomene der sogenannten Irradiation ist von vornherein ersichtlich und wir werden später § 99 diese Anwendung zu machen haben.

Die Wahrnehmbarkeit des Netzhautbildes ist aber von einer wesentlich andern Bedingung abhängig, wenn es sich um Objecte von relativ geringer Helligkeit handelt. Es ist bekannt und bereits früher § 44 und 45 von mir besprochen worden, dass Objecte von einer Helligkeit, welche geringer ist, als die des diffusen Tageslichtes einen um so grösseren Gesichtswinkel erfordern, je mehr ihre Lichtintensität abnimmt. Diese Erfahrung kann durch mangelhafte Lichtbrechung unserer Augenmedien nicht erklärt werden, muss vielmehr von der Eigenthümlichkeit unserer Netzhaut und unseres Sensorium bedingt sein. Wenn es sich also um die Bestimmung des kleinsten empfindenden Theiles unserer Netzhaut, d. h. um die Bestimmung eines physiologischen Punktes handelt, so werden beide Momente, sowohl die Zerstreuung des von einem Punkte ausgehenden Lichtes, als die Grösse des zu einer Wahrnehmung führenden Netzhautbildes zu berücksichtigen sein.

§ 93. Die Astronomen haben es sehr wohl erkannt und berücksichtigt, dass die Fixsterne, deren scheinbarer Durchmesser gleich Null gesetzt werden muss, doch nicht als wirkliche Punkte erscheinen, sondern selbst in den besten Fernröhren als kleine Flächen erscheinen, deren Durchmesser indess nicht gemessen, sondern nur geschätzt werden kann. WILLIAM HERSCHEL hat die *spurious discs* der Fixsterne vielfach untersucht und die Grösse derselben zu bestimmen gesucht, ARAGO schreibt den Sternen einen *diamètre sensible et factice* zu, welcher mit der Güte des Fernrohrs und mit der Stärke der Vergrösserung abnimmt, aber immer noch eine gewisse Grösse repräsentirt (ARAGO, *Astronomie I., p. 364*, HUMBOLDT's *Kosmos III., p. 67 u. 113*). W. HERSCHEL führt eine Beobachtung an, welche mit den im vorigen Paragraphen gemachten Betrachtungen im vollsten Einklange ist, indem nach ihm der factice oder sensible Durchmesser immer kleiner wird, je mehr der beobachtete Stern an Helligkeit verliert. Er hatte Arcturus bei nebliger aber ruhiger Luft im Gesichtsfelde, und sah wie bei zunehmendem Nebel die Grösse des Bildes immer mehr ahnahm; er bildet diese factice Grösse ab, und giebt der Scheibe, welche bei grösstem Glanze des Sternes erschien, einen Durchmesser von 1 Mm., während er bei geringstem Glanze einen eben noch wahrnehmbaren Punkt abbildet und dann sagt: *the last magnitude I saw it under, could certainly not exceed two-tenths of a second.* Die Vergrösserung des Teleskops scheint eine 932malige, vielleicht nur eine 460malige gewesen zu sein. *(Philos. Transactions 1803 p. 214.)* Welche Grössen des Netzhautbildes hier vorhanden gewesen sind, lässt sich leider auch gar nicht annähernd bestimmen.

Wenden wir uns zu terrestrischen Objecten, so finden wir den kleinsten Gesichtswinkel, unter dem ein Object wahrgenommen werden konnte, zu 0,43 Sekunden berechnet. Bei Beobachtungen mittelst des Gauss'schen Heliotrophlichtes wurde der Spiegel von drei Zoll Durchmesser, welcher das Sonnenlicht reflectirte, in einer Entfernung von 213000 Pariser Fuss noch mit blossem Auge wahrgenommen als heller Punkt. (Humboldt *Kosmos III. p. 70.)* Wenn auch hier durch die unvollkommene Reflexion des Lichtes von dem Spiegel (Bouguer *Optice, de diversis luminis gradibus dimetiendis, Wien 1762 p. 60* bestimmt den Verlust auf etwa ein Viertel) und durch die Trübung der Atmosphäre die Helligkeit beträchtlich geringer gewesen ist, als die des Sonnenlichtes, so ist sie doch so bedeutend, dass der Zerstreuungskreis auf der Netzhaut im Verhältnis zu der scheinbaren Grösse des Objectes von sehr viel grösserem Durchmesser gewesen sein muss. Für terrestrische Objecte von geringerer Lichtintensität finden wir sehr viel grössere Winkel angegeben. Platnau hat gefunden, dass ein weisses Quadrat von Papier auf schwarzem Grunde unter einem Gesichtswinkel von 12″ verschwand, wenn es direct von der Sonne beschienen wurde; war dieses Object dagegen im Schatten, d. h. nur von diffusem Tageslichte beleuchtet, so verschwand es schon unter einem Gesichtswinkel von 18″. (Poggendorf's *Annalen, Bd. 20. 1830. p. 328.)* Ziemlich dasselbe fand Heinz, dass nämlich ein weisser, nicht glänzender Punkt auf schwarzem Felde verschwindet bei 16″ Gesichtswinkel (Müller's *Archiv 1840 p. 86).*

Noch grösser werden die Gesichtswinkel, welche für schwarze Objecte auf weissem Grunde gefunden worden sind. So fand Tobias Mayer *(Commentarii Societatis Goettingensis ad annum 1754 p. 100)* für runde Punkte, welche mit schwarzer Tusche auf sehr weisses Papier gemalt waren, als kleinsten Gesichtswinkel 30 bis 36 Sekunden. Heinz (Müller's *Archiv 1840 p. 86)* 20 oder 30 Sekunden. A. a. O. ist angegeben 20″, das scheint aber ein Druckfehler zu sein, wenigstens ergeben die für das Netzhautbildchen berechneten Zahlen den Werth von 30″, was mit Mayer und meinen Befunden in § 96 besser stimmt.

Viel kleinere Gesichtswinkel werden andererseits für die Wahrnehmbarkeit von Linien angegeben. Schon Adam *(Philosophical Transactions 1710)* hat nach Humboldt *(Kosmos III. p. 68)* bemerkt, dass eine dünne lange Stange viel weiter sichtbar ist, als ein Quadrat, dessen Seite dem Durchmesser derselben gleich ist. Jurin (Smith-Kaestner, *Lehrbegriff der Optik, 1755, p. 502)* führt dieselbe Er-

führung an, und bestimmt die Gesichtswinkel für einen Seidenfaden zu $2^1/_2$ Sekunden, für einen Silberdraht auf weissem Papier zu $3^1/_2$ Sekunden. (Auch hier
finden sich in den Angaben einige offenbare Druckfehler). Volkmann (Neue
Beiträge, 1836, p. 202, und Artikel „Sehen" in Handwörterbuch der Physiologie III.
I., p. 331) bestimmt den kleinsten Gesichtswinkel für einen Spinnewebfaden zu
13,7 Sekunden, für ein Haar zu 13,3 Sekunden, während nach ihm ein
Schüler von Baer ein Haar unter einem Gesichtswinkel von 1 Sekunde, Heuex
einen Spinnenfaden unter 0,4 Sekunden und einen glänzenden Draht unter
0,6 Sekunden wahrnehmen konnten.

§ 84. Diese Angaben lassen keine directe Vergleichung unter einander zu,
da die absolute Helligkeit des Objects und die Differenz seiner Helligkeit gegen
die Umgebung unbestimmt gelassen und wahrscheinlich auch sehr verschieden
gewesen ist. Indem habe ich bei gleichbleibender absoluter und relativer Helligkeit der Objecte gefunden, dass ein Quadrat von weissem Papier auf schwarzem
Papier unter einem Gesichtswinkel von 18 " (für die Seite des Quadrats berechnet),
ein Quadrat von schwarzem Papier auf weissem Papier unter einem Gesichtswinkel
von 35 " eben noch wahrgenommen werden konnte. Dagegen waren Linien von
eben demselben Material und 25 mal länger als breit, wenn weiss auf schwarzem
Grunde, sichtbar unter einem Gesichtswinkel von 3 ",5 (für die Breite der Linien
berechnet) wenn schwarz auf weissem Grunde, unter einem Gesichtswinkel von
9 ". Diese Bestimmungen wurden an einem ziemlich hellen Tage unmittelbar
nach einander in einem gewöhnlichen Zimmer gemacht.

Woher rührt nun die verschiedene Grösse des Gesichtswinkels für das weisse
und das schwarze Object? Die physikalischen Verhältnisse der Lichtzerstreuung
müssen dieselben sein für schwarze wie für weisse Punkte, denn ein schwarzer
Punkt muss, wenn Lichtzerstreuung eintritt, seiner Umgebung eben so viel Licht
entziehen, als ein heller Punkt seiner dunklen Umgebung Licht mittheilt. Allerdings ändert sich aber die Differenz der Lichtintensitäten und damit die Wahrnehmbarkeit der Objecte. Setzen wir Weiss 57mal heller als Schwarz, so wird
ein weisser Punkt, welcher in einer gewissen Zone des Zerstreuungskreises dem
Schwarz der Umgebung $\frac{1}{10}$ seiner eigenen Helligkeit zufügt, eine Differenz von
$\frac{57}{10} = 5,7$ zu der Helligkeit der Umgebung, welche $= 1$ ist, setzen; ein schwarzer
Punkt dagegen, welcher in derselben Zone des Zerstreuungskreises dem Weiss
$\frac{1}{10}$ seiner Helligkeit entzieht, wird die Differenz $= 57 - 5,7$ zu der Helligkeit
der Umgebung, welche 57 ist, setzen. Im ersten Falle ist also die Zone 5,7mal
heller, als die Umgebung, im letzten Falle für den dunkeln Punkt nur $\dfrac{57 - 5,7}{57}$
d. h. nur $\frac{1}{10}$ mal dunkler, als die Helligkeit der Umgebung. Wenn nun eine
5,7 mal hellere Zone eben noch wahrgenommen werden kann, so wird eine $\frac{1}{10}$ mal
dunklere Zone nicht mehr von der Umgebung unterschieden werden können:
mithin der Zerstreuungskreis eines weissen Punktes auf schwarzem Grunde in
grösserer Ausdehnung wahrgenommen werden können, als der Zerstreuungskreis

eines dunklen Punktes auf hellem Grunde. Mit Rücksicht auf *Figur 31* würden wir daher etwa annehmen können, dass das Netzhautbild eines weissen Punktes sei bis zu Zone 5, das eines schwarzen Punktes dagegen nur bis Zone 3 wahrnehmbar.

Dass eine derartige Zerstreuung des Lichtes für die kleinsten Punkte stattfinde, dafür spricht auch die Qualität der Erscheinung: denn ein schwarzer Punkt auf weissem Grunde erscheint sehr matt grau, und eben so ein weisser Punkt auf schwarzem Grunde.

Zweitens geht aus den Versuchen hervor, dass Linien unter kleinerem Gesichtswinkel wahrgenommen werden können, als Punkte. Hierfür hat zuerst JURIN eine Erklärung gegeben; er sagt (SMITH-KÄSTNER, *Lehrbegriff der Optik*, 1755, *p. 503*): *Innerhalb der Grenzen des vollkommenen Sehens empfindet man einen Strich besser, als ein Tüpfelchen von eben der Breite, vermuthlich, weil er ein grösser Bild in die Länge machet. Aber ausser diesen Gründen, rührt eben das auch noch daran her, dass ein weisser kreisförmiger Flecken auf schwarzem Grunde, über die äussersten Grenzen des vollkommenen Sehens so weit entfernt, dass der Zerstreuungshalbmesser des Fleckens seinen weit übertrifft, sein Licht in einen viel grösseren Kreis zerstreuet, und statt dessen keins wieder empfängt, also sehr matt erscheinet: Stehen aber etliche solche Tüpfelchen an einander, wie in einem Striche, so bekommt jeder etwas von des andern zerstreutem Lichte.*

Nach dieser im Wesentlichen ganz richtigen Erklärung JURIN's haben wir also die physikalische und die physiologische Seite der Erscheinung zu trennen.

Da das Netzhautbild eines Punktes wegen der unvollkommenen Brechung unserer Augenmedien immer ein Zerstreuungskreis von geringerer Lichtintensität ist, so muss ein im Dunkeln isolirter heller Punkt nach allen Seiten hin Licht verlieren; wenn aber eine Reihe von Punkten neben einander liegen, deren Zerstreuungskreise einander in einer Richtung decken, so wird die Menge des von jedem Punkte abgegebenen Lichtes geringer sein, indem nur nach zwei Seiten hin Licht abgegeben wird, in der Richtung der Linie aber kein Lichtverlust stattfindet. Die beistehende *Figur 33* erläutert dieses Verhältniss. Sind 1 bis 10 die Punkte einer Linie und die um sie geschlagenen Kreise Zerstreuungsscheiben, so greifen von 3 bis 8 diese Scheiben über einander und bilden eine Linie oder ein Rechteck *abcd*, in welchem die Helligkeit grösser sein muss, als in der Zerstreuungsscheibe eines einzelnen Punktes. Wenn in Wirklichkeit die Punkte einander näher, oder unmittelbar aneinander liegen, so wird dadurch im Wesentlichen nichts geändert. Die Helligkeit der Linie

Fig. 33.

muss offenbar grösser sein, als die eines Punktes, nur an ihren beiden Enden wird die Helligkeit geringer werden und daher eine scheinbare Verkürzung der

Linie eintreten müssen. Der Versuch bestätigt diese Annahme: ein Rechteck aus weissem Papier von 10 Mm. Breite und 150 Mm. Länge erscheint bei sehr kleinem Gesichtswinkel bedeutend heller, als ein Quadrat von 10 Mm. Seite — übrigens auch etwas kürzer, als ein Rechteck von 20 Mm. Seite und 150 Mm. Länge.

Wenn aber die Helligkeit des Netzhautbildes der Linie grösser oder ihr Contrast gegen die Umgebung stärker ist, als bei einem Punkte, so muss sie auch leichter wahrnehmbar sein, als ein Punkt, deswegen auch unter kleinerem Gesichtswinkel wahrgenommen werden können. Das ist das eine physiologische Moment — das zweite von Jurin hervorgehobene physiologische Moment ist die *Grösse des Bildes in der Länge*, d. h. die grössere Anzahl der afficirten Netzhauttheile. Es ist eine für die Psychophysik wichtige Thatsache, dass, je schwächer ein Reiz ist, um so grösser die Zahl der empfindenden Elemente sein muss, wenn überhaupt eine Empfindung zu Stande kommen soll; ich werde darauf in § 96 zurückkommen. Dass aber nicht blos die durch die physikalischen Verhältnisse bedingte grössere Helligkeit der Linie, sondern auch ihre grössere Ausdehnung allein für sich ihre Sichtbarkeit bedingt, geht aus folgenden Versuchen mit den in *Figur 34* dargestellten 5 Objecten hervor: unter übrigens möglichst

Fig. 34.

gleichen Verhältnissen war *a*, ein weisses Quadrat von 10 Mm. Seite auf schwarzem Grunde eben noch wahrnehmbar unter einem Gesichtswinkel von 18 ",1; *b*, zwei weisse Quadrate senkrecht übereinander von 10 Mm. Seite und Distanz von einander eben noch sichtbar bei 13 ",7; *c*, ein weisses Rechteck von 10 Mm. Breite und 30 Mm. Länge, senkrecht stehend eben noch sichtbar bei 12,1"; *d*, sieben weisse Quadrate von je 10 Mm. Seite und Distanz senkrecht über einander eben noch sichtbar bei 9 ",8; *e*, ein weisses Rechteck von 10 Mm. Breite und 130 Mm. Länge senkrecht stehend unter etwa 6 " Gesichtswinkel; der Apparat reichte nicht aus für diese Bestimmung, der Winkel würde noch etwas kleiner sein. — Die Beobachtungen sind mittelst des von Volkmann construirten und sogleich zu beschreibenden Mikroskops gemacht worden.

Bei dem Gesichtswinkel, wo das Object a eben aufhörte sichtbar zu sein, erschienen die Objecte b und d als gleichmässig graue Linien, welche aber viel dunkler waren oder viel weniger gegen die Umgebung contrastirten, als die Objecte c und e. Hier ist also das Verhältniss der Gesichtswinkel von b zu c und von d zu e nur von der Helligkeit der Netzhautbilder abhängig. Dagegen erschien b nicht dunkler als d; dass nun d noch unter kleinerem Gesichtswinkel erschienen ist, als b, und ebenso dass e unter kleinerem Gesichtswinkel noch sichtbar gewesen ist als c, dass endlich in den oben erwähnten Versuchen eine weisse Linie, welche 25mal länger als breit war, unter dem Gesichtswinkel von nur 3″,5 sichtbar gewesen ist, kann nur von der grösseren Ausdehnung der Länge nach, in welcher die Netzhaut afficirt worden ist, herrühren. — Bei Sternen können wir die scheinbare Grösse gradezu als Punkt bezeichnen; bei terrestrischen Objecten dagegen muss das Object immer eine Fläche von endlicher Grösse sein, deren einzelne kleinste Punkte ihre Zerstreuungskreise theils über einander, theils über die Umgebung der Fläche verbreiten. So weit die Zerstreuungskreise auf Punkte gleicher Helligkeit fallen, wird die Helligkeit der Fläche nicht verändert, und diesen Theil des Netzhautbildes werde ich als Kernbild bezeichnen, dagegen den Theil der Umgebung, auf welchen sich die Helligkeit des Objectes mit der Helligkeit der Umgebung mischt, Halbbild nennen; entsprechend den Ausdrücken Kernschatten und Halbschatten.

§ 95. Alle diese Beobachtungen geben leider keinen Aufschluss über die ursprünglich gestellte Frage, welche Grösse ein Netzhautbild mindestens haben müsse, um eben wahrgenommen werden zu können; denn wenn ein stark gegen seine Umgebung contrastirendes weisses oder schwarzes Quadrat unter dem kleinsten Gesichtswinkel als matter grauer Fleck erscheint, so müssen wir annehmen, dass eine Lichtzerstreuung stattgefunden habe, dass mithin das Netzhautbild grösser ist, als wir nach der Berechnung des Gesichtswinkels für das Object gefunden haben.

Eine annähernde Bestimmung des kleinsten wahrnehmbaren Netzhautbildes oder eines physiologischen Punktes scheint mir dadurch möglich, dass man für die Wahrnehmbarkeit der Zerstreuungskreise möglichst ungünstige Bedingungen herstellt, ohne die Wahrnehmbarkeit des Kernbildes zu beeinträchtigen. Die Zerstreuungskreise müssen aber nach den in § 92 gegebenen Auseinandersetzungen um so weniger wahrgenommen werden, je weniger sie gegen ihre Umgebung contrastiren. Wenn wir daher den Contrast zwischen Object und Umgebung vermindern, so vermindern wir damit die Wahrnehmbarkeit der Zerstreuungskreise; allein diese Verminderung des Contrastes muss ihre Grösse haben, denn endlich wird ja das Object selbst so wenig gegen seine Umgebung contrastiren, dass es nicht oder nur unter sehr grossem Gesichtswinkel wahrgenommen werden kann.

Von diesem Gesichtspunkt aus habe ich die folgende Versuchsreihe angestellt. Als Object, dessen kleinster Gesichtswinkel zu bestimmen ist, dient ein
Quadrat von weissem und eins von schwarzem Papier; als Umgebung eine Scheibe,
welcher verschiedene Nüancen von Grau gegeben werden können. Die Objecte
und die Umgebung werden von diffusem Tageslichte beleuchtet, und die
Beobachtungen mittelst des Volkmann'schen Makroskops angestellt.

Die Einzelnheiten des Versuches sind folgende: Das Object, ein aus weissem
oder schwarzem Papier geschnittenes Quadrat von genau 10 Mm. Seite wird an
einem dünnen schwarzen Drahte befestigt, und dieser auf ein ganz feststehendes
Stativ gesteckt, s. Figur 35 O. 200 Mm. hinter diesem befindet sich eine Scheibe
S, welche aus einem weissen und einem schwarzen Sektor gebildet wird; die

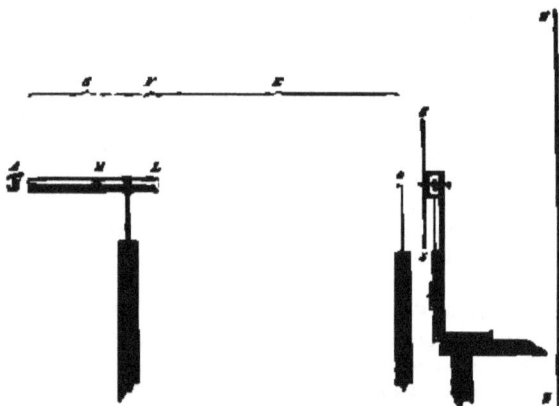

Fig. 35.

Grösse des weissen und schwarzen Theiles der Scheibe kann beliebig in der
Weise, wie bei den Maxwell'schen Farbenscheiben (§ 77, Figur 28) eingestellt
werden. Wird diese Scheibe in schnelle Rotation gesetzt, 60 Umdrehungen in
der Sekunde, so erscheint sie gleichmässig grau und zwar der Grösse des weissen
Sektors gemäss in einem helleren oder dunkleren Grau. Figur 28 zeigt eine
solche Scheibe mit einem schwarzen Sektor von 90°. Sie wird hinter dem Object
so aufgestellt, dass dieses das Centrum der Scheibe genau und vollständig deckt,
wie es Figur 35 zeigt. Alle sichtbaren Theile des Drehwerkes, des Stativs für
das Object sind geschwärzt und den Hintergrund bildet eine schwarze Wand W W.
Nun wird das Volkmann'sche Makroskop M in gleicher Höhe mit dem als Object
dienenden Quadrate aufgestellt und durch dieses das Object beobachtet.

Das Makroskop von Volkmann (Physiologische Untersuchungen im Gebiete
der Optik, 1863, p. 4 u. 5.) ist ein sehr einreiches, bequemes und leicht herum-

stellendes Instrument. Es ist ein Teleskop ohne Ocular, d. h. eine Convexlinse und ein jenem geschwärztes Rohr, welches verkürzt und verlängert werden kann. Man kann als Objectivlinse sehr gut die Sammellinsen der Mikroskopocnlare verwenden, die man nur in eine ausziehbare Messing- oder Pappröhre zu stecken hat. Diese Röhre muss auf einem Stativ sicher und unbeweglich befestigt sein. Hinter der Objectivlinse wird nun von dem Objecte ein verkleinertes Luftbild entworfen und dies wird von dem am andern Ende der Röhre befindlichen Auge .t betrachtet. Die Verkleinerung des Luftbildes vom Objecte ist abhängig von dem Focus der Linse und von ihrer Entfernung von dem Objecte, ebenso die Entfernung des Bildes von der Linse. Bezeichnet E die Entfernung des Objects von der Linse, F den Focus der Linse und e die Entfernung des Luftbildes von der Linse, so hat man nach der Formel $\frac{1}{e} = \frac{1}{F} - \frac{1}{E}$ die Entfernung des Bildes von der Linse $e = \frac{E \cdot F}{E - F}$ und wenn O die Grösse des Objectes bedeutet, o die Grösse des Bildchens, so ist $o = \frac{e \cdot O}{E}$.

Aus o und aus der Entfernung des Auges von o, welche $= S$ sei, findet man dann die Tangente des Gesichtswinkels für o. S findet sich aber gleich der Entfernung des Knotenpunktes im Auge von der Objectivlinse, weniger der Entfernung des Bildchens von der Linse. Ist E etwa 100mal so gross als F oder noch grösser, so kann man statt e ohne merklichen Fehler F setzen und findet dann die Tangente des Gesichtswinkels x

$$\text{Tang } x = \frac{o}{S} = \frac{O \cdot F}{E \cdot S}$$

Ich habe es vorgezogen, statt der Grösse des Netzhautbildchens, welche Volkmann berechnet und in seinen Tabellen angegeben hat, durchweg die Gesichtswinkel zu berechnen. Nimmt man den Knotenpunkt des Auges 15 Mm. entfernt von der Netzhaut an, so entspricht 1 Sekunde dem Werthe von 0,00073 Mm. auf der Netzhaut und 1 Minute einer Netzhautgrösse von 0,00436 Mm.

In der folgenden Versuchsreihe war E constant $= 2700$ Mm.; die Fokaldistanzen meiner Linsen betrugen $F^{I} = 58$ Mm., $F^{II} = 30$ Mm., $F^{III} = 19$ Mm., $F^{IV} = 14$ Mm. Durch Ausziehen und Einschieben der Röhren des Makroskops konnte S von 180 Mm. bis auf 600 Mm. verändert werden. Die als Object dienenden Quadrate hatten 10 Mm. Seite, der Halbmesser der rotirenden Scheibe betrug 150 Mm.

Bei den Versuchen ist es wichtig, dass man nicht zu lange das Object fixirt, sondern lieber häufige wenn auch nur kurze Pausen, von einigen Sekunden macht, weil das Auge, vielleicht nur der Accommodationsapparat, schnell ermüdet und man also zu grosse Gesichtswinkel erhält. Ich habe immer den Gesichtswinkel notirt, bei welchem ich das Object eben noch wenige Sekunden lang entschieden und sicher wahrnehmen konnte, dasselbe aber bei längerer Fixation verschwand.

Da die Ermüdung sehr schnell wieder aufhört, so entsteht dadurch kein erheblicher Zeitverlust. — Ferner habe ich immer an hellen Tagen, wenn keine merklichen Veränderungen in der Helligkeit des Himmels stattfanden, beobachtet, so dass die absolute Helligkeit des Objectes während einer und derselben Versuchsreihe als constant angesehen werden kann. Die weisse Fläche der rotirenden Scheibe habe ich nach einander auf 15°, 30°, 45°, 90°, 180° und 270° eingetheilt, ausserdem noch eine ganz schwarze und ganz weisse Scheibe von gleicher Grösse benutzt. Die Scheibe wurde von einem Gehülfen gedreht und die Beobachtung erst bei voller Geschwindigkeit derselben begonnen.

Da ich in früheren Versuchen (s. § 39) die Helligkeit des Weiss = 57 gefunden hatte, wenn die des Schwarz = 1 war, so werden durch jene Grössen der Sektoren Helligkeiten repräsentirt von (1); 3,zm; 5,em; 8; 15; 29; 43; (57). Diese Werthe drüken zugleich aus, um wie viel die Scheibe heller ist, als das schwarze Object (s. § 39); für das weisse Object würden dagegen die Helligkeits-verhältnisse sein $\frac{57}{3,\text{zm}} = 17$; $\frac{57}{5,\text{em}} = 10$; 7; 3,s; 2; 1,s; soviel mal ist die Scheibe dunkler, als das weisse Object.

Das ist die Bedeutung der Werthe für die Helligkeitsdifferenzen in der folgenden Tabelle XXVIII. Die daneben stehenden beiden Rubriken enthalten die kleinsten Gesichtswinkel, unter denen das Object eben noch wahrgenommen werden konnte. In der ersten Rubrik sind die an dem hellsten Tage gewonnenen Werthe verzeichnet, in der zweiten die an einem nur wenig trüberen Tage.

Tabelle XXVIII.

Grund dunkler als das Object.	Weisses Object		Grund heller als das Object.	Schwarzes Object	
	I.	II.		I.	II.
57 mal	14″,5	18″	57 mal	25″,4	26″,5
17 ,	32″,4	54″,4	43 ,	35″	33″,x
10 ,	33″,5	36″,s	29 ,	35″	36″,s
7 ,	36″,s	39″	15 ,	35″	36″,x
3,sr	39″	48″,s	8 ,	37″	37″,s
2 ,	45″,5	60″	5,em ,	37″,5	42″,1
1,si	62″,5	(60″,s)	3,sss ,	39″	44″,5

Meine Tendenz bei diesen Versuchen war möglichste Beschränkung der Zerstreuungskreise bei möglichst geringer Beschränkung der Wahrnehmbarkeit des Objects selbst. Nun sehen wir im Allgemeinen in den vorliegenden Versuchen den Gesichtswinkel zunehmen bei abnehmender Helligkeitsdifferenz und es entsteht die Frage, welcher von beiden Umständen als die Ursache dieses Befundes anzusehen ist? Hierfür könnte die Grösse der Zunahme des Gesichtswinkels

einigen Anhalt gewähren: denn es ist auffallend, wie bedeutend die Zunahme des
Gesichtswinkels zwischen der grössten und der zweitgrössten Helligkeitsdifferenz
ist; der Gesichtswinkel wird für das weisse Object ungefähr doppelt so gross,
für das schwarze Object fast um ein Viertel grösser. Dann nimmt aber bei weiter
abnehmender Helligkeitsdifferenz die Grösse des Gesichtswinkels höchst unbedeutend und in einer gewissen Gleichmässigkeit zu, obgleich sich die Helligkeitsdifferenzen auch ganz beträchtlich ändern. Ich glaube daraus schliessen zu
müssen, dass die erste plötzliche Zunahme der Gesichtswinkel davon herrührt,
dass die Wirkung der Zerstreuungskreise weggeschafft worden ist, indem nämlich
bei abnehmender Helligkeit des Grundes der Contrast des Zerstreuungskreises
gegen den Grund so gering geworden ist, dass er der Wahrnehmung entgangen
und nur noch das Kernbild des Objectes wahrgenommen worden ist. Für diese
Folgerung spricht die Qualität der Erscheinung: das weisse Object auf dem
schwarzen Grunde und ebenso auch das schwarze Object auf weissem Grunde
erscheinen als matte graue, nicht scharf begränzte Flecke bei dem kleinsten Gesichtswinkel: auf grauem Grunde dagegen erscheinen sie an der Gränze der
Sichtbarkeit immer noch ziemlich scharf begränzt und deutlich weiss oder schwarz,
nicht verwaschen grau. Wenn nun, schliesse ich, das weisse Object auf schwarzem
Grunde wahrnehmbare Zerstreuungskreise gebildet hat, so sind diese dunkler als
sein Kernbild gewesen, das heisst grau; deswegen ist das Object matt und verwaschen erschienen, denn das Kernbild ist zu klein gewesen, um überhaupt ohne
Beihülfe der Zerstreuungskreise wahrgenommen werden zu können. Auf grauem
Grunde dagegen sind die Zerstreuungskreise nicht wahrnehmbar gewesen, sondern nur das Kernbild; deswegen hat dasselbe grösser sein müssen. Und darum
würde weiter folgen, dass nicht der Gesichtswinkel für das weisse Object auf
schwarzem Grunde, sondern der Gesichtswinkel für dasselbe Object auf
grauem Grunde als das Maass für die Grösse des kleinsten wahrnehmbaren Netzhautbildes angesehen werden muss.

Diese Annahme findet noch weitere Unterstützung in der Tabelle XXVIII.
Ich habe in § 94 auseinandergesetzt, warum ein weisser Punkt auf schwarzem
Grunde weiterhin wahrnehmbare Zerstreuungskreise erzeuge, als ein schwarzer
Punkt auf weissem Grunde und habe das in Zusammenhang gebracht mit der
Erfahrung, dass der weisse Punkt unter kleinerem Gesichtswinkel erkennbar sei,
als der schwarze Punkt. — Nun finden wir ein merkwürdiges Verhalten zwischen
den Gesichtswinkeln für das weisse und denen für das schwarze Object: bei der
grössten Helligkeitsdifferenz von 57 differiren die betreffenden Gesichtswinkel
um ungefähr 10 Sekunden, also um mehr als ein Drittheil ihrer Grösse, für die
übrigen Helligkeitsdifferenzen dagegen meist nur um 2—3 Sekunden, was bei
ihrer absoluten Grösse weniger als ein Zehntheil beträgt; nur die beiden letzten
Beobachtungen für Weiss, wo die Helligkeitsdifferenz sehr gering wird, zeigen
grössere Abweichungen. — Wenn nun einerseits die Wahrnehmbarkeit der Zerstreuungskreise die Ursache ist, dass ein weisses Object auf schwarzem Grunde

unter kleinerem Gesichtswinkel gesehen werden kann, als ein schwarzes Object auf weissem Grunde; andrerseits weisse Objecte und schwarze Objecte auf grauem Grunde unter den gleichen Gesichtswinkeln sichtbar werden: so muss man doch schliessen, dass im letzteren Falle jene Ursache weggefallen ist, dass mithin die Objecte ohne Zerstreuungskreise zur Wahrnehmung gekommen sind.

Geht aus diesen Gründen hervor, dass das Netzhautbild von diesen Objecten auf grauem Grunde ohne Beihülfe von Zerstreuungskreisen wahrgenommen worden ist, so ist, da durch die angegebenen Gesichtswinkel zugleich die Gränze der Wahrnehmbarkeit bezeichnet wird, die Grösse eines physiologischen Punktes bestimmt, nämlich die kleinste Grösse des Netzhautbildes, welches eben noch wahrgenommen werden kann. Ein physiologischer Punkt hätte demnach einen Durchmesser, der einem Gesichtswinkel von 35″ entspricht. Setzen wir die Entfernung des hintern Knotenpunktes von der Netzhaut = 15 Mm., so beträgt der Durchmesser eines physiologischen Punktes 0,0000073 Mm. × 35 = 0,0025 Mm. Dieser Werth würde gerade dem Durchmesser gleich sein, welchen Max Schultze für die Zapfen in der Fovea centralis gefunden hat, welcher nach den Privatmittheilungen Schultze's an Volkmann (*Physiologische Untersuchungen*, 1863, p. 79) 0,0045 — 0,0067 Mm. beträgt. Heinrich Müller (*Würzburger naturwissenschaftliche Zeitschrift II., p. 318*) bestätigt Schultze's Messungen.

Diese Uebereinstimmung ist so auffallend, dass sie zunächst den Verdacht erregt, ob sie nicht zufällig sei. Wir müssen daher die Bedingungen berücksichtigen, unter denen die obigen Resultate sich ergeben haben.

1) Die Beobachtung selbst glaube ich für sehr genau halten zu müssen, da die Einstellung des Makroskops, die Messung der Distanz zwischen Auge und Linse, die Bestimmung des Focus der Linse sich genau ausführen lassen und die Beurtheilung, ob man einen weissen oder schwarzen Punkt wahrnimmt, oder nicht, für Jemanden, der sich seit Jahren in derartigen Beobachtungen geübt hat, wohl auch ziemlich sicher ist, was auch aus der Uebereinstimmung der Beobachtungsreihen mit einander hervorgeht. Ich würde den aus diesen Umständen resultirenden Fehler auf höchstens 2 Sekunden schätzen.

2) Die Beobachtungen sind nur von mir selbst gemacht worden, und haben also auch nur für dieses eine Individuum, und zwar nur für das rechte Auge Geltung. Wenn auch meine Augen sehr gut sind, so giebt es doch jedenfalls noch bessere Augen, denn ich kann weder den Doppelstern ζ im grossen Bären als doppelt, noch auch die Jupitertrabanten mit blossem Auge erkennen; dagegen habe ich ε und 5 der Leier unter Controle des Herrn Prof. Galle auf Augenblicke gesondert erkannt, und die Richtung ihrer Verbindungslinie richtig angegeben, ohne vorher etwas von ihrer Lage gegen einander zu wissen. Mädler sagt von diesen Sternen: *das schärfste Auge erkennt diese Sterne nicht als zwei getrennte, sondern höchstens als einen ovalen* (*Wunderbau des Weltalls, 1861, p. 518*); Humboldt dagegen giebt an: *Galle glaubt noch bei sehr heiterer Luft ε und 5 Lyrae mit blossem Auge zu sondern* (*Kosmos III., p. 66*). Wenn demnach

meine Augen auch sehr scharfsichtig sind, so würde für noch scharfsichtigere Augen der oben gefundene Werth für einen physiologischen Punkt noch kleiner werden und vielleicht kleiner, als die Durchmesser eines Zapfens der Fovea centralis. Letzteres ist indess eine secundäre Frage, aber die Beschränkung erleiden jedenfalls meine Bestimmungen, dass sie nur für mein rechtes Auge Geltung haben.

3) Die Beobachtungen sind im diffusen Tageslichte und im Zimmer gemacht worden, also bei einer relativ niedrigen absoluten Helligkeit. Verminderung dieser Helligkeit bedingt, wie wir im nächsten Paragraphen sehen werden, grössere Gesichtswinkel — aber grössere absolute Helligkeit könnte bei gleichbleibender Helligkeitsdifferenz kleinere Gesichtswinkel zum Wahrnehmen des Objects ermöglichen. Ich bin nicht im Stande gewesen, die zu dieser Untersuchung erforderlichen Verhältnisse herzustellen, halte jene Möglichkeit indess nicht für wahrscheinlich: denn Objecte, kleine schwarze Punkte und Linien auf grauem Papier, welche mit möglichst gestreckten Armen gehalten, an der Stelle, wo der Apparat stand, an der Grenze der Sichtbarkeit waren, wurden nicht besser sichtbar, wenn ich sie in unmittelbarer Nähe des Fensters oder unter freiem Himmel betrachtete. Auch haben wir ja schon § 42 gesehen, dass die Unterschiedsempfindlichkeit, welche doch hier in Betracht kommt, ihr Maximum etwa bei der absoluten Helligkeit des diffusen Tageslichtes zu erreichen scheint.

Bis diese fraglichen Punkte durch weitere Untersuchungen erledigt werden, glaube ich nach meinen Beobachtungen die Grösse eines physiologischen Punktes zu etwa $\frac{1}{4}$ Minute oder 0,004 Mm. Durchmesser bestimmen zu müssen. Dies würde die Grösse des Netzhautbildes sein, welche ein objectiver Punkt mindestens haben muss, um wahrgenommen werden zu können.

§ 96. Wir müssen dann annehmen, dass wenn ein Object von geringerem Gesichtswinkel aber grösserer Helligkeit und stärkerem Contraste wahrgenommen wird, sein Netzhautbild gleichwohl einen grösseren Durchmesser habe, als 0,004 Mm. und zwar vermöge seiner Zerstreuungskreise, und dass dieser mindestens erreicht werden müsse von der wahrnehmbaren Zone des Zerstreuungskreises, wenn eine Wahrnehmung überhaupt stattfinden soll. Lichtschwache Fixsterne werden dann deswegen nicht wahrgenommen, weil die Grösse des Netzhautbildes zu gering ist, auch wenn ein einzelner Punkt innerhalb desselben von grosser Helligkeit ist. Ich werde im nächsten Capitel § 107 Erscheinungen bei den Fixsternen auszuführen haben, welche für eine beträchtliche Grösse des Netzhautbildes derselben sprechen.

Wichtiger sind nun die Ergebnisse für die Zunahme des Gesichtswinkels bei abnehmender Helligkeit, und zwar sowohl bei abnehmendem Contraste (Helligkeitsdifferenz) als bei abnehmender absoluter Helligkeit. In Tabelle XXVIII. findet bei abnehmender Helligkeitsdifferenz eine ganz allmählige Zunahme des Gesichtswinkels statt. Man könnte sich vorstellen, diese rühre gleichfalls von einer weiteren Beschränkung der Zerstreuungskreise her — indess ist das nicht anzunehmen, wenn man die sehr beträchtliche Zunahme des Gesichtswinkels berücksichtigt, welche bei Abnahme der absoluten Helligkeit eintritt. Eine Versuchsreihe, welche ich mit dem beschriebenen Apparate bei Beschränkung des diffusen Tageslichtes durch herabgelassene Rouleaux ausgeführt habe, hat sowohl für das weisse, wie für das schwarze Object beträchtlich grössere Gesichtswinkel ergeben — und andere Versuche, welche bei noch stärkerer Beschränkung des Tageslichtes angestellt worden, haben noch bedeutend grössere Gesichtswinkel nöthig erscheinen lassen.

Ich gebe zunächst in Tabelle XXIX. eine Uebersicht der bei mässiger Beschränkung (durch Rouleaux) des diffusen Tageslichtes erhaltenen Resultate; die Tabelle ist ganz ebenso wie Tabelle XXVIII. eingerichtet.

Tabelle XXIX.

Grund dunkler als das Object.	Weisses Object.	Grund heller als das Object.	Schwarzes Object.
57 mal	49″,3	57 mal	30″,4
17 ,	56″,8	43 ,	34″
10 ,	1′ 3″	29 ′,	36″,8
7 ,	1′ 5″	16 ,	39″
3,6,	1′ 6″	8 ,	62″,8
2 ,	1′ 16″	5,80 mal	1′ 13″
1,3,	1′ 59″	3,33 ,	?(10′)

Ausser dem uns hier vorwiegend interessirenden Momente, dass die Gesichtswinkel durchweg grösser sind, als in Tabelle XXVIII., zeigen sich sehr auffallende Verschiedenheiten zwischen dem weissen und schwarzen Objecte. In der obigen Tabelle sind die Gesichtswinkel für die beiden Objecte nahezu gleich; in dieser Tabelle aber sind auffallender Weise die Gesichtswinkel für das schwarze Object fast durchweg kleiner. Auch ist die Curve für die Zunahme der Gesichtswinkel des schwarzen Objectes ganz anders gestaltet, als für die des weissen Objectes: hier ein allmähliges, gleichmässiges Ansteigen, dort ein zuerst sehr langsames, dann plötzliches starkes Ansteigen derselben. Wie ist das zu erklären? Dass ein helles Object auf dunklerem Grunde, welches an der Grenze der Wahrnehmbarkeit steht, verschwindet, wenn seine Helligkeit vermindert wird, scheint sehr natürlich, und dass seine Wahrnehmbarkeit dann durch Vergrösserung seines Gesichtswinkels wieder ermöglicht wird, ist, wie wir bald sehen werden, ganz begreiflich. Warum tritt dasselbe aber nicht für das schwarze Object ein? Das schwarze Object afficirt die Netzhaut offenbar schwächer, als dessen hellere Umgebung, je heller die Umgebung ist, um so mehr Licht muss dem schwarzen

14 *

Objecte durch Lichtzerstreuung (oder Irradiation) hinzugefügt werden, so dass
dessen Contrast im Netzhautbilde geringer, als im Objecte ist; wird der Umgebung
Licht entzogen, so wird die Mittheilung von Helligkeit an das Schwarz geringer
werden, der Contrast im Netzhautbilde im Vergleich zu dem Contraste bei grösserer
Helligkeit des Grundes gesteigert werden. Dieser durch die physikalischen
Verhältnisse bedingten Veränderung der Helligkeitsdifferenzen, welche eine Abnahme des Gesichtswinkels zur Folge haben müssten, wird andererseits die von
der Abnahme der absoluten Helligkeit abhängige Verminderung der Unterschiedsempfindlichkeit, die ich in früheren Versuchen § 33 und 34 nachgewiesen habe, entgegenwirken, und eine Vergrösserung des Gesichtswinkels
bedingen — so erklärt es sich, dass sich die für das schwarze Object gefundenen
Gesichtswinkel bis zu einer gewissen Grenze nur wenig, bald in diesem, bald in
jenem Sinne ändern (wie ein Vergleich der Tabellen XXVIII. und XXIX. lehrt),
endlich aber bei bedeutenderer Verminderung der Helligkeitsdifferenz das physiologische Moment der Unterschiedsempfindlichkeit sich überwiegend gegen das
physikalische Moment geltend macht.

Offenbar werden absolute Lichtintensitäten gefunden werden, in denen das
physikalische Moment vorwiegt, und das scheint mir der Fall zu sein in Versuchen, welche VOLKMANN (Physiologische Untersuchungen, 1863, p. 27) beschrieben
hat, in denen nämlich ein weisses Object auf schwarzem Grunde (Papier) bei
abnehmender Stärke der Beleuchtung (der absoluten Helligkeit) die scheinbare
Grösse nicht änderte, ein graues und schwarzes Object auf weissem Grunde dagegen mit abnehmender Beleuchtungsstärke verhältnissmässig grösser erschienen.
VOLKMANN giebt weiter an: wenn man die Scheiben abwechselnd mit blossem Auge und
durch eine mit dunkeln Plangläsern versehene Lorgnette betrachtet, so contrahirt sich
mit jeder Verdunkelung die weisse und expandirt sich die schwarze Scheibe, während
bei jeder Erhellung des Sehfeldes die entgegengesetzten Erfolge in augenfälliger
Weise auftreten. VOLKMANN's Erklärung dieser Beobachtungen kommt auch darauf
hinaus, dass die mit der absoluten Helligkeit zunehmende Lichtzerstreuung oder
Irradiation die Ursache dieser Erscheinung sei. Wie nun in VOLKMANN's Versuchen,
mit verhältnissmässig grossem Gesichtswinkel für das Object, die scheinbare Grösse
desselben sich ändert, so muss in meinen Versuchen mit minimalen Gesichtswinkeln
umgekehrt eine Zunahme des Gesichtswinkels für das weisse Object, eine Abnahme
für das schwarze Object mit der Abnahme der absoluten Helligkeit auftreten.

Ich bemerke, dass mein schwarzes Object von Papier eine beträchtliche Menge
von Licht reflectirte, denn bei einem Hintergrunde von sehr tiefschwarzem
Sammet war es in unbeschränktem diffusen Tageslichte unter einem Gesichtswinkel von 30", bei beschränktem Tageslichte unter einem Gesichtswinkel von
2′ 57″ eben noch wahrzunehmen.

Endlich habe ich noch Versuche zu erwähnen, in denen ich die Zunahme
des kleinsten Gesichtswinkels bei starker Verminderung der absoluten Helligkeit
zu bestimmen suchte. Als Object diente ein weisses Papierquadrat von 10 Mm.

Seite, als Lichtquelle die in § 27 *Figur 7* beschriebene Vorrichtung in dem Laden meines finstern Zimmers. Der Gesichtswinkel muss immer grösser werden, je mehr die Beleuchtung abnimmt, aber ein bestimmtes Verhältniss zwischen Gesichtswinkel und Helligkeit zu finden, bin ich nicht im Stande gewesen. Gleichwohl bin ich überzeugt, dass auch hier ein bestimmtes Gesetz zu Grunde liegt, dessen Ermittelung aber durch die nicht auszuschliessende Mitwirkung der Adaptation und der Irradiation sehr erschwert wird. Ich will daher nur die in einer meiner Versuchsreihen gefundenen Zahlen angeben, um ein ungefähres Bild dieses Verhältnisses zu geben. In der ersten mit L bezeichneten Reihe sind die den Helligkeiten entsprechenden Grössen für die Seite des als Lichtquelle dienenden Quadrats in Mm. verzeichnet, in der zweiten mit S bezeichneten Reihe die kleinsten Gesichtswinkel, unter denen das Object eben noch wahrgenommen werden konnte, in Sekunden angegeben.

Tabelle XXX.

L	200	20	16	12,5	10	6	5	3
S	155"	413"	516"	625"	686"	860"	1033"	1528"

Man sieht nur so viel, dass die Zunahme des Gesichtswinkels viel geringer ist, als die Abnahme der Helligkeiten. Wenn bei meiner höchst einfachen Anordnung des Versuches schon sehr störende Complicationen auftreten, so glaube ich den durch die Beschaffenheit des Objectes viel complicirteren Versuchen Tomas Mayer's und Twining's und ihren Formeln keine besondere Besprechung schuldig zu sein, sondern verweise auf Fechner's Kritik derselben (*Psychophysik I.*, p. 269 und p. 289). Tomas Mayer's Versuche finden sich in *Commentarii Goettingenses*, 1754, p. 110, Twining's in *American Journal of Sciences*, 1858, V., p. 13.

§ 97. Die Beziehungen zwischen Helligkeit und minimalem Gesichtswinkel haben ein besonderes psychophysisches und anatomisches Interesse, denn wir müssen jetzt die Frage wieder aufnehmen: sind die bekannten anatomischen Elemente der Netzhaut, d. h. die Zapfen (und Stäbchen) zugleich als die letzten physiologischen Elemente der Netzhaut anzusehen oder nicht? Mit der Beantwortung dieser Frage hängt die zweite Frage zusammen, wie verhält sich die Affection eines Netzhautelementes zu der Entstehung einer Empfindung?

Wir haben oben gesehen, dass das kleinste, ohne Hülfe von Zerstreuungskreisen wahrnehmbare Object ein Netzhautbildchen von ungefähr 0,002 Mm. Durchmesser giebt und dass Max Schultze denselben Durchmesser für die Zapfen der Fovea centralis gefunden hat. Nun sehen wir in Tabelle 28, 29 und 30 die Werthe für die Gesichtswinkel zuerst ganz allmällig, später sehr beträchtlich zunehmen, womit sich nothwendig auch die Durchmesser der Netzhautbildchen vergrössern müssen, so dass diese Bildchen Durchmesser von etwa 23, 25, 28, 30 u. s. w. Zehntausendstel Mm. bekommen. Denken wir uns jetzt, die Zapfen seien die physiologischen Elemente der Netzhaut, — was sollen denn die Zunahmen der Netzhautbildchen um ein oder zwei Zehntausendtheile eines Millimeter bedeuten? Sei a in *Figur 56* der Querschnitt eines Zapfens umgeben von

Fig. 56.

6 anderen Zapfen, und bezeichne die punktirte Linie die Grösse des Netzhautbildes von 28 Zehntausendstel Millimeter, welche bei einer bestimmten Helligkeitsdifferenz dem minimalen Gesichtswinkel entspricht, so werden noch Stücke der Zapfen b, g und f von demselben getroffen, — was wird der Erfolg sein? Der Begriff des Elementes setzt die Untheilbarkeit desselben voraus; folglich werden c, d und e auch afficirt oder sie werden nicht afficirt: tertium non datur. Werden sie afficirt, so kann ein Netzhautbild zwischen 28 und 44 Zehntausendstel Millimeter Durchmesser immer nur denselben Effect in Bezug auf Wahrnehmbarkeit haben; werden sie nicht mit afficirt, so kann sich ein Netzhautbild von 28 Zehntausendstel Millimeter für die Wahrnehmbarkeit nicht anders verhalten, als ein Netzhautbild von 22 Zehntausendstel Millimeter. Beiden Annahmen widersprechen die gefundenen Gesichtswinkel der Tabellen XXVIII. und XXIX., deren allmählige Zunahme bei einer solchen Grösse der physiologischen Elemente unerklärlich ist. Denn bei Annahme dieser Grösse müssten die Gesichtswinkel immer um etwa 30″ zunehmen, also von 30″ auf 60″, 90″ u. s. w. Zur Erklärung der in obigen Versuchen gefundenen Zunahmen des Gesichtswinkels müssten wir offenbar die physiologischen Elemente viel kleiner annehmen, und zwar wenigstens den kleinsten gefundenen Zuwüchsen des Gesichtswinkels gleich setzen. Dieser beträgt zum Theil weniger als 1 Secunde, und demgemäss müssten die physiologischen Elemente der Netzhaut einen kleineren Durchmesser, als von 1 Zehntausendstel Millimeter haben — eine Grösse, welche mit unsern jetzigen Mikroskopen unter den günstigsten Umständen nicht würde erkannt werden können, wenn ihr überhaupt eine anatomische Differenzirung entspräche. Indess ist dieser Schluss nicht nothwendig, wenn wir den Einfluss der Helligkeit, welche in Folge der Irradiation verändert wird, in Betracht ziehen. Dass wir aus der Grösse des Objectes nicht auf die Grösse des Netzhautbildes direct schliessen können, ist bereits auseinandergesetzt worden. Je grösser die Helligkeitsdifferenz zwischen Object und Grund ist, um so weiter reichen die wahrnehmbaren Zerstreuungskreise, je geringer sie ist, um so weniger weit reichen sie. Das Kernbild wird also bei verminderter Helligkeitsdifferenz auf Kosten des Halbbildes an Grösse gewinnen. Andrerseits wird das Kernbild bei verminderter Helligkeitsdifferenz schwerer wahrnehmbar sein: es ist also denkbar, dass ungefähr

eben so viel durch das eine Moment an Helligkeitsdifferenz gewonnen wird, als durch das andere Moment verloren geht: dann wird der Erfolg, die Wahrnehmbarkeit des Objectes, nahezu derselbe bleiben, d. h. der Gesichtswinkel, unter dem eine Wahrnehmung eben noch möglich ist, nur wenig ab- oder zunehmen, wenn die Helligkeitsdifferenz zwischen Object und Grund verändert wird. Ist aber die Grenze überschritten, wo der Einfluss der Zerstreuungskreise oder der Irradiation sich geltend macht, also bei sehr geringen absoluten oder relativen Helligkeiten, so muss die Zunahme des kleinsten Gesichtswinkels mit Rapidität erfolgen, nämlich um mehr als 22″ zunehmen. Dieser Fall ist vielleicht in den letzten Beobachtungen der Tabelle XXIX. und in den Versuchen der Tabelle XXX. eingetreten, wo für das weisse Object der Gesichtswinkel von 1′ 5″ auf 1′ 16″, dann auf 1′ 50″, für das schwarze Object von 52″ auf 1′ 13″ gewachsen ist. In Tabelle XXX. wachsen die Werthe bei abnehmender absoluter Helligkeit sogar mindestens um 1 Minute.

Daraus glaube ich wenigstens schliessen zu dürfen, dass kleinere Elemente als die Zapfen nicht mit Nothwendigkeit zur Erklärung dieser Beobachtungen angenommen werden müssen, sondern dass die Zapfen als die letzten anatomischen und physiologischen Elemente der Netzhaut betrachtet werden können. Indess läugne ich nicht, dass mir die erstere Annahme wahrscheinlicher ist, dass nämlich die letzten Elemente der Netzhaut viel kleiner als die Zapfen sind und ebenso auch die Verbindungsfäden zwischen den Zapfenelementen und den Elementen des Sensorium von entsprechender Feinheit sein müssen. Wir werden auf diesen Punkt, welchen VOLKMANN in seinen Physiologischen Untersuchungen ausführlich besprochen hat, im nächsten Capitel zurückzukommen haben.

CAPITEL II.

Die Wahrnehmbarkeit distincter Punkte.

§ 98. Eine Verwerthung der Versuche und Folgerungen des vorigen Capitels werden wir jetzt für die Bestimmung der Wahrnehmbarkeit distincter Punkte zu machen haben, da ja die Wahrnehmung zweier Punkte auf der Fähigkeit, Punkte überhaupt begrenzt und gesondert zu erkennen, beruhen muss. Die Unterscheidung neben einander liegender Punkte ist aber wiederum die Grundlage für die Wahrnehmung von Formen, insofern wir uns jede Form z. B. Buchstaben, Lineamente u. s. w. aus einer Anzahl materieller Punkte zusammengesetzt zu denken haben, welche einen andern Eindruck auf unser Sehorgan hervorbringen, als ihre Umgebung. Da es seine Schwierigkeit hat, sich dessen bewusst zu werden, ob man einen oder zwei Punkte, eine oder zwei Linien sieht, so bedienen sich die Augenärzte, um die Sehschärfe ihrer Patienten festzustellen, der complicirten Formen von Buchstaben oder Ziffern, und schliessen daraus rückwärts auf die Fähigkeit des Patienten, distincte Punkte in gewisser Distanz von einander zu erkennen.

Bei solchen Bestimmungen spielt, wie Volkmann nachgewiesen hat, die Lichtzerstreuung oder Irradiation der brechenden Augenmedien eine wichtige Rolle. Diese ist vor Volkmann nicht berücksichtigt worden, indess will ich doch die wenigen auf die Unterschiedbarkeit zweier Punkte bezüglichen Angaben mittheilen.

Die älteste Bestimmung von Hooke bezieht sich auf die Wahrnehmung von Doppelsternen, es heisst davon in Smith-Kästner's *Lehrbegriff der Optik*, 1755, p. 29: Dr. Hooke *(Animadversions on Hevelii machina coelestis, p. 8)* versichert uns, *das schärfste Auge könne nicht wohl eine Weite am Himmel z. E. einen Flecken auf dem Monde oder den Abstand zweier Sterne erkennen, die am Auge einen Winkel von weniger als einer halben Minute ausmache und von Hunderten könne kaum einer solche erkennen, wenn sie weniger, als eine Minute beträgt. Ist der Winkel nicht grösser, so erscheinen die beiden Sterne dem blossen Auge wie einer;* u. s. w. Soll diese Angabe auf Beobachtungen mit blossem Auge bezogen werden, wie aus den letzten Worten gefolgert werden könnte, so ist sie mit den Angaben der jetzigen Astronomen durchaus unvereinbar, da kein Fall bekannt war, dass ein Mensch mit blossem Auge Sterne von weniger als 3 Minuten Distanz gesondert erkannt hätte. Die einzige Ausnahme würde der Breslauer Schuhmacher Schönseln. (Humboldt's *Kosmos III*, p. 112.), welcher den ersten und dritten Jupitertrabanten mit blossem Auge erkennen konnte; der erste Jupitertrabant war von dem Hauptplaneten etwa 2 Minuten, der dritte über 4 Minuten von demselben entfernt. ε und 5 Lyrae, welche an der Grenze der Unterscheidbarkeit stehen, sind 3' 27" von einander entfernt. — Soll dagegen Hooke's Angabe sich auf Sichtbarkeit im Gesichtsfelde des Fernrohres beziehen, so ist nicht zu begreifen, wie er einen solchen Winkel hat messen können. Ich berufe mich auf Struve's Untersuchungen (*Mensurae micrometricae, p. CLIII.*), dem doch offenbar bessere Instrumente zu Gebote gestanden haben, als Hooke. Struve sagt: *Minimae itaque distantiae, ad 0",5 usque,* (bei einer Vergrösserung von 600mal, wie aus pag. CXLIX. hervorgeht) *non mensuratae proprie, sed potius taxatae sunt . . . in taxationibus enim ex parcis differentiis constantia potius probatur iudicii, quam veritas . . . Ut itaque de minimarum distantiarum fide vera, non solum apparenti, quodammodo certior fierem, novas experientias suscepi stellarum duplicium fictitiarum* (welche Papierscheiben auf schwarzem Papier, von denen es p. CXLII. heisst: *orbiculi duo albi in fundo nigro depicti et in idonea distantia expositi si per tubum adspiciantur effigiem stellae duplicis ita imitantur, ut vix similius aliquid excogitari possit —) in distantiis angularibus a 0",52 ad 0",81 depictarum. Ita reductas sunt, duae stellulae, diametri 0",30, si centra earum 0",52 tantum inter se distant, indubie formam offerre elongatam, cuius directio certa mensurari potest . . . Iisdem stellis ita vero dispositis, ut centra 0",965 et peripheriae 0",665 distent, in telescopio nostro stellam conspicimus duplicem distincte sejunctam.* Da die Vergrösserung 600 be-

tragen hat, so würde die Distanz der Peripherie jener künstlichen Sterne 51″ G e -
sichtswinkel betragen haben, die der Centra 3′ 51″, also eine grössere Distanz
als ε und 5 Lyrae haben. — Nach MÄDLER's Angaben (*Wunderbau des Weltalls 1861, p. 518 u. 519*) bleibt auch nur übrig, MOORE's Angaben als
höchst zweifelhaft geradezu zu streichen.

Die Unterscheidbarkeit von Objecten mittelst Teleskopen scheint also bei
gleichem Gesichtswinkel und übrigens entsprechenden Umständen ebenso gross
zu sein, wie beim Sehen mit blossem Auge. Beim Sehen durch die besten
(HARTNACK'schen) Mikroskope findet dagegen ein bedeutender Verlust nach
HARTING's Untersuchungen (POGGENDORF's *Annalen 1861, Bd. 114, p. 91*) statt:
während HARTING mit blossem Auge fadenförmige Objecte von $\frac{1}{50}$ Mm. Dm.
eben noch unterscheiden konnte, konnte er bei 1050facher Vergrösserung nur
Objecte von $\frac{1}{13500}$ Mm. Dm. unterscheiden, da er doch Objecte von $\frac{1}{13550}$ Mm.
hätte müssen unterscheiden können. Der Verlust an Unterscheidbarkeit hat
also den enormen Werth von 79,2%.

Dann giebt HUECK (MÜLLER's *Archiv 1840, p. 87*) an: *Zwei schwarze Punkte,
die 0,45‴ von einander abstanden, verschmolzen mit einander in 10′ Entfernung,
was einem Gesichtswinkel von 1′ 4″ und ein Netzhautbildchen von 0,0017‴ giebt.*
Weitere Angaben von HUECK finden sich in seinem Werke: *Die Bewegung der
Krystalllinse, Dorpat 1839, p. 88.*

Endlich habe ich selbst (POGGENDORF's *Annalen 1861, Bd. 115, p. 88*) für
weisse Papierquadrate von 10 Mm. Seite und derselben Distanz von einander
auf schwarzem Papier einen Gesichtswinkel von 55″ für schwarze Quadrate auf
weissem Papier einen Gesichtswinkel von 1′ 8″ als Grenze der Unterscheidbarkeit gefunden; was mit STRUVE und HUECK ziemlich stimmt. Andere Beobachtungen
über die Wahrnehmbarkeit distincter Punkte sind mir nicht bekannt. Dagegen
sind mehrere Angaben über die kleinsten erkennbaren Distanzen von Linien gemacht worden. HUECK a. a. O. sagt, Striche hätten dasselbe Resultat gegeben
wie Punkte, also 1′ 4″.

VOLKMANN konnte zwei Spinnwebfäden 0,082 Zoll von einander entfernt
aus 7 Zoll Entfernung, also unter einem Gesichtswinkel von 147″, ein Freund
VOLKMANN's dieselben aus 13 Zoll Entfernung, also bei einem Gesichtswinkel von
80″ erkennen. (WAGNER's *Handwörterbuch III. 1, 1846, p. 331.*)

Ausserdem sind von TOB. MAYER, HUECK, E. H. WEBER, HELMHOLTZ, UHLMANN
Objecte, welche aus vielen Parallellinien neben einander oder aus vielen abwechselnd schwarzen und weissen Quadraten bestanden, zur Bestimmung des
kleinsten Gesichtswinkels für Distanzen benutzt worden, bei denen die Verhältnisse complicirter und die Resultate unsicherer werden.

§ 99. Alle diese Bestimmungen haben gegenüber VOLKMANN's neueren Versuchen
nur noch historischen Werth, da VOLKMANN diese Versuche sehr vervielfältigt und
unter verschiedenen Bedingungen angestellt, ausserdem aber den wichtigen Faktor

der Irradiation zu bestimmen und zu eliminiren gewusst hat. (VOLKMANN *Physiologische Untersuchungen im Gebiete der Optik. 1863.)*

Der Gedankengang bei VOLKMANN ist etwa folgender: Zwei Linien (oder Punkte) deren kleinste wahrnehmbare Distanz man bestimmt, werden durch die Irradiation verbreitert, folglich die Distanz zwischen ihnen im Netzhautbilde verkleinert. Will man also die kleinste wahrnehmbare Distanz der Netzhautbilder bestimmen, so muss man erst die Grösse der Irradiation des Objectes feststellen und diese von der gefundenen Distanz der Objecte in Abzug bringen. Die Grösse der Irradiation von Linien kann man aber dadurch bestimmen, dass man die Distanz zwischen den beiden Linien genau der scheinbaren Breite der Linien gleich zu machen sucht; die Grösse, um welche die wirkliche Breite der Linien von der im Versuche erhaltenen Breite der Distanz übertroffen wird, ist die Irradiationsgrösse. — Nennen wir mit VOLKMANN *B* die wirkliche Breite der parallelen Linien, *D* diejenige Distanz der beiden Linien, welche im Versuche ebenso gross erscheint, wie die Breite der Linien, so ergiebt der Versuch, dass *D* immer grösser ist als *B*. Die scheinbare Verbreiterung von *B* geschieht offenbar auf Kosten von *D*; nennen wir dieselbe *Z*, so ist

$$B + Z = D - Z$$
$$\text{daher } Z = \frac{D - B}{2}.$$

Denn *B* wird verbreitert nach Innen und aussen, und zwar nach Innen um $\frac{1}{2}$ *Z* und nach aussen um $\frac{1}{2}$ *Z*, im Ganzen also um *Z*. Entsprechend wird *D* von beiden Seiten um je $\frac{1}{2}$ *Z* verschmälert, also im Ganzen auch um *Z*. Nehmen wir einstweilen mit VOLKMANN an, die Ursache der Verbreiterung sei die Irradiation, so ist *Z* die Irradiationsgrösse.

In einem zweiten Versuche bestimmen wir nun die kleinste Distanz, welche zwischen den beiden Linien noch wahrgenommen werden kann, und nennen dieselbe mit VOLKMANN *D'*. Unter der Annahme, dass die Verbreiterung der Linie *B* dieselbe geblieben ist, entspricht die Grösse *D'* aber nicht der Distanz der Netzhautbilder, vielmehr muss von *D'* noch die Grösse *Z* abgezogen werden, d. h. wenn keine Irradiation stattfände, so würden wir noch eine Distanz der Linie = *D'* — *Z* wahrnehmen können.

Oder nennen wir *β* das Netzhautbild von *B*, *δ* das Netzhautbild von *D* (der Distanz, welche = *B* geschätzt wird), *ζ* die Verbreiterung des Netzhautbildes von *B*; ebenso *δ'* die kleinste wahrnehmbare Distanz auf der Netzhaut, so ist auch

$$\zeta = \frac{\delta - \beta}{2}.$$
$$\text{und } \delta' - \zeta = \delta'',$$

wo *δ''* die kleinste wirkliche Distanz des um *ζ* verbreiteten Netzhautbildes *β* bezeichnet.

Vor VOLKMANN hat man immer nur den Werth *δ'* bestimmt, welcher um den Werth *ζ* zu gross ist; daher sagt VOLKMANN *(Leipziger Berichte 1857, p. 148)*

mit Recht: *Alle bisher gemachten Angaben über die Grösse der kleinsten noch wahrnehmbaren Netzhautbilder sind sämmtlich zu gross, weil die Rechnungen die Irradiation unberücksichtigt lassen.*

Volkmann hat seine Versuche in der Weise angestellt, dass er ein paar
dünne Silberdrähte von 0,05 Mm. Dicke, welche vollkommen parallel neben einander liefen, gegen den hellen Himmel als Hintergrund beobachtete und mittelst
eines Mikrometers die Distanzen, welche der Breite des Drahtes gleich erschienen,
und die kleinsten wahrnehmbaren Distanzen einstellte. Aus diesen Werthen und
aus der Entfernung des Auges ergab sich die Grösse der Netzhautbildchen. Durch
verschiedene Entfernung des Auges von dem Objecte oder durch Einschaltung
des Makroskopes (s. § 95) zwischen Auge und Object konnte die Breite des
Netzhautbildes der Drähte verändert werden. Ein anderes Object waren weisse
Papierstreifen auf schwarzem oder schwarze Papierstreifen auf weissem Grunde
von 1 Mm. Breite. — In andern Versuchen waren die Linien nicht verschiebbar
und es wurden durch Entfernung des Auges von der Linse des Makroskopes die
Gesichtswinkel für die Linien und ihre Distanz verkleinert oder vergrössert.

Ich habe mich bei der Wiederholung der Volkmann'schen Versuche eines
im Wesentlichen gleichen Verfahrens bedient. Nur habe ich die Objecte verhältnissmässig gross gemacht und dieselben direct an einander geschoben und von
einander entfernt, ohne eine Schraubeneinrichtung; habe demgemäss auch eine
stärkere Verkleinerung mittelst des Makroskopes hervorbringen müssen.

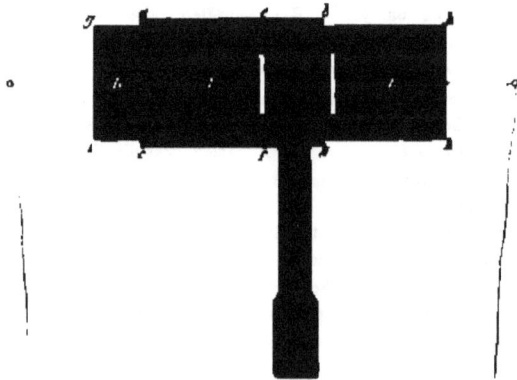

Fig. 37.

Figur 37 stellt den Apparat zum Verschieben der Objecte dar. Das eine
Object befindet sich an dem feststehenden Rahmen *A*, das andere auf der ver-
schiebbaren Tafel *B*. Der Rahmen *A* oder *abcd* besteht aus einer dünnen hier
nicht sichtbaren Holzplatte, welche an der oberen Seite *ab* und der untern Seite

e d einen Falz in einer dünnen Holzleiste enthält, in welchem die Papptafel *H H* nach rechts und links verschoben werden kann. Die Holzplatte *a b c d* wird mittelst zweier Stifte an dem Stativ *S* befestigt, welche in der Zeichnung durch punktirte Kreise angedeutet sind. Ueber den Rahmen ist die mit schwarzem Papier über- zogene Pappscheibe *A* gespannt, an deren rechtem Rande *e f* sich das weisse Object *o o* befindet. Alle sichtbaren Theile des Holzrahmens sind gleichfalls mit schwarzem Papier bekleidet. Die Tafel *H H* oder *g h i k*, welche das zweite Object trägt, ist gleichfalls von Pappe und mit schwarzem Papier überzogen, auf ihr befindet sich der zweite Streifen *o' o'*. Sie hat an ihrem rechten und linken Rande ein kleines Loch, in welches ein kleines Häkchen eingehakt wird; dieses ist an einer starken möglichst wenig elastischen Schnur befestigt, welche durch die feststehenden Oesen *m* und *n* geht, und deren Enden sich während des Versuchs in den Händen des Beobachters befinden; durch Ziehen an der rechten oder linken Schnur wird das Object *o' o'* von dem Objecte *o o* entfernt, oder ihm ge- nähert. — An andern Rahmen sind weisse Papierscheiben statt der schwarzen Pappscheibe mit schwarzen Objecten befestigt; desgleichen graue Papierscheiben mit schwarzen oder weissen Objecten. — Die Objecte sind 1) Quadrate von 10 Mm. Seite, 2) Rechtecke von 5 Mm. Breite und 50 Mm. Länge, 3) Rechtecke von 2 Mm. Breite und 50 Mm. Länge.

Die Objecte werden mittelst des VOLKMANN'schen Makroskopes beobachtet, dessen Linse von den Objecten 2700 Mm. entfernt ist. Beschreibung desselben und Berechnung der Gesichtswinkel s. § 95.

Die Anstellung der Versuche wurde in der Weise ausgeführt, dass durch Ausziehen der Makroskopröhre ein bestimmter Gesichtswinkel für das Object eingestellt wurde und nun durch Ziehen an den beiden Schnüren in der einen Versuchsreihe die kleinste Distanz der beiden Objecte von einander eingestellt wurde, bei welcher eben noch eine Unterscheidung möglich war, in der anderen Versuchsreihe diejenige Distanz, bei welcher der Zwischenraum zwischen den Objecten eben so gross erschien, als die Objecte selbst. Jede Einstellung wurde 5 mal gemacht und die gefundenen Distanzen notirt. Die Differenzen waren sehr gering, indess habe ich in den Tabellen durchweg die kleinsten Distanzen ange- geben. Eine Schwierigkeit, die einige, welche erheblich ist, liegt in der schnellen Ermüdung des Auges; ich habe ihr dadurch auszuweichen gesucht, dass ich nach jeder Einstellung das Auge kurze Zeit ruhen liess und die Einstellung mit aus- geruhtem Auge controllirte.

Meine Versuche können nur beanspruchen Uebertragungen der VOLKMANN'schen Versuche auf mein Auge und Supplemente derselben in Bezug auf Helligkeits- verhältnisse zu sein — gleichwohl glaube ich aus ihnen einige von VOLKMANN ab- weichende Schlüsse ziehen zu müssen.

§ 100. An VOLKMANN's Versuche schliessen sich von den meinigen die Beob- achtungen an schwarzen und weissen Linien an. Die Linien sind 2 Mm. breit und 50 Mm. lang und die Helligkeitsdifferenz zwischen den Linien und dem

Grunde ganz dieselbe. Die Röhre des Makroskopes wurde in dieser Versuchsreihe immer um je 50 Mm. verlängert, d. h. die Entfernung des Auges von dem Luftbildchen des Objects hinter der Linse $= S$ vergrössert und dem entsprechend der Gesichtswinkel für das Object verkleinert, und zwar von $S = 200$ bis $S = 500$. Die Linse hatte einen Focus von 60 Mm., eine zweite Linse einen Focus von 30 Mm. Die Entfernung der Linse von dem Object, also E, betrug constant 2700 Mm.

Zuerst wurden für ein und dasselbe Object die kleinsten Distanzen bestimmt, nach den verschiedenen S, dann die gleichen Distanzen; die Gesichtswinkel für erstere werde ich mit d', die Gesichtswinkel für die letzteren mit d bezeichnen. In der folgenden Tabelle bedeutet ferner b die Gesichtswinkel für die Breite der Linien. Um nun zu finden, wie viel die scheinbare Verbreiterung der Linien $= \varepsilon$ (durch Irradiation nach Volkmann) beträgt, haben wir nach dem vorigen Paragraphen $\varepsilon = \dfrac{d - b}{2}$, welche Grösse in der letzten Rubrik enthalten ist.

Tabelle XXXI.

$^5/_{50}$ weisse Linien auf Schwarz.					$^5/_{50}$ schwarze Linien auf Weiss.			
b	d'	d	s	$d'-\varepsilon$	d'	d	s	$d'-\varepsilon$
45″	67″	145″	50″	17″	45″	112″	84″	9″
35	72	153	58	14	48	109	36	12
30	67	150	60	7	60	105	38	22
26	72	143	59	13	64	104	39	26
23,5	76	140	59	16	72	106	42	30
20	80	140	60	20	80	110	45	35
18	81	148	65	18	95	108	45	40
15	80	149	66	14				
13	88	146	66	22				
11,5	96	(165)	77	19				
10	100	163	72	28				

Aus dieser Tabelle geht folgendes hervor:

1) Mit der Abnahme des Gesichtswinkels für die Linien b nimmt der Gesichtswinkel für die kleinste erkennbare Distanz d zu — das heisst, wenn der Gesichtswinkel für die Objecte kleiner wird, so muss der Gesichtswinkel für die Distanz grösser werden, wenn die Objecte distinct wahrgenommen werden sollen. Dies gilt sowohl für die weissen wie für die schwarzen Linien, indess ist bei den schwarzen Linien die Zunahme des Gesichtswinkels für die Distanz bedeutend schneller, als für die weissen Linien. Wir müssen, indem wir Volkmann folgen, zunächst an die Irradiation als Ursache dieser Erscheinung denken, und würden in den Versuchen eine Bestätigung seines Satzes (a. a. O. p. 14) finden:

Die Grösse der Irradiation ist von der Grösse des Netzhautbildes abhängig, und vermindern sich Beide in entgegengesetzter Richtung. Volkmann stützt diesen Satz auf Versuche (No. 3, No. 4, No. 5) mit schwarzen Linien auf weissem Grunde, bei welchen er leider nicht d', sondern nur d bestimmt hat, mit welchem übrigens meine Versuchsreihe sehr gut stimmt, da auch bei Volkmann die Werthe für d sehr wenig variiren, während der Werth von b continuirlich abnimmt; daraus muss also s als allmählig zunehmend gefunden worden, da es $= \dfrac{d-b}{y}$ ist.

Wenn wir das ursächliche Moment, die Irradiation, bei Seite lassen, so würde die Umschreibung des Thatsächlichen bei Volkmann und mir lauten: das wahrnehmbare Netzhautbild der Linien erscheint unabhängig von dem Gesichtswinkel derselben immer gleich gross, nämlich bei den schwarzen Linien entsprechend etwa 105″, bei den weissen Linien etwa 115″. Da nun d' nicht dieselbe Grösse behält, sondern immer mehr zunimmt, während d constant bleibt: so kann die Irradiation nicht die einzige Ursache der Erscheinung sein. Denn d' wächst bei den weissen Linien von 67″ bis 100″, für die schwarzen Linien von 45″ bis 95″.

Ich glaube, die Ursache in den verschiedenen Lichtintensitäten der Netzhautbilder oder ihren Lichtdifferenzen zu dem Grunde finden zu müssen. Wenn wir nämlich annehmen, eine schwarze Linie von 45″ werde durch Irradiation verbreitert auf 112″, so wird durch die Mischung des Schwarz der Linie mit dem Weiss des Grundes ein Grau von einer gewissen Dunkelheit entstehen; wenn nun die schwarze Linie nur halb so breit ist, also 22½″ und doch 112″ breit erscheint, so hat an der Mischung des Grau nur halb so viel Schwarz als im ersten Falle sich geltend gemacht; das Grau der dünnen Linie muss also viel blasser, als das der dickern Linie, der Contrast oder die Helligkeitsdifferenz gegen den Grund also auch viel geringer sein. Wenn das der Fall ist, so muss sich der Einfluss geltend machen, welchen wir in § 96 kennen gelernt haben, dass bei abnehmender Helligkeitsdifferenz das afficirte Netzhautstück grösser werden muss, damit eine Wahrnehmung durch dasselbe zu Stande komme. Denn wir haben uns den von zwei Linien begränzten Zwischenraum, welchen wir mit d' bezeichnen, selbst als eine Linie vorzustellen, welche nur bei einem gewissen Contraste gegen die sie einschliessenden Linien wird erkannt werden können; und so wird es denn ganz erklärlich und nothwendig sein, dass bei gleichbleibender Grösse aber abnehmendem Contraste des Netzhautbildes der beiden Linien die Distanz zwischen beiden grösser werden muss, wenn dieselbe noch soll wahrgenommen werden können.

Dass diese Erklärung richtig sei, scheint mir hervorzugehen aus Versuchen, in denen statt der weissen Linien graue Linien gewählt wurden. Das graue Papier hatte genau die Helligkeit einer schnell rotirenden Scheibe, welche 140° Weiss, 215° Schwarz und 5° Roth enthielt, deren Helligkeit also etwa 23 mal grösser als die des Schwarz und etwa gleich ⅖ der Helligkeit des Weiss war.

Diese Linien geben unter den obigen Verhältnissen untersucht, dieselben Gesichtswinkel für b und d, aber eine ganz merklich stärkere Zunahme des Gesichtswinkels für d', wie die folgende Tabelle XXXII zeigt, in welcher natürlich auch die Werthe für z verhältnissmässig weniger zunehmen, als die Werthe für d', was namentlich aus der Colonne der Werthe $d' — z$ ersichtlich wird.

Tabelle XXXII.

$\frac{1}{50}$ graue Linien auf Schwarz.

b	d'	d	z	$d' — z$
45"	67"	148"	50"	17"
36	72	144	54	18
30	82	142	56	26
26	85	150	62	23
22,5	84	152	66	19
20	90	146	63	27
18	95	144	63	32

§ 101. 2) Wir finden in Tabelle XXXI nicht unerhebliche Differenzen in den Zahlen, die ich für die weissen Linien und für die schwarzen Linien gefunden habe. d ist durchweg für die schwarzen Linien kleiner als für die weissen Linien gefunden worden; das heisst, die Irradiation des Schwarz auf Weiss ist geringer, als die des Weiss auf Schwarz. Diesen Satz hat bereits VOLKMANN aufgestellt (a. a. O., p. 91) und in 2 Versuchen sehr ähnliche Verhältnisse gefunden, nämlich für die Irradiationsgrösse der schwarzen Linien 33, für die weissen Linien 43, und in Versuchen von SCHWEGGER-SEIDEL für schwarze Linien 46, für weisse Linien 69; während meine Versuche das Verhältniss von 36 (respective 45) für schwarze Linien zu 50 (respective 66) für weisse Linien ergeben. Darin liegt zugleich eine Bestätigung des früher schon von VOLKMANN gefundenen Resultats, dass auch Schwarz auf weissem Grunde irradiirt.

Ich muss aber hier auf ein Missverständniss VOLKMANN's (a. a. O., p. 14) ARAGO gegenüber aufmerksam machen, welcher nach Messungen schwarzer und weisser Kreisscheiben, bei Beobachtung durch ein Fernrohr die Fehlerquellen der Irradiation auf nur $\frac{1}{10}$ berechnet hatte. ARAGO beobachtete zur Controle seiner Messungen des Mars schwarze und weisse Kreisscheiben von 273 Mm. Durchmesser (ARAGO's Werke übersetzt von HANKEL, Bd. XV, p. 266) aus einer Entfernung von ungefähr 1309 Mètres (p. 247), woraus sich der Gesichtswinkel auf etwa 42" berechnen würde. VOLKMANN hat aber übersehen, dass die Beobachtung mit einem 140 mal und einem 200 mal vergrössernden Teleskope gemacht worden ist, *(p. 266)*, und wenn Ammo für den horizontalen Durchmesser des weissen Kreises 41. 70 Winkelsekunden, für den des schwarzen Kreises 41, 56 Winkelsekunden berechnet, so ist eine derartige Messung ohne Vergrösserung ja ganz unmöglich. Multiplicirt man dagegen diese Werthe mit 140, d. h. der Vergrösserung des Teleskops, so erhält man Gesichtswinkel von 1° 37′,2 und 1° 36′,97, also nicht Netzhautbilder von 0,... Mm., sondern von 0,... Mm. und von 0,... Mm., also so bedeutende Grössen der Netzhautbilder, dass die Irradiation auf sie, wie Ammo ganz mit Recht annimmt, nur von äusserst geringem Einflusse sein kann.

Dass schwarze Objecte auf weissem Grunde weniger irradiiren, als weisse Objecte auf schwarzem Grunde, ist auch mit den älteren Versuchen insofern zu vereinbaren, als man früher geradezu behauptete, nur das Weiss irradiire, d. h. es vergrössere sich auf Kosten des Schwarz. Volkmann's Entdeckung, dass auch das Schwarz irradiire ist aber als ein wesentlicher Fortschritt in der Lehre von der Irradiation anzusehen, durch welchen namentlich die Auffassung, dass die Irradiation von den physikalischen Verhältnissen der brechenden Medien des Auges herrühre, nicht als ein Umsichgreifen der Affection auf der Netzhaut anzusehen sei, den höchsten Grad von Sicherheit gewinnt. Warum die schwarzen Objecte weniger irradiiren, oder vielmehr, warum die Zerstreuungskreise weniger weit wahrnehmbar sind, ist schon oben § 94 besprochen worden; die dortigen Auseinandersetzungen finden eine vollständige Bestätigung in der vorliegenden Tabelle XXXI.

Aus jenen Betrachtungen ergiebt sich auch, weshalb die kleinsten erkennbaren Distanzen, die d' - Werthe, bei den schwarzen Linien mit Abnahme des Gesichtswinkels stärker zunehmen, als bei den weissen Linien. Denken wir uns die schwarze Linie würde durch die Irradiation zu einer doppelten Breite vergrössert, die weisse Linie zu einer dreifachen Breite, so wird das Netzhautbild, das wir uns der Einfachheit wegen als gleichmässig hell vorstellen wollen, für die schwarze Linie aus einer Mischung von 1 Theile Weiss mit 1 Theile Schwarz bestehen, für die weisse Linie aus 1 Theile Weiss und 2 Theilen Schwarz. Ist Weiss 57 mal heller als Schwarz, so hat das graue Netzhautbild der schwarzen Linie eine Helligkeit von $\frac{1 + 57}{2}$ = 29 und verhält sich zu dem Grunde wie 29 zu 57, ist also etwa halb so hell als der Grund. Das graue Netzhautbild der weissen Linie ist dagegen = $\frac{2 + 57}{3}$ = 20 und verhält sich zu dem Grunde wie 20 zu 1, ist also 20 mal heller als der Grund. Die Helligkeitsdifferenz ist also bei der schwarzen Linie = 2, bei der weissen Linie = 20: die letztere wird also bei gleichem Gesichtswinkel viel deutlicher als die erstere, oder bei kleinerem Gesichtswinkel noch erkennbar sein, während die schwarze Linie nicht mehr erkannt werden kann. Damit hängt, wie wir unter 1) gesehen haben, die Wahrnehmbarkeit der Distanzen zusammen. Nun ist leicht ersichtlich, dass bei Abnahme des Gesichtswinkels für die Linien, nämlich b, und gleichbleibender Grösse des Netzhautbildes, entsprechend d, die Helligkeitsdifferenzen für die weisse Linie sich immer günstiger stellen müssen, als für die schwarze Linie. Wenn z. B. der Gesichtswinkel für b 18″ beträgt, der für d bei der schwarzen Linie 108″, bei der weissen Linie 148″, so werden 18 Schwarz mit 108 — 18 = 90 Weiss bei der schwarzen Linie auf weissem Grunde gemischt werden, was ein Grau von der Helligkeit $\dfrac{18 + 90 \cdot 57}{108} = 48$ giebt, welches also nur um $\dfrac{57 - 48}{57} = \dfrac{9}{57}$ oder etwa $\dfrac{1}{6}$ dunkler ist als der weisse Grund. Für die weisse Linie auf schwarzem Grunde sind im Netzhautbilde gemischt 18″ Weiss oder 18 . 57 mit 148 — 18 = 130 Schwarz; das Netzhautbild hat also eine Helligkeit von $\dfrac{18 \cdot 57 + 130}{148} = 7{,}8$, während die Helligkeit des Grundes = 1 gesetzt ist. D. h. das Netzhautbild der weissen Linie ist immer noch etwa 8 mal heller als der Grund, das der schwarzen Linie nur $\dfrac{1}{6}$ dunkler als der weisse Grund. So ist denn die Wahrnehmbarkeit der Distanz bei der weissen Linie noch für den Gesichtswinkel von 10″ vorhanden gewesen, bei dem die Lichtdifferenz noch 4,7 betragen hat, während die schwarzen Linien bei diesem Gesichtswinkel überhaupt nicht mehr sichtbar waren.

Durch die Berücksichtigung der gegebenen Helligkeitsdifferenzen scheinen mir die in den vorliegenden Versuchen gefundenen Werthe völlig genügend erklärt zu werden; ich glaube mittelst derselben aber auch diejenigen Erscheinungen erklären zu können, welche VOLKMANN *(Physiologische Untersuchungen p. 41—47)* durch die mir wenigstens ganz unverständliche Wirkung des Objectes als Object, durch das *Prädominiren des Objectes vor dem Grunde* zu erklären sucht. Ich will VOLKMANN's Auseinandersetzungen hier der Reihe nach von meinem Gesichtspunkte aus betrachten:

Erstens erklärt VOLKMANN daraus die paradoxe Irradiation des Schwarzen auf weissem Grunde: Wenn die brechenden Medien der Grösse des Netzhautbildes eine Grenze setzen, so dass dasselbe nicht mehr kleiner werden kann, so muss nothwendig eine Vermischung des Weiss vom Grunde mit dem Schwarz des Objectes eintreten, d. h.: ein Grau gebildet werden, welches in Bezug auf seine Helligkeit von den in die Mischung eintretenden Mengen des Schwarz und Weiss abhängig ist. Das ist bereits in § 94 ausführlich besprochen worden. Helligkeitsdifferenz und Gesichtswinkel (abgesehen von der absoluten Helligkeit) bestimmen dann die Sichtbarkeit des Objectes.

Zweitens begreift man, warum ein schwarzes Object nur irradiirt, wenn es sehr klein ist. Hier kommen zwei Momente in Betracht, welche zugleich die von VOLKMANN unter *Drittens*, *Viertens* und *Fünftens* angeführten Erscheinungen erklären. An der linearen Grenze eines schwarzen Objectes auf weissem

15

Grunde findet eine Mischung von Schwarz und Weiss statt, indem das Schwarz heller, das Weiss dunkler wird. Ist das Object so gross, dass ein Kernbild desselben von der ursprünglichen Helligkeit auf der Netzhaut entworfen werden kann, so besteht das Netzhautbild erstens aus dem ganz schwarzen centralen Theile, zweitens einer Grenzzone, welche mehr oder weniger allmählig von dunklem zu hellem Grau übergeht, drittens aus dem vollen Weiss, welches den Grund bildet und die graue Zone umgiebt. Der Contrast zwischen dem Schwarz und Weiss ist nun so gross, dass die graue Zone dagegen zurücktritt und je nach ihrer Helligkeitsdifferenz dem Schwarz oder Weiss anzugehören scheint. Da nun wegen des grösseren Lichtreichthumes des Weiss die Differenz eines Grau gegen dasselbe immer geringer ist, als die Helligkeitsdifferenz des Grau gegen das lichtärmere Schwarz, so wird die graue Zone grösstentheils dem Weiss anzugehören scheinen, von dem es sich eben weniger unterscheidet, als von dem Schwarz. Bei Verkleinerung des schwarzen Objectes greift aber die graue Zone immer weiter in dasselbe hinein, so dass endlich kein Kernbild von der ursprünglichen Schwärze mehr vorhanden ist, sondern nur ein graues Halbbild. Dann tritt für die Helligkeiten der Zonen ein anderes Verhältniss ein, denn von dem centralen Grau differiren sie weniger, als von dem centralen Schwarz.

Ich will meine Erklärung durch fingirte Zahlen erläutern. Die Helligkeit des Schwarz sei = 1, die des Weiss = 100. Denken wir uns um das Schwarz 3 Zonen, die dem Schwarz nächste Zone 1 habe eine Helligkeit = 20, die mittelste Zone 2 eine Helligkeit von 30, die dem Weiss nächste Zone eine Helligkeit von 50. Offenbar ist die Helligkeit des Schwarz sehr gering im Verhältniss zu den Zonenhelligkeiten, und die Helligkeitsdifferenz des Grau aller 3 Zonen viel grösser gegen Schwarz, als gegen Weiss; desswegen werden die 3 Zonen von dem Weiss nicht unterschieden, also dem Weiss, welchem sie an Helligkeit näher stehen, zugeschoben. Nun nehme die Grösse des Objectes so ab, dass sein Centrum eine Helligkeit von 20 bekommt: dann differirt die Zone II von 30 mehr gegen die Helligkeit des Weiss = 100, als gegen die Helligkeit des Grau = 20, und wird, wenn sie nicht mehr als besondere Zone unterschieden werden kann, dem Grau, nicht dem Weiss zugefügt werden: die Zone, welche also im ersten Falle dem Weiss annectirt wurde, wird jetzt dem Grau annectirt und so ist es erklärlich, dass *ein schmaler Streifen Schwarz breiter erscheint als er ist, während ein schwarzes Quadrat auf weissem Grunde kleiner erscheint, als ein eben so grosses weisses Quadrat auf schwarzem Grunde.* Offenbar muss es eine Grenze geben, welche von dem Gesichtswinkel und der Helligkeitsdifferenz abhängt, wo die scheinbare Irradiation = 0 wird; diese Grenze hat VOLKMANN für schwarze Linien in *Versuch 26, p. 46 a. a. O.* für ein Netzhautbild von 0,002 Mm. oder einer Linie von beinahe 3 Minuten Gesichtswinkel festgestellt. Ich habe sie für weisse Linien auf schwarzem Grunde bei einem Gesichtswinkel von etwa 6' gefunden, indem ich die Distanz zwischen ihnen dann genau gleich der Breite der Linien einstellte. VOLKMANN hat in seinem früheren Aufsatze über Irradiation

(*Leipziger Berichte 1857, p 131*) eine Zeichnung Figur 38 gegeben, welche das Qualitative der Erscheinung sehr gut versinnlicht. Betrachtet man diese Figur aus unpassender Sehweite, resp. mit einer Convexbrille, so erscheint der Zwischenraum zwischen den Quadraten viel breiter, als der zwischen den Linien, welche selbst zu einem Grau aufgelöst werden. Achtet man genau auf die Grenzen des Zerstreuungsbezirks, so gewahrt man, dass sie in dem Zwischenraume *ab* vollkommen parallel verlaufen, aber in dem Raume zwischen den Quadraten in Folge des Contrastes viel blasser erscheinen, als zwischen den schmalen Linien; daher werden sie zwischen den Quadraten dem Weiss, zwischen den Linien dem Grau

Fig. 38.

hinzugefügt, und der Erfolg ist, dass der helle Raum zwischen den Quadraten beträchtlich breiter erscheint, als zwischen den Linien. Die unter *Sechstens* angeführte sehr sonderbare Thatsache, *dass die Durchmesser der Zerstreuungskreise und die Grössen der Netzhautbilder in umgekehrter Richtung zunehmen*, so wie *Siebentens dass der scheinbare Durchmesser des Zerstreuungskreises bis zum 15 fachen schwankt* glaube ich bereits oben (§ 93.) durch die Auffassung, dass das Netzhautbild endlich nicht mehr kleiner werden könne und nur noch an Helligkeitsdifferenz sich ändre, wenn der berechnete Durchmesser des Objectes abnimmt, genügend erklärt zu haben.

§ 102. Wie schon erwähnt wurde, hat Volkmann zuerst bewiesen, dass die bisherigen Angaben über die kleinsten wahrnehmbaren Distanzen und die daraus abgeleiteten Werthe für die Elemente der Netzhaut sämmtlich zu gross seien, weil der Einfluss der Irradiation dabei nicht berücksichtigt worden sei. Indem Volkmann den für die Irradiation gefundenen Werth in Abzug brachte von den kleinsten direct gefundenen Gesichtswinkeln, also die Werthe von $d' - s$ berechnete, fand er, 1) dass dieselben zum Theil beträchtlich kleiner seien, als die Durchmesser der Netzhautzapfen, welche man sich gewöhnt hatte als die empfin-

16*

denden Elemente der Netzhaut ansehen, 2) dass in den berechneten $d' - s$ Werthen sogar für ein und dasselbe Auge ganz beträchtliche Differenzen sich herausstellten. Volkmann schliesst daraus: *der Durchmesser eines Empfindungskreises könne zwar ins Unbestimmte kleiner, aber nicht grösser sein, als* $\frac{1}{2}$ *eines Zapfendurchmessers.*

Meine in Tabelle XXXI verzeichneten Beobachtungen geben dasselbe Resultat, denn die $d' - s$-Werthe schwanken von 7″ bis 40″, zeigen für die weissen Linien eine ganz unregelmässige Schwankung, für die schwarzen Linien eine continuirliche, den Gesichtswinkeln für die Linien entgegengesetzte Zunahme. Berücksichtige ich die übrigen Versuchsreihen, welche ich erhalten habe, die ich aber hier nicht weiter anführe, so ist nicht selten der Werth $d' - s$ negativ und doch zeigen die Werthe eine gewisse Regelmässigkeit in der Zunahme, z. B. für 2 Mm. breite und 50 Mm. lange weisse Linien auf Schwarz

bei Gesichtswinkeln für b von 23″; 18″; 15″; 13″; 11,5″; 10″;

für die $d' - s$ Werthe: —17″; —4″; 11″; 16″; 35″; 35″;

Es ist sogleich ersichtlich, dass aus solchen Resultaten kein Schluss auf die Grösse der Elementartheile oder Empfindungskreise der Netzhaut gemacht werden kann, dass vielmehr vorher die Bedingungen zu untersuchen sind, unter denen ein solches Resultat zu Stande kommen kann.

Der Werth $d' - s$ ist abhängig von b, von d und von d'. Die Berechnung von b ist als nahezu fehlerfrei anzusehen, und bedarf keiner Besprechung. — Der Werth d dagegen ist durch Beobachtung, durch Schätzung und durch Rechnung gefunden, er bezeichnet die Grösse der Distanz, welche der Breite der Linien gleich gemacht, d. h. gleich geschätzt wird. Dieser Werth ist der unsicherste, er ist ohne Zweifel unsicherer als d', die kleinste eben wahrnehmbare Distanz, denn es scheint sicherer zu sagen, ob man einen Zwischenraum zwischen zwei Linien überhaupt wahrnimmt oder nicht, als zu sagen, ob ein Zwischenraum von gleicher Grösse, wie die ihn begrenzenden Linien erscheint. Wenn hierüber das Urtheil unsicher ist, so wird die Einstellung der Linien, die Herstellung der Gleichheit noch unsicherer sein — indess geht aus meinen Versuchen hervor, dass dies mit relativ ausserordentlicher Genauigkeit geschehen sein muss: denn innerhalb ein und derselben Versuchsreihe betragen die Schwankungen von d nur in 6 Fällen von allen meinen Bestimmungen mehr als $\frac{1}{10}$, in der überwiegenden Mehrzahl aber weniger als $\frac{1}{10}$. Der Methode der Einstellung und Messung wird daher der Vorwurf der Ungenauigkeit nicht gemacht werden können. Dagegen habe ich zwischen Versuchsreihen von verschiedenen Tagen immer bedeutende Differenzen in den d-Werthen gefunden, von denen ich in der folgenden Tabelle 33 zwei Reihen anführen will, von denen die erste an einem Tage für die 3 Objecte, die zweite an einem andern Tage auch für alle 3 Objecte erhalten worden ist. Ich gebe die Maxima, Minima und Mittel von je 10 Einzelbestimmungen an, um einen Anhalt zu geben, wie gross die Fehler innerhalb ein und derselben Versuchsreihe ausgefallen sind.

Tabelle XXXIII.

	Erste Versuchsreihe	Zweite Versuchsreihe
I. 3/60 weisse Linien auf schwarzem Grunde.		
Maximum	155″	180″
Minimum	140″	(156″) 165″
Mittel	146″	(169″) 172″
II. 4/60 schwarze Linien auf weissem Grunde.		
Maximum	112″	130″
Minimum	104″	124″
Mittel	107″	127″
III. 5/60 weisse Linien auf schwarzem Grunde.		
Maximum	144″	(165″) 159″
Minimum	(126″) 137″	(138″) 150″
Mittel	(139″) 141″	(154″) 155″

Die eingeklammerten Zahlen enthalten die abweichendsten Werthe, wofür ich bei Object I keine Ursache angeben kann; bei Object III dagegen ist der Werth 126″ und 138″ dadurch erklärlich, dass der Werth für b sehr gross, nämlich 57″ war, wodurch denn auch ein aus der Reihe fallender Werth für d′ erhalten wurde; das Maximum 165″ dagegen ist ein Werth, bei welchem das Object wegen der Kürze der Linien schon sehr undeutlich war. Da die Unterschiede zwischen der ersten und zweiten Versuchsreihe nicht auf Differenzen der Tageshelligkeit beruhen, so kann ich nur glauben, dass sie auf Verschiedenheit des Urtheils über die Gleichheit beruhen, wofür auch der Umstand spricht, dass die zugehörigen d′-Werthe der verschiedenen Versuchsreihen weniger und oft in entgegengesetztem Sinne von einander abweichen. Auch für diese Versuche dürfte wohl der Satz Stilling's gelten: *in iterationibus ex parvis differentiis constantia potius probatur iudicii quam veritas*. Aus Volkmann's Fehlerrechnung in Versuch *1* (pag. 7 u. 8) werden aber nur die Differenzen in der Constanz des Urtheils oder der Schätzung, nicht die Sicherheit der Schätzung an sich ersichtlich; in dieser Beziehung sind meine Beobachtungen eine Bestätigung der Angaben von Volkmann, dass die Fehler innerhalb einer Versuchsreihe sehr gering seien. Durch eine grosse Anzahl von Versuchsreihen würde allerdings auch der zweite constante Fehler auf ein Mittel gebracht und limitirt werden können. Da ich indess in der Tabelle nur die kleinsten Werthe der einzelnen Beobachtungen gewählt habe, so ist nicht anzunehmen, dass der

Werth $\frac{d-b}{2} = s$ zu gross genommen worden sei. Gleichwohl sind die $d'-s$-

Werthe, d. h. die Distanzen der Netzhautbilder, so klein, dass sie in manchen Fällen nur den vierten oder dritten Theile eines Zapfendurchmessers entsprechen, denselben aber nur in wenigen Fällen übertreffen würden.

Wenn sich nun für ein und denselben Beobachter in verschiedenen Versuchsreihen schon beträchtliche Schwankungen in der Beurtheilung der Gleichheit der Distanz und der Breite der Linien herausstellen, so ist zu erwarten, dass bei verschiedenen Beobachtern dieses Urtheil über die Gleichheit noch grössere Differenzen zeigen wird, und das scheint mir der Grund zu sein für die bedeutenden Schwankungen in dem Verhältnisse der D-Werthe zu den D'-Werthen, welche in VOLKMANN's Versuchen 37—64 auftreten und sich auch in der *Tabellarischen Uebersicht p. 86* in den d'-Werthen geltend machen.

Das ist der eine Umstand, welcher mich zweifelhaft macht, ob die $d'-s$-Werthe (analog VOLKMANN's d'-Werthen) wirklich als den kleinsten wahrnehmbaren Distanzen der Netzhautbilder entsprechend anzusehen seien. Er bezieht sich auf eine rein psychische Thätigkeit.

Der zweite Umstand ist physikalischer Natur. Es ist nämlich die Frage, ob in der Wahrnehmbarkeit der Zerstreuungskreise nicht Veränderungen gesetzt werden durch die Annäherung der Linien an einander, wie sie für die d'-Werthe im Verhältnisse zu den d-Werthen stattfindet? Wenn die Distanz bestimmt wird, welche der Breite der Linien gleich erscheint, so sind ja die Linien stets weiter von einander entfernt, als bei der Bestimmung der kleinsten wahrnehmbaren Distanz und es ist von vornherein wahrscheinlich, dass sich dabei Contrastverhältnisse geltend machen, welche für d einen mit Rücksicht auf d' zu grossen Werth, mithin auch für $d'-s$ einen zu kleinen Werth ergeben müssen. In Figur 39 sei von der längeren Linie die eine obere kürzere Linie doppelt so weit entfernt, als die andere untere kürzere Linie, und es seien durch eine starke, eine schwache und eine punktirte Linie Zonen des Zerstreuungsbildes der Linien auf der Netzhaut bezeichnet, Zonen von abnehmender Dunkelheit. Wenn die punktirte Zone gegen den weissen Grund grenzt, wie es bei den beiden entfernteren Linien der Fall ist, so wird dieselbe als dunkler von dem Grunde unterschieden werden und der Breite der Linie hinzugefügt werden. Wenn die punktirten Zonen aber über einander greifen und nur die durch die schmalen Linien bezeichneten Zonen dicht an einander grenzen, wie bei den einander näheren Linien, so ist zwischen den beiden Objecten kein rein weisser Grund mehr vor-

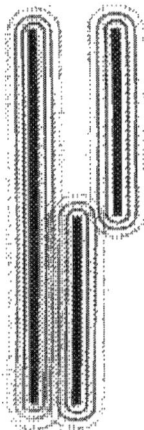

Fig. 39.

handen, die Zonen können also nach innen nicht gegen den Grund contrastiren, wohl aber müssen sie gegen einander contrastiren, so dass ein heller Streifen zwischen den beiden Objecten sichtbar wird, welcher zwar nicht die Helligkeit des Grundes, aber eine grössere Helligkeit als die der Objecte hat. Dann wird immer noch eine Distanz zwischen den beiden Objecten wahrgenommen werden. Offenbar ist dann das, was zwischen den beiden entfernteren Linien wahrgenommen wird, etwas anderes, als das, was zwischen den beiden näheren Linien wahrgenommen wird; dort ist es nur der Grund, hier ein Theil der Zerstreuungszonen. Dort werden die Objecte bis zur äussersten Zone verbreitert, hier an der einen Seite nur bis zur mittleren Zone. Wenn nun dort die Breite des wahrnehmbaren Netzhautbildes grösser ist, so muss auch die gleichzuschätzende Distanz grösser gemacht werden — diese Breite wird aber hier, bei kleinster Distanz der Objecte, verringert; mithin ist d unter andern Bedingungen gewonnen, als d', und eine Reduction der d-Werthe auf die d'-Werthe, wie sie in dem Ausdrucke d' — s stattgefunden hat, fehlerhaft.

Unter der Annahme, dass die Lichtzerstreuung im möglichst gut accommodirten Auge sich ähnlich und nur quantitativ verschieden verhalte, wie die Lichtzerstreuung im absichtlich schlecht accommodirten Auge, lässt sich die eben gemachte Deduction durch den Versuch erhärten. Man betrachte Figur 40 A, in welcher dieselben Verhältnisse der Objecte, wie in Figur 39 gegeben sind aus sehr unpassender Sehweite, so erscheinen die Zerstreuungszonen der langen Linie a in der Mitte geknickt, indem die äusserste Zerstreuungszone nur zwischen a und c dagegen nicht mehr zwischen a und b sichtbar ist, wo schon die Zonen a und b ineinander greifen; gleichwohl ist ein hellerer Zwischenraum zwischen a und b wahrnehmbar. Die Linie a hat dann die in Figur 40 B dargestellte Begrenzung.

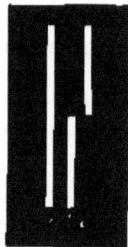

Fig. 40 A.

Aus dieser Betrachtung lässt sich nun auch die progressive Zunahme der d'-Werthe bei Abnahme der b-Werthe ableiten: je stärker nämlich die Helligkeitsdifferenz der Objecte gegen den Grund ist (und das ist direct abhängig von dem Gesichtswinkel b der Objecte), um so eher wird ein etwas erhellter Grund von dem Objecte unterschieden werden können, je mehr die Helligkeitsdifferenz abnimmt, um so leichter wird eine dem Grunde hinzugefügte Helligkeit den Unterschied zwischen Object und Grund der Wahrnehmbarkeit entziehen. — Hiermit glaube ich 1) erklärt zu haben die bedeutenden von Volkmann und mir gefundenen Schwankungen in den Werthen für die kleinsten wahrnehmbaren Netzhautdistanzen, 2) wahrscheinlich gemacht zu haben, dass die nach Volkmann's Methode gewonnenen Werthe für die kleinsten wahrnehmbaren Netzhautdistanzen im Allgemeinen zu klein sind.

Fig. 40 B.

§ 103. Bei diesen Bedenken gegen die Gültigkeit der $d'-s$-Werthe habe ich versucht auf anderem Wege den Werth der kleinsten wahrnehmbaren Netzhautdistanzen zu finden, und zwar dadurch, dass ich die Grösse des Netzhautbildes berechnete, in welchem 3 distincte Empfindungen stattfinden können, woraus sich dann die Grösse für eine distincte Empfindung ergiebt. Das Netzhautbild der Linien und der Distanz zwischen ihnen setzt sich zusammen 1) aus der kleinsten Distanz d', 2) aus den Breiten der beiden Linien b, also $2b$, und 3) aus der Verbreiterung der beiden Linien b nach aussen, also $2 \times \frac{1}{2} s = s$. Dieses Netzhautbild $d' + 2b + s$ ermöglicht 3 verschiedene Wahrnehmungen, die Grösse für eine derselben $= e$ ist also $e = \dfrac{d' + 2b + s}{3}$. In diesem Ausdrucke ist unbestimmt gelassen die Verbreiterung der Linien nach innen und die dadurch herbeigeführte Verschmälerung von d'. Dagegen ist in ihm ein wichtiger Faktor, nämlich die Breite der Linien vorwiegend berücksichtigt, und der unsichere Werth d, welcher in $s = \dfrac{d - b}{2}$ enthalten ist, am meisten beschränkt, wie ersichtlich wird, wenn wir den Ausdruck schreiben $e = \frac{1}{3} d' + \frac{1}{3} b + \frac{1}{6} d$.

Berechne ich nach dieser Formel die von mir beobachteten Werthe, so finde ich für die schwarzen Linien auf weissem Grunde $e = 52''$ bis $59''$; für die weissen Linien auf schwarzem Grunde $e = 59''$ bis $68''$ und für graue Linien auf schwarzem Grunde $e = 64''$ bis $68''$, also Werthe, welche mit Rücksicht auf die Verschiedenheit der Gesichtswinkel für die Objecte eine sehr auffallende Constanz zeigen.

Wenn ich nach dieser Formel die von VOLKMANN auf p. 86 gefundenen Werthe berechne und auf Winkelsecunden reducire, so ergeben sich allerdings grosse Schwankungen, nämlich für den sehr scharfsichtigen E. VOLKMANN $e = 33''$, für A. W. VOLKMANN $e = 67''$, für Prof. VOGEL (sehr kurzsichtig) $e = 93''$: das sind übrigens die bedeutendsten in der Tabelle vorkommenden Differenzen, welche nur zum Theil auf die individuelle Verschiedenheit der Augen, zu einem sehr erheblichen Theile auf die verschiedenen Gesichtswinkel für die Linien fallen, indem E. VOLKMANN bei einer Sehweite S von 407 Mm., A. W. VOLKMANN bei $S = 337$ Mm., Prof. VOGEL bei $S = 107$ Mm. ein und dasselbe Object beobachteten.

Reduciren wir diese Werthe auf Netzhautbildchen, (die Entfernung des Knotenpunktes von der Netzhaut $= 15$ Mm. gesetzt), so findet sich für mein Auge die geringste Grösse $= 0{,}0038$ Mm., für E. VOLKMANN $= 0{,}0024$ Mm., für A. W. VOLKMANN $0{,}0049$ Mm., für Prof. VOGEL $= 0{,}0068$ Mm. Das sind nun alles Werthe, welche immer noch grösser sind, als der Querschnitt eines Zapfens der Fovea centralis, welcher nach SCHULTZE nur $0{,}0045 - 0{,}0037$ Mm. beträgt. Auch ist der für mein Auge gefundene Werth nur um ein Drittel grösser, als der in § 95 gewonnene Werth eines physiologischen Punktes von $35''$ oder $0{,}0025$ Mm. Durchmesser.

§ 104. Ernst Heinrich Weber bezeichnet mit dem Worte Empfindungskreis einen Raum von unserer Haut oder Netzhaut, innerhalb dessen zwei räumlich getrennte Empfindungen nicht mehr als räumlich getrennt wahrgenommen werden können, oder den Raum, welcher mindestens zwischen zwei Affectionen liegen muss, damit eine distincte Wahrnehmung derselben stattfinden könne. Ich habe in § 95 als physiologischen Punkt denjenigen Raum bezeichnet, welcher mindestens afficirt werden muss, wenn er als von dem übrigen Raume verschieden wahrgenommen werden soll. Der Unterschied zwischen einem Empfindungskreise und einem physiologischen Punkte wird sogleich augenfällig, wenn wir unsere Hautwahrnehmungen untersuchen. Wenn wir mit einem Stecknadelknopfe unsern Oberschenkel drücken, so haben wir eine Empfindung davon, und wir können wohl ohne grossen Fehler (Untersuchungen darüber existiren nicht) annehmen, dass der Durchmesser des Stecknadelknopfes einem physiologischen Punkte entspreche. Damit wir aber zwei Eindrücke auf unserm Oberschenkel distinct wahrnehmen, dazu ist eine Distanz von etwa 30 Mm. erforderlich, und diese Distanz ist der Durchmesser eines Empfindungskreises. Der Empfindungskreis würde also hier vielleicht 60mal so gross sein, als der physiologische Punkt. An andern Stellen der Haut ist die Grösse der Empfindungskreise viel geringer und dadurch wohl auch das Verhältniss zwischen Empfindungskreisen und physiologischen Punkten ein anderes, so dass die ersteren vielleicht nur 30, 20, oder 10mal grösser wären, als die physiologischen Punkte. Die Grenze dieses Verhältnisses würde endlich damit gegeben sein, dass Empfindungskreis und physiologischer Punkt einander gleich wären, d. h. dass der Raum, welcher mindestens afficirt werden muss zur Auslösung einer Empfindung auch gross genug ist, um, zwischen zwei afficirte Punkte eingeschaltet, diese distinct wahrnehmen zu lassen. Diese Grenze scheint in dem Centrum der Netzhaut nahezu erreicht zu sein, da nach den Bestimmungen in § 95 auf meinem Netzhautcentrum der Durchmesser eines physiologischen Punktes zu 0,₀₀₃ Mm., der eines Empfindungskreises zu 0,₀₀₄ Mm. nach § 103 berechnet worden ist. Unser Netzhautcentrum würde sich mithin den günstigsten Verhältnissen, welche überhaupt für die Unterscheidung von Punkten denkbar sind, sehr nahe befinden — also in dieser Beziehung als sehr vollkommen angesehen werden müssen. Dagegen würde sich, wenn meine Deductionen in Betreff der anatomischen Elemente und ihrer Verhältnisse zu den physiologischen Punkten (§ 97) richtig sind, eine von dem höchsten Grade der Vollkommenheit weit entfernte Fähigkeit für die Wahrnehmung eines Punktes herausstellen, welche übrigens sowohl durch die Construction des nervösen Organes, als auch durch die Construction der brechenden Medien bedingt sein würde. Im Ganzen glaube ich also schliessen zu müssen, dass die Zapfen der Netzhaut eine Grösse haben, welche etwas kleiner ist als die Grösse eines physiologischen Punktes und eines Empfindungskreises — dass wenigstens aus Volkmann's bisher erwähnten Untersuchungen, so wie aus meinen Beobachtungen nicht mit Nothwendigkeit zu schliessen ist, dass die empfindenden Elemente der Netzhaut beträchtlich kleiner sein müssten, als die Zapfen der Fovea centralis — dass also die Zapfen als die sensiblen Elemente der Netzhaut angesehen werden können.

Ferner ergiebt sich, dass die Grösse der physiologischen Punkte und der Empfindungskreise in der Fovea centralis oder im *Gesichtspunkte* nahezu gleich ist — ein Verhältniss, welches für die übrige Netzhaut, wie wir sehen werden, nicht gilt.

Nach Volkmann's Auffassung dagegen würde ein Zapfen aus einer beträchtlichen Anzahl sensibler Elemente bestehen müssen, welche letztere die Grösse der Empfindungskreise repräsentirten.

§ 105. Wir haben in § 94 gesehen, dass eine Linie unter einem viel kleineren Gesichtswinkel wahrgenommen werden kann, als ein Quadrat, dessen Seite gleich der Breite der Linie ist. Man könnte vermuthen, dass ein ähnliches Verhältniss für die Wahrnehmbarkeit distincter Linien und Punkte bestände, wenn nicht schon eine Angabe von HUECK (MÜLLER's *Archiv*, 1840, p. 87) vorläge, wonach schwarze Striche auf weissem Grunde unter demselben Gesichtswinkel von 64" mit einander verschmolzen seien, wie schwarze Punkte. Da HEINRICH MÜLLER hervorgehoben hat, Versuche mit Linien könnten nicht zu Schlüssen auf die Grösse der sensiblen Punkte der Netzhaut benutzt werden (*Zeitschrift für wissenschaftl. Zool.*, 1857, p. 104), auch die Angaben der Astronomen sich nur auf punktförmige Objecte beziehen, so habe ich einige Versuche mit Quadraten in derselben Weise wie die beschriebenen Versuche mit Linien angestellt. Bei diesen Versuchen kann nur die kleinste wahrnehmbare Distanz zwischen den Quadraten = d' bestimmt werden, da die Bestimmung einer der Breite der Quadrate gleichen Distanz höchst unsicher ist.

In der folgenden Tabelle XXXIV. habe ich meine Versuche mit weissen Quadraten auf schwarzem Grunde wie auf grauem Grunde, sowie mit schwarzen Quadraten auf weissem und grauem Grunde zusammengestellt, so dass b den Gesichtswinkel für die Seite des Quadrats (= 10 Mm.), d' die Gesichtswinkel für die kleinsten Distanzen der Quadrate von einander in Sekunden bedeutet.

Tabelle XXXIV.

b	d'			
	Weisse Q. auf Schwarz.	Schwarze Q. auf Weiss.	Weisse Q. auf Grau.	Schwarze Q. auf Grau.
114"	28"	28"	34"	29"
91"	60"	68"	88"	84"
76"	98"	114"	92"	100"
65"	145"	170"	140"	182"
57"	160"	262"	210"	
51"	204"		270"	
46"	230"			

1) Auch hier fällt zunächst, wie bei den Versuchen mit Linien, die Zunahme der d' bei abnehmendem b auf, d. h. mit der Abnahme des Gesichtswinkels für die Objecte muss der Gesichtswinkel für die Distanz derselben von einander sehr vergrössert werden, wenn dieselben distinct sollen wahrgenommen werden können. Aber der Gesichtswinkel für die Distanz muss hier viel mehr zunehmen, als bei den Linien. In Tabelle XXXI. wird für die weissen Linien auf Schwarz, wenn der Gesichtswinkel für das Object um das 3 fache abnimmt, der Gesichtswinkel für die Distanz nur um $^1/_5$ grösser, hier bei den Quadraten dagegen um ungefähr das 8 fache. Aehnlich ist es bei den übrigen Objecten, bei welchen das Verhältniss noch viel auffallender sich ändert. Wo für d' die Angaben aufhören, waren die Quadrate überhaupt nicht mehr zu sehen oder so undeutlich, dass eine Bestimmung der Distanz nicht möglich war.

Wie aus der Irradiation direct ein solches Verhalten erklärt werden könne, vermag ich nicht einzusehen — dagegen bestätigen diese Versuche in sehr eclatanter Weise den in § 100 angedeuteten Satz, dass die Stärke des Contrastes, welchen das Netzhautbild des Objectes gegen den Grund hat, bestimmend sei für die kleinste Distanz, welche zwischen den Objecten noch wahrgenommen werden kann. Das Netzhautbild von einem Quadrate muss aber durch die Irradiation viel mehr an Helligkeit oder Contrast verlieren, als das von einer Linie, wie in § 94 erörtert wurde; denn das Quadrat vermischt sich nach allen Seiten hin mit dem Grunde, verliert nach allen Seiten hin an Licht, die Linie nur nach zwei Seiten hin. Es ist also die Undeutlichkeit des Objectes, welche einen grösseren Gesichtswinkel für die Distanz der Objecte von einander erfordert. Mit diesem Satze sind alle meine Versuchsresultate sehr gut zu erklären, daher ist die Irradiation allein nicht maassgebend für die kleinsten wahrnehmbaren Distanzen.

2) Die Undeutlichkeit der Quadrate fiel im Vergleich zu den Linien direct auf, denn sie erschienen bei einem Gesichtswinkel von etwa einer Minute viel matter und verwaschener als die Linien.

3) Bei grossem Gesichtswinkel für die Quadrate von 1' 54" tritt eine sehr störende Complication auf; die Quadrate erscheinen nämlich nicht als Punkte, sondern als Flächen von abgerundeter Gestalt, und müssen, zur Bestimmung der kleinsten wahrnehmbaren Distanz einander so stark genähert werden, dass die Distanz nur 2,4 Mm. beträgt, während die Seite der Quadrate = 10 Mm. ist. Es erscheint also eine schmale Linie zwischen zwei viel breiteren Flächen, und man würde sich einer Illusion hingeben, wenn man glaubte, die Distanz zwischen zwei Punkten bestimmt zu haben. Auch bei dem Gesichtswinkel für $b = 91''$ macht sich diese Complication geltend.

4) Im Ganzen muss ich daher Quadrate, überhaupt punktförmige Objecte, für ungeeignet halten, die kleinsten wahrnehmbaren Distanzen für Netzhautbilder zu bestimmen, und gebe mit VOLKMANN Linien den Vorzug.

5) Die hohen Werthe für d' rühren zum Theil auch davon her, dass der Tag, an dem jene Bestimmungen gemacht wurden, nicht besonders hell war. An einem auffallend hellen Januartage machte ich nur für die weissen Quadrate auf schwarzem Grunde noch Bestimmungen, die viel niedrigere Werthe für d', namentlich eine viel langsamere Zunahme von d' bei Abnahme von b ergaben.

Tabelle XXXV.

Weisse Quadrate auf Schwarz.

b	d
114"	29"
91"	46"
76"	60"
65"	72"
57"	87"
51"	107"
46"	110"

Ich kann in diesen Zahlen nur eine Bestätigung des Satzes finden, dass die Deutlichkeit der Objecte wesentlich bestimmend ist für die kleinste Distanz, in welcher dieselben distinct wahrgenommen werden können.

§ 106. Volkmann hat pag. 23 seiner *physiologischen Untersuchungen im Gebiete der Optik* Versuche mitgetheilt, in denen die Distanz der Objecte ihrer Breite gleich gemacht wurde bei verschieden starker Beleuchtung und kommt zu dem Schluss: *Dem Versuche zufolge würde mit Zunahme der Lichtdifferenz die Grösse der Lichtzerstreuung abnehmen.* Volkmann nennt dieses Resultat mit Recht sehr auffallend und hat einen Grund dafür nicht finden können. Als nebensächlich habe ich den Ausdruck „Lichtdifferenz" zu berichtigen; Volkmann nimmt das Schwarz seiner Linien als lichtlos an, und glaubt daher mit der Aenderung der Beleuchtung des Weiss den Helligkeitsunterschied von Object und Grund zu ändern; da aber Schwarz auch Licht reflectirt, so ändert sich die Helligkeitsdifferenz durch Beschränkung der Beleuchtung nicht, sondern die absolute Helligkeit. In der Hauptsache ist aber festzustellen, ob die Versuche wirklich das aussagen, was Volkmann folgert? Der Versuch sagt aus, dass die Distanz zwischen zwei Linien, welche der Breite der Linien gleich geschätzt wird, grösser werden muss, wenn die Beleuchtungsintensität abnimmt. Dass die Ursache dieses Resultats die Irradiation sei, ist offenbar nur Volkmann's Deutung.

In einigen nach der oben beschriebenen Volkmann'schen Methode angestellten Versuchen habe ich das Thatsächliche von Volkmann's Versuchen vollkommen bestätigt gefunden. Ich habe Tageslicht, welches durch ein stellbares Diaphragma in ein übrigens ganz finsteres Zimmer einfiel, zu meinen Versuchen angewendet,

und theils bei schwacher constanter Beleuchtung die Gesichtswinkel für die
Breite der Linien vermindert, theils bei constantem Gesichtswinkel für die Linien
die Diaphragma-Oeffnung verkleinert und damit die Lichtstärke vermindert. In
Tabelle XXXVI A. sind Versuche mit 2 Mm. breiten und 50 Mm. langen weissen
Linien auf schwarzem Grunde zusammengestellt, welche bei einer Oeffnung des
quadratischen Diaphragmas von 200 Mm. Seite bei einer Entfernung des Objects
von 4 M. gemacht wurden. Die erste Columne enthält wieder wie in Tabelle XXXI. u. f. die Gesichtswinkel für die Breite der Linien = b, die kleinste
wahrnehmbare Distanz = d', die Distanz, welche der Breite der Linien gleich
gemacht wurde d, und den vermeintlichen Irradiationswerth s; alles in Winkelsekunden ausgedrückt.

Tabelle XXXVI A.

$\frac{1}{10}$ weisse Linien auf Schwarz. $L = (200 \text{ Mm.})^2$			
b	d'	d	s
45"	124"	202"	79"
36"	126	225	85
80"	120	218	94
26"	142	214	94
22",5	140	207	92
20"	160	195	68
18"	171	211	87

Nicht nur die d'-Werthe, sondern auch die d-Werthe sind bedeutend grösser
als sie in den Versuchen mit unbeschränktem Tageslicht gefunden worden sind;
damit ist denn auch der Werth s, die Verbreiterung der Linien, bedeutend vergrössert. Sonst finden wir hier auch wieder eine Zunahme von d' bei Abnahme
von b, während d als nahezu unverändert angesehen werden kann.

Viel deutlicher tritt der Einfluss der absoluten Helligkeit auf die d-Werthe
in Tabelle XXXVI B. hervor, wo bei constantem Gesichtswinkel b die Lichtintensität J allmählig vermindert wurde. Ich habe die Lichtintensität bei der kleinsten
Oeffnung des Diaphragma = 1 gesetzt, und auf diesen Werth die stärkeren Lichtintensitäten reducirt. Die Grösse der quadratischen Oeffnung war in diesem Falle
= 27 Mm. Seite des Quadrats, und die Entfernung des Objects von der Lichtquelle betrug, wie in den Versuchen der vorigen Tabelle, 4 Mètres. In der ersten
Columne der Tabelle XXXVI B. sind die Lichtintensitäten, daneben die d'- und
die d-Werthe verzeichnet. Der Gesichtswinkel war constant = 370".

Tabelle XXXVII B.

Gesichtswinkel der Breite der Linien $b = 870''$.

J	d'	d	x
18	106''	444''	37''
10	180''	518''	74''
5,4	296''	644''	148''
3	370''	688''	259''
1,8	624''	882''	296''
1	814''	111.''	370''

Der Werth x, um welchen die Breite der Linien zu gross geschätzt wird, nimmt also gerade um das 10fache zu von 37'' bis 370'' während die Beleuchtung um das 18fache abnimmt. Ich muss dazu bemerken, dass die Intensität der Helligkeit allerdings eine sehr geringe ist, und bei einer weiteren Verminderung derselben die Objecte so undeutlich wurden, dass bei dem gewählten Gesichtswinkel von etwa 6 Minuten Messungen der Distanz nicht mehr möglich waren. Meine Werthe sind trotz ihrer grösseren Divergenz keineswegs im Widerspruch mit Volkmann's im Versuch 10 und 11 angegebenen Zahlen, da bei Volkmann die Lichtintensität nicht so weit vermindert worden ist. Aber fast ebenso stark wie die x-Werthe nehmen auch die d'-Werthe zu und darin glaube ich die Lösung des Räthsels finden zu können. Dass die d'-Werthe zunehmen, ist nur ein anderer Ausdruck der in § 44 gefundenen Thatsache, dass mit Abnahme der Helligkeit der Gesichtswinkel für das Object zunehmen muss, wenn es wahrgenommen werden soll, und wir haben dort durch die Versuche mit den Jacobn'schen Tafeln Tabelle XI. dieses Verhältniss anschaulich zu machen gesucht, so wie in § 45 durch Versuche mit den Massox'schen Scheiben. Je weniger nun die Helligkeit des Raumes zwischen zwei Linien von der Linie selbst sich unterscheidet, je geringer also die Differenz der Reize ist, um so grösser wird die Summe der afficirten physiologischen Elemente, um so grösser also der Gesichtswinkel sein müssen.

Nun schliesse ich weiter: wenn der Gesichtswinkel so gross ist, dass die Distanz eben eine distincte Wahrnehmung der Linien möglich macht, die Linien selbst aber nicht an der Grenze der Wahrnehmbarkeit stehen, so erscheint die Distanz undeutlicher als die Linien; diese Verschiedenheit der Deutlichkeit verführt uns zu einem falschen Urtheile über die Grössenverhältnisse d. h. wir schätzen die eben wahrnehmbare Distanz kleiner, als die deutlicher wahrnehmbaren Linien. Sollen wir die Distanz eben so deutlich empfinden, als die Linien, so muss dieselbe grösser gemacht werden, als die kleinste wahrnehmbare Distanz war. Daher muss d immer grösser sein als d'; und wenn d' sehr viel grösser wird als b, so muss d doch immer noch grösser als d' sein. Die Zunahme des

Werthes s ist also nicht oder wenigstens nicht allein bedingt durch die Irradiation des Objectes, sondern durch die Wahrnehmbarkeit der Distanz zwischen den Objecten, welche von der Unterschiedsempfindlichkeit abhängig ist. — Die Unterschiedsempfindlichkeit ist aber, wie wir gesehen haben, abhängig von der absoluten Helligkeit. — Vielleicht ist hieraus auch die Zunahme des Werthes d in Versuch 3 bei VOLKMANN zu erklären; doch muss es dahingestellt bleiben, wie weit die d-Werthe von diesem Umstande abhängig sind. Auffallend ist dabei die geringe Schwankung der Werthe für $d-d'$ wo nur der Werth $888''-870''$ ganz aus der Reihe fällt, und welche auf eine gemeinschaftliche Ursache der Zunahme der d-Werthe und der d'-Werthe hinweist, welche nicht die Irradiation sein kann, da diese, unter s, in ganz anderm Verhältnisse zunimmt.

§ 107. Ich komme nun noch einmal auf die Unterscheidbarkeit der Doppelsterne zurück, bei denen wir $3' 30''$ als den kleinsten Gesichtswinkel fanden, unter dem ich unter sehr günstigen Verhältnissen Sterne mit blossem Auge habe unterscheiden können, aber auch nur auf kurze Momente, während bei punktförmigen Objecten von weissem Papier auf schwarzem Grunde die Distanz unter den günstigsten Verhältnissen zu etwa $1'$ veranschlagt werden kann. Diese Differenz findet ihre Erklärung 1) in der Vergrösserung des punktförmigen Objectes durch die Irradiation, so dass wir den Durchmesser des Netzhautbildes von einem Sterne fünfter Grösse noch zu etwa $1'$ annehmen können. Dann würde die Entfernung der Centra der Netzhautbilder auf $2'$ vergrössert werden, 2) in der sehr geringen absoluten Helligkeit des Gesichtsfeldes, und der relativ grossen Helligkeitsdifferenz der Objecte zu dem Grunde. Denn wie wir früher in § 34 gesehen haben, muss ja bei abnehmender absoluter Helligkeit eine Zunahme der Helligkeitsdifferenz stattfinden, damit eine Unterscheidung möglich werde. Wir würden also für die Unterscheidbarkeit der Doppelsterne mit blossem Auge ähnliche Verhältnisse haben, wie für die Unterscheidung unserer Objecte bei Beschränkung der Helligkeit des diffusen Tageslichtes, wo wir ja (s. Tabelle XXXVI.) die Gesichtswinkel für die kleinste wahrnehmbare Distanz erheblich vergrössern mussten.

Damit hängt nun die Erfahrung zusammen, dass wir helle Sterne zweiter oder dritter Grösse nicht mehr unterscheiden können, selbst wenn sie über 11 Minuten von einander entfernt sind, z. B. die berühmten Sterne Mizar und Alcor im Schwanze des grossen Bären, von denen Mizar zweiter, Alcor fünfter Grösse geschätzt wird. Bei einem Sterne zweiter Grösse ist die Helligkeitsdifferenz gegen den Himmelsgrund so gross, dass seine Zerstreuungskreise in grosser Ausdehnung wahrnehmbar sein müssen — und in dieser Beziehung tritt der Unterscheidung die Irradiation hindernd entgegen und zwar um so mehr, je grösser die Helligkeitsdifferenz wird. Immerhin ist aber die Helligkeit selbst eines Sternes erster Klasse als absolute Helligkeit eine sehr geringe, und insofern es sich bei der Wahrnehmbarkeit der Sterne immer um sehr geringe absolute Helligkeiten handelt, macht sich die mit der absoluten Helligkeit verbundene Abnahme der Unterschiedsempfindlichkeit und der distincten Wahrnehmungsfähigkeit geltend, welche wir im vorigen Paragraphen besprochen haben.

Mit Beachtung dieser Einflüsse können wir uns nun die Angabe klar machen, dass einerseits zwei Sterne in einer Distanz von 11 Minuten und selbst unter den günstigsten Verhältnissen in einer Distanz von $3\frac{1}{2}$ Minuten kaum distinct wahrgenommen werden können und dass andrerseits schwarze Buchstaben auf weissem Papier von mittelguten Augen in einem Raume von 5 Minuten Durchmesser, von mir sehr leicht in einem Raume von 3 Minuten Durchmesser erkannt werden können. Sogar in der äusserst unsauber gedruckten zweiten Auflage von Dr. Snellen's Probebuchstaben (Berlin bei Peters, 1863) kann ich Buchstaben innerhalb eines Quadrates von 4 Minuten Seite sicher erkennen.

Zum Erkennen von Buchstaben sind aber jedenfalls viel mehr als zwei distincte Empfindungen erforderlich, wie namentlich Volkmann (Untersuchungen, p. 105 u. f.) detaillirt nachgewiesen hat: dafür haben wir nun bei schwarzen Buchstaben sehr günstige Verhältnisse, nämlich eine geringe Helligkeitsdifferenz und die für die Unterschiedsempfindlichkeit günstigste absolute Helligkeit des diffusen Tageslichtes, also das Entgegengesetzte von dem, was bei den Sternen gegeben war.

Als Endresultat finden wir also, dass absolute Helligkeit und Helligkeitsdifferenz verschiedene Effecte bedingen. Bei grosser absoluter Helligkeit findet Unterscheidung statt, wenn die Helligkeitsdifferenz nur gering ist; bei abnehmender absoluter Helligkeit muss die Helligkeitsdifferenz bis zu einer gewissen Grenze annehmen; jenseits dieser Grenze hindert die Helligkeitsdifferenz eine distincte Wahrnehmung in Folge der Lichtzerstreuung oder der Irradiation. Die Astronomen bezeichnen dieses letztere Verhältniss sehr passend als Uebergläntzen der Sterne, insofern der Irradiationsbezirk des einen Sternes über einen zweiten Stern hinüberreicht. (Humboldt, Kosmos III., p. 66.)

§ 108. Die Bedingungen, welche für die Wahrnehmbarkeit distincter Punkte erforderlich sind, müssen auch Geltung haben für complicirte Formen, die ja auch aus materiellen Punkten bestehend zu denken sind. Es ist übrigens sehr schwierig, sich dessen bewusst zu werden, was man bei der Wahrnehmung z. B. eines Buchstaben wirklich sieht, und was man aus der Vorstellung ergänzt. Wie man beim Lesen viele Buchstaben nicht deutlich sieht, sondern aus der Vorstellung ergänzt, und das ganze Wort theilweise erräth, das wird jeder wissen, der die Correctur von Druckbogen besorgt hat, das geht sicher aus der anerkannt grossen Schwierigkeit hervor, alle Druckfehler herauszufinden. Aehnliches kommt beim Erkennen einzelner Buchstaben vor, und das scheint mir daher zu rühren, dass die möglichen Formen der Buchstaben, Ziffern u. s. w. sehr beschränkt sind, es sich also im speciellen Falle nur um Unterscheidung von wenigen Vorstellungen handelt. Wir richten uns dann nach der Vertheilung von Helligkeit und Dunkelheit in einem gegebenen Raume, und diagnosticiren demgemäss den

Buchstaben, ohne dass es nöthig wäre, jeden Punkt desselben zu erkennen: so haben wir z. B. bei *n* an der untern Seite zweier Parallelen etwas dunkleres, bei *u* an der obern Seite; bei *o* einen hellen Punkt im Dunkeln, bei *c* zwei helle Punkte im Dunkeln, bei *e* eine Lücke in den untern rechten Quadraten des dunkeln Kreises u. s. w. Es ist interessant, wie wir instinctmässig die Ergänzung mittelst der Vorstellung zum Erkennen von Formen benutzen, wo uns der Sinneseindruck ein ungenügendes Material liefert. Wenn wir eine unleserliche aber scharf markirte Handschrift lesen wollen, so können wir die Sinneswahrnehmung nicht mit einer passenden Vorstellung in Verbindung bringen: wir suchen dann die Sinneswahrnehmung zu Gunsten der Vorstellung zu schwächen, d. h. undeutlicher zu machen, damit wir eine grössere Anzahl von Vorstellungen gewissermassen darauf probiren können: zu diesem Zwecke entfernen wir die Schrift von unsern Augen oder betrachten sie indirect, und oft sind wir dann im Stande den Sinneseindruck, das Bild im Sensorium, mit der Vorstellung, dem Schema des Verstandes zu combiniren, und die Schrift zu entziffern. Ein ähnliches, scheinbar umgekehrtes Verfahren findet statt beim Benutzen von Lupen: nachdem wir nämlich bei einer mässigen Vergrösserung das Object unter grösserem Gesichtswinkel gesehen haben, ist die Vorstellung von demselben deutlicher geworden: betrachten wir mit dieser deutlicheren Vorstellung das Object ohne Lupe, ohne Vergrösserung seines Gesichtswinkels, so erkennen wir es jetzt deutlicher und sehen an ihm Theile, die wir, ohne uns im Besitze der passenden Vorstellung zu befinden, nicht wahrnehmen konnten. Das vermittelnde Glied zwischen Vorstellung und Sinneseindruck scheint mir zum Theil in den Bewegungen unseres Auges liegen zu können, indem wir den in der Vorstellung gegebenen Linien mittelst des Auges nachzugeben suchen und so eine Reihe von ungleich hellen Punkten in bestimmten Richtungen verbinden. Ich erinnere hier an einen Ausspruch FICK's, welchen PURKYNE citirt: *Die Anschauung ist Linien ziehend. Physiologie der Sinne, 1825, II, p. 22.*

So zweckmässig und nothwendig nun auch die Benutzung von Probebuchstaben zur Bestimmung des Sehvermögens für den Augenarzt ist, so dürfen wir doch aus den angedeuteten Gründen keine Schlüsse aus der Wahrnehmbarkeit von Buchstaben direct auf die Grösse der Netzhautelemente machen. Mir scheinen deshalb die Versuche VOLKMANN's mit dem Erkennen von Buchstaben unter minimalem Gesichtswinkel nicht genügend sicher, um die Annahme, dass die Zapfen nicht die letzten sensiblen Elemente der Netzhaut seien, umzustossen. (*Physiologische Untersuchungen im Gebiete der Optik, 1863, p. 100.*)

CAPITEL III.

Die räumliche Wahrnehmung beim indirecten Sehen.

§ 109. Die Bestimmungen der vorigen Capitel beziehen sich nur auf ein sehr kleines Gebiet der Netzhaut, auf die Gegend der Fovea centralis, sie gelten nicht für die ganze übrige Ausbreitung der Netzhaut. So wichtig nun auch jener centrale Theil für das Erkennen von Formen ist, so haben die peripherischen Zonen der Netzhaut doch auch ihre grosse Wichtigkeit — was am schlagendsten die pathologischen Fälle von Netzhantdefecten beweisen, in denen Leute die feinste Druckschrift lesen können, aber nicht im Stande sind, sich in der Stube oder auf der Strasse zurecht zu finden. Wie wichtig das indirecte Sehen für die Orientirung ist, hat Purkinje, *Beiträge zur Physiologie der Sinne*, 1825, II., p. 28, durch ein sehr einfaches Experiment gezeigt: man verdecke seine Augen bis auf ein kleines Loch für das Centrum, vollständig, und man ist nach einigen Bewegungen bald nicht mehr im Stande, sich in seinem eigenen Zimmer zurecht-zufinden. Wer gewohnt ist, auf sich Acht zu geben, wird bemerkt haben, wie man beim Gehen, noch mehr bei den schnelleren Bewegungen des Tanzens und Turnens den indirect gesehenen Theil des Gesichtsfeldes verwerthet; wie störend eine Beschränkung desselben ist, bemerkt man schon beim Tanzen mit einer Maske vor dem Gesicht. Andererseits machen wir die Erfahrung, dass Lesen u. s. w. nur mit dem centralen Theile der Netzhaut möglich ist und wir selbst sehr grosse Buchstaben indirect gesehen nicht erkennen können. Wenn wir gleichwohl im Stande sind, einen hellen oder dunkeln Punkt, welcher um einen grossen Winkel z. B. von 30° oder 40° von der Augenaxe oder Gesichtslinie entfernt ist, wahr-zunehmen und zwar eben so gut von seiner Umgebung zu unterscheiden, wie wenn wir ihn fixiren (cf. § 47 u. 48), so müssen besondere Umstände vorhanden sein, welche das Wahrnehmen distincter Punkte, oder die Feinheit des Raum-sinnes auf der Peripherie der Netzhaut beeinträchtigen.

Es liegt nahe, als die Ursache dieses undeutlichen indirecten Sehens die Accommodations- und Brechungsverhältnisse der Augenmedien anzusehen, denn da der Kreuzungspunkt der Richtungslinien oder der hintere Knotenpunkt keines-wegs der Mittelpunkt der Netzhautoberfläche ist, sondern vor diesem liegt, so werden die von einem Punkte kommenden Strahlen, welche in der Fovea centralis nahezu in einem Punkte vereinigt werden, auf den Seitentheilen der Netzhaut um so grössere Zerstreuungskreise bilden, je näher das Netzhautstück dem Kreuzungs-punkte der Richtungslinien gelegen ist. Indess lassen sich hieraus allein die Beobachtungen beim indirecten Sehen nicht erklären, wie wir bald sehen werden, und wir müssen daher die Ursache des unvollkommenen Sehens auf der Peripherie der Netzhaut in dieser selbst suchen. Zunächst werde ich die hierher gehörigen Thatsachen anführen.

Zuerst scheint Purkinje (*Beiträge zur Physiologie der Sinne*, 1825, II., p. 4, Fig. 1.) Versuche zur Bestimmung der Schärfe des indirecten Sehens gemacht zu haben, indem er auf einem Gradbogen von Pappe, dessen idealer Mittelpunkt im Centrum des Augapfels lag, Stecknadeln aufsteckte und die Deutlichkeit, mit der sie erschienen, wenn er eine derselben fixirte, beobachtete.

Messungen finde ich erst von Huck (Müller's *Archiv 1840, p. 93.*) ange-geben, welcher Doppelstriche, welche verschiedene Entfernungen von einander hatten, anwendete und bestimmte, wie weit von dem fixirten Punkte sie noch unterscheidbar waren. Er fand, dass sie verschwanden bei einem

Gesichtswinkel der Distanz der Netzhautbildchen von:	in einer Abweichung vom fixirten Punkte von:
1' 30''	$\frac{1}{2}$ °
2' 23''	2 °
2' 59''	6 °
5' 46''	8 °
13' 45''	11 °
14' 55''	14 °
21' 55''	20 °

Wenn der Werth 13' 45'' richtig ist, so muss ein Druckfehler in Hueck's Tabelle vorliegen, indem es statt 2' 10'' heissen muss 2' 1''.

Ausserdem finde ich Messungen von Volkmann (*Handwörterbuch der Physiologie, III., 1., 1846, p. 335*), welche in ähnlicher Weise gemacht worden sind. Sie geben auf Winkelgrössen reducirt folgende Werthe:

Gesichtswinkel für die Distanz der Netzhautbildchen:	Abweichung vom fixirten Punkte:
2' 2''	0
3' 43''	1 °
6' 15''	2 °
9' 49''	3 °
10' 35''	4 °
12' 30''	5 °
27' 30''	6 °
1 ° 40'	7 °
3 ° 46'	8 °

Auch hier muss ein Druckfehler in dem Werthe für 7 ° sich eingeschlichen haben und es statt 0.04 Zoll heissen 0.14 Zoll.

Die Abweichungen zwischen Hueck und Volkmann sind ganz enorm; worauf das beruht, weiss ich nicht zu erklären.

Weitere Bestimmungen sind mir nicht bekannt.

Meine in § 113 angegebenen Beobachtungen schliessen sich mehr den Hueck'schen Resultaten an.

§ 110. Da wir gewöhnt sind, unsere Augenaxen immer auf diejenigen Objecte zu richten, welche wir sehen wollen, so erfordert es Uebung seine Augenaxen nicht auf das Object zu richten, auf welches man seine Aufmerksamkeit richtet, und das geschieht ja bei Versuchen über das indirecte Sehen. Um nun alle Bewegungen des Auges auszuschliessen, kam Volkmann (*Handwörterbuch der Physiologie, III., 2., 1846, p. 335*) auf den Gedanken, die Objecte, welche zur Untersuchung dienten, durch den elektrischen Funken zu beleuchten. Mein College Richard Foerster und ich haben vor einigen Jahren mittelst dieser momentanen Beleuchtung eine Anzahl von Bestimmungen gemacht (*Archiv für Ophthalmologie III.*

16 *

2. *1857. p. 1.* cf. Helmholtz *Physiol. Optik*, *1860, p. 219.*), indem wir annahmen, dass die Netzhaut während dieser Beleuchtung unbewegt sei, und untersuchten: **wie weit von der Sehaxe entfernte Objecte von bestimmter Grösse noch erkannt werden können?**

Die Versuche wurden in folgender Weise angestellt: Als die zu erkennenden Objecte dienen Ziffern und Buchstaben, welche in gleich grossen Zwischenräumen auf Papierbogen von 2 Fuss Breite und 5 Fuss Länge gedruckt sind. Solche Bogen (*Figur 41, A.*) können über horizontale Walzen *aa, aa,* welche

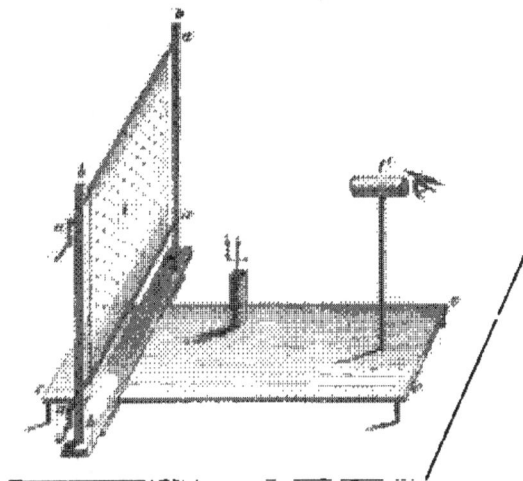

Fig. 41.

in senkrechter Richtung zwei Fuss von einander entfernt sind, gerollt werden, so dass für jeden Versuch andere, dem Beobachter unbekannte Ziffern und Buchstaben eingestellt sind. Die Bogen werden durch den Funken einer sich selbst entladenden Riess'schen Flasche *B* beleuchtet und durch eine gehörig weite schwarze Röhre *C*, während der Funken überspringt, beobachtet; diese Röhre dient dazu, die Stellung des Auges zu sichern, und das Licht des Funkens selbst von dem Auge abzublenden. Die Papierbogen können auf dem Brette *cc c* hin- und hergeschoben und so dem Auge des Beobachters beliebig genähert, damit aber der Gesichtswinkel für die Zahlen verändert werden. Das Zimmer muss so verfinstert werden, dass die Objecte nur als matte Punkte erscheinen, aber nicht finsterer, da sonst das Auge nicht für die Entfernung des Bogens accommodirt werden kann. Der Beobachter giebt sofort, nachdem der Funken übergesprungen ist, die erkannten Zahlen oder Buchstaben an, der andere prüft deren Richtigkeit und notirt Anzahl und Lage derselben.

Wir haben vier Bogen mit Ziffern von verschiedener Grösse und verschiedener Entfernung von einander in den sehr verschiedenen Distanzen von 0,1 bis 1 Mètre beobachtet, und für jede dieser Distanzen 10—20 Einzelbeobachtungen gemacht.

Es wird auf diese Weise bestimmt, auf einem wie grossen Raume der Netzhaut Objecte von bestimmter Grösse erkannt werden können. Nennen wir den doppelten Winkel zwischen der Gesichtslinie und der Richtungslinie der äussersten richtig erkannten Buchstaben, d. h. den Gesichtswinkel des mit erkennbaren Zahlen besetzten Raumes, den Raumwinkel R, und den Gesichtswinkel, für die grössten Dimensionen der Buchstaben und Zahlen den Zahlenwinkel Z, so ergeben die Versuche ein bestimmtes Verhältniss zwischen dem Zahlenwinkel und dem Raumwinkel, welches durch R/Z ausgedrückt werde.

In der folgenden Tabelle ist eine Uebersicht über die Versuchsresultate gegeben, indem in der ersten Columne die Entfernung der Objecte vom Auge $= E$, in den daneben stehenden Columnen die erhaltenen Zahlenwinkel und Raumwinkel angegeben sind, und zwar für jeden Bogen, mit Ausnahme des einen, bei dem die Zahlen und Buchstaben dieselbe Grösse hatten, wie auf Bogen I.

Tabelle XXXVII.

E	Bogen I. Dm. der Zahlen = 16 Mm.			Bogen II. Dm. der Zahlen = 13 Mm.			Bogen III. Dm. der Zahlen = 7 Mm.		
	Z	R	R/Z	Z	R	R/Z	Z	R	R/Z
1 M.	1° 29′	10° 58′	7,4	0° 44′	8° 20′	11,3			
0,90	1° 33′	9° 20′	6				0° 25′	5° 22′	12,9
0,8				0° 55′	10° 24′	11,3	0° 30′	6° 28′	12,9
0,7	2° 7′	12° 40′	6	1° 3′	11° 52′	11,3	0° 34′	7° 21′	13
0,6	2° 10′	15° 6′	6						
0,5	2° 27′	18° 12′	7,4	1° 14′	14° 48′	12	0° 40′	8° 34′	12,8
0,5	2° 58′	18° 4′	6	1° 29′	16° 58′	11,3	0° 48′	7° 46′	9,7
0,4	3° 42′	27° 2′	7,3	1° 52′	20° 59′	11	1°	14° 28′	14,3
0,35	4° 44′	34° 28′	7						
0,3				2° 29′	27° 18′	11	1° 20′	17° 4′	12,9
0,25							1° 36′	20° 26′	13,3
0,21	5° 51′	40° 36′	7,3						
0,2				3° 43′	32° 34′	8,3	2°	27° 14′	13,3
0,1	14° 58′	61° 54′	4,3	7° 34′	60° 40′	8,2			

Im Ganzen ergiebt sich aus der Tabelle, dass, je grösser der Zahlenwinkel ist, um so grösser auch der Raumwinkel wird, d. b. je grösser der Winkel ist, welchen die Richtungslinie eines Objectes mit der Gesichtslinie bildet, um so grösser muss der Gesichtswinkel für das Object sein, wenn es erkannt werden soll.

Dieses Resultat ergiebt sich namentlich, wenn man die Versuche mit ein- und demselben Bogen in Betracht zieht, denn die Verhältnisszahlen R/Z differiren bei ein und demselben Bogen sehr wenig von einander mit Rücksicht auf die unvermeidlichen Fehlerquellen dieser Versuchsmethode.

Die Fehlerquellen liegen erstens darin, dass die Ziffern in grossen Zwischenräumen von einander gedruckt sein mussten, nämlich von ungefähr 40 Mm. Distanz in horizontaler und vertikaler Richtung und etwa 56 Mm. in diagonaler Richtung, wodurch die Raumwinkel leicht um die entsprechende Anzahl von Graden zu klein werden können, indem auf diesem ganzen Raume überhaupt keine Zahl sich befand; gleichwohl ist es wegen des Behaltens der Zahlen im Gedächtniss nothwendig, die Zwischenräume zwischen den Zahlen gross zu machen. Zweitens sind verschiedene Ziffern und Buchstaben nicht gleich leicht erkennbar. Drittens kann der Werth R durch schlechte Accommodation des Auges, Unaufmerksamkeit, Gedächtnissfehler und dergleichen vermindert werden. Es sind deshalb in der Tabelle nur diejenigen unserer Beobachtungen zu Grunde gelegt, wo wir die grösste Anzahl von Objecten erkannt hatten, da eine im Verhältniss zur Leistung unserer Netzhaut zu grosse Anzahl nicht angegeben werden konnte, weil sowohl Augenbewegungen, als das Errathen von Ziffern ausgeschlossen ist.

Trotz dieser Fehlerquellen ergeben die Versuche mit Evidenz, dass zwar bei gleicher wirklicher Grösse der Zahlen das Verhältniss des Zahlenwinkels zum Raumwinkel nahezu constant ist, dass aber bei constantem Gesichtswinkel der Zahlen kleine nahe Zahlen auf einem grösseren Theile der Netzhaut erkannt werden, als grosse ferne Zahlen. Dieser Satz ergiebt sich theils wenn man die Verhältnisszahlen der 3 Bogen mit einander vergleicht, theils wenn man die gleichen Werthe der Zahlenwinkel mit den gefundenen Werthen der Raumwinkel verschiedener Bogen vergleicht. So findet sich für $Z = 1°29'$ auf Bogen I. $R = 10°58'$ auf Bogen II., $R = 16°36'$, ferner für $Z = 1°33'$ auf Bogen I, $R = 9°20'$, auf Bogen III. $R = 20°26'$, ferner für $Z = 2°28'$ auf Bogen I. $18°12'$, auf Bogen II. $27°18'$ u. s. w.

Dieses räthselhafte Verhältniss musste anderswie in anderer Weise untersucht werden, welche eine genauere und zuverlässigere Prüfung möglich machte. Indess ist dasselbe in einer späteren Versuchsreihe von mir bestätigt worden. (Moleschott *Untersuchungen IV*, 1857, p. 17.)

§ 111. Diese Versuche wurden bei dauernder Beleuchtung angestellt, ein markirter Punkt fixirt und das Object so weit von demselben zur Seite geschoben, bis es nicht mehr deutlich erkannt werden konnte; dem Objecte wurden verschiedene Entfernungen vom Auge gegeben.

Zur Untersuchung diente der Apparat, welcher in *Figur 42* dargestellt ist. In ein Stativ a von Holz ist eine Stahlstange eingeschraubt, die mit den 3 Charnieren b, 1, 2, 3 artikulirt, so dass der über den Charnieren befindliche Theil des Apparats gehoben, gesenkt, horizontal, vertikal, diagonal durch Schrauben festgestellt werden kann, ohne dass sich der Drehpunkt der Hülse c aus dem

Lothe des Stativs entfernt. Der Theil über den Charnieren geht in eine runde
Axe d aus, um welche sich die Hülse c drehen kann. Die Hülse kann durch eine
darüber befindliche Flügelmutter bei d festgeschraubt werden. In A befindet

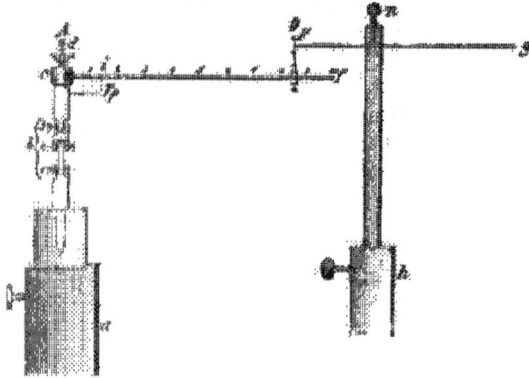

Fig. 42.

sich das Auge des Beobachters. An dieser Hülse ist die etwas über 1 Mètre
lange Stabstange cf befestigt, welche von gehöriger Festigkeit und Härte sein
muss; sie ist in Decimeter 1 bis 10 getheilt. Auf ihr kann das in einer Zwinge
befestigte Object O hin- und hergeschoben und in einer beliebigen Entfernung
von c eingestellt werden. Unmittelbar hinter O befindet sich der zu fixirende
Punkt F, welcher an der Stange Fg befestigt ist, und durch Verschieben der
Stange an dem Stativ h gleichfalls der Hülse c oder dem in A befindlichen Auge
beliebig genähert oder von ihm entfernt werden kann. An der Stange cf in i
befindet sich ein Index, der bis dicht an den darunter befindlichen Transpor-
teur Tp reicht. Er giebt den Winkel an, welchen die Richtungslinie des Objectes
mit der Gesichtslinie bildet. Man sieht, dass durch Drehen der Hülse c um die
Axe d das Object O von dem fixirten Punkte F zur Seite bewegt werden kann,
und zwar von 0^{0} bis 90^{0}, und dass die Punkte F und O in beliebigen Entfernungen von 1 Mètre bis $0{,}2$ Mètre vom Auge eingestellt werden können; dass
endlich durch Stellen des Charniers das Object in verschiedenen Meridianen
bewegt werden kann.

Als Objecte habe ich schwarze Quadrate, deren Entfernung von einander
gleich der Seite des Quadrates ist, auf weissem Papier benutzt und zwar Quadrate
von 20 Mm. Seite, von 8 Mm. Seite und von 4 Mm. Seite, welche also bei einer
Entfernung von respective 1000, 400 und 200 Mm. denselben Gesichtswinkel
von $1^{0} 8'$ geben. Dem entsprechend war die Grösse des weissen Papiers. Bei
den Beobachtungen muss das Auge immer dieselbe Stellung zum Apparat haben,

was ich dadurch erreicht habe, dass ich einen bestimmten Ort des Gesichts an die Schraube *d* legte, wo das Auge sich über dem Drehpunkt der Hülse *c* und in einer Ebene mit dem fixirten Punkte und dem Zwischenraume der beiden Quadrate des Objects befand. Der Punkt *F* muss sicher und anhaltend fixirt und dabei die Aufmerksamkeit auf das indirect gesehene Object gerichtet sein, wozu einige Uebung erforderlich ist; das Object wird dann allmählig von aussen oder innen nach dem fixirten Punkte hin geschoben und an der Stelle arretirt, wo die Quadrate eben als distinct wahrgenommen werden. Die Hauptschwierig-keit für die Beobachtung liegt in der Unsicherheit des Urtheils darüber, ob man einen oder zwei Punkte sieht, und es bleibt auch hier, wie bei allen derartigen Grenzbestimmungen, nur übrig, sich einer möglichst grossen Constanz des Urtheils zu befleissigen.

Für den horizontalen Meridian der Netzhaut haben nun die Versuche Folgendes ergeben: der Winkel, innerhalb dessen die Quadrate distinct gesehen werden (Raumwinkel) beträgt im Mittel von 4 Beobachtungsreihen

für die Quadrate von 20 Mm. in 1000 Mm. Entfernung 39°

, , , , 8 , , 400 , , 54°

, , , , 4 , , 200 , , 67°

wo also der Gesichtswinkel für die Quadrate (Zahlenwinkel des vorigen Para-graphen) immer = 1° 8' ist.

Ferner ist der Raumwinkel

für die Quadrate von 8 Mm. in 800 Mm. Entfernung 35°

, , , , 4 , , 400 , , 43°

wo der Gesichtswinkel für die Quadrate = 0° 34' ist.

Fig. 43.

Figur 43 zeigt die Differenzen in dem Verhältniss der Raumwinkel für die verschiedenen Entfernungen, nach der 3. Beobachtungsreihe, indem *F'*, *F''*, *F'''* die fixirten Punkte bedeuten, die Bogen den Raumwinkeln für die äussere und innere Seite des horizon-talen Meridians auf den äussern Raum, nicht auf die Netzhaut bezogen ent-sprechen. Je näher das Object bei gleichbleibendem Gesichtswinkel dem Auge ist, um so grösser wird der Raum-winkel.

Werden ferner die drei beschriebe-nen Objecte, jedes in den Entfernungen von 200, 400, 600, 800, 1000 Mm. mit dem Apparate beobachtet, so zeigt sich, dass zwar mit der Vergrösserung der Gesichtswinkel der Abschnitt des deutlichen Sehens grösser wird, dass aber

das Verhältniss zwischen diesen beiden Grössen, dem Raumwinkel und dem Gesichtswinkel für das Object, ein ganz verschiedenes ist. Auf der folgenden
Tabelle XXXVIII. sind die Resultate von 2 Beobachtungsreihen zusammengestellt
und zwar für den horizontalen Meridian; der angegebene Raumwinkel ist die
Summe der beiden von der Gesichtslinie bis zur inneren Richtungslinie des Objects
gehenden Winkel.

Tabelle XXXVIII.

Entfernungen der Objecte.	Gesichtswinkel für die Objecte.	Beobachtungsreihe III.		Beobachtungsreihe IV.	
		Raum-winkel.	R/Z	Raum-winkel.	R Z
I. Quadrate von 20 Mm. Seite und Distanz.					
1000 Mm	1° 8′	46°	40	38°	34
800	1° 26′	49°	34	51°	36
600	1° 54′	58°	30	59°	31
400	2° 52′	76°	26	66°	23
200	5° 43′	100°	17,5	96°	17
II. Quadrate von 6 Mm. Seite und Distanz.					
1000 Mm.	0° 37′	22°	49	22°	49
800	0° 54′	35°	46	32°	56
600	0° 45′	45°	56	48°	64
400	1° 8′	57°	60	58°	60
200	2° 7′	83°	36	74°	32
III. Quadrate von 4 Mm. Seite und Distanz.					
1000 Mm.	0° 13′	13° 30′	63	17°	80
800	0° 17′	16°	56	20°	70
600	0° 23′	37°	70	27°	70
400	0° 34′	43°	76	44°	77
200	1° 6′	67°	59	66°	60

Berechnet man die Mittelzahlen aus den R/Z-Werthen, so erhält man für
die grössten Quadrate 32, für die mittleren 47, für die kleinsten 64, während
für den Gesichtswinkel des Objects = 1° 8′ die R/Z-Werthe sind = 40, = 50
und = 59. Wir finden also ein ähnliches Verhältniss, wie für die Versuche
mit der momentanen Beleuchtung und den Buchstaben: nämlich dort war für
die grössten Zahlen von 26 Mm. Dm. die Mittelzahl der R/Z-Werthe = 7, für
die mittleren Zahlen von 13 Mm. Durchm. = 11, für die kleinsten Zahlen von

7 Mm. = 13. Die in der vorliegenden Versuchsreihe angewendeten Doppel-
Quadrate ergeben statt 7 : 11 : 13

das Verhältniss 7 : 10 : 14

also eine Uebereinstimmung, wie sie bei so gänzlich veränderter Versuchsweise
nur irgend erwartet werden kann. Indess zeigen sich doch in den vorliegenden
Versuchen beträchtliche Schwankungen, für die ich aber keine Erklärung finde,
und sie daher als Fehler, welche von der Schwankung des Urtheils, der Aufmerksamkeit u. s. w. bedingt sind, ansehen muss.

Im Allgemeinen bestätigen die Versuche das oben gefundene Resultat, dass
bei gleichem Gesichtswinkel kleine nahe Objecte auf einem grösseren Theile der
Netzhaut distinct wahrgenommen werden, als entfernte grosse Objecte, und dass
für ein und dasselbe Object ein ziemlich constantes Verhältniss zwischen der
Grösse des Gesichtswinkels und der Ausdehnung, in welcher das Object distinct
wahrgenommen wird, stattfindet, dass dagegen bei gleicher Entfernung des Objects die Ausdehnung, in welcher das Object distinct wahrgenommen wird, weniger
zunimmt als der Gesichtswinkel des Objects.

Zur Erklärung dieser räthselhaften Erscheinung hatte ich früher (Moleschott, *Untersuchungen* IV, p. 37) die Annahme gemacht, dass bei der Accommodation für die Ferne eine Verschiebung der Stäbchenschicht stattfinde und dadurch der Gang der Lichtstrahlen beeinträchtigt würde, eine Annahme, welche
Czermak zur Erklärung des Accommodationsphosphens (*Archiv für Ophthalmologie*
VII, 1, 1860, p. 152) adoptirt hat. Man könnte wohl auch daran denken,
dass die Accommodation der brechenden Medien für die peripherischen Regionen
der Netzhaut eine unvollkommenere sei beim Sehen in die Ferne als beim Sehen
in die Nähe. Versuche, die ich hierüber angestellt habe, haben kein bestimmtes
Resultat geliefert, denn die Accommodation für die mehr peripherischen Theile
der Netzhaut ist so unvollkommen, dass wenn z. B. die Richtungslinie von
Quadraten, welche 10 Mm. Seite und Distanz haben, und 200 Mm. vom Auge
entfernt sind, 15° von der Gesichtslinie abweicht, es kaum einen Unterschied
in der Deutlichkeit macht, ob man auf 200 oder auf 600 Mm. accommodirt; erst
bei der Accommodation für grössere Ferne werden die Objecte merklich undeutlicher. Durch die mit der Accommodation des Auges verbundene Verrückung
des Knotenpunktes lassen sich die Resultate auch nicht erklären, da ja gerade
umgekehrt der hintere Knotenpunkt bei der Accommodation für die Ferne weiter
nach vorn rückt, das Netzhautbild mithin grösser wird.

§ 112. Bei den Versuchen mit momentaner Beleuchtung war es Fortwin
und mir auffallend, dass wir in horizontaler Richtung mehr Zahlen auf den
Bogen *(Figur 41)* erkennen konnten, als in vertikaler Richtung. Eine genauere
Untersuchung darüber, wie die Wahrnehmungsfähigkeit der Netzhaut in verschiedenen Meridianen abnimmt, lässt sich mit momentaner Beleuchtung
nicht ausführen, wohl aber lässt sich dieses Verhältniss bei dauernder Beleuchtung ziemlich genau ermitteln. Zu den Versuchen dient der in *Figur 42* oder

der in *Figur 44* abgebildete Apparat; will man nun die nächsten Regionen um die Fovea centralis untersuchen, so kann man statt des Bogens auch eine grade Tafel benützen, welche statt des Bogens die Tangente repräsentirt; eine solche

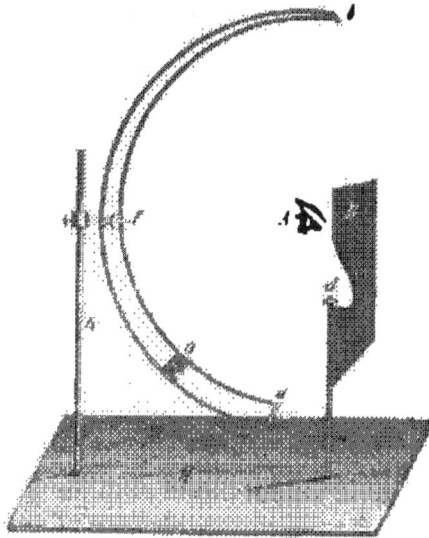

Fig. 14.

Tafel ist in den von Foerster und mir angestellten Beobachtungen benutzt worden. Das Verfahren besteht nun darin, dass man wie in den § 56 beschriebenen Versuchen den Bogen oder die Tafel in einen bestimmten Meridian einstellt und auf ihr das Object (zwei schwarze Punkte oder Quadrate) vom fixirten Punkte, dem Centrum, allmählig nach der Peripherie schiebt, und dabei ununterbrochen und sicher den Punkt *f* fixirt. Bei dieser Methode ist die Entfernung des Auges von dem fixirten Punkte immer dieselbe, durch das allmählige Verschieben lässt sich die Grenze der Wahrnehmbarkeit ziemlich genau finden, die Meridiane lassen sich genau einstellen, und die sehr einfachen Objecte lassen eine Täuschung nicht befürchten. Schwierigkeiten machen nur das anhaltende Fixiren und die Beurtheilung, ob man einen oder zwei Punkte wahrnimmt — eine Schwierigkeit, welche allerdings nur dem einleuchtend sein wird, welcher selbst Messungen an den Grenzen der Wahrnehmbarkeit ausgeführt und sich gewöhnt hat, selbst Oberrichter seiner eignen Urtheile zu sein.

Die Resultate unserer Messungen mit schwarzen runden Scheiben von 2,5 Mm. Durchmesser in einer Distanz von 14,5 Mm. von einander auf weissem

Papier zeigt *Figur 45* und zwar für 8 Meridiane oder 16 von der Fovea centralis ausgehende Radien. Die ausgezogene Grenzlinie der Radiivectoren bezieht sich auf die Grenzpunkte meiner Augen, die punktirte Linie auf die Grenzpunkte in

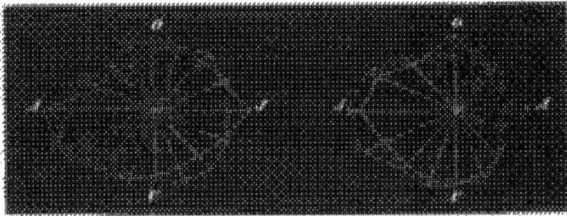

Fig. 45.

Förster's Augen. Die Figuren sind auf den äusseren Raum bezogen, würden also, auf die Netzhaut bezogen, umgekehren sein, und ebenso die Buchstaben A, I, O, U, für Aussen, Innen, Oben, Unten. Die Radiivectoren sind auf ein Fünftel ihrer Länge reducirt. (In Graefe's Archiv III., 2 , p. 19, steht in Folge eines Schreibfehlers „ein Viertel"; was Helmholtz, *Physiologische Optik*, p. 221, richtig monirt und verbessert hat.) Die Fähigkeit, zwei Punkte distinct wahrzunehmen, nimmt daher in den verschiedenen Meridianen der Netzhaut sehr ungleich ab und ist für jedes Auge verschieden. Wir haben beim Farbensinn in *Figur 10* etwas Aehnliches gefunden, wenn auch nicht in so hohem Grade wie hier. Dass Beobachtungsfehler hierbei eine bedeutende Rolle spielen, glaube ich nicht, denn wir hatten im sicheren Fixiren des Centrums und Aufmerken auf das indirect gesehene Object eine ziemliche Uebung gewonnen und eine Reihe anderer Versuche mit Objecten von anderer Grösse haben ganz analoge Abweichungen von der Kreisform geliefert (*Archiv für Ophthalmologie, III., 2., p. 21 und 23*). Dagegen dürften wohl auch in diesen Bestimmungen die Netzhautgefässe grosse Differenzen hervorbringen, indem sie eine Zerstreuung der Lichtstrahlen erzeugen (cf. § 67, p. 129). Endlich scheinen ausser dem Mariotte'schen blinden Flecke auch noch andere kleine blinde Flecke auf der Netzhaut vorzukommen, welche natürlich die Wahrnehmung gleichfalls beeinträchtigen würden. Dass übrigens abgesehen von diesen Störungen eine gleichmässige Abnahme der Wahrnehmungsfähigkeit vom Gesichtspunkte der Netzhaut nach ihrer Peripherie stattfinde, ist eine Annahme, für die sich kaum ein anderer Grund, als ein gewisser angeborener oder anerzogener Schematismus angeben lassen dürfte.

§ 113. Sowohl bei den Versuchen mit momentaner Beleuchtung, wie bei den in § 111 in Tabelle 38 zusammengestellten Versuchen bei constanter Beleuchtung hat sich das Resultat ergeben, dass die Grösse des Bogens, innerhalb dessen die distincte Wahrnehmung der Objecte möglich ist, zunimmt mit der Vergrösserung des Gesichtswinkels für das Object. Es ist die Frage, ob hier wenigstens für ein und denselben Netzhautmeridian ein bestimmtes Verhältniss zwischen Objectswinkel und Raumwinkel unbeweisbar ist. Die von FORSTER und mir benutzten Objecte sind in *Figur 46* abgebildet und jedes Object in derjenigen

Fig. 46.

Entfernung von dem fixirten Punkte *F* angebracht, in welcher die Punkte noch distinct wahrgenommen werden konnten. Die Entfernungen der Objecte vom fixirten Punkte F1, F2, F3, F4, F5, F6, sind die Mittel sämmtlicher Entfernungen, welche bei allen vier Augen in je acht verschiedenen Meridianen für das betreffende Paar von Punkten an dem Apparate eingestellt worden waren. Die Punkte bei 5 haben für die Bestimmungen der Grenzpunkte in Figur 45 gedient. Die folgende Tabelle XXXIX. enthält die Zahlen, nach denen *Figur 46* gezeichnet ist.

Tabelle XXXIX.

Entfernung der Punkte von einander.	Durchmesser der Punkte.	Mittlerer Abstand vom Centrum.	Nummer des Punkten.
3,5 Mm.	1,25 Mm.	51 Mm.	1
6,3 ,	2,5 ,	50 ,	2
9,5 ,	3,75 ,	55 ,	3
12 ,	1,25 ,	60 ,	4
14,5 ,	2,5 ,	65 ,	5
20,5 ,	3,75 ,	77 ,	6

Man sieht aus *Figur 46*, dass nicht allein die Distanz der Punkte von einander bestimmend ist für die Grösse des Raumwinkels, sondern auch die Grösse der Punkte selbst; denn die Linien FG und Fh, welche an den äusseren Grenzen der Punkte hin gezogen sind, geben eine ganz andere Figur, als Linien, welche an dem inneren Rande der Punkte hin gezogen werden, wie Fg und Fd, und doch kann nur die Distanz der inneren Ränder der Punkte oder höchstens die Distanz ihrer Centra als das Maass ihrer Entfernung von einander angesehen werden. Da die angewendeten Punkte grosse Variationen darbieten, so wendete ich in einer späteren Versuchsreihe, welche mit dem in *Figur 42* dargestellten

Apparate angestellt wurde, schwarze Quadrate auf weissem Grunde an, bei denen theils die Seite des Quadrats gleich der Distanz derselben war, und zwar 1, 2, 5, 10, 20 Mm., theils die Seite des Quadrates constant = 2 Mm., die Entfernung der Quadrate aber wie dort = 1, 2, 5, 10, 20 Mm. war. Ich gebe hier die Zahlen, welche ich für die äussere Hälfte des horizontalen Meridians meines linken Auges gefunden habe. Die Entfernung der Objecte vom Auge betrug immer 1 Mètre, und ich bestimmte den Punkt, wo die Quadrate von der Peripherie nach dem Centrum geschoben unzweifelhaft als zwei erkannt wurden.

In der ersten Columne der Tabelle XL. sind unter *Objectswinkel* die Gesichtswinkel für die Seite des Quadrats, welche gleich der Distanz der beiden Quadrate von einander ist, verzeichnet; daneben unter *Raumwinkel* ist der von der Gesichtslinie oder Sehaxe und der Richtungslinie, in welcher die Quadrate eben noch als zwei erkannt wurden, eingeschlossene Winkel zu verstehen; in der dritten Columne sind die Raumwinkel verzeichnet, welche gefunden wurden für Quadrate von 2 Mm. Seite oder 3' 27" Gesichtswinkel in den Distanzen von einander, welche in der ersten Columne stehen.

Tabelle XL.

Objectswinkel	Raumwinkel	Raumwinkel für Objectswinkel = 3' 27"
3' 27"	3°	2° 40'
6' 53"	3° 30'	5° 50'
17' 11"	8°	5°
34' 22"	11°	7°
1° 9'	17°	8° 30'

Daraus geht nun evident hervor, dass nicht allein die Distanz zweier Objecte massgebend ist für die Grösse des Netzhautstückes, auf dem sie unterschieden werden können, sondern auch die Grösse der Objecte selbst — das ist aber dasselbe Resultat, was wir auch beim directen Sehen in § 105 gefunden haben, dass nämlich die Deutlichkeit des Objectes massgebend ist für die Distanz, in welcher zwei Objecte von einander unterschieden werden können.

Ich habe ferner auch die Sichtbarkeit von Linien im Verhältniss zu Quadraten untersucht und gefunden, dass Linien von gewisser Breite auf einem grösseren Raume der Netzhaut unterschieden werden können, als Quadrate deren Seite gleich der Breite der Linien ist. Die folgende Tabelle enthält die gefundenen Werthe für die Raumwinkel von Linien, deren Breite = 1 Mm. und = 2 Mm., deren Länge = 20 Mm. betrug und welche gleichfalls aus einer Entfernung von 1 Mètre an dem Apparate *Figur 42* beobachtet wurden. Die Linien standen vertikal und die Raumwinkel der folgenden Tabelle gelten für die äussere Hälfte des horizontalen Meridians meines linken Auges.

Tabelle XLI.

Gesichtswinkel für die Distanz der Linien.	Raumwinkel.	
	Linien von 1 Mm.	Linien von 2 Mm.
	Gesichtsw. 1′ 51″.	Gesichtsw. 3′ 57″.
5′ 27″	4°	8°
6′ 53″	6°	10°
17′ 11″	7° 50′	12°
34′ 22″	8° 30′	12° 30′
1° 9′	10° 50′	13°

Im Ganzen ist also auch hierin ein ähnliches Verhalten zwischen indirectem und directem Sehen zu erkennen, da auch hier die Raumwinkel für Linien durchweg grösser sind, als für Quadrate, deren Seite gleich der Breite der Linien ist. Zugleich geht aber aus einem Vergleiche der Tabellen XL. und XLI. recht deutlich hervor, wie gross der Einfluss des Objectes für die Bestimmung des Raumwinkels ist, und wie sehr das Verhältniss zwischen dem Gesichtswinkel für das Object und dem Raumwinkel abhängig ist von der Beschaffenheit des Objectes. Wenn wir bei dem Centrum schon Schwierigkeiten fanden, den kleinsten Gesichtswinkel, unter dem zwei Objecte unterschieden werden können, ein für alle Mal zu bestimmen, so ist eine solche allgemeine Bestimmung für das indirecte Sehen ganz illusorisch.

§ 114. Wenn wir sehen, dass die Feinheit der Wahrnehmung oder des Raumsinnes von dem Gesichtspunkte der Netzhaut nach dem Aequator des Auges hin allmählig abnimmt, so ist nun die Frage, ob die Befunde durch die Beschaffenheit der Netzhaut oder durch die Strahlenbrechung im Auge hervorgebracht werden.

VOLKMANN *(Handwörterbuch der Physiologie, III., 1., 334)* sagt in dieser Beziehung: *Die unverhältnissmässig schnelle Abnahme des Distinctionsvermögens in den seitlichen Theilen des Gesichtsfeldes beruht im wesentlichen wohl auf optischen Gründen, nicht auf einer Verminderung des Empfindungsvermögens.* E. H. WEBER ist *(Leipziger Berichte, 1852, II., p. 134)* entgegengesetzter Ansicht, denn *er fand an dem Auge eines weissen Kaninchens, das auf der hinteren Fläche desselben entstehende Bild noch so scharf, dass er mit unbewaffnetem Auge nicht bemerken konnte, dass es verwaschen und undeutlich gewesen wäre.* Ueberhaupt sei nicht die äusserste Schärfe des Bildes auf der Retina erforderlich, um Gestalten zu erkennen, denn *wenn man kleinste Pariser Druckschrift in ⅛ Pariser*

Zoll Entfernung vom Auge durch einen Nadelstich in schwarzem Papier betrachte, so könne man sie noch deutlich lesen.

Um zu prüfen, ob bei den von uns angewendeten Objecten Figur 46 die Undeutlichkeit des Netzhautbildes daran Schuld gewesen sei, dass wir die Punkte nicht mehr distinct wahrnehmen konnten, verfuhren Fokaven und ich in folgender Weise. Einem chloroformirten weissen Kaninchen wurde ein Augapfel exstirpirt, derselbe möglichst von Fett und Bindegewebe befreit, und hinter einen schwarzen Schirm gebracht, in welchem zwei Löcher von derselben Grösse und Entfernung von einander, wie die Punkte, Figur 46, No. 6, ausgeschlagen waren, durch die das helle Tageslicht einfiel. Befand sich der Augapfel des Kaninchens 0,s Mètres von dem Schirm und liessen wir durch Drehen des Bulbus das Bild der beiden Löcher auf verschiedene Gegenden der hintern Oberfläche des Bulbus fallen, so fanden wir es überall so scharf, dass noch mit blossem Auge die zwei Punkte distinct wahrgenommen werden konnten. Wir entfernten den Bulbus bis 0,7 Mètres von den beiden Löchern im Schirm, und konnten nun mit blossem Auge oder mit der Lupe nicht mehr zwei Punkte erkennen. Als wir aber den Augapfel bei dieser Entfernung von dem Objecte in die Oeffnung des Objecttisches eines Mikroskops brachten, und mittelst des Planspiegels ein Bild von dem Objecte auf der hintern Oberfläche des Bulbus entwerfen liessen: so erkannten wir bei einer 30maligen Vergrösserung die zwei Punkte durch Chorioidea und Sklera hindurch auf der ganzen hintern Hemisphäre des Augapfels distinct. Dasselbe Resultat lieferte das andere Auge des Kaninchens. Wenn nun bei dem ausgeschnittenen, nicht accommodirten Kaninchenauge das Netzhautbild noch so deutlich ist, so ist wohl anzunehmen, dass in den erwähnten Beobachtungen mit intactem Auge die Unmöglichkeit der distincten Wahrnehmung nicht von der Undeutlichkeit des Netzhautbildes oder von optischen Ursachen herrühren könne, sondern in den Eigenschaften der Netzhaut begründet sein müsse. Hiermit ist nun auch die Qualität des Undeutlichwerdens der Objecte nach der Peripherie hin ganz in Uebereinstimmung. Denn wären Zerstreuungskreise die Ursache, dass die beiden Punkte nicht mehr distinct wahrgenommen werden können, so hätten diese an scheinbarer Grösse zu, an Intensität der Schwärze abnehmen müssen, so wie sie sich von der Gesichtslinie entfernten. Die Punkte No. 4 in Figur 46 hätten also an der Grenze der Wahrnehmbarkeit als ein paar graue Scheiben von fast 10 Mm. Durchmesser erscheinen müssen, die sich mit ihren Rändern berührt oder gedeckt hätten. So erscheinen zwei indirect gesehene Punkte nie. Das Object erscheint vollkommen schwarz, nicht verwaschen, aber dennoch ist seine Form nicht erkennbar. — Andrerseits können Objecte in der Nähe des Gesichtspunktes wegen unvollkommener Accommodation des Auges mit grossen Zerstreuungskreisen und grauen Rändern erscheinen und doch ist man im Stande, ihre Form zu erkennen.

Wenn also die Wahrnehmbarkeit der Objecte beim indirecten Sehen nicht durch die Strahlenbrechung im Auge bedingt wird, so muss sie von der Netzhaut

oder dem Sensorium abhängig sein. Wir werden uns dann die Wahrnehmungsfähigkeit der Netzhaut analog der Wahrnehmungsfähigkeit der Haut zu denken
haben: wie wir auf unserer Körperoberfläche Stellen finden, an denen wir zwei
Punkte, die nur 1 Mm. weit von einander entfernt sind, distinct wahrnehmen
können, während an andern Stellen der Haut die Distanz der Punkte über 30 Mm.
betragen muss; so werden wir im Gesichtspunkte oder der Fovea centralis der
Netzhaut Punktpaare unter 2' Gesichtswinkel Distanz distinct wahrnehmen können,
am Aequator der Netzhaut aber erst bei einer Distanz von 5° oder 10° Gesichtswinkel.

Wir finden weiter noch die Analogie zwischen Haut und Netzhaut, dass
beide so ziemlich in ihrer ganzen Continuität empfindlich für Tast- respective
Lichteindrücke sind, und dass in dieser Beziehung namentlich für die Netzhaut
nur geringe Differenzen in den verschiedenen Regionen obwalten. Je mehr wir
uns daher von dem Gesichtspunkte der Netzhaut entfernen, um so mehr tritt die
Verschiedenheit der physiologischen Punkte und der Empfindungskreise (s. § 104)
hervor, indem erstere nahezu constant auf der ganzen Ausbreitung der Netzhaut,
letztere von sehr verschiedener Grösse sind. Dieser physiologische Befund postulirt eine anatomische Anordnung der leitenden Apparate, wie sie E. H. Weber
aufgestellt hat, vermöge deren mehrere Netzhautelemente zu nur einer Faser
gehen, welche die Erregung zum Sensorium leitet; innerhalb des Gebietes einer
Faser kann dann zwar ein Lichteindruck von minimaler Grösse empfunden, aber
nicht von einem anderen Lichteindrucke unterschieden werden, sondern beide
können sich nur zu einem Eindrucke summiren. Siehe E. H. Weber *Leipziger
Berichte 1852, p. 103.*

§ 116. Volkmann und E. H. Weber (Wagner's *Handwörterbuch III. 2.
p. 328)* stimmen darin überein, dass die Grösse der Empfindungskreise einen
Einfluss habe auf den Maassstab, womit wir den erfüllten Raum messen und
Volkmann zieht den ganz richtigen Schluss, *die Haut schätzt die Grösse der Objecte so, dass sie die Grösse der letzten ihr wahrnehmbaren Distanz als Maasseiu-
heit annehme. Nenne man die Maasseinheit x, so sei die Grösse eines Zolles für die
Fingerspitze = 12 x, für eine Stelle in der mittleren Gegend des Armes = 1 x,
denn jede Stelle der Haut gebe einem betasteten Objecte so viel mal die Grösse x,
als sie Stellen enthält, die das x als gesondertes zu unterscheiden im Stande seien.
Dasselbe würde für die Netzhaut gelten,* wie Weber daselbst ausführt. Der directe
Versuch bestätigt Volkmann's Annahmen für die Haut vollkommen, denn wenn
ich eine Kante von 20 Mm. Länge bei geschlossenen Augen auf die Fingerspitzen, dann auf den Handteller, dann auf den Vorderarm anlegen lasse, so
halte ich ganz unzweifelhaft eben dasselbe Object auf der Fingerspitze für
grösser, als auf dem Handteller, und hier wieder für grösser als auf dem Vorderarm. Wenn Ilmanu (*Beiträge zur Physiologie 1861 I, p. 21*) behauptet, es folge
daraus, dass was eine Zirkelspitzenentfernung von einer Elle auf der Rückenhaut
eben so gross erscheinen müsse, als eine Zirkelspitzenentfernung von ¹/₂ Zoll auf

der Zangenspitzenhaut, und da das nicht der Fall ist, Vｏʟᴋᴍᴀɴɴ's Ansicht als
abgethan ansieht, so kann ich ihm nicht beistimmen. Denn bei derartigen Grössen
wie einer Elle d. h. 600 Mm. kommen noch andere Momente zur Geltung, nämlich die Kenntniss, welche wir über die Grösse unsers Körpers und unserer Körpertheile durch anderweitige Erfahrungen erlangt haben; wir wissen z. B. wie breit
ungefähr unsre Zunge ist, und wie weit unser Nacken von unserem Gesäss entfernt ist, und danach beurtheilen wir die Grösse eines Objectes, welches jene
Theile berührt.

Viel weniger deutlich ist das beim Auge, wenigstens bei meinen Augen.
v. Wɪᴛᴛɪᴄʜ *(Archiv für Ophthalmologie IX. 3, 1863, p. 10)* hält sich allerdings
überzeugt, *dass je weiter eine Karte von schwarzem Papier, auf welchem eine etwa
2 Mm. dicke Linie gezogen ist, von der visio directa entfernt wird, um so mehr
Karte und Linie sich zu verkürnen scheinen, und dass eine gleich breite Linie
nach der Peripherie der Netzhaut hin sich zuzuspitzen scheine.* Indess kann ich
nicht behaupten, dass mir die Erscheinung ganz sicher und überzeugend wäre,
vielmehr erscheint mir die Linie nach der Peripherie hin nur undeutlicher und
unsicherer begrenzt, ohne dass ich zu einem bestimmten Urtheile kommen kann,
ob sie breiter oder schmäler wird. Indess bezweifle ich Wɪᴛᴛɪᴄʜ's Angabe um so
weniger, da mir z. B. von 3 schwarzen Scheiben von 25 Mm. Durchmesser und
derselben Entfernung von einander auf weissem Papier die fixirte Scheibe ganz
unzweifelhaft grösser erscheint als die zunächst liegende Scheibe und diese wieder
grösser als die am meisten von der Gesichtslinie entfernte Scheibe; auch sind
die scheinbaren Grössendifferenzen noch auffallender, wenn die Scheiben in den
oberen vertikalen, als wenn sie auf den äussern horizontalen Meridian der Netzhaut fallen. Immerhin ist die Verkleinerung viel geringer, als wir nach der
Grössenzunahme der Empfindungskreise erwarten sollten. — Dennoch glaube ich
Vｏʟᴋᴍᴀɴɴ's und Wᴇʙᴇʀ's Auffassung festhalten zu müssen als den Ausdruck der
ursprünglich gegebenen und anatomisch bedingten Verhältnisse für das Maass
der absoluten Grösse. Aber wir müssen berücksichtigen, dass vielfache Erfahrungen und Bestrebungen unsere ursprünglichen Anlagen modificirt haben. Denn
wie Wᴇʙᴇʀ a. a. O., p. 529 angiebt, reduciren wir das, was wir mit dem Tastsinne
wahrnehmen, auf den Maassstab, den wir im Gesichtssinne haben und ausserdem
reduciren wir das, was wir überhaupt wahrnehmen, auf den Maassstab,
welcher der feinste ist. Beim Auge namentlich ist es sehr auffallend, wie
wir die indirect gesehenen Objecte in Bezug auf ihre Grösse unbeurtheilt lassen,
vielmehr den Eindruck derselben nur benutzen, um sie zu fixiren, und dann zu erkennen und zu beurtheilen. Es fehlt daher alle Uebung in der Grössenschätzung
indirect gesehener Objecte, und daraus erkläre ich mir das Schwanken des Urtheils, wo wir uns zwingen, nur durch indirectes Sehen die Grösse des Objectes
zu schätzen.

Aber es kommt noch ein wichtiges Moment für die Schätzung der Grösse
in Betracht, nämlich die Bewegungen unserer Netzhaut. Wir verfahren ja doch,

wie uns die tägliche Erfahrung lehrt, beim Schätzen von Grössen so, dass wir unsere Gesichtslinie gewissermassen an dem Objecte hin führen, und an der Grösse dieser Bewegung den Maassstab für die Grösse des Objectes gewinnen. Das indirecte Sehen kommt hierbei nur wenig in Betracht, nämlich nur insoweit es uns einen Anhalt für die Richtung giebt, in welcher wir unsere Gesichtslinie zu führen haben. Indess müssen dabei unsere Bewegungen und die Beurtheilung der Grösse derselben immer wieder abhängig sein von dem Maassstabe, welcher unseren raumwahrnehmenden Organen gegeben ist. Diese Frage werde ich erst später § 118 und § 143 wieder aufnehmen.

Da die Wahrnehmbarkeit von Grössenunterschieden oder die *extensive Unterschiedsempfindlichkeit* (FECHNER) des Gesichtssinnes zum grossen Theil von der Schätzung der Bewegungen abhängig ist, so übergehe ich dieselbe hier als nicht zur Physiologie der Netzhaut gehörig und verweise auf VOLKMANN's ausgedehnte Versuche in diesem Kapitel (*Physiologische Untersuchungen im Gebiete der Optik 1863, p. 117*) bemerke indess, dass wenn VOLKMANN p. 136 behauptet, man könne zwei Grössen sicher von einander unterscheiden, deren Netzhautbild nur um den fünften Theil des Durchmessers eines Zapfens an Grösse differire, diese Angabe auf einem Rechnungsfehler beruht, indem das Netzhautbild von 0,03 Min. in 300 Min. Entfernung vom Auge nicht = 0,0004 Min., sondern nur = 0,002 Min. ist, also doppelt so gross, als der Durchmesser eines Zapfens nach SCHULTZE's und MIELLER's Messungen.

<h2 style="text-align:center">CAPITEL IV.</h2>

<h2 style="text-align:center">Ausdehnung und Continuität des Gesichtsfeldes.</h2>

§ 116. Die Objecte, deren Form in den vorhergehenden Versuchen erkannt werden konnte, befanden sich immer noch wenig von der Fovea centralis aber viel weiter von der Ora serrata der Netzhaut entfernt, auch wurden mehr peripherisch liegende Lichtpunkte u. s. w. immer noch wahrgenommen: das Gesichtsfeld erstreckte sich also bei unbewegtem Auge noch über die Grenzpunkte für die beobachteten Objecte hinaus. Der erste, welcher eine Bestimmung der Grenze des Gesichtsfeldes gegeben hat, scheint PTOLEMAEUS gewesen zu sein von dem es bei ARAGO (*Astronomie I, p. 145*) heisst: *Ptolémée annonçait avoir reconnu expérimentalement, que le champ de la vision, que l'espace qui est visible dans une position invariable de l'œil, se trouve limité par un cône rectangle, c'est à dire par un cône ayant son sommet à la pupille et dans lequel les arêtes diamétralement opposées sont perpendiculairement entre elles. Cette donnée nous a été transmise par Héliodore de Larisse. Il en résulte que pour voir du même coup d'œil l'horizon et le zénith, il faut diriger l'axe visuel à 45° de hauteur et que jamais l'œil ne tournant pas dans son orbite nous ne pourrons apercevoir simultanément plus d'un quart de la surface du ciel.* Demnächst hat VERRUE die Grenzen des Gesichtsfeldes be-

stimmt und nach Aaago für den horisontalen Meridian 135°, für den vertikalen
Meridian ungefähr 112° gefunden. Aehnliche Zahlen giebt Thomas Young
(*Philos. Transactions 1801, p. 44)* an, nämlich nach Aussen 90°, nach Innen
60°, nach oben 50°, nach unten 70°. Wollaston hat ein nach allen Dimensionen etwas weiteres Gesichtsfeld besessen. Purkinje *(Beobachtungen und Versuche zur Physiologie der Sinne 1825, II, p. 6)* giebt für sein Gesichtsfeld an:
Nach Aussen 100° (bei durch Belladonna erweiterter Pupille 115°) nach unten
80°, nach oben 60°, nach innen 60°.

Etwas kleinere Zahlen haben Messungen ergeben, welche mein College
Foxaxxxx an meinen Augen gemacht hat, nämlich nach aussen 90°, nach innen
50°, nach oben 40°, nach unten 65°. Die übrigen Meridiane sind in der bei-
stehenden Figur angegeben. Ich muss indess die Bestimmungen genauer besprechen. Dieselben wurden mittelst des in Figur 19, p. 116 abgebildeten Apparates gemacht, indem ich den Mittelpunkt des Bogens f fixirte und Foxaxxx
eine Marke, ein weisses Quadratcentimeter auf schwarzem Grunde, von der Peripherie her ruckweise nach dem Centrum schob, bis ich es bemerkte. Dem Gradbogen wurden die verschiedenen in der *Figur 47* verzeichneten Meridianstellungen

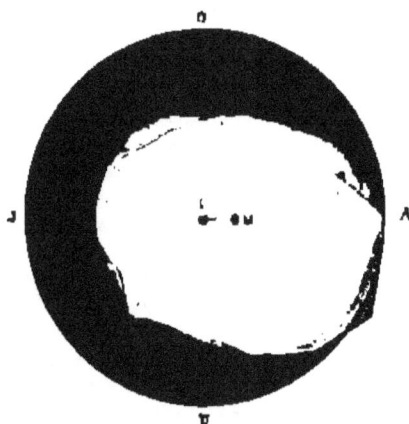

Fig. 47.

gegeben, indem der Gradbogen um je 20° von der vertikalen Richtung aus gedreht wurde. Auf diese Weise ist das weisse Feld in der Figur für mein rechtes
Auge gefunden worden. Sehr ähnlich ist die Form des Gesichtsfeldes für das
linke Auge. — Indess ist diese eigenthümliche unregelmässige Form des Gesichtsfeldes zum Theil bedingt durch die Umgebungen des Auges, die Nase, den

obern Augenhöhlenrand, die Augenlider. Um daher die Ausdehnung zu finden, in welcher die Netzhaut empfindlich ist, wurde der Fixationspunkt für jede einzelne Bestimmung um 20° verlegt, von dem Punkte *f* fort und auf der entgegengesetzten Hälfte des Meridians die Marke verschoben. Dabei hat sich die Vergrösserung des Gesichtsfeldes ergeben, welche in Figur 47 durch die radiäre Schraffirung angedeutet ist. Hierdurch wird also das Gesichtsfeld nach innen fast gar nicht, nach oben um etwa 15°, nach oben und aussen um etwa 15° und um ebensoviel nach unten und aussen erweitert. Immerhin ist, worauf schon Thomas Young aufmerksam machte, die innere und obere Seite des Gesichtsfeldes beschränkter als die äussere und untere, und Praxvis erklärt dieses Verhalten aus dem Umstande, dass die durch die Umgebung des Auges verhinderte Erregung und Uebung der sehr peripherischen Regionen einen lähmungsartigen Zustand der Netzhaut zur Folge habe. Neuerdings hat Foerster wieder auf die Form des Gesichtsfeldes aufmerksam gemacht und den Umstand betont, dass nicht die Macula lutea im Mittelpunkte des Gesichtsfeldes läge, sondern die Eintrittsstelle des Sehnerven. *(Jahresbericht der Schlesischen Gesellschaft 1859, p. 112).* Mir scheint Praxvis Erklärung aus zwei Gründen nicht annehmbar: erstens sind der Nasenrücken, die inneren Augenlidränder u. s. w. keine unbeleuchteten Objecte, und wenn sie auch die Objecte der Aussenwelt decken, so muss von ihnen selbst doch immer Licht in das Auge reflectirt werden, wodurch die Netzhaut bis zu ihrer äussersten Grenze erregt wird. Zweitens dürfte wohl kaum ein Beispiel vorliegen, wo ein mit dem Centralorgan in Verbindung stehender Nerv durch Nichterregung gelähmt worden wäre. Es ist mir daher wahrscheinlicher, dass irgend welche anatomische Verhältnisse, die wir nicht kennen, vorhanden sind, durch welche die Grenze des empfindenden Theiles der Netzhaut bestimmt wird.

Diess würde die Grenze für das Gesichtsfeld eines ruhenden Auges sein; eine Erweiterung wird nun erstens in horizontaler Richtung dadurch hervorgebracht, dass wir mit zwei Augen sehen, und eine Erweiterung in allen Richtungen durch die Bewegungen des Augapfels. Die Bewegungen des Augapfels sind indess doch ziemlich beschränkt und namentlich sehr ungleich nach verschiedenen Richtungen. Messungen, die gleichfalls von Foerster an meinen Augen gemacht wurden, haben ergeben, dass bei einer Lage des Kopfes, in welcher die Grundlinie, d. h. die Verbindungslinie der beiden Augenmittelpunkte mit dem horizontalen Durchmesser des Gradbogens zusammenfällt, der Augapfel nach aussen gewendet werden kann um höchstens 30°, nach innen um 60°, im Ganzen also in der Horizontalebene um 90°; ferner nach oben um 27°, nach unten um 58°, also in vertikaler Richtung um 85°; und um etwa dieselbe Anzahl Grade in den zwischen dem vertikalen und horizontalen Meridiane gelegenen schiefen Meridianen. Am meisten ist also das Gesichtsfeld des bewegten Auges nach oben beschränkt, dann nach innen; am weitesten reicht es nach unten und aussen.

§ 117. Eine eigenthümliche Unterbrechung erleidet die empfindende Fläche der Netzhaut durch die Eintrittsstelle des Sehnerven, den Mariotte'schen blinden Fleck. Trotzdem, dass an dieser Stelle des Augenhintergrundes keine Lichtempfindung vermittelt wird, nehmen wir doch den blinden Fleck nicht als eine Lücke in unserm Gesichtsfelde wahr, vielmehr erscheint uns dieses in vollkommener Continuität. Bevor ich die Frage, wie die Ausfüllung oder Ergänzung der Lücke ermöglicht werde, bespreche, will ich die Lage und Grösse des Mariotte'schen Fleckes angeben. Inm einem rechten Auge liegt der innere Rand der Eintrittsstelle des Sehnerven 12 ° 56' von dem Gesichtspunkte entfernt. Der horizontale Durchmesser des blinden Flecks beträgt also in meinem rechten Auge 5 ° 51'; der vertikale dagegen beträgt etwas mehr, nämlich 6 °. Diesen Messungen gemäss ist er in *Figur 47* eingetragen, er liegt etwa mit zwei Drittheil unterhalb des horizontalen Meridians. In meinem linken Auge liegt der innere Rand 14 ° 2' von der Gesichtslinie, der äussere Rand 20 ° 34', der Durchmesser beträgt also 6 ° 32'. Brakounli (*Commentarii Acad. Petropolitanae 1728*, I, p. 314) setzt den Mittelpunkt des blinden Flecks in eine Entfernung = ⁷/₂₅ des Augendurchmessers von der Fovea centralis, seinen Durchmesser = ¹/₁ des Augendurchmessers. Young (*Philosophical Transactions 1801*, p. 47) von 12 ° 58' bis 16 ° 1' also seinen Durchmesser = 3 ° 5', was wohl zu klein ist. Gaurns (*Contributions to the physiology of vision in London med. Gaz. 1838*, p. 230) giebt den Durchmesser zu 7 ° 31', die Entfernung seines Mittelpunktes von der Fovea centralis rechts zu 15 ° 26', links zu 15 ° 43' an. Hueck (*Müllers Archiv 1840*, p. 91) fand ihn auf dem rechten Auge 14 °, auf dem linken 12¹/₂ ° von dem Punkte des deutlichsten Sehens entfernt. Hannover (*Das Auge 1852*. p. 72) im Mittel aus 22 Augen seinen Durchmesser zu 6 ° 4', im Maximum zu 9 ° 47', im Minimum zu 3 ° 39' — ferner seine innere Grenze 11 ° 56' im Mittel von der Sehaxe entfernt, im Maximum 14 ° 27', im Minimum 9 ° 58', seine äussere Grenze im Mittel 18 °; im Maximum 21 ° 43', im Minimum 15 ° 29' von der Sehaxe entfernt. Listing (*Dioptrik des Auges, Handwörterbuch der Physiologie IV, 1853*, p. 402) seinen innern Rand 12 ° 37', seinen äussern Rand 18 ° 33' von der Sehaxe entfernt, den Durchmesser also = 5 ° 56'. Fick und P. Dubois-Reymond (*Müllers Archiv 1852*, p. 405) fanden den äussern Rand 18, 3 °, den innern 12 ° und 12 °₂ von der Sehaxe entfernt, seinen Durchmesser = 6 °₂ respective 5 °₄. Helmholtz (*Physiologische Optik 1860*, p. 212) fand den äussern Rand 18 ° 55', den innern 12 ° 25' von der Gesichtslinie entfernt, den Durchmesser = 6 ° 30'. v. Wittich (*Archiv für Ophthalmologie 1863. IX. 3, p. 7*) giebt die Entfernung des innern Randes in seinem linken und rechten Auge zu 14 ° 30', den Durchmesser desselben in seinem linken Auge zu 8 °, in seinem rechten zu 7 ° 30' an.

In den 10 von Hannover untersuchten Augenpaaren zeigt sich durchweg eine Verschiedenheit in Lage und Grösse zwischen dem rechten und linken Auge (Hannover, *Das Auge 1852*, p. 72). Man kann zu den Bestimmungen Vorrichtungen, welche dem Apparate *Figur 19* oder *Figur 44* ähnlich sind, benutzen;

die einfachste und zugleich sehr sichere Methode, Lage, Grösse und Form des blinden Fleckes zu bestimmen, rührt von Hannover her (p. 79): Man fixirt bei gut unterstütztem Kopfe einen markirten Punkt auf weissem Papier und bezeichnet mit einer Feder, von welcher nur die äusserste Spitze in recht schwarze Tinte getaucht ist, die Grenze des Bezirks, wo die schwarze Spitze oben anfängt sichtbar zu werden. Noch weniger ermüdend ist es, die Grenzen mit einem hellen Farbstifte auf schwarzem Papiere zu markiren. Die Messungen des blinden Fleckes an lebenden Augen ergaben Grössen, welche vollkommen den Dimensionen der Eintrittsstelle des Sehnerven entsprechen (Hannover p. 80, E. Weber *Leipziger Berichte 1852, p. 152*). Auch haben Donders und Coccius (*Ueber Glaukom etc. 1859, p. 41 u. 52*), nachgewiesen, dass so lange das Lichtbildchen die Grenze der Eintrittsstelle des Sehnerven oder der Papilla optica nicht überschreitet, keine Lichtwahrnehmung eintritt.

Wenn behauptet wird, dass sehr intensives Licht, welches auf die Papilla optica fällt, eine Lichtempfindung hervorbringe, so ist wohl mit Helmholtz (*Physiologische Optik, p. 211*) anzunehmen, dass ein Theil des Lichtes sich auf die anstossenden Theile der Netzhaut ausbreitet, und von dieser ein schwacher Lichtschein empfunden wird.

Dass wir im gewöhnlichen Leben keine dem Netzhautdefecte entsprechende Lücke in unserm Gesichtsfelde wahrnehmen, liegt wohl zum Theil daran, dass wir mit zwei Augen sehen, zum Theil daran, dass wir die Augen selten ruhig fixirt halten, und endlich daran, dass wir auf die Eindrücke, welche von dem fixirten Punkte etwas entfernt liegen, wenig achten, namentlich wenn kein rapider Wechsel in ihnen stattfindet. Aber auch wenn das Netzhautbild eines aufmerksam beobachteten Objectes auf die Eintrittsstelle des Sehnerven fällt, bemerken wir, trotzdem das Object verschwindet, keine Lücke in unserm Gesichtsfelde, vielmehr ist das Gesichtsfeld continuirlich ausgefüllt. Die Qualität des Ausfüllenden ist abhängig von der Qualität der Eindrücke auf die benachbarten Regionen. Weber und namentlich Volkmann (*Leipziger Berichte 1853, p. 27 und p. 149*) haben qualitativ verschiedene Eindrücke gleichzeitig auf die unmittelbare Umgebung des blinden Fleckes gebracht und eine Ergänzungsart gefunden, von welcher Weber angiebt, *wir sehen den Zusammenhang der Dinge, die in die nicht sichtbare Region des Sehfeldes hineinreichen, so, wie er am einfachsten und am wahrscheinlichsten ist*, während Volkmann gleichfalls eine Ergänzung der Lücke durch die Vorstellung (Act der Einbildungskraft) annimmt, in manchen Fällen aber nicht hat bestimmen können, welcher der beiden differenten Eindrücke dominire. Trotz vielfacher Uebung im indirecten Sehen und vielfacher Wiederholung der von Weber, Volkmann und neuerdings von Wittich (*Archiv für Ophthalmologie IX., 3., 1863, p. 1—31*) angegebenen Versuche muss ich schliesslich offen bekennen, dass ich zu keinem Urtheile darüber kommen kann, in welcher Weise das Gesichtsfeld an dieser Stelle ausgefüllt wird. Ob ein Kreuz, welches von einer rothen und gelben oder blauen Linie gebildet wird, an der Kreuzungsstelle, wenn diese auf den blinden Fleck fällt, in der einen oder andern Farbe erscheint, weiss ich trotz hundertfacher Wiederholung des Versuches nicht anzugeben, ebensowenig ob zwei Parallellinien (VOLKMANN a. a. O., *Tafel I, Fig. 4*) in der Mitte zusammenrücken oder nicht, oder ob eine Kreislinie, mag sie dick oder dünn sein, sich zum Kreise schliesst oder nicht. Was den von WITTICH angegebenen Versuch a. a. O., *p. 14, Fig. 1* betrifft, in welchem 9 Kreisscheiben von 22 Mm. Durchmesser und 35 Mm. Distanz ihrer Mittelpunkte so betrachtet werden, dass die mittelste auf den blinden Fleck fällt, so ist die Verzerrung der Bilder oder der von einer Kreisscholle zur andern gezogenen Linien ziemlich ebenso gross auf der innern wie auf der äussern Netzhauthälfte und daher wohl von dem Einflusse des blinden Flecks nur wenig abhängig. Auch finde ich, dass wenn man das mittelste der 9 Objecte verdeckt, die Verzerrung ebenso stark ist, als wenn die Scheibe auf den blinden Fleck fällt; die beiden daneben stehenden Scheiben rücken entschieden näher zusammen. Ich glaube dies für ein den in § 119 besprochenen Versuchen analoges Phänomen halten zu müssen.

Ausser dem MARIOTTE'schen Flecke hat COCCIUS noch mehr erblinde Flecke im Auge nachgewiesen (COCCIUS *Glaukom etc. 1859, p. 42*) und zur Auffindung derselben folgendes Verfahren angegeben: man bezeichnet durch einen grössern schwarzen Fleck auf weissem Papier die Stelle für den Eintritt des Sehnerven, darüber und darunter macht man einen schmalen Strich oder Punkt und lässt nun durch eine Skala von Punkten zu beiden Seiten denjenigen Fleckes, welcher dem Sehnerveneintritte entspricht, das Auge langsam von einem Punkte zum andern fortschreiten, bis der Strich oder Punkt plötzlich verschwindet.

Bei den in § 112 angeführten Versuchen waren FÖRSTER und ich gleichfalls auf das Vorhandensein von kleinen blinden Flecken aufmerksam geworden (GRAEFE's *Archiv III, 2, 1857, p. 32*) und ich habe mich neuerlich wieder überzeugt, dass durch Verschieben kleiner Objecte von 1 — 2 Mm. Durchmesser an dem Gradbogen die Lage solcher Flecke gefunden werden kann. COCCIUS leitet dieselben von den Centralstämmen der Retinalgefässe ab, worin ich ihm nur beistimmen kann. Ich erwähne für die Ansicht von COCCIUS noch eine Beobachtung, die ich an Parallellinien und Doppelquadraten, welche allmählig über den blinden Fleck bewegt wurden (§ 113) oft gemacht habe: unmittelbar neben dem blinden Fleck erschienen die Linien an einem beschränkten Theile graublau und ebenso das eine der Quadrate, während das andere völlig schwarz erschien; wurden die Objecte dann noch ein wenig weiter von dem fixirten Punkte fortgeschoben, so erschienen sie wieder ohne jene Veränderung. Diese Veränderung glaube ich auf die Centralgefässe der Netzhaut schieben zu müssen.

Obgleich wir nun die empfindende Fläche der Netzhaut an mehreren Stellen unterbrochen finden, so nehmen wir doch das Gesichtsfeld als ein continuirliches wahr. Wir haben, da wir uns den Raum überhaupt als ein Continuum denken, die Tendenz unsre Wahrnehmungen als continuirliche anzulegen oder anzusehen, und wir verfahren den Objecten gegenüber immer so, dass wir sie so lange als Continua ansehen, donec probetur contrarium. Diese Tendenz scheint mir auch die Ursache, warum atomistische und Moleculartheorieen, welche die Erscheinungen fordern, so viel Widerspruch bei Nichtphysikern finden: die naive Anschauung ist unter der Tendenz der Continuität entstanden: wenn ihr nicht zwingende Gründe und zwar Wahrnehmungen entgegengestellt werden, so wird es dem Individuum schwer, das Dogma von der Homogeneität der Körper aufzugeben. Und doch sind wir so wenig berechtigt, aus unsern directen Wahrnehmungen auf die Continuität eines Objectes zu schließen, denn wie wir gesehen haben, würde uns ja schon ein Object, dessen kleinste Theilchen unter einem kleineren Gesichtswinkel als von 30 Sekunden erschienen, und welche ebensoweit von einander entfernt wären, als völlig homogen erscheinen müssen.

CAPITEL V.

Der Ortssinn.

§ 118. Die Fähigkeit, einen einzelnen Punkt von dem umgebenden Raume, und einzelne Punkte von einander unterscheiden zu können, ist unumgänglich nothwendig, damit wir uns in dem wahrgenommenen Raume zurecht finden, aber diese Fähigkeit allein genügt dazu nicht. Wir können als Ziel unserer Lebensthätigkeit überhaupt ansehen, dass wir das erreichen, was wir wollen, und das Mittel, wodurch wir etwas erreichen, sind schließlich immer nur Bewegungen. Unsere Bewegungen sind daher, so weit sie bewusste sind, für jeden speciellen Fall und von unserm Standpunkte aus zweckmäßige. Damit wir aber in jedem einzelnen Falle den Zweck einer Bewegung erreichen, müssen wir unsre Bewegung auf den Punkt richten, an den wir gelangen wollen; diess ist nur möglich, wenn wir eine Kenntniss von der Lage des Punktes im Raume haben. Es ist die Frage, wie gelangen wir zu dieser Kenntniss? Wir machen beim Auge die Erfahrung, dass eine Affection unserer Netzhaut an einem beliebigen Punkte den Effect hat, dass wir unserm Augapfel eine solche Bewegung ertheilen, dass jener Punkt fixirt wird, d. h. dass er an einem einzigen bestimmten Punkte unserer Netzhaut ein Bild entwirft, und dieser Lage unserer Netzhaut entsprechend richten wir dann die übrigen Bewegungen unsers Körpers ein. Dass wir unserm Auge die bestimmte Stellung dem Punkte im Raume gegenüber geben, können wir uns aus dem Umstande erklären, dass jener Punkt der Netzhaut, die Fovea centralis oder der Gesichtspunkt, uns den deutlichsten Eindruck giebt — was aber unsern Bewegungsorganen zum Fixiren für Impulse ertheilt werden müssen, und ebenso, welcher Mechanismus vorhanden ist, um in unsern Körperorganen die erforderlichen Bewegungen, welche bei der gegebenen Lage unserer Netzhaut in Beziehung auf unsern Körper stattfinden müssen, auszulösen, das ist allerdings ein ungelöstes Problem. Dieselbe Schwierigkeit finden wir auch in andern Gebieten. Ein Ton, den wir hören, und den wir hervorbringen wollen, erfordert eine ganz bestimmte, sehr complicirte Anordnung von Bewegungen, von der wir ebensowenig wissen, wie von unsern Augenbewegungen. (Lotze Med. Psychologie 1852, p. 355, § 311). Thatsache aber ist, dass wir unsere Bewegungen immer nach dem fixirten Punkte richten, und einer besondern Uebung bedürfen, um eine Bewegung nach einem nicht fixirten Punkte zu richten, oder auch nur unsere Aufmerksamkeit auf einen nicht fixirten Punkt zu concentriren.

Gleichwohl haben wir fortwährend Gelegenheit uns zu überzeugen, dass wir von dem indirecten Sehen vielfach Gebrauch machen, wo es sich um grobe, weniger genaue Bewegungen handelt, z. B. beim Gehen auf der Strasse — dass wir mithin um uns zu orientiren, nicht blos von dem scharfsehenden mittleren Theile unserer Netzhaut, sondern von der ganzen Netzhaut, soweit sie für Lichteindrücke empfindlich ist, Gebrauch machen.

Es muss daher gefragt werden, ob wir von dem Raume, welchen wir gleichzeitig übersehen, eine bestimmte Vorstellung haben, d. h. ob unser Gesichtsfeld eine bestimmte Form hat? Nach der Form unserer Netzhaut könnte man vermuthen, dass das Gesichtsfeld ungefähr eine Kugelfläche sein müsse, indess würde diese Annahme nur gerechtfertigt sein, wenn die Netzhaut an allen Punkten eine gleiche physiologische Dignität hätte; da aber die Feinheit des Raumsinnes ungleichmässig nach dem Aequator des Auges hin abnimmt, so erscheint diese Annahme unhaltbar. Ich kann aber ebensowenig eine andere Form für das Gesichtsfeld finden: schliesse ich im Finstern oder im Hellen oder im Sonnenschein die Augen, oder stehe ich vor einer gleichmässigen Wand, so bin ich nicht im Stande anzugeben, was ich von der Form des Gesichtsfeldes empfinde. Sobald ich über Objecte vor mir habe, ist die Form des Gesichtsfeldes oder vielmehr die Form des übersehenen Raumes von ihrer Gruppirung abhängig. Gesehen wird also eine Form des Gesichtsfeldes überhaupt nicht, vielmehr ist das Gesichtsfeld überhaupt nur eine Abstraction in Bezug auf das Nebeneinander der Objecte, welche mit unserer Vorstellung des Raumes zusammenhängt. Eine Gruppirung unserer Gesichtseindrücke nebeneinander bedingt aber eine Gruppirung in einer ebenen Fläche, und eine solche werden wir daher immer anzunehmen gezwungen sein, wenn uns nicht bestimmte Momente zu einer andern Annahme nöthigen. Da wir aber den Objecten der Aussenwelt gegenüber in der angeborenen Mehrzahl der Fälle faktisch genöthigt werden, der Tiefendimension ebenso sehr, wie den beiden andern Dimensionen unsere Aufmerksamkeit zuzuwenden, so fehlt uns jede genauere Vorstellung oder Anschauung des Gesichtsfeldes, d. h. einer Fläche, welche unserer Netzhautfläche entspräche.

Wir benutzen uns in der That unsere ruhende Netzhaut nur zu einer ungenauen Orientirung, und bedienen uns, um uns den Objecten gegenüber zu orientiren immer der bewegten Netzhaut, und schliessen aus der Art und Grösse der Bewegungen auf die Beschaffenheit der Objecte. Die ausgeführten Bewegungen liefern uns ein Material, welches von dem Erinnerungsvermögen aufbewahrt und mit aprioristischen Vorstellungen und Schematen combinirt wird.

Die Beweglichkeit unserer Netzhaut ist aber so ausserordentlich gross, dass es schwer ist sich zu denken, wie wir von allen den ausgeführten Bewegungen ein Bewusstsein haben können, und doch scheint eine Orientirung in der Aussenwelt nur unter dieser Bedingung möglich. Es sind ja nicht allein unsere Augäpfel, die sich bewegen, mit jeder Kopf- und Körperbewegung wird ja gleichfalls der Ort unserer Netzhaut den Objecten gegenüber ein anderer und dennoch sind wir bei völliger Integrität unseres Körpers kaum jemals über den Ort, an welchem sich ein Object befindet, in Unsicherheit, und unsere Bewegungen zu dem gesehenen Objecte hin geschehen mit einer Praecision, welche wir bewundern würden, wenn sie uns nicht so ganz alltäglich geworden wäre. Helmholtz (*Archiv für Ophthalmologie 1863, IX., 2*) hat nun allerdings nachgewiesen, dass die Augenbewegungen bei unbewegtem Kopfe und Körper in einer solchen Weise stattfinden, dass wir dabei den Objecten gegenüber ziemlich genau orientirt bleiben — dass damit aber die aufgeworfene Schwierigkeit nicht gelöst ist, geht schon daraus hervor, dass es äusserst schwierig ist, den Kopf und Körper nur wenige Sekunden unbewegt zu lassen, bei Bewegungen des Kopfes wird aber zugleich die Lage der Netzhaut eine von der vorhergehenden Lage gänzlich verschiedene. Wie wir uns den Objecten gegenüber orientiren lernen bei der fortwährend wechselnden Lage unserer Netzhaut, von welcher selbst wir absolut nichts wissen, weiss ich mir nicht zu erklären. Wenn wir bereits gelernt haben uns zu orientiren, so scheint mir, verfahren wir so: wir nehmen die Objecte als das feststehende, unbewegte an und indem wir an ihnen unsere Augenaxen oder Gesichtslinien herumführen und gewissermaassen mit den Augen betasten, ignoriren wir die zu den ersten Bilde nicht passenden Eindrücke des peripherischen Gesichtsfeldes und suchen zugleich einen Schluss auf die Grösse unserer Augen- oder Kopfbewegungen zu machen. Wenn wir z. B. in der Stube auf- und abgehen, so wechseln in jedem kleinsten Zeittheilchen die Bilder auf unserer Netzhaut sehr bedeutend in Lage, Grösse und Form, und doch merken wir von diesem Wechsel selbst bei der gespanntesten Aufmerksamkeit nicht das mindeste, vielmehr erscheinen uns die Objecte unter allen Lagen unseres Körpers unverändert zu sein. Sollen wir dabei fortwährend unbewusste Schlüsse über die Grösse unserer Bewegungen, fortwährende Reductionen der Netzhautbilder auf die Bewegungsgrössen und umgekehrt machen? So complicirt diese Thätigkeit erscheint, so können wir uns doch keine andere Art der Erklärung denken.

Wir haben es mit Bezug auf die Netzhaut nicht mit der Frage zu thun, wie wir uns überhaupt im Raume orientiren, sondern was die Netzhaut an sich dazu beiträgt, d. h. die unbewegt gedachte Netzhaut. Wenn man für die Haut den Ortsinn dahin bestimmt, dass er uns angiebt, wo unsere Körperoberfläche afficirt wird, so lässt sich diese Bestimmung nicht auf die Netzhaut übertragen. Denn für unsere Haut haben wir eine Methode der Orientirung, welche uns für die Netzhaut vollkommen fehlt. Indem wir die Theile unseres Körpers gegen einander bewegen und an einander gleiten lassen, wird unser Körper ein Object, dessen Empfindungen zu unserm Bewusstsein kommen, also ein Object-Subject. Bei unserer Netzhaut ist das durchaus nicht der Fall -- von der Netzhaut haben die Menschen mit Ausnahme der wenigen Leute, welche anatomische Kenntnisse besitzen, keine Ahnung, sind also auf ihr auch gar nicht orientirt. Wo ein Punkt auf unserer Netzhaut liegt, davon wissen wir nichts, und schliessen nur als Physiologen darauf aus der Lage eines Punktes in unserm Gesichtsfelde. Weiter können wir also beim Ortssinne der Netzhaut nichts bestimmen wollen, als die Lage eines Punktes im Gesichtsfelde im Verhältniss zu einem andern gegebenen Punkte des Gesichtsfeldes. Die Bestimmung kann sich nur auf Entfernung der Punkte von einander und die Richtung ihrer Verbindungslinie beziehen.

Wir können nun zunächst Weber's Methode, die Feinheit des Ortssinnes auf der Haut zu bestimmen, für die Netzhaut transponiren. Weber lässt einen Punkt auf der Haut eines Menschen, der die Augen schliesst, von einem andern Menschen berühren, und der Berührte hat die Aufgabe, den Punkt zu treffen, an welchem er berührt worden ist. (Weber *Leipziger Berichte 1852*, p. 88.) (Aubert und Kammler, Molescuott's *Untersuchungen V.*, *1859*, p. 174.) Um die Feinheit des Ortssinnes der Netzhaut zu bestimmen, fixiren wir auf einer Ebene, z. B. einem Blatt Papier einen Punkt anhaltend und unverwandt und suchen einen beliebigen andern markirten Punkt, welcher nur indirect gesehen wird zu treffen. Benutzt man als den zu treffenden Punkt ein Stückchen weisses Papier auf schwarzem Grunde, und sucht mit einem Bleistift dieses Papierstückchen zu treffen, so verzeichnet man auf diese Weise zugleich die einzelnen Versuchsresultate. Ich habe hierbei gefunden, dass man den markirten Punkt mindestens so genau trifft, als man nach der Grösse der Empfindungskreise erwarten kann. Das ist dasselbe Resultat, was sich für die Haut aus Kammler's und meinen Versuchen ergeben hat (Molescuott's *Untersuchungen V.*, *1859*, p. 175). Wurde z. B. ein weisses Papierquadrat von 10 Mm. Seite und 140 Mm. von dem fixirten Punkte im horizontalen Meridian entfernt bei einer Entfernung des Auges von 200 Mm. zu treffen gemacht, so wurde es in 30 Fällen immer getroffen; ein weisses Quadrat von 5 Mm. Seite wurde unter gleichen Umständen in 30 Fällen 24 mal getroffen. Aehnliche Resultate ergeben die übrigen Meridiane. Natürlich wurde dabei der Hand kein fester Stützpunkt gegeben. Ein Quadrat von 5 Mm. Seite entspricht einem Gesichtswinkel von $2°$, 140 Mm. entsprechen etwa $35°$.

Ich glaube daraus schliessen zu können, dass wir bei unbewegter Netzhaut so genau in unserm Gesichtsfelde orientirt sind, als es die Feinheit des Raumsinnes gestattet.

Eine zweite Art und Weise den Ortssinn zu prüfen besteht darin, dass man einem Objecte eben dieselbe Distanz von dem fixirten Punkte zu geben sucht, welche ein anderes Object hat, ohne dass man dabei das Auge bewegt. Diese Versuche lassen sich leicht mit dem in *Figur 48* abgebildeten Apparat anstellen. Hier kommt als störendes Moment die subjective Beurtheilung der

Gleichheit in Betracht, und die eigenthümlichen Einflüsse, welche Volkmann bei seinen in ähnlicher Weise angestellten Versuchen für Rechts und Links gefunden hat *(Physiologische Untersuchungen im Gebiete der Optik 1863, p. 119 u. f.)* Im Ganzen sind aber die Resultate von einer überraschenden Uebereinstimmung, wie sie bei der abnehmenden Feinheit des Raumsinnes in der Peripherie der Netzhaut nur irgend erwartet werden können.

An dem Apparate *Figur 48* wird auf der feststehenden Tafel *A* ein weisser Streifen parallel zu *oo* und 100 Mm. von ihm entfernt angebracht. Die Aufgabe

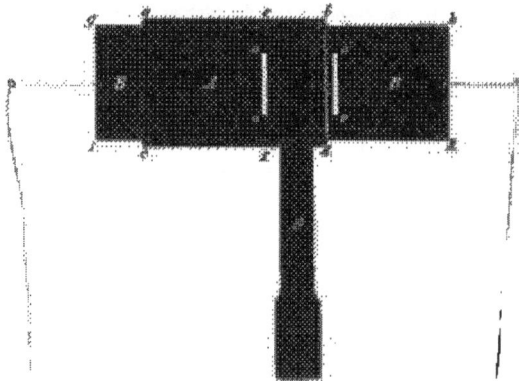

Fig. 48.

ist den Streifen *o'o'* durch Verschieben von *B B* so einzustellen, dass er gleichfalls 100 Mm. von *oo* entfernt ist. Das Auge des Beobachters sieht durch eine kurze und weite Röhre in constanter Entfernung unverrückt auf die Mitte der Linie *oo*, während *o' o'* gestellt wird. Bezeichnen wir die Distanz zwischen den beiden feststehenden Streifen mit D, die in den Versuchen eingestellte Distanz zwischen *oo* und *o'o'* mit Δ, so ergab eine Versuchsreihe bei Entfernung des rechten Auges von 2000 Mm. und Unter Randlage des festen Streifens folgende Werthe. Bei $D = 100$ Mm. wurde Δ eingestellt $= 101 - 103 - 100 - 102 - 99 - 96 - 97 - 100 - 100$ im Mittel also von 10 Beobachtungen auf 100 Mm.

Ferner bei einer Entfernung des rechten Auges $= 1000$ Mm. wurde, bei $D = 100$ Mm., Δ im Mittel von 10 Versuchen $= 101, 4$ Mm. gestellt — in einer zweiten Reihe von 12 Versuchen im Mittel auf 101 Mm. (Maximum $= 105$ Mm., Minimum $= 97$ Mm.)

Bei einer Entfernung des rechten Auges $= 500$ Mm. bei 10 Versuchen im Mittel auf 100,4 Mm., (Maximum 105 Mm., Minimum 98 Mm.)

Man sieht, dass in diesen Versuchen die Einstellung noch genauer gemacht worden ist, als man es nach der Feinheit des Raumsinnes erwarten kann. Uebrigens sind die Differenzen, welche VOLKMANN, wahrscheinlich ohne Fixirung der Linien während der Einstellung erhalten hat, auch durchweg sehr gering, (a. a. O., p. 122 u. f.)

Endlich würde zu bestimmen sein, wie genau wir über die Richtung eines Objectes von dem fixirten Punkte aus unterrichtet sind bei unbewegter Netzhaut. Ich bin, um dies zu untersuchen, so verfahren, dass ich auf gleichmässiges weisses Papier einen Punkt zeichnete, welcher fixirt wurde, und nun in irgend einer Richtung einen zweiten Punkt markirte. Die Aufgabe ist, einen dritten Punkt in der Richtung zu bezeichnen, welcher in der Verlängerung der Verbindungslinie zwischen den beiden ersten Punkten liegt, ohne dass das Auge bewegt wird. Diese Richtung habe ich in vielen Versuchen immer ganz genau, so fehlerlos, als es eine Bleistiftspitze gestattet, angegeben. In dieser Beziehung ist also die Orientirung auch sehr genau.

Diese Bestimmungen scheinen mir in sofern wichtig, als wir uns aus ihnen die Genauigkeit und Sicherheit unserer Augenbewegungen wenigstens in einer Beziehung erklären können. Wir verfahren ja doch im gewöhnlichen Leben so, dass wir auf indirect gesehene Objecte unsere Gesichtslinie richten, und hierbei also eine Bewegung von ganz bestimmter Grösse und Richtung intendiren und ausführen müssen. Um das thun zu können, ist nothwendig, dass wir eine Vorstellung von der Lage des indirect gesehenen Objectes zu dem fixirten Punkte haben, und meine Versuche zeigen, dass wir in der That hiervon bei unbewegter Netzhaut eine recht genaue Vorstellung haben. Dadurch bekommen wir rückwärts wieder eine Vorstellung von der Grösse der ausgeführten Bewegung der Netzhaut, und von der Richtung der ausgeführten Bewegung, was für die Orientirung von Wichtigkeit ist. Die zweite Frage ist dann allerdings, was uns befähigt, den Muskeln einen so bestimmten Impuls zu geben, und darauf weiss ich ebensowenig wie LOTZE, der diese Frage aufgeworfen hat, (Medizinische Psychologie 1852, p. 333 und 355) eine Antwort zu geben.

§ 119. ZÖLLNER (POGGENDORF Annalen Bd. 110, 1860, p. 500), HENLE, (Beiträge zur Physiologie 1861, p. 68) und KRUDT, (POGGENDORF Annalen Bd. 120, 1863, p. 118), haben Bedingungen gefunden, unter denen wir uns in auffallender Weise über Distanzen von Punkten, sowie über Richtungen von Linien täuschen. In ZÖLLNER's Figur erscheinen die in Wirklichkeit parallelen Vertikallinien schief gegen einander geneigt. In Figur 49 (HENLE) erscheint die Reihe der Punkte 1 bis 4

Fig. 49.

länger, als die Distanz der zwei Punkte 4 bis 5, obgleich die beiden Punkte 4 und 5 genau so weit von einander entfernt sind, wie die Punkte 1 und 4. In Bezug auf das Schätzen von Distanzen haben Hermo und Kundt die Hypothese aufgestellt: 1) *Jede einfache Distanz wird vom Auge nicht nach der Tangente des Gesichtswinkels geschätzt, wie es, ohne einen Fehler zu begehen, geschehen müsste, noch nach dem Bogen auf der Netzhaut, wie man bisher angenommen, sondern nach der Sehne, die dem Gesichtswinkel der Distanz im Auge zugehört,* 2) *besteht eine Distanz aus mehreren Distanzelementen, so ist die geschätzte Grösse der Gesammtdistanz gleich der Summe der geschätzten Grössen der Distanzelemente,* 3) *besteht eine Distanz aus lauter unendlich kleinen Distanzelementen, so ist die scheinbare Länge der Gesammtdistanz gleich der wirklichen.*

Ist in Figur 50 NN' die Netzhaut, K der Kreuzungspunkt der Richtungslinien, und entsprechen die Buchstaben der geraden Linie ABCDE den Punkten

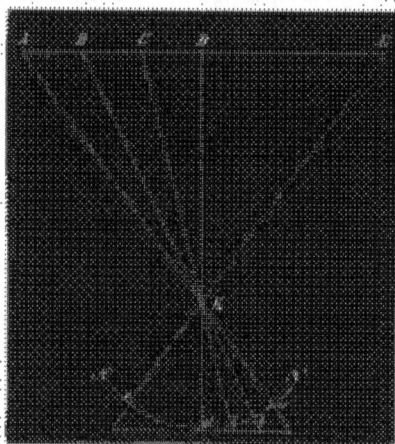

Fig. 50.

1, 2, 3, 4, 5 in *Figur 49*, so soll nach Hermo's und Kundt's Annahme die Distanz DE kleiner geschätzt werden, als die Distanz AD, weil die Sehne ed kleiner ist, als die Summe der Sehnen de + cb + ba.

Hermo hat keinen Beweis für diese Annahme beigebracht, Kundt aber hat dieselbe experimentell zu beweisen gesucht, indem er eine Distanz zwischen zwei Punkten einer Distanz, welche durch vier Punkte in einer Linie markirt war, gleich zu machen suchte, und Mittelzahlen durch Beobachtung fand, welche mit der aus seiner Hypothese folgenden Berechnung ziemlich gut übereinstimmen. Gleichwohl wird die Hermo'sche Entdeckung durch Kundt's Versuche nicht erklärt, denn die von Kundt beobachteten und berechneten Werthe

sind viel zu klein, als dass sie das angedeutete auffallende Phänomen erklären
könnten. In Kunkt's dritter Reihe wird statt einer Distanz von 50 Mm. zwischen
den zwei Punkten bei einer Entfernung des Auges von 220 Mm. im Mittel eine
Distanz von 48,48 eingestellt, während nach der Berechnung eine Distanz von
nur 49,16 eingestellt werden sollte. 50 Mm. von 49,16 Mm. zu unterscheiden ist
aber bei der grössten Uebung nur eben noch möglich, nach Volkmann, (*Physiologische Untersuchungen, 1863, p. 136,*) etwa die Grenze der Unterscheidbarkeit.
Wem wird aber eine solche Differenz auffallend erscheinen, wie es doch in
Hering's Versuch der Fall ist! Je kleiner nun der Gesichtswinkel für die Gesammtdistanz wird, um so stärker nehmen die nach Kunkt's Berechnung gegebenen Differenzen zwischen der Summe der Distanzelemente und der einfachen
Distanz ab. Stelle ich in einer Entfernung von 2000 Mm. von meinem rechten
Auge vier senkrechte weisse Linien auf schwarzem Grunde auf, so dass die erste
von der vierten 100 Mm. entfernt ist, und suche eine fünfte bewegliche Linie
ebenso weit entfernt von 4, als 4 von 1 ist, einzustellen, *Figur 51* — so müsste

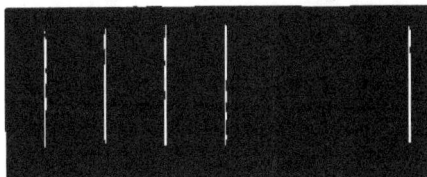

Fig. 51.

ich nach der Berechnung von Kunkt, wenn ich den Gesichtswinkel für die
3 Distanzelemente D, D', D'' mit w, w', w'', den für die einfache Distanz D'''
mit w''' bezeichne, einen Fehler F machen:

$$F = \frac{D\,2\,sin\,\tfrac{1}{2}\,w}{tang\,w} + \frac{D'\,2\,sin\,\tfrac{1}{2}\,w'}{tang\,w'} + \frac{D''\,2\,sin\,\tfrac{1}{2}\,w''}{tang\,w''} - \frac{D'''\,2\,sin\,\tfrac{1}{2}\,w'''}{tang\,w'''} -$$

$$= 3\left(\frac{33\cdot 2\,sin\,28'\,39''}{tg\,57'\,18''}\right) - \frac{100\cdot 2\,sin\,1^{\circ}\,25'\,52''}{tg\,2^{\circ}\,51'\,44''}$$

$$= 100 - 99,900$$

$$= 0,1\ \text{Mm}.$$

also die fünfte Linie statt auf 100 Mm. auf 99,9 Mm. einstellen. Das ist nun
eine Differenz, die gewiss kein Mensch im Stande ist zu unterscheiden. Wenn
ich nun aber ganz unbefangen die Linie einstelle, oder Jemanden einstellen
lasse, der nicht weiss, um was es sich handelt, so wird die fünfte Linie ungefähr
auf 110 Mm. eingestellt. So habe ich, wenn ich mit dem rechten Auge sehe und
die Linien die Anordnung wie in der Zeichnung hatten, die fünfte Linie in 10 Versuchen eingestellt auf:

110 Mm.; 109 Mm.; 113 Mm.; 111 Mm.; 113 Mm.; 112 Mm.;
114 Mm.; 114 Mm.; 110 Mm.; 114 Mm.

im Mittel auf 112 Mm. Stellte ich sie auf 107 Mm. ein, so erschien mir der Raum von 4 bis 5 entschieden kleiner als der Raum von 1 bis 4, stellte ich sie auf 120, so erschien der Raum entschieden grösser.

Dieselben Objecte ergeben bei 1000 Mm. Entfernung des Auges im Mittel 110.5 Mm., Minimum 109, Maximum 114 und bei 500 Mm. Entfernung des Auges im Mittel 111 Mm., Minimum 109, Maximum 113 Mm. Dieses letztere Verhältniss des Gesichtswinkels ist ungefähr dasselbe wie in Knapp's dritter Versuchsreihe, und während Knapp einen Fehler von $\frac{1}{54}$ bei der Beobachtung begangen hat, habe ich einen Fehler von $\frac{1}{10}$ gemacht. Hier kann nicht eine persönliche oder individuelle Differenz angenommen werden, vielmehr finde ich die Erklärung für Knapp's Beobachtungsresultate darin, dass sich derselbe geübt hat, den bei unbefangenem Sehen auftretenden Fehler in der Schätzung eliminiren zu lernen. Knapp würde damit gezeigt haben, dass bei grösster Uebung immer noch ein Fehler im Sinne der Hasner-Knapp'schen Hypothese begangen wird, aber seine Versuche würden nicht die Täuschung erklären, welche bei dem Versuche sogleich auffällt, und welche man bemerkt, ohne, wie Knapp selbst sagt, *lange zu urtheilen und zu visiren.* Ich habe mich daher auch in meinen Versuchen bemüht, mein Urtheil nicht durch die Erfahrungen zu corrigiren, und habe in jenen Versuchsreihen immer erst nach Beendigung der Versuche die Distanzen, welche ich eingestellt hatte, gemessen. Ich muss nämlich die eingestellte Distanz mit dem Zirkel, und stach dann die Zirkelspitzen in Papier ein. Nachträglich bestimmte ich die Distanz der beiden Stiche nach Millimetern. Wie genau ich im Stande bin, Distanzen zu schätzen und eine dritte Linie auf dieselbe Distanz einzustellen, welche zwei feste Linien an einem Apparate haben, geht aus den Versuchen des vorigen Paragraphen hervor. Die Differenzen betrugen dort etwa $\frac{1}{100}$.

Im Ganzen muss ich den Schluss ziehen, dass die vorliegende Täuschung eine Urtheilstäuschung ist, und nicht aus der Hasner-Knapp'schen Hypothese erklärt werden kann. Eine Erklärung jener Urtheilstäuschung weiss ich allerdings nicht zu geben. Indess erinnere ich an Volkmann's und Lotze's Auffassung der Raumwahrnehmung, wonach derselben eine qualitative Empfindung zu Grunde liegt, welche durch psychische Thätigkeit zu einer extensiven Anschauung umgewandelt wird. (Lotze, *Medicinische Psychologie*, 1852, § 287, p. 328.) Bei dieser Ansicht, die mir durchaus nothwendig scheint, ist es von vornherein nicht gefordert, dass wir eine Summe intensiver Empfindungen einer anderen intensiven Empfindung gleich schätzen, auch wenn die Summe der Reize dem einen Reize gleich ist — ebenso wenig, wie es von vornherein gefordert ist, dass wir 10 Punkte von einer bestimmten Lichtintensität für ebenso hell wie einen Punkt von 10mal grösserer Lichtintensität schätzen. Eine Erklärung des Phänomens würde daher auf das Verhältniss zu basiren sein, welches zwischen der Extensität des Reizes und der Intensität der Empfindung stattfindet, und die Hasner'sche Beobachtung dahin umschrieben werden können: sie lehre, dass

18

eine Summe extensiver Reize eine intensivere Empfindung des Räumlichen hervorbringe, als ein extensiver Reiz, welcher jener Summe gleich ist. Die von Kewri
erhaltenen Differenzen sind übrigens so gering, dass wir die Ausdrücke Gesichtswinkel und scheinbare Grösse geradezu als gleichbedeutend
auch fernerhin ansehen können.

Ich habe noch einen Umstand bei der Anstellung der Versuche zu erwähnen,
nämlich die Schätzung der Distanzen bei ruhendem oder bewegtem Auge.
Kewri sagt ganz richtig, für seine Theorie sei es im Grunde gleichgültig, ob man
das Auge ruhend oder bewegt denke, im ersten Falle habe man die Sehne des
Netzhautbogens, im letzteren Falle die Sehne des Bogens, welchen der Gesichtspunkt durchläuft, zu nehmen.

Hueno's Beobachtung ist auch insofern interessant, als sie die einfachste
Form der Erfahrung ist, dass ein Raum, in welchem wir mehrere Objecte wahrnehmen, grösser erscheint, als ein leerer Raum.   Darauf lässt es sich denn auch
zurückführen, dass uns das Himmelsgewölbe im Freien nicht wie eine Halbkugel,
sondern wie ein Uhrglas geformt erscheint, und dass im Zusammenhange damit
Mond und Sonne uns am Horizonte grösser erscheinen, als im Zenith.   Beide
Phänomene sind schon von Smith *(Lehrbegriff der Optik, übersetzt von Kaestner,
1755, p. 33)* beobachtet und auf die angedeutete Weise erklärt worden.   Es
heisst daselbst: *Denn die Ebene des Horizonts ist eine sichtbare Fläche, welche
den Begriff erregt, dass die Entfernungen um das Auge ringsherum alle gleich
wären, aber in der lothrechten Fläche, die sich vom Auge bis an das Gewölbe er-
strecket, ist nichts zu sehen, das einen Begriff von ihren Theilen erregen könnte ...
Also vermindern sich die scheinbaren Entfernungen der höheren Theile des Gewölbes
nach und nach, wie sie sich von dieser Linie erheben ... Die Höhlung des Himmels
scheint dem Auge, das allein von einer scheinbaren Gestalt richtet, ein kleineres Stück
einer Kugelfläche, als eine Halbkugel.   Ich will sagen, der Mittelpunkt dieser
Höhlung ist tief unter dem Auge, und wenn ich zwischen verschiedenen Beobachtungen
das Mittel nehme, finde ich, dass die scheinbare Entfernung ihrer Theile am Horizont
gemeiniglich 3 bis 4mal grösser ist, als die scheinbare Entfernung der Theile von
ihr, die gerade über dem Scheitel stehen.*

Figur 52, welche nach Smith-Kaestner's *Figur 63, Taf. VII.* gezeichnet ist,
zeigt die scheinbare Gestalt des Himmelsgewölbes *H z H* im Vergleich mit dem
Halbkreise der Mondbahn *H Z H.* Von *A*, dem Auge des Beobachters aus, erscheint also die Entfernung bis zum Horizonte *H* grösser als bis zum Zenith, und
zwar weil auf der ganzen Ebene bis zum Horizonte sich viele Objecte befinden,
während in der Linie bis zum Zenith sich keine Objecte befinden.   Wir haben
also hier dieselbe Ursache der Täuschung über Distanzen, wie in Hueno's Versuch.
Das übrige folgt nun ohne Weiteres; wenn wir *A H* grösser schätzen als *A z*, und
anderweitig bestimmt werden, den Himmel als Kugelfläche wahrzunehmen, so muss
er uns als kleinerer Abschnitt einer Kugelfläche als eine Halbkugel erscheinen.
Befindet sich ein Object, der Mond, die Sonne, ein Sternpaar am Horizont, so

wird das Netzhautbild desselben ebenso gross sein müssen, als wenn sie im Zenith stehen, denn ihr Gesichtswinkel ändert sich nicht. Wenn wir aber bei gleicher Grösse des Netzhautbildes von ein und demselben Object, das Object einmal in grosse Ferne verlegen, das zweite Mal in geringere Entfernung, so werden wir im ersten Falle das Object für wirklich grösser schätzen, als im zweiten Falle;

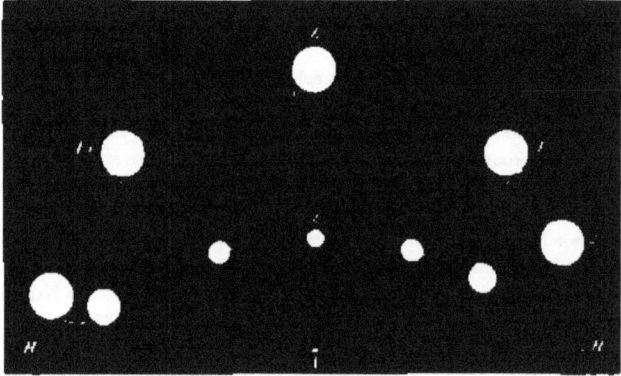

Fig. 52.

desswegen erscheinen uns also Sonne und Mond beim Auf- und Untergange grösser, als wenn sie im Zenith stehen (cf. § 141).

Smith hat auch die scheinbare Krümmung des Himmelsgewölbes zu bestimmen gesucht, indem er beobachtete, welche Sterne in der Mitte des Bogens zwischen Zenith und Horizont zu stehen schienen, und schätzte Sterne als in der Mitte befindlich, welche nur 23° vom Horizont entfernt waren; der Bogen *HzH* in *Figur 52* müsste also noch flacher sein. Seit Smith sind keine Beobachtungen hierüber gemacht worden; nur Drobisch (*Leipziger Berichte, 1855, III., p. 107*) hat die Formeln zur Berechnung der scheinbaren Gestalt des Himmelsgewölbes entwickelt, und erwähnt, dass ausser Smith und Kästner Bouguerkraus, *Astronomie, p. 82*, dies bereits gethan habe. Beobachtungen fehlen aber bis jetzt. Die ältere Literatur siehe in Priestley-Klügel, *Geschichte der Optik, 1776, p. 505.*

Es wäre sehr wünschenswerth, dass hierüber Genaueres beobachtet würde; die Wölbung scheint übrigens keineswegs eine constante zu sein, sondern mit der Bedeckung und Reinheit des Himmels, mit der Grösse der übersehbaren horizontalen Fläche, ihrer Helligkeit u. s. w. sich zu verändern.

§ 120. Dass wir uns auch in Bezug auf die Richtung von Linien täuschen, hat Zöllner entdeckt und zwar an dem *Figur 53* abgebildeten Muster (Poggen-

18*

poon's *Annalen*, *1860*, *Bd. 110*, *p. 500*). Er hat 1) festgestellt, dass die Divergenz und Convergenz der schwarzen und weissen Parallellinien am stärksten hervortritt, wenn dieselben gegen die Grundlinie (Verbindungslinie der beiden Augencentra) um 45° geneigt sind, am wenigsten wenn sie parallel zur Grundlinie oder rechtwinklig gegen dieselbe verlaufen. Zöllner hat ferner 2) gefunden, dass es gleichgültig ist, ob die Linien dünn oder dick sind, wenn sie nur überhaupt deutlich sind, ebenso ob die Streifen breit oder schmal sind, 3) dass die Täuschung eben so gut beim Sehen mit beiden als mit einem Auge statthat, 4) ist Zöllner von Poggendorff darauf aufmerksam gemacht worden, dass ausser der Convergenz und Divergenz der Längsstreifen eine nonlinearartige Verschiebung der kürzeren Querstreifen stattfindet, welche unabhängig von der scheinbaren Ablenkung der Längsstreifen ist. 5) Endlich hat Zöllner in einem zweiten Aufsatze (Poggendorff's Annalen, *1861*, *Bd. 114*, *p. 587*) durch Versuche ermittelt, bei welchem Neigungswinkel der Querstreifen die Divergenz der Parallellinien oder der pseudoskopische Winkel am grössten wird und folgende Werthe gefunden

Neigung der Querstreifen	Ablenkung der Längsstreifen $= q$
20°	2° 40'
30°	3° 50'
40°	2° 34'
50°	1° 30'
60°	0° 46'

Das Maximum würde also bei Zöllner eintreten bei einer Neigung der Querstreifen von 30°

Demnächst hat Hauso (*Beiträge zur Physiologie*, *1861*, *p. 70 u. f.*) noch verschiedene andere Figuren construirt, welche eine pseudoskopische Ablenkung von Linien zeigen. So erscheint nach Hauso ein Kreis, in welchem ein Quadrat gezeichnet ist, dessen Ecken den Kreis berühren, nicht mehr als Kreis, sondern man glaubt vier Bogen zu sehen, deren jeder einem kleineren Kreise angehört. Ferner tritt die nonlinearartige Verschiebung ein, wenn eine breite verticale oder horizontale Linie von einer dünnen Linie schief geschnitten wird; ausserdem findet Hering, dass eine gerade Linie, über welche ein oder einige Kreisbogen geschlagen sind, nach unten convex erscheint.

Diesen pseudoskopischen Erscheinungen hat Kundt (Poggendorff's Annalen, Bd. 120, 1863, p. 136) noch einige Figuren hinzugefügt, und ausserdem durch Versuche nach einer andern Methode das von Zöllner gefundene Maximum der pseudoskopischen Ablenkung bestätigt. Dann hat Kundt gefunden, dass die Täuschung zu- und abnimmt bei geringerer oder grösserer Entfernung des Auges von dem Objecte, und durch messende Versuche ermittelt, bei welcher Entfernung die pseudoskopische Ablenkung = o wird für eine gegebene Grösse der Zeichnung und Neigung der Querstreifen. Ausserdem haben Zöllner, Hering und Kundt gefunden, dass die Täuschung abnimmt und endlich = o wird bei Neigung der Zeichnungsebene gegen die Visirebene (die durch die Grundlinie und den fixirten Punkt gelegte Ebene), und Kundt hat auch hierüber messende Versuche angestellt. Endlich hat Kundt gefunden, dass die Intensität der Täuschungen mit der Anzahl der Querstriche zunimmt.

Was nun die Erklärung der Erscheinungen, die übrigens wohl ein Jeder bestätigt finden wird, betrifft, so stehen Zöllner auf der einen, Hering und Kundt auf der anderen Seite sich gegenüber. Zöllner hat die Täuschungen auf psychische Momente zurückzuführen gesucht, indess ist es mir nicht gelungen, Zöllner's Deductionen zu verstehen. Kundt und Hering haben die Zöllner'sche Täuschung auf die Sehnentheorie zurückzuführen gesucht, wie bei den Erscheinungen, die ich im vorigen Paragraphen besprochen habe. Hering hat auch hierfür keinen Beweis beigebracht; Kundt hat auf indirectem experimentellen Wege die Erscheinungen aus der Sehnentheorie zu erklären gesucht von dem Satze ausgehend: *Die scheinbaren Grössen der um einen Punkt herum liegenden Winkel sind proportional den zugehörigen Sehnenwinkeln, und gleich den Winkeln, die man erhält, wenn man 360° im Verhältniss der Sehnenwinkel theilt.* Eine directe Prüfung dieser Theorie durch Messungen ist nicht durchführbar gewesen und so hat Kundt auf indirectem Wege Versuche zur Stütze der Theorie angestellt: er hat namentlich bestimmt, in welcher Entfernung vom Auge die gegebenen Objecte unter gegebenen Umständen die Pseudoskopie nicht mehr zeigten. Bei einer Reihe von Versuchen haben sich indess eigenthümliche Abweichungen gezeigt: es wurden nämlich Zeichnungen, welche einander geometrisch ähnlich und nur von verschiedener Grösse im Verhältniss von 1, 2 und 4 waren, darauf hin untersucht, in welcher Entfernung des Auges die Pseudoskopie aufhörte. Die Entfernungen hätten sich nun auch wie 1 zu 2 zu 4 verhalten müssen, statt dessen finden sich Verhältnisse 8,4 zu 16,9 zu 25,2 1)

$$13,3 \cdot 20,1 \cdot 29,9 \quad 2)$$
$$14,9 \cdot 21,3 \cdot 28,3 \quad 3)$$

also in 1) Verhältnisse von 1 zu 2 zu 3 ungefähr, in 2) von 1 zu 1½ zu 2, in 3) von 1 zu 1½ zu 2. Kundt erklärt diese bedeutenden Abweichungen von der Lageveränderung des hintern Knotenpunktes bei der Accommodation; wenn man in Erwägung zieht, dass die in 1, 2 und 3 angeführten Zahlen rheinländische Fusse (1 Fuss = 0,31 Mètre) bedeuten, so wird wohl kein Physiologe Kundt's Ansicht beizutreten geneigt sein.

Der Einwand, welcher für die ohnehin schwach gestützte Schneetheorie am verderblichsten scheint, ist schon auf der ersten Seite von Zöllner's erstem Aufsatze zu finden. Die Thatsache ist die, dass die Täuschung ein Minimum und Maximum erreicht, während das Netzhautbild völlig unverändert bleibt, nämlich bei Drehung des Auges oder der Zeichnung um die Gesichtslinie. Kreuzen sich die Längsstreifen der Zöllner'schen Zeichnung *Figur 53* mit der Grundlinie um 45°, so ist die Täuschung am stärksten, kreuzen sie sich unter 90°, so ist sie am schwächsten. Auch Hrauss führt diese Thatsache ausdrücklich *a. a. O, p. 76* an und fertigt sie mit den Worten ab: *Die Erklärung dieser Thatsache gehört nicht hierher.* Mir scheint ein derartiges Eliminiren von Thatsachen, die einer Theorie entgegenstehen oder aus ihr nicht erklärt worden können, einem Naturforscher nicht erlaubt.

Ich weiss keine Erklärung der Zöllner'schen Paradoxopie zu geben.

§ 121. Wenn uns der Ortsinn der Netzhaut befähigt, unsere Empfindungen in Beziehung zu der reinen Vorstellung vom Raume zu bringen und dieselben in Bezug auf das Nebeneinander aufzufassen und zu ordnen; wir also zu Anschauungen von dem Raume oder Objecten im Raume gelangen: so tritt zu dieser Fähigkeit noch eine weitere Erkenntniss des Raumes, nämlich die Eintheilung des Raumes nach Dimensionen. Wir reduciren den Raum auf 3 Dimensionen, die wir aus Gründen, die hier nicht zu berühren sind, in ganz bestimmter Lage und Anordnung denken: eine senkrechte, eine wagerechte und eine Tiefendimension. Warum wir die senkrechte und wagerechte Dimension gerade als die principalen Dimensionen wählen, ist wie gesagt hier nicht zu besprechen, in unserer Sinnlichkeit ist diese Wahl jedenfalls nicht begründet, wir könnten ebensogut irgend welche diagonalen Dimensionen gewählt haben. Thatsache aber ist, dass wir unsere Wahrnehmungen in Beziehung auf Oben und Unten, Rechts und Links, auf Vorn und Hinten registriren und uns demgemäss über dieselben verständigen. Dadurch kommt also eine neue Relation unserer Wahrnehmungen scheinbar auf einander, aber in Wahrheit doch nur auf Abstractionen unseres Verstandes zu Stande: denn haben wir z. B. eine Beziehung des wahrgenommenen Punktes *a* auf zwei andere Punkte *b* und *c* nach Distanz und Richtung erkannt, so bestimmen wir nun ferner die Lage der beiden Punkte in Rücksicht auf das Oben und Unten sowie das Rechts und Links. Ich muss aber darauf aufmerksam machen, dass diese Beziehung auf Oben und Unten nicht als ein Zwischenglied zwischen unseren Wahrnehmungen und den durch sie veranlassten Bewegungen aufgefasst werden darf, sondern dass wir, ganz abgesehen von Oben und Unten, unsere Bewegungen den Wahrnehmungen gemäss einrichten. In Bezug auf das Oben und Unten ist es schwieriger, sich zu überzeugen, dass die Reduction unserer Wahrnehmungen auf die Dimensionen nur nebenher geht neben der Auslösung zweckmässiger

Bewegungen, dagegen ist diese Ueberzeugung leicht für die Beziehung auf Rechts und Links zu gewinnen. Wer geübt ist, sich selbst gewissermassen plötzlich zu arretiren und zu visitiren, der wird sich leicht überzeugen, wie er seine Bewegungen ohne alle Reduction auf Rechts und Links ausführt. Wenn ich z. B. das Pferd Galopp anspringen lasse, so weiss ich nie, ob ich mit dem rechten oder linken Schenkel oder Zügel die Hülfe gebe, sondern komme erst zu der Kenntniss davon durch nachträgliche Reflexion — Ich weiss eben so wenig, ob ich rechts oder links herum tanze, und habe oft Mühe, darüber ins Klare zu kommen — mein Freund und College Forster theilt mir mit, die Patienten wüssten oft nicht, wie sie es anfangen sollten, um die Augen nach rechts oder links zu bewegen, oder fragten, mit welchem Auge sie nach rechts sehen sollten. Als Kind wurde mir untersagt, mit der linken Hand den Löffel beim Essen zu führen, ich konnte mir aber lange Zeit nicht merken, welches meine rechte Hand wäre, und suchte dies durch besondere Abzeichen an meinem Aermel bemerklich zu machen; erst als ich anfing schreiben zu lernen, probirte ich vorher, mit welcher Hand ich schreiben würde, und demgemäss ergriff ich den Löffel. Ich meine, aus diesen Beispielen gehe hervor, dass Rechts und Links Begriffe sind, die nicht direct für unsere Orientirung nothwendig sind, und schlesse, dass dasselbe für die Begriffe Oben und Unten gilt. Für unsere Netzhaut wird sich dann ergeben, dass gewisse Punkte derselben, wenn sie afficirt worden, bestimmte Bewegungen des Auges und weiterhin unseres Körpers zur Folge haben, dass es aber völlig gleichgültig ist, wie jene Punkte auf der Netzhaut liegen, wenn nur die relative Lage jener Punkte immer ein und dieselbe bleibt. Ob daher ein Punkt, welcher afficirt wird, oben oder unten auf der Netzhaut liegt, ist an sich ganz unwesentlich, und ebenso unwesentlich ist es, ob sich unsere Augenaxen nach Oben oder Unten, nach Rechts oder Links bewegen, so lange nur die Relationen zwischen Empfindungs- und Bewegungsorganen nicht geändert worden. Nur die Constanz der ursprünglich gegebenen Verbindung zwischen Wahrnehmungen und Bewegungen ist nothwendig für uns — gleichgültig ist die Qualität jener Verbindung. Denken wir uns einen monocularen Menschen, bei welchem alle senkrechten Objecte horizontale Netzhautbilder gäben und umgekehrt, welcher also um nach Oben zu sehen, seinen Augapfel nach Rechts bewegen würde, und um nach Rechts zu sehen, seine Augenaxe nach unten, so würde dadurch in seiner Orientirungsfähigkeit nichts geändert werden, wenn diese Verhältnisse von Geburt an gewesen wären, und er würde, ohne in den Spiegel zu sehen, nicht wissen, dass er seine Augen anders bewegte, als die übrigen Menschen. Ja wir machen die interessante Erfahrung, dass selbst für den erwachsenen Menschen eine ähnliche Veränderung zwischen den Objecten und ihrem Netzhautbilde eintreten kann, und er fähig ist, einen entsprechenden Wechsel in seinen Bewegungen herbeizuführen, so dass seine Orientirung nicht verloren geht. Das ist der Fall beim Sehen durch das zusammengesetzte Mikroskop, und wenn wir mit diesem zu arbeiten gewöhnt sind, so müssen wir erst wieder mit dem einfachen Mikroskop oder einem Secirmikroskop unsere Bewegungen abändern lernen.

Bei dieser Auffassung scheint mir die Umkehrung des Bildes durch die brechenden Medien als völlig gleichgültig für das Sehen angesehen werden zu müssen, und es ist nur noch ein Punkt zu besprechen, nämlich die Disharmonie zwischen Haut und Netzhaut, welche in einem bestimmten Falle in der Localisirung eines Reizes auftritt.

Dies ist der Fall, in welchem gleichzeitig Haut und Netzhaut von ein und demselben Reize afficirt werden, wenn man nämlich den Augapfel an einer Stelle drückt, wo der Druck eine Druckempfindung auf der Haut und eine Lichtempfindung auf der Netzhaut hervorruft, und man nun den Druck z. B. an der äusseren Seite des Auges, die Lichtempfindung an der inneren Seite des Gesichtsfeldes empfindet. Es wird also damit ein und derselbe Reiz verschieden localisirt, und es tritt somit eine wirkliche Disharmonie in der Ortsbestimmung ein. Da nun aber die Lichterscheinung in Folge verschiedener Schlüsse als eine Wahrnehmung erkannt wird, welcher kein leuchtendes Object entspricht, die Druckempfindung aber als eine Wahrnehmung, der ein wirkliches Object zu Grunde liegt, so sind wir keinen Augenblick im Zweifel, wie wir den ganzen Vorgang zu deuten haben. Das ganze Experiment ist, wie mir scheint, für unsere Ortswahrnehmung durchaus von keiner Bedeutung, als dass es den Satz von der Kreuzung der Richtungsstrahlen durch die brechenden Medien bestätigt, oder den Satz, dass das Netzhautbild die umgekehrte Lage hat, wie das Object. Wir benutzen aber das durch Druck erzeugte Lichtbild ebenso wenig zu unserer Orientirung, wie unzählige andere Erscheinungen, von denen wir durch andere Wahrnehmungen und Schlüsse zu der Ueberzeugung kommen, dass ihnen kein Object entspricht.

§ 122. In der Einleitung § 8 habe ich darauf aufmerksam gemacht, dass ein fortwährender Rapport zwischen den Wahrnehmungen, welche durch unsere Netzhaut vermittelt werden, und den Wahrnehmungen durch unsere Haut stattfinde — beiderlei Wahrnehmungen müssen in Harmonie sein, wenn unsere Bewegungen harmonisch und zweckmässig sein sollen. Wir sind nun in dem Falle durch Bewegungen unserer Glieder gegen einander und gegen unsern Körper, sowie durch Gesichtswahrnehmungen, die wir von unseren Gliedern und unserem Körper machen, uns auf unserer Hautoberfläche zu orientiren, können uns dagegen nicht in gleicher Weise auf unserer Netzhaut orientiren, die wir ja nicht befühlen und betasten können. Wir wissen daher, wenn wir nicht Anatomen oder Physiologen sind, nichts von dem Vorhandensein oder der Lage unserer Netzhaut und müssen daher unsere Gesichtswahrnehmungen auf diejenigen Ortswahrnehmungen reduciren, welche uns der Tastsinn bietet. Wir haben nun in der That eine grosse Fertigkeit darin, die mit den Bewegungen unseres Körpers verbundenen Veränderungen der Netzhautbilder so zu reduciren, dass unsere Vorstellungen von den Objecten ihre Einheit nicht einbüssen. Wenn wir unsern Kopf und mit ihm unsere Netzhäute bewegen, so ändert sich unsere Vorstellung von einem

Objecte trotz der Veränderungen des Netzhautbildes nicht — ebenso wenig, wenn wir unsern ganzen Körper fortbewegen oder ihm eine andere Lage geben. Die Nachbilder geben uns Auskunft darüber, wie wenig die von unserem Körper ausgehende Bewegung unserer Netzhaut für gewöhnlich zu unserem Bewusstsein kommt, denn wenn auch das Nachbild alle möglichen Sprünge und Schwankungen macht, so scheinen uns die Objecte vollkommen unbewegt. Indess giebt es Fälle, in denen uns die Bewegung unseres Körpers verborgen bleibt oder nur unvollkommen zum Bewusstsein kommt, und dann sind wir auf die Netzhautwahrnehmungen beschränkt, und müssen aus ihnen allein auf die Oertlichkeit der Objecte schliessen. Wir kommen in diesem Falle zu falschen Resultaten (cf. Purkinje, *Physiologie der Sinne, 1825, II., p. 50 u. f.*).

Bekannt ist die Täuschung, dass wir glauben, die Objecte bewegten sich, wenn wir in der Meinung, selbst unbewegt zu sein, eine Veränderung unserer Gesichtswahrnehmungen bemerken. Das tritt z. B. ein, wenn wir sanft auf einer Eisenbahn dahingleiten, ohne die Bewegung des Wagens zu fühlen: wir schliessen dann, dass ein daneben stehender Train oder andere feststehende Objecte sich bewegen; oder wenn wir über den Bord eines sanft dahingleitenden Kahnes einige Zeit das Wogen der Wellen beobachten; oder bei sehr rapiden, ungewohnten Bewegungen, z. B. wenn wir uns sehr schnell im Kreise herumdrehen: ich erinnere mich von meinen ersten Reitübungen her, dass ich beim Barrierespringen die Fenster der Reitbahn in lebhafter Bewegung sah, was mir so unangenehm war, dass ich dann zum grossen Ergötzen meines Reitlehrers immer während des Sprunges die Augen schloss; dasselbe habe ich bemerkt, wenn ich von einem hohen Sprungbrette ins Wasser springe, sowie bei rapiden Rotationsbewegungen beim Turnen. Man kann auch bei schnellem Schütteln des Kopfes (Drehung um die vertikale oder sagittale Axe) alle umgebenden Objecte die entgegengesetzte Bewegung machen sehen.

Eine andere Klasse von Bewegungen ist die, wenn unsere Augäpfel unbewusst oder auch nur passiv bewegt werden: wenn ich abwechselnd schnell hinter einander mit dem rechten und linken Auge schiele, so fangen die Objecte an zu wanken und sich zu bewegen; desgleichen wenn ich mit dem Finger den Augapfel verschiebe, wie schon Aristoteles Problemata *I*. 80. angegeben hat: δύο φαίνεται καὶ ἐάν τις κάτωθεν πιέσῃ τὴν ὄψιν, ἐκίνησε γὰρ τὴν ἀρχὴν τῆς ὄψεως, ὥστε μηκέτι εἰς ταυτὸ συμβάλλειν τῇ ἑτέρᾳ. Cf. *A A.* 7. der Probleme. Auch die scheinbaren Bewegungen der Objecte, nachdem man sich schnell gedreht hat, gehören hierher.

In allen diesen Fällen fehlt uns eine genaue Kenntniss von der Grösse unserer Bewegungen, und darum sind wir ausser Stande, die Veränderungen in unserem Gesichtsfelde auf unsere Körperbewegungen zu reduciren.

Eine dritte Art von Täuschungen habe ich vor einigen Jahren bemerkt und veröffentlicht (*Virchow's Archiv, 1860, Bd. XX, p. 38. f.*). Wenn ich nämlich in einem sonst ganz finsteren Zimmer nur einen linienförmigen Spalt am Fenster übrig lasse, welcher zu klein ist, um die im Zimmer befindlichen Objecte zu beleuchten, mich gerade vor die vertikale helle Linie stelle und den Kopf nach rechts neige, so dass also das rechte Ohr nach unten gerichtet ist, so erscheint die Linie schief und zwar von rechts unten nach links oben gerichtet; neige ich den Kopf nach links, so erscheint die helle Linie von links unten nach rechts oben gerichtet. Entsprechend sind die Resultate bei horizontaler Lage der hellen Linie. Die Raddrehung der hellen Linie erfolgt also im entgegengesetzten Sinne, wie die Drehung des vertikalen Meridians oder der Grundlinie, neige ich den Kopf nach links, so dreht sich die Linie in dem Sinne eines Uhrzeigers.

Um die Grösse der scheinbaren Drehung ungefähr zu bestimmen, gab ich der Linie eine Neigung von 45°, und zwar von links unten nach rechts oben. Neige ich den Kopf nach rechts, so erscheint die Linie vertikal, geht sogar bei starker Neigung des Kopfes (über 90°) über die Vertikale hinaus — neige ich den Kopf nach links, so erscheint die Linie horizontal, geht aber bei Neigung des Kopfes über 90° über die Horizontale hinaus. Das Maximum der scheinbaren Drehung tritt ein bei einer Neigung des Kopfes um etwa 135°; neigt man den Kopf noch stärker, so geht die Linie mehr in ihre wirkliche Lage zurück. Sehe ich zwischen meinen Beinen durch oder stehe ich auf dem Kopfe, so erscheint die Linie ebenso, wie bei gewöhnlicher, aufrechter Stellung. Die scheinbare Drehung der Linie beträgt also bei Neigung des Kopfes um 90° ungefähr 45°, für das Maximum der beiderseitigen Neigungen des Kopfes in Summa über 90°. Bei geringerer Neigung des Kopfes dreht sich die Linie auch nur wenig.

Wichtig ist ferner die Art und Weise, in welcher die Raddrehung der hellen Linie erfolgt. Die Drehung folgt nämlich der Neigung des Kopfes, wenn diese langsam ausgeführt wird, ziemlich unmittelbar; neigt man aber den Kopf plötzlich bedeutend, so vergehen einige Secunden, bevor die Linie ihre Drehung vollendet hat. Ferner ist die Erscheinung so, dass wir nicht direct eine Bewegung der Linie selbst wahrnehmen, wie es bei der wirklichen Drehung eines Objectes der Fall ist; vielmehr macht es den Eindruck, als ob die helle Linie unverändert an Ort und Stelle bliebe, dagegen der umgebende Raum sich drehte, oder unsere Vorstellung von Oben und Unten sich veränderte. Diesen Eindruck hat der Versuch nicht nur mir, sondern auch meinen Freunden gemacht, die ich darum befragte. Die eigenthümliche Veränderung, welche in unserer Vorstellung von Oben und Unten bei Neigung des Kopfes einzutreten scheint, zeigt sich noch deutlicher bei einer kleinen Abänderung des Versuches: lasse ich nämlich an dem verschlossenen Fenster etwas mattes Licht nach oben gegen den Bogen der Mauer über dem Fenster scheinen, stelle mich gerade vor das Fenster und neige den Kopf nach rechts, so scheint der matte Lichtschein nicht mehr vor mir zu sein, wo ich ihn bei aufrechtem Kopfe sehe, sondern um eine bedeutende Strecke weiter nach links zu liegen, während die Region, welche ich vor mir zu haben glaubte, ganz dunkel erschien. Aendert sich nun unsere Vorstellung von den Richtungen des Raumes in der Weise, dass wir das Oben nach Links und Oben verlegen, so müssen wir auch das obere Ende einer vertikalen Linie nach Oben und Links, das untere Ende nach Unten und Rechts hin verlegen.

Untersuchen wir nun die Bedingungen, unter denen der Versuch zu Stande kommt, so finden wir, dass die Erscheinung nur eintritt, wenn das Zimmer so dunkel ist, dass keine anderen Objecte sichtbar sind. Ist die helle Linie um 45° gegen das Loth geneigt und der Kopf so geneigt, dass die Linie vertikal erscheint, und lässt man, ohne seine Stellung zu verändern, die Thür öffnen, so dass die Objecte im Zimmer sichtbar werden, so geht die Linie augenblicklich in die schiefe Lage zurück. Lässt man die Thür wieder schliessen, während man in derselben Lage verharrt, so wird die helle Linie wieder in 1 bis 2 Sekunden vertikal. Dieser Erfolg ist constant bei mir und anderen Personen eingetreten. Noch bequemer ist der Versuch in folgender Weise: bei etwas geöffneter Thür, so dass die Objecte im Zimmer eben sichtbar sind, fixirt man die schief gestellte helle Linie und neigt den Kopf um etwa 90°: die Linie erscheint schief. Nun hält man eine dunkle Glasscheibe vor das Gesicht: sogleich ändert die Linie ihre Lage und hat binnen 1—2 Sekunden eine vertikale Stellung eingenommen; nimmt man das dunkle Glas wieder weg, so geht die Linie sofort in ihre schiefe Stellung zurück. Das dunkle Glas verdeckt nämlich die matt erleuchteten Objecte im Zimmer vollständig, während die lichtstärkere Linie sehr deutlich sichtbar bleibt. — Uebrigens ist die Raddrehung der hellen Linie unabhängig von der Drehung des Kopfes um seine vertikale und horizontale Axe, nur eine Drehung um die sagittale Axe ruft die Erscheinung hervor. Es ist ferner gleichgültig, ob man mit einem oder mit beiden Augen sieht; auch Ueberlegung und Aufmerksamkeit scheinen keinen Einfluss zu haben: die veränderte Lage der Linie wird mit dem Zwange einer unmittelbaren Sinneswahrnehmung dem Beobachter aufgedrängt, und lässt sich eben so wenig ändern, wie die scheinbare Grösse des aufgehenden Mondes.

Die Erklärung dieser Erscheinung glaube ich nun darin zu finden, dass wir uns der ausgeführten Neigung unseres Kopfes nicht dauernd bewusst bleiben, weil wir zu wenig Anhaltspunkte dafür haben, in welcher Lage sich unser Kopf und Körper und mit ihnen zugleich unsere Augen sich befinden. Deswegen legen wir die Richtungen im Raum zu den Richtungen unseres Kopfes falsch aus, nämlich so, als ob wir den Kopf weniger geneigt hätten. In einem hellen Raum, wo wir eine Menge Objecte und uns selbst zum Theil sehen können, haben wir fortwährende Anlässe, uns unserer Stellung bewusst zu bleiben und uns über unsere Stellung im Verhältniss zu den Objecten zu orientiren; werden uns aber im finstern Zimmer diese Anhaltspunkte für unsere Orientirung entzogen, so bleibt nur noch der Tastsinn oder das Muskelgefühl übrig, um uns von der Lage unseres Körpers zu benachrichtigen. Der Einfluss des Muskelgefühls wird aber um so geringer werden, je länger wir in der geneigten Lage verharren und damit wird auch die Correction von der Vorstellung der Raumlage verloren geben, kurz in dem Grade, wie wir aufhören uns der Lage unseres Kopfes und unseres Netzhaut bewusst zu sein, wird sich die Vorstellung vom Raum verändern, und zwar in einem unserer Kopfneigung entgegengesetzten Sinne. Ich brauche übrigens wohl nicht daran zu erinnern, dass mit der Neigung unseres Kopfes keine Raddrehung unseres Augapfels verbunden ist.

Für die Richtigkeit meiner Deutung dieser Erscheinung habe ich noch Folgendes anzuführen: 1) dass, je mehr ich dafür sorge, dass das Gefühl von der Neigung des Kopfes oder Körpers verloren geht, um so stärker die helle Linie ihre Richtung verändert. Lege ich mich lang ausgestreckt auf den Fussboden des verfinsterten Zimmers, lasse den Kopf bei vertikaler Lage der Grundlinie auf einem weichen Kissen ruhen, halte ein dunkles Glas vor die Augen und vermeide möglichst jede Bewegung des Körpers: so weicht im Verlaufe einiger Minuten die helle Linie immer mehr von ihrer wirklichen Lage ab, so dass sie auf Augenblicke um etwa 80° von ihrer wirklichen Lage abzuweichen scheint; ganz horizontal ist mir indess die vertikale helle Linie nie erschienen. Sie geht indess hin und wieder mehr von ihrer scheinbaren zu ihrer wirklichen Lage zurück. 2) Die scheinbare Drehung der hellen Linie ist bei mir nicht jedesmal gleich gross: während ich meist die Abweichung auf 45° schätzen musste, schien sie mir andere Male viel weniger, etwa zur 25° zu betragen. 3) Die Grösse der scheinbaren Drehung ist individuell verschieden. Meinem Freunde und Collegen Leopold Auerbach schien die Drehung der hellen Linie bei senkrechter Grundlinie nur etwa 15° zu betragen, nahm indess bei längerer Dauer der Neigung des Kopfes allmählig beträchtlich zu. 4) Auerbach hat auch Schwankungen in der Abweichung der Linie bemerkt, so dass sie sich bald mehr, bald weniger von der Vertikalen zu entfernen scheint. Auch ich habe mich später überzeugt, dass bei mir solche Schwankungen vorkommen, und glaube zu bemerken, dass sie von kleinen Bewegungen des Körpers abhängen, durch die wir wieder an unsere Kopflage erinnert werden.

Eine kleine Veränderung des Versuches ist die, dass man statt der Linie zwei helle Punkte anwendet, wozu der Apparat in *Figur 11, p. 58* benutzt werden kann: man sieht dann den einen Punkt einen Bogen beschreiben. Am leichtesten ausführbar ist der Versuch so, dass man ein vertikales Nachbild von einer Kerzenflamme in seinem Auge sich bilden lässt, dann den Kopf um 90° neigt, so dass das Nachbild horizontal liegt. Schliesst man nun die Augen, so wird das Nachbild in wenigen Sekunden schief, ohne dass eine Veränderung in der Neigung des Kopfes stattfindet.

Meiner Erklärung der Erscheinung stimmt auch Mannken (*Bericht über die Fortschritte der Anatomie und Physiologie im Jahre 1860—1862, p. 576*) bei.

Alle die erwähnten Täuschungen finden statt, wenn eine Unterbrechung in dem Verkehr zwischen der Netzhaut, den Bewegungen und dem Tastsinn stattfindet, oder wenn wir verhindert sind, die Veränderung des Netzhautbildes auf Bewegungen unseres Körpers oder unseres Auges zu reduciren, und sie sprechen daher für die Annahme, dass wir fortwährend unbewusst die Veränderungen der Netzhautbilder so auf die Bewegungen des Körpers reduciren, dass die Einheit der Vorstellung von den Objecten und ihrer Lage im Raume erhalten bleibt.

Der Mechanismus für diese Reduction muss allerdings sehr complicirt sein, wenn wir bedenken, wie bedeutend fortwährend bei unseren Bewegungen die Verschiebung der Netzhaut nach allen Dimensionen den Objecten gegenüber ist (wie die linearen Nachbilder am besten zeigen) und es scheint mir, dass die nachgewiesene Regelmässigkeit und Einfachheit unserer Augenbewegungen bei unbewegtem Kopfe und Körper die Leichtigkeit, mit der wir uns zu orientiren vermögen, nicht zu erklären im Stande ist.

VIERTER ABSCHNITT.

DAS

BINOCULARE UND STEREOSCOPISCHE SEHEN.

§ 123. Das Sehen mit zwei Augen bietet manche schwierige Probleme, welche besonders daraus zu entspringen scheinen, dass der sinnliche Antheil beim binocularen Sehen noch schwieriger von dem psychischen Antheile zu sondern ist, als beim monocularen Sehen. Das ganze Gebiet des stereoskopischen Sehens wird fast ausschliesslich von psychischer Thätigkeit beherrscht, denn das Sehen von Körpern beruht ja nicht auf der directen Wahrnehmung von Körpern, sondern auf der Auslegung unserer sinnlichen Wahrnehmungen. Es wird also die Frage sein, welche Sinneswahrnehmungen uns zu der Annahme körperlicher Objecte nöthigen oder anregen, und welche Sinneswahrnehmungen wir anders auslegen können oder müssen. Wenn wir ferner beim Sehen mit beiden Augen zu der Annahme kommen, dass nur ein leuchtender Punkt vorhanden sei, so ist die Frage, ob wir dazu durch den Bau oder die Function unserer Sinnesorgane, oder durch psychische Thätigkeit veranlasst werden — denn bei der fortwährenden Complication psychischer Thätigkeit mit unseren Sinnesfunctionen von Geburt an, ist es uns nur bei besonders günstigen Bedingungen und bei grosser Uebung in der Selbstbeobachtung möglich, beiderlei Functionen zu isoliren. Das Problem des Einfachsehens hat daher zu mannigfachen Erklärungen geführt und eine Anordnung der empfindenden Elemente auf den beiden Netzhäuten kennen gelehrt, welche sowohl an sich von hohem physiologischen Interesse, als auch von besonderer Wichtigkeit für die Lehre von den Bewegungen der Augen ist.

Aber nicht allein die Auslegung der Wahrnehmungen, die wir beim binocularen Sehen machen, sondern auch die Combination der einfachen Empfindungen, die wir auf jedem der beiden Augen haben, ist zu berücksichtigen; wir werden also auch die Combination von Lichtempfindungen der beiden Augen, sowie von Farbenempfindungen zu untersuchen haben.

Mit der Frage nach der Körperlichkeit, die wir den wahrgenommenen Objecten beilegen, hängt, wie in der Einleitung schon erwähnt wurde, die Frage nach der Entfernung der Objecte von uns zusammen und die Entfernung ist wiederum ein Faktor für die Grösse, welche wir den Objecten zuzuschreiben haben.

So werden sich also Helligkeit, Färbung, Körperlichkeit, Entfernung und Grösse ändern können, je nachdem wir uns beider Augen oder nur eines Auges zum Sehen bedienen.

Wir haben daher zu untersuchen:

1) die Lichtempfindung beim binocularen Sehen,

2) die Farbenempfindung beim binocularen Sehen,

3) das Einfachsehen mit beiden Augen, wobei wir die Theorie von den identischen Netzhautstellen und vom Horopter zu besprechen haben,

4) das stereoskopische Sehen bei Anwendung eines und beider Augen,

5) die Erkenntniss der Entfernung und Grösse.

CAPITEL I.

Die Lichtempfindung beim binocularen Sehen.

§ 124. Wenn ein leuchtender Punkt unsere beiden Netzhäute in der Weise afficirt, dass wir nur einen leuchtenden Punkt wahrnehmen, so muss die Frage sein: summiren sich die beiden Affectionen der Netzhaut zu einer einzigen stärkeren Empfindung oder nicht?

Diese Frage ist schon von Aristoteles (*Problemata A A (31) 10*) aufgeworfen worden: διὰ τί τῇ μιᾷ ὄψει ἀπαθέστερον; und also dahin beantwortet worden, dass wir beim Sehen mit einem Auge weniger afficirt werden. Zu demselben Resultate ist Jurin (*Smith Kaestner, Lehrbegriff der Optik*, 1755, p. 479) gekommen, und giebt an: *Also siehet eine Sache mit beiden Augen ungefähr $\frac{1}{5}$ heller aus, als mit einem. Doch den Versuch sehr scharf zu machen, würde schwer sein.* Brewster (*Das Stereoskop*, 1857, p. 49) erwähnt: Hamer (*Optik p. 117*) nimmt die Differenz zu $\frac{1}{16}$ oder $\frac{1}{17}$ an.

Die Frage scheint leicht zu beantworten; wir brauchen ja nur das eine Auge zu schliessen oder zu bedecken; ist dann die Helligkeitsempfindung schwächer, so müssen wir schliessen, dass eine Summirung stattfinde; ist die Helligkeitsempfindung dieselbe, so schliessen wir, dass keine Summirung stattfindet.   Der einfache Versuch ergiebt das letztere: ein Stern, eine Lichtflamme, der Mond, ein weisses Papierblatt, der Himmel erscheint eben so hell, wenn wir ihn mit beiden, als wenn wir ihn mit einem Auge anschauen.   Nur einen sehr leichten Schatten haben verschiedene Beobachter im Momente, wo das eine Auge verdeckt wird, sich über das Gesichtsfeld breiten sehen (Fechner, *Ueber einige Verhältnisse des binocularen Sehens*, *Abhandlungen der Königl. Sächsischen Gesellschaft der Wissenschaften*, *Bd. VII., 1860, p. 423*).   Auch ich kann denselben bemerken, wenn ich bei nicht zu hellem Tageslicht auf weisses Papier sehe, indess nicht, wenn ich den Himmel betrachte.   Die Verdunkelung ist indess, wie sich weiterhin ergeben wird, sehr gering bei mir, so dass ich behaupten kann, die Objecte erscheinen mit einem Auge gesehen nahezu ebenso hell als mit beiden Augen.   Desmarrait (*Comptes rendus 1855, XLI., p. 1008*) glaubt, dieses Resultat von der Erweiterung der Pupille bei Verschluss des einen Auges herleiten zu können, indem sich der Durchmesser der Pupille bei monocularem Sehen zu dem bei binocularem Sehen wie $1\,2$ zu $1\,1$ verhielte, in der That also eine Summirung der Eindrücke stattfände; indess ist diese, übrigens durch Messungen von Desmarrait nicht bewiesene Annahme leicht zu widerlegen.   Wählt man nämlich eine sehr verminderte Beleuchtung zur Anstellung des Versuches, so ist die Erweiterung der Pupille bei Verschluss des einen Auges nur sehr unbedeutend, der Effect bezüglich der Gleichheit der empfundenen Helligkeit bei monocularem und binocularem Sehen aber derselbe. Andererseits zeigt sich, dass die Verengerung der Pupille bei Accommodation für die Nähe keinen Einfluss auf die Helligkeit eines gleichmässigen Gesichtsfeldes z. B. eines grossen Papierbogens oder des gleichmässig weissen oder blauen Himmels hat.   Befindet sich ein grosser Cartonpapierbogen in 1 Mètre Entfernung von meinen Augen, so erscheint er ebenso hell, wenn ich auf 200 Mm., als wenn ich auf 1000 Mm., oder als wenn ich für die grösste Ferne accommodire, mag ich dabei ein Auge oder beide Augen benutzen.   Dasselbe hat Fechner (*a. a. O., p. 426*) gefunden, indem er durch ein kleines Loch in einem Kartenblatte mit dem einen Auge sehend, den Einfluss der Pupillenveränderung ausschloss.

Wenn man bei dieser Form des Versuches keine Erhellung des Gesammtgesichtsfeldes beim Sehen mit zwei Augen, also auch keine Summirung der Empfindungen eintritt und wir dasselbe Resultat haben, als wenn wir eine oder beide Hände in laues Wasser eintauchen, wo uns dasselbe immer gleich warm erscheint; so hat doch Fechner Umstände gefunden, unter denen eine Art Summirung oder Ausgleichung der Empfindungen des einen Auges mit dem des andern Auges eintritt.   Fechner fasst seine Beobachtungen unter der Benennung „paradoxer Versuch“ zusammen.   Die Versuche sind folgende:

1) Ist vor dem einen Auge ein graues Glas, welches zwei Drittheil bis etwa ein Dreissigtheil Licht durchlässt, und das andere Auge frei, so erscheint das Gesammtgesichtsfeld oder ein helles Object dunkler, als wenn dasjenige Auge, vor welchem sich das graue Glas befindet, ganz verdeckt oder geschlossen wird.

2) Die stärkste Verdunkelung des Gesammtgesichtsfeldes tritt ein, wenn das Glas etwa $1/85$ Licht durchlässt. Ist das Glas heller oder dunkler, so ist die Verdunkelung des gemeinschaftlichen Gesichtsfeldes geringer.

3) Die Helligkeitsempfindung im Gesammtgesichtsfelde ist nahezu dieselbe, wenn das Glas etwa $1/8$ und wenn es $1/80$, oder wenn es etwa $1/4$ und wenn es $1/20$ Licht durchlässt.

Was nun das Qualitative der Fechner'schen Versuche betrifft, so kann ich dieselben nur durchweg bestätigen: man kann sich am leichtesten von Fechner's Angaben überzeugen, wenn man 3 gleiche Gläser von Smoke-Brillen übereinander gelegt vor ein Auge (es sei das rechte Auge und werde mit R bezeichnet) hält, und R schliesst: öffnet man nun R, so erscheint das gemeinschaftliche Gesichtsfeld oder ein weisses Object dunkler als bei geschlossenem Auge, entfernt man eines der grauen Gläser, so verdunkelt sich das Gesichtsfeld noch mehr, entfernt man noch ein Glas, so dass nur eines vor R bleibt, so erscheint das Gesichtsfeld wieder etwas heller: entfernt man alle Gläser, so erscheint das Gesichtsfeld am hellsten. Dasselbe kann man beobachten, wenn man mässig dunkle farbige Gläser anwendet.

§ 125. Für quantitative Bestimmungen waren mir indess die grauen Gläser zu unrein, sie sind immer etwas gefärbt, entweder röthlich oder bläulich oder grünlich (Fechner, a. a. O., p.354) und die Färbung ändert sich sehr beträchtlich, wenn man mehrere Gläser über einander legt, indem dann die Färbung sehr zurücktritt. Diese Färbungen der Gläser waren mir so störend, dass ich zu keinem sicheren Urtheile kommen konnte. Ich habe daher den allerdings viel unbequemeren Episkotister zu den Versuchen angewendet, welcher den grossen Vortheil hat völlig reines Grau zu geben, und eine ziemlich genaue Messung der ins Auge gelangenden Lichtquantitäten zulässt. Der bereits in § 21 Figur 4 und 5 beschriebene Episkotister[*]

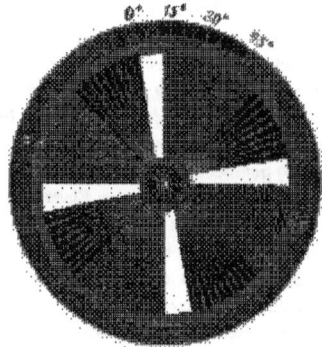

Fig. 54.

Figur 54 besteht aus zwei übereinander liegenden schwarzen Scheiben, an denen Octanten, oder beliebig grosse Sectoren ausgeschnitten sind, und welche so gegen einander gestellt werden können, dass die Ausschnitte, also die Theile, welche Licht durchlassen, vergrössert und verkleinert werden. Wird der Episkotister in schnelle Rotation versetzt, so wird er

---

*) Ich finde, dass diese Vorrichtung schon von Talbot (s. Plateau in Poggendorff's Annalen, 1835, Bd. 35, p. 459) angegeben worden ist.

ganz durchsichtig, wie ein graues Glas. Mit einem einzigen Episkotister ist man zunächst im Stande nachzuweisen, welche Verdunkelung erforderlich ist, um die Helligkeit des gemeinschaftlichen Gesichtsfeldes zu vermindern. Schliesst man abwechselnd das Auge H und sieht durch den Episkotister auf ein weisses Cartonpapier, so tritt bei mir keine irgend merkliche Aenderung ein, wenn der Episkotister weniger als $^1/_{60}$ Licht durchlässt, oder, wenn wir die Helligkeit des gemeinschaftlichen Gesichtsfeldes bei freien unermüdeten Augen == 1000 setzen, weniger als 20 durchlässt. Ist die Menge des durchgelassenen Lichtes wenig mehr als 20, so tritt eine geringe Verdunkelung ein, die mit der Vermehrung der durchgehenden Lichtmenge bis zu einer gewissen Grenze annimmt. Diese Grenze wird sogleich näher bestimmt werden. Wird die Menge des durchgelassenen Lichtes grösser als 300, so nimmt die Helligkeit des Gesammtgesichtsfeldes immer mehr zu, bis endlich ein Punkt kommt, wo kein Unterschied mehr gegen die Helligkeit des Gesichtsfeldes für das eine freie Auge bemerkt werden kann, d. h. wo das Gesichtsfeld oder der Papierbogen eben so hell scheint, wenn das eine Auge geschlossen ist, als wenn man denselben durch den Episkotister sieht. Dieser Punkt liegt etwa bei einer Helligkeit des Episkotister == 900. Wird noch mehr Licht zugelassen, so wird das Gesichtsfeld bei binocularem Sehen ein klein wenig heller, als bei geschlossenem Auge.

Fechner hat nun den interessanten Nachweis geführt, dass Gläser von einer bedeutenden Dunkelheit vor das eine Auge gebracht, die Helligkeit des Gesammtgesichtsfeldes genau ebenso vermindern, als Gläser von einer bestimmten, sehr geringen Dunkelheit, und indem er seine Resultate auf eine Curve reducirt, s. Figur 56, nennt er die entsprechenden Helligkeiten des Gesammtgesichtsfeldes conjugirte Punkte. Man kann durch Uebereinanderlegen von Gläsern (Superposition [Fechner]), oder indem man das helle und dunkle Glas schnell wechselt (Juxtaposition) diese den conjugirten Punkten entsprechenden Helligkeiten finden. Benutzt man den Episkotister, so muss man das Verfahren der Juxtaposition anwenden, indem man zwei Episkotister in schnelle Rotation setzt und schnell hinter einander abwechselnd durch den einen und den andern sieht, und dieselben so lange stellt, bis die beiden Helligkeiten des Gesammtgesichtsfeldes genau gleich erscheinen. Figur 55 zeigt die Vorrichtung, wie ich sie benutzt habe, und die sich sehr gut bewährt hat. Vor den schnell rotirenden Scheiben, durch welche man mit dem einen Auge auf das Object sieht, während das andere Auge frei bleibt, muss sich aber noch ein Schirm mit einem Loche befinden, durch welches man durchsieht. Dieser Schirm hat zwei wesentliche Vortheile: erstens, mögen die Scheiben des Episkotister von geschwärztem Messing oder von schwarzer Pappe sein, sie reflectiren immer Licht, wodurch eine störende Undeutlichkeit des Objectes hervorgebracht wird; der Schirm bedeckt aber die Scheibe, und das Loch in der Scheibe wird während der Beobachtung von dem Auge, respective dem Kopfe des Beobachters verdeckt, so dass der solide Theil der Scheibe nur äusserst wenig Licht reflectirt. Zweitens ist es gefährlich, den schnell rotirenden Scheiben zu nahe zu kommen und die Schirme vor den Scheiben überheben den auf die Helligkeit des Objectes aufmerkenden

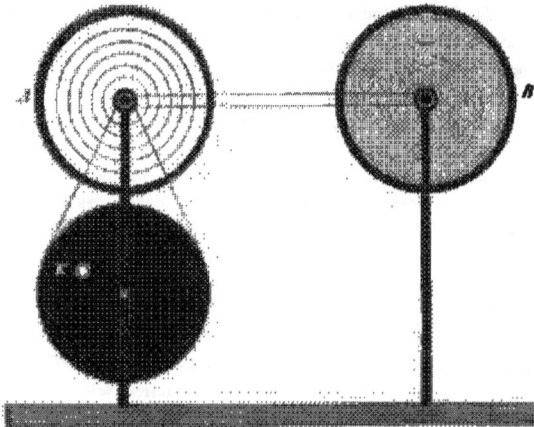

Fig. 55.

Beobachter der sehr störenden Sorge für die Integrität seiner Nase. Endlich wird dadurch dem Auge ein bestimmter Punkt in Bezug auf die Scheiben und das Object angewiesen, was auch zweckmäßig ist. Die Schirme sind nur 20 Mm. von dem Episkotister entfernt. Als Object diente in den meisten Versuchen ein weisser Bogen Cartonpapier, in einigen ein grauer Bogen Cartonpapier, 1 Mètre von dem Auge entfernt, in andern eine Lampenglocke, die freie Flamme der Lampe, der Himmel.

Die Resultate, welche ich mittelst der beiden Episkotister erhalten habe, beziehen sich namentlich auf eine genauere Bestimmung der Fechner'schen conjugirten Punkte und des Fechner'schen Minimumpunktes, und haben mich durch die Genauigkeit und Uebereinstimmung, obgleich dieselbe nicht vollkommen ist, überrascht. Man bekommt nach einiger Uebung ein sehr genaues Urtheil über Helligkeitsunterschiede im Gesammtgesichtsfelde, so dass Helligkeitsdifferenzen von $1/50$, ja von $1/100$ des Episkotister noch einen merklichen Unterschied in der Helligkeit des Gesammtgesichtsfeldes hervorbringen. Man muss immer die Frage zu beantworten suchen, welches Gesichtsfeld ist heller, welches dunkler, nicht die Frage, ob beide gleich hell sind. Da ferner die Einstellung am Episkotister von zwei zu zwei Graden oder um $1/180$ genau gemacht werden kann, und ohne Schwierigkeit zu bewerkstelligen ist, so scheint die Methode sehr zuverlässig. Indess ist eine Störung für die Genauigkeit der Resultate gegeben in der Veränderlichkeit der Netzhauterregbarkeit, welche nicht zu controliren ist. Es ist

19*

daher namentlich die Dauer der einzelnen Beobachtung, worauf auch Fechner aufmerksam gemacht hat, möglichst gleich zu nehmen, und nicht etwa durch den einen Episkotister 20 Sekunden, durch den andern 2 Sekunden lang zu sehen. Auch habe ich es zweckmässig gefunden, zwischen den Beobachtungen die Augen zu schliessen. Ferner muss die Lage des Kopfes so sein, dass nicht das eine Auge mehr beleuchtet wird, als das andere. Endlich muss man die Aufmerksamkeit nicht dem einen oder andern Auge, sondern lediglich dem Objecte und seiner Helligkeit zuwenden.

Ich habe nun in einigen Versuchsreihen den dunkleren Episkotister B immer von $0°$ an um je $4°$ heller gemacht und den andern Episkotister A so lange gestellt, bis B und A die gleiche Helligkeit des Gesammtgesichtsfeldes gaben; in anderen Versuchsreihen habe ich den Episkotister A von $67\frac{1}{2}°$ ab um je $7\frac{1}{2}°$ dunkler gestellt, und demgemäss den dunkleren Episkotister B erhellt, bis die Gesammtgesichtsfelder gleich hell erschienen. Nach der ersten Versuchsreihe ist, indem ich Fechner's Construction (p. 475) gefolgt bin, die beistehende Curve *Figur 56* gezeichnet, an welcher die Resultate in folgender Weise zu ersehen sind.

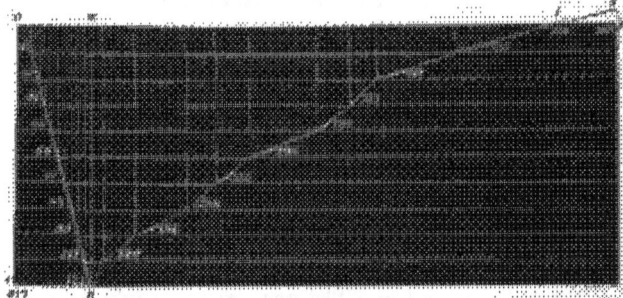

Fig. 56.

Setzen wir mit Fechner die Lichtintensität des offenen Auges $R = 1000$, so sind auf der Linie $o\,p$ die Lichtintensitätes von 0 bis 1000 verzeichnet, welche dem Auge L geboten werden, indem bei 0 das Auge L geschlossen, bei 1000 offen und frei von verdunkelnden Medien ist, dazwischen aber die Lichtintensitäten liegen, welche an den Episkotisteren eingestellt werden. Die Ordinaten bezeichnen die Lichtintensitäten des Gesammtgesichtsfeldes, so dass bei $o\,\mu$ das Gesammtgesichtsfeld am dunkelsten, bei $p\,\beta$ am hellsten ist; den ersten Punkt μ nennt Fechner den Minimumpunkt, den Punkt β den Maximumpunkt. Die absolute Länge der Ordinate $= 417$ ist in folgender Weise bestimmt worden: Das eine Auge sieht durch den einen Episkotister B, welcher 122 Theile Licht durchlässt, das andere Auge ist frei. Die bei diesem binocularen Sehen erhaltene

Helligkeit wird verglichen mit der Helligkeit, die ein zweiter Episkotister A durchlässt, durch welchen mit einem Auge gesehen wird, während das andere geschlossen ist. Dieser zweite Episkotister wird so lange gestellt, bis das durch ihn gesehene Object eben so hell erscheint, als wenn es mit beiden Augen unter den oben angegebenen Bedingungen gesehen wird. Das Object erscheint nun, wenn das eine Auge durch den Episkotister B bei 11° Oeffnung sieht, und das andere Auge frei ist, eben so hell, als wenn es mit einem Auge, bei geschlossenem andern, durch den Episkotister A mit $52\frac{1}{4}$° Oeffnung gesehen wird. Dies giebt auf 1000 reducirt eine Helligkeit 583, also einen Lichtverlust von $1000-583 = 417$. Die Menge des entzogenen Lichtes ist aber hier zu berücksichtigen, denn je weiter wir aufwärts nach O gehen, um so heller erscheint das Gesammtgesichtsfeld und in O selbst ist kein Lichtverlust mehr merklich. Die Eintheilung zwischen O und 417 ist dann durch gleichmässige Theilung der Ordinate erhalten worden, was als die einfachste Annahme erlaubt scheint.

Nun tritt zunächst keine merkliche Veränderung in der Helligkeit des Gesammtgesichtsfeldes ein, mag das Auge L geschlossen sein, oder weniger als $\frac{1}{50}$ des vollen Lichtes in dasselbe einfallen. Wenn aber $\frac{1}{50}$, oder genauer 22 Tausendtheil des vollen Lichtes einfallen, so tritt eine merkliche Verdunkelung des Gesammtgesichtsfeldes ein. Dieselbe wird immer stärker, je mehr Licht in das Auge L gelassen wird, bis die Menge des in L einfallenden Lichtes etwa $\frac{1}{8}$ oder 122 Tausendtheile des vollen Lichtes beträgt, ausgedrückt durch den absteigenden Theil der Curve $o\mu$ — wird diese Menge noch vermehrt, so tritt nicht stärkere Verdunkelung, sondern vielmehr eine Erhellung des Gesammtgesichtsfeldes ein, welche durch den aufsteigenden Theil der Curve von μ bis i oder bis 900 bezeichnet ist. Wenn also 900 Tausendtheile des vollen Lichtes in das Auge L einfallen, so ist das Gesichtsfeld eben so hell, als wenn das Auge L geschlossen ist. Ist endlich R und L offen und frei, so ist die Lichtintensität des Gesammtgesichtsfeldes ein wenig grösser, als wenn das eine Auge geschlossen ist; das bedeutet die Ordinate $p\jmath$. — Weiter muss sich nun zu jeder Ordinate des absteigenden Theiles der Curve eine gleich grosse Ordinate in dem aufsteigenden Theile der Curve finden, d. h. die Gesammtintensität des Gesichtsfeldes muss eben so gross sein, wenn z weniger als 122 Tausendtheile Licht nach L gelangen, wie die Gesammtintensität, wenn y mehr als $\frac{122}{1000}$ Licht in L einfallen. Die hierzu erforderlichen Lichtmengen sind durch die oben der Curve stehenden Zahlen bezeichnet: die Helligkeit des Gesammtgesichtsfeldes ist also eben so gross wenn 22, als wenn 733 Tausendtheile des vollen Lichtes in das Auge L gelangen, eben so gross wenn 33, als wenn 601, eben so gross wenn 44, als wenn 555 Tausendtheil des vollen Lichtes in L einfallen u. s. w. Diese beiden Intensitäten des in das eine Auge einfallenden Lichtes, welche bei offenem andern Auge dieselbe Helligkeit des Gesammtgesichtsfeldes hervorbringen, nennt Fechner conjugirte Intensitäten und die ihnen entsprechenden Punkte der Curve conjugirte Punkte.

§ 126. Fechner hat bei seinen Beobachtungen mit Gläsern den Himmel als Object benutzt und hat sowohl bei sich als bei Anderen verschiedene Zahlen für den Minimumpunkt, sowie für die conjugirten Punkte gefunden. Ich gebe in der folgenden Tabelle eine Uebersicht seiner Mittelzahlen.

Tabelle XLII. (Fechner.)

Vorder-Zahl.	Hinter-Zahl.		
	Fechner, blauer Himmel.	Funke, bedeckter Himmel.	Zoellner, graulicher Himmel.
6,4	523		
8,3			537
10,3	441	574	389
13,1	306	637	197
14,3		603	118
16,7	320		108
21	302		
29,7	293		

Wenn auch diese Zahlen vielleicht in Folge individueller Verhältnisse der Beobachter wenig harmoniren, so zeigt sich doch durchweg die Zahl für den vorderen conjugirten Punkt kleiner als die Zahl der Intensität, bei welcher für mich die Differenz gegen den Schluss des Auges merklich wurde, und ebenso sind auch die Hinterzahlen viel kleiner als in meinen Versuchen. Es liegt nahe, an einen Einfluss der absoluten Lichtintensität zu denken, da ja der Himmel jedenfalls heller ist, als ein in einem gewöhnlichen Wohnzimmer befindliches Blatt weissen Papiers in 2—3 Mètres Entfernung vom Fenster. Ich habe daher theils den Himmel, theils die Milchglasglocke, theils die freie Flamme einer Photogen-lampe zu Versuchen benutzt, welche denn auch den Einfluss der absoluten Licht-Intensität sowohl auf die Lage der conjugirten Punkte als auf die Lage des Minimumpunktes ausser Zweifel gesetzt haben. Ich gebe in der folgenden Tabelle eine Uebersicht der unter den bezeichneten Umständen gewonnenen Versuchs-zahlen, aus denen hervorgeht, 1) dass bei zunehmender Lichtintensität des Objectes die grösste Verdunkelung des gemeinschaftlichen Gesichtsfeldes geringer wird; 2) dass die conjugirten Intensitäten bei zunehmender Helligkeit des Objectes geringere Differenzen geben, oder dass die conjugirten Punkte einander näher rücken; 3) endlich wird die Bestimmung eines Minimumpunktes bei stärkerer Helligkeit des Objectes unmöglich, indem innerhalb einer gewissen Breite kein Unterschied in der Helligkeit des gemeinschaftlichen Gesichtsfeldes mehr bemerkt werden kann, so dass statt eines Minimumpunktes eine Minimumlinie zu verzeichnen ist.

Für die in der Rubrik IV. Tabelle XLIII. enthaltenen Zahlen, welche für die freie Flamme einer Photogenlampe im übrigen finstern Zimmer erhalten wurden, bemerke ich, dass sie viel unsicherer sind als die übrigen Zahlen, da die Blendung der Augen und die lange anhaltenden Nachbilder die Beurtheilung der Helligkeitsgleichheit sehr erschweren. In der dritten Rubrik, wo der Himmel als Object diente, war dieser blau und enthielt weisse glänzende Wolken, welche von der Sonne sehr günstig beleuchtet wurden, da sie am nördlichen Himmel standen, die Sonne aber mehr im Süden, als im Osten sich befand.

Die erste Zahlenreihe in den Columnen bedeutet die Vorderzahlen (s. Figur 56) die zweite Zahlenreihe die Hinterzahlen für die conjugirten Punkte. Die eingeklammerten Zahlen bedeuten die absolute Verdunkelung des Gesammtgesichtsfeldes, wie 417 in Figur 56.

Tabelle XLIII.

I. Papier.	II. Milchglasglocke.	III. Himmel.	IV. Freie Flamme.
22 = 733	16 = 750	16 = 700	16 = 444
33 = 601	22 = 656	22 = 600	22 = 377
44 = 555	33 = 400	33 = 333	33 = 333
55 = 500	44 = 333	44 = 128	44 = 250
66 = 590	55 = 250	55 = 83	55 = 200
77 = 353	66 = 166	66	66 ... 166
88 = 280	77 ... 140	(333)	
99 = 194			
111 = 140			
122			
(417)			

Da nun Fechner den blauen Himmel, Funke den bedeckten Himmel, Zöllner den graulichen Himmel beobachtet haben, so werden die bedeutenden Abweichungen vielleicht nicht blos auf individuelle Verschiedenheiten, sondern auch auf Differenzen in der absoluten Helligkeit des Objects zu beziehen sein. Von dem Einflusse der absoluten Helligkeit des Objects auf die Lage der conjugirten Punkte kann man sich, ohne genaue Messungen zu machen, leicht überzeugen, wenn man zwei so dunkle Gläser benutzt, dass durch ein Glas ein von der Lampe beleuchtetes Papier dunkler erscheint, als durch beide Gläser. Sieht man dann durch dieselben Gläser auf die helle Kerzenflamme selbst, so erscheint dieselbe durch beide Gläser dunkler, als durch ein Glas. Dieser Erfolg muss nach Rubrik I. und IV. der Tabelle XLIII. erwartet werden, denn in Rubrik I. würde ein Glas, welches die Hälfte Licht (500) durchlässt, dieselbe Dunkelheit des gemeinschaftlichen Gesichtsfeldes erzeugen, wie ein Glas, welches etwa $1/_{20}$ (55) Licht durchlässt. Nach Rubrik IV. giebt aber das letztere Glas eine Dunkelheit, welche bedeutend grösser ist ($^3/_5 = 200$), als die Helligkeit eines Glases, welches die Hälfte Licht durchlässt.

§ 127. Fechner hat, ohne wie er selbst *(p. 462, a. a. O.)* sagt, eine eigentliche Erklärung des Phänomens aus bekannten Principien versuchen zu wollen, auf 3 Momente zur Erklärung hingewiesen, welche man als die Combinationstheorie, die Aufmerksamkeitstheorie und die Antagonismustheorie bezeichnen kann. Nach der ersteren würde sich die Dunkelheit des einen Auges mit der Helligkeit des anderen Auges zusammensetzen und daraus eine mittlere Helligkeit des gemeinschaftlichen Gesichtsfeldes resultiren. Dagegen wendet Fechner mit Recht ein, dass dann die Helligkeit im gemeinschaftlichen Gesichtsfeldo so lange abnehmen müsste, als sie in dem einen Auge abnimmt, was mit den Thatsachen im Widerspruch ist. Nach der Aufmerksamkeitstheorie würde der Totaleffect der Empfindung sich vermindern, weil sich die Aufmerksamkeit bei geringen Differenzen theilt, bei grossen Differenzen sich wieder auf das hellere Gesichtsfeld allein concentrirt. Dagegen wendet Fechner ein, dass bei Theilung der Aufmerksamkeit zwischen verschiedenen Stellen ein und derselben Netzhaut ein ähnlicher Erfolg wie bei Theilung der Aufmerksamkeit zwischen zwei Netzhäuten nicht eintrete. Denn wenn zum Licht auf einer Stelle der Netzhaut Licht auf einer Nachbarstelle trete, so könnten wir doch nie sagen, dass durch die Theilung der Aufmerksamkeit die Helligkeitssumme im Ganzen abgenommen habe. Vom Antagonismus sagt Fechner: *Geht man in beiden Augen von völliger Dunkelheit aus, so wächst die Helligkeit continuirlich, in welchem beider Augen man auch das Licht einseitig wachsen lassen mag; da nun aber die schon einseitig erzeugte Helligkeit bis zu gewissen Grenzen wieder abnimmt, wenn man das Licht nochmals auch im anderen Auge bis zu gewisser Grenze wachsen lässt, so äussert der Hinzutritt des Lichtes auf der zweiten Netzhaut zum Licht auf der ersten eine beschränkende Wirkung auf die Empfindung des Lichtes: Ein solches Verhältniss nennen wir ein antagonistisches. Unstreitig geht die Wirkung des vermehrten Lichtes auf der einen wie der andern Netzhaut an sich dahin, vermehrte Helligkeit zu erzeugen, nur dass der Antagonismus beider Netzhäute eine Gegenwirkung hiergegen mitführt, die bis zum Minimumpunkte überliegt, darüber hinaus überwogen wird.*

Mir scheinen, wenn man von der Frage des psychischen und physiologischen Antheils an dem Phänomene abstrahirt, alle 3 Auffassungen nicht sehr von einander zu divergiren, namentlich scheinen mir in der ersten und zweiten Auffassung die Momente enthalten, aus welchen das Phänomen erklärt werden könnte.

Wir haben unbewusst die Tendenz, zwei Eindrücke auf symmetrischen Theilen unserer Empfindungsorgane mit einander zu combiniren zu einer gemeinsamen Empfindung. Ist die qualitative Differenz der beiden Eindrücke nicht sehr gross, so gelingt die Combination, überschreitet sie eine gewisse Grenze, so wird die Combination schwieriger und endlich unmöglich. Mit dieser Ausdrucksweise scheinen mir die Erscheinungen des paradoxen Versuches leicht zu umschreiben: Bis zum Minimumpunkte ist die Differenz der Empfindungen so gering, dass eine Combination beider Empfindungen möglich wird; wird die Differenz der Empfindungen grösser, so können wir a priori zweierlei annehmen: entweder jenseits jener Differenz ist gar keine Combination mehr möglich, oder jenseits jener Differenz nimmt die Combinationsfähigkeit allmählig ab. So lange Combination stattfindet, muss mit der Abnahme der Helligkeit auf der einen Netzhaut auch eine Abnahme der Helligkeit im Gesammtgesichtsfelde eintreten; nun wird die Combination schwieriger, aber nicht sogleich unmöglich: dann wird die stärkere Empfindung die vorherrschende, aber etwas von der schwächeren Empfindung wird mit ihr combinirt und dadurch die resultirende Empfindung etwas schwächer, als sie bei ganz verhinderter Combination sein würde. Mit Rücksicht auf die Zeichnung *Figur 56* kann man sagen: der rechte Theil der Curve 122 bis 900 stellt das Resultat der Combination dar, der linke Theil von 122 bis 0 zeigt den Gang der allmähligen Abnahme der **Combinationsfähigkeit.** Diese Umschreibung des Facca'schen paradoxen Versuches stimmt mit Wundt's Erklärung *(Theorie der Sinneswahrnehmung, 1862, p. 355)* überein, indem er ihn unter die Mischungserscheinungen subsumirt, und bei grosser Differenz der Helligkeiten eine Verhinderung der Mischung annimmt.

Für diese Auffassung scheint mir folgender Versuch zu sprechen: Sehe ich nach dem Himmel und nehme vor das rechte Auge ein Glas, welches etwa $\frac{1}{1000}$ Licht durchlässt, während das linke frei und offen ist, oder umgekehrt, so erscheint das gemeinschaftliche Gesichtsfeld dunkler, als wenn ich zu dem Glase noch ein eben so dunkles hinzufüge; nehme ich aber vor das bisher freie Auge ein Glas, welches etwa $\frac{100}{1000}$ Licht durchlässt, so tritt das Umgekehrte ein: das gemeinschaftliche Gesichtsfeld erscheint heller, wenn ich nur ein Glas vor dem rechten Auge habe, als wenn ich beide davor halte. Die Erklärung würde die sein: 45 lassen sich mit der Helligkeit von 1000 leichter combiniren, als 2, deswegen erscheint im ersten Falle das Gesichtsfeld dunkler; 2 lassen sich dagegen mit einer Helligkeit von 100 leichter combiniren, als mit der Helligkeit von 1000 und werden eben so gut mit ersterer Helligkeit combinirt, als mit der Helligkeit von 45, deswegen erscheint im zweiten Falle das Gesichtsfeld heller. Auch die im nächsten Capitel II. zu erwähnenden Versuche mit farbigen Gläsern sprechen für diese Auffassung.

Bei der binocularen Wahrnehmung räumlicher Verhältnisse zeigt sich etwas Ähnliches: zwei Linien, die um einen kleinen Winkel divergiren, vereinigen wir im Stereoskop zu einer Linie; je grösser der Winkel wird, um so schwieriger gelingt die Vereinigung und endlich wird dieselbe ganz unmöglich; aber bevor dieser Fall eintritt, bleiben die beiden Linien an ihrem Kreuzungspunkt noch mit einander vereinigt, nur an den Enden fallen sie auseinander.

Was für anatomische Vorrichtungen man sich zu denken habe für die Combinirung und Nichtcombinirung zweier verschiedener Eindrücke auf die beiden Netzhäute, darauf weiss ich freilich keine Antwort zu geben. Denn denkt man sich die Fasern identischer Netzhautstellen in einen Punkt am Sensorium endend, so müsste das Gesichtsfeld beim Verschluss des einen Auges offenbar halb so hell erscheinen, als wenn beide Augen offen sind, denkt man sie in separaten Punkten endend, so ist eine Combination oder Summirung der Eindrücke nicht denkbar.

§ 128. Statt auf ein Object zu sehen und dasselbe zu fixiren, indem man vor das eine Auge ein verdunkelndes Medium bringt, kann man eine Combination verschiedener Helligkeiten auch dadurch hervorbringen, dass man zwei Objecte von gleicher Form aber ungleicher Helligkeit so übereinander schiebt mittelst zu starker oder zu geringer Convergenz der Sehaxen, dass sie sich decken. Legt man z. B. ein Quadrat von weissem Papier und ein eben solches von schwarzem Papier auf grauen Grund und schiebt sie durch Convergenz oder Divergenz der Sehaxen, oder indem man sie in ein Stereoskop legt, über einander, so bekommt man ein Bild, welches dunkler als das weisse und heller als das schwarze Quadrat ist. Dasselbe tritt ein, wenn man in das eine Gesichtsfeld des Stereoskops schwarzes Papier, in das andere weisses Papier legt. Indess macht man in diesen Versuchen die Bemerkung, dass das Deckbild viel heller ist, als ein Grau, welches zum Beispiel durch Mischen gleicher Theile Schwarz und Weiss an der Masson'schen Scheibe erzeugt wird, und man bemerkt ferner, dass die Helligkeit nicht gleich bleibt, sondern das Quadrat bald heller, bald dunkler und auch an verschiedenen Stellen von ungleicher Helligkeit erscheint; endlich bemerkt man einen eigenthümlichen metallischen Glanz, es macht den Eindruck, als ob man in einen Spiegel oder auf eine Quecksilberfläche, oder auf eine Graphitfläche sähe.

Was die verhältnissmässig zu grosse Helligkeit des Sammelbildes betrifft, so ist dieselbe in Uebereinstimmung mit den im vorigen Paragraphen beschriebenen Versuchen mit Gläsern, denn eine vollständige Mischung oder Summirung findet nur vom Minimumpunkte an statt; das schwarze Papier ist aber so dunkel, dass eine vollkommene Combination zwischen beiden Empfindungen nicht mehr stattfinden kann; denn setzen wir nach den Bestimmungen in § 39 das Weiss = 57 mal heller als schwarzes Papier, so würde bei einer Helligkeit des Weiss = 1000, die Helligkeit des Schwarz = 17,5 zu setzen sein; bei einer solchen Helligkeit findet beim Sehen durch Gläser kaum noch eine Combination der beiden Empfindungen statt, die Helligkeit des Gesammtgesichtsfeldes muss also grösser sein, als bei einer wirklichen Mischung des Schwarz und Weiss. Nimmt man statt des schwarzen Papiers schwarzen Sammet oder beschattet man das schwarze Papier, so findet gar keine Combination mehr statt, sondern das Gesammtgesichtsfeld erscheint eben so hell, als wenn man das dem Schwarz gegenüber befindliche Auge ganz schliesst. Andererseits verändert graues Papier von einer Helligkeit, welche etwa = $\frac{1}{5}$ der Helligkeit des Weiss und 20 mal grösser als die des Schwarz ist (s. § 100), die Helligkeit des Gesammtgesichtsfeldes sehr bedeutend, mag man für das andere Auge

Weiss oder Schwarz wählen. Man würde auch statt der grauen Gläser das Grau Masson'scher Scheiben, wie ich sie früher in § 10 benutzt habe, anwenden können, indess ist ihre Anwendung viel umständlicher als die des Episkotister.

Sehr eigenthümlich ist die ungleiche Helligkeit des Sammelbildes, welche sich ganz besonders an den Rändern zeigt; sie tritt noch viel mehr hervor, wenn irgend welche schwarze Lineamente oder Zeichnungen auf dem weissen oder schwarzen Gesichtsfelde sich befinden. Wertheim (*Ueber Irradiation u. s. w. 1852, p. 104*) hat zuerst auf diese Erscheinung aufmerksam gemacht, sowohl bei schwarzen und weissen, als bei farbigen Objecten, welche sich binocular decken. Panum hat (*Physiologische Untersuchungen über das Sehen mit zwei Augen, 1858, p. 29*) auf den eigenthümlichen hellen Schein in der Umgebung der schwarzen Lineamente aufmerksam gemacht, eine Erscheinung, welche er als ein *sich stärker Geltendmachen der Contouren* bezeichnet. Indess ist das Phänomen sehr dem zeitlichen Wechsel unterworfen, indem bald das Feld des einen Auges, bald das des andern Auges in dem Sammelbilde stärker hervortritt, ohne dass dabei der Wille, oder die Aufmerksamkeit betheiligt zu sein brauchen. Man bezeichnet diesen Wechsel als Wettstreit der Gesichtsfelder. Er tritt bei dem Sehen durch graue Gläser nur selten und wenig hervor, macht sich dagegen bei farbigen Gläsern sehr deutlich bemerkbar. Wir kommen auf die Erscheinung im nächsten Capitel § 131 zurück. Ebenso werden wir den dritten Punkt, den eigenthümlichen Glanz des Sammelbildes, erst in § 133 besprechen.

CAPITEL II.

Die Farbenempfindung beim binocularen Sehen.

§ 129. Wie sich die Helligkeit der Objecte kaum ändert, wenn wir sie mit einem oder mit beiden Augen sehen, so ist auch die Farbenintensität der Objecte bei binocularem Sehen dieselbe, wie bei monocularem Sehen, wenn wir nur dafür Sorge tragen, dass unsere Augen sich nicht unter verschiedenen Verhältnissen in Bezug auf das zu ihnen gelangende Licht befinden (s. § 163, 4. Seitlicher Fensterversuch). Weiter zeigen sich aber auch ganz ähnliche Beziehungen zwischen den beiden Augen, wie im paradoxen Versuche, wenn wir in das eine Auge nur homogenes oder gefärbtes, in das andere weisses oder andersfarbiges Licht gelangen lassen. Denn wenn das eine Auge *R* frei und offen ist, vor das andere *L* ein gefärbtes Glas gehalten wird, so erscheint das gemeinsame Gesichtsfeld oder das Sammelbild mehr oder weniger stark gefärbt. Die Bestimmung dieses mehr oder weniger ist die eine unserer Aufgaben, die Untersuchung, welche Unterschiede die verschiedenen Principalfarben zeigen, die zweite Aufgabe dieses Capitels.

Die Versuche zur Bestimmung der stärksten Färbung des gemeinschaftlichen Gesichtsfeldes, wenn in das eine Auge farbiges Licht gelangt, und in das andere

das unveränderte Licht des Objectes, haben keineswegs den Grad von Genauigkeit, welcher mittelst des Episkotister für Helligkeitsdifferenzen erreicht werden
konnte. Ich konnte nur mit gefärbten Gläsern operiren, deren ich mehrere über
einander legte, um mehr oder weniger intensive Färbungen zu erhalten. Ich habe
nur überfangene, möglichst gleichmässige und nicht zu dunkle Gläser benutzt,
und als Object theils einen Bogen weisses Papier in etwa 2 Mètres Entfernung vom Fenster aufgestellt, theils die weissen gut beleuchteten Wolken des
blauen Nord-Himmels des Morgens benutzt. Dove hat (Poggendorff's Annalen,
1861, Bd. 114, p. 149) eine sehr einfache, auf das Bunsen'sche Princip gegründete
Methode angegeben, die Helligkeit von farbigen Gläsern zu bestimmen, wodurch
es möglich wird, verschiedene Principalfarben mit einander und mit einem Grau
zu vergleichen. Die Methode besteht darin, dass man eine kleine Photographie
auf den Tisch eines Mikroskopes legt, deren Buchstaben bei etwa hundertmaliger
Vergrösserung unter dem Mikroskop deutlich erkannt werden können: Beleuchtet
man die Photographie durch den Spiegel des Mikroskops mit durchfallendem
Lichte, so erscheinen die (undurchsichtigen) Buchstaben schwarz auf (durch-
sichtigem) weissem Grunde. Schwächt man aber das von dem Spiegel kommende
durchfallende Licht auf irgend eine Weise, so erscheint der Grund immer dunkler
und bei immer mehr geschwächtem durchfallenden oder Spiegellicht erscheinen
endlich die Buchstaben weiss auf schwarzem Grunde; denn die Buchstaben
werden ja auch von oben her durch auffallendes Licht beleuchtet. Nun giebt es
aber einen Punkt, wo die Buchstaben von dem auffallendem Lichte eben so
stark beleuchtet werden, als der Grund von dem durchfallenden Lichte, und
dann ist von den Buchstaben Nichts zu sehen. Man hat also, um die
Helligkeit farbiger Gläser zu bestimmen, nur so viele Platten zwischen Spiegel
und Object einzuschalten, bis die Buchstaben der Photographie verschwinden.
Dies traf für meine Gläser bei einer bestimmten Stellung des Spiegels ziemlich
genau zu, wenn von dem *rothen* (hellrothen) Glase 2 Platten, von dem *blauen* 2,
von dem *grünen* 3, von dem *violetten* mehr als 3 und weniger als 4 Platten, von
dem *gelben* Glase mehr als 5 und weniger als 6 Platten zwischen Spiegel des
Mikroskops und Object eingeschoben wurden. Um nun die Verdunkelung, welche
die farbigen Gläser hervorbringen, in Zahlen ausdrücken zu können, wurden
mehrere *graue* Gläser über einander zwischen Spiegel und Object eingeschoben,
bei denen die Buchstaben der Photographie gleichfalls verschwanden, und die
Verdunkelung oder Lichtabsorption der *grauen* Gläser wurde nun mittelst des
Episkotister bestimmt — indem derselbe so lange gestellt wurde, bis ein weisses
Blatt Papier durch ihn ebenso stark verdunkelt erschien, wie durch die grauen
Gläser. Die Einstellung des Episkotister auf $3\frac{1}{2}°$ Oeffnung ergab, dass die
grauen Gläser nur $\frac{1}{180}$ Licht durchliessen. Danach lässt sich berechnen, wie
viel Licht ein farbiges Glas durchlässt; denn wenn das eine Glas $\frac{1}{m}$ Licht durchlässt, ein zweites $\frac{1}{n}$, so werden beide über einander gelegt nur $\frac{1}{m \cdot n}$ Licht durch-

lassen (s. Fechner, *Binoculares Sehen*, *Abhandlungen der Leipziger Gesellschaft der Wissenschaften*, 1860, Bd. 7, p. 357) und wenn 2 gleiche Gläser von $\frac{1}{m}$ über einander gelegt werden, so lassen sie nur $\frac{1}{m^2}$ Licht durch. Wenn also zwei Platten $\frac{200}{1000}$ oder 0,2 Licht durchlassen, so muss eine Platte allein $\sqrt{0,2} = 0,4$ oder $\frac{200}{1000}$ Licht durchlassen. Die nach dieser Berechnung erhaltenen photometrischen Werthe der Gläser sind in Tabelle XLIV. zusammengestellt. — Ausserdem wurde noch eine Bestimmung der Gläser bei einer anderen Stellung des Spiegels gemacht, welche ergab: 1 rothe Platte = 1 grünen Platte = 3 gelben Platten, dunkler als 1 *blaue* und heller als 2 *blaue* Platten, dunkler als 2 *violette*, heller als 3 *violette* Platten; 1 rothe Platte = einem *Grün*, welches ungefähr so viel Licht absorbirt, als der Episkotister bei 15° Oeffnung, oder = etwa $\frac{160}{1000}$ Licht durchlässt. Diese Werthe sind unter Columne I., die obigen unter Columne II. zusammengestellt. In der dritten Columne habe ich Mittel aus diesen und noch anderen Bestimmungen zusammengestellt, welche den weiteren Versuchen und ihrer Berechnung zur Basis gedient haben. Das angeschwächte Licht ist = 1000 gesetzt, wie oben.

Tabelle XLIV.

Farbige Gläser.	Lassen von 1000 Licht durch:		
	Versuch I.	Versuch II.	Im Mittel aus mehreren Versuchen:
Roth	170	200	186
Gelb	554	526 bis 586	555
Grün	170	∠ 200	170
Blau	170	200	222
Violett	424 bis 554	342 bis 447	490

Dass diese Zahlen keine vollkommene Genauigkeit beanspruchen können, geht aus der ganzen Methode hervor; sie scheint mir aber immer noch die genaueste zu sein, und würde durch sehr viele Bestimmungen zu noch genaueren und zuverlässigeren Werthen führen können.

In Bezug auf die Reinheit der Gläser bemerke ich, dass *Roth* in mehreren Lagen kein anderes Licht durchlässt, *Gelb* alles Licht, nur Blau und Violett in geringerer Menge, *Grün* wenig Roth und Blau, viel Gelb, *Blau* viel Roth, wenig Grün und Violett, *Violett* endlich fast alles Roth, Orange und Blau, aber kein Gelb und kein Grün.

§ 130. Würden nun diese Gläser vor das eine Auge gehalten, während das andere offen und frei war und das weisse Papier zum Object genommen, so ergab sich als Resultat aus mehreren Versuchsreihen, dass die stärkste Färbung

des gemeinschaftlichen Gesichtsfeldes eintrat, wenn 1 *rothes*, 1 *grünes*, oder
1 *blaues* Glas vorgehalten wurden; bei Blau war es ziemlich gleich, ob 1 oder
2 Gläser vorgehalten wurden, während bei Roth und Grün, wenn 2 Gläser vorgehalten wurden, das Object erheblich heller und weniger gefärbt erschien. Von
dem *violetten* Glase mussten zwei Gläser vorgehalten werden, damit das Object
am stärksten gefärbt erschien, durch ein Glas sah es sehr viel matter gefärbt
aus, durch 3 Gläser erschien es nur im ersten Moment stark farbig. Auch *Gelb*
gab die stärkste Färbung des Objectes, wenn 2 Gläser vor ein Auge gebracht
worden, indem trat hierbei eine eigenthümliche Schwierigkeit auf. Wenn nämlich
von Gelb 3 Platten vor das eine Auge geschoben werden, so ist die Verdunkelung
des gemeinschaftlichen Gesichtsfeldes unzweifelhaft stärker, als bei zwei Platten,
aber die Intensität der Farbe ist offenbar stärker bei 2 Platten.

Wo aber die stärkste Färbung im Gesammt-Gesichtsfelde bei Einfallen von
farbigem Lichte in ein Auge stattfindet, da ist der Punkt, welchen FECHNER im
paradoxen Versuche den Minimumpunkt genannt hat. (Eine andere Bezeichnung
dafür wäre wünschenswerth, er wird für die Farben eigentlich ein Maximumpunkt, indess werde ich die Bezeichnung Minimumpunkt mit Rücksicht auf die
obigen Bestimmungen beibehalten). Wir können als ungefähr richtig annehmen,
dass derselbe für das weisse Papier sich findet bei *rothem* und *blauem* und *grünem*
und *violettem* Glase, wenn dasselbe etwa 170 (Tausendtheile) oder $^1/_6$ Licht durchlässt, also ziemlich ähnlich wie beim Episkotister, d. h. bei einfacher Verdunkelung des Gesichtsfeldes, wo sich 122 als Minimumpunkt gefunden hat. Für *Gelb*
ist er dagegen nicht sicher zu bestimmen, die stärkste Färbung tritt auf bei
2 Platten, also 250, die stärkste Verdunkelung bei 3 Platten, also bei 125; die
stärkste Färbung liegt aber eigentlich zwischen 250 und 125, ohne dass ich indess
mit den mir zu Gebote stehenden Gläsern zu bestimmen im Stande wäre, welche
Zahl anzugeben ist; denn ein nicht überfangenes gelbes Glas, welches dunkler
als 2 und heller als 3 der überfangenen Platten war, gab eine viel stärkere
Färbung, ohne dass eine stärkere Verdunkelung eingetreten wäre. Obgleich eine
genauere Bestimmung durch hellere Glasnüancen erforderlich wäre, so scheint
doch unter den angegebenen Umständen der Schluss gerechtfertigt, dass der
Minimumpunkt ungefähr dieselbe Lage hat, mag das Licht, welches
in das eine Auge gelangt, farbig oder ungefärbt sein.

Indess das gilt nur für die Beobachtungen an dem weissen Car-
tonpapier; wähle ich den Himmel zum Objecte, so ändert sich die Lage
des Minimumpunktes, indem dunklere Gläser die stärksten Färbungen des
Gesammtgesichtsfeldes geben. Die stärkste Färbung zeigte sich bei 2 *rothen*,
grünen und *blauen* Platten, also bei einer Menge des durchgehenden gefärbten
Lichtes = etwa 40, ferner bei 3 Platten *Violett* = etwa 50, und bei 4 Platten
Gelb = etwa 80 Theilen des vollen weissen Lichtes (= 1000). Auch dieses
Verhalten ist im Ganzen dem bei verminderter Lichtintensität ohne Färbung
ähnlich, wie ein Vergleich mit Tabelle XLIII. lehrt.

Ferner ist nun der Punkt zu bestimmen, wo die Lichtbeschränkung so stark ist, dass gar keine Combination der beiden Gesichtsfelder mehr stattfindet, wo es also nichts ändert, ob das Auge geschlossen ist, oder sehr geschwächtes farbiges Licht in dasselbe einfällt. War das Object das weisse Papier, so trat diese Grenze ein für *Roth* bei 6 übereinandergelegten Platten = 1,8, für *Gelb* bei 10 Platten = 5, für *Grün* bei 3 Platten = 4,9, für *Blau* bei 8 Platten = 0,0034, für *Violett* bei 6 Platten = 1,8; war dagegen der Himmel das Object, so ergaben sich für *Roth* 8 Platten = einer Helligkeit von 0,0011, für *Gelb* 15 Platten = 0,15, für *Grün* 5 Platten = 0,14, für *Blau* 10 Platten = 0,00019, für *Violett* 6 Platten = 0,65 Helligkeit.

Bei diesen Versuchen, deren Berechnung wegen der Dispersion des Lichtes bei der bedeutenden Dicke des Glases schon unsicher ist, macht sich der Umstand im Versuche geltend, dass nicht eigentlich die Farbe des Glases bemerkt wird, sondern die complementäre Farbe. Das Object erscheint also z. B. wenn 9 Platten blauen Glases vorgehalten werden, nicht blau, sondern weiss, und bei Schluss des Auges vor welchem sich das blaue Glas befindet, etwas gelb. Eine Farbennüance wird aber leichter bemerkt als eine Helligkeitsdifferenz, was indess für verschiedene Farben nicht gleich ist; daher rührt wohl die Abweichung von den Resultaten beim paradoxen Versuche. — Ich will nun zur leichtern Uebersicht in der folgenden Tabelle die photometrischen Werthe, welche ich für die Gläser gefunden habe, im Mittel genommen, mit den gefundenen Minimumpunkten und Nullpunkten zusammenstellen. Object I.: weisses Papier; Object II.: Himmel.

Tabelle XLV.

Helligkeit der Gläser.	Minimumpunkt		Nullpunkt	
	Object I.	Object II.	Object I.	Object II.
Roth 185	185	34	1,8	0,0011?
Gelb 555	170	93	5	0,15
Grün 170	170	30	4,9	0,14
Blau 222	222	50	0,0034	0,00019?
Violett 400	160	64	1,8	0,65

Hätten mir hellere Nüancern, namentlich von rothen, grünen und blauen Gläsern zu Gebote standen, so würden sich die Minimumpunkte genauer haben bestimmen lassen, ebenso ist die Bestimmung der Nullpunkte schon wegen der Absorptions- und Zerstreuungsverhältnisse geschichteter Gläser nur eine ungefähre. Indess geht doch so viel mit Sicherheit daraus hervor, dass minimale Farbenspuren auch bei dieser Anordnung des Versuches besser empfunden werden, als minimale Helligkeitsdifferenzen; denn bei den Helligkeitsdifferenzen des paradoxen Versuches lag die Grenze für den Nullpunkt schon bei 22, hier liegt sie erst bei 5 und rückt für grössere Lichtintensitäten noch näher an den wirklichen Nullpunkt. Auffallend ist die sehr geringe Zahl für Blau = 0,0005, einer Helligkeit die ja ausserordentlich gering ist; ebenso auffallend und überraschend war mir das Verhalten des Blau und auch des Roth bei der Anstellung des Versuches, ohne dass ich die Berechnung gemacht hatte: denn die complementäre Färbung zeigt sich beim Schluss des Auges auch dann noch, wenn die Glasmasse eine Dicke hatte, dass das Object kaum noch durch dieselbe gesehen werden konnte. Die Empfindlichkeit ist demnach so gross, dass wenn wir die Helligkeit des Himmelslichtes = 1000000 setzen, eine Färbung von 0,25 noch an demselben erkannt werden könnte. Dieses Resultat ist so auffallend, dass ich einen Versuchsfehler vermuthen muss, den ich darin zu finden glaube, dass von den Randparthien der Gläser noch farbiges Licht in das Auge durch die Sklerotica hindurch gedrungen ist.

Der Zuverlässigkeit der in Tabelle XLV. aufgeführten Zahlen stellen sich nun aber noch andere wichtigere Bedenken entgegen, welche von Seiten der Netzhaut gesetzt werden und im nächsten Paragraphen zu erörtern sind.

§ 131. Viel mehr als beim Episkotister macht sich beim Sehen durch gefärbte Gläser mit dem einen Auge, während das andere Auge offen und frei ist, der sogenannte Wettstreit der Gesichtsfelder geltend. Wenn man vor das eine Auge ein nicht zu helles gefärbtes Glas hält, und eine Zeit lang auf den Himmel oder auf ein anderes helles Object blickt, so sieht man abwechselnd die Färbung des Himmels mehr und weniger hervortreten. Schliesst man das Auge, vor welchem sich das farbige Glas befindet, einige Secunden, so erscheint beim Wiederöffnen desselben das Object sehr stark gefärbt, verliert aber um so früher seine intensive Färbung, je dunkler das Glas ist; nach einiger Zeit, namentlich nach einem Lidschlage, tritt dann wiederum die stärkere Färbung des gemeinschaftlichen Gesichtsfeldes hervor. Einigen Einfluss hat dabei die Aufmerksamkeit und der Wille, aber der Wechsel tritt auch ganz unwillkührlich und ohne dass man die Aufmerksamkeit dem einen oder anderen Auge zuwendet, ein und es ist oft ganz unmöglich, willkührlich in den Vorgang einzugreifen. Die Färbung des gemeinschaftlichen Gesichtsfeldes verschwindet übrigens nie vollständig, wovon man sich leicht überzeugen kann, wenn man das Auge, vor welchem sich das Glas befindet, schliesst: das Gesichtsfeld erscheint dann immer heller und weisser, mitunter auch in der Complementärfarbe.

Es ist einleuchtend, dass diese Wettstreitsphänomene sehr störend eingreifen, wenn man den Minimumpunkt farbiger Gläser bestimmen will. Im ersten Augenblicke, nachdem man das Auge, vor welchem sich das Glas befindet, geöffnet hat, erscheint das Gesammtgesichtsfeld auch bei sehr dunkeln Gläsern stark gefärbt, aber diese Färbung schwindet schnell; ich habe daher die stärkste Färbung oder den Minimumpunkt bei solcher Dunkelheit des farbigen Glases bestimmt, bei welcher die Färbung des gemeinschaftlichen Gesichtsfeldes mindestens 10 Sekunden dauerte. Schon Fechner hat auf diese zeitlichen Verschiedenheiten bei monocularer Farbenreizung aufmerksam gemacht (*Leipziger Abhandlungen, 1860, Bd. VII., p. 481 u. f.*)

Complicirter werden die Verhältnisse des Wettstreites der Gesichtsfelder, wenn man vor jedes Auge ein Glas von verschiedener Farbe nimmt. Dass dabei eine Vermischung der beiden Farben stattfindet, scheint Janin (*Mémoires et observations sur l'œil, 1772*) oder Hallot (*Journal de Physique, 1806, T. 63, p. 387*) (ich citire noch Patroe, *Vision binoculaire, 1843, p. 34.*) zuerst beobachtet zu haben; ausführliche Versuche darüber hat Völkers angestellt (*Ueber Farbenmischung in beiden Augen*, Müller's *Archiv, 1838, p. 60*). Völkers hat gefunden, dass bei ruhigem Sehen das gemeinschaftliche Gesichtsfeld oder ein von beiden Augen gesehenes Object in der Mischfarbe, und zwar wenn vor das eine Auge ein gelbes, vor das andere ein blaues Glas gehalten wird, das gemeinschaftliche Gesichtsfeld grün erscheint. Man kann sich leicht überzeugen, dass eine solche Mischung für die verschiedensten Farben eintritt, wenn man nur darauf achtet, dass die Gläser möglichst gleich hell und überhaupt nicht zu dunkel sind. Es ist dann gleichgültig, ob man den Himmel, oder eine Lampenglocke oder eine Flamme oder den Mond (Völkers) oder ein weisses Papier als Object wählt. Was nun die Mischfarbe selbst betrifft, so scheint mir die Bemerkung nicht unwichtig, dass die Farbe der einzelnen Gläser immer viel lebhafter und intensiver erscheint als die gemischte Farbe; Helles *Blau* und *Gelb* geben eine sehr schmutzig grüne Farbe, welche ich als ein Grau mit grünem Stich bezeichnen möchte; *Blau* und *Roth*, sowie *Blau* und *Violett* ein röthliches Grau, *Grün* und *Roth*, sowie *Grün* und *Violett* ein Grau, welches mehr einen Stich ins Grüne bekommt, wenn das grüne Glas heller ist; mehr einen Stich ins röthliche, wenn das Roth oder das Violett heller sind; *Blau* und *Grün* geben ein Grau mit gelblicher Färbung, sehr ähnlich wie Gelb und Grün; *Roth* oder *Violett* und *Gelb* geben ein Grau mit ziemlich lebhafter röthlich-gelber Färbung. Alle diese Mischfarben treten aber nur auf, wenn man die Augen ruhig hält und erscheinen daher immer erst etwa eine Sekunde nachdem man das eine Auge geschlossen hatte; in dem ersten Momente nach Oeffnung des einen Auges erscheint vorwiegend die Farbe des vor diesem Auge befindlichen Glases.

In allen diesen Fällen werden also die Empfindungen der beiden Augen mit einander combinirt; die Combination nimmt aber ab, je mehr die farbigen Gläser an Helligkeit differiren, und es überwiegt dann die Empfindung des Auges, vor welchem sich das hellere Glas befindet.

Hält man die beiden Gläser längere Zeit, etwa eine halbe oder ganze Minute vor den Augen, so bemerkt man wieder den Wettstreit der Gesichtsfelder, indem bald die eine, bald die andere Farbe stärker hervortritt.

Eine zweite Methode Farbenmischungen und Wettstreitsphänomene hervorzubringen, besteht darin, dass man dem einen Auge ein farbiges, dem anderen ein ungefärbtes oder andersfarbiges Pigment darbietet, und durch Convergenz oder Divergenz der Sehaxen die Bilder in beiden Augen zu einem Sammelbilde vereinigt (Du Tour s. § 76. p. 157). Auch Völkers hat (a. a. O., p. 64) Mischfarben nach dieser Methode erhalten und später haben Dove, Fechner, Panum, Wundt u. A. dasselbe Resultat erhalten. Auch mir gelingt diese Vereinigung sowohl bei Convergenz als bei Divergenz der Sehaxen sehr leicht, und man hat nach dieser Methode den Vortheil, die Mischfarbe mit den Componenten direct vergleichen zu können. Aber hier complicirt sich das Phänomen mit den Erscheinungen des Glanzes und der ungleichmässigen Mischung im Gesichtsfelde, wenn man farbige Objecte auf farblosem oder andersfarbigem Grunde wählt, eine Ungleichmässigkeit, welche in Contrastwirkungen ihren Grund zu haben scheint.

§ 132. Ist das Gesichtsfeld in seiner ganzen Ausdehnung gleichmässig hell, so erscheint auch die Mischfarbe in dem gemeinschaftlichen Gesichtsfelde ziemlich gleichmässig vertheilt; befinden sich aber im Gesichtsfelde Objecte von verschiedener Helligkeit oder Färbung, so erscheinen alle Grenzen des Helleren mit stärker oder andersgefärbten Säumen oder Randscheinen. In dem einfacheren Falle, wenn das eine Auge frei und offen ist, das andere durch einfarbiges Glas sieht, und man durch das Fenster nach dem Himmel blickt, oder auf ein weisses Papier, welches im Zimmer aufgestellt ist, so erscheint dieses oder die Scheiben des Fensters an den Rändern mit einem farbigen Saume, welcher bald breiter wird, namentlich wenn man ihn fixirt, und sich allmählich fortschreitend über die ganze helle Fläche ausbreitet, bald wieder schmäler wird, und nur selten und auf Augenblicke ganz zu verschwinden scheint. Je dunkler das Glas bis zu einer gewissen Grenze ist, um so mehr tritt dieser farbige Randschein hervor. — Hat man vor jedem Auge ein farbiges Glas von verschiedener Farbe, so erscheinen meist die Ränder der dunkleren Objecte in der Farbe des einen, die der helleren Objecte in der Farbe des anderen Glases.

Besonders deutlich treten diese Randscheine hervor, wenn man mittelst des Stereoskops oder durch zu starke Convergenz oder Divergenz der Sehaxen zwei verschieden gefärbte Bilder mit Contouren zu einem Sammelbilde vereinigt. Bietet man dem einen Auge einen schwarzen Grund mit weissen Linien oder Quadraten, dem anderen Auge einen gleichmässig weissen Grund, so erscheinen im Sammelbilde die weissen Figuren von einem tiefschwarzen Rande begrenzt, welcher allmählig in das glänzende Grau des Grundes übergeht; desgleichen, wenn man zwei verschiedene Figuren, welche schwarz auf Weiss sind, vereinigt. Dove *(Farbenlehre 1853, p. 111, Berliner Academieberichte 1851, p. 246)* hat dies zuerst gefunden und Ruete hat eine für das Stereoskop zu benutzende Zeichnung nach Dove's Angaben seinem *Stereoskop, 1860, in Figur 2* beigefügt. Aehnlich ist die Zeichnung *Figur 37*. Panum hat mehrere hierher gehörige Zeichnungen in seinen *Physiologischen Untersuchungen über das Sehen mit zwei Augen, 1858, p. 30, 35, 36* geliefert. Nimmt man, indem man diese Bilder zu einem Sammelbilde vereinigt, Gläser von verschiedener Farbe vor die Augen, so tritt eine dem Hell und Dunkel entsprechende Vertheilung der Farben an den Rändern der

Zeichnungen auf. Man kann ferner mittelst farbiger Papiere diese Erscheinung hervorbringen, wenn man z. B. mit Meyer *(Archiv für Ophthalmologie, 1856, II, 2, p. 81)* und Panum *(a. a. O., Fig. 27 bis 30)* einen vertikalen rothen Streifen auf ein blaues und einen horizontalen rothen Streifen auf ein gelbes Feld legt und die beiden Streifen so übereinanderschiebt, dass sie ein Kreuz bilden.

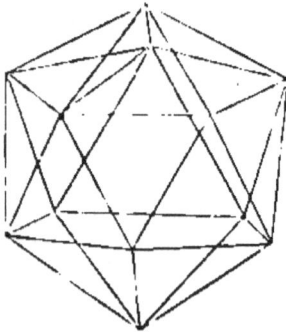

Fig. 57.

Wahrscheinlich sind diese Erscheinungen aus Contrastwirkungen zu erklären: eine schwarze Begränzung tritt gegen Weiss am stärksten hervor und wird, wenn sie sich nur in einem Auge geltend macht, durch ein gleichmässiges Weiss, welches dem anderen Auge geboten wird, weniger abgeschwächt werden können, als der übrige schwarze Grund. Aehnlich ist es, wenn verschiedene Figuren Schwarz auf Weiss zu einem Sammelbilde vereinigt werden, wie z. B. in Panum's *Figur 23 (p. 36)*, wo in dem einen Gesichtsfelde ein Pferd, in dem anderen ein Knabe sich befindet; im Sammelbilde sitzt der Knabe auf dem Pferde, aber das Sammelbild ist nicht einfach schwarz auf Weiss, sondern wo sich das Schwarz des Pferdes und das Schwarz der Beine des Knaben decken, ist die tiefste Schwärze; neben den Deckstellen ist immer eine graue Schattirung, welche sich mehr oder weniger weit über das Pferd erstreckt; die übrigen Theile des Pferdes und des Knaben sind wieder tief schwarz, da sie direct gegen Weiss contrastiren. Jene graue Schattirung scheint mir nur dadurch bedingt, dass das Weiss, welches den Knaben begrenzt, sehr hell erscheint in Folge des Contrastes und deswegen die grössere Helligkeit desselben, mit dem Schwarz combinirt, sich mehr geltend macht, als an anderen Stellen, wo Schwarz und Weiss ohne Contrast combinirt werden, wie an den übrigen Begrenzungen des Knaben und des Pferdes. Diese Erklärung scheint sich wenigstens den bekannten Contrasterscheinungen besser anzuschliessen und plausibler zu sein, als die mystische Erklärung eines *Domi-*

20*

zirens der Contoure, auf welchen Panum diese Erscheinungen bezieht. In *Figur 57* erscheint das Schwarz dunkler wo es an das Weiss grenzt, das Weiss heller wo es an das Schwarz grenzt bei Convergenz der Sehaxen. Von dem Sammelbilde der farbigen Figuren Panum's No. 27 bis 30 gilt dieselbe Erklärung und ist nur complicirter, aber aus dem Princip des Contrastes sehr wohl abzuleiten.

§ 133. Endlich ist die Erscheinung des Glanzes den Sammelbildern unter gewissen Bedingungen eigenthümlich. Dove hat nicht uns für Sammelbilder aus Weiss und Schwarz, sondern auch für farbige Sammelbilder den Glanz entdeckt. (Poggendorff's *Annalen*, *1851*, *Bd. 83*, *p. 180*, *Farbenlehre*, *1853*, *p. 177*, und *Optische Studien*, *1859*, *p. 1.*). Dove vergleicht den Glanz, welchen Weiss und Schwarz geben, mit dem Glanze des Graphits, den Glanz farbiger Sammelbilder kann man wohl am besten mit dem Seidenglanze vergleichen. Am meisten tritt der Glanz in folgendem Versuche hervor (*Optische Studien*, *1859*, *p. 7*): Auf einem *blauen* Papier liegt ein *rothes* Papierstück von beliebiger Form: man sieht auf dasselbe indem man vor das eine Auge ein *blaues*, vor das andere Auge ein *rothes* Glas hält; dann erscheint das *rothe* Papierstück stark glänzend, und auch der *blaue* Grund mit einem lebhaften, wenn auch schwächeren Glanze. Die Gläser müssen dabei nicht zu hell und möglichst gleich an Helligkeit sein, nämlich so dunkel, dass durch das *rothe* Glas das *Blau* als *Schwarz* und durch das *blaue* Glas das *rothe* Papier *dunkelgrau* erscheint. Dann ist in dem einen Auge, vor welchem sich das *rothe* Glas befindet, das Bild eines intensiv rothen Objectes auf dunklem Grunde, in dem Auge mit dem *blauen* Glase das Bild eines dunkelbraunen Objectes auf hellblauem Grunde. — Der Glanz bleibt fast unverändert, wenn man statt des blauen Grundes einen *grünen* Grund wählt, oder statt des rothen Objectes ein *orangefarbenes* oder *röthlies* (dunkelrothes Fuchsinpapier) wählt. Ferner kann man auch ein *blaues* Object auf rothem Grunde wählen. Dagegen geben *Gelb* auf blauem oder grünem Grunde und *Grün* oder *Blau* auf gelbem Grunde einen viel schwächeren Glanz, als Roth auf Grün oder Blau auf Roth. Ferner wird der Glanz des *rothen* Objects auf *grünem* Grunde am lebhaftesten, wenn man vor das eine Auge ein *dunkelgrünes*, vor das andere Auge ein *dunkelrothes* Glas nimmt u. s. w. So weit die verschiedenen Combinationen farbiger matter Papiere und farbiger Gläser reichen, die ich hier angewendet habe, finde ich die Regel: der Glanz ist am lebhaftesten, wenn die Bilder der Objecte gegen den Grund und die Bilder der Objecte gegen einander die grössten Helligkeitsdifferenzen zeigen; er wird geringer, wenn einer dieser Contraste wegfällt, wenn z. B. in dem einen Gesichtsfelde Object und Grund wenig contrastiren (Gelb auf Grün oder Blau auf Gelb); noch geringer, wenn zwei dieser Contraste wegfallen (Roth auf gelbem Grunde oder Weiss auf schwarzem Grunde).

Indess muss dieser Satz noch in einer Beziehung näher begrenzt werden: die Helligkeitsdifferenzen oder die Contraste dürfen nicht so gross sein, dass die Combination der beiden Bilder unmöglich oder sehr schwierig wird, noch so gering, dass die Combination mit grosser Leichtigkeit erfolgt: es muss immer noch ein Wettstreit der Gesichtsfelder dabei stattfinden. Daher tritt kein Glanz auf, wenn man sehr dunkle Gläser wählt, oder wenn man sehr helle Gläser wählt, daher wird der Glanz bei mittlerer Helligkeit der Gläser, etwa = 40, auch noch gesteigert, wenn man kleine Bewegungen mit den Augen macht, z. B. den Rand des Objectes verfolgt oder dergleichen.

Es liegt nahe zu fragen ob und wie denn der binoculare und der monoculare Glanz in Beziehung stehen? Ich glaube nach den bisherigen Erfahrungen geradezu behaupten zu können, dass die Empfindung des Glanzes immer durch Contrast hervorgebracht wird, nur sind die speciellen Bedingungen für die einzelnen Fälle sehr verschieden.

1) Von Sonne, Mond und Sternen sagen wir, sie glänzen. Hier ist die grosse Helligkeitsdifferenz die Ursache: wird diese vermindert, so schwindet der Glanz. Die Sonne durch ein stark berusstes Glas gesehen, erscheint ohne Glanz, der Mond am Taghimmel erscheint ohne Glanz und man kann sehr gut während der Abenddämmerung beobachten, wie der Mond allmählig verschiedene Grade des Glanzes durchläuft, je dunkler der Himmel allmählig wird. Die Fixsterne unter 5ter Grösse erscheinen ohne Glanz, Jupiter und Venus durch ein graues Glas gesehen, erscheinen ohne Glanz; eine mattgeschliffene Glastafel im Fenster erscheint ohne Glanz, die mattgeschliffene Glastafel in einem finstern Zimmer erscheint bei einer Oeffnung des Diaphragmas von 10 Mm. mit sehr lebhaftem, dem des Mondes vergleichbaren Glanze.

2) Ein polirtes Metall, ein beliebiger polirter oder mit einer glatten Oberfläche versehener Körper, der nicht durchsichtig ist, glänzt: wird durch einen Nichol die Helligkeit fortgeschafft, so glänzt er nicht mehr. (Dove.) Aber wie stellt sich denn der Glanz der Metalle, der Seide, des Atlas, der Perlmutter u. s. w. überhaupt dar? Ein einzelner Punkt, oder eine Linie erscheint an ihnen sehr hell und nimmt nach der Peripherie hin sehr schnell an Helligkeit ab. Der Maler, welcher das Glänzen des Meeres, des Kupfers, des Atlas, darstellen will, lässt die Schattirung viel schneller abnehmen, als wenn er Sand, oder Ziegelsteine, oder Leinwand darstellen will. Ein frisch verquickter Messingdraht zeigt in der Mitte eine schmale helle Linie, dicht daran grenzt tiefe Dunkelheit; nach einigen Stunden sehen wir an ihm nicht eine so schmale helle Linie, sondern eine von der Mitte nach den Seiten ziemlich allmählich abnehmende Helligkeit und der Glanz ist ganz fort oder wenigstens sehr geschwächt. Die Kugel eines Thermometers zeigt nur das Bild der Fenster in einer grossen Helligkeit, dicht daneben ist tiefe Dunkelheit. Ein frisch geprägter Thaler zeigt am Rande eine helle Linie, dicht daneben grosse Dunkelheit; beim Atlas wechseln sehr helle und sehr dunkle Stellen viel mehr als bei Seide, bei Seide mehr als bei Leinwand. Dazu kommt noch ein anderes Moment: unsere Anschauungen von den Objecten sind nicht gegründet auf eine einzige Sinneswahrnehmung, sie sind das Resultat

vieler einzelner Sinneswahrnehmungen, die wir combinirt haben, und es bedarf
für den erfahrenen Menschen nur einer einzigen Sinneswahrnehmung, damit jene
aus vielen verschiedenen Wahrnehmungen gewonnene Anschauung erzeugt werde.
Wir haben aber bei allen glänzenden Körpern die Erfahrung gemacht, dass an
derselben Stelle, wo wir eben grosse Helligkeit sahen, im nächsten
Augenblicke bei veränderter Situation tiefe Dunkelheit herrscht, wenn wir
also z. B. der Quecksilberkugel einen andern Stand geben, oder unseren Standpunkt ändern, wenn wir einen neuen Thaler bewegen, wenn ein Atlaskleid sich
bewegt, wenn eine Wachstafel anders geneigt wird u. s. w., so erscheint Helligkeit da, wo eben noch Dunkelheit herrschte. Diese Erfahrungen haben wir combinirt, und sehen wir nun an einem Objecte nur eine schnell abfallende Helligkeit, oder einen Wechsel der Helligkeiten, so nennen wir es glänzend.

3) Bei stereoskopischen Bildern, welche Spiegel, polirte Tische oder Säulen,
lakirte Gypsfiguren, metallische Objecte darstellen, finde ich, dass in dem einen
Bilde die grösste Helligkeit, der stärkste, lebhafteste Reflex immer an einer anderen Stelle des Objectes angebracht ist, als in dem andern Bilde, so dass im
Sammelbilde hell und dunkel auf ein- und denselben Ort zusammenfallen, wie
in Dove's Versuch *Figur 57.* Daher erscheinen diese stereoskopischen Bilder,
sowie Dove's Figur, schon bei der momentanen Beleuchtung durch den elektrischen
Funken mit lebhaftem Glanze. Was wir also beim binocularen Glanze gleichzeitig haben, dieselben Eindrücke haben wir bei Metallen u. s. w. nach einander,
deswegen vergleichen wir die eigenthümliche Helligkeit eines durch Combination
von Weiss und Schwarz oder von Roth und mattem Braun hervorgehenden
Bildes mit den Combinationen, die wir an anderen Objecten nach einander
gemacht haben.

Diese Ansicht, dass die Empfindung des Glanzes auf Contrast beruhe, hat
schon WUNDT (*Theorie der Sinneswahrnehmung, 1862, p. 321*) aufgestellt und
früher schon HELMHOLTZ (*Verhandlungen des naturhistorischen Vereins der Rhein-
lande, 1856, p. XXXVIII.*) vorgetragen — indem sie die bekannten Erscheinungen mit Dove's Theorie des Glanzes nicht vereinbar finden. Dove nimmt an,
dass zur Hervorbringung des Glanzes zwei Lichtmassen aus verschiedenen
Entfernungen auf das Auge wirken müssen, und indem das Auge sich dem
durch die durchsichtige Schicht gesehenen Körper anpasst, kann das von der
Oberfläche zurückspiegelnde Licht nicht deutlich gesehen werden und das Be-
wusstwerden dieser undeutlich wahrgenommenen Spiegelung erzeugt die Vorstellung des Glanzes. Diese Ansicht schien namentlich in dem Versuche mit dem
rothen und blauen Glase eine starke Stütze zu finden, da das Auge für blaues
Licht anders accommodirt sein muss, als für rothes Licht, ferner in dem Verhalten
des Graphits, dessen Körnchen von ihrer Spitze sehr helles Licht, aus der Tiefe
sehr wenig Licht reflectiren, so dass in Folge der Irradiation über der dunkeln
Schicht eine durchscheinende helle Schicht schwebt (BACCUR, *Über den Metallglanz,
Sitzungsberichte der Wiener Academie, 1861, p. 191*). Indem lässt sich der Glanz,

wenn in Dove's Experiment, *Figur 57*, dem einen Auge Schwarz, dem andern Weiss geboten wird, nicht nach Dove's Theorie erklären. Panum (a. a. O. p. 15) hat Helmholtz's Ansicht gleichfalls adoptirt (Oppel's Aufsatz im *Jahresbericht des physikalischen Vereins zu Frankfurt a. Main, 1853—54, p. 52*, habe ich mir nicht verschaffen können), dass wir den Eindruck des Glanzes haben, weil wir mit dem einen Auge da hell sehen, wo wir mit dem andern dunkel sehen, und führt, nachdem er die Erscheinungen am Graphit besprochen hat, p. 17, mit Bezug auf Dove's Experiment fort: *Betrachten wir nun unsere stereoskopische Erscheinung, so sehen wir die Flächen glänzend, weil wir mit dem einen Auge da hell sehen, wo wir mit dem andern dunkel sehen, aber wir sehen sie nicht glatt, nicht polirt, denn erstens spiegelt sich nichts darin, zweitens sehen wir mit dem einen Auge das mehr oder weniger rauhe Papier, mit dem andern die schwarze matte Tuschfläche. Dabei gleicht sich das Schwarz des einen Auges mit dem Weiss des andern zu einem bald helleren, bald dunkleren Grau aus. Wir sehen also die Flächen grau, und zwar in einem Grau, dessen Entstehung uns räthselhaft ist, das wir nicht ohne weiteres auf einen grauen Anstrich zurückführen können; dabei sehen wir sie nicht polirt, sondern einigermassen rauh, aber doch entschieden nicht matt, sondern glänzend und somit muss es ziemlich natürlich erscheinen, dass es unter dem in unserem Sensorium aufgespeicherten Material von Eindrücken zunächst der des Graphits ist, an den wir erinnert werden.* Auch die Erscheinung des Glanzes bei Combination farbiger Flächen stimmt, wie Wundt (a. a. O., p. 300 u. f.) gezeigt hat, nicht mit Dove's Theorie überein. Gerade die Experimente mit farbigen Papieren, welche durch verschiedene Gläser binocular gegeben werden, scheinen mir die Contrasttheorie sehr zu stützen, wenn man die Bilder, wie sie sich in einem jeden Auge für sich darstellen, beachtet. Ausserdem wird eine Verbindung der Glanzempfindung bei monocularem Sehen mit der bei binocularem Sehen durch die Contrasttheorie möglich.

CAPITEL III.

Das binoculare Einfachsehen.

§ 134. Ich habe in der Einleitung § 6 und 7 darzustellen gesucht, wie wir unsere Empfindungen auf die Vorstellung des Raumes übertragen und in dem vorgestellten Raume localisiren. Als Anatomen und Physiologen wissen wir, dass wir zwei Netzhäute haben, dass ferner von einem leuchtenden Punkte ein Bild auf jeder der beiden Netzhäute entworfen wird, und dass wir trotzdem unter gewissen Umständen nur einen Punkt wahrnehmen. Es ist also die Frage, wie es zu erklären ist, dass zwei Eindrücke nur eine Empfindung hervorrufen, und es ist die zweite Frage, unter welchen Umständen oder Bedingungen dieser Fall eintritt.

Die erste Frage ist auf verschiedene Weise beantwortet worden: man hat erstens behauptet, man sähe nur mit einem Auge zu ein und derselben Zeit, wenn auch beide Augen offen wären und von dem Lichte afficirt würden. Diese Ansicht, als deren Autor Gall citirt zu werden pflegt, ist schon von Gassend und Porta aufgestellt worden (Porterfield, *On the Eye*, 1759, II., p. 280). Porta (*De refractione etc.*, 1593, p. 142) sagt nämlich: *Oculos binos Natura largita est nobis a dextris unum, a sinistro alterum, ut si a dextris aliquid vineri simus, dextro utamur, at si a sinistris sinistro, unde semper uno oculo videmus, et si omnes apertos et omnibus videri existimamus.* — Das ist unrichtig, denn die Versuche der vorigen beiden Kapitel haben gezeigt, dass differente Affectionen der beiden Netzhäute in eigenthümlicher Weise vermischt werden und nur eine Empfindung hervorrufen. Auch sind viele Erscheinungen des stereoskopischen Sehens mit dieser Annahme, die immer noch hin und wieder auftaucht, völlig unvereinbar.

Man hat zweitens behauptet, die von den Netzhäuten nach dem Sensorium hin verlaufenden Nervenfasern verbänden sich zu je einer Nervenfaser oder endigten an ein und demselben Punkte des Sensorium. Diese Erklärung rührt von Galen her, welcher eine Verbindung der Sehnervenfasern im Chiasma annahm (*De usu partium, Lib. X. c. 12.*) und ist später von Newton (*Opticks, 1717, p. 320, Query 15*) dahin modificirt worden, dass eine Verbindung der von der linken Seite des einen Auges kommenden Fasern mit den von der linken Seite des andern Auges kommenden Fasern im Gehirn stattfinde. Aehnlich ist Rohault's (*Physic. Part I, cap. 31* nach Porterfield a. a. O. II., p. 286) Theorie; auch Johannes Müller (*Handbuch der Physiologie, 1840, II., p. 382*) hat die Newton'sche Ansicht modificirt, sagt indem selbst, dass keine der Theorieen bewiesen sei. Auch Harrover (*Das Auge, 1852, p. 15 u. f.*) welcher eine besonders genaue Untersuchung des Chiasma gegeben hat, fusst auf einer der Newton'schen im Wesentlichen gleichen Ansicht.

Ist die anatomische Theorie des Einfachsehens mit zwei Augen auch nicht bewiesen, und auch vorläufig keine Ansicht, die Schwierigkeiten zu besiegen, die sich einer anatomischen Untersuchung entgegenstellen, und die Frage zur Entscheidung zu bringen — so widersprechen ihr doch physiologischerseits bisher nur die Erscheinungen des paradoxen Versuches Fechner's. Denn wenn eine einfache Verbindung der entsprechenden Nervenfasern, welche eine einfache Empfindung geben, vor oder in dem Sensorium stattfände, so müsste ohne weiteres eine Summirung, Mischung oder Ausgleichung der beiden verschiedenen Reize oder Nerventhätigkeiten stattfinden — was im paradoxen Versuche nicht der Fall ist.

Eine dritte, so zu sagen physiologische Erklärung rührt von Porterfield her: wir sollen die Dinge deswegen nicht doppelt sehen, weil wir sie an dem Orte sehen, wo sie sind, und da an ein und demselben Orte nicht gleichzeitig zwei Dinge sein können, so sehen wir sie einfach. *The true cause why Objects appear not double tho' seen with both Eyes, to me seems wholly to depend on the Faculty we have of seeing Things in the Place where they are . . . . . (p. 293) and being seen in the same Place by both Eyes, it must necessarily appear single, it*

being impossible *for us to conceive two Objects existing in the same Place at the
same Time.* (p. 309. *Treatise on the Eye; 1759, II*). Von dem Standpunkte aus,
welcher seit KANT und JOHANNES MÜLLER in der Physiologie der Sinne der allgemein
angenommene ist, muss man sagen, dass dieser Satz das als erklärt voraussetzt,
was er erklären soll; denn da wir ja überhaupt nur durch unsere Sinne etwas
von der Existens und den Eigenschaften der Dinge erfahren, so wissen wir ja
gar nicht ob die Dinge da sind, wo wir sie sehen — und in der That sehen wir
auch die Dinge, von deren Einheit wir durch verschiedene Wahrnehmungen
überzeugt sind, nicht an dem Orte, wohin wir sie auf Grund anderer Sinnesein-
drücke verlegt haben. — Wollte man sagen, wir machen die Erfahrung, dass
wenn wir ein Auge schliessen, die Objecte ebenso erscheinen, als beim Sehen
mit beiden Augen, so ist das erstens nicht richtig, und zweitens machen wir
faktisch diesen Weg in unserer Entwickelung nicht, sondern sind längst von der
Einheit eines binocular geschenen Objectes überzeugt, ehe wir ein solches Experiment anstellen. — Will man endlich sagen (cf. BERKELY *Theory of Vision* bei
PORTERFIELD a. a. O. II., p. 304) wir würden durch Gewohnheit und Erfahrung unter
Mithülfe des Tastsinnes über die Einheit der Objecte belehrt, so muss man
fragen, woher wir denn wissen, dass wir nicht vier, sondern nur zwei Hände
und Füsse haben.

Indem ist PORTERFIELD's Auffassung in neuerer Zeit wieder aufgenommen
worden und auf dieser Grundlage die Projectionstheorie von PANUM (*Das Sehen
mit zwei Augen, 1858*), NAGEL (*Das Sehen mit zwei Augen, 1861*), und WUNDT
(*Theorie der Sinnenwahrnehmung, 1862*), ausgeführt worden. Dass mit dieser Theorie
der KANT-MÜLLER'sche Standpunkt aufgegeben werden muss, hat auch CLASSEN
(*Das Schlussverfahren des Sehactes, 1863*) eingesehen und ist daher zunächst gegen
den idealistischen Standpunkt aufgetreten. Indess haben HERING (*Beiträge zur
Physiologie, 1861 bis 1865*) und VOLKMANN (*Physiologische Untersuchungen im
Gebiete der Optik, 1864*) das Verdienst, die Projectionstheorie so vollständig
widerlegt zu haben, dass ich auf dieselbe hier nicht weiter einzugehen brauche.

Eine wirkliche Erklärung des Einfachsehens giebt es also nicht — denn
wenn man sagt, wir sehen einen Punkt einfach, weil wir nur ein Sehorgan mit
zwei peripherischen erregbaren Theilen haben (MEISSNER, *Beiträge zur Physiologie
des Sehorgans, 1854, p. 112*) oder fragt: warum sieht der Mensch mit einem
Sehorgan nicht doppelt? (MÜLLER, *Physiologie des Gesichtsinnes, 1826, p. 83*)
so ist damit nichts gewonnen: denn erstens sehen wir wirklich unter verschiedenen
Umständen doppelt und zweitens wissen wir ja gar nicht, ob wir nur ein Sehorgan haben — denn wir kennen ja das Organ unseres Sensoriums ganz und
gar nicht.

Es bleibt mithin nur die zweite der oben gestellten Fragen einer experimentellen Untersuchung zugänglich: unter welchen Bedingungen sehen wir
mit zwei Augen einfach? Wir haben zur Beantwortung dieser Frage die-

jenigen Punkte auf unseren Netzhäuten aufzusuchen, welche, gleichzeitig afficirt, um die Empfindung eines Punktes erregen. Man nennt die Punkte unserer Netzhäute, für welche dies gilt, identische oder correspondirende Punkte. Indess ist es durch Mannakk's und Volkmann's Untersuchungen nothwendig geworden, unter identischen Punkten etwas anderes zu verstehen, als unter correspondirenden Punkten.

§ 136. Denkt man sich die Netzhaut des linken Auges so über die des rechten gelegt, dass die beiden Foveae centrales sich decken, und dass die beiden rechten Hälften der Netzhäute über einander liegen, so bezeichnet man die Punkte, welche einander decken, als correspondirende Punkte. Wären die correspondirenden zugleich identische Punkte, so liesse sich durch Construction leicht finden, welchen Ort leuchtende Punkte einnehmen müssten, damit ihr Bild auf identische Punkte fiele, d. h. damit sie einfach gesehen würden. Denken wir uns die Augenaxen parallel, so müssen sämmtliche correspondirende Punkte in unendlich entfernten Punkten zusammenfallen. Bezeichnen wir den Inbegriff der Orte, in welchen Linien, welche von den correspondirenden Punkten durch den Kreuzungspunkt der Richtungslinien gezogen und soweit verlängert werden, bis sie sich schneiden, als Horopter, so stellt bei Parallelismus der optischen Axen oder Gesichtslinien der Horopter eine unendlich ferne Ebene dar. Denken wir uns zweitens die Augenaxen convergirend auf einen fixirten Punkt gerichtet, so müssen die von den correspondirenden Punkten aus gezogenen Richtungslinien sich schneiden in Punkten, welche 1) in einem Kreise liegen, der durch den fixirten Punkt und durch die Kreuzungspunkte der Richtungslinien geht; 2) in einer geraden Linie, welche durch den fixirten Punkt geht und auf der Ebene jenes Kreises rechtwinklig steht. So ist der Horopter theoretisch von Vieth (Gilbert's Annalen, 1818, Bd. 28, p. 239), J. Müller (Physiologie des Gesichtssinnes, 1826, p. 71), Tourtual (Die Sinne des Menschen, 1827, p. 234) und am vollständigsten von Prevost (Vision binoculaire, 1843, p. 13, Tafel II) bestimmt worden. Diesen Horopter kann man den theoretischen Horopter nennen, da er nach den gegebenen Voraussetzungen theoretisch construirt ist und nur durch jetzt sehr mangelhaft erscheinende Versuche von Müller und Prevost als wirklich bestehend nachgewiesen schien.

Bei dieser Construction war aber noch vorausgesetzt 1) dass die correspondirenden Punkte der beiden Netzhäute identische Punkte seien, 2) dass bei den Bewegungen der Augen keine Raddrehung um die optische Axe erfolge, 3) dass die Netzhaut die Krümmung einer Kugelfläche habe, 4) dass der Drehpunkt des Auges und der Kreuzungspunkt der Richtungslinien zusammenfallen.

Hueck's Zweifel an der Harmonie des theoretischen Horopters mit einem wirklichen Horopter sind nun zuerst durch Meissner (Beiträge zur Physiologie des Sehorganes, 1854) gerechtfertigt worden. Meissner hat erstens eine sehr genaue Methode zur Bestimmung des wirklichen Horopter eingeführt, hat ferner Bestimmungen nach dieser Methode gemacht, welche eine ganz andere Form des Horopters ergeben haben, hat ausserdem gefunden, dass die Form des Horopters nicht constant ist, sondern ausser von der Convergenz der Sehaxen auch von der Neigung der Augenaxen zur Antlitzebene und von der Stellung des Kopfes abhängig ist.

Die Methode, welche Meissner angewendet hat, besteht darin, dass er, statt wie Müller und Prévost das Verschmelzen zweier Eindrücke zu einer Empfindung als Kriterium für die Identität zweier Netzhautstellen zu betrachten, den Parallelismus der Doppelbilder von Linien zum Aufsuchen identischer Netzhautstellen benutzt. Diese Methode Meissner's hat vor der früheren folgende Vorzüge: 1) Es giebt verschiedene Momente, welche uns veranlassen, eines der Doppelbilder zu übersehen und also zu glauben, dass wir einen Punkt mit identischen Stellen einfach sehen, während dies nicht der Fall ist. Solche Momente sind, wie namentlich Hering (Beiträge zur Physiologie, 1862, II., p. 93 u. p. 109) ausführlich besprochen hat, Schwankungen in der Convergenz der Augenaxen, Verschwinden des einen Bildes in Folge ungleicher Thätigkeit der beiden Netzhäute (Wettstreit der Gesichtsfelder), augenblickliche Unaufmerksamkeit, Schwierigkeit wenig distante Doppelbilder als gesondert aufzufassen. Bei Meissner's Methode ist das Uebersehen des einen der beiden Bilder ausgeschlossen. 2) Unser Urtheil über den Parallelismus oder Nichtparallelismus von Linien ist, wenn dieselben nicht sehr weit von einander entfernt sind, oder besondere Complicationen vorhanden sind (s. § 120), ausserordentlich scharf, so dass wir die geringsten Divergenzen oder Convergenzen, Bruchtheile eines Grades, noch wahrnehmen können, wie namentlich aus Volkmann's Untersuchungen (Physiologische Untersuchungen im Gebiete der Optik, Heft 2, 1864, p. 221) hervorgeht.

Der Apparat, dessen sich Meissner bedient hat (s. a. a. O., p. 36, Fig. 9), ist allerdings zu genauen Messungen nicht geeignet, indess leicht herstellbar und für alle Augen- und Kopfstellungen verwendbar; daher völlig genügend, um die bis zu Meissner angenommene Constanz des Horopters als unrichtig zu erweisen und die wichtigsten Sätze Meissner's zu begründen.

Die Resultate von Meissner's Untersuchungen lassen sich nun ganz kurz dahin resumiren:

1) Bei Parallelismus der Sehaxen (Primärstellung) ist der Horopter eine zur Visirebene (die durch die Grundlinie und die optischen Axen gelegte Ebene) senkrecht stehende Ebene von einer gewissen Tiefendimension, oder der gesammte über eine gewisse Entfernung hinaus gelegene Raum. (Meissner, a. a. O., p. 61, Hering, a. a. O., p. 201.)

2) Bei ungezwungener aufrechter Kopfstellung und Neigung der Visirebene um 45° unter den Horizont und bei Convergenz der Sehaxen (erste Sekundärstellung) ist der Horopter eine horizontale und eine vertikale auf der Visirebene senkrechte gerade Linie, woraus Meissner schliesst, dass der Horopter dann eine

Ebeno sei (p. 61). Dieser Schluss ist, wie von Rucklinghausen (*Archiv für Ophthalmologie*, 1859, V., 2., p. 133) nachgewiesen hat, nicht richtig.

3) Bei Convergenz der Sehaxen in der Medianebene (die durch den Mittelpunkt der Grundlinie gehende, zur Visirebene und zur Grundlinie senkrechte Ebene) und Neigung von 40° über dem Horizont bis 40° unter demselben (zweite Sekundärstellung) ist der Horopter eine in der Medianebene gelegene, zur Visirebene mehr oder weniger geneigte Linie.

4) Wenn die beiden Sehaxen ungleiche Winkel mit der Grundlinie einschliessen (Tertiärstellungen, unsymmetrische Augenstellungen) so gibt es gar keinen Horopter: nur der fixirte Punkt wird einfach gesehen.

Ferner haben nun noch v. Recklinghausen (*Archiv für Ophthalmologie*, 1859, V., 2, p. 145) und nach einer anderen Methode Volkmann (*Physiologische Untersuchungen im Gebiete der Optik*, 1864, p. 233) J. Müller's Satz experimentell bestätigt: dass diejenigen Punkte identisch sind, welche in correspondenten Richtungen gleich weit vom gelben Flecke entfernt liegen.

Wie weit nun die ersten vier Sätze Müller's Geltung behalten werden und in wie weit sie modificirt werden müssen, ist eine Frage, welche durch Volkmann's neueste Untersuchungen (a. a. O., p. 199) aufgeworfen worden ist. Volkmann hat nämlich durch eine grosse Anzahl sehr gut harmonirender Versuche festgestellt, dass bei parallelen und horizontalen Sehaxen (Normalstellung) die Linien, in welchen die identischen Punkte liegen (identische Trennungslinien) mit den correspondenten Meridianen nicht zusammenfallen (was nach dem ersten Satze Müller's der Fall sein würde). Volkmann hat hierbei Müller's Methode, aus dem Parallelismus von Doppellinien die Lage der identischen Punkte zu bestimmen, modificirt, indem er nicht die von einer Linie zu erhaltenden Doppelbilder beobachtet, sondern die dicht neben einander projicirten Bilder von zwei Linien. Der Apparat ist folgender (a. a. O., p. 199): an einer senkrechten Wand sind in der Höhe der Augen zwei Drehscheiben angebracht, deren Mittelpunkte um die Distanz der Grundlinie von einander entfernt sind. Auf jeder Scheibe ist ein Durchmesser als feine Linie verzeichnet, welche mit der Drehung der Scheibe ihre Lage verändert; die Drehung kann bis auf 0,1° genau bestimmt werden. Der Beobachter sieht nun mit nahezu parallelen Augenaxen auf die Linien, sieht sie also in nahe neben einander liegenden Doppelbildern, und hat die Aufgabe, die Scheiben so zu stellen, dass die Doppelbilder vollkommen parallel erscheinen. Das Resultat der Versuche ist: Wenn die Doppelbilder parallel erscheinen, divergiren die Linien der Scheiben nach oben. Volkmann hat nun für die übrigen Netzhautmeridiane gleichfalls das Verhältniss der Trennungslinien zu den Meridianen, oder was dasselbe ist, der identischen Punkte zu den correspondirenden Punkten, bestimmt. Bezeichnet man den Winkel, welchen ein beliebiger Meridian mit dem vertikalen Meridiane einschliesst, mit W und den zugehörigen Winkel, welchen die

.

Trennungslinien mit dem Meridiane bilden mit K', so findet VOLKMANN folgende Werthe:

W	K
0°	2,15°
30°	1,75°
60°	1,11°
90°	0,43°

K sind also die Winkel, um welche die Linien an den Scheiben divergiren müssen, damit die Doppelbilder der Linien parallel erscheinen; zwei vertikale Linien müssen also um mehr als 2° divergiren, zwei horizontale um etwa $1/_2$°.

Kurze Zeit v o r VOLKMANN hat schon HELMHOLTZ dasselbe für die vertikalen Meridiane gefunden, indem er *(Archiv für Ophthalmologie, IX., 2., 1863, p. 189)* sagt: *Wenn ich in der Entfernung meiner Augen von einander (68 Mm.) zwei nahezu vertikale und parallele Linien ziehe, die aber nach oben hin ein wenig divergiren, unter einem Winkel von etwa 2°, und sie in gesehrten Doppelbildern betrachte (die Gesichtslinien senkrecht zur Ebene des Papiers) so erscheinen solche Linien einander parallel, wie auch übrigens die Visirebene gegen den Kopf gerichtet sein mag. Daraus folgt, dass die vertikalen Trennungslinien identischer Netzhautpunkte bei parallelen Gesichtslinien nicht vertikal und nicht parallel stehen.*

HELMHOLTZ und VOLKMANN haben für die übrigen Augenstellungen die Lage der identischen Punkte oder des Horopters noch nicht durch Versuche bestimmt — was also abzuwarten ist. Theoretische Constructionen des Horopters, welche auf diese Bestimmungen nicht Rücksicht nehmen, sind natürlich für die Physiologie ohne alles Interesse.

§ 136. Mit den vielen Bemühungen, die Lage der identischen Punkte theils durch Construction, theils durch Versuche zu ermitteln, steht die Behauptung von RECKLINGHAUSEN's in eigenthümlicher Disharmonie: *der Horopter als Inbegriff sämmtlicher einfach wahrgenommener Punkte des Raumes scheint mir sehr unwesentlich zu sein (Archiv für Ophthalmologie, V., 2., 1859, p. 146).* VON RECKLINGHAUSEN stützt seinen Ausspruch auf die Thatsache, dass der Bereich des deutlichen Sehens ein sehr kleiner sei und die Distinctionsfähigkeit von der Fovea centralis her schneller abnehme, als die Distanz der Doppelbilder zunehme. Das ist richtig. Es ist ferner ausgegeben, dass wir unter sehr vielen Umständen einfach sehen, wo wir bei grösserer Aufmerksamkeit u. s. w. (s. § 135) doppelt sehen könnten, wo nämlich die Netzhautbilder offenbar auf sehr disparate Netzhautstellen fallen. Und wenn wir ferner als den Zweck des binocularen Sehens die bessere Orientirung über Tiefendimensionen ansehen, so muss ein Horopter, welcher sich mit unseren Augen- und Kopfstellungen fortwährend ändert, unserer Orientirung eher hinderlich als förderlich sein.

Unser Sehen ist überhaupt, wie ich oben bereits hervorgehoben habe, derartig, dass wir uns mehr an erworbene Anschauungen und Vorstellungen halten,

und auf sie das Gesehene so weit wie möglich reduciren, wo dies aber nicht möglich
ist, das Gesehene gewöhnlich zu Gunsten der Vorstellung ignoriren. — Für die
Orientirung wird es nur der Identität der Gesichtspunkte beider Netzhäute bedürfen, nach denen wir uns doch hauptsächlich orientiren, und in diesem Falle
befinden wir uns ja auch meistens, da wir gewöhnlich unsere Augen in einer un-
symmetrischen oder Tertiärstellung haben.   Ich finde auch, dass ich bei längere
Zeit verschlossenem einen Auge eben so gut orientirt bleibe, als wenn beide
Augen fungiren, ja dass ich z. B. bei gleichseitigen Doppelbildern der Federspitze
eben so gut schreiben kann, als wenn ich die Federspitze mit beiden Augen einfach sehe.   Von diesem Gesichtspunkte aus scheint daher auch mir der Horopter
unwesentlich. — Indess ist die Bestimmung des Horopters offenbar sehr wichtig
für die Lehre von den Augenbewegungen, wie Nagel auch sogleich erkannt
und hervorgehoben hat — mit Rücksicht auf diese schwierige Lehre ist daher
die viele Mühe, welche auf die Bestimmung des Horopters verwendet worden ist,
gewiss nicht als eine verlorene anzusehen.

CAPITEL IV.

Das stereoskopische Sehen.

§ 137. Ich habe schon in der Einleitung § 9 auseinander gesetzt, dass das
stereoskopische Sehen aufzufassen sei als eine psychische Thätigkeit, als eine
Auslegung des Gesehenen.   Wodurch wir dazu veranlasst werden, das Gesehene
als Körper auszulegen, habe ich ebendaselbst schon besprochen und wiederhole
hier nur, dass die uns innewohnende reine Vorstellung vom Raume und die Erfahrungen, welche wir mittelst des Tastsinnes machen, uns zu der synthetischen
Vorstellung von Körpern im Raume führen.   Wir dürfen nun, wenn es sich um
den Antheil des Sehorganes bei der synthetischen Vorstellung von Körpern
handelt, nicht vergessen, dass wir an die wissenschaftliche Untersuchung dieses
Problems immer erst gehen können, nachdem wir in der Aussenwelt längst orientirt und über die Körperlichkeit der Objecte, die wir wahrnehmen, längst im
Klaren sind.   Dadurch wird die Untersuchung der Frage, welche Bedingungen
zum Sehen von Körpern erforderlich sind, wesentlich erschwert: denn erstens
wissen wir von den Objecten, die wir im Experimente benutzen, schon im Voraus,
wie es mit ihrer Körperlichkeit beschaffen ist, und sind also immer genöthigt,
von unserer naiven Anschauung erst abstrahiren zu lernen; zweitens sind wir
stets geneigt, neue Anschauungen, die uns geboten werden, mit schon bekannten
zu vergleichen, und, bei diesem Streben, die auftretenden Differenzen zu übersehen
oder zu ignoriren; drittens haben wir uns gewöhnt, aus einer höchst unvollkommenen Betrachtung der Objecte sogleich auf ihre ganze Constitution zu
schliessen oder mit anderen Worten: eine partielle Wahrnehmung inducirt sofort

in uns die vollständige Vorstellung oder Anschauung von dem Objecte. Das Sehen hat in dieser Beziehung etwas Symbolisches: wie in alten Zeiten der Gastfreund an dem Ringstücke (symbolon) erkannt wurde, welches an dem Ringstücke des anderen Gastfreundes passte — so erkennen wir die Objecte und ihre ganze Beschaffenheit an einem einzelnen Merkmale, welches in der Anschauung derselben enthalten ist, und damit wird die Anschauung des Ganzen sofort so lebendig, dass wir weiterer sinnlicher Wahrnehmungen nicht mehr bedürfen. Aber es tritt hierbei der wissenschaftlichen Untersuchung noch die Schwierigkeit entgegen, dass wir uns desjenigen Merkmals, welches die Anschauung des Ganzen hervorruft, des Symbols, in den meisten Fällen nicht klar bewusst werden. Ich erkenne z. B. einen Bekannten auf 1000 Schritt Entfernung. Woran? Das ist oft schwer zu untersuchen, und selten mit einiger Sicherheit festzustellen und zum Bewusstsein zu bringen. Ebenso ist es nun auch schwierig, das Merkmal oder die Merkmale aufzufinden, an denen man erkennt, ob das Object ein Körper oder eine Fläche ist, und wir können das Kriterium für diese Alternative nur auffinden, wenn wir absichtlich die Bedingungen, unter denen wir ein Object sehen, variiren und die einfachsten Objecte zur Beobachtung wählen. Wheatstone hat eine dieser Bedingungen für das stereoskopische Sehen nachgewiesen, und damit das allgemeine Interesse für diese Frage wachgerufen. Indess giebt es noch viele andere Umstände, welche uns zu der Auslegung veranlassen, dass das Gesehene ein Körper ist, und es ist immer noch die Frage, ob alle Umstände, welche hierbei in Betracht kommen, schon erforscht sind.

Ich werde im Folgenden zunächst die Bedingungen anführen, welche uns veranlassen, das Gesehene als Körper aufzufassen, wenn wir mit beiden Augen sehen.

§ 138. Wenn wir uns in unseren gewohnten Umgebungen befinden, und das eine Auge schliessen, so bemerken wir kaum eine Veränderung in der Anschauung: Alles erscheint eben so körperlich, wie es beim Sehen mit zwei Augen erschienen ist. Nur ist das Gesichtsfeld beschränkter, indem es, wenn beide Augen offen sind, in horizontaler Richtung einen Gesichtskreis von etwa 180^0, wenn nur ein Auge offen ist, einen Bogen von etwa 146^0 umfasst; auch sieht man, wie Leonardo da Vinci (*Malleren, 1786, p. 80;* die erste Ausgabe ist von 1684) bemerkt hat, von den hinter einem Körper befindlichen Objecten etwas weniger. Offenbar bleiben im Ganzen die Anschauungen und die übrigen Auslegungen des Gesehenen dieselben, wenn wir das eine Auge schliessen, und deswegen bemerken wir keine wesentlichen Veränderungen in der Beziehung der Objecte auf einander und auf uns. Erst Wheatstone hat in seiner berühmten Arbeit (*Philosophical Transactions, 1838, Bd. II., p. 371* und deutsch in Poggendorff's *Annalen, Ergänzungsband I., p. 1*) die Aufmerksamkeit darauf gelenkt, dass ein Körper, welcher sich nahe vor dem Gesicht und in der Medianebene befindet, anders erscheint, wenn er mit dem einen und dem andern Auge abwechselnd betrachtet wird, z. B. ein Würfel, ein Buch u. s. w. — Wenn

Brewster (*Das Stereoskop*, 1857, p. 5 u. f.) nachweist, dass diese Beobachtung schon vor Wheatstone von Euclid, Galen, Aguilonius, Smith, Porterfield und Elliot gemacht worden ist, so dürfen wir nicht vergessen, dass Wheatstone derjenige ist, welcher den Sinn und die Wichtigkeit der Beobachtung erkannt, sie selbstständig gemacht, und Consequenzen von ausserordentlicher Tragweite daraus entwickelt hat. — Wheatstone schloss nur zunächst: wenn von einem Körper zwei verschiedene Netzhautbilder für das eine und das andere Auge entworfen werden, so muss umgekehrt, wenn zwei Projectionen des Körpers auf eine ebene Fläche genau der Form der Netzhautbilder entsprechend dem einen und dem andern Auge geboten werden, und die Vereinigung der beiden Bilder ermöglicht wird, der Eindruck eines wirklichen Körpers hervorgebracht werden. Wheatstone hat auch sogleich den einfachsten Fall ausfindig gemacht, in welchem durch Vereinigung der beiden verschiedenen Netzhautbilder die Wahrnehmung der Tiefendimension vermittelt wird (Poggendorff's *Annalen*, *Ergänzungsband I*, p. 7): wenn ein grades Stück Draht, das in einer solchen Stellung vor die Augen gehalten wird, dass das eine Ende ihnen näher ist, als das andere, mit jedem Auge besonders betrachtet wird, so erscheint dasselbe im Verhältniss zu einer senkrechten Ebene jedem Auge in einer verschiedenen Neigung. Wird nun eine Linie in derselben scheinbaren Neigung auf zwei Karten gezogen und werden diese Karten in der angegebenen Weise (so dass die Mittelpunkte der beiden Linien in dem Kreuzungspunkte der Sehaxen in einem Punkte vereinigt werden) betrachtet, so gewahrt man die Linie genau in derselben geneigten Stellung, in welcher sich das Stück Draht befand. Diese Beobachtung Wheatstone's ist wegen der Einfachheit der Bedingungen von besonderem Interesse. Spannt man einen schwarzen dünnen Faden in etwa 100 Mm. Entfernung vor einem gleichmässig weissen Papierschirme auf, und betrachtet ihn aus etwa 1 Mm. Entfernung durch eine schwarze Röhre, welche die übrigen sichtbaren Objecte verdeckt, so hat man, wenn man mit beiden Augen einen Punkt des Fadens fixirt, eben so wenig ein Urtheil darüber, ob ein Faden da ist, oder eine schwarze Linie auf dem Papier gezogen ist, als wenn man mit einem Auge sieht. Giebt man aber dem Faden eine geneigte Lage zur Visirebene, so dass er oben dem Beobachter, unten dem Papierschirme näher ist, so sieht man ihn mit beiden Augen anders als mit einem Auge, und mit dem einen anders, als mit dem andern Auge. In der ersten senkrechten Lage fielen die beiden Netzhautbilder von dem Faden nahezu auf identische Netzhautstellen, in der letztern inclinirten Lage fallen seine Netzhautbilder nicht auf identische Stellen. Man sollte nun erwarten, den Faden beim binocularen Sehen doppelt zu sehen, indess das gelingt nur schwierig und mir wenigstens nur bisweilen auf Augenblicke, vielmehr sehe ich den Faden mit beiden Augen einfach und in seiner Inclination von vorn und oben nach unten und hinten verlaufen; mit einem Auge gesehen, ist er von einer auf das weisse Papier gezogenen schiefen Linie nicht zu unterscheiden. Woher rührt nun diese Auslegung von der Lage des Fadens beim binocularen Sehen?

Die Vorstellung kann es nicht sein, die uns zu dieser Auslegung induciert, denn wenn wir uns durch abwechselndes Oeffnen des einen und Schliessen des andern Auges überzeugen, dass dem einen Auge die Linie umgekehrt geneigt erscheint wie dem andern Auge und uns möglichst von der Vorstellung beherrschen lassen, dass wir zwei sich kreuzende Linien zu sehen haben, so gelingt es mir wenigstens nur auf Augenblicke das wirklich zu sehen.

Man hat als Grund für diese Auslegung angegeben, dass wir nicht dauernd einen Punkt des Fadens fixirten, sondern unsere Augenaxen an dem Faden hingleiten liessen; dadurch bekämen wir nach einander verschiedene Kreuzungsbilder, wie sie uns zwei auf Papier gezogene sich kreuzende Linien nie bieten können, und die Reihenfolge dieser Bilder könnten wir uns nur unter der Annahme erklären, dass wir es mit einem schief geneigten Faden zu thun haben.

Indem gegen diese Erklärung, welche einen grossen Theil der stereoskopischen Erscheinungen umfassen würde, ist Dove mit einem Experimente aufgetreten, welches diese Erklärung als ungenügend erscheinen lässt. Nach Dove tritt beim Sehen mit beiden Augen die Tiefendimension oder das körperliche Relief vollkommen deutlich und zwingend auf, wenn man die beiden Bilder eines Körpers im Stereoskop mittelst des elektrischen Funkens beleuchtet. Die Dauer des elektrischen Funkens ist aber so kurz, dass während desselben ganz bestimmt keine Augenbewegung stattfinden kann. Dove sagt über die Versuche mit dem elektrischen Funken Folgendes (*Farbenlehre, 1853, p. 153, cf. Berliner Academie-Berichte, 1841, p. 252*): *In einem dunkeln Zimmer stellte ich ein gewöhnliches Spiegelstereoskop so auf, dass die beiden Zeichnungen desselben von einer Lampe gleich hell beschienen waren. An die Stelle der Lampe wurde nun eine sich selbst entladende Lan'sche elektrische Flasche gestellt, welche bei gleichbleibendem Drehen der Elektrisirmaschine stets nach bestimmten Zeitintervallen sich entlud. Dadurch wurde es möglich, auf die momentane Erscheinung sich vorzubereiten. Ich sowohl als Andere, denen ich diese Versuche zeigte, sahen vollkommen deutlich das körperliche Relief, mitunter aber auch die beiden Projectionen, aus denen es entsteht.* Dove's Versuche sind von Volkmann (*Handwörterbuch der Physiologie, 1846, III., 1, p. 349*) und für die einfachsten Zeichnungen von Panum (*Das Sehen mit zwei Augen, 1858, p. 53 und an andern Stellen*) bestätigt worden, und auch ich finde dasselbe.

Sehe ich auf den schief ausgespannten schwarzen Faden vor dem weissen Papier, während der elektrische Funken im dunkeln Zimmer überspringt, so sehe ich nicht zwei schwarze Linien, die sich kreuzen, sondern ich erkenne unmittelbar, ohne Ueberlegung einen einfachen gegen das Papier geneigten Faden. Dasselbe sieht mein Freund Mannsch, Professor der Physik, welcher die Güte gehabt hat, diese Versuche mit dem elektrischen Funken mit mir anzustellen. Wir kannten dabei vorher nicht die Lage des Fadens, und gaben sie doch immer richtig an, nachdem der Funken übergesprungen war.

Zweitens habe ich die Projectionen des Fadens für die beiden Augen in einem gewöhnlichen Prismenstereoskop mit dem elektrischen Funken beleuchtet.

Damit sich die Augen beim Ueberspringen des Funkens in der gehörigen Convergenz- und Accommodationsstellung befanden, habe ich folgenden kleinen Kunstgriff benutzt: die zum Sammelbilde zu vereinigenden Projectionen sind in ihrem Mittelpunkte oder dem zu fixirenden Punkte durchstochen und liegen auf einer von unten her sehr schwach beleuchteten matten Glasplatte; die Zeichnung ist völlig dunkel, nur durch das kleine Loch im Fixationspunkte scheint etwas Licht durch. Man hat nun die Augen so zu stellen, dass die beiden hellen Punkte zu einem Punkte zusammenfallen: springt der Funken über, so sind die Augen in der richtigen Stellung und man hat nicht nöthig, viele vergebliche Versuche zu machen. Werden nun die Mittelpunkte zweier Linien durchbohrt, von denen die für das rechte Auge nach rechts und oben, die für das andere Auge nach links und oben geneigt ist, und zwar um 10° von der vertikalen Richtung, so sehe ich beim Ueberspringen des Funkens niemals zwei gekreuzte Linien, ebenso Mannich, sondern eine schiefe Linie, welche gegen die Ebene des Papiers geneigt ist. Indess ist die Neigung gegen die Ebene des Papiers keineswegs so auffallend und stark, wie beim Sehen mit constanter Beleuchtung. Dieses Resultat ist um so auffallender, als ich bei ganz ruhiger Fixation der Mittelpunkte in ununterbrochener Beleuchtung im Sammelbilde leicht zwei gekreuzte Linien sehen kann, und erst bei Bewegung der Augen die Linien zu einer gegen die Papierebene geneigten Linie zusammenfallen. Es macht dabei keinen Unterschied, ob ich im Stereoskop oder durch Convergenz der Augenaxen vor dem Papiere die beiden Bilder vereinige.

Der Einfluss der Vorstellung ist bei den Versuchen mit dem elektrischen Funken wohl als vollständig ausgeschlossen anzusehen, da wir vorher oft gar nicht wussten, welches von verschiedenen Objecten im Stereoskop sich befand, und wir das Object nur im Momente der Beleuchtung sehen konnten.

Viel frappanter sind die Resultate bei momentaner Beleuchtung, wenn man statt zweier Linien die beiden Projectionen eines sehr einfachen Körpers, z. B. eines abgestumpften Kegels oder eines Tetraeders zum Sammelbilde vereinigt. Mannich und ich sind immer sofort sicher gewesen, dass wir das Sammelbild körperlich sahen, und gaben sofort richtig an, ob z. B. die Spitze des Tetraeders uns zugekehrt war, oder von uns abgewendet — da wir doch auch hier vor dem Ueberspringen des Funkens gar nicht wussten, welches Object wir sehen würden.

Es ist mir nach diesen Erfahrungen völlig unzweifelhaft, dass die Wahrnehmung der Tiefendimension beim Sehen mit zwei Augen nicht von der Vorstellung oder von Bewegungen der Augen herrühren kann, da der stereoskopische Eindruck mit einem von jeder Ueberlegung freien Zwange bei der momentanen Beleuchtung auftritt.

Eine Erklärung dieser Erscheinungen werde ich im nächsten Paragraphen zu geben versuchen, indem ich Panum's Hypothese folge.

§ 139. Die beiden Bilder, aus denen sich das körperlich erscheinende Object zusammensetzt, können im Auge nicht so liegen, dass sie auf identische

Netzhautstellen fallen, und doch sehen wir die Contouren des Körpers einfach. Das hat schon Wheatstone betont, indem er sagt: *Ich habe hinreichende Beweise geliefert, dass Objecte, deren Bilder auf nicht correspondirende Punkte der beiden Netzhäute fallen, dennoch einfach gesehen werden.* (Poggendorff's Annalen, Ergänzungsband I., 1848, p. 30.) Die Bedingung, unter der solche Bilder einfach gesehen werden, ist aber, dass sie nicht in ein und derselben Ebene erscheinen, sondern zum Theil vor oder hinter derselben, kurz, dass sie eine Tiefendimension wahrnehmen lassen. Wenn wir das einfachste hier anwendbare Object beobachten, zwei Linien, von denen die dem einen Auge gebotene von links oben nach rechts unten, die dem andern Auge gebotene von rechts oben nach links unten geneigt ist, und sie zu einem Sammelbilde vereinigen; so finden wir, dass es bei einer bestimmten Grösse des Divergenzwinkels und einer bestimmten Länge der Linien in unserer Willkühr zu liegen scheint, ob wir im Sammelbilde zwei sich kreuzende Linien in der Ebene des Papiers oder eine einfache Linie sehen, welche gegen die Ebene des Papiers geneigt ist. Je grösser der Divergenzwinkel wird, um so mehr sind wir disponirt, die Linien sich kreuzend zu sehen, je kleiner er wird, um so schwerer wird es uns, dies zu sehen, und um so mehr sind wir disponirt, das Sammelbild als einfache, aus der Ebene des Papiers heraustretende Linie zu sehen.

Man bemerkt, wie schon erwähnt wurde, leicht, dass es nicht die Willkühr an sich ist, welche den einen oder andern Effect bestimmt, sondern, dass es von der Bewegung unserer Augen abhängt, ob wir den einen oder den andern Effect haben wollen. Fixiren wir ununterbrochen den Mittelpunkt, so erscheinen die Linien gekreuzt, gestatten wir den Augen nur die geringste Bewegung, so verschmelzen bei kleinem Divergenzwinkel die Linien und treten aus der Ebene des Papiers heraus. Divergiren die beiden Linien von 30 Mm. Länge um $2\frac{1}{2}$° von einander, so ist es mir auch bei gewissenhafter Fixation der Mittelpunkte nicht mehr möglich, die Linien sich kreuzen zu sehen, ich wenigstens sehe immer eine einfache, aus der Ebene des Papiers heraustretende Linie. Dasselbe ist der Fall bei der momentanen Beleuchtung durch den elektrischen Funken. Aber selbst bei 5° Divergenz der 30 Mm. langen Linien ist es schwierig, das Kreuzungsbild zu erhalten.

Volkmann hat über die Grösse, um welche Linien von gewisser Länge divergiren können, wenn sie noch zu einer Linie combinirbar sein sollen, genaue Messungen angestellt, ohne indess auf das stereoskopische Moment, auf die Tiefendimension Rücksicht zu nehmen. Er hat (Archiv für Ophthalmologie V., 2, 1859, p. 32) für sich selbst diesen Winkel bestimmt zu 5°,4, wenn die Linien 60 Mm. lang waren, zu 7°,4, wenn sie 20 Mm. lang waren, und hat auf Grund dieser Versuche den Satz aufgestellt (p. 53): differente Meridiane der beiden Netzhäute sind fähig zu verschmelzen, und ist die Neigung derselben, einfache Empfindungen zu vermitteln, um so grösser, je weniger sie in ihrer Richtung von der senkrechten abweichen. Wenn Volkmann aber das Verschmelzen aus einem

Zwange der Contoure (p. 57) erklärt, so kann ich eine Erklärung in diesem Ausdrucke nicht finden, da der Zwang nicht weiter motivirt ist.

Aehnliche Beobachtungen über das Verschmelzen paralleler Linienpaare, welche nur geringe Differenzen ihrer Distanzen haben, hatte schon vorher Panum gemacht und dabei das Heraustreten der einen Linie aus der Ebene des Papiers betont (*Das Sehen mit zwei Augen*, 1858, p. 52 u. f.). Diese Versuche sind von Volkmann (a. a. O. p. 32) bestätigt und durch genaue Messungen erweitert worden. Es werden nämlich dem einen Auge zwei vertikale Parallellinien von constanter Distanz geboten, dem andern Auge zwei ebensolche Parallelen, deren Distanz verändert und gemessen werden kann. Haben die von dem Auge A gesehenen Linien eine Distanz von 8,1 Mm. so können mit ihnen im Sammelbilde Linien, die dem Auge B geboten werden, verschmelzen, wenn deren Distanz nicht weniger als 3,48 Mm. im Mittel und nicht mehr als 7,57 Mm. im Mittel beträgt. Die Differenz der Distanzen, welche Volkmann als Grenzdistanzen bezeichnet, ergiebt sich also zu 1,54 und zu 2,57 Mm. im Mittel. Sind die Linien für das Auge A näher an einander, so nimmt der Werth für die Grenzdistanz ab, umgekehrt nimmt derselbe zu mit der Entfernung der Linien von einander. Ferner gelten jene Werthe nur für die Distanz in horizontaler Richtung, und ändern sich, wenn die Distanzen geneigt und endlich vertikal (die Linien also horizontal) werden, in der Weise, dass die Grenzdistanz immer mehr abnimmt, je mehr die Richtung der Linien von der senkrechten Richtung abweicht und sich der horizontalen nähert.

Wenn diese Linienpaare im Sammelbilde verschmelzen, so liegen nicht beide Linien in der Ebene des Papiers, sondern die eine der beiden Linien liegt in der Ebene des Papiers, die andere darüber oder darunter. Leider hat Volkmann auch für diese Versuche diesen Umstand in dem angeführten Aufsatze nicht berücksichtigt; doch ist derselbe besonders wichtig, wie aus dem Folgenden hervorgehen wird.

Panum hat nämlich zur Erklärung dieses Verschmelzens der Linien zu einem aus der Ebene des Papiers heraustretenden Sammelbilde die Hypothese aufgestellt, dass jedem Punkte des einen Auges ein Empfindungskreis von gewisser Grösse im andern Auge entspräche, so dass eine innerhalb des Empfindungskreises stattfindende Affection mit dem Punkte des andern Auges verschmelzen könnte, indess nicht einfach, ohne weiteres verschmelzen könnte, sondern nur so verschmelzen, dass ein Heraustreten aus der Papierebene d. h. die Wahrnehmung der Tiefe stattfände. Diese Hypothese Panum's ist vielfach missverstanden worden, und konnte in ihrer ursprünglichen Fassung (*Das Sehen mit zwei Augen*, p. 62) auch nicht so verstanden werden, wie sie nach der späteren Erläuterung Panum's (*Archiv für Anatomie und Physiologie*, 1861, p. 84) aufgefasst werden muss. Mir scheint Panum's Hypothese die einzige zu sein, welche im Stande ist, die Vorgänge zu erklären: ich glaube in Panum's Sinne zu handeln, wenn ich, als identische Punkte solche bezeichnend, welche eine einfache Empfindung ohne Tiefendimension geben, dagegen Punkte, welche, wenn sie im Sammelbilde eine einfache Empfindung geben, zugleich die Wahrnehmung der Tiefe bedingen, stereoidentische Punkte nennt. Den diesen Punkten entsprechenden Horopter, welchen Panum den *idealen Horopter* nennt, würde man dann als Stereo-Horopter zu bezeichnen haben.

Seien also a und a_1, *Figur 58*, identische Punkte der beiden Netzhäute, so würden a und a_1 stereoidentische Punkte sein, d. h. Punkte, welche, wenn

Fig. 58.

sie zu einem Punkte verschmelzen, nicht mehr in die Ebene des Papiers fallen, sondern vor oder hinter dieselbe, a und a_1 aber weder identische, noch stereoidentische, sondern disparate Punkte, d. h. Punkte, welche überhaupt nicht zu einem Punkte verschmelzen können. Nach Volkmann's Messungen würden die stereoidentischen Punkte von den identischen Punkten nur etwa $\frac{2}{3}$ Mm. (auf 8 Zoll Entfernung vom Auge projicirt) entfernt sein können, was einem Winkel von etwa 35 Minuten entspricht.

Ich glaube mich verständlicher machen zu können, wenn ich den Gesichtssinn mit dem Tastsinn vergleiche. Identische Punkte giebt es auf unserer Haut nicht, denn ein Object-Punkt, welcher gleichzeitig zwei Punkte unserer Körperoberfläche afficiren könnte, ist nicht denkbar, und wenn wir 2 Punkte unserer Haut selbst mit einander in Berührung bringen, so haben wir die Empfindung an zwei Punkten. Wohl aber haben wir auf unserer Haut stereoidentische Punkte, d. h. Punkte, deren gleichzeitige Affection uns das Vorhandensein eines einzigen Körpers anzeigt. Wenn wir eine Kugel oder einen Cylinder mit einer oder mit beiden Händen umfassen, so haben wir an vielen Punkten Empfindungen, die wir ohne weiteres auf einen einzigen Körper beziehen. Es hat gewiss nichts Ungereimtes, sich solche Punkte auch auf den Netzhäuten zu denken, deren gleichzeitige Affectionen unmittelbar mit einander combinirt, aber anders in dem Raume lokalisirt werden, als die Affection identischer Punkte. Wie nun die Affection bestimmter Stellen unserer Haut die Vorstellung und Wahrnehmung einer Kugel auslöst, so wird dasselbe durch Affection bestimmter Stellen unserer Netzhaut herbeigeführt werden, und wir brauchen dann gar nicht erst die Alternative zu entscheiden, ob wir es mit einem Körper oder mit einer Fläche zu thun haben.

Nun muss allerdings erklärt werden, warum wir mit stereoidentischen Punkten unter Umständen doppelt sehen? Ich muss darauf aufmerksam machen, dass es keineswegs leicht ist, mit stereoidentischen Punkten doppelt zu sehen, und das Gesehene in eine Ebene zu verlegen. Ein in der Medianebene inclinirt vor einer weissen Fläche ausgespannter Faden ist, wie erwähnt, nur schwierig in zwei sich kreuzende Linien zu zerlegen. Es ist mir ferner ganz unmöglich die nach Dove's Angabe (*Optische Studien*, 1859, *p.35*, *Druckplatte V*) ungleich gedruckten Buchstaben doppelt zu sehen, die doch so leicht als über der Ebene des Papiers liegend gesehen werden. Indess ist immerhin ganz unzweifelhaft die Möglichkeit gegeben, statt stereoskopisch einfach, in der Ebene doppelt zu sehen, und ein stereoidentischer Punkt kann mithin als disparater Punkt fungiren.

Die Lösung dieser Schwierigkeit glaube ich gefunden zu haben und zwar durch die Versuche des stereoskopisch-Sehens bei der momentanen Beleuchtung durch den elektrischen Funken. Projectionen, welche beim Ueberspringen des Funkens immer zu einem Körper combinirt werden, können bei sicherer Fixation in continuirlicher Beleuchtung als Zeichnung in ein und derselben Ebene liegend erscheinen. Necker's Rhomboeder (*Edinburgh Philosophical Journal*, 1832, *Bd. I, p.334* und Poggendorff's *Annalen*, *Bd. 27, p.502*) in *Figur 59* bringt bei

'Fig. 59.

längerer Betrachtung und abwechselnder Fixation von *A* und *X* bald die Vorstellung hervor, dass die Ecke *X* vorn läge, bald dass diese Ecke hinten und die Ecke *A* vorn läge. Bei der Beleuchtung mit dem elektrischen Funken liegt immer *X* vorn, mag nun *A* oder *X* fixirt werden. (Die Fixation wird, wie oben erwähnt wurde, dadurch gesichert, dass der zu fixirende Punkt mit einer Nadel durchstochen, und dann das Papier auf eine sehr matt beleuchtete Glastafel gelegt

wird, so dass nur ein heller Punkt sichtbar bleibt.) Auch sehe ich im Anfange, wenn ich auf die Figur blicke, immer *X* vorn liegen, und muss mir erst Mühe geben, *A* vorn liegend zu sehen.

Hieraus schliesse ich nun, dass wir ohne besondere Ueberlegung die Projectionen von Körpern, welche wir durch binoculares Sehen vereinigen, so sehen, wie es uns am geläufigsten ist: Wir haben unendlich oft Kasten, Kisten, Bücher, Ballen so liegen sehen, wie Necker's Figur bei vorn liegendem *X* erscheint, viel seltener in einer solchen Lage, dass *A* vorn sein müsste: deswegen erscheint uns beim flüchtigen oder momentanen Sehen die Ecke *X* vorn zu liegen. Wir haben ferner sehr oft geneigte Fäden, geneigte Bleistifte, Lineale u. s. w. gesehen, aber sehr selten Linien, die sich unter einem sehr spitzen Winkel kreuzen — wir haben oft Körper, die einem Tetraeder, einem Würfel, einem abgestumpften Kegel u. s. w. gleichen, aber vielleicht nie die Projectionen ihrer Begrenzungslinien auf eine Ebene in einander gezeichnet gesehen: deswegen erscheint uns auch bei momentaner Beleuchtung das bekannte Object, an dem ja die erforderlichen Linien vorhanden sind, nicht eine unbekannte und ungeläufige Zeichnung. Da aber die stereoidentischen Punkte nicht schlechtweg identische Punkte sind, so

können wir mit ihnen auch doppelt sehen und es scheint mir, dass wir, abgesehen von der veränderten Vorstellung, in letzterem Falle darauf Acht geben,
was von der Papierfläche gedeckt wird durch die Zeichnungen. Die Ebene
wird dann, wenn ich es kurz sagen soll, Dogma — diesem Dogma muss sich die
Wahrnehmung unterordnen, wenn auch der Effekt sinnlos ist.

Kurz zusammengefasst ist meine Ansicht: wir haben durch viele Erfahrungen gelernt, dass gewissen disparaten Punkten unserer
Netzhaut ein einfacher Punkt im Raume entspricht, welcher vor
oder hinter den fixirten Punkten liegt — dadurch ist uns die Combination dieser disparaten Punkte so geläufig geworden, dass es
uns schwer wird, sie anzugehen.

Kommen wir auf den Vergleich mit dem Tastsinne zurück, so können wir hier
etwas Ähnliches finden: wenn wir einen Körper anfassen, so sind wir augenblicklich
über die Körperlichkeit und die ungefähre Form desselben unterrichtet, und
zweifeln, trotzdem mehrere Punkte unserer Haut afficirt sind, gar nicht an der
Einheit des Objectes. Doch können wir auch hier, indem wir auf uns selbst
Acht geben, die Vorstellung gewinnen, dass unsere Haut an mehreren Punkten
afficirt wird, und das einheitliche Object entgegengesetzte Seiten hat. — Dass
ferner auch auf unserer Haut sich disparate Stellen finden ganz in der Weise
wie auf den Netzhäuten, lehrt ja der alte Versuch des Doppelfühlens einer Kugel
bei verschränkten Fingern.

§ 140. Wheatstone hat einen Versuch angegeben, welcher beweisen soll,
dass gleiche Bilder, welche auf correspondirende (identische) Nervenhautpunkte
fallen, doppelt und an verschiedenen Orten erscheinen: *Wird dem rechten Auge
eine vertikale und dem linken eine von der Senkrechtheit etwas abweichende Linie
in dem Stereoskope dargeboten, so sieht man, wie früher gezeigt, eine Linie, deren
Extremitäten sich in verschiedenen Entfernungen vor den Augen zu befinden scheinen.
Es werde nun auf das Blatt für das linke Auge in der (durch die) Mitte der schon
vorhandenen und geneigten Linie eine schwächere und vertikale gezogen, welche der
auf dem Blatte für das rechte Auge befindlichen Linie in Stellung und Länge genau
entspricht. Figur 60. Betrachtet man jetzt die beiden Blätter im Stereoskope, so*

Fig. 60.

*werden die beiden stärkeren Linien, von denen jede mit einem Auge gesehen wird,
sich decken und die daraus resultirende einfache Linie wird in derselben perspec-
tiven Linie erscheinen, als es vorher der Fall war; die schwache Linie aber, welche*

auf *Nervenhautpunkte des linken Auges fällt, welche mit denen des rechten corre-*
spondiren, auf welchem sich die starke vertikale Linie darstellt, erscheint an einem
verschiedenen Orte. Die folgenden Worte sind unklar, cf. Brücke, Müller's *Archiv*,
1841, p. 459 und Volkmann, *Archiv für Ophthalmologie, 1859, V., 2, p. 73.*

Dieser Versuch ist vielfach besprochen worden, namentlich hat Hering sehr
genau die verschiedenen Bilder, welche entstehen können, beschrieben und zugleich auf die verschiedenen Umstände aufmerksam gemacht, die hier zu falschen
Resultaten führen können. (*Beiträge zur Physiologie, 1862, p. 87—96.*) Wenn
man aber 1) den Kreuzungspunkt der starken und schwachen Linie sicher fixirt,
2) die starke vertikale Linie mit einer Marke versieht, um sie im Sammelbilde
erkennen zu können, 3) wirklich mit beiden Augen sieht, 4) namentlich dafür
sorgt, dass dicht vor der Verschmelzung die beiden Vertikallinien vollkommen
parallel erscheinen; so tritt, worin ich Hering ganz beistimme, nur der eine Effect
ein, dass die beiden vertikalen Linien verschmolzen und so lange
man das Auge unbewegt hält, auch verschmolzen bleiben. Dasselbe ist der Fall,
wenn ich mit Berücksichtigung der vierten Vorsicht den Versuch beim elektrischen
Funken mache, wie ich gegen Volkmann (*Archiv für Ophthalmologie V., 2, p. 74*)
behaupten muss, welcher die Verschmelzung der beiden starken Linien bei Anwendung des Tachistoskops gesehen hat. Für mich ist es übrigens ganz gleichgültig, ob ich ein gewöhnliches Prismenstereoskop benutze, oder bei Parallelismus
der Gesichtslinien mit einer Brille + 10, oder mit Convergenz der Gesichtslinien
vor der Ebene des Papiers die Beobachtungen mache, sowohl beim Wheatstone'schen,
als bei den übrigen stereoskopischen Versuchen. Ich kann z. B. beim Sehen mit
der Brille den obigen Effect des Verschmelzens der beiden Vertikallinien halbe
Minuten lang festhalten, und allmählich zu den übrigen Mischbildern übergehen.
Ich finde Hering's Furcht vor der Anwendung von Gläsern bei stereoskopischen
Versuchen durchaus unbegründet, und sehe nicht ein, warum man sich eine oft
recht bequeme Methode zur Controllirung der Beobachtungen versagen soll.

Dass der Wheatstone'sche Versuch seinen Entdecker, so wie viele andere
Beobachter zu unrichtigen Resultaten geführt hat, liegt wohl in der Unähnlichkeit
der beiden vertikalen und in der Aehnlichkeit der beiden starken Linien, so wie
nach Hering's Bemerkung darin, dass die Kreuzung der schwachen Linie von der
starken schon beim Sehen mit e i n e m Auge einen stereoskopischen Effect macht.
Die Befolgung der von Hering angegebenen Cautelen wird aber auch jeden
Beobachter zu anderen Resultaten führen, als sie Nagel (*Das Sehen mit zwei
Augen, 1861, p.81*) und Wundt (*Theorie der Sinneswahrnehmung, 1862, p.285*)
bei ihren Modificationen des Wheatstone'schen Versuches gefunden haben. Gegen
Nagel's Angaben ist schon Rollett (*Wiener med. Wochenschrift, 1861, No.37,
p.585*) aufgetreten.

Es ist daher wohl bis jetzt als sicher anzunehmen, dass wir mit identischen
Stellen nicht doppelt und auch nicht stereoskopisch sehen d.h. dass es wirklich
identische Stellen giebt.

§ 141. Wenn beim binocularen Sehen die Verschmelzung zweier in bestimmter Weise von einander verschiedener Bilder, der Projectionen eines Körpers, uns zu der Vorstellung und Wahrnehmung eines Körpers führt, so können wir erwarten, dass beim Sehen mit e i n e m Auge dieselben Erfolge hervortreten, wenn dem Auge nach einander verschiedene Bilder geboten werden, welche mit einander combinirt werden können, unter der Annahme, dass sie von einem einheitlichen Körper herrühren. Erfahrungsgemäss kommen wir auch beim monocularen Sehen in der Mehrzahl der Fälle zu einer ebenso sicheren Entscheidung, ob wir es mit einem Körper oder mit einer Ebene zu thun haben, wie beim binocularen Sehen, wenn wir nämlich unsern Standpunkt den Objecten gegenüber verändern, oder wenn die Objecte selbst eine andere Lage annehmen. Wir haben dann verschiedene Bilder, Projectionen des Körpers auf unserer Netzhaut oder in unserm Gesichtsfelde, die mit einander combinirt werden zu einem Körper. Indess ist hier wohl zu unterscheiden zwischen der Ueberzeugung, dass ein Körper vorhanden sei, der Vorstellung des Körpers und der sinnlichen Wahrnehmung eines Körpers. Wir sind z. B. überzeugt, dass der Mond eine Kugel ist, und können ihn uns als Kugel vorstellen, aber wir nehmen ihn keineswegs als Kugel, sondern nur als kreisförmig begrenzte Ebene wahr, wie schon Aristoteles (*Problemata XV*, 8, *διὰ τί ἡ ἥλιος καὶ ἡ σελήνη σφαιροειδῆ ὄντα ἐπίπεδα φαίνεται;*) bemerkt hat. Andere Objecte dagegen nehmen wir wirklich als Körper wahr.

Wir sehen aber auch stereoskopisch und erkennen Tiefendimensionen beim monocularen Sehen ohne Veränderung unseres Standpunktes und ohne Bewegung des Objectes. Hier ist es erstens die Anordnung der Lineamente, die perspectivische Projection der Zeichnung, welche in uns die Vorstellung des Körperlichen hervorruft, und zwar mit einer Lebhaftigkeit, dass wir oft nicht angeben können, ob wir uns die Körperlichkeit nur vorstellen, oder sie wirklich wahrnehmen — zweitens die Verschiedenheit der Helligkeit an den verschiedenen Stellen der Zeichnung, die wir an einem Körper, nicht an einer Ebene wahrzunehmen pflegen. Letztere allein ist schon genügend, uns glauben zu machen, dass wir wirklich einen Körper wahrnehmen z. B. bei der Schattirung einer Kugel. Wenn nun diese Lineamente oder Schattirungen auf einer Ebene angebracht sind, so wird doch das Licht nicht genau so reflectirt, wie von wirklichen Körpern; denn die materielle Ebene des Papiers, des Holzes u. s. w. reflectirt vermöge ihrer Rauhigkeit oder ihres Glanzes das Licht, was auf sie fällt, unabhängig von den Zeichnungen auf ihr, und dadurch wird eine Art von Wettstreit der Vorstellungen, oder ein Wettstreit zwischen Vorstellung und Wahrnehmung hervorgebracht. Man kann sich davon leicht überzeugen, wenn man eine Photographie mit der Lupe betrachtet, oder ein gefirnisstes Oelbild und dergleichen. Ob wir dann einen Körper oder eine Fläche sehen, hängt davon ab, wie stark das eine oder das andere Moment wirkt, ob der Flächenreflex oder die Lineamente und die Schattirung sich mehr geltend machen. — Wenn wir also auf ein Oel-Gemälde sehen, welches überfirnisst ist, so macht sich, wenn wir mit beiden Augen sehen, der Eindruck der Ebene um so mehr geltend, je näher wir dem Gemälde sind, und je mehr Licht der Firniss-überzug zurückspiegelt. Schaffen wir den Firnissreflex fort, so treten die auf dem Gemälde dargestellten Körper mehr hervor; entfernen wir uns von dem Gemälde, so tritt gleichfalls das Körperliche der Zeichnungen mehr hervor, weil der von den Gesichtslinien eingeschlossene Winkel immer kleiner, und damit auch die Differenzen der Winkel für verschiedene Tiefendimensionen der dargestellten Körper immer kleiner werden. Indess werden wir durch die Umgebungen des Gemäldes, den Rahmen u. s. w. immer wieder daran erinnert, dass eine Fläche an Stelle der Körper da ist, wodurch die Illusion gestört, d. h. die Vorstellung des Körperlichen geschwächt wird. Fehlen sichtbare Umgebungen, sehen wir z. B. aus einem dunkeln Raume, durch eine dunkle Röhre auf das Gemälde, so fallen wieder Anhaltspunkte für die Vorstellung der Fläche fort: das ist z. B. bei den sogenannten Dioramen der Fall, wo man aus einem dunkeln Raume auf das Bild einer Landschaft, einer Stadt u. s. w. sieht. — Schliessen wir das eine Auge, so ist es gleichgültig in welcher Entfernung sich das Gemälde befindet, wenn nur die Entfernung nicht so klein ist, dass wir die Ungleichheit der Pinselstriche, der Rauhigkeiten des Papiers, kurz die Flächenreflexe bemerken. Indess können diese beseitigt werden, indem man ein planes Glas, eine Schicht Wasser über das Gemälde bringt (ein bekannter Kunstgriff der Oelmaler), oder, z. B. bei Photographieen, das Bild bei durchfallendem Lichte betrachtet. Wird weiter dafür gesorgt, dass die Objecte, die auf Gemälden dargestellt sind, in der Grösse erscheinen, in welcher wir gewohnt sind, sie zu sehen, so fehlt jedes Kriterium für das Vorhandensein einer Ebene, und wir glauben wirkliche Körper wahrzunehmen. Das ist z. B. bei den sogenannten Kosmoramen (auch Panoramen genannt) der Fall.

Wenn wir durch die Schattirung einer Zeichnung zur Wahrnehmung eines Körpers disponirt werden, so wird es von der Art der Schattirung abhängen müssen, ob der Körper aus der Ebene hervortritt oder in die Ebene hineintritt, oder ob das Object convex oder concav erscheint. Dasselbe gilt von den Lineamenten perspectivischer Zeichnungen: wenn ich die Projectionen eines stumpfen Kegels für das Stereoskop in diesem zur Vereinigung bringe, so sehe ich die Schnittfläche mir zugekehrt; wenn ich aber die beiden Bilder mittelst Convergenz der Augenaxen vor der Ebene des Papiers vereinige, so sehe ich die Grundfläche des Kegels mir zugewendet, die Schnittfläche abgewendet. Indess kommen hierbei Erscheinungen vor, welche Täuschungen veranlassen, deren Ursache nicht immer aufgefunden werden kann. Wheatstone (Poggendorff's Annalen, Ergänzungsbd. I, p. 27) erzählt, dass, als mehrere Mitglieder der Royal Society das erhabene Gepräge einer Goldmünze durch ein zusammengesetztes Mikroskop betrachtet hätten, einige es vertieft, andere es erhaben gesehen hätten. Gmelin (Philosophical Transactions, 1745) habe bei Experimenten mit Teleskopen und zusammengesetzten Mikroskopen bald das Relief, bald dessen Umkehrung gesehen, ohne den Grund dafür auffinden zu können. Nagwerth (Das Stereoskop, 1857, p. 215) glaubt die Er-

erscheinung davon ableiten zu müssen, dass wir ein falsches Urtheil darüber haben, woher das Licht komme. Da ich im Mikroskop Concavitäten und Convexitäten immer richtig sehe, so habe ich über die ganze Frage gar keine Ansicht. Doch erwähne ich eine Beobachtung, die hierher gehört, dass ich nämlich von complicirten stereoskopischen Photographieen, Statuen, Gebäuden, Landschaften ganz dasselbe Sammelbild erhalte, wenn die Augenaxen parallel sind, als wenn sie vor der Bildebene convergiren. Der Theorie nach müsste das, was im ersten Falle convex erscheint, im zweiten Falle concav erscheinen und umgekehrt, wie es bei einfachen Figuren wirklich der Fall ist. Die Erklärung ist wohl darin zu suchen, dass die Vertiefung oder Erhabenheit bei complicirten Figuren schon beim monocularen Sehen, oder von jedem Auge für sich so deutlich erkannt wird, dass die Umkehrung nicht mehr eintreten kann.

§ 142. Wenn oben angegeben worden ist, dass wir, ohne Bewegungen mit den Augen zu machen, stereoskopisch sehen, so soll damit nicht gesagt sein, dass die Bewegungen unserer Augen ohne Einfluss auf das stereoskopische Sehen sind; mindestens sind sie eine wichtige Controlle desselben und von besonderer Bedeutung, wenn es sich um die Schätzung und quantitative Bestimmung von Tiefendimensionen handelt. Wenn wir z. B. einen Stab oder Faden, welcher in der Medianebene gestellt ist, nur momentan in der perspectivischen Verkürzung sehen, oder in einem einzigen Punkte fixiren, so bleiben wir über dessen Länge und Neigung viel ungewisser, als wenn wir mit unseren Augen oder Gesichtslinien Bewegungen an dem Stabe entlang machen können. Bei Bewegungen der Augen sind aber theils wegen der perspectivischen Verkürzung die Bilder der Objecte verschieden, theils haben wir ein gewisses Bewusstsein von dem Grade, in welchem wir unsere Augenaxen convergiren lassen, so wie von der Accommodation unserer Augen. (Auf die beiden letzten Momente werde ich in § 144 zurückkommen.) Ja es ist, wie ich in meiner Ansicht über die stereoidentischen Punkte angedeutet habe, sehr wahrscheinlich, dass unsere Netzhäute nicht von Hause aus so organisirt sind, dass wir mit beiden Augen ohne weiteres stereoskopisch sehen, sondern dass wir erst durch Bewegungen und Accommodationsverschiedenheiten unserer Augen die Körperlichkeit der Objecte erkennen lernen, und erst nach vielen Erfahrungen dahin gelangen, in einem Augenblicke, ohne Bewegungen, einen stereoskopischen Eindruck zu gewinnen. Freilich sind Behauptungen der Art kaum durch Versuche zu beweisen oder zu widerlegen.

Auch der Einfluss der Vorstellung ist nicht zu unterschätzen und macht sich namentlich bei solchen Versuchen geltend, in denen die stereo-identischen Punkte in Betracht kommen. Aber je mehr ich auf diesen Punkt geachtet habe, um so mehr bin ich in der Ansicht bestärkt worden, dass der Einfluss der Vorstellung kein unmittelbarer ist: wenn es sich darum handelt, ob wir eine Linie perspectivisch verkürzt oder doppelt sehen wollen, so können wir durch die lebhafteste Vorstellung keine Veränderung in unserer Wahrnehmung hervorbringen, sondern nur unter der Mitwirkung von Bewegungen. Volkmann hat im *Archiv für Ophthal-*

malogie, 1859, V., 2, p. 19 im 3. Abschnitt eine Reihe von Versuchen angegeben, in denen Netzhautpunkte, welche wegen der geringen Differenz ihrer Lagerung in der Regel räumlich einfache Erscheinungen bedingen, ausnahmsweise Doppelbilder vermitteln, wenn die Aufmerksamkeit der Seele auf den sinnlichen Vorgang in ungewöhnlicher Weise gesteigert wird. Alle diese Versuche haben den Grund des verschiedenen Effectes sicher nicht in einer grösseren oder geringeren Aufmerksamkeit, sondern in einer Veränderung der Augenstellung. Je nachdem ich diesen oder jenen Punkt fixire, verschmelzen zwei Punkte oder Linien und erscheinen über oder unter der Papierebene, oder treten auseinander, indem sie in der Papierebene liegen, und habe ich einmal die Vorstellung fest, so kann dieselbe nach Veränderung des Fixationspunktes noch eine Zeit lang verharren und die Wahrnehmung beeinflussen. Sicheres und ruhiges Fixiren ist bei diesen Versuchen die erste Bedingung, denn gestattet man dem Blicke umherzuschweifen, so tritt ein so grosser Wechsel der Wahrnehmungen ein, dass man zu keinem sicheren Resultate kommt.

Dass wir ohne Vorstellungen unsere sinnlichen Wahrnehmungen oder Empfindungen nicht verwerthen können, darüber kann kein Zweifel sein; aber wo es sich um Freiheit unserer Vorstellung, um Unabhängigkeit der Vorstellung von sinnlichen Wahrnehmungen handelt, da ist gewiss die grösste Vorsicht und Aufmerksamkeit auf die Vorgänge in uns anzuwenden. Denn es ist sehr leicht, Veränderungen in der sinnlichen Wahrnehmung zu übersehen, unbeachtet zu lassen, welche zu einer Aenderung unserer Vorstellung die Veranlassung geben. Die Grenzlinien zu ziehen, wo der Einfluss der Sinnesthätigkeit anfängt, dürfte kaum möglich sein; man wird die Grenzen enger und weiter stecken, je nachdem man sich mehr von der Idee einer Freiheit der Seele, oder von dem Dogma einer unabänderlichen Nothwendigkeit, einer unwandelbaren Gesetzlichkeit angezogen fühlt.

CAPITEL V.

Entfernung und Grösse.

§ 143. Die Erörterungen des vorigen Capitels über die Wahrnehmung der Tiefendimension stehen in genauem Zusammenhange mit den Bestimmungen über die Schätzung der Entfernung, insofern die Entfernung eines Objectes von uns ja nichts Anderes als die Tiefendimension desjenigen Raumes ist, welcher sich zwischen uns und dem Objecte befindet (s. Einleitung § 11). Die Entfernung eines Objectes beeinflusst aber unser Urtheil über die Grösse desselben. Die beiden Factoren, welche für unser Urtheil über die Grösse eines Objectes maassgebend sind, sind also die Grösse des Bildes auf der Netzhaut und die Entfernung des Objectes. Die Grösse des Netzhautbildes ist aber fast direct abhängig von dem Gesichtswinkel des Objects, so dass man beide

Ausdrücke geradezu als gleichbedeutend gebrauchen kann (s. § 120); man bezeichnet aber seit langer Zeit die Grösse des Netzhautbildes als die **scheinbare Grösse eines Objectes** (*apparent magnitude, grandeur apparente*) und unterscheidet davon die wirkliche Grösse. Die wirkliche Grösse ist aber nichts andres, als die Grösse, welche wir einem Objecte mit Berücksichtigung seiner Entfernung zuschreiben. Da indess der Ausdruck wirkliche Grösse in diesem Sinne oft verwechselt worden ist mit dem Begriff der absoluten Grösse, von der wir nichts wissen noch wissen können, wie schon Porterfield (*On the Eye*, 1759, *T. II.*, *p. 365 —375*) sehr ausführlich auseinandergesetzt hat, — da ferner die wirkliche Grösse, welche wir den Objecten beilegen, immer auf einem Urtheil oder einer Schätzung beruht, so werde ich Fechner's Vorschläge (*Ophthalmologische Beiträge*, *1862, p. 69*) folgend, die Grösse, **welche wir von dem Gesichtswinkel und der Entfernung ableiten, als geschätzte Grösse** bezeichnen.

Man hat sich nun vorgestellt, wir verführen bei der Schätzung der Grösse ganz rationell oder mathematisch, indem wir, da wir von der Grösse des Netzhautbildes direct nichts wissen, alle Netzhautbilder auf eine bestimmte Entfernung projicirt dächten, etwa auf 8 Zoll Sehweite, sie mit einander verglichen, und dann nach der Schätzung der Entfernung die Grösse, welche wir dem Objecte zuzuschreiben haben, construirten oder berechneten. Indem Panum (*Archiv für Ophthalmologie*, 1859, V., 1, p. 1—36) und Fechner (*Ophthalmologische Beiträge*, 1862, p. 70) haben gezeigt, dass wir so rationell nicht verfahren, dass wir kein einheitliches Maass für unser Netzhautbild oder für die scheinbare Grösse haben, sondern unsere Netzhautbilder nach verschiedenem Maasse messen. Wer denkt daran, sagt Fechner, dass der Bleistift auf dem Tische grade so dick erscheint, wie ein Fichtenstamm vor dem Fenster? Wir sind nicht im Stande, anzugeben, ein wie grosses Stück einer Häuserfront durch einen Maassstab von 3 Zoll gedeckt wird, den wir eben in 10 Zoll Entfernung gehalten haben (Fechner). Fechner gab einer Gesellschaft von Aerzten die Aufgabe, die Grösse des Mondes auf ein Blatt Papier in 12 Zoll Entfernung aufzuzeichnen: der Eine malte einen Kreis von 1 Zoll, ein Anderer von 8 Zoll u. s. w., da doch ein Kreis von $1\frac{1}{2}$ Linien Dm. hätte gezeichnet werden müssen, entsprechend dem Gesichtswinkel von $\frac{1}{2}°$. Schon Porterfield (*a. a. O.*, *II.*, *p. 373*) sagt: *the Sun and Moon are only circular Planes of about a foot in diameter, if we believe the testimony of our eyes.*

Wir verfahren vielmehr so, dass wir uns eine Vorstellung von der Grösse der Objecte bilden, indem wir die scheinbare Grösse mit der Entfernung zu einer Anschauung verschmelzen, die wir dann als Maassstab benutzen. Das Netzhautbild spielt also nur eine untergeordnete Rolle in der Schätzung der Grösse von Objecten, wenn es sich um Objecte handelt, die wir in verschiedenen Entfernungen zu sehen pflegen. Andererseits wird aber allerdings bei gleichbleibender Entfernung die Grösse des Netzhautbildes oder des erfüllten Raumes in unserm Gesichtsfelde der Maassstab für die Beurtheilung der Grösse, und insofern man dabei eine willkührliche oder traditionelle Grösse zur Einheit wählt, und auf sie die verschiedenen Grössen der Objecte reducirt, schätzt man die relative Grösse derselben.

§ 144. Unter allen Umständen muss die Erkenntniss der Entfernung von grossem Einfluss auf unsere Vorstellung von den Objecten sein, und man hat sich daher seit langer Zeit bemüht, anzugeben, welche Mittel zur Beurtheilung der Entfernung uns zu Gebote stehen — denn von einer Wahrnehmung der Entfernung wird man in dem Sinne, wie man von der Wahrnehmung der Objecte spricht, nicht wohl reden können. Porterfield hat *(On the Eye, 1759, II., Book V., Chap. 5, p. 386)* die verschiedenen Mittel zur Schätzung von Distanzen aufgeführt, unter denen er zuerst die Accommodation der Augen, und sodann die Convergenz der Augenaxen anführt. Accommodation und Convergenz der Augenaxen gehen beim gewöhnlichen Sehen Hand in Hand, doch ist es allerdings möglich, bis zu einem gewissen Grade beide Thätigkeiten zu sondern und ihren Einfluss bei Schätzung von Entfernungen zu untersuchen.

1) In Betreff der Accommodation bemerkte schon Porterfield, dass wir, um die Objecte deutlich zu sehen, für eine bestimmte Entfernung das Auge accommodiren müssten, und dass wir von der Accommodation eine gewisse Kenntniss hätten; da aber bei grösseren Entfernungen die Accommodation sich nur wenig änderte, so könnte uns dieselbe nur bei der Beurtheilung kleinerer Distanzen Hülfe leisten *(assist us in judging of small Distances).* Messungen über die Genauigkeit, mit welcher durch die Accommodation Entfernungen geschätzt werden können, hat Wundt angestellt *(Theorie der Sinneswahrnehmung, 1862, p. 106)* und bestätigt, dass bei grossen Entfernungen über 20 Mètres die Accommodation keinen Einfluss mehr hat auf die Schätzung von Differenzen der Entfernung. Dagegen konnten Differenzen von absolut geringeren Entfernungen in Folge von Accommodationsveränderungen erkannt werden. Der Beobachter sieht in den Versuchen mit dem einen Auge durch ein Loch in einem Schirme, welcher alle anderen Objecte verdeckt, auf eine weisse Fläche; vor dieser ist ein Faden von unbekannter Dicke an einer horizontalen Skala aufgehängt, welcher dem Auge genähert und von ihm entfernt werden kann. Dem Faden werden nun verschiedene Entfernungen gegeben und der Beobachter hat zu bestimmen, erstens, wie nahe er sich dem Auge befindet und zweitens, ob er genähert oder entfernt worden ist im Verhältniss zu einer eben beobachteten Lage. Ein Beobachter, dessen Nahepunkt in 400 Mm., dessen Fernpunkt in 2500 Mm. lag, konnte die absolute Entfernung nur sehr unsicher bestimmen, die relativen Entfernungen dagegen auf $\frac{1}{20}$ bis $\frac{1}{10}$ genau angeben; dieselben Angaben ungefähr wurden gemacht, wenn zwei gleich dicke Fäden hinter einander aufgehängt waren und an der Skala verschoben worden. — In diesen Versuchen kann indess der Einfluss der Convergenzstellung der Sehaxen wohl nicht mit Sicherheit als ausgeschlossen angesehen werden, denn wenn ich auch nur mit einem Auge sehe, so habe ich doch immer noch eine Empfindung davon, ob meine Augenaxen stark oder schwach convergiren.

Dass indem die Accommodation an sich abgesehen von Convergenzstellung der Augenaxen einen grossen Einfluss auf die Schätzung der Entfernung übt, geht aus den Störungen hervor, welche den Accommodationsapparat allein afficiren. Fonssen (*Ophthalmologische Beiträge*, *1862, p. 79*) hat hierüber Versuche angestellt, indem er durch Einträufeln einer schwachen Atropinlösung eine Lähmung des accommodativen Apparates herbeiführte. Bei mir war 30 Minuten nach dem Einträufeln von etwa $\frac{1}{500}$ Gran Atropin in das linke Auge schon Mikropsie eingetreten, d. h. ich sah Objecte in 150 bis 250 Mm. Entfernung mit dem linken Auge kleiner, als mit dem rechten Auge und zugleich schätzte ich sie entfernter. Die Netzhautbilder der Objecte waren gleich gross im linken und im rechten Auge, die Convergenz der Augenaxen dieselbe, und doch erschienen mir Buchstaben in 650 Mm. mit dem atropinisirten linken Auge gesehen halb so gross und weiter entfernt, als mit dem rechten Auge. Da die Buchstaben, wenn sie kleiner erschienen, vollkommen scharf begrenzt waren, so war auch das atropinisirte Auge vollkommen accommodirt, aber es bedurfte eines stärkeren Accommodationsimpulses (Fonssen) für dieses Auge, als für das gesunde, eines Accommodationsimpulses, wie er für viel nähere Objecte nöthig gewesen wäre bei normalem Zustande. Wenn wir also für Objecte in 200 Mm. Entfernung eine Accommodationsanstrengung machen, wie sonst für Objecte in 100 Mm. Entfernung, so halten wir im ersten Falle die Objecte für halb so weit entfernt und deswegen für halb so gross. Der erste Schluss entgeht uns aber, weil wir von dem Netzhautbilde selbst nichts wissen. Dass wir umgekehrt die Buchstaben ferner erschienen, erklärt Fonssen mit Recht aus einem secundären Urtheile: die Grösse des Objectes ist bekannt; da es kleiner erscheint, so urtheilt man, dass es weiter entfernt sei, denn unter dieser Bedingung würde es kleiner erscheinen. Ist das Object unbekannt, so erscheint es nur kleiner, nicht entfernter, z. B. erscheint ein Thaler so gross wie ein Silbergroschen u. s. w. Weitere Beispiele für diese Urtheilstäuschung siehe bei Fonssen *a. a. O. p. 77 bis 94.* Hier sollte nur der Einfluss der Accommodation des Auges auf die Schätzung der Entfernung und Grösse nachgewiesen werden.

2) Das zweite Moment, welches Porterfield anführt, ist die Convergenz der Sehaxen: wir halten Objecte für um so kleiner, je stärker die auf sie gerichteten Gesichtslinien oder Sehaxen convergiren und zwar unabhängig von Accommodationsbewegungen. Das hat Hermann Meyer in Zürich bewiesen (Poggendorff's *Annalen*, *1852, Bd. 85, p. 198*). Er benutzte zu diesen Versuchen ein etwas modificirtes Wheatstone'sches Spiegelstereoskop, in dessen Seitenbrettern die beiden stereoskopischen Bilder vorwärts und rückwärts geschoben werden können, wobei die Spiegelbilder für die beiden Augen einander näher und ferner rücken. Im ersten Falle erscheint das Sammelbild näher und kleiner, im zweiten Falle ferner und grösser. Im ersten Falle convergiren die Augenaxen stark, im zweiten schwächer, bis sie endlich parallel werden.

Man kann den Versuch ohne jeden Apparat wiederholen, wenn man auf

zwei kleine Papierblätter je einen vertikalen Strich macht, die beiden Papierblätter vor das Gesicht hält, so dass die Striche parallel und vertikal sind, und
sie durch Convergenz der Sehaxen vor der Ebene des Papiers vereinigt, aber für
die Ebene des Papiers die Augen accommodirt lässt: schiebt man nun die beiden
Striche allmählig von einander weg, so wird das Sammelbild immer kleiner,
nähert man sie einander, so wird das Sammelbild immer grösser. Da bei Meyer's
Methode, sowie bei dieser einfachsten Form des Versuches das Netzhautbild
nahezu dieselbe Grösse haben muss, die Accommodation auch immer dieselbe
bleibt, nämlich für die Ebene des Papiers, so kann die höchst beträchtliche Verkleinerung und Näherung des Sammelbildes bei zunehmender Entfernung der
beiden Striche von einander nur von der Convergenz der Sehaxen abhängig sein.

　　Wenn Convergenz der Sehaxen und Accommodation zusammenwirken, tritt
im wesentlichen derselbe Erfolg ein. Schon Junin (Portaevald *II., p. 392*) hat
bemerkt, dass eine Fliege, welche am Fenster kroch, ihm wie ein grosser Vogel
in der Luft erschien, wenn er nach dem Himmel blickte, also die Augenaxen
parallel und das Auge für die grösste Ferne accommodirt war. — Ferner hat
Hermann Meyer (*Archiv für physiologische Heilkunde, 1842, Bd. I., p. 316*) einen
sehr einfachen Versuch angegeben: blickt man mit einem oder beiden Augen
durch das Geflecht eines Rohrstuhles nach dem Fenster, so erscheinen die Maschen
entfernt, in der Nähe des Fensters und sehr gross, blickt man auf eine in der
Gegend des Nahepunktes vor dem Rohrstuhle gehaltene Bleistiftspitze, so erscheinen die Maschen des Rohrstuhles klein und nahe, nämlich in der Ebene des
fixirten Punktes. Schon Lemor hat die hierher gehörige Entdeckung gemacht,
dass das Nachbild klein erscheint, wenn es in die Nähe, gross, wenn es in die
Ferne projicirt wird (Facusen, *Repertorium, 1832, p. 229*).

　　3) Die übrigen Mittel, welche uns zur Schätzung der Entfernung dienen,
liegen in der Beurtheilung des Eindrucks, welchen uns bekannte Objecte oder
mit bekannten vergleichbare Objecte machen; wir schätzen also die Entfernung
aus der Grösse, in welcher uns bekannte Objecte erscheinen, aus der Deutlichkeit, mit der wir ihre Lineamente erkennen, aus der Intensität der Färbung.
Endlich ist ein sechstes Moment, welches Portaevald angiebt, woraus wir auf die
Entfernung schliessen, die Menge der zwischen uns und dem zu schätzenden
Objecte liegenden anderen Gegenstände, wovon schon in § 120 die Rede war.
Bei allen diesen Wahrnehmungen ist es gleichgültig, ob wir mit einem oder mit
beiden Augen sehen, weshalb ich hier nicht weiter auf dieselben eingehe.

　　§ 146. Bisher ist nur von der Schätzung der Grösse gehandelt worden,
bei welcher es sich selbstverständlich nur um relative Grösse handeln kann, indem
wir ein Object in dem einen Falle grösser oder kleiner schätzen, als in einem
andern Falle, oder das eine Object grösser oder kleiner, als das andere. Davon
zu unterscheiden ist aber die Wahrnehmung der Grösse, nämlich die Verwerthung des Netzhautbildes durch die empfindenden Elemente
der Netzhaut. Wir nehmen die Grösse der Ausdehnung eines Objectes wahr

mittelst unserer Haut und mittelst unserer Netzhaut, indem eine Anzahl von Elementen in Erregung versetzt wird. Die Untersuchungen über den Raumsinn haben ergeben, dass die Anzahl der Nervenelemente, welche eine bestimmte Fläche einnehmen, z. B. ein Quadratmillimeter, nicht überall die gleiche ist, weder auf der Haut, noch auf der Netzhaut. Ernst Heinrich Weber (*Artikel Tastsinn im Handwörterbuch der Physiologie, 1846, p. 528*) und Volkmann (*Neue Beiträge zur Physiologie des Gesichtssinnes, 1836, p. 50*) haben angeführt, dass die Anzahl der Nervenelemente, welche in einem gegebenen Raume endigen, bestimmend sein muss für die Grösse, die wir diesem Raume beilegen, dass wir also ein Quadratmillimeter 10 mal so gross sehen würden, als dies jetzt der Fall ist, wenn 10 mal so viel Nervenelemente auf unserer Netzhaut endigten. Nun erscheinen uns aber doch die direct gesehenen Objecte wirklich nicht grösser, als die indirect gesehenen, und wir nehmen auch die Objecte mittelst des Gesichtssinnes nicht grösser wahr, als mittelst des Tastsinnes. Die Schwierigkeit löst sich durch Fortlage's in § 143 erwähnte Auffassung, dass wir die Grösse nicht nach der Grösse des Netzhautbildes beurtheilen, dass wir also zu einer Wahrnehmung der Grösse des Netzhautbildes gar nicht kommen, diese Wahrnehmung vielmehr sofort durch unser Urtheil beeinflusst und verändert wird. Wenn wir eine Anzahl von Menschen etwa in einem Saale vor uns sehen, so sind die Netzhautbilder von ihnen von sehr verschiedener Grösse, und das Netzhautbild des direct gesehenen Menschen trifft eine viel grössere Menge von Nervenelementen, als das Netzhautbild der indirect gesehenen Menschen, — aber wir kommen gar nicht zu der Wahrnehmung, dass die gesehenen Menschen verschieden gross seien, denn wir haben durch tausendfältige Erfahrungen eine bestimmte Vorstellung von der Grösse eines Menschen gewonnen (wie, ist allerdings räthselhaft) und gegen diese Vorstellung kann die Wahrnehmung nicht aufkommen, die Wahrnehmung wird sofort corrigirt, oder auf die Vorstellung reducirt. Dieser psychische Process wird offenbar durch die Bewegungen unserer Augen sehr begünstigt, indem wir die Netzhautbilder der verschiedenen Objecte immer mit derselben Stelle unserer Netzhaut wahrnehmen suchen und das indirect Gesehene vernachlässigen, wenn es dem direct Gesehenen widerspricht.

Die Auseinandersetzungen der beiden letzten Capitel werden es, hoffe ich, gerechtfertigt erscheinen lassen, dass ich der Vorstellung und überhaupt der psychischen Thätigkeit einen so grossen Einfluss auf die Sinnesthätigkeit zugeschrieben habe.

FÜNFTER ABSCHNITT.

DAS SUBJECTIVE SEHEN.

§ 146. Wir haben uns die Netzhaut und die mit ihr weiter bis zum Sensorium in Verbindung stehenden Nerven als ein fortwährend thätiges Organ zu denken, welches auch ohne Anregung durch äussere Objecte oder Wirkungen die specifische Empfindung des Lichtes im Sensorium erregt. Alle Erregungen von aussen her können wir als einen Eingriff in diese Thätigkeit ansehen, welcher eine Steigerung oder Minderung derselben zur Folge hat, auf welchem also die Netzhaut reagirt. Würde die Thätigkeit der Netzhaut überhaupt erst erregt durch einen Eindruck von aussen, so würde es am wahrscheinlichsten sein, dass mit seinem Aufhören auch die Thätigkeit des Nerven sofort aufhörte. Anderes haben wir zu erwarten bei einem durch innere Anregung thätigen Organe: die Aeusserungen dieser letzteren Thätigkeit zum Bewusstsein zu bringen bildet das Problem für das Studium des subjectiven Sehens. Alle subjectiven, auf innerer Erregung beruhenden Empfindungen können nur störend wirken, wenn es sich darum handelt, die Vorgänge in der Aussenwelt zu erkennen und von diesem Gesichtspunkte des praktischen Bedürfnisses aus habe ich bereits in der Einleitung § 14 als subjective Thätigkeit der Netzhaut diejenigen Empfindungen bezeichnet, welche nicht dazu dienen uns die Objecte der Aussenwelt erkennen zu lassen, oder uns dabei entgegenwirken. Wenn kein Licht und überhaupt keine bekannte Kraft auf unsere Augen wirkt, so hören wir gleichwohl nicht auf, Licht zu empfinden: wir werden zu untersuchen haben, was wir unter diesen Umständen empfinden. Man bezeichnet die Aetherschwingungen als den adäquaten Reiz für die Netzhaut, und sie sind es, welche uns zur Kenntniss der Aussenwelt führen; aber auch andere Reize, Druck, Elektricität, können Lichtempfindungen hervorbringen: dies wird die zweite Klasse der zu studirenden subjectiven Empfindungen sein. Endlich hört mit der Einwirkung eines Reizes die Empfindung nicht auf,

sondern dauert in eigenthümlicher Weise fort, auch bleibt der Reiz nicht immer
auf den Ort seiner Einwirkung beschränkt: diese Empfindungen, welche als
Blendungsbilder, Nachbilder, als simultaner Contrast u. s. w. bezeichnet werden,
sollen das dritte Capitel dieses Abschnittes bilden. Wir besprechen nun:

1) die permanente Lichtempfindung der Netzhaut;

2) die Lichtempfindung in Folge von Druck und Elektricität;

3) die Nachbilder und den Contrast.

CAPITEL I.

Die permanente Lichtempfindung.

§ 147. Wenn alles Licht von dem Auge abgehalten wird, so hört gleichwohl die Lichtempfindung nicht auf. Das finstere Zimmer, welches ich in § 17
beschrieben habe, war so vollkommen lichtlos, dass ich nach Aufenthalt von
4 bis 5 Stunden, wenn ausserhalb die grösste Helligkeit herrschte, keine Spur
von objectivem Licht oder von den im Zimmer befindlichen Objecten bemerken
konnte: aber selbst wenn ich mich an finstern Abenden oder in finstern Nächten,
wo gewiss keine Spur von Licht mehr in das Zimmer fällt, daselbst aufhalte, so
habe ich fortwährend lebhafte Lichtempfindungen. Purkinje (*Beobachtungen
zur Physiologie der Sinne*, 1823, I., p. 58) bezeichnet dieses subjective Licht im
Gesichtsfelde sehr passend als Lichtchaos, denn es ist ein in fortwährenden
Wechsel begriffenes Gewimmel von schwer zu beschreibenden Lichtpunkten,
Lichtlinien und Lichtflecken, welches über das ganze Gesichtsfeld verbreitet ist.
Durch häufige Beachtung dieses chaotischen Getümmels habe ich gewisse Formen
unterscheiden gelernt, die ich versuchen will zu beschreiben. Ich bemerke nur
noch, dass ich diese Beobachtungen bei völligem Wohlbefinden und mit ge-
spannter Aufmerksamkeit gemacht habe.

Der Grund des Gesichtsfeldes erscheint bald nach dem Eintritt in das
Finstre ziemlich gleichmässig dunkel, aber nicht tief schwarz; wenn ich mir
schwarzen Sammet lebhaft vorstelle, so scheint mir der Grund des Gesichtsfeldes
dagegen heller. Der Grund ist ferner nie rein von Lichtpunkten und Lichtlinien, welche in einer eigenthümlichen langsamen Bewegung sind; der Form
nach möchte ich sie mit schwebenden Wergflocken vergleichen. Ihre Farbe ist
gelblich, ihre Helligkeit nicht bedeutend, ihre Menge sehr wechselnd, meist um
so grösser, je weniger andere Formen sichtbar sind. Zweitens treten die von
Goethe als wandelnde Nebelstreifen bezeichneten Gestalten auf, welche
Purkinje näher beschrieben hat (*Beobachtungen etc.*, I., p. 57): sie schweben allmählig in den verschiedensten Richtungen vorüber, sind nicht scharf begrenzt,
farblos. Eine Augenbewegung oder ein Augenlidschlag bringt sie zum Verschwinden oder wenigstens zu schnellerer Bewegung über das Gesichtsfeld hin.

Von ihnen unterschieden sind drittens Nebelballen in der Mitte des Gesichtsfeldes, welche keine Ortsbewegung, aber ein Grösser- und Kleinerwerden, Contraction und Expansion zeigen, in der Mitte heller sind, am Rande allmählig lichtschwächer werden, ohne bestimmte Grenze sich verlieren. Sie treten nur zeitweise auf, wie es scheint namentlich dann, wenn man die Augen recht ruhig und ungezwungen hält. Mitunter sind sie in der Mitte etwas gelblich. Viertens zeigen sich an der äussersten Peripherie plötzlich sehr auffallende Punkte von grosser Helligkeit, die meistentheils schnell wieder verschwinden. Ich konnte mich lange Zeit des Gedankens nicht erwehren, dass dies objectives Licht sei, welches durch ein Loch im Laden des Fensters durchdringe, und blickte unwillkührlich dorthin. Dann sah ich nichts und fand auch oft, dass die Wand sich dort fände, wo ich den Lichtblitz gesehen hatte. Mit der Zeit gewöhnte ich mich, das Auge bei dieser Erscheinung ruhig zu halten, habe aber auch da nur selten bemerkt, dass die Erscheinung einige Sekunden andauerte, nur einmal dauerte sie vielleicht eine halbe Minute; meist verschwinden sie sogleich wieder. Aehnliches hat Purkinje (*Beobachtungen etc.*, II., p. 84) gesehen. Endlich fünftens habe ich helle Zickzacklinien bemerkt, wie die Formen heller Blitze, auch wohl von bläulichem oder violettem Tone; sie haben eine langsame Bewegung und verschwinden nach wenigen Sekunden wieder.

Diese Erscheinungen sind constant, wenn ich über eine Stunde im Finstern bin. Gelegentlich habe ich noch rotirende cometenartige Formen gesehen, farbige Nebel von unbestimmter Form, und hinweilen auch das eigenthümliche Strahlenschiessen von der Peripherie nach dem Centrum hin, welches Ruete (*Lehrbuch der Ophthalmologie*, 1845, p. 72, Figur 39) beschrieben hat. Die Erscheinungen fangen schon in den ersten Minuten nach dem Eintritt ins Finstere an und dauern ununterbrochen fort; sie werden bald lebhafter, namentlich die wallenden Nebel und der centrale helle Nebel, sowie die Helligkeit des Grundes, bald matter, scheinen aber nach mehr als dreistündigem Aufenthalte immer eine grosse Lebhaftigkeit zu erreichen. — Wenn ich bei den Adaptationsversuchen (§ 20 u. f.) den Platindraht leuchten sah, so traten sämmtliche subjective Erscheinungen schnell zurück oder verschwanden ganz, dergleichen und noch mehr, wenn ich den Platinschwamm einer Zündmaschine erglühen liesse: dann ist tiefe Finsterniss im ganzen übrigen Gesichtsfelde und nur der Draht leuchtet.

Es ist für die subjectiven Erscheinungen gleichgültig, ob die Augen offen oder geschlossen sind, indem sich die Phänomene bei Augenbewegungen und beim Lidschlage, namentlich wird dann immer der centrale Nebelball in der Mitte dunkel; nur der äussere Hof desselben bleibt.

Was die Ausdehnung des Gesichtsfeldes betrifft, so nimmt es einen Raum ein, welcher etwa einem Kugelsegment mit horizontalem Bogen von 180° und vertikalem Bogen von über 90° entsprechen würde, dessen Begrenzung aber sehr unsicher ist, wie schon Purkinje (a. a. O., II., p. 9) angiebt; die Tiefendimension dieses Raumes ist noch unbestimmter. Es ist kaum zu sagen, ob man die Lichterscheinungen in 10 oder 5 oder 1 Fuss Entfernung sieht, und ich finde, dass stärkere oder schwächere Convergenz der Augenaxen nichts ändert.

So nehmen sich die Lichterscheinungen im absolut finstern Raume für mich aus, wenn ich den Standpunkt des trockenen und nüchternen Beobachters festhalte. Sobald ich diesen Standpunkt verlasse, nur nebenhin auf die Lichterscheinungen achte und mich bemühe, mir irgend welche Personen oder Ergebnisse lebhaft vorzustellen, so hört die Einfachheit der Erscheinungen und Bilder auf und an Stelle der einfachen unbestimmten Nebel treten bestimmte Formen: hier findet ein ganz allmähliger Fortschritt zum Phantastischen statt. Zu einem sehr peripherischen hellen Funken zum Beispiel gesellt sich die Gestalt eines Fensters, ich sehe dann die Umrisse eines Repositoriums, bald schwarz auf weiss, bald weiss auf schwarz, ich glaube hier den Ofen, dort die Fenster u. s. w. zu sehen; dann sehe ich Bäume, Lauben, Häuser, Gartenparthien, Tische, an welchen unbekannte und nicht recht erkennbare Menschen sitzen, einzelne Köpfe u. s. w., kurz ich gerathe in Zeit von einigen Minuten in einen Zustand, wie er vor dem Einschlafen oft vorherzugehen pflegt, welcher grosse Aehnlichkeit mit einem Traumzustande hat. Der passendste Ausdruck für diesen Zustand dürfte sein, dass ich mit offenen Augen träume. Dabei haben diese Phantasmen weder irgend eine Beziehung zu dem was ich mir vorstelle, oder woran ich lebhaft denke, noch sind sie irgendwie von meinem Willen abhängig; sie kommen und gehen, bewegen sich, ohne dass ich sie festzuhalten vermöchte. Sobald ich wieder ordentlich Achtung gebe und Kritik anwende, so hören die Phantasmen auf und die oben beschriebenen Punkte, Linien und Nebel treten an deren Stelle; um zu den Phantasmen zu gelangen, bedarf ich aber dann wieder mehrerer Minuten.

Einen Rythmus der Lichterscheinungen, welcher vom Athem oder Herzschlage abhängig wäre, habe ich trotz angespanntester Aufmerksamkeit nie bemerken können, ja selbst Compression der Carotiden und Anhalten des Athems bis zum Verschwinden des Radialpulses, starkes Vorwärtsbeugen des Körpers haben keinen erheblichen Einfluss auf die Lichterscheinungen hervorgebracht; höchstens fand dann ein schnellerer Wechsel derselben statt. Johannes Müller (*Phantastische Gesichtserscheinungen*, 1830, p. 16) und Helmholtz (*Physiologische Optik*, 1860, p. 202) haben dagegen abwechselnde Verfinsterungen und Aufhellungen des Grundes, mit den Athemzügen oft in gleichem Rhythmus gesehen.

Dass die Lichtempfindung ununterbrochen fortdauert, auch bei gänzlichem Mangel objectiven Lichtes, kann wohl kaum bezweifelt werden, und ist auch schon von vielen Beobachtern angegeben worden. Ob sich die Erscheinungen als Lichtfunken, Lichtnebel u. s. w. darstellen, oder bestimmte Gestalten annehmen, das scheint von der geistigen Richtung und Individualität des Beobachters abhängig zu sein. Sehr lehrreich scheint mir in dieser Beziehung Lichtenberg's Beobachtung eines schönen Meteors (*Vermischte Schriften*, 1804, Bd. X, p. 50): Lichtenberg selbst hatte einen spindelförmigen glänzenden Streifen gesehen; ein

Mann vom Lande sagte: *es habe eine Pyramide am Himmel gestanden, etwa zwei-*
mal so hoch als seine Stube; diese habe sich gesenkt; und endlich habe sich etwas
wie eine Schlange darum gewunden und wie ein Wirbel gedreht. Eine Bauerfrau
sagte aus: *der Himmel habe sich aufgethan und sie habe die Treppen darin deut-*
lich sehen können; es müsse im Himmel überaus schön sein.

Ich bemerke ferner, dass ich von den Objecten im Zimmer durchaus nichts
habe sehen können, dass man aber leicht zu dem Glauben kommen kann, Objecte
zu sehen. Wenn ich z. B. vor dem Plstindrahte sass und auf sein Sichtbarwerden
wartete, so glaubte ich den Ofen zu meiner linken Seite zu bemerken, wo er sich
wirklich befand; ging ich aber auf die Stelle zu, wo ich seinen Rand zu sehen
glaubte, so kam ich an die Wand, oder an den Rahmen über der Thür u. s. w.
Oft glaubte ich meine Hände zu sehen, auch wenn ich die Augenlider geschlossen
und die Hände in den Taschen hatte; besonders aber glaubte ich sie zu sehen,
wenn ich mit ausgespreizten Fingern vor den Augen hin und her fuhr; nur waren
sie bald hell, bald dunkel. Wenn ein Anderer, ohne dass ich es wusste, in derselben Weise seine Hand vor meinen Augen bewegte, so bemerkte ich nichts
davon. Orrn. (Poggendorff's *Annalen, 1863, Bd. 118, p. 180*) glaubt öfters
in einem sehr verfinsterten Zimmer glänzende Objecte gesehen zu haben, indess
scheinen mir seine Beobachtungen nicht schlussfertig, weil der Ausschluss allen
Lichtes nicht sicher war, und weil die Objecte zu nahe aneinander gestanden haben.
Wenn aber eine Spur von Licht eindringt, so wird es an Krystallen u. s. w. am
meisten concentrirt werden.

Eine weitere Frage ist nun, wo die Lichterscheinungen entstehen, in der
Netzhaut oder im Sehnerven, oder noch weiter nach dem Centralorgan hin?
Man kann geneigt sein, daraus, dass dieselben sich mit den Bewegungen der
Augenlider und der Augäpfel etwas verändern, den Schluss zu machen, dass sie
in der Netzhaut ihren Sitz hätten; indess ist mit Bewegungen der Augen doch
wohl immer etwas Druck auf den Sehnerven oder Zerrung desselben verbunden,
dann ist auch die Veränderung der Lichterscheinungen eine sehr geringe. Da
andererseits Lichterscheinungen auch nach Exstirpation der Bulbi und bei Atrophie
des Sehnerven beobachtet worden sind, so ist wohl auf einen dem Centrum
näheren Ursprung derselben zu schliessen. Die Umgestaltung jener Erscheinungen
zu Gesichtsphantasmen ist aber gewiss als psychische Thätigkeit aufzufassen:
wir haben beim gewöhnlichen Sehen im Hellen eine starke Neigung, die flüchtig-
sten und unbestimmtesten Gesichtswahrnehmungen auf sehr bestimmte Vorstellungen zu beziehen und es muss gewiss von den meisten Menschen erst gelernt
werden, nur das zu sehen, was wirklich gesehen werden kann. Je undeutlicher
die Wahrnehmung ist, um so freieres Spiel hat unsere Phantasie: viele jener
Lichterscheinungen liegen nun weit von der Gegend des deutlichen Sehens entfernt und sind sehr unbestimmt; sie werden dann eben so gut zu einem Phan-
tasma umgestaltet, wie ein Handtuch im Dunkeln zu einem Gespenst, ein Baum-
stamm zu einem Räuber u. s. w. Je mehr wir dem zügellosen Fluge der Phantasie

Spielraum lassen, je mehr wir uns üben, das Wahrgenommene in dieser Richtung anzulegen, um so mehr nähern wir uns den Illusionen und Hallucinationen der Geisteskranken, oder im günstigeren Falle den Visionen der Dichter und der Seher — oder der Sensitiven.

CAPITEL II.

Die Lichtempfindung in Folge von Druck und Elektricität.

§ 148.   Dass eine plötzliche Erschütterung des Auges, ein Schlag oder Stoss auf den Augapfel eine Lichterscheinung hervorruft, ist allgemein bekannt. Schon Aristoteles *(De sensu et sensili, Cap. II)* führt diese Thatsache an: ὀλιγόμενον γὰρ καὶ κινούμενον τοῦ ὀφθαλμοῦ φαίνεται πῦρ ἐκλάμπον, und bemerkt dazu, dass dies auch im Finstern und bei geschlossenen Augenlidern stattfinde.   Die Erscheinungen gestalten sich aber verschieden, je nachdem man einen momentanen oder nur kurze Zeit andauernden Druck auf eine beschränkte Stelle des Augapfels anwendet, oder den ganzen Augapfel längere Zeit hindurch dem Drucke aussetzt. Die erstere Gattung von Lichtempfindungen ist zuerst von Newton *(Opticks 1717 Query 16, p. 321)* präcis beschrieben worden, indem er sagt: *When a Man in the dark presses either corner of his Eye with his Finger, and turns his Eye away from his Finger, he will see a Circle of Colours like those in the Feather of a Peacock's Tail. If the Eye and the Finger remain quiet, these Colours remain in a second Minute of Time, but if the Finger be moved with a quavering Motion, they appear again.*

Das Phänomen ist später von Erxleben *(Collectanea Societatis Havniensis 1774,* die ich mir nicht habe verschaffen können) und von Elliot *(Observations on the Senses 1780, p. 8 bis 14),* besonders aber von Purkyně *(Beobachtungen und Versuche zur Physiologie der Sinne, I. 1823, p. 136),* unter dem Namen der *feurigen Ringe* beobachtet worden. Sowohl Elliot als Purkyně haben die feurigen Kreise farbig gesehen, was Huxley *(Phil. Magazine I, p. 89* und Poggendorff's *Annalen 1832, Hft. 26, p. 136)* in Abrede stellt, indem er angibt, man sehe nur hell und dunkel.   Serre d'Uzès hat die Erscheinung unter dem Namen Phosphen in einer besonderen Monographie auf 464 Seiten *(Essai sur les Phosphènes, Paris 1853)* weitläufig besprochen.

Drücke ich mit dem Finger oder einer stumpfen Spitze, einem Stecknadelknopfe oder dergleichen, eine Stelle an der hintern Hälfte des Augapfels, so erscheint im Finstern oder bei geschlossenen Augenlidern ein heller Halbkreis, Kreis oder Fleck an demjenigen Orte des Gesichtsfeldes, welcher der gedrückten Netzhautstelle entspricht; also an der Nasenseite, wenn ich am äussern, dagegen an der Schläfenseite, wenn ich am innern Augenwinkel drücke.   Die Form des hellen Fleckes ist verschieden nach der Form des drückenden Körpers und nach der Stärke des Druckes: drücke ich mit dem Finger, so erscheint eine helle

Mondsichel, drücke ich mit einem Stecknadelknopfe, so sehe ich einen hellen
Kreis mit einem hellen Durchmesser. Die Begränzung der Figur ist niemals
scharf, alle Ränder sind verwaschen. Die Farbe der hellen Parthieen erscheint
mir schwach gelblich. Die Lichtintensität ist am stärksten, wenn ich am innern
Augenwinkel drücke; sie nimmt überhaupt zu, wenn ich mich schon längere Zeit
im Finstern aufgehalten habe. Die Lage des Druckbildes ist immer sehr peripherisch, ich kann es nicht weiter als bis etwa 15° von der Fovea centralis entfernt beobachten, vielleicht weil meine Augen sehr tief liegen. Thomas Young
(*Philosoph. Transactions, 1801, p. 39*) gelang es, den Druck unmittelbar an der
Stelle der Fovea centralis auszuüben. Ausserdem bemerke ich noch, wie viele
andere Beobachter, eine zweite helle Stelle im Gesichtsfelde, welche der Eintrittsstelle der Sehnerven entspricht. Sonst bemerke ich im Finstern nur noch an
vielen Stellen des Gesichtsfeldes helle krumme Linien, vielleicht Stücke der
Aderfigur.

Stehe ich mit geschlossenen Augenlidern vor dem hellen Fenster, so dass
das Gesichtsfeld roth erscheint, und drücke möglichst tief gegen die hintere
Hälfte des Augapfels, so sehe ich der gedrückten Netzhautstelle entsprechend
einen dunkeln blangrünen Fleck, von einem hellen Rande umgeben, und bei
stärkerem Druck einen hellen Streifen in diesem Flecke; ausserdem erscheint
der Eintrittsstelle des Sehnerven entsprechend, ein hellgelber mit einem dunkeln
Rande versehener Fleck.

Wenn ich endlich im Hellen, nach Purkinje's Anweisung (*Beobachtungen zur
Physiologie der Sinne*, I., p. 138) in den innern Augenwinkel die Ecke eines
weissen Papiercartons bringe, das Auge stark nach innen wende und an der
äussern Seite des Bulbus mit einem Stecknadelknopfe drücke, so sehe ich auf
das Papier projicirt an der Nasenseite einen dunkeln Fleck mit heller Einfassung;
der dunkle Fleck ist etwa birnförmig, mit der Spitze nach dem fixirten Punkte
gerichtet; die Gegend des fixirten Punktes erscheint als ein mattgrauer Fleck,
und endlich erscheint ein grauer unbestimmter Fleck mit hellem Rande, der Gegend des blinden Fleckes entsprechend. Lasse ich mit dem Drucke plötzlich
nach, so erscheint an der fixirten Stelle ein hellerer Fleck, die beiden andern
Flecke verschwinden, ohne dass ich eine Umkehr der Erscheinung wahrnehmen
kann. Von einem System bogenförmiger Linien zwischen Druckstelle und Fovea
centralis, wie es Purkinje (a. a. O., I., p. 139, *Figur 29*), und weniger deutlich
Helmholtz (*Physiologische Optik*, 1860, p. 196, *Figur 1, Tafel V*) gesehen haben
und abbilden, kann ich nichts bemerken. Eine Verbindungslinie zwischen der
Druckstelle und der Fovea centralis, wie sie Helmholtz gesehen hat, kann ich
auch nicht sehen.

An die Druckbilder reihe ich einige Lichterscheinungen an, welche von
Zerrung der Netzhaut herzuführen scheinen.

Purkinje hat (a. a. O., I., p. 79) eine Lichterscheinung beschrieben und
Figur 21 abgebildet, welche bei kräftigen Augenbewegungen nach aussen oder

innen als ein feuriger Kreis im Finstern in der Gegend des Sehnerveneintritts auftritt. Im Hellen oder wenn Licht durch die geschlossenen Augenlider hindurchdringt, erscheint dagegen ein dunkler Kreis. Auch HELMHOLTZ hat die Erscheinung, Figur 2, Tafel V, a. a. O. abgebildet. CZERMAK (Physiologische Studien, 1854, I., p. 42 und II., p. 33 oder Sitzungsberichte der Wiener Akademie, Bd. XII, p. 364 und Bd. XV, p. 455) hat im Finstern feurige Ringe, wenn aber Licht durch die geschlossenen Augenlider einfiel, kleine runde blaue Scheiben beobachtet. Ich sehe im Finstern zwei undeutlich begrenzte helle Flecke, bei durch die geschlossenen Augenlider einfallendem Lichte zwei dunkelblaue Flecke, welche nach innen deutlich rund begrenzt und mit einem hellen Rande versehen sind, nach aussen dagegen sich allmählig ohne deutliche Begrenzung verlieren. PURKINJE leitet die Erscheinung von Zerrung des Gesichtsnerven ab; indem sollte man bei Zerrung des Gesichtsnerven wohl eher eine Erleuchtung oder Verdunkelung des gesammten Gesichtsfeldes erwarten. CZERMAK hebt mit Recht die Schwierigkeit hervor, dass bei hellem Gesichtsfelde die Erscheinung anders in ihrer Form ist, als bei dunklem Gesichtsfelde, da doch die mechanische Reizung in beiden Fällen dieselbe ist. Vergleiche ich die Figuren von HELMHOLTZ und PURKINJE, so wie die Beschreibungen PURKINJE's, CZERMAK's und HELMHOLTZ's mit einander und mit dem, was ich sehe, so finde ich die Differenzen so bedeutend, dass ich zu der Vermuthung komme, es handle sich hier um verschiedene Phänomene.

Hierher gehört ferner CZERMAK's Accommodationsphosphen (Sitzungsberichte der Wiener Akademie, 1857, Bd. XVII, p. 78 u. GRAEFE's Archiv, 1860, VII., I, p. 147), welches schon PURKINJE beobachtet zu haben scheint (Beobachtungen u. s. w., II., p. 115). Nach CZERMAK erscheint, wenn man im Finstern die Augen für die Nähe möglichst stark accommodirt und dann plötzlich für die Ferne accommodirt, ein ziemlich schmaler feuriger Saum an der Peripherie des Gesichtsfeldes. Trotz vielfacher Uebung im Accommodiren in die Nähe ohne Object (ich habe z. B. immer meinen Zuhörern das Wandern des Lichtbildes auf der vordern Linsenfläche an dem KRAMER'schen Apparate so lange demonstrirt, bis sie richtige Angaben machten, wobei ich genöthigt war, mehr als hundertmal abwechselnd für die Nähe und Ferne ohne Object zu accommodiren), trotz vielfacher Bemühung nach langem Aufenthalte im Finstern das Accommodationsphosphen zu sehen, ist es mir doch nicht gelungen, einen hellen Ring zu sehen: vielmehr habe ich im günstigsten Falle nur einen Lichtblitz zu beiden Seiten des Gesichtsfeldes in dem Augenblicke gesehen, wo ich für die Ferne accommodirte oder richtiger, wo ich mit der stärksten Anstrengung für das Nahsehen plötzlich nachliess. Selbstverständlich will ich damit CZERMAK's Beobachtung nicht anzweifeln, stimme vielmehr seiner Vermuthung bei, dass es Augen giebt, bei welchen die organischen und mechanischen Bedingungen des Accommodationsphosphens minder günstig zusammenwirken. Man kann diesen Satz gewiss auf viele der subjectiven Lichterscheinungen ausdehnen. CZERMAK erklärt das Accommodationsphosphen aus einer

Zerrung der ora serrata, bei der plötzlichen Abspannung des Accommodations-
apparates.

§ 149. Ganz verschieden von den bisher besprochenen Druckbildern sind
die Lichterscheinungen, wenn ein gleichmässiger anhaltender Druck auf den
Augapfel ausgeübt wird; wenn mit dem Ballen der Hand oder den zusammen-
gelegten Fingerspitzen gegen die Cornea oder den ganzen Inhalt der Orbita gedrückt wird. Die unter diesen Umständen auftretenden Phänomene sind zuerst
von Elliot (*Observations on the Senses*, 1780, p. 1) und demnächst von Purkyně
(*Beobachtungen und Versuche u. s. w.*, Bd. 1, 1823, p. 22—49, und Bd. II, 1825,
p. 111) genau untersucht und beschrieben worden und die am häufigsten wiederkehrenden, sehr wunderbaren Hauptfiguren besonders hervorgehoben worden.
Purkyně nennt sie Druckfiguren. Die ausserordentliche Regelmässigkeit der
Druckfiguren, die Constanz gewisser Figuren, namentlich aber die zauberische
Farbenpracht derselben hat mich zu einer häufigen Wiederholung dieser Versuche veranlasst: gleichwohl habe ich Purkyně's Beschreibung nichts Wesentliches hinzuzufügen.

Wenn ich im Finstern und bei geschlossenen Augen einen gelinden aber
gleichmässigen Druck auf den Augapfel ausübe, so erscheint in der Mitte des
Gesichtsfeldes ein intensiv heller elliptischer Nebel (bei Purkyně rautenförmig)
aus dessen Centrum Strahlen nach der Peripherie schiessen. Der Nebel breitet
sich immer mehr nach der Peripherie des Gesichtsfeldes hin aus und es beginnen
Farbenmassen vom Centrum nach der Peripherie hin zu wogen in verschiedener
Abwechselung, meist zuerst ein glänzendes Blau, dem dann vom Centrum her
ein prächtiges Roth, dann Violett, Grün u. s. w. folgt — ganz in der Weise, wie
man es bisweilen an den sogenannten Chromatropen herumsiebender Phantasma-
goristen zu sehen bekommt. Zwischen diesen farbigen Nebeln, welche sich vom
Centrum zur Peripherie wälzen, erscheinen in schnellem Wechsel unregelmässige
dunkle Flecke, etwa den Bindegewebskörperchen oder auch den verästelten
Pigmentzellen ähnlich, die auch oft zusammenhängende Netze bilden; sie sind
in steter Bewegung und einem ewigen Entstehen und Vergehen begriffen und in
sehr wechselnder Menge vorhanden. Früher oder später fängt im Centrum ein
lebhaftes Flimmern an, aus dem sich mehrere helle radiale Strahlen, wie es
scheint 8, entwickeln, welche sich wie Windmühlenflügel um ihr Centrum drehen,
bald nach rechts, bald nach links. Zwischen diesen mehr nebelhaften nicht
scharf begrenzten Gebilden tritt nun zuerst an einzelnen Stellen, später immer
mehr das Gesichtsfeld ausfüllend, eine regelmässige Zeichnung auf, welche aus
hellen und dunkeln Vierecken besteht, die gelblich und bläulich, oder weiss und
braun, aber immer in matten Farben erscheinen. Ich habe nie gesehen, dass
diese Vierecke das ganze Gesichtsfeld eingenommen hätten, sie sind immer
lückenhaft, und oft sehe ich statt ihrer regelmässige Sechsecke von anderer
Farbe und Helligkeit. Purkyně hat diese Formen in *Figur 13* ganz so wie ich
sie sehe, abgebildet, ausserdem in *Figur 8* und in *Figur 11b* des ersten Bandes.

Bei fortdauerndem Drucke wird die Ausfüllung des Gesichtsfeldes immer lückenhafter und endlich wird es tief dunkel, und nur einzelne gelbe, glänzende, geschlängelte Linien treten auf (cf. Purkinje, I., *Fig. 14*), die ich als Stücke der Purkinje'schen Aderfigur (1, § 165) glaube ansprechen zu können.

Bei starkem Druck gehen diese Erscheinungen sehr schnell vorüber und das Gesichtsfeld wird dunkel. Vierordt (*Archiv für physiologische Heilkunde*, *1856, p. 567, und Grundriss der Physiologie, 1862, p. 337*) und Lidell (*Dissertation über die Wahrnehmung der Chorioidealgefässe, Tübingen, 1856*) beschreiben ein nach längerer Zeit fortgesetztem allmählig zunehmenden Drucke auftretendes rothes Netzwerk mit schwarzen Zwischenräumen, welches sie als die innerste Gefässschicht der Chorioidea deuten, und vor diesem Stücke der Netzhautvenen von bläulich silberglänzender Farbe. Ich habe diese Erscheinung nicht sehen können, obgleich ich mich genau nach den Vorschriften in Lidell's Dissertation, welche ich der Güte des Herrn Professor Vierordt verdanke, gerichtet und seit vier Wochen täglich den Versuch ein oder mehrmals wiederholt habe. Meissner (*Jahresbericht für 1856 in der Zeitschrift für rationelle Medicin, dritte Reihe, Bd. I., p. 568*) und Helmholtz (*Physiologische Optik, 1860, p. 193*) ist es auch nicht gelungen, die Chorioidealgefässe zu sehen. Da ich, wie auch Purkinje, die Netzhautgefässe als gelbe verästelte Linien oft gesehen habe, so kann ich nicht glauben, dass unzweckmässige Anstellung des Versuches oder Unaufmerksamkeit die Ursache für das Misslingen des Versuches sind, sondern vermuthe, dass auch für diese Erscheinung eine bestimmte Organisation oder Disposition des Auges erforderlich sei, die meine Augen nicht haben.

Wenn während des Druckes Augenlidbewegungen gemacht werden, so wechseln die Erscheinungen in Farbe und Lichtintensität, die Form der Druckfigur aber ändert sich nur wenig.

Lasse ich mit dem Drucke nach oder hebe ihn ganz auf, so tritt zunächst ein unentwirrbares Gewimmel von hellen, durch das Gesichtsfeld schiessenden Funken und Linien hervor, welches Helmholtz sehr passend mit den Empfindungen beim Ameisenlaufen nach Druck auf den Ischiadicus vergleicht; dann tauchen die braunen und weissen Vierecke, Stücke der Aderfigur, wirbelnde Figuren in verschiedenen Gegenden des Gesichtsfeldes auf, welche allmählig verschwinden, und das Gesichtsfeld wird wieder ziemlich dunkel. Jeder Lidschlag bringt aber während des Vergehens der Druckfiguren eine grosse Helligkeit im Gesichtsfelde und ein deutlicheres Auftreten der Figuren hervor.

So erscheinen mir die Druckfiguren, wenn kein objectives Licht in das Auge gelangt. — Ueht man bei geöffnetem Auge, während man sich im Hellen befindet einen continuirlichen Druck auf den Bulbus aus, oder sieht man, nachdem man im Finstern eine Zeit lang auf das Auge gedrückt hat, auf beleuchtete Objecte; so ist das Auffallendste eine starke Verdunkelung des Gesichtsfeldes für das gedrückte Auge. Um die subjectiven Erscheinungen verfolgen zu können, muss man auf einen gleichmässigen Grund, etwa den blauen

Himmel oder ein weisses Papier blicken. Uebe ich einen leisen Druck aus, so
bemerke ich einen dunklen Fleck um die fixirte Stelle, an Grösse der Fovea centralis entsprechend; ausserdem sehe ich schon in den ersten Sekunden den
Blutlauf in den dem gelben Flecke zunächstgelegenen Netzhautgefässen mit einer
ausserordentlichen Deutlichkeit: es sind offenbar die feinsten Capillaren, welche
hier sichtbar werden, denn ich kann immer nur eine Reihe von Blutkörperchen
erkennen, welche in ganz constanten Bahnen sich bewegen; die Bahnen geben
unter nur wenig spitzen Winkeln von einander ab, Anastomosen sind nicht häufig,
dagegen habe ich an einigen Stellen Kreuzung der Strömchen ohne Anastomosen
wahrgenommen. Die Grösse der Blutkörperchen ist etwa gleich der der Frosch-
blutkörperchen bei 50 facher Vergrösserung. Die Bewegung ist nicht gleichmässig, wie man sie nach Nasmuth's und Valentin's (*Stromgeschwindigkeiten des
Blutes*, 1838, p. 41 u. f.) Methoden sieht, sondern ist mit jedem Pulse stärker,
hört aber dazwischen nicht auf, sondern ist nur langsamer, und wird um so langsamer, je länger der Druck dauert, ja manchmal habe ich eine Stockung beobachtet, welche nur durch den Puls unterbrochen wurde. Ich glaube die Gefässschicht zu sehen, welche schon Krimmer (Harless Jahrbücher der deutschen
Medicin und Chirurgie, 1813, Bd. III., 2, p. 270) vor sich gehabt zu haben scheint,
und welche Valentin (a. a. O., p. 44) im vierten Stadium gesehen und genau beschrieben hat. Die von mir bemerkte Pulsation ist ohne Zweifel eine Folge des
Druckes, sie tritt, wie man mit dem Augenspiegel nachgewiesen hat, sehr bald
nach Region des Druckes in den Centralvenenstämmen der Netzhaut ein. Die
Blutkörperchen erscheinen vollkommen farblos. — Ausser diesem Gefässnetze
sehe ich aber noch eine Gefässausbreitung von der Eintrittstelle des Sehnerven
her, nämlich einen Stern mit fünf langen graden Strahlen von gelber Farbe,
welcher nur mit dem Pulse erscheint; ich habe oft 10 bis 15 Pulsationen derselben zählen können, gewöhnlich aber nur 5 bis 6, dann hört er auf sichtbar zu
sein. Der Form nach können dies nicht die Retinalvenen sein, welche bei
mir ganz anders verlaufen; ich kann nur annehmen, dass es die Centralarte-
rien sind, habe aber bis jetzt noch nicht völlige Sicherheit darüber gewinnen
können. Mit dem was Purkinje (Beobachtungen, I., p. 134) als pulsirende Figur
beschreibt, hat das von mir Gesehene keine Aehnlichkeit. Während dieser Erscheinungen verdunkelt sich das Gesichtsfeld sehr beträchtlich und zwar besonders von der Peripherie her, und in dieser Verdunkelung gehen die Gefässe unter.
Je stärker der Druck ist, um so schneller tritt die Verdunkelung ein; sehe ich
dabei auf den hellen Himmel, so wird derselbe tief dunkelgrau aber nicht ganz
schwarz und auf demselben erscheinen unregelmässige gelbe Wolken, welche ihre
Form unverändert behalten. Fixire ich ein markirtes Object im Zimmer, so
verschwinden die Objecte deutlich von der Peripherie her, mit gleichzeitiger
Verdunkelung, und schliesslich verschwindet auch der immer dunkler gewordene
fixirte Punkt.

Ausserdem habe ich auch verschiedene helle Funken, wirbelnde Nebel, dunkle

Flecke gesehen, ohne über dieselben etwas Sicheres und Constantes beobachten zu können.

Es zeigt sich also sowohl bei continuirlichem als bei momentanem Drucke auf den Augapfel Helligkeit im Finstern, Dunkelheit im objectiv beleuchteten Gesichtsfelde. Die Helligkeit ist um so grösser, je länger ich mich im Finstern aufgehalten habe, je reizbarer also die Netzhaut ist. Man kann aber für die Druckfiguren mit Sicherheit annehmen, dass bei ihnen der Reiz ausschliesslich auf die Netzhaut, nicht auf das Centralorgan ausgeübt wird, die Verdunkelung des objectiv hellen Gesichtsfeldes aber durch eine Leitungsunfähigkeit der Netzhaut hervorgebracht wird. Die Erscheinungen sind also ganz analog den Empfindungen bei Druck auf den Ischiadicus oder Ulnaris.

Verwandt mit den Druckfiguren sind zwei von Purkinje beobachtete Erscheinungen, nämlich erstens ein Fleck in der Mitte des Gesichtsfeldes beim angestrengten Nahesehen (*Beobachtungen u. s. w.*, I, p. 125). Ich sehe, ähnlich wie Purkinje, wenn ich ein in vier Zoll vor das rechte Auge gehaltenes weisses Papier möglichst lange fixire, einen hellen kleinen Fleck um den fixirten Punkt, welcher von einem dunkleren, mattvioletten Hofe umgeben ist; in dem übrigen Gesichtsfelde erscheinen verästelte Figuren, vielleicht Stücke der Aderfigur. Beim Nachlassen der Accommodation verschwindet der Fleck und das Gesichtsfeld erscheint dunkler. Helmholtz (*Physiologische Optik*, p. 199) hat einen dunkeln Fleck, am Rande braun abschattirt, gesehen. — Zweitens beschreibt Purkinje (a. a. O. II., p. 76) eine matt leuchtende elliptische Fläche, wenn er im Dunkeln bei stark zusammengekniffenen Augenlidern fest nach oben sah, und sie dann plötzlich erschlaffen liess. Auch mir ist es wiederholt gelungen, diese mattgraue elliptische Fläche zu sehen; sie dauert nur momentan und löst sich in Nebel auf, welche nach aufwärts und abwärts wogen.

§ 150. Dass elektrische Ströme, welche die Netzhaut oder den Sehnerven afficiren, Lichterscheinungen hervorbringen, ist seit der Mitte des vorigen Jahrhunderts bekannt (Le Roy, *Mémoires de Mathématique et de Physique de l'Académ. de France, année, 1755, p. 86, in Histoire de l'Académie royale des Sciences, 1761*), indem sind namentlich von Ritter (*Beiträge zur näheren Kenntniss des Galvanismus, 1801 und Gilbert's Annalen, 1801, Bd. VII., p. 448 und 1805, Bd. XIX., p. 6*) und von Purkinje (*Beobachtungen und Versuche u. s. w., 1823, I., p. 50 und 1825, II., p. 31*) genauere Untersuchungen über die Lichtempfindungen bei elektrischer Reizung angestellt worden.

Wir haben zu unterscheiden die Lichtempfindungen bei Stromschwankungen von den Lichtempfindungen während constanter Ströme, welche durch das Auge geleitet werden. Stromschwankungen erhält man bei der Entladung einer Leydner oder Kleist'schen Flasche: befestige ich Bleidrähte an den Knöpfen einer sich selbst entladenden Flasche und lege den einen Draht an die rechte, den anderen an die linke Schläfengegend, so sehe ich bei geschlossenen Augen einen mehr oder weniger hellen Blitz je nach der Entfernung der beiden

Kugeln von einander; desgleichen, wenn ich den einen Draht an die Stirn anlege, den anderen in der Hand halte. Indem sind diese Versuche äusserst unangenehm wegen der Erschütterung des Körpers und Kopfes, und scheinen bei einer gewissen Stärke auch geradezu gefährlich werden zu können. Von dem bedauernswerthen Patienten des Dr. Flotze in Dorchester heisst es bei Le Roy (a. a. O. p. 82): *Du premier choc il fut renversé par terre, en faisant de grands cris; mais quelque répugnance qu'il eût à recommencer, on lui fit éprouver cette expérience encore deux fois.* Nicht besser erging es La Roy's Erblindetem: *encore faisoit-il des cris terribles, en disant que l'électricité l'enleroit de dessus sa chaise. Il disoit aussi qu'il voyait à chaque coup comme une flamme qui paroissoit passer en descendant rapidement devant ses yeux.* Er erhielt wochenlang täglich *douze commotions*, und war nach sechs Wochen *aussi aveugle que jamais*. Eine Richtung des Blitzes oder irgend eine besondere Form desselben habe ich nicht wahrnehmen können.

Viel weniger unangenehm sind die Nebenwirkungen, wenn man galvanische Ströme anwendet: man bemerkt auch hier bei jeder Oeffnung und Schliessung des Stromes einen Lichtblitz, dessen Intensität nach der Stärke des Stromes verschieden ist. Nach längerem Aufenthalte im Finstern bemerke ich einen Lichtblitz, wenn ich das Ende eines Zinkstreifens mit in Salzlösung getränktem Fliesspapier umwickele und an das eine Augenlid anlege, und das Ende eines Kupferstreifens an die Zunge anlege: berühre ich die beiden andern Enden der Metalle mit einander, so bemerke ich einen schwachen Lichtblitz.

Viel deutlicher und intensiver sind die Blitze, wenn man statt des einfachen Kupfer- und Zinkstreifens eine galvanische Säule anwendet. Ich habe die von Helmholtz (*Physiologische Optik*, 1860, p. 204) angewendete Vorrichtung sehr zweckmässig gefunden. Helmholtz wendet eine Säule von 12 kleinen Daniell'schen Elementen an, und benutzt als Electroden Metallcylinder, welche mit in concentrirter Kochsalzlösung getränktem Fliesspapier umwickelt sind, welche man fest an verschiedene Körpertheile andrücken kann; ebenso kann man leicht die Pole wechseln, und wenn es sich nicht um die momentanen Lichterscheinungen bei der Oeffnung und Schliessung handelt, durch langsames Anlegen der Hand oder des Armes u. s. w. die Zuckungen der Stromesschwankung grösstentheils ausschliessen. Die Wirkung einer solchen Säule ist so stark, als es wünschenswerth ist, sie erzeugt bei mir schon sehr unangenehme Empfindungen im Kopfe, wenn ich Stirn und Nacken zwischen den Electroden einschalte; man kann sie beliebig schwächen, indem man die vom Strome zu durchlaufende Strecke des Körpers vergrössert, oder den einen Körpertheil nur in geringer Ausdehnung an den Rausch anlegt, oder endlich die Zahl der Elemente vermindert. Sechs Elemente genügen bei mir nach einigem Aufenthalte vollkommen, um die Erscheinungen zu sehen. Diese Säule bleibt stundenlang genügend constant, man hat keine salpetrigsauren Dämpfe zu athmen, und kann sich im Finstern sehr leicht über die Electroden orientiren. Endlich wird jeder Druck auf den Augapfel oder Reschädigung der Conjunctiva durch die concentrirte Salzlösung bei Helmholtz Methode vermieden; die einzige unangenehme Nebenwirkung ist die Geschmacksempfindung während des Stromes und einige Zeit nachher, so wie etwas Röthung der Stirn.

Ebenso wie Helmholtz habe ich den Oeffnungsblitz stärker gefunden bei absteigendem Strome durch den Sehnerven (wenn die Hand oder der Arm oder der Hals den Kupferpol, die Stirn den Zinkpol berührte), als den Schliessungsblitz; umgekehrt den Oeffnungsblitz schwächer bei aufsteigendem Strome. Baierlacher (*Elektrische Reizung des Nervus opticus, 1863, p. 35*) welcher mit Grove'schen Elementen experimentirte, giebt an, *die Schliessung und Oeffnung des Stromes, und zwar die erstere früher (? A.) gebe, gleichgültig, welche Richtung der Strom habe, eine Lichtempfindung von unbestimmbarer Farbe*, was indess mit anderen Angaben desselben Autors (cf. p. 19 u. 20) nicht stimmt.

Was zweitens die Lichtempfindung während des Stromes betrifft, so habe ich bei einer einfachen Kette während der Schliessung keine Lichterscheinung bemerken können, auch wenn ich lange Zeit im Finstern gewesen war. Dagegen gab die Säule von 12 Daniell'schen Elementen sehr intensive Lichterscheinungen während der Schliessung. Meine Resultate stimmen ziemlich mit denen, welche Purkinje und Helmholtz erhalten haben, überein, differiren jedoch in einzelnen Punkten.

1) Bei aufsteigendem Strome (Kupferpol Stirn, Zinkpol Nacken) erscheint mir im Finstern das ganze Gesichtsfeld in hellerem violettem Lichte, dessen grösste Intensität an Helligkeit und Farbe in der Gegend des gelben Fleckes ist. Je stärker der Strom ist, um so mehr concentrirt sich die Helligkeit hier, so dass ein runder intensiv heller Nebel erscheint. Die Eintrittstellen der Sehnerven erschienen mir als gelbe, helle Ringe, in der Mitte aber dunkel, nicht als dunkle Scheiben, wie sie Purkinje (*Beobachtungen u. s. w. I., p. 51 und II., p. 36*) und Helmholtz (*Physiologische Optik, p. 204*) gesehen haben. Dieser Erfolg ist bei mir ganz constant eingetreten. Irgend eine Zeichnung in dem Gesichtsfelde habe ich nicht beobachten können, während Purkinje dunkle Bänder, Kanten u. s. w. gesehen hat. — Die Intensität der Helligkeit nimmt während der Schliessung allmählig ab und zwar von der Peripherie her, so dass dann nur im Centrum ein heller violetter scheibenförmiger Nebel bleibt; die Eintrittstellen der Sehnerven verschwinden am frühesten. Auch Ritter (*Gilbert's Annalen, 1805, Bd 19, p. 7*) sah in der Mitte des Gesichtsfeldes eine runde Scheibe; er nennt aber die Farben blau und roth.

Nach Unterbrechung des Stromes erscheint das Gesichtsfeld auffallend dunkel und etwas grünlich gefärbt, die Eintrittstellen der Sehnerven als gelbe Scheiben. Helmholtz fand die Färbung des Gesichtsfeldes röthlich gelb. Dieser Zustand hält nur kurze Zeit an, das Gesichtsfeld hellt sich bald wieder auf.

Im verbreiteten Tageslichte bei offenen Augen sind zwar die Schliessungs- und Oeffnungsblitze sehr deutlich, aber eine Abnahme oder Zunahme

der Helligkeit während der Dauer des Stromes habe ich nicht deutlich wahrnehmen können. Im Halbdunkel dagegen erscheinen die Objecte, z. B. ein
weisses Blatt Papier, während der Dauer des aufsteigenden Stromes unzweifelhaft heller, namentlich in der Umgebung des fixirten Punktes, und schwach
violett gefärbt, nach der Oeffnung aber dunkler.

2) Bei absteigendem Strome (Kupferpol Nacken, Zinkpol Stirn) erscheint das Gesichtsfeld im Finstern auffallend dunkler und auch schwach
grünlich gefärbt, die Eintrittsstellen der Sehnerven erscheinen als helle, sehr
schwach violette Scheiben mit gelblichem Rande. Ritter und Helmholtz fanden
das Gesichtsfeld gleichfalls dunkler aber röthlich gelb gefärbt, die Eintrittsstellen
der Sehnerven hell und blau. Purkinje (I., p.52) fand ebenfalls bei absteigendem
Strome das Gesichtsfeld dunkler mit gelblichem Scheine, an der Eintrittsstelle
der Sehnerven einen hellvioletten scharf begrenzten Fleck.

Nach Unterbrechung des absteigenden Stromes erscheint mir das Gesichtsfeld ebenso wie während des aufsteigenden Stromes: nämlich hell und violett,
am meisten in der Gegend des gelben Flecks, die Eintrittsstellen der Sehnerven
als gelbe Scheiben; doch dauert die Helligkeit nur wenige Sekunden an und
verschwindet dann schnell.

Im Halbdunkel erscheinen die Objecte während des absteigenden Stromes
dunkler, nach der Oeffnung deutlich heller.

In letzterer Beziehung hat schon Ritter (Gilbert's Annalen, Bd. VII., p. 469)
beobachtet, dass während des aufsteigenden Stromes äussere Objecte undeutlicher erschienen, während des absteigenden deutlicher; meine Beobachtungen scheinen damit in Uebereinstimmung zu sein, da, wie schon Purkinje
(II., p. 11) und später Fechner auseinander gesetzt haben, durch die subjective
Lichtproduction die Unterschiedsempfindlichkeit für objectives Licht vermindert
werden muss.

Als besonders auffallend muss ich die grosse Helligkeit des Gesichtsfeldes, namentlich in der Peripherie desselben erwähnen, wenn ich im Finstern
während der Dauer des aufsteigenden so wie des absteigenden Stromes Bewegungen mit den Augen mache: jede Bewegung ist von einem lebhaften peripherischen Blitze begleitet.

Die Lichtempfindungen, welche durch mechanische und elektrische Reizung
der Netzhaut oder des Sehnerven hervorgerufen werden, haben dadurch ein all-
gemeines Interesse für den Physiologen, dass gerade auf diese Erscheinungen die
Lehre von den spezifischen Sinnesenergieen durch Johannes Müller gegründet
wurde, auf welcher unsere jetzigen Theorieen von der Sinneswahrnehmung fussen.
Sie gewinnen in neuerer Zeit ein besonderes Interesse dadurch, dass der Sehnerv
vermöge seiner grossen Empfindlichkeit Gelegenheit bietet, die an den Muskel-
nerven gefundenen Reizungserscheinungen mit seinen Reactionen, als den Reactionen eines sensiblen Nerven, in Parallele zu stellen.

CAPITEL III.

Die Nachbilder und der Contrast.

§ 161. Zu den subjectiven Empfindungen müssen wir auch die Nachwirkungen rechnen, welche einem Reize folgen, wenn derselbe zu wirken aufgehört hat. Wenn wir diese Empfindungen genau beachten, so können wir sie schon zu der Zeit nachweisen, wo der Reiz noch wirkt: es wird also durch die subjective Empfindung eine Veränderung in der primären, eigentlich dem Reize entsprechenden Empfindungsqualität hervorgebracht. Blicken wir z. B. unverwandt auf eine farbige Figur, so sehen wir die Farbe immer matter und dunkler werden, je länger wir sie anstarren; wenden wir unseren Blick dann auf ein anderes Object, so sehen wir die Figur noch, aber sie erscheint in einer anderen Farbe. Da man zuerst am meisten auf dieses letztere, nach dem Aufhören des Reizes wahrgenommene Bild achtete, so hat man es als Nachbild bezeichnet, eine Benennung, welche seit Fechner's Untersuchungen (Poggendorff's Annalen, 1838, Bd. 44, p. 220) allgemein gebräuchlich geworden ist. Purkinje (*Beobachtungen und Versuche zur Physiologie der Sinne*, I., 1823, p. 92) hatte dieselben Erscheinungen als Blendungsbilder bezeichnet, und verstand unter Nachbild etwas anderes; indess scheint mir eine Aenderung der jetzt allgemein recipirten Fechner'schen Bezeichnungsweise nicht zweckmässig und ich werde daher auch die früher von Buffon (Couleurs accidentelles, *Mémoires de l'Académie de Paris*, 1743, p. 215 — Zufällige Farben Priestley-Kl.Com., *Geschichte der Optik*, 1776, p. 450.) Darwin (Ocular spectra, *Philos. Transactions*, Bd. 76, p. 313 — Augentäuschungen Darwin's Zoonomie, 1795, II., p. 577) Godart (Vision négative, *Journal de Physique*, 1775 u. 1776, T. VI. — VIII.) Scherffer (Scheinfarben, *Abhandlung von den zufälligen Farben, Wien*, 1765.) Plateau (Persistance des impressions, *Annales de Chimie et de Physique*, 1835, T. 58, p. 337.) Chevreul (Contraste successif, *Mémoires de l'Institut*, 1832, T. XI, p. 447) gebrauchten Benennungen nicht anwenden. Der Ausdruck Nachbild hat zwar auch seine Inconvenienz, es klingt z. B. unlogisch, wenn man sagt: das Nachbild entwickelt sich während der Anschauung eines Objectes; indess weiss jeder, was darunter zu verstehen ist, und mir wenigstens scheint es durchaus unzweckmässig, die gebräuchliche Terminologie ohne Noth zu ändern. Mit dem Ausdrucke Blendungsbilder bezeichnet man die Nachbilder, welche entstehen, wenn man ein sehr helles Object betrachtet hat, und welche allerdings besondere Eigenthümlichkeiten zeigen; indess ist es selbstverständlich nicht möglich, eine scharfe Grenze zwischen Nachbildern und Blendungsbildern zu ziehen. Von der Theorie, welche in dem Ausdrucke Blendungsbild enthalten ist, kann man dabei vollständig abstrahiren.

Einem wahren Bedürfnisse ist aber durch Bidder's Eintheilung der Nachbilder abgeholfen worden. Bidder (Poggendorff's Annalen, 1851, Bd. 84, p. 436)

23

unterscheidet Helligkeit der Nachbilder (Affection des Lichtsinnes) und Färbung der Nachbilder (Affection des Farbensinnes). Für den Lichtsinn giebt es positive und negative Nachbilder, ein positives Nachbild ist ein solches, in dem das hell ist, was im Objecte hell ist, und das dunkel, was im Objecte dunkel ist; negativ dagegen ist das Nachbild, bei welchem das hell ist, was im Objecte dunkel ist und umgekehrt. Für den Farbensinn unterscheidet er gleichfarbige und complementäre Nachbilder. Da nun ein farbiges Nachbild heller oder dunkler erscheinen kann als das Object, so giebt es positive gleichfarbige, positive complementäre, negative complementäre und negative gleichfarbige Nachbilder; nur die drei ersten Arten sind wirklich beobachtet worden, die vierte bis jetzt noch nicht.

Diese Veränderungen in unserer Empfindung geben der Zeit nach vor sich. Ausserdem finden wir, dass eine Empfindung, welche einen beschränkten Theil der Netzhaut trifft, unter Umständen auch die übrige Netzhaut afficirt und zwar so, dass die Empfindung der übrigen Netzhaut der durch das Object veranlassten Empfindung gleichartig oder entgegengesetzt ist; ein helles Licht z. B., welches nur einen Punkt der Netzhaut afficirt, lässt das übrige Gesichtsfeld dunkler erscheinen; ein blauer Streifen auf weissem Grunde giebt letzterem einen gelben Schein: diese dem Raume nach verschiedenen, entgegengesetzten Erscheinungen bezeichnet man als Contrast, oder als simultanen Contrast (indem Chevreul einen Theil der Nachbilder als successiven Contrast auffasste). Es giebt zweitens Fälle, in denen der Grund von derselben Farbe tingirt erscheint, welche das Object hat: Diese Erscheinung werde ich als Induction bezeichnen, indem mit Becker (Poggendorff's Annalen, 1851, Bd. 84, p. 425) und Helmholtz (Physiol. Optik. p. 388) allgemein jede Färbung, welche durch die Wirkung einer danebenstehenden Farbe hervorgebracht wird, als inducirte Farbe, die Farbe, von welcher jene Färbung veranlasst wird, als inducirende Farbe bezeichnen. Endlich kommt es vor, dass nur die nächste Umgebung der Netzhautstelle, welche den Eindruck von dem Objecte bekommen hat, in besonderer Weise mit afficirt wird und hier unterscheidet Fechner (Poggendorff's Annalen, 1840, Bd. 50, p. 446) Saum, Umring und Randschein: Saum ist die Nüancirung der Farbe des Nachbildes am Rande, der sich nach innen verläuft; Umring ein nach innen und aussen abgegrenzter Ring von erheblicher Breite um das Nachbild von anderer Farbe, als dieses; Randschein eine vom Nachbilde oder einem Umringe desselben sich mit abnehmender Intensität in den Grund hinein verlaufende Färbung oder Hellung.

§ 152. Ein Empfindungsorgan, welches möglichst vollkommen den Zweck erfüllte, uns von den Reizen genaue Nachricht zu geben, müsste mit dem Beginn des Reizes die ihm entsprechende volle Empfindung geben, während der Dauer des Reizes keine Veränderung in der Empfindung eintreten lassen, und mit dem Aufhören des Reizes auch aufhören zu empfinden. Unser Auge ist weit entfernt diesen Anforderungen zu genügen: dass es uns von der Dauer eines Lichtreizes

falsche Angaben macht, haben wir schon in § 50 gesehen: Unterbrechungen der
Wirkung eines Reizes werden, wenn sie weniger als etwa eine Sekunde betragen,
nicht mehr als Discontinuität des Reizes wahrgenommen, sondern als ein continuirlicher Reiz, dessen Intensität zugleich falsch angegeben wird. Ebendaselbst
haben wir gesehen, dass unter Umständen die Empfindung eines Reizes früher
aufhört, als der Reiz selbst, denn ein fixirter heller Punkt verschwindet nach
einigen Sekunden. Wir werden jetzt sehen, dass unter anderen Umständen die
Empfindung den Reiz überdauert, und zwar in ganz absonderlichen Verhältnissen,
dass während der Dauer eines sich gleichbleibenden Reizes die Empfindung sich
ändert, dass endlich die volle Intensität der Empfindung nicht mit dem Beginne
des vollen Reizes eintritt. Wir haben daher keine Veranlassung, die Vollkommenheit unseres Gesichtsorganes zu bewundern, wohl aber, die Unvollkommenheit
desselben zu untersuchen.

Ueber den letzten Punkt, dass ein Lichtreiz nicht im ersten Momente seiner
Einwirkung die dem Reize entsprechende Intensität der Empfindung hervorruft,
darüber hat meines Wissens zuerst Adolf Fick in neuester Zeit einen interessanten Versuch angestellt (*Archiv für Anatomie und Physiologie*, *1864, p. 763*):
Liess Fick einen Sector weissen Papiers mittelst eines Federapparates sehr schnell
nur einmal vor dem Auge vorbeigehen, so erschien das Papier so dunkel, wie
schwarzes Papier. Könnte man die Geschwindigkeit des Vorübergehens variiren
und genau messen, so würde sich nach dieser Methode ermitteln lassen, wie lange
ein Reiz mindestens einwirken muss, um die volle Empfindung auszulösen, d. h.
die Empfindung, welche ein continuirlicher Reiz hervorbringt. Der Ausführung
einer solchen Bestimmung würden sich erhebliche technische Schwierigkeiten
entgegenstellen, indess ist selbst dieses eine Resultat, welches Fick erhalten hat,
von grosser Wichtigkeit. Wir müssen daraus entnehmen, dass ein Blitz, ein über-
springender elektrischer Funke, und natürlich auch die von demselben beleuchteten Objecte, viel dunkler erscheinen, als sie bei gleicher Lichtintensität und
längerer Dauer des Funkens erscheinen würden. Wir machen aber die Erfahrung,
dass der Ablauf der Empfindung bei Reizen von unendlich kurzer Dauer ein sehr
complicirter ist: denn wir finden, dass während der kurzdauernde Reiz eine weniger
intensive Empfindung hervorruft, die Dauer der Empfindung sehr viel grösser,
als die Dauer des Reizes ist. Denn wie Skums, *Comptes rendus*, *1858, T. 47,
p. 200*), Forster und ich (Forster, *Ueber Hemeralopie*, *Breslau, 1851, p. 31*)
gefunden haben, hört die Empfindung nach dem Ueberspringen des elektrischen
Funkens nicht sofort auf, sondern dauert noch lange Zeit als sogenanntes positives Nachbild fort.

Auf diesem Umstande, dass die Empfindung länger dauert als der Reiz, beruht es, dass die häufige Wiederholung eines und desselben Reizes den Eindruck
eines continuirlichen Reizes macht, und zwar eines continuirlichen Reizes, dessen
Intensität geringer ist, als die Intensität des Reizes sein würde, wenn er continuirlich wirkte.

Das ist der Fall bei rotirenden Scheiben, an denen ein weisser Sector angebracht ist, während der Grund der Scheibe schwarz ist. Wird die Scheibe sehr schnell gedreht, so ist die Zeit, in welcher der Sector auf den entsprechenden Netzhautort einwirken kann, so kurz, dass der Reiz nicht die volle Empfindung auslöst, also die Empfindung einer geringeren Helligkeit hervorbringt, als bei stillstehender Scheibe . Die Helligkeit, mit welcher der Sector an der schnell rotirenden Scheibe erscheint, ist zuerst von PLATEAU (POGGENDORFF's *Annalen*, 1835, Bd. 35, p. 458) nach TALBOT (*Philosoph. Magazine, Ser. III., Vol. V., 1834, p. 321*) bestimmt worden und er hat das merkwürdige Verhältniss gefunden, dass die scheinbare Helligkeit des Sectors geschwächt wird *in dem Verhältniss der Summe der Erscheinungs- und Verschwindungsdauer zur blossen Erscheinungsdauer.* PLATEAU hat diesen Satz durch eine Reihe von Versuchen bewiesen, in denen er die Intensität weissen Papieres durch Entfernung von der Lichtquelle so lange veränderte, bis es eben so hell erschien, als eine rotirende schwarze Scheibe mit weissem Sector, die sich in grösserer Nähe der Lichtquelle befand. In einer zweiten Versuchsreihe wendete PLATEAU weisse Sectoren von verschiedenen bestimmten Grössen an und entfernte das weisse Papier so weit von der Lichtquelle, bis die Helligkeit desselben der Helligkeit der rotirenden Scheiben gleich erschien. Es ergab sich, dass dies der Fall war, *wenn das Quadrat des Abstandes der rotirenden Scheibe von der Lichtquelle sich zum Quadrate des Abstandes des weissen Papieres verhielt wie die Winkelbreite des Sectors zum ganzen Kreisumfang.*

HELMHOLTZ (*Physiologische Optik, 1860, p. 339*) hat diesen Satz so ausgedrückt: *Wenn eine Stelle der Netzhaut von periodisch veränderlichem und regelmässig in derselben Weise wiederkehrenden Lichte getroffen wird, und die Dauer der Periode hinreichend kurz ist, so entsteht ein continuirlicher Eindruck, der dem gleich ist, welcher entstehen würde, wenn das während einer jeden Periode eintreffende Licht gleichmässig über die ganze Dauer der Periode vertheilt würde.* HELMHOLTZ hat den Satz auch dadurch bewiesen, dass er eine mit vielen schmalen schwarzen und weissen Sectoren bedeckte Scheibe durch eine Convexlinse, in deren hinteren Brennpunkt sich der Knotenpunkt des Auges befand, betrachtete: die Scheibe erschien, wenn sie stillstand, gleichmässig grau und behielt dieselbe Helligkeit, wenn sie bei schneller Rotation mit blossem Auge betrachtet wurde.

In neuerer Zeit ist gegen diesen Satz ADOLF FICK (*Archiv für Anatomie und Physiologie, 1863, p. 739*, im Juni 1864 erschienen) durch theoretische Bedenken veranlasst aufgetreten, indem er sich derselben Methode, wie PLATEAU, mit kleinen Variationen bedient hat. Er hat nämlich die Helligkeit verschiedener grauer Papiere im Verhältniss zu der Helligkeit weissen Papieres bestimmt, indem er die beiden Papiere in verschiedene Entfernungen von einer Lichtquelle brachte, und das eine derselben so lange verschob, bis es mit dem andern gleich hell erschien. Dann lässt er einen Sector weissen Papieres von x^o vor einem nahezu lichtlosen Raume rotiren und vergleicht die Helligkeit der entstehenden

Kreisscheibe mit der Helligkeit eines jener photometrisch bestimmten Papiere und findet folgende Zahlen (p. 752):

Tabelle XLVI.

Scheibe.	Helligkeit photometrisch bestimmt.	Helligkeit nach Versuch auf der Drehscheibe.	Differenz.
I.	0,454	0,450	— $\frac{1}{11}$
II.	0,505	0,531	— $\frac{1}{11}$
III.	0,123	0,109	— $\frac{1}{9}$
IV.	0,093	0,074	— $\frac{1}{4}$
V.	0,033	0,033	+ $\frac{1}{12}$

Auf Grund dieser Differenzen glaubt Fick den von Plateau und Helmholtz bewiesenen Satz angreifen zu müssen. Ich muss dagegen bemerken 1) dass es bei zwei nicht unmittelbar neben einander befindlichen Scheiben von einer solchen Dunkelheit, wie sie Fick gehabt hat, äusserst schwer ist, noch Helligkeits-Differenzen von $\frac{1}{10}$ zu bemerken; man wird Mühe haben, noch Differenzen von $\frac{1}{9}$ sicher zu constatiren. 2) Dass bei der einen Reihe der photometrischen Bestimmungen, welche Fick überhaupt angiebt, sich für Nr. IV. der grauen Papiere Differenzen bis $\frac{1}{5}$, nämlich 0,093 bis 0,022 (denn 0,022 ist ein Druckfehler statt 0,022) finden, also bei Bestimmungen nach ein und derselben Methode — was will da die Differenz von $\frac{1}{4}$ bedeuten bei verschiedenen Methoden! 3) hat Fick die Rotationsgeschwindigkeit der Sectoren nicht angegeben und es ist allerdings wesentlich, dass diese sehr gross sei und mindestens 50 Umdrehungen in der Sekunde betrage; 4) vermisse ich bei den Zahlen für die Entfernungen der Papiere von der Steinöllampe die Angabe des Maasses, denn es ist ein grosser Unterschied für die Genauigkeit der Bestimmung, ob sich die Scheiben 80 Centimeter oder 80 Decimeter von der Lichtquelle befinden.

Ich kann daher in Fick's Versuchen nur eine Bestätigung des Talbot-Plateau'schen Satzes finden, da mir die gefundenen Differenzen vollkommen durch die Ungenauigkeit der Unterscheidbarkeit von Helligkeitsdifferenzen erklärt zu werden scheinen.

Wenn Plateau's Resultate nun auch a priori nicht erwartet werden können, und die Uebereinstimmung der Helligkeit intermittirender und continuirlicher Lichtreize unter den angegebenen Umständen wunderbar erscheint, so ist doch die Thatsache als bewiesen anzusehen. Es ist nicht weniger zu verwundern, dass die Geschwindigkeit der Rotation von dem Momente an, wo die Scheibe vollkommen gleichmässig hell erscheint, bedeutend zunehmen kann, ohne dass eine merkliche Aenderung eintritt. Wenn man nach Helmholtz eine Scheibe wie in

Figur 61 (s. p. 355) construirt, in welcher der helle Sector des peripherischen Kranzes 32mal vor dem Auge vorbeigeht, der centrale nur 1mal, und diese Scheibe 60 Umdrehungen in der Sekunde machen lässt, so erscheint, wenn die Scheibe sorgfältig gearbeitet ist, der centrale Ring genau von derselben Helligkeit, wie der peripherische Ring oder Kranz: es ist also gleichgültig, ob sich der Eindruck des Weiss 60mal oder 60×32, also etwa 2000mal in der Sekunde wiederholt.

§ 153. Wenn nach dieser Seite hin keine Grenze für die Schnelligkeit der Wiederkehr des Lichteindrucks vorhanden zu sein scheint, und es auch gleichgültig ist, ob gemischtes oder homogenes Licht angewendet wird (Dove in Poggendorff's *Annalen*, 1846, Bd. 71, p. 97), so ist dagegen nach der andern Seite hin für die Abnahme der Geschwindigkeit eine ganz bestimmte Grenze vorhanden, welche nicht leicht zu ermitteln ist, und für verschiedenfarbiges Licht, wie auch für verschiedene Lichtintensitäten nicht dieselbe ist.   Plateau (Poggendorff's *Annalen*, 1830, Bd. 20, p. 313) hat auch hier die ersten Bestimmungen gemacht und gefunden, dass bei Beleuchtung mit diffusem Tageslichte eine Scheibe mit 12 schwarzen und 12 weissen Sectoren sich 1mal umdrehen muss in 0,191 Sekunden, so dass also der Eindruck des Weiss 12mal wiederkehrt, die Zeit, in welcher der schwarze Sector vorübergeht, aber $\frac{0{,}191}{24} = \frac{1}{125}$ Sekunde beträgt.   Für Gelb hat Plateau $\frac{1}{130}''$, für Roth $\frac{1}{147}''$, für Blau $\frac{1}{1}''$ gefunden.   Die Werthe, welche Emsmann (Poggendorff's *Annalen*, 1854, Bd. 91, p. 611) gefunden hat, weichen nicht viel von $\frac{1}{120}$ Sekunde für die verschiedenen Farben ab.   Ich finde an einer Scheibe von 16 weissen und 16 schwarzen Sectoren 28 Umdrehungen der Scheibe innerhalb 9 Sekunden mindestens erforderlich, damit die Scheibe im hellen diffusen Tageslichte völlig homogen erscheine, was für die Dauer eines Vorüberganges des schwarzen Sectors $\frac{9''}{28 \times 32}$ oder $\frac{1}{99}$ Sekunde ergiebt.   Desgleichen für eine Scheibe mit 8 weissen und 8 schwarzen Sectoren 28 Umdrehungen innerhalb 4'',5, also für die Dauer eines Vorüberganges des schwarzen Sectors $\frac{1}{99}$ Sekunde.   Dies stimmt vollkommen mit Emsmann's und ziemlich befriedigend mit Plateau's Angaben. Helmholtz (*Physiologische Optik*, p. 344) hat für den Vorübergang des schwarzen Sectors bei stärkerem Lampenlicht nur $\frac{1}{14}$ Sekunde, bei Beleuchtung durch den Vollmond $\frac{1}{5}$ Sekunde gefunden.   Bei einer der letzteren Helligkeit entsprechenden Beleuchtung in meinem finstern Zimmer habe ich indess $\frac{1}{50}$ Sekunde nöthig gefunden, wenn die Scheibe völlig homogen erscheinen sollte.   Der Eindruck des Weiss muss sich also bei mir im diffusen Tageslichte 50mal in der Sekunde wiederholen, wenn die Scheibe in einem homogenen Grau erscheinen soll.

Ich habe in diesen Versuchen meinen Apparat mittelst eines Gewichtes in Bewegung gesetzt und die Gleichmässigkeit der Rotation durch eine schwere Messingscheibe, die Herstellung verschiedener Geschwindigkeiten durch Windfahnen ermöglicht, da diese der Labilität der Scheibe am wenigsten nachtheilig sind. Das Gleiten der Schnuren an meiner Vorrichtung glaube ich durch Bestreichen derselben mit Colophonium und starkes Anspannen derselben auf ein Minimum beschränkt zu haben. Die Zahl der Umdrehungen habe ich bestimmt, indem ich die Umdrehungen eines der langsamer gehenden Räder während einer halben oder ganzen Minute zählte; da sich die Scheibe 28 mal während e i n e r Umdrehung dieses Rades drehte, so ergab sich daraus die Zahl der Scheibendrehungen binnen 1 Sekunde.

Für verschiedene Farben habe ich keine directen Bestimmungen gemacht, doch habe ich bei den Versuchen mit den Maxwell'schen Scheiben (s. §. 77 u. f.) gefunden, dass eine Scheibe mit g e l b e m Sector neben Grün und Blau bei einer Rotationsgeschwindigkeit, wo die Scheibe fast vollkommen homogen erschien, ein Grau mit einem g e l b l i c h e n Scheine zeigte, welcher erst bei grösserer Geschwindigkeit verschwand; desgleichen eine Scheibe mit r o t h e m Sector einen r ö t h l i c h e n Schein hat. Das ist in Uebereinstimmung mit Plateau's Resultaten, welcher für Gelb und Roth eine grössere Geschwindigkeit nöthig fand, als für Blau.

Endlich würde zu bestimmen sein, welche Dauer denn ein Eindruck haben müsse, um die möglichst intensive Empfindung auszulösen? Hier sind zwei Grenzen; das Maximum von Empfindung wird hervorgebracht durch einen Lichteindruck von einer sehr kurzen aber endlichen Dauer: ist der Lichteindruck zu kurz dauernd, so kann sich die Empfindung nicht bis zum Maximum entwickeln; dauert er zu lange, so ermüdet das Empfindungsorgan während seiner Thätigkeit. — Die Grenzen sind indess hier wegen der fortdauernden allmähligen Veränderung der Empfindlichkeit der Netzhaut kaum bestimmbar. Doch habe ich gefunden, dass ein rother oder blauer Sector von 90° auf einer schwarzen Scheibe mir am hellsten und intensivsten gefärbt erschien, wenn die Scheibe zwei Umdrehungen in der Sekunde machte, der Vorübergang des Sectors also ¹⁄₈ Sekunde dauerte. Bei schnellerem Drehen werden die Grenzen des Sectors verwischt und weniger intensiv, bei langsamerem Drehen erschien mir der Sector weniger lebhaft. Ziemlich damit in Uebereinstimmung finde ich die Dauer des Eindrucks zur Erreichung des Maximum der Empfindung, wenn ich ein weisses oder farbiges Quadrat auf schwarzem Grunde durch den Episkotister (§. 21, p. 33) betrachte. Lasse ich an dem Episkotister nur e i n e n Sector von 45° frei, und blicke durch denselben nach dem Quadrate, so erscheint mir dieses am hellsten, wenn sich der Episkotister etwas schneller als 1 mal in der Sekunde dreht, nämlich bei 20 Umdrehungen in 15 Sekunden. Die Zeit, in welcher das Quadrat sichtbar ist, beträgt dann etwa ¹⁄₁₆ Sekunde. Bei schnellerer Rotation mischen sich andere später (§. 156) zu beschreibende Phänomene mit ein, bei langsamerer Rotation erscheint das Quadrat weniger hell.

§. 154. Wenn ein helles Object kurze Zeit angesehen wird, oder schnell bei dem Auge vorübergeht, so bleibt die Empfindung länger bestehen, als der Reiz gedauert hat, und dieses Ueberdauern der Empfindung bezeichnet man als p o s i t i v e s Nachbild von dem Objecte. In diesem Nachbilde ist das hell, was

Im Objecte hell ist, und dunkel, was in ihm dunkel ist. Die positiven Nachbilder kommen am deutlichsten und lebhaftesten zur Anschauung, wenn man im Finstern die durch den elektrischen Funken momentan beleuchteten Objecte gesehen hat. Ferner, wenn man nach Helmholtz Vorschrift (*Physiologische Optik*, 1860, p. 359 und *Bericht über die 34. Versammlung Deutscher Naturforscher in Karlsruhe*, 1858, p. 223) einige Zeit die Augen mit den Händen bedeckt, dann während man die Hände wegzieht, ohne Bewegungen zu machen, auf ein Object sieht, und die Augen sogleich wieder mit den Händen bedeckt. Bedingung für das Bemerkbarwerden der positiven Nachbilder scheint also zu sein: ein sehr kurzer, mässig starker Lichtreiz, vor und nach welchem alles Licht von dem Auge abgehalten wird. — Nach beiden Methoden glaubt man nachher die Objecte selbst noch zu sehen, sie vergehen ganz allmählig, ohne dass Veränderungen an ihnen bemerkbar werden. Nur wenn der Lichteindruck sehr bedeutend ist, wie z. B. wenn der elektrische Funken selbst, oder die Sonne oder eine blendende Lichtflamme u. s. w. angeschaut wird, treten Veränderungen in der Empfindung ein, welche in § 159 besprochen werden sollen. Eine besondere Art von Veränderungen des positiven Nachbildes werde ich in § 160 beschreiben.

Der Erste, welcher positive Nachbilder wahrgenommen hat, scheint Peiresc gewesen zu sein. In der Vita Peireskii von Gassendi, *Editio tertia*, 1658, p. 173, heisst es von ihm aus dem Jahre 1634: *Animadvertit siquidem oculos suos sic excipere imagines rerum, ut asservarent illas diutius et maxime quidem, cum a somno humectarent. Sic expertus est millies, cum respexisset in fenestram clathris ligneis, quadratulisque papyraceis interstinctam, circumferre sese deinceps illius formam in oculis; sed cum eo discrimine, ut si clausos quidem contineret, tum clathros obscuros et quadratula candida, cuiusmodi conspecta fuerant, videre adhuc videretur: sia autem apertos in parietem non valde clarum converteret, tum obscura quadratula; clathros vero eius candoris, cuius paries, contueretur. Idem apparebat discrimen, si in vestes nigras, sed aliqua tamen luce illustratas, direxisset oculos; videlicet quadratula nigrore eratim erant nigriora. Idem, si in apertum librum; characteres enim clare discernebat, qua observabatur clathrorum, non, qua arearum quadratarum species* (cf. Haller, *Elementa Physiologiae*, 1763, V., p. 481). Sie scheinen demnächst erst wieder von F. W. Darwin von Shrewsbury beobachtet worden zu sein, welcher sie als directe Augentäuschungen bezeichnet (Erasmus Darwin, *Zoonomie* I., 2, p. 539 und *Philos. Transactions*, 1786. Vol. 76, p. 313). Sie wurden dann von Prévost (*Beobachtungen und Versuche zur Physiologie der Sinne*, 1823, I., p. 106) mit besonderen Abwandelungen (s. § 160) beobachtet; endlich von Helmholtz und mir unter den oben angegebenen Bedingungen gesehen. In neuester Zeit hat sie Brücke (*Wiener Academie-Berichte*, 1864, Bd. 49, p. 1) mit Rücksicht auf ihr psychophysisches Verhältniss zu dem objectiven Eindrucke oder dem primären Reize untersucht.

Letzteres Verhältniss ist von besonderem Interesse: Ich hatte es früher (Poggendorff's *Annalen*, 1862, Bd. 115, p. 263) als fraglich hingestellt, ob ein objectiver Eindruck durch eine gleichsinnige subjective Thätigkeit verstärkt werden könne, oder ob jede subjective Erregung dem Eindrucke des Objectes entgegenwirkte. Baccus hat nun den Nachweis geliefert, dass das positive Nachbild eine Verstärkung der durch das Object hervorgebrachten Empfindung bewirken kann, und zwar hat er diesen Nachweis durch die Erscheinungen an einer rotirenden Scheibe, wie sie *Figur 61* zeigt, geführt. Der Ring oder Kranz am Centrum ist

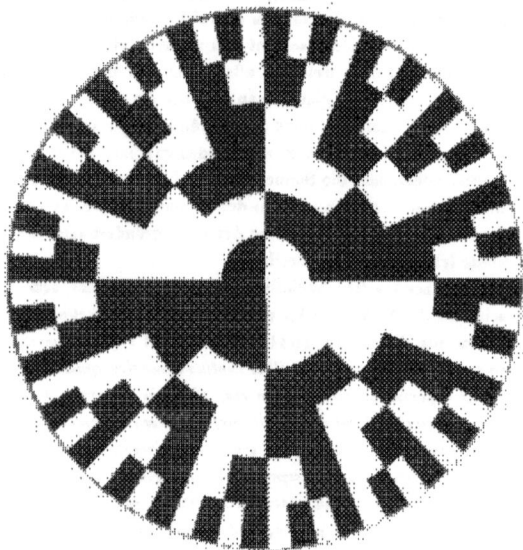

Fig. 61.

zur Hälfte Weiss, zur Hälfte Schwarz, der nächste Ring enthält $^3/_4$ Weiss, dann folgt ein Ring mit $\frac{7}{8}$ Weiss, dann mit $\frac{15}{16}$, dann mit $\frac{31}{32}$ Weiss, endlich ist der peripherische Ring aus $\frac{63}{64}$ Weiss und eben so viel Schwarz zusammengesetzt. Bei einer Umdrehung der Scheibe wechselt also im peripherischen Ringe der Eindruck des Weiss und Schwarz 32 mal, im centralen Ringe nur 1 mal. Wird die Scheibe so langsam gedreht, dass nur der äusserste Ring gleichmässig grau erscheint, so kann man an den inneren Ringen die schwarzen und weissen Sectoren gesondert erkennen; an den mittleren Ringen zwischen dem peripherischen und centralen ist das nicht möglich; sie erscheinen aber auch nicht gleichmässig grau, sondern flimmernd, heller als der gleichmässig graue Ring und farbig. — Baccus hat nun bei gegebener Rotationsgeschwindigkeit bestimmt, welcher Ring ihm am hellsten erschienen ist, und das ist derjenige Ring gewesen, bei welchem die Anzahl der Lichteindrücke in der Sekunde im Mittel 17,4 betragen hat. Ich

habe an einem hellen Vormittage im Juni mit meinem Apparate die Anzahl der
Eindrücke, welche die grösste Helligkeit des Ringes hervorbrachte, an der einen
Scheibe = 18,0, an der andern = 21,3 gefunden, also sehr genau in Uebereinstimmung mit Plateau. Ich bemerke dann, dass derjenige Ring, welcher die
doppelte Anzahl von Lichteindrücken gab, bläulich und nicht vollständig homogen
erschien, ausserdem heller, als derjenige Ring, welcher die vierfache Anzahl von
Lichteindrücken gab. Es waren also auch hier etwa 40 Lichteindrücke in der Sekunde nicht genügend, um den Kranz homogen erscheinen zu lassen. Plateau fand
schon 36 Lichteindrücke in der Sekunde genügend, damit der Kranz gleichmässig
grau erschien (a. a. O., p. 5).

Die grösste Helligkeit des Kranzes tritt also bei etwa 20 Reizungen in der
Sekunde auf, und Plateau findet die Ursache dieser grössten Helligkeit für die
Empfindung darin, dass die von den einzelnen Componenten des Weiss erregten
positiven Nachbilder mit den primären Eindrücken des Weiss sich zu einer Em-
pfindungssumme verbinden. Das positive Nachbild erreicht dann sein Maximum in
derjenigen Zeit, während welcher der schwarze Sector vorhergeht. Ist die Rotation
langsamer, so dauert das positive Nachbild nicht so lange, als der Vorübergang des
Sectors dauert und der Ring erscheint ungleichmässig hell; ist die Rotation schneller,
so hat das positive Nachbild nicht Zeit, sein Maximum zu erreichen, und eben so
wenig der primäre Eindruck genügende Dauer, um die volle Empfindung hervorzubringen; deswegen erscheint bei schnellerer Rotation der Ring weniger hell.

Den Beweis für seine Ansicht hat Plateau mittelst der positiven complementären Nachbilder beigebracht. Das positive complementäre Nachbild von Roth
ist blaugrün; summiren sich der primäre Erregungszustand roth mit dem secundären Erregungszustande (= positivem Nachbilde) blaugrün, so muss die Empfindung, welche aus der Summirung der beiden Erregungszustände resultirt,
Weiss sein. Dieses Weiss muss heller als das Roth und heller als das Grün sein.
Dieses Resultat hat Plateau in folgendem Versuche gefunden: In einer rotirenden
undurchsichtigen Scheibe befindet sich ein Ausschnitt, der mit einem rein rothen
Glase bedeckt ist; der Beobachter sieht durch den Ausschnitt auf eine Flamme
oder ein helles Object. Während nun der Ausschnitt der Scheibe, bei Rotation
derselben, an dem Auge vorübergeht, findet die primäre Erregung statt, während
der dunkle Theil der Scheibe vorübergeht, entwickelt sich das positive complementäre Nachbild; ist die Rotation so schnell, dass das complementäre Nachbild
noch dauert, während die Erregung durch das Roth schon wieder eintritt, so
erscheint die Flamme weniger roth, sondern nähert sich dem Weiss, ausserdem erscheint sie deutlich heller. Daraus geht also hervor: *dass für das
Gefühl der Helligkeit das Nachbild als positive Grösse in Betracht komme.* —
Analoge Erfahrungen werde ich in § 156 anzuführen haben.

Eine Bestätigung von Plateau's Ansicht scheint mir auch aus folgender
Qualität der Erscheinung hervorzugehen. Wenn ich während der Rotation der
Scheibe die mehr centralen Ringe beobachte und auf die Form der weissen Sectoren

im Verhältniss zu den schwarzen Sectoren Achtung gebe; so glaube ich die 3 centralen Ringe so zu sehen, wie ich es in *Figur 62* dargestellt habe. Wenn die Scheibe in der Richtung des Pfeiles rotirt, so greift in dem centralen Ringe das Weiss nur wenig über das Schwarz herüber, mehr ist dies der Fall in dem mittelsten Ringe, und noch mehr in dem äussersten der drei Ringe. Nach BüCHE würde diese Erscheinung folgendermaassen aufzufassen sein: der innerste Ring rotirt so langsam, dass das positive Nachbild schon wieder vergangen ist, wenn erst ein kleines Stück des schwarzen Sectors vorbeipassirt ist; in dem mittleren

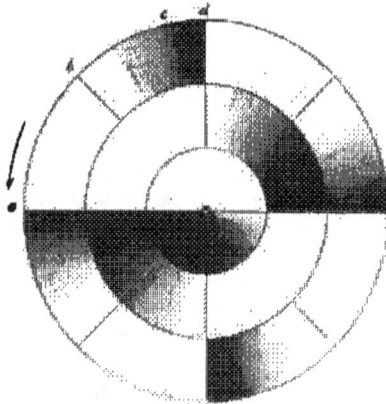

Fig. 62.

Ringe verdeckt das Nachbild des weissen Sectors einen grösseren Theil des schwarzen Sectors, in dem dritten Ringe einen noch grösseren Theil: in dritten Ringe wird also die Gesammthelligkeit des Ringes grösser erscheinen müssen, als im zweiten, und in diesem grösser als im dritten innersten Ringe. Nehmen wir an, bei einer gewissen Rotationsgeschwindigkeit erstreckte sich die Dauer des positiven Nachbildes von dem weissen Sector über 30° des schwarzen Ringstückes hin, so wird im innersten Ringe der primäre Eindruck 180° ausfüllen, das positive Nachbild, oder der secundäre Erregungszustand 30°; die Empfindung dann eben so stark sein, als wenn 180° + 30° Weiss vorhanden wären. Im mittleren Ringe ist der primäre Eindruck $= 2 \times 90°$, das positive Nachbild $= 2 \times 30°$, die Summe des empfundenen Weiss also $= 240°$; im äussersten Ringe ist der primäre Eindruck $= 4 \times 45°$, das positive Nachbild $= 4 \times 30°$, die Summe des Weiss also $= 300°$. Diese letzte Summe ist die grösste, hier muss also die grösste Helligkeit von jenen 3 Ringen sein. Es ist nun leicht einzusehen, wann die Summe der aus der primären und der secundären Erregung resultirenden Empfindungen ihr Maximum erreichen wird, nämlich bei derjenigen

Rotationsgeschwindigkeit, bei welcher die Dauer des positiven Nachbildes oder der secundären Erregung gleich ist der Dauer des Vorübergehens des schwarzen Sectors: dann wird die Helligkeit eben so gross sein, als wenn gar kein Schwarz in dem Ringe enthalten wäre. Dieses Maximum hat nun Buccus (a. a. O., p. 21) wirklich unter bestimmten Modalitäten des Versuches gefunden, und zwar bei einer Dauer der Reizung von 0″,105; dies ist also zugleich die Dauer der secundären Erregung oder des positiven Nachbildes gewesen. — Dass dieses Maximum nicht ohne weiteres erreicht wird, ist wohl daraus zu erklären, dass das positive Nachbild nicht mit gleicher Intensität fortdauert und dann plötzlich aufhört, sondern dass dasselbe allmählig an Intensität abnimmt; am schönsten kann man diese allmählige Abnahme verfolgen an den positiven Nachbildern der Objecte, welche mittelst des elektrischen Funkens beleuchtet werden.

Die besprochenen Erscheinungen an der rotirenden Scheibe liefern ein recht schlagendes Beispiel, wie die subjective Empfindung der Wahrnehmung der Objecte entgegenwirkt: bei dem Maximum der secundären Erregung erscheint eine halb weisse halb schwarze Scheibe ganz weiss, die schwarze Hälfte wird mithin der Wahrnehmung vollkommen entzogen.

§ 155. Die positiven Nachbilder können gleichfarbig mit dem Objecte oder complementär gefärbt sein, oder sie können farbig erscheinen, wenn das Object weiss ist. Positive gleichfarbige Nachbilder hat Darwin von Shrewsbury beobachtet; er giebt an (Erasmus Darwin's Zoonomie, I., 2, p. 536) einen gelben Zirkel auf blauem Grunde nach Anschauen von einer halben Minute in gleicher Farbe bei geschlossenen Augen gesehen zu haben — werde das Object zu lange betrachtet, so kehrten sich die Farben um. Zu den positiven gleichfarbigen Nachbildern gehören ferner die bei der Rotation eines farbigen Objectes auftretenden Empfindungen, welche als Fortdauer des Eindruckes bezeichnet werden. Man nimmt ferner positive gleichfarbige Nachbilder wahr bei sehr kurzer Betrachtung mässig heller Objecte, z. B. farbiger Papiere, welche, vom Tageslichte beleuchtet, nach Helmholtz Vorschrift nur sehr kurze Zeit angeschaut werden: indess pflegen hierbei die Farben des Nachbildes nicht lebhaft und deutlich zu sein. Viel deutlicher treten die Farben der Nachbilder hervor, wenn man farbige Objecte mit dem elektrischen Funken beleuchtet, indess sind unter diesen Verhältnissen die positiven Nachbilder nicht immer, wie wir sogleich sehen werden, gleichfarbig.

Die positiven Nachbilder erscheinen zweitens in der complementären Farbe. Der Erste, welcher ein positives complementäres Nachbild beobachtet hat, ist Prevost, welcher dasselbe folgendermaassen beschreibt (Beobachtungen zur Physiologie der Sinne, 1825, II., p. 110): Wenn man eine rothglühende Kohle schnelig im Kreise bewegt, so dass die einzelnen Momente der Blendung früher Zeit gewinnen, auszulöschen, ehe das Gluthbild auf seine erste Stelle zurückkehrt, so zeigt sich ein rothes Band als Spur des ersten Moments des Eindrucks, diesem folgt ein leeres Intervall, dann das grüne Spectrum, ebenfalls in ein Band verzogen und jenem ersten im Kreise nachlaufend, endlich eine schwarze Furche von einem grauen Nebel umgeben. — Ich sehe das positive complementäre Nachbild in diesem Versuche gleichfalls, nur mit der Modification, dass der rothe Streifen allmählig farblos wird und direct in den blaugrünen Streifen übergeht, ohne ein dunkles Intervall zwischen beiden; auch fehlt der graue Nebel, welchen Plateau in Figur 84 abbildet. Bisweilen sehe ich, wenn die rothglühende Kohle nicht mehr da ist, noch ein grosses Stück des Ringes in matter bläulicher Färbung. Auch Fechner glaubt positive complementäre Nachbilder beobachtet zu haben (Poggendorff's *Annalen*, 1840, Bd. 50, p. 213, Anm. 1) wenn er farbige Objecte auf schwarzem Grunde angesehen hatte, und dann auf schwarzen Grund blickte, will aber *diese Erfahrung nicht für ganz sicher ausgeben.*

Viel deutlicher sehe ich ein positives complementäres Nachbild nach Baccae's Methode (Poggendorff's *Annalen*, 1851, Bd. 84, p. 443): sieht man durch ein rein rothes (mit Kupferoxydul gefärbtes; die mit Goldchlorür und Zinn gefärbten rothen Gläser sind sehr unrein) Glas einige Zeit auf eine helle Lichtflamme, so sieht man, wenn man die Augen schliesst, die Flamme bläulich grün, sehr hell und deutlich. Schliesse ich die Augen mehrmals hinter einander ohne ihre Richtung oder meine Stellung zur Flamme zu verändern, so tritt das positive complementäre Nachbild noch deutlicher und lebhafter auf. Dasselbe habe ich beim Ueberspringen des elektrischen Funkens, wenn ich ihn durch ein rothes Glas sah, beobachtet (Molsmenott, *Untersuchungen*, 1858, Bd. V., p. 295). Der Funken erscheint intensiv roth mit rothem Randscheine; unmittelbar nach dem Ueberspringen erscheint ein ziemlich tiefgrünes, dann ein blasses rundes Nachbild von dem ich nicht sagen kann, ob es grünlich oder röthlich ist. Bei den übrigen farbigen Gläsern habe ich weder nach dem Ueberspringen des elektrischen Funkens, noch auf andere Weise ein positives complementäres Nachbild sehen können.

Ferner habe ich theils gleichfarbige, theils complementäre, aber immer

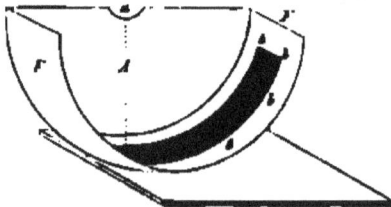

Fig. 63.

positive Nachbilder gehabt, wenn ich auf Pigmente, welche von dem elektrischen Funken beleuchtet wurden, gesehen hatte. Ich habe zu den Versuchen die in *Figur 63* dargestellte Vorrichtung benutzt. An dem vertikalen Brette A befindet sich oben ein kleiner Ausschnitt a, dessen Mittelpunkt zugleich der Mittelpunkt eines an dem Brette gezogenen Halbkreises ist; um diesen Halbkreis ist ein breiter

Streifen starken weissen Cartonpapieres FF so befestigt, dass er einen halben
Cylindermantel bildet. Auf die concave Seite dieses Cartons werden weisse,
schwarze oder farbige Papiere gelegt, die beobachtet werden sollen. Auf diese
Papierstreifen bbb sind Quadrate von 10 Mm. Seite und derselben Distanz von
einander $cccc$ aufgeklebt. Bei den Versuchen wird die Wange auf den Ausschnitt des Brettes a gelegt, das Auge blickt vertikal abwärts und fixirt das
mittelste Quadrat c. Das Auge befindet sich dann in der Axe des Cylindermen-
tels und in dem Mittelpunkte eines durch die Quadrate ccc gelegten Kreises.
Der Mitte des Brettes gegenüber steht eine Lane'sche oder Bmas'sche Flasche,
deren Kugeln sich in einer solchen Höhe befinden, dass der überspringende Funken das Auge nicht blendet.

Die Versuche haben Folgendes ergeben: 1) die schwarzen Quadrate auf
weissem Grunde erscheinen wenn der Funken überspringt scharf begrenzt, der
Grund etwas bläulich tingirt. Scheinbar gleichzeitig erscheinen mit den
schwarzen Quadraten glänzend helle etwas bläuliche Quadrate an derselben
Stelle wie die schwarzen Quadrate oder etwas gegen dieselben verschoben. Gleich
darauf erscheinen die schwarzen Quadrate auf gelblich weissem Grunde scharf
begrenzt wieder, verschwimmen aber schnell, indem der Grund immer dunkler
wird. 2) Rothe Quadrate auf weissem Grunde erscheinen beim Ueberspringen
des Funkens deutlich roth, scheinbar gleichzeitig hellgrüne glänzend helle
Quadrate, die rothen nicht ganz deckend, sondern etwas verschoben gegen dieselben; der weisse Grund ist grünlich tingirt. Das Nachbild der Quadrate ist
sehr dunkelroth, fast schwarz, sie werden immer dunkler und verschwimmen
dann mit dem Grunde. 3) Lege ich auf den weissen oder schwarzen Grund des
Cartonbogens F in Figur 67 einen Streifen farbigen Papiers bbb von 300 Mm.
Länge und 80 Mm. Breite, auf welchen schwarze oder weisse Quadrate von 10 Mm.
Seite und derselben Entfernung von einander geklebt sind, so zeigt das Nachbild
des farbigen Streifens die in Tabelle 47 angegebenen Färbungen:

Tabelle XLVII.

Grund: F.	Quadrate $c\,c'\,c''$	Streifen bbb	Färbung der Nachbilder des Streifens.
Weiss	weiss	roth	grün
Schwarz	weiss	roth	grün
Weiss	weiss	blau	blau
Schwarz	weiss	blau	gelb
Weiss	schwarz	blau	blau
Schwarz	schwarz	blau	gelb
Weiss	weiss	gelb	blau
Schwarz	weiss	gelb	blau
Weiss	schwarz	gelb	blau
Schwarz	schwarz	gelb	gelb

Das Roth hat also bei rothen Quadraten auf weissem Grunde ein gleichfarbiges, allerdings sehr dunkles Nachbild gegeben, als rother, grosser Streifen
ein deutlich complementäres Nachbild. Das Blau hat Nachbilder gegeben, deren
Färbung offenbar von der Umgebung abhängig war, ebenso Gelb. Woher diese
Unterschiede rühren, weiss ich nicht zu erklären, doch war die Färbung so deutlich, dass ich nie im Zweifel gewesen bin, ob ich das Nachbild als blau oder gelb
ansprechen sollte. Ich bemerke indess, dass während der Funken übersprang,
alles Weiss in lebhaftem complementären Contraste erschien, und die Nachbilder
namentlich der weissen Quadrate wiederum complementär zu diesem Contraste;
ich werde darauf in § 163 zurückkommen.

Die Versuche haben ferner gelehrt, dass das Nachbild eines farblosen
Objectes farbig erscheinen könne, denn weisse Quadrate auf schwarzem Grunde
erschienen beim Ueberspringen des Funkens nur sehr schwach bläulich tingirt,
ihr Nachbild aber erschien schmutzig olivengrün, und verschwamm, indem
es dunkler wurde, allmählig in dem allgemeinen Dunkel. Baccus hat unter ganz
andern Umständen ein olivengrünes Nachbild von Weiss erhalten; er sagt darüber
(*Wiener Academieberichte*, *1864*, *Bd. 49, p. 22*): *Drehe ich die Scheibe 1 (siehe
meine Figur 61 auf p. 355) mit einer Geschwindigkeit von 27¹/₂ Kurbelumgängen
in der Minute (gleich 2,4 Umdrehungen der Scheibe in der Sekunde) so sehe ich
das Schwarz des ersten Ringes am Centrum grün. Das Grün ist, wenn es schwach
ist, dunkel olivengrün, wenn es aber, wie dies gewöhnlich nach einiger Zeit
geschieht, lebhafter wird, ziemlich rein grün.* Leider ist es mir bisher nicht gelungen, das Grün in Baccus's Versuch zu sehen. — Sehr brillant sind ausserdem
die durch Schwarz und Weiss hervorgebrachten Fechner'schen subjectiven Farben
(s. § 162).

§ 156. An Baccus's in § 154 mitgetheilte Versuche schliessen sich 2 Versuchsreihen an, welche ich schon vor längerer Zeit angestellt und zum Theil in
Poggendorff's *Annalen*, *1862, Bd. 116, p. 270 — p. 274* angeführt habe.

Die erste Reihe der Versuche wurde so angestellt, dass farbige Quadrate
auf weissem und auf schwarzem Grunde mit Unterbrechungen gesehen wurden.
Die Unterbrechungen wurden durch Rotation des Episkotister (s. Figur 4, p. 34)
hervorgebracht, welcher auf 22¹/₂° Oeffnung eingestellt war, an welchem aber nur
zwei entgegengesetzte Sectoren frei, die beiden andern dagegen verdeckt waren.
Das von dem undurchsichtigen Theile des Episkotister reflectirte Licht wurde
möglichst abgehalten. Ich blickte durch den Episkotister auf farbige Doppelquadrate (s. Figur 18, p. 110) von 10 Mm. Seite und Distanz, welche von meinem
Auge 1 M. entfernt und gut von diffusem Tageslichte beleuchtet waren. Die
Rotationen der Scheibe des Episkotister waren von verschiedener Geschwindigkeit,
die ich nicht genauer bestimmen konnte, als dass die Quadrate in der Sekunde
etwa 3 bis 6 mal sichtbar werden. Bei dieser Geschwindigkeit der Drehung erschienen die Quadrate in folgender Weise:

A. Auf schwarzem Grunde.

1) rothe Quadrate werden heller, namentlich vom Rande her, in ihrer Mitte ein grünlicher Nebel, sie sind mit einem grünlichen Randscheine umgeben; nachdem die Quadrate einige Sekunden lang fixirt worden sind, erscheinen sie äussern hell, fast weiss, ein hellgrüner Nebel legt sich über die Quadrate,

2) orange Quadrate werden hellgelb, mit schwachem bläulichem Randscheine, nach aussen röthlich werdend,

3) gelbe Quadrate werden heller, ein dunklerer bläulicher Schatten in der Mitte derselben,

4) grüne Quadrate werden heller und weniger intensiv grün, mehr grau,

5) hellblaue Quadrate werden hellgrau, nur sehr wenig blau, mit röthlichem Randscheine,

6) blaue Quadrate bleiben fast unverändert,

7) weisse Quadrate erscheinen sehr hell.

Die Pigmente erscheinen also fast sämmtlich heller und verlieren an Intensität der Farbe. Der Erfolg ist also ähnlich, wie in Harcke's oben angeführten Versuchen, dadurch noch ähnlicher, dass bei dem rothen Objecte ein grüner Nebel sichtbar wird, welcher nur als ein positives complementäres Nachbild angesprochen werden kann. Dass übrigens die Sache complicirter sei, ergeben die Versuche.

B. Auf weissem Grunde.

1) Die rothen Quadrate erscheinen im Anfange des Drehens nur dunkler, dann ein tief dunkelgrüner Randschein um dieselben, welcher allmählig heller wird; in der Mitte der Quadrate ein rein grüner, heller, durchscheuender Fleck,

2) orange Quadrate erscheinen mehr roth, mit intensiv grünem Randscheine und in der Mitte mit einem hellgrünen Flecke,

3) gelbe Quadrate werden schmutzig olivengrün mit hellem, bläulichen Randscheine,

4) grüne Quadrate (helles Schweinfurter Grün) erscheinen schwarz mit röthlichem Rande, dem ein grüner Saum nach aussen folgt,

5) hellblaue Quadrate erscheinen sehr dunkelblau mit unregelmässig wiederkehrenden hellen Flecken in der Mitte,

6) blaue Quadrate werden fast schwarz mit hellen gelben Randscheine,

7) schwarze Quadrate erscheinen mit weissem Nebel in der Mitte bedeckt; das indirect gesehene Quadrat scheint mit einem weissen Gitter bedeckt zu sein. Ein rother Randschein umgiebt die Quadrate, ihm folgt ein grüner Saum. Die Gitterung habe ich nur noch bei den blauen Quadraten, aber nicht constant gesehen.

Will man die auch hier wahrnehmbaren complementären Nebel und Randscheine als den Ausdruck des positiven complementären Nachbildes ansehen, so scheint doch aus den Versuchen hervorzugehen, dass die grössere Helligkeit mit der die Quadrate auf schwarzem Grunde erscheinen, nicht die Folge des zu dem primären Eindrucke sich summirenden positiven Nachbildes ist; denn auf weissem Grunde sind alle Quadrate, mit Ausnahme des schwarzen dunkler erschienen, als beim ununterbrochenen Sehen.   Vielleicht complicirt sich eine Contrastwirkung in der Weise mit dem Nachbilde, dass dasselbe in Folge der Erregung durch das Weiss des Grundes sofort in ein negatives umschlägt — denn wir werden sehen, und Plateau hat es ja bereits angemerkt, dass Nachbilder, welche bei geschlossenen Augen positiv sind, sofort in negative umschlagen, wenn Licht in die Augen fällt.   Auch findet ohne Zweifel eine directe Contrastwirkung statt, wie wir sie schon bei sehr geringer Grösse der farbigen Quadrate kennen gelernt haben (§ 55), wodurch ein rothes oder blaues Quadrat auf weissem Grunde gradezu schwarz, ein ebensolches auf schwarzem Grunde nahezu weiss, wenigstens viel heller erscheint.   Wenn aber, schliesse ich weiter, Verdunkelung der Quadrate in Folge der hellern Umgebung eintritt, so wird ebensogut Erhellung der Quadrate in Folge der dunkeln Umgebung eintreten, also nicht in Folge der Mitwirkung des positiven Nachbildes.

Die angegebenen Erscheinungen traten immer erst nach einigen Umdrehungen der durchbrochenen Scheibe hervor, und erreichen bei einer gewissen Umdrehungsgeschwindigkeit ihr Maximum; bei schnellerem Drehen hörten die subjectiven Erscheinungen auf und die Quadrate erschienen so, als ob sie durch ein graues Glas betrachtet würden.

Die zweite Versuchsreihe, welche ich mitzutheilen habe, beruht auf der Erzeugung complementärer Farben mittelst rotirender Scheiben, auf welchen ein Sector oder eine andere Figur farbig, die übrige Scheibe weiss oder schwarz ist. Solche Scheiben sind zuerst, wie ich glaube, von Dove (*Farbenlehre, 1853, p. 281 und Figur 27*) angegeben worden; ich habe statt der von einer Archimedischen Spirale begrenzten Fläche einen Quadranten oder kleinere Sectoren angewendet, und die übrige Fläche der Scheibe schwarz oder weiss genommen.

Von Roth entwickelt sich das positive complementäre Nachbild am stärksten, wenn der Sector des Roth 60° beträgt, die übrige Scheibe schwarz ist und die Rotation der Scheibe 8 mal in der Sekunde erfolgt.   Dann erscheint die Scheibe grün mit blauen Flecken und nur hin und wieder blitzt das Roth durch. Aehnlich ist die Erscheinung bei 30° Sector des Roth und 10 Umdrehungen in der Sekunde.   Die Scheibe erscheint dabei auffallend heller, als das Schwarz bei ruhender Scheibe.   Nimmt man den rothen Sector = 90° oder noch grösser, so wird das Schwarz der Scheibe zwar auch von einem sehr lebhaften Blaugrün überzogen, indess ist immer noch viel Roth sichtbar.

Für Blau habe ich gefunden, dass bei derselben Rotationsgeschwindigkeit ein Sector von 90° auf weisser Scheibe dem Weiss eine stark gelbe Färbung giebt, der blaue Sector aber aufhört sichtbar zu sein oder höchstens auf einen Moment durchblitzt.   Das gelbliche Weiss erscheint heller, als das Weiss der ruhenden Scheibe.

In diesen Fällen erlangt also die subjective Erregung eine solche Höhe, dass die primäre Erregung dadurch fast ganz verdeckt wird. Ich glaube dieses paradoxe Resultat in folgender Weise erklären zu können: Der primäre Eindruck bedarf einer gewissen Zeit, um die volle Empfindung auszulösen; wir können uns also die primäre Erregung mit Fick (*Archiv für Anatomie*, 1863, p. 745) als eine ansteigende Curve vorstellen; wird die Erregung unterbrochen, so erreicht sie nicht den Gipfel der Curve und die von ihr ausgelöste Empfindung bleibt unter dem Maximum. Die subjective oder secundäre Erregung hat aber auch ihre Curve für sich: so tritt z. B. das Nachbild nach dem Ueberspringen des elektrischen Funkens nicht sofort in seiner grössten Intensität auf, sondern es vergeht eine eben noch merkliche Zeit, bis dieses erreicht wird. Da nun an der rotirenden Scheibe der rothe Sector von 60° in einer kürzeren Zeit vorübergeht, als der schwarze Theil der Scheibe von 300°, so hat der primäre Eindruck eine zu kurze Zeit, um das Maximum der Erregung zu bewirken, da sich andererseits die secundäre Erregung während des Vorüberganges der Schwarz zu voller Höhe entwickeln kann. Das Resultat muss dann sein, dass die Empfindung mehr der secundären, als der primären Erregung entspricht, d. h., dass die Scheibe grün erscheint. Allerdings bleibt hierbei die Frage unbeantwortet, warum die secundäre Erregung eine complementäre und nicht eine mit dem primären Eindrucke gleichsinnige ist.

§ 157. Die negativen Nachbilder sind nach Darwin's Bezeichnung diejenigen, in welchen das dunkel erscheint, was im Objecte hell ist und umgekehrt; sie sind am leichtesten zu gewinnen, bleiben am längsten und sind am meisten untersucht worden. Sie sind immer complementär gefärbt, wenigstens ist ein negatives gleichfarbiges Nachbild bis jetzt noch nicht beobachtet worden. Man erhält sie, wenn man einige Sekunden, oder eine Minute lang oder noch länger, je nach der Empfindlichkeit des Auges auf ein helles oder farbiges Object sieht, und dann auf einen weissen, grauen oder schwarzen Grund blickt oder auch die Augen schliesst.

Auch die negativen Nachbilder sind zuerst von Purkinje (s. § 154, p. 354) beobachtet worden. Demnächst wurde Athanasius Kircher von Joannes Bonacursius auf die Nachbilder, welche nach dem Anschauen eines von der Sonne beschienenen Papierfensters in einem übrigens finstern Raume entstehen, aufmerksam gemacht (Kircher, *Ars magna lucis et umbrae*, Amstelodami 1671, (erste Ausgabe von 1645), p. 118). Später seit Buffon's Mémoire sur les couleurs accidentelles (*Histoire de l'Académie royale des Sciences*, 1743, p. 147) waren es hauptsächlich die Farben, welche beobachtet wurden, namentlich von Aepinus (*Novi Commentarii Acad. Petropolitanae*, 1764, T. X., p. 282), Scherffer (*Abhandlung von den zufälligen Farben*, Wien, 1765), Franklin (*Journal de Physique*, 1773, T. II, p. 383), Godart (*Journal de Physique*, 1776, T. VIII, p. 1 u. 269), Darwin (*Philos. Transactions*, 1786, Vol. 76, p. 313), Goethe (*Zur Farbenlehre*, 1810, p. 13), Purkinje (*Beobachtungen und Versuche zur Physiologie der Sinne*, 1823, I., p. 92), Roswitha (*Handbuch der Optik*, deutsch von Hartmann, 1835, II.,

p. 90); Indess wurde doch auch auf Helligkeit und Dunkelheit der Nachbilder, namentlich von Franklin und Godart geachtet. Ganz besonders umfassend sind aber die Versuche von Plateau (*Annales de Chimie et de Physique*, 1833, T. 53, p. 386 und 1835, T. 58, p. 337) und Fechner (Poggendorff's *Annalen*, 1838, Bd. 44, p. 221 und p. 513 — 1840, Bd. 50, p. 193 und 427), welcher letztere namentlich die verschiedensten Farben bei stärkerer und schwächerer Beleuchtung, auf verschiedenem Grunde, bei verschiedener Zeit des Anschauens untersucht, und mit bewundernswerther Aufmerksamkeit und Genauigkeit die subjectiven Erscheinungen erfasst hat. Fechner hat ebensowohl die Helligkeit als die Färbung der Nachbilder im Verhältniss zu dem Objecte beachtet, sowie den Grund, auf welchen das Nachbild projicirt wird, berücksichtigt.

Was nun zunächst die Bezeichnung complementäre Farbe betrifft, so versteht man darunter diejenige Farbe, welche mit der primär angeschauten Farbe zusammen Weiss giebt. Denkt man sich also die Farben nach der

Fig. 64.

Schwerpunktsconstruction in einem Kreise verzeichnet *(Figur 64)*, so würde diejenige Farbe complementär zu der primären Farbe sein müssen, welche durch eine von dem Punkte der primär angeschauten Farbe durch W (Weiss), den Mittelpunkt des Kreises, gezogenen Linie getroffen wird. Ich habe meine

Pigmente in dieser Beziehung untersuchte, indem ich nach Fechner's Methode die Pigmente auf weisses Papier und auf schwarzen Sammet legte, und nachher das Nachbild sich auf weissem Papier oder auf schwarzem Sammet entwerfen liess. Das farbige Papier wurde jedesmal 15 Sekunden lang fixirt und dann sofort auf das Weiss oder Schwarz geblickt und die Augen unbewegt gehalten.

Ich habe dabei gefunden, dass das negative Nachbild meines Roth zwischen Blau und Grün liegt, was zu der in der *Figur 64* gezeichneten Lage passt; dass Orange ein blaugrünes Nachbild giebt, welches viel mehr zu Blau neigt, etwa entsprechend dem Punkte β. Gelb dagegen giebt ein negatives Nachbild, welches zu jener Zeichnung nicht passt, denn es ist nicht grünlich blau oder rein blau, sondern entschieden röthlich blau, würde also in einem Punkte zwischen Blau und Fuchsin liegen. Grün und Fuchsin stimmen aber wieder sehr gut, denn das Nachbild von Fuchsin ist etwas gelber als mein grünes Papier, und das Nachbild von Grün ist etwas mehr röthlich als das Fuchsin. Blau endlich passt nicht ganz zur Figur, denn es giebt ein Nachbild, welches mehr röthlich als mein Gelb ist, da es doch zum Complement ein mehr grünliches Gelb fordern würde, doch ist es viel weniger röthlich als mein Orange. Im Ganzen sind also die Nachbilder für mein Auge wirklich ziemlich complementär, da nur Blau und Gelb eine geringe Abweichung zeigen. — Indess ist zu bemerken, dass nicht alle Individuen die negativen Nachbilder wirklich complementär sehen, denn Brücke giebt an (*Poggendorff's Annalen*, 1851, Bd. 84, p. 425), dass einer seiner Zuhörer von Roth ein violettes Nachbild hatte und auch mir hat mein Freund Dr. Kastrum (jetzt Arzt auf der Insel Fehmarn), welcher die Farben sehr genau unterscheidet, angegeben, dass er von meinem Roth ein violettes, keineswegs ein blaugrünes Nachbild hätte, ohne übrigens von Brücke's Beobachtung zu wissen. Endlich finde ich im *Journal de Physique par* Rozier, 1787, T. 30, p. 407 in der *Dissertation sur les couleurs accidentelles* von einem Ungenannten die Angabe, das Nachbild von Roth auf Weiss erscheine ihm nicht grün, sondern *d'un blanc brillant*.

Die Dauer und Intensität der negativen Nachbilder hängen theils von der Dauer und Intensität des primären Eindruckes ab, theils von den Einwirkungen äusseren Lichtes auf das Auge während des Bestehens der Nachbilder. Helmholtz nennt das Licht, welches während der Dauer des Nachbildes auf die Netzhaut einwirkt, das *reagirende Licht* (*Physiol. Optik*, 1860, p. 357), *weil es für uns gleichsam ein Reagens ist, durch welches wir die Reizbarkeit der Netzhaut prüfen*. Endlich sind die Bewegungen des Auges und der Augenlider von Einfluss auf die Dauer und Intensität der Nachbilder, sowie der Empfindlichkeitszustand der Netzhaut. — Diese verschiedenen Einflüsse machen Messungen über die Dauer und Intensität der Nachbilder unmöglich, ich will daher nur die Momente angeben, welche die Dauer und die Intensität der negativen Nachbilder begünstigen oder vermindern. Das meiste ist hierüber von Fechner (*Poggendorff's Annalen*, 1840, Bd. 50, p. 201 u. f.) beobachtet worden. Im Ganzen ist das Nachbild nicht intensiver und dauert nicht länger, wenn der primäre Eindruck sowohl in Bezug auf absolute Helligkeit als auf Helligkeitsdifferenzen intensiver ist oder länger dauert, von einer gewissen Grenze ab. — Unterschiede der verschiedenen Farben an sich habe ich nicht finden können. — Das negative Nachbild dauert länger, wenn das reagirende Licht schwächer ist als das primäre; völlige Dunkelheit ist nicht günstig für das Nachbild. Auf dunkelgrauem Papier bleibt ein Nachbild sehr lange sichtbar. — Langsamer Wechsel von Hell und Dunkel während der Dauer des Nachbildes scheint dieselbe besonders zu begünstigen. Sehe ich z. B. 10 Sekunden auf den blauen Himmel durch das Fenster, schliesse dann die Augen und bedecke sie je eine Minute lang mit einem Tuche und entferne das Tuch wieder während einer Minute, so kann ich beim Entfernen des Tuches das negative Nachbild noch nach einer Viertelstunde deutlich erkennen. — Ruhige Haltung des Auges begünstigt die Dauer des Nachbildes. Fixire ich einen Punkt auf grauem oder schwarzem Papier andauernd, so bleibt das Nachbild lange Zeit und wird immer intensiver, bis das Fixiren unmöglich wird. Mit der Bewegung des Auges verschwindet es und kehrt bei wiederholter Fixation wieder, wird auch bei andauernder Fixation wieder intensiver. Je häufiger Bewegungen eintreten, um so früher erlischt es. Dies ist wohl so zu erklären, dass bei andauernder Fixation der objective Eindruck immer schwächer wird, und die subjective Erregung dann mehr hervortritt. — Augenblinzeln und Druck auf das geschlossene Auge lassen das Nachbild momentan sehr intensiv auftreten, verkürzen aber die Dauer desselben. — Am intensivsten und dauerndsten haben mir die Nachbilder immer des Morgens unmittelbar nach dem Erwachen geschienen.

Ich erwähne hier noch, dass die geschätzte Grösse des Nachbildes zunimmt mit der Zunahme der Entfernung, in welche dasselbe projicirt wird (Scherrer, *Abhandlung von den zufälligen Farben*, 1765, p. 15. — Liebot in Fechner's *Repertorium*, 1832, p. 229. — Liebreich, *Comptes rendus*, T. 47, 1858, p. 27.).

Ferner sind spontane Bewegungen der Nachbilder schon Scherrer (*a. a. O.* p. 61) aufgefallen. Sie scheinen dadurch bedingt zu sein, dass das Nachbild sich neben der Fovea centralis entworfen hat; suchen wir nun das Nachbild zu fixiren, so gelingt das selbstverständlich nicht, und es rückt immer weiter vorwärts, wenn wir ihm mit der Augenaxe nachgehen, bis endlich die Augenmuskeln nicht mehr im Stande sind, den Augapfel in derselben Richtung weiter zu bewegen; dann folgt ein Lidschlag und das Nachbild erscheint wieder an dem Orte, den es zuerst eingenommen hat.

§ 158. Das negative Nachbild entwickelt sich, wie Fechner nachgewiesen hat, schon während der Anschauung des Objectes, und macht sich dadurch bemerklich, dass die Farbe oder die Helligkeit des Objectes an Intensität verliert. Fixire ich etwa eine halbe Minute lang die Abendsonne, so überzieht sich die glänzende Scheibe alsbald mit einem grauen Schleier und nur die Ränder der Scheibe erscheinen auf Augenblicke (in Folge der Schwankungen des Auges) in dem ursprünglichen Glanze. Die volle schöne Farbe eines rothen oder blauen

Papierbogens wird immer unscheinbarer, je länger man ihn betrachtet. Bedeckt man ihn an irgend einer Stelle mit schwarzem Sammet, so erscheint er, wenn man den Sammet plötzlich wegnimmt, an dieser Stelle viel lebhafter. Blickt man einige Sekunden auf ein rothes Quadrat, welches auf schwarzem Sammet liegt, und wendet dann den Blick nach einer andern Stelle auf dem Sammet, so erscheint plötzlich das rothe Quadrat viel intensiver. Die Erregbarkeit der Netzhaut für die Farbe nimmt ab, indem sich das Nachbild entwickelt; fällt aber der objective Eindruck auf unermüdete Stellen der Netzhaut, so erscheint die Farbe in ihrer vollen Intensität.

Wenn ich in einem von PLATEAU angegebenen Versuche (POGGENDORFF's *Annalen*, 1834, *Bd. 32, p. 546*), auf den ich in § 160 zurückkommen werde, auf eine gut beleuchtete rothe Fläche durch eine 500 Mm. lange und 30 Mm. weite geschwärzte Röhre hindurchsehe, und einen Punkt auf dem Roth anhaltend etwa eine Minute lang fixire, so wird endlich die rothe Fläche auf kurze Zeit dunkel und vollständig farblos; nur einige helle Kreislinien erscheinen in Folge kleiner Schwankungen des Auges am Rande der Röhre: nachher habe ich ein blaugrünes, lange dauerndes Nachbild. In diesem Versuche ist die Intensität des Nachbildes, oder die Ermüdung der Netzhaut so gross, dass der primäre Eindruck vollständig verdeckt wird.

Die Grösse der farbigen Fläche ist dabei von Einfluss auf die Wahrnehmbarkeit des objectiven Eindrucks. Fixire ich ein rothes Quadrat von 3 Mm. Seite auf schwarzem Grunde in 200 bis 300 Mm. Entfernung vom Auge etwa eine Minute lang, so sehe ich nur noch ein graues Quadrat auf schwarzem Grunde, welches eher einen grünen Schimmer hat. Vielleicht ist die Entwickelung des Nachbildes die Ursache, dass farbige Objecte unter minimalem Gesichtswinkel farblos erscheinen (s. § 55).*)

*) Ich habe zu § 55 noch zu bemerken 1) dass schon VALENTIN (*Lehrbuch der Physiologie*, 1848, II^b, p. 154, § 3704) angibt: *Die Farbe des Gegenstandes verschwand ziemlich früher, als das Bild desselben.* 2) Dass ich bei Erwähnung der Versuche von WITTICH (p. 115) einen leicht misszuverstehenden Ausdruck gebraucht habe, indem ich gesagt habe, von WITTICH habe den Gesichtswinkel zu bestimmen gesucht, unter dem man die Farbe sicher und „dauernd" erkenne. Ich hatte dabei von der im Texte soeben besprochenen Eigenschaft der Netzhaut ganz abgesehen, und von WITTICH's Versuche so aufgefasst: trotz anhaltenden Sehens erblickt man farbige Objecte unter minimalem Gesichtswinkel nur auf Augenblicke als farbig; wenn nun von WITTICH eine Vorrichtung benutzt, in welcher das Object nur auf einen Augenblick sichtbar wird, und das Object wird dann unter einem gewissen Gesichtswinkel in seiner Farbe richtig erkannt, so muss man schliessen, dass es, abgesehen von der Ermüdung der Netzhaut, bei andauernder Fixirung unter jenem Gesichtswinkel auch andauernd wird erkannt werden. von WITTICH hat daher meinen Ausdruck mit Recht gerügt (*Königsberger medicinische Jahrbücher*, 1864, *Bd. 4, p. 25*). Wichtiger ist es, dass derselbe seine Versuche ebendaselbst ausführlich veröffentlicht hat. von WITTICH benutzt, um die farbigen Quadrate nur auf einen Augenblick erscheinen zu lassen, einen Schieber mit einem Ausschnitte, welcher das Object verdeckt; der Schieber gleitet plötzlich herunter, und das

Den Gegensatz dazu bilden Versuche, in denen dem ganzen Gesichtsfelde nur eine bestimmte Farbe geboten wird, indem man z. B. eine rothe Brille vor den Augen befestigt und alles Seitenlicht abhält. Versuche der Art sind von Fräulein Maria Bokowa (*Zeitschrift für rationelle Medicin, 1863, dritte Reihe, Bd. 11, p. 161*) mit dem Erfolge angestellt worden, dass nach stundenlangem Tragen dieser Brille kein Roth mehr wahrgenommen werden konnte, sondern nur noch Gelb und Blau empfunden wurden. Ich kann die interessanten und sehr frappirenden Versuche Fräulein Bokowa's vollkommen bestätigen für ein rothes Glas, welches sonst keine Lichtstrahlen durchlässt, und unter der Bedingung, dass man immer auf helle Objecte sieht. Auch ich habe schon nach einer halben Stunde nur noch Gelb und an dunkeln Objecten Blau gesehen; hatte ich dann einige Zeit mich vom Lichte abgewendet und blickte plötzlich auf

---

Object wird nur in der Zeit sichtbar, wo der Ausschnitt des Schiebers an demselben vorbeigeht; die Augen sind für die Entfernung des Objectes richtig accommodirt und auf den Schieber gerichtet. von Wittich hat nun erstens die Entfernungen bestimmt, in denen Quadrate von 1 oder 2 Mm. Seite als farbig, und die Entfernungen, unter denen sie überhaupt erkannt werden konnten. Er hat ferner bestimmt, in welcher Entfernung dieselben Objecte bei dauernder Betrachtung als farbig erkannt werden konnten. In letzterem Falle war die Entfernung immer grösser (der Gesichtswinkel also kleiner) als die Entfernung, in der sie bei momentaner Betrachtung sichtbar waren, und diese wieder grösser, als die Entfernung, in der sie bei momentaner Betrachtung farbig erschienen. Ich führe von Wittich's *Tabelle II*, p. 37 hier an, reducirt auf Winkelgrössen, um sie mit meinen Angaben vergleichbar zu machen.

Grösse der farbigen Quadrate = 2 Mm. Seite.

Versuch an einem hellwolkigen Vormittage.
Schwarzer Grund.

Erscheinen unter folgenden Gesichtswinkeln:

Farbe der Quadrate.	Bei momentaner Betrachtung.		Bei dauernder Betrachtung.	
	sichtbar.	farbig.	sichtbar.	farbig.
Roth	1' 23"	1' 53"		1' 4"
Orange	1' 4"	1' 32"		1' 4"
Gelborange	1' 9"	1' 32"		1' 14"
Gelb	1' 23"	1' 23"		1' 4"
Hellgrün	1' 23"	1' 43"	1' 4"	1' 43"
Dunkelgrün	2' 17"	6' 53"	2' 17"	5' 16"
Hellblau	1' 14"	2' 17"	1' 14"	1' 43"
Dunkelblau	2' 17"	7' 53"	1' 53"	3' 26"
Rosa	1' 14"	2' 17"		1' 52"
Violet	1' 43"	6' 53"		3' 26"

Im Uebrigen muss ich auf das Original verweisen.

eine von der Sonne beschienene Wand, so erschien diese im ersten Augenblicke wieder roth; ja eine helle Kerzenflamme erschien, nachdem ich die Brille zwei Stunden vorgehabt hatte, noch mehrere Sekunden lang roth. Ein Sortiment aller möglichen Farben in Wolle erschien schon nach einer Viertelstunde nur hell oder dunkel; ein intensiv rothes Papier mattgelb. — Bei helleren Gläsern von Roth schwindet die Empfindung des Roth nicht vollständig, indess erscheinen weisse und gelbe Objecte bald in ihrer richtigen Farbe. — Bei Blau tritt die Unempfindlichkeit für blaue Färbung schon nach 10 Minuten bei mir ein; bei dunkelgrünen Gläsern gleichfalls nach etwa 10 Minuten. — Kurz, das ganze Gesichtsfeld wird für die Farbe unempfindlich.

In diesen Fällen wird also der primäre Eindruck durch die Ermüdung der Netzhaut geschwächt oder ganz vernichtet. Der umgekehrte Fall tritt ein, wenn das reagirende Licht complementär zu dem primären Lichte ist. Legt man ein rothes Object auf grünen Grund, so erscheint, wenn man das rothe Object wegnimmt, der Theil des Grün, wo das Roth gelegen hat, viel lebhafter gefärbt als der übrige Grund. HELMHOLTZ (*Physiologische Optik, p. 369*) hat sogar gefunden, dass, wenn man auf Blaugrün gesehen hat, und dann auf Roth blickt, dieses gesättigter erscheint, als wenn man auf Schwarz geblickt hat: legt man ein schwarzes und ein blaugrünes Quadrat neben einander auf rothes Papier, so erscheint, wenn man die beiden Quadrate wegnimmt, das Nachbild des Roth auf rothem Grunde graueroth, das Schwarz auf Roth weissroth, das Blaugrün auf Roth gesättigt roth. HELMHOLTZ hat dasselbe für Spectralfarben gefunden und daraus geschlossen: dass die gesättigtesten objectiven Farben, welche existiren, die reinen Spectralfarben, im unermüdeten Auge noch nicht die gesättigteste Farbenempfindung hervorrufen, welche überhaupt möglich ist, sondern dass wir diese erst erreichen, wenn wir das Auge gegen die Complementärfarbe unempfindlich machen. Dieser Satz ist von grosser Wichtigkeit für die Theorie der Nachbilder und der Farbenempfindung überhaupt.

§ 159. Die Nachbilder von Objecten, welche nicht stärker als vom diffusen Tageslichte beleuchtet sind, zeigen ein einfaches Verhalten insofern, als sie nur positiv oder negativ, gleichfarbig oder complementär sind. Complicirter sind die Erscheinungen, wenn der primäre Lichteindruck sehr intensiv ist, wenn man z. B. in die Sonne oder auf eine helle Flamme blickt, indem dann das sogenannte Abklingen der Nachbilder durch verschiedene Farben stattfindet. Wegen der damit verbundenen Blendung des Auges, welche die Wahrnehmung lichtschwächerer Objecte verhindert, bezeichnet man diese Nachbilder auch als Blendungsbilder.

Das Abklingen der Nachbilder durch verschiedene Farben ist zuerst von JOSEPH BOSACVILUS beobachtet worden; KIRCHER (*Ars magna Lucis et Umbrae, 1671, p. 118*) sagt davon: *Josephus Bosaccanus inter alias observationes et hanc protulit .... In loco quodam qui perfectissime claudi possit ita ut nulla ex parte aliquid lucis effulgeret, relinque fenestram chartaceam, in qua imagines quaslibet, seu potius umbras rerum depinges. Sit autem fenestra ita soli obversa, ut a sole illuminari possit. Hoc peracto fixis oculis chartaceam fenestram intuere aliquamdiu donec fundus oculi imaginem eius perfecte imbiberit; deinde clausa fenestra in tenebroso loco pone ob oculos chartam candidam; et ecce mirum dictu, in ipsa charta primo intueberis veluti auroram quandam convergentem croceo primo, deinde rubro, mox puniceo, omni denique (quae in iride) colorum genere depictum orbem intueberis, et postea tandem figuram fenestrae inversam, quae tandem in caeruleum colorem pulcherrimum rubro intenso mixtum degenerabit.* Das Abklingen der Nachbilder hat die Aufmerksamkeit fast aller späteren Beobachter, die sich mit Nachbildern beschäftigt haben, erregt. Leider hat die starke Blendung der Augen bei mehreren Beobachtern, namentlich Plateau und Fechner, traurige Folgen für ihre Augen gehabt. Ich habe mir aus einer Warnung Haecke's (Poggendorff's *Annalen*, Bd. 84, 1851, p. 445) frühzeitig die Regel entnommen, die ich auch anderen Beobachtern empfehle: diese Versuche nur ganz methodisch, mit bestimmt präcisirter Frage und in Pausen anzustellen, und nicht in übertriebenem Eifer jedes glänzende Object zur Gewinnung von Nachbildern zu benutzen — ein Verfahren zu dem man sehr geneigt ist, welches aber im Vergleich zu dem Schaden, den es bringt, von verschwindend geringem wissenschaftlichen Nutzen ist. Es schadet nach meiner Erfahrung gar nichts, wenn man wochenlang täglich zwei oder dreimal einige Sekunden lang die Sonne fixirt oder auf intensive Flammen sieht — aber minutenlanges wiederholtes Sehen in die Sonne hat oft wochenlange Sehstörungen zur Folge, was die Augenärzte nach jeder Sonnenfinsterniss zu beobachten Gelegenheit haben.

Man erhält abklingende Blendungsbilder, wenn man in die Sonne (Newton, Fechner), in eine helle Flamme bei dunkler Umgebung (Plateau), auf ein von der Sonne beschienenes weisses oder farbiges Papier (Fechner), auf eine weisse oder farbige Papierscheibe, welche durch Sonnenlicht, das mittelst eines Brennglases darauf concentrirt wird, beleuchtet ist (Fechner), durch eine dunkle Röhre auf den weissen Himmel (Burwell), im finstern Zimmer auf eine helle Oeffnung im Fensterladen (Bonaccursii, Fechner), auf den überspringenden elektrischen Funken (Stocm, ich) blickt, kurz auf ein Object von absoluter grosser Helligkeit oder von einer im Verhältniss zu seiner Umgebung sehr grossen Helligkeit. Fechner hat ferner die Nachbilder beobachtet, welche er erhielt, wenn er die Sonne durch farbige Gläser angesehen hatte. Die Farben und Phasen gestalten sich nun für die Blendungsbilder verschieden nach dem reagirenden Lichte, welches man anwendet; man kann das Blendungsbild beobachten 1) im Finstern oder bei geschlossenen und bedeckten Augen 2) projicirt auf schwarzes, weisses oder farbiges Papier, welches von der Sonne beschienen wird, 3) auf solche Papiere im diffusen Tageslichte, 4) auf den blauen Himmel projicirt u. s. w.

Die Zahl der Variationen für die Beobachtungen wird dadurch ausserordentlich gross, und es ist ja auch nicht möglich in e i n e r Beobachtung sogleich alle Erscheinungen zu erfassen. Wer selbst hier einschlägige Beobachtungen gemacht hat, wird daher Fraunau's Versuche aufs höchste bewundern. Ich verweise auf das Original (Poggendorff's *Annalen*, *1840*, *Bd. 50*, *p. 450*) und führe hier nur Folgendes an:

Die Phasen, welche Fraunau nach directer, momentaner Anschauung der Sonne selbst bei nachher geschlossenen und bedeckten Augen beobachtet hat, sind folgende: 1) weisses Nachbild, geht schnell vorüber 2) lichtblau mit violettem oder lilafarbigem Randscheine, 3) lichtgrün mit rothgelbem Saume. — Dann folgen die negativen Phasen: 4) roth mit blauem Saume, dauert lange, 5) blau, in Schwarzgrün oder Blaugrün übergehend. — Ich habe immer dieselben Phasen gefunden, nur ist zwischen dem Hellgrün und dem negativen Roth bei mir noch ein Gelb mit bläulichem Saume; nach dem negativen Roth kommt aber ein helles positives Gelb, welches bald Weiss wird, umgeben von einem rothen Randscheine, dann erst folgt das ausserordentlich schöne Blau. Oeffne ich die Augen während einer dieser Phasen, oder nehme uns das Tuch von den Augen weg, so schlagen die Farben meistens in ihr Complement um.

Sehe ich nach momentanem Blick in die Sonne auf weisses vom verbreiteten Tageslichte beleuchtetes Papier, so sehe ich, wie Fraunau, nur im ersten Momente ein gelbliches helles Bild, welches sogleich in ein hässliches Blauroth mit grünlichem Randscheine übergeht und keine weiteren Phasen zeigt.

Das von der Sonne erhaltene und auf schwarzes vom Tageslichte beleuchtetes Papier projicirte Nachbild zeigte bei Fraunau keine constanten Phasen, doch war das Nachbild vorherrschend negativ. Bei mir ist es im Anfange positiv gelbroth und wird schnell hell grüngelb, in dieser Farbe bleibt es mindestens 15 Sekunden, bekommt dann einen rostrothen Randschein, von dem es sich durch einen schwarzen Umring abgrenzt; der Umring schreitet nach der Mitte zu fort, und dann wird das Bild negativ und völlig schwarz; aus dem Schwarz taucht ein rother Punkt im Centrum auf, vergrössert sich schnell und geht durch unbeschreibliche Farben wieder in das frühere positive Grüngelb über, dann tritt wieder Verdunkelung ein, und darauf erscheint das Grüngelb zum dritten Male; mitunter habe ich es auch noch zum vierten Male erscheinen sehen. Leider ist es unmöglich, die ganze Abwandelung, welche gegen fünf Minuten dauert, ohne Lidschläge zu verfolgen, indess bemerke ich ausdrücklich, dass die Uebergänge von positiv zu negativ und umgekehrt nicht die Folge von Lidschlägen sind, sondern sich ganz allmählig umbilden. — Diese Farben habe ich beobachtet, wenn ich Vormittags zwischen 10 und 12 Uhr die Sonne momentan fixirt hatte; etwas anders klingen die Farben ab, wenn man die untergehende Sonne angesehen hat. — Die Flamme einer Steinöllampe hat mir wieder andere Farbenfolgen ergeben, indess ist eine solche Flamme an sich zu complicirt: doch habe ich kaum irgendwo ein schöneres Roth und Blau gesehen, als bei dieser Gelegenheit. — Man vergleiche über das Abklingen der Blendungsbilder auch Séguin (*Annales de Chimie et de Physique*, *1854*, *T. 41*, *p. 413*) und Helmholtz (*Physiologische*

Optik, 1860, p. 371). Ich will nur noch die abklingenden Farben anführen, welche man nach directer Betrachtung des (etwas bläulichen) elektrischen Funkens, sieht. Stotz (*Comptes rendus, 1858, T. 47, p. 200*) hat zuerst Grün, dann Blau, dann Violett gesehen, und schliesslich eine unbestimmte gelbliche Färbung (teinte vague et jaunâtre). Ich (Molescнott, *Untersuchungen, 1858, Bd. V, p. 285*) habe im Finstern nach dem Ueberspringen des Funkens gesehen 1) einen blauen hellen Nebel, welcher sich schnell auf einen kleinen intensiv blauen Fleck zusammenzieht, und sehr bald 2) in roth übergeht mit röthlich- oder grünlich-gelbem Randscheine. Der Fleck wird 3) gelb, 4) weiss, durch einen dunkeln Ring von dem Hofe getrennt, 5) der helle Fleck vergeht in dem dunkeln Ringe, oder Fleck und Nebel fliessen zusammen und vergehen allmählig.

Wird das Nachbild auf weisses Papier im Halbdunkel des Zimmers projicirt, so erscheint 1) ein bläulich-violetter Strich, umgeben von einem kleinen gelben Randscheine; der gelbe Hof bleibt unverändert bis zu Ende der Erscheinung. Der centrale Strich oder Streifen wird rein violett; dann 2) durch röthliches Violett allmählig hindurch rein roth, 3) durch röthliches Gelb rein gelb. Indem das Gelb verblasst, beginnt die negative Phase: 4) dunkler Streifen mit gelbem Randscheine, 5) der dunkle Streifen wird schön saftgrün, 6) dieses verblasst, vermischt sich mit dem gelben Hofe und vergeht mit diesem.

Wende ich im Halbdunkel die Augen auf schwarzen Sammet, so sehe ich dieselben Phasen. Ueber die Nachbilder, wenn der Funken durch farbige Gläser gesehen wird, verweise ich auf meine Angaben a. a. O. p. 294.

§ 100. Bei den Phasen der abklingenden Blendungsbilder hat schon Fechner eine positive und negative Abtheilung unterschieden. Meine Beobachtungen weichen darin von Fechner ab, dass ich bei den Blendungsbildern von der Sonne einen mehrmaligen Wechsel von positiv zu negativ gefunden habe. Solche Uebergänge lassen sich auch bei Nachbildern, welche keine abklingenden Farben zeigen, beobachten. Natürlich sind dabei diejenigen Umwandlungen ausgeschlossen, welche durch Aenderung des reagirenden Lichtes herbeigeführt werden und welche schon Plateau beim Oeffnen und Schliessen der Augen beobachtet hat (§ 154).

Der Erste, welcher einen Wechsel von positiven und negativen Phasen des Nachbildes deutlich beschrieben hat, ist Purkinje (*Beobachtungen zur Physiologie der Sinne, 1823, I., p. 105*): *Ich sah das Fenster bei einem grau überzogenen Tageshimmel durch zwanzig Sekunden starr an. Nachdem ich das Auge mit der Hand wohl bedeckte, erschienen mir zuerst die Scheiben weiss, die Rahmen schwarz. Während man die weissen Vierecke verschwanden und schwarze an ihre Stelle traten, wurde das Fensterkreuz nach und nach licht; so wechselte die Erscheinung zwischen Licht und Finsterniss vier- bis fünfmal, bis alles in einen schwachen grauen Schimmer zerfloss. Dies dauerte fünf Minuten und auch dann als ich die Hand von meinen Augen zog und schwaches Licht durch die Augenlider* einströmte, stand das Fensterbild wieder in voller Deutlichkeit mit dunkeln Scheiben und lichten Fensterrahmen da.

Ich habe diesen Versuch Purkinje's oft wiederholt und immer im Wesentlichen bestätigt gefunden, sowohl wenn ich bei grauem als bei blauem Himmel mindestens 10 Sekunden auf das Fensterkreuz oder auf eine durch helles diffuses Tageslicht beleuchtete Scheibe von schwarzem und weissem Papier geblickt hatte. Bei sehr grauem Himmel sehe ich die Erscheinung ganz so, wie sie Purkinje beschreibt; bei hellerem blauen Himmel erscheinen die Scheiben im positiven Bilde roth, also complementär, das Fensterkreuz schwarz; dieses erscheint in dem darauf folgenden negativen Bilde blass rothgelb, die Scheiben dunkel, dann nur noch einmal wieder die Fensterscheiben grau mit röthlichem Anflug und dann wieder das negative Bild mit ganz farblosem Fensterkreuze, endlich wird alles finster. Die Augen habe ich bei diesem Versuche immer geschlossen und sorgfältig mit einem schwarzen Tuche bedeckt, ohne sie zu drücken. Nehme ich das Tuch weg, so tritt das negative Nachbild wieder hervor und zwar mit rothem Fensterkreuz; halte ich das Tuch wieder vor, so bemerke ich kein Nachbild, in dem Augenblicke, wo ich das Tuch entferne, blitzt aber wieder das negative Nachbild auf — das geschieht mitunter noch eine Viertelstunde nach Beginn des Versuches. — Ferner sehe ich einen einmaligen oder zweimaligen Wechsel des Nachbildes erfolgen, binnen 2 bis 3 Minuten, wenn ich auf die Scheibe Figur 61, 10 Sekunden lang gesehen habe, und dann die Augen bedecke.

Ich finde, dass Bewegungen der wohlbedeckten und geschlossenen Augen keine Veränderung des Nachbildes hervorbringen, wenn kein Druck auf die Augen ausgeübt wird. Auffallend ist die sehr lange Dauer der Nachbilder in diesem Versuche, da man doch nach viel stärkeren Erregungen kein so langes Verharren des Nachbildes beobachtet. Doch habe ich schon nach dem Ueberspringen des elektrischen Funkens die Beobachtung gemacht, dass nach einem lichtschwachen Funken die Nachbilder von den durch ihn beleuchteten Objecten länger dauerten, als nach einem sehr hellen Funken (Moleschott, *Untersuchungen*, *1858, Bd. V., p. 301*).

Ferner hat Plateau, von dem der Ausdruck Oscillationen herrührt, einen Versuch angegeben, in welchem er Oscillationen in dem Erregungszustande der Netzhaut beobachtet hat (Poggendorff's *Annalen*, *1834, Bd. 32, p. 556*): *Um die Oscillationen wahrzunehmen, sehe ich mit einem Auge durch eine schwarze 50 Centimeter lange und 3 Centimeter weite Röhre, während ich das andere mit einem Taschentuche vollkommen dicht verschliesse, und betrachte anhaltend, wenigstens eine Minute lang, ein rothes Papier in vollem Tageslichte; dann nehme ich, ohne das andere Auge zu entblössen, die Röhre fort und betrachte die weisse Decke des Zimmers. Alsdann sehe ich ein rundes grünes Bild, dem einige Zeit hernach ein rothes Bild folgt, zwar von geringerer Stärke und kürzerer Dauer, aber doch vollkommen sichtbar; darauf erscheint die grüne Farbe wieder, welche kurze Zeit* hernach abermals durch ein röthliches Bild ersetzt wird, und so fort drei bis vier Mal, wobei die beiden entgegengesetzten Eindrücke immer schwächer und schwächer werden. Ferm==n ist dieser Versuch nicht gelungen und mir gelingt er auch nur theilweise: ich sehe nämlich im Anfange ein dunkelgrünes Nachbild, welches allmählig vergeht, ebenso allmählig taucht wieder ein schwarzes oder dunkles Nachbild auf, wird stärker, nimmt dann wieder ab und verschwindet, dann bildet sich noch einmal oder zweimal das negative farblose Bild: von dem positiven Bilde kann ich aber nichts sehen. Uebrigens sind die Erscheinungen von Lidschlägen ganz unabhängig. Aehnliches habe ich früher bei Untersuchungen über die Nachbilder auf den peripherischen Theilen der Netzhaut beobachtet (MOLESCHOTT, *Untersuchungen, 1858, Bd. IV., p. 231*) und nachgewiesen, dass dergleichen Oscillationen bei Ausschluss jeglicher Bewegung der Augen und des Körpers doch vorkommen; denn wenn ich eine Reihe schwarzer, rother oder blauer Quadrate auf weissem Grunde (s. Figur 6.?) im verbreiteten Tageslichte eine halbe Minute lang starr angesehen hatte, und dann das Auge auf schwarzen Sammet wendete, so bemerkte ich, wie die Nachbilder einzelner Quadrate verloschen, während die übrigen blieben, wie die verloschenen wiederkehrten, noch einmal verloschen und wiederkehrten, und dann ganz verschwanden.

Ein gleichmässiges Abnehmen der Nachbilder findet also in vielen Fällen nicht statt, vielmehr glaube ich die Oscillationen PLATEAU's als sicher constatirt ansehen zu können.

§ 161. Nachbilder treten nicht nur in dem centralen Theile des Gesichtsfeldes, sondern bis zur äussersten Peripherie desselben hin auf, und verhalten sich nicht wesentlich verschieden von einander. PURKINJE (*Beobachtungen zur Physiologie der Sinne, 1825, II., p. 17*) hat den peripherischen Nachbildern zuerst seine Aufmerksamkeit zugewendet und sagt darüber: *So wie die Farben mit weniger Intensität im Gesichtsfelde des indirecten Sehens einwirken, so lassen sie auch einen kürzeren weniger intensiven Eindruck zurück und das Blendungsbild (Nachbild) scheint, wenn nicht früher ganz zu verschwinden, doch früher unbemerkbar zu werden.* Diesen Satz habe ich sowohl für die positiven wie für die negativen Nachbilder bestätigt gefunden. Je weiter entfernt von dem Centrum der Netzhaut das Nachbild entworfen wird, um so schwieriger ist dasselbe wahrzunehmen und man bedarf dann namentlich eines ganz gleichmässigen Grundes, auf den man das Nachbild projicirt.

Blickt man in die Sonne oder auf eine Kerzenflamme, indem man das Bild derselben durch Bewegungen des Augapfels ruckweise, immer weiter nach der Peripherie hin fallen lässt, und schliesst dann die Augen, so sieht man etwa 20° oder 30° vom Centrum noch das glänzende Nachbild, darüber hinaus aber nichts. Nur nach der momentanen Reizung durch den elektrischen Funken habe ich weiterhin noch positive Nachbilder bemerken können. Um die Entfernung des Funkens und seines Bildes von dem Centrum der Netzhaut bemerken zu können, muss erstens ein Punkt im finstern Zimmer fixirt werden, zweitens muss der überspringende Funken in der Peripherie eines Kreises liegen, deren Mittelpunkt das Auge, dessen Halbmesser die Entfernung des Auges bis zum fixirten Punkte ist. Die entsprechende Vorrichtung zeigt *Figur 65*. Als Fixationspunkt dient ein in

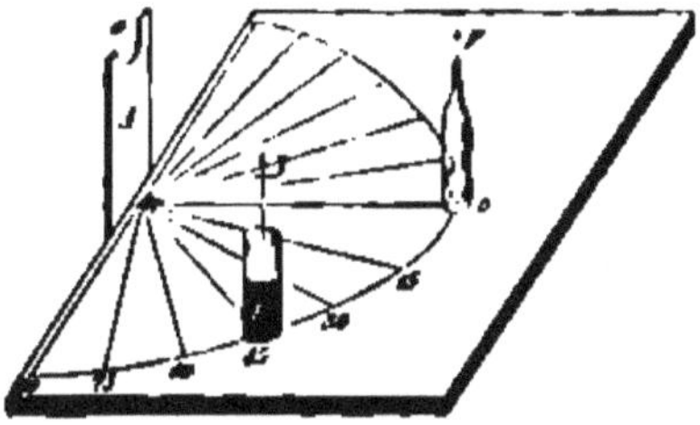

Fig. 65.

dem Pfropfen einer Flasche befestigtes Streichhölzchen F, welches kurz vor dem Versuche mit befeuchteten Fingern gerieben wird, und dann genügend hell glänzt ohne zu beleuchten. Es befindet sich in gleicher Höhe mit den beiden Kugeln der Riess'schen Flasche E. Diese wird auf dem Kreise, welcher auf den Tisch gezeichnet ist, in bestimmten Entfernungen aufgestellt. Der Kopf wird an das Brett A angelehnt, so dass sich das Auge in o, im Mittelpunkte des Kreises, und in gleicher Höhe mit dem zu fixirenden Streichhölzchen und dem überspringenden Funken befindet. Dieser springt also je nach der Stellung der Riess'schen Flasche in 10°, 20°, 30° bis 80° vom fixirten Punkte über. — In allen diesen Entfernungen vom Centrum erschien immer der Funken als ein grosser glänzender Fleck, ohne bestimmte Begrenzung und Färbung und ebenso erschien das Nachbild; es war nur gelblich tingirt. Besondere Unterschiede in der Helligkeit seines Centrums und seiner Peripherie waren auf den jenseits 20° gelegenen Theilen nicht zu bemerken, ebenso wenig bestimmte Phasen: es wurde nur im Verlaufe einiger Sekunden matter. Bei 10° und auch noch bei 20° liess sich ein hellerer Kern, aber auch nicht bestimmt begrenzt wahrnehmen, an dessen Stelle nach Verlauf einiger Sekunden ein dunkler Fleck in dem hellen Nebel auftrat. In vielen Versuchen ist mir ein starkes Wogen im Hofe des Nachbildes aufgefallen; sowohl dieser als auch das ganze Nachbild war viel grösser, als beim directen Sehen, wohl in Folge der stärkeren Lichtzerstreuung durch die brechenden Medien. Farben des Nachbildes habe ich nicht bemerken können, auch nicht wenn der Funken durch farbige Gläser indirect gesehen wurde; er war dann nur viel lichtschwächer. (MOLESCHOTT, *Untersuchungen*, *1858*, *Bd. V., p. 292.*)

Ferner habe ich negative complementäre Nachbilder von farbigen Quadraten im diffusen Tageslichte mittelst indirecten Sehens beobachtet. Die farbigen Quadrate wurden auf die Vorrichtung, *Figur 66*, gebracht und von o aus das mittelste Quadrat c eine bestimmte Anzahl von Sekunden lang fixirt, dann das Auge geschlossen, der Kopf an ein ebenso geformtes dicht daneben befindliches Brett mit schwarzem oder weissem Papierbogen gelegt, und die Nachbilder auf

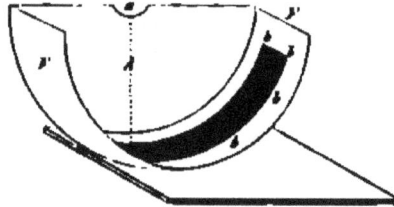

Fig. 66.

diesen projicirt. Bei ganz ruhiger Haltung des Kopfes und Auges und Vermeidung von Lidschlägen wurde dann die Zeit bis zum Verschwinden der einzelnen Nachbilder von den Quadraten beobachtet. Diese Versuche haben ergeben: 1) dass die peripherischen Nachbilder in derselben Farbe erscheinen, wie die centralen; 2) dass sie bei ruhiger Fixation ziemlich scharf begrenzt erscheinen, aber weniger intensiv, je mehr sie nach der Peripherie hin liegen; 3) dass sie kürzere Zeit dauern, als die centralen, und zwar im Ganzen um so kürzere Zeit, je kürzere Zeit der primäre Eindruck gedauert hat; 4) dass sie nach dem Verschwinden wieder sichtbar werden, und zwar ganz unregelmässig, indem bald das eine, bald das andere Nachbild wieder auftaucht; ein solches Verschwinden und Wiedererscheinen habe ich bis fünfmal beobachtet. Bewegungen des Auges oder der Augenlider sind nicht die Ursache dieses Verschwindens, indem verschwinden allerdings sofort sämmtliche Nachbilder bei Bewegungen des Auges oder der Augenlider. In Bezug auf die specielleren Ergebnisse verweise ich auf meinen Aufsatz in Moleschott's *Untersuchungen*, 1858, Bd. IV., p. 216.

§ 162. Fechner hat das Auftreten subjectiver Farben entdeckt, welche entstehen, wenn eine Scheibe wie in *Figur 67* mit einer gewissen Geschwindigkeit gedreht wird (Poggendorff's *Annalen*, 1838, Bd. 45, p. 227). Die Begrenzung des Schwarz ist abgesehen von den Ecken eine Archimedische Spirale, wie sie sehr zweckmässig zur Hervorbringung von Schattirungen (Talbot in Poggendorff's *Annalen*, 1835, Bd. 35, p. 465) oder von Farbennüancen oder auch zur Erzeugung complementärer Farben, wenn sich an Stelle des Schwarz eine intensive Farbe befindet, und die Scheibe erst schnell, dann langsam gedreht wird, dienen kann. (Dove, *Farbenlehre*, 1853, p. 281, *Figur 27*.)

An der Scheibe *Figur 65* erscheint bei sehr schneller Drehung vollkommen reines Grau, bei langsamer Drehung (40 bis 12 Umdrehungen in der Sekunde) bemerkt man dagegen eine mehr oder weniger intensiv blaue oder grünliche oder gelbe Färbung des Grau, verbunden mit einem unregelmässigen Flimmern. Fechner hat gefunden: 1) dass die Rotationsgeschwindigkeit von Einfluss

auf das Erscheinen der Farben überhaupt, sowie auf die Art der Farben ist,
2) dass die Mengenverhältnisse des in die Mischung eintretenden Weiss und
Schwarz, sowie die Helligkeit der Beleuchtung von Einfluss sind, 3) dass

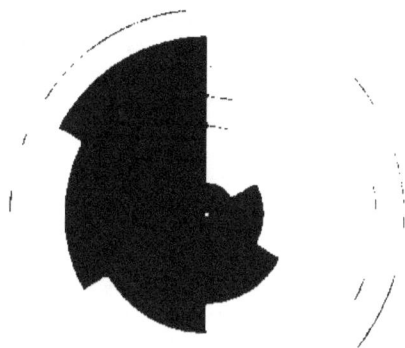

Fig. 67.

manche Individuen die Farben sehr deutlich, andere nur sparweise wahrnehmen.
Fechner giebt die Erklärung von der Entstehung dieser Farben, dass, wenn an
die Stelle der Netzhaut, welche von Weiss erregt worden wäre, Schwarz träte,
der Eindruck des Weiss nicht für alle Farbenstrahlen gleichmässig schnell abnähme und daher auf dem Schwarz Farben erscheinen müssten; wie der Eindruck
ferner nicht gleichmässig abnähme für die verschiedenen Farben, so mache er
sich beim Eintreten des Weiss auch nicht mit ein und derselben Schnelligkeit für
alle Farben geltend.

    Helmholtz (*Physiologische Optik*, *1860, p. 340*) und Dufour (*Wiener Academie-
Berichte*, *1864, Bd. 49, p. 1*) haben zur Hervorbringung dieser Farben Scheiben,
wie sie *Figur 61 (p. 355)* zeigt, benutzt; diese Scheiben bieten den Vortheil, dass
man einer geringeren Rotationsgeschwindigkeit bedarf und dass man gleichzeitig die
Resultate verschiedener Geschwindigkeiten in der Wiederkehr des Weiss neben
einander hat. Geringere Helligkeitsgrade kann man leicht durch Beschattung
der Scheiben oder durch Verdunkelung des Zimmers hervorbringen.

    Ich sehe die Fechner'schen Farben an diesen Scheiben mit grosser Lebhaftig-
keit, namentlich wenn ich die rotirende Scheibe erst eine halbe bis ganze Minute
betrachtet habe. Wie Fechner gefunden hat, ist die Rotationsgeschwindigkeit
der Scheibe oder die Geschwindigkeit der Wiederkehr des Weiss für die Erscheinung am wichtigsten; genaue Bestimmungen der Geschwindigkeit (cf. § 153)

haben mir an hellen Tagen sehr genau übereinstimmende Resultate ergeben, welche ich folgendermassen zusammenfasse: 1) Bei Wiederkehr des Eindrucks des Weiss über 56 mal in der Sekunde erscheint der Ring vollkommen gleichmässig grau. 2) Bei 42- bis 48 maliger Wiederkehr des Weiss in der Sekunde erscheint der ganze Ring blaugrünlich mit sehr matter radialer Streifung, aber hier macht sich ein Unterschied der direct gesehenen Stelle des Ringes bemerklich: diese erscheint nämlich grau, während der indirect gesehene Theil des Ringes blau erscheint, und zwar sehr intensiv blau, etwa wie Berlinerblau. Wird das Centrum der rotirenden Scheibe fixirt, so erscheint der ganze Ring grünlich blau, wird eine Stelle des Ringes fixirt, so erscheint die dieser Stelle nächste Hälfte des Ringes grau, die andere schön blau. 3) Mit abnehmender Häufigkeit der Wiederkehr des Weiss wird die Ausdehnung des Grau um die direct gesehene Stelle immer geringer, bei 40 Wiederholungen erscheinen nur etwa 100° des Ringes grau, bei 36 Wiederholungen 60°, und bei 34 bis 30 Wiederholungen ist der ganze Ring durchweg intensiv blau. 4) Der Ring ist aber nicht homogen, vielmehr erscheint er mit dunkleren und helleren radiären Streifen und ich bemerke schon jetzt, dass das Blau vorzugsweise auf den dunkeln Radien des Ringes, dazwischen aber Gelb erscheint. Je seltener nun die Wiederholung des Weiss wird, um so intensiver wird das Blau und das dazwischen liegende Gelb, und dann kommt noch eine Schachbrettartige Zeichnung von hellen und dunkeln Quadraten, wie sie in der Lichtschattenfigur Purkinjes erscheint (*Beobachtungen und Versuche zur Physiologie der Sinne*, 1823, I., p. 10). Diese Erscheinungen sind aber nur etwa in einer dem gelben Flecke entsprechenden Ausdehnung sichtbar, der indirect gesehene Theil des Ringes erscheint homogen blau und bei Fixation des Centrums der Scheibe erscheint der ganze Ring in einem intensiven reinen Blau. 5) Bei 28 Wiederholungen des Weiss erscheint aber nicht mehr der ganze Ring blau, sondern nur etwa die dem fixirten Punkte nächste Hälfte des Ringes, bei 22 Wiederholungen sind nur etwa 100°, bei 18 Wiederholungen nur 60° blau, bei 16 bis 12 Wiederholungen nur ein kleiner Theil um die fixirte Stelle und bei 11 Wiederholungen endlich ist nur noch auf Augenblicke ein aufblitzendes Blau sichtbar, bei 10 Wiederholungen ist kein Blau mehr für mich wahrnehmbar bei vollem diffusen Tageslichte. — Wo bei den letzteren Geschwindigkeiten auf dem Ringe kein Blau erscheint, tritt ein ziemlich lebhaftes Gelb auf, bei 12 und weniger Wiederholungen erscheint aber keine Farbe mehr, sondern ein verwaschenes Schwarz und ein mattes Weiss, welche abwechselnde Sectoren bilden.

Eine Scheibe, welche sich 5,5mal in der Sekunde dreht, zeigt am centralen Ringe 1 *Figur 51* (halb Weiss, halb Schwarz) ein intensives Weiss und ein intensives Schwarz; an dem nächsten Ringe 2 (zwei weisse und zwei schwarze Quadranten) verwaschenes Schwarz und Weiss; an dem Ringe 3 (vier weisse und vier schwarze Octanten) etwa 60° um die Stelle, welche fixirt wird, blau, dazwischen gelb und darüber oder darunter die Schachbrettzeichnung, den übrigen Theil des Ringes gelb und sehr hell; an dem Ringe 4 (8 weisse und 8 schwarze Sectoren) um den fixirten Punkt etwa 60° grau, den übrigen Ring intensiv blau; an den Ringen 5 und 6 (16, respective 32 weisse und eben so viel schwarze Sectoren) ein homogenes Grau. Wird das Centrum der Scheibe fixirt, so erscheint der Ring 3 gelb oder röthlich gelb und bei weitem am hellsten, der Ring 4 aber intensiv blau.

Bei Verminderung der Helligkeit muss die Zahl für die Wiederholungen des Weiss abnehmen, wenn dieselben Erscheinungen auftreten sollen; die Farben erscheinen dann mit grösserer Intensität, aber die Unterschiede zwischen dem directen und indirecten Sehen treten mehr zurück; die Schachbrettfigur zeigt sich immer weniger deutlich, je mehr die Helligkeit abnimmt. — Bis jetzt habe ich noch Niemanden gefunden, der nicht von den Fechner'schen Farben frappirt gewesen wäre, sie müssen also wohl Allen, denen ich sie gezeigt habe, ziemlich intensiv erschienen sein.

Fechner's Erklärung hat Brücke im wesentlichen adoptirt, und nur schärfer zwischen primärer und secundärer Erregung unterschieden (a. a. O., p. 24); wir werden immer die Hypothese machen müssen, *dass der Eindruck des Lichtes nicht für alle Farbenstrahlen, welche das weisse Licht zusammensetzen, gleich schnell abnimmt* (Fechner), was ja ausser den Erscheinungen an den Blendungsbildern auch an verschiedenen anderen Phänomenen, die ich früher erwähnt habe, sich zeigt.

Ich habe an diesen Scheiben noch eine eigenthümliche Farbenerscheinung unter besonderen Verhältnissen wahrgenommen. Wenn ich nämlich an meiner Scheibe die beiden schwarzen Windfahnen so stelle, dass ihre Ebene in der Peripherie der rotirenden Scheibe liegt, und von der Seite her, also zwischen den Windfahnen durch auf die Fläche der etwa 10 mal in der Sekunde sich drehenden Scheibe blicke; so sehe ich am zweiten, dritten und vierten Ringe, vom Centrum aus gezählt, scheinbar stillstehende helle Sectoren, welche entgegengesetzt der Drehungsrichtung die Farbenfolge Roth, Hellroth, Grün, in dem nächst anstossenden Schwarz aber Blau und ein darauf folgendes röthliches Blau zeigen, also ungefähr die Farben des Spectrums. Diese Färbungen sind zwar matt aber deutlich und auffallend. Ueber die Bedingungen ihres Entstehens bin ich noch nicht ins Klare gekommen, da ich sie erst kürzlich bemerkt habe und die Verfolgung derselben mancherlei Abänderungen an dem Apparate erfordert.

§ 163. In naher Beziehung zu den Nachbildern stehen die Erscheinungen, welche durch den Contrast hervorgerufen werden. Im objectiven Sinne bedeutet Contrast Helligkeitsdifferenz, im subjectiven Sinne versteht man darunter eine eigenthümliche Veränderung in der Empfindung eines Reizes, wenn ein zweiter davon verschiedener Reiz gleichzeitig eine Empfindung hervorruft oder hervorgerufen hat. Ein Zimmer erscheint uns heller als gewöhnlich, wenn wir lange Zeit im Dunkeln gewesen sind, eine Druckschrift erscheint uns sehr tief schwarz, wenn wir vorher längere Zeit Bleistiftnotizen gelesen haben, ein schwarzes Papier erscheint uns neben weissem Papier dunkler, als wenn wir nur auf schwarzes Papier blicken, und weisses Papier im umgekehrten Falle heller; ebenso erscheinen uns Farben intensiver, wenn wir vorher die complementären Farben gesehen haben oder wenn sich neben einer Farbe die complementäre Farbe befindet. Ich werde hier nur diejenigen Erscheinungen berücksichtigen, welche gleichzeitige Empfindungen betreffen und unter der Bezeichnung des simultanen Contrastes (Contrast) subsumirt werden, indem ich die Erscheinungen des successiven Contrastes als theils auf Adaptation der Netzhaut, theils auf Nachbildern beruhend ansehen muss.

Man kann unterscheiden Contrasterscheinungen beim Lichtsinne und Contrasterscheinungen beim Farbensinne. Beim Lichtsinne handelt es sich um Vermehrung und Verminderung der scheinbaren Helligkeit eines Objectes, beim Farbensinne erstens um Vermehrung oder Verminderung der scheinbaren Farbenintensität, zweitens um Erzeugung von complementären Farbenerscheinungen auf farblosen Objecten, drittens um Erzeugung gleichfarbiger Farbenerscheinungen auf farblosen Objecten.

Die Erscheinungen des Contrastes beim Lichtsinne sind namentlich von Fechner *(Ueber die Contrastempfindung, Separatabdruck aus den Berichten der Gesellschaft der Wissenschaften zu Leipzig, 1860, p. 71)* studirt worden. Die Hauptversuche Fechner's sind folgende: Auf einen Bogen grauen Papiers legt man zu beiden Seiten zwei weisse Papierbogen, so dass in der Mitte ein grauer Streifen von 3 bis 4 Zoll Breite übrig bleibt: bedeckt man die beiden weissen Bogen mit schwarzen Russpapierbogen, so erhellt sich das Grau des Streifens; nimmt man sie weg, so verdunkelt es sich; dasselbe ist der Fall, wenn man statt grauen Papiers schwarzes oder weisses Papier benutzt. — Ein weisser, schwarzer oder grauer Grund sieht heller aus, wenn man ihn durch eine schwarze Röhre hindurch betrachtet, als wenn man ihn mit freiem Auge ansieht. — Ein kleines weisses Quadrat auf schwarzem Papier erscheint dunkler, wenn man von beiden Seiten her das Schwarz des Grundes mit weissem Papier verdeckt. — Blickt man durch eine schwarze Röhre auf schwarzen Grund, so verdunkelt sich derselbe, wenn man ein weisses Papier so vorschiebt, dass die Hälfte der von dem schwarzen Grunde sichtbaren Kreisscheibe schwarz, die andere weiss erscheint. — Auf eine weisse oder graue Papierfläche lässt man zwei Schatten von einem dicht zu schmalen Körper z. B. von der Hand werfen, indem man zwei Kerzen in verschiedener Distanz, wie in *Figur 9* pag. 53, aufstellt, oder zwei verschieden grosse Oeffnungen im Laden eines finstern Zimmers wie in *Figur 11* p. 58 benutzt. Jedesmal, wenn man das nähere Licht oder die grössere Oeffnung bedeckt, erscheint die Papierfläche viel heller, als der auf ihr entworfene Schatten des stärkeren Lichtes erschien, obgleich die objective Helligkeit des von dem helleren Lichte geworfenen Schattens dieselbe ist, wie die Helligkeit der ganzen Papierfläche bei verdecktem stärkeren Lichte. — Bei allen von Fechner angegebenen Variationen dieser Versuche sehe ich immer Vertiefung des Schwarz bei gleichzeitiger Einwirkung von Weiss, Erhellung des Grau bei gleichzeitiger Einwirkung von Schwarz, und zwar um so deutlicher, je grösser die Helligkeitsdifferenzen zwischen Schwarz und Weiss sind. Doch hat man, wie Fechner bemerkt, sehr intensive Helligkeiten zu vermeiden, indem dann in Folge der Lichtzerstreuung durch Hornhaut und Linse eine störende Complication der Versuche herbeigeführt wird.

Wer nicht geübt ist kleine Helligkeitsdifferenzen zu erkennen, dem wird die zweite Classe von Contrasterscheinungen, die Erscheinungen des Farbencontrastes, deutlicher sein.

1) Die auffallendsten Erscheinungen bieten die farbigen Schatten dar, welche schon vor 1519 von Lionardo da Vinci beobachtet worden sind (*Mahlerey, 1786, p. 67*), und demnächst von Otto von Guericke (*Experimenta Nova Magdeburgica, 1672, p. 142*) erwähnt werden. Ihre Bedeutung als subjective Contrasterscheinung wurde aber hauptsächlich von Fechner (Poggendorff's *Annalen, 1838, Bd. 44, p. 221* und *Berichte der Gesellschaft der Wissenschaften zu Leipzig, 1860, p. 146*) nachgewiesen und namentlich gegen Osann (ebenda, *1833, Bd. 27, p. 694, Bd. 31, p. 267, Bd. 42, p. 72* und *Würzburger naturwissenschaftliche Zeitschrift, 1860, Bd. 1, p. 61*), welcher die objective Natur der farbigen Schatten behauptete, aufrecht erhalten.

Farbige Schatten erscheinen, wenn eine farbige und eine farblose Lichtquelle Schatten von einem Objecte auf eine farblose Fläche werfen. Lässt man z. B. von einem Bleistifte einen Schatten auf weisses Papier werfen von einer Kerze, einen zweiten Schatten von diffusem Tageslichte, so erscheint der von der Kerze geworfene Schatten blau, der vom Tageslichte herrührende gelbroth. Die gelbrothe Farbe dieses Schattens rührt davon her, dass der von dem weissen Tageslichte geworfene Schatten von dem gelbrothen Kerzenlichte beleuchtet wird — das Blau des andern Schattens dagegen ist subjective Contrastfarbe. Um für die verschiedenen Farben die subjective Färbung des Schattens nachzuweisen, wendet man zwei Oeffnungen in dem Laden eines finstern Zimmers (s. *Figur 11, p. 58*) an, vor deren eine man ein farbiges Glas schiebt: immer erscheint der von dieser letzteren Farbe geworfene Schatten in der complementären Farbe des Glases, obgleich dieser Schatten nur von weissem Lichte beleuchtet wird. Ja der eine Schatten erscheint sogar dann complementär gefärbt, wenn die eine Oeffnung mit dunklerem, die andere mit hellerem Glase ein und derselben Farbe bedeckt ist. Aus demselben Grunde erscheint die Prevost'sche Aderfigur bei dem Versuche mit einer vor dem Auge bewegten Kerze blau (s. § 165).

2) Lebhafte Contrasterscheinungen treten ferner auf, wenn ein weisses, graues oder schwarzes Papierstückchen auf eine grosse farbige Fläche gelegt wird: das Papierstückchen erscheint mit der complementären Farbe tingirt; entsprechende Veränderungen erleiden farbige Papierstückchen in ihrem Farbentone: so erscheint ein orangefarbenes Papierstückchen auf rothem Grunde gelb, auf gelbem Papier roth, auf violettem Papier gelb, auf grünem Papier hellroth. Diese Contrasterscheinungen sind, nachdem schon Lionardo da Vinci vor 1519 darauf aufmerksam geworden war (*Mahlerey, 1786, p. 121*), von Prevost de la Côte d'Or

(*Annales de Chimie, T. 54, année 13 der Revolution also 1805, p. I*) entdeckt worden. Chevreul hat sie seit 1828 (*Mémoires de l'Institut T. XI, 1832, p. 447* und *die Farbenharmonie von Chevreul, Stuttgart 1840*) genauer verfolgt und namentlich gefunden, dass die Contrastwirkung sich nicht blos in unmittelbarer Nähe der farbigen Objecte geltend macht, sondern auch weiterhin erstreckt. Chevreul hat auch wichtige praktische Folgerungen für die Technik der Färberei u. s. w. aus seinen Versuchen gezogen.

Bei der Beweglichkeit und unruhigen Haltung unserer Augen könnte man vermuthen, dass die complementäre Färbung eines kleinen farblosen Objectes auf einer grossen farbigen Fläche daher rührte, dass dieselbe Netzhautstelle zuerst dem farbigen Grunde, dann dem farblosen Objecte zugewendet gewesen wäre und wir es also nicht mit einem simultanen Contraste, sondern mit einem Nachbilde zu thun hätten. Doch bleibt der Erfolg erstens bei gewissenhafter Fixation derselbe, zweitens tritt die Contrastfärbung mit grosser Intensität auf, wenn man Object und Grund nur momentan mittelst des elektrischen Funkens beleuchtet. Bei den von mir in § 155 beschriebenen, mit der Vorrichtung *Figur 63* angestellten Beobachtungen habe ich, wenn sich weisse Quadrate *ccc* auf einem farbigen Streifen *bbb* befanden und dieser auf weissem Grunde *FF* lag, immer eine gleichzeitige complementäre Färbung der weissen Quadrate und des weissen Grundes beobachtet; ja die complementäre Färbung trat sogar im Momente, wo der Funken übersprang, auch hervor, nur schwächer, wenn kleine rothe Quadrate auf weissem Grunde lagen. Diese Contrasterscheinung machte sich sogar im Nachbilde geltend, indem die weissen Quadrate im Nachbilde meist complementär zu der Färbung, welche sie beim Ueberspringen des Funkens gehabt hatten, erschienen, wie die folgende Uebersicht zeigt.

Farbe des Streifens.	Gleichzeitige Färbung der Quadrate.	Färbung der Quadrate im Nachbilde.
Roth	grünlich	röthlich
Blau	gelb	gelbröthlich
Grün	röthlich	?
Gelb	bläulich	gelblich

Diese Beobachtungen schliessen sich bestätigend den Versuchen von Fechner (*Poggendorff's Annalen, 1838, Bd. 44, p. 532 u. f.*) an.

Besonders auffallend sind mir die hierher gehörigen Contrasterscheinungen bei den Versuchen mit den Maxwell'schen Scheiben gewesen, in denen durch farbige Sectoren bei schneller Rotation ein Grau herzustellen war, welches an Farblosigkeit und Helligkeit einem aus Weiss und Schwarz zu gewinnenden Grau ganz gleich erscheinen musste (cf. § 77, *Figur 59*, p. 159). Bevor diese Aufgabe gelöst war, erschien der aus Farben bestehende Ring nicht rein grau, sondern mit bläulichem, röthlichem, überhaupt farbigem Teint: der aus Schwarz und Weiss gebildete Ring erschien dann immer sehr deutlich complementär gefärbt, oft war sogar auf diesem Ringe die Färbung deutlicher, als an dem objectiv farbigen Ringe. Von einem Nachbilde kann dieser Erfolg deswegen nicht herrühren, weil die Färbung so schwach war, dass sie gar kein farbiges Nachbild lieferte; auch erschien die complementäre Färbung des aus Schwarz und Weiss gebildeten Grau sofort beim ersten Blick auf die Scheibe. — Sehr frappant ist ferner das Auftreten der Complementärfarbe in einem von Hermann Mayer in Leipzig (Poggendorff's Annalen, 1855, Bd. 95, p. 170) angegebenen Versuche: Legt man auf ein farbiges Papier ein graues oder weisses Papierschnitzel und bedeckt beide mit einem durchscheinenden weissen oder grauen Papier, so erscheint das Papierschnitzel sehr lebhaft complementär gefärbt. Mir erscheint die Complementärfarbe am intensivsten bei blauem Grunde (Ultramarinpapier) und grauem Papierschnitzel, bedeckt mit matt geschliffenem weissen Glase.

3) Ferner lassen sich die Contrasterscheinungen sehr gut beobachten an den sogenannten Spiegelversuchen, welche zuerst von Osann angegeben (Poggendorff's Annalen, 1833, Bd. 27, p. 694) von Dove modificirt (ebenda 1838, Bd. 45, p. 158) und endlich von Ragona Scina (Raccolta fisico-chimica del Zantedeschi, 1841, II., p. 207, welche ich mir nicht habe verschaffen können) in eine sehr bequeme Form gebracht worden sind. Man stellt ein weisses Papierblatt mit einem schwarzen Flecke senkrecht auf, legt an dessen untern Rand ein eben solches Blatt mit einem schwarzen Flecke wagerecht, hält in den rechten Winkel der beiden Papierblätter ein farbiges Glas um etwa 45° geneigt, und blickt durch das gefärbte Glas auf das wagerecht liegende Papierblatt: das senkrechte Papierblatt spiegelt sich in dem farbigen Glase und dieses Spiegelbild, welches nahezu farblos ist, wird so auf das wagerechte Papierblatt projicirt, dass die Bilder der schwarzen Flecke neben einander liegen. In das Auge des Beobachters gelangt also theils reflectirtes farbloses Licht, theils durchgelassenes farbiges Licht und zwar enthält das Bild des Fleckes an dem senkrechten Papierblatte nur das von dem weissen wagerechten Papier durch das farbige Glas gebende farbige Licht, das Bild des schwarzen Fleckes auf dem wagerechten Papier nur das gespiegelte farblose Licht des senkrechten Papierblattes: dieser erscheint aber nicht farblos, sondern complementär gefärbt. Ist also das Glas roth, so erscheint der gespiegelte Fleck auch roth, der durch das Glas gesehene Fleck aber grün oder blaugrün. Diese letztere Farbe ist die Contrastfarbe.

4) Endlich lassen sich Contrasterscheinungen dieser Classe sehr deutlich beobachten in einem von Sinsteden zu Focklaars (Bekwoter in Poggendorff's Annalen, 1833, Bd. 27, p. 493) angegebenen Versuche, welchen später Brücke (ebenda 1851, Bd. 84, p. 418) modificirt, als zu den Contrasterscheinungen gehörig aufgefasst und erklärt hat. (Man vergleiche auch Fechner, Abhandlungen der Ge-

sellschaft der Wissenschaften zu Leipzig, 1860, Bd. VIII., p. 511, welcher diesen Versuch *seitlichen Fensterversuch* genannt hat). Lässt man nämlich von der Seite her Tageslicht oder Lampenlicht auf das Auge, aber nicht durch die Cornea scheinen und betrachtet ein weisses Quadrat auf schwarzem Papier so, dass man dasselbe in Doppelbildern erblickt; so erscheint das mit dem beleuchteten Auge gesehene Bild blaugrün, das mit dem durch die Nase beschatteten Auge gesehene dagegen roth. Für schwarze Objecte auf weissem Grunde erscheinen die Färbungen umgekehrt: das beleuchtete Auge sieht es roth, das beschattete grün. Dasselbe ist der Fall, wenn man bei seitlich bestrahltem einen Auge zwei parallele Röhren vor die Augen hält und auf einen weissen oder schwarzen Grund blickt, — oder wenn man bei parallelen Augenaxen jedem Auge ein helles oder dunkles Quadrat oder eine Linie auf entgegengesetztem Grunde darbietet. Nach Baccca's Erklärung rührt die Farbe des mit dem beleuchteten Auge gesehenen Objectes von dem durch die Sklerotica und die Umgebungen des Auges hindurchdringenden Lichte her, welches im Auge zerstreut wird; dieses Licht ist roth. Da dieses Licht aber dauernd im Auge verbreitet ist, so macht es nach Baccca die Netzhaut relativ unempfindlich gegen das Roth des durch die Pupille einfallenden weissen Lichtes, und desshalb macht dieses den Eindruck von Grün. Fällt dagegen von dem Schwarz nur wenig Licht durch die Pupille auf einen Ort der Netzhaut, so erscheint das im Auge verbreitete rothe Licht. Im Gegensatze zu diesem Grün erscheint das Weiss in dem unbestrahlten Auge roth, und umgekehrt das Schwarz in dem unbestrahlten Auge grün. — Je länger ich das Licht in der beschriebenen Weise mein Auge bestrahlen lasse, um so intensiver tritt die Färbung der Objecte hervor; ich habe das Grün von der Intensität eines Chrysopras gesehen, nur ein wenig bläulicher. In diesem Falle ist der Contrast binocular; ich habe etwas ähnliches schon in § 129 bemerkt, indem, wenn ich ein blaues sehr dunkles Glas vor dem einen Auge habe, ein binocular gesehenes weisses Object weiss, bei Schluss des bedeckten Auges aber gelblich erschien.

Eine dritte Classe von Erscheinungen, die dem Contrast nahe verwandt sind, unterscheiden sich von ihm darin, dass das farblose Object nicht in der complementären, sondern in der gleichen Farbe erscheint, und für diese Erscheinungen werde ich die Benennung Induction gebrauchen; die Farbe, welche auf dem farblosen Objecte erscheint, ist dann die inducirte Farbe, die Farbe, welche jene hervorruft, die inducirende Farbe. (Baccca.)

Baccca (Poggendorff's *Annalen*, 1851, Bd. 84, p. 424) fand, dass eine schwarze Scheibe, welche vor einem grösseren Ausschnitt im Fensterladen eines sonst ganz finstern Zimmers, der mit einem grünen oder violetten Glase bedeckt war, gehalten wurde, mit Grün oder Violett überzogen erschien. Dagegen erschien die Scheibe, wenn jener Ausschnitt mit einem rothen Glase bedeckt war, grün, also in der Contrastfarbe. Blau und Gelb gaben keine sicheren Resultate. Helmholtz (*Physiologische Optik*, 1860, p. 396) erhielt andere Resultate: er sah bei allen Farben der Gläser die gleiche Farbe nach kurzem Fixiren eintreten. Ganz dasselbe Resultat habe auch ich erhalten: im ersten Momente erscheint die schwarze Scheibe farblos, überzieht sich bald mit der Farbe des Glases, diese Färbung wird namentlich in der Mitte der Scheibe immer intensiver, so dass die Scheibe fast durchscheinend aussicht und bei Roth sehr an die eigenthümliche Erscheinung des Alpenglühens erinnert. Ich habe diese Resultate ganz constant bei verschiedenen Intensitäten der Gläser, verschiedenen Helligkeiten und verschiedener Grösse des Ausschnittes im Laden erhalten. Hier scheinen also individuelle Verschiedenheiten im Spiele zu sein. — Ob diese Erscheinungen der Induction allein durch Lichtdiffusion im Auge zu erklären sind, bezweifle ich, da die auffallende Zunahme der Farbenintensität zu einer solchen Annahme nicht stimmen würde; Nachbilder sind hier gewiss nicht mit im Spiele, denn wenn man diese durch unruhige Haltung des Auges bekommt, so erscheint der entsprechende Theil der Scheibe complementär. Mir scheint diese Erscheinung auf einen erhöhten Reizungszustand der Netzhaut an der Stelle, welche kein objectives Licht empfängt, zu deuten, vermöge dessen das farbige im Auge zerstreute Licht heller erscheint und immer heller wird, je stärker die Erregung der beschatteten Stelle im Verhältniss zu der übrigen Netzhaut, welche ermüdet, sich geltend macht.

Auf die Theorie des Contrastes werde ich im nächsten Paragraphen eingehen.

§ 164. Man kann an eine Theorie der Nachbilder und des Contrastes die Anforderung machen, dass sie den Vorgang im Nerven oder in der Netzhaut erkläre, und in diesem Sinne hat schon Kircher einen Versuch gemacht, wenn er in seiner *Ars magna*, p. *118*, sagt: *Porro quomodo species rerum in oculo moveant et quomodo varietas illa colorum causetur, restat inquirendum. Ad primum respondeo, species lucis colorumque, uti et imaginum, eadem prorsus ratione sese habere ad oculum, sicuti se habet lux ad lapidem phosphorum, quam Lib. I., cap. 8, descripsimus. Hic enim soli expositus lucem imbibitam in tenebris sub forma carbonum successorum perfecte ostendit ... Ita dico evenire in oculo, qui imbibitas caeterarum imaginum luce illustratarum species, eum eas aliquantulum ob humores oculo connaturales et pellustres retineat; fit, ut in tenebris lux recepta eas in tenebris quoque exhibeat. Neque quinquam hic nobis obiicias, hosce colores tantum phantasticos, hoc enim falsum ostendit inversa specierum forma.* — Ähnlich sprechen sich Puaske (*Vita P. auctore Gassendio* edit. 3, p. *175*) und Otto von Guericke (*Experimenta Nova Magdeburgica*, *1672*, p. *142*) aus. — Eine andere öfters wiederkehrende Erklärung, welcher der Vergleich der Nervenfasern mit schwingenden Saiten zu Grunde liegt, findet ihren präcisesten Ausdruck in Gouart's Worten: *Les fibres de la rétine doivent fournir différentes couleurs, selon qu'elles sont plus ou moins tendues ou ébranlées. (Journal de Physique, 1776, T. VIII, p. 1).* — Da wir über die physikalischen Vorgänge in der Netzhaut während der Empfindung von Farben absolut nichts wissen, so können wir bei einer Theorie der Nachbilder nur das anstreben, die Erscheinungen unter möglichst einfache und der übrigen Nervenphysiologie sich anschliessende Ausdrücke zu subsumiren.

In diesem Sinne hat schon der Pater Scherffer die Erscheinungen der Nachbilder als auf Ermüdung der Netzhaut beruhend ausgesprochen. Fechner hat diese Theorie gleichfalls durchzuführen gesucht und Helmholtz hält sie im Wesentlichen auch aufrecht; Darwin, Plateau und Brücke dagegen haben wenigstens für einen Theil der Nachbilder eine secundäre Erregung der Netzhaut angenommen. Ein erhöhtes Interesse haben diese Theorien durch die Verbindung erhalten, in welchen sie zuerst durch Helmholtz (*Physiologische Optik*, *p. 367*) mit der Young'schen Hypothese von der Farbenempfindung gebracht worden sind, (s. § 87 u. § 88). Endlich ist zunächst für die Contrasterscheinungen von Brücke (*Poggendorff's Annalen, 1851, Bd. 84, p. 424*) und Helmholtz (a. a. O. *p. 392 u. f.*) die Ansicht ausgesprochen und erklärt worden, dass die Contrastfarben nicht auf einer wirklichen Empfindung, sondern auf einer unrichtigen Beurtheilung des Empfundenen beruhten. Wenn man z. B. ein bläuliches Grau für reines farbloses Grau hält, so wird man ein daneben liegendes wirklich reines Grau für gelblich halten. Bei der nahen Verwandtschaft der Contrastphänomene mit den Nachbildern wird die Frage, ob wir es mit einer veränderten Empfindung oder mit einer Urtheilstäuschung zu thun haben, eben so wohl für einen grossen Theil der Nachbilder sich geltend machen.

Wir werden demnach bei den verschiedenen Phänomenen der Nachbilder und des Contrastes immer zu fragen haben: beruht die wahrgenommene Helligkeit oder Farbe auf einer Urtheilstäuschung oder auf einer Veränderung der Empfindlichkeit? Entscheiden wir uns für das letztere, so ist die Frage, ob die veränderte Empfindung aus einer veränderten oder erhöhten Erregbarkeit zu erklären ist, oder ob für die eine Art der Young'schen Fasern eine Ermüdung, für die andere eine Erhöhung der Erregbarkeit eingetreten ist.

Was zuerst die negativen complementären Nachbilder betrifft, so ist wohl anzunehmen, dass eine Veränderung der Empfindung und zwar eine Ermüdung oder veränderte Erregbarkeit der primär afficirten Young'schen Fasern und nicht eine Urtheilstäuschung vorliege. Doch ist es sehr möglich, dass sich dieselbe mit der Veränderung der Empfindung complicirt, namentlich bei Nachbildern von nicht sehr intensiv gefärbten Objecten. Für die positiven gleichfarbigen Nachbilder wird man dann nicht umhin können, auch entsprechend eine erhöhte Erregbarkeit (secundäre Erregung, Fortdauer der Erregung oder des Eindrucks) zu statuiren.

Dagegen machen die positiven complementären Nachbilder grosse Schwierigkeit. Bei dem Brücke'schen Versuche ist die grüne Farbe des positiven Nachbildes bei mir so lebhaft, dass ich eine blosse Urtheilstäuschung nicht annehmen kann: wenigstens würde ich dann dasselbe für die negativen complementären Nachbilder annehmen müssen. Dagegen sind die complementären Nachbilder beim elektrischen Funken der Art, dass mir eine Urtheilstäuschung möglich scheint, d. h. das Nachbild eigentlich farblos ist und in Folge des Gegensatzes gegen den unmittelbar vorhergehenden primären Eindruck als complementär beurtheilt wird. Nehmen wir indess eine veränderte Empfindung für die positiven complementären Nachbilder an, so würde namentlich in Baccia's Versuch eine Ermüdung der rothleitenden Fasern, eine erhöhte Erregbarkeit oder fortdauernde Erregung der beiden andern Faserarten stattfinden, und dann das Nachbild erstens hell und zweitens complementär zu Roth erscheinen müssen. Da der Versuch für andere Farben nicht gelingt, so würde auf eine verschiedene Erregbarkeit und Erregungsdauer der rothleitenden Fasern gegenüber den grün- und violettleitenden Fasern zu schliessen sein, wofür allerdings auch andere Erfahrungen sprechen.

Denn die abklingenden Blendungsbilder von der Sonne erscheinen zuerst blau, dann grün, dann gelb, endlich negativ roth: die violettleitenden Fasern würden also nebst den grünleitenden die erregbarsten sein, dann die grünleitenden, mit diesen würde sich die Erregung der rothleitenden Fasern zu Gelb verbinden, endlich die Erregung der übrigen Fasern zeitweise aufgehört haben und ein rothes aber lichtschwaches Bild bleiben. Freilich haben andere Beobachter nicht diese Farbenfolge gefunden und immerhin würde der Ablauf noch complicirter zu denken sein wegen der Uebergänge von positiven zu negativen Phasen. — Ferner sprechen für verschiedene Erregungsdauer der 3 Faserarten die Fechner'schen Farben, wo wiederum Blau und Gelb auftreten, also eine mittlere Erregungsdauer und Intensität für die grünleitenden Fasern, eine grössere für die violettleitenden und eine kleinere für die rothleitenden Fasern stattzuhaben würde. Kurz man wird sich für jede der drei Faserarten eine besondere Curve zu denken haben, aus deren Verbindung eine Curve resultirt, welche dem Empfundenen entspricht. — Bei den Blendungsbildern kann übrigens von einer Urtheilstäuschung kaum die Rede sein und eben so wenig bei den Fechner'schen Farben.

Für jetzt fehlen noch Versuche über Grösse und Dauer der Erregbarkeit der Young'schen Fasern, so dass die Erklärungen, welche man bis jetzt versucht hat, einen sehr schwankenden Character haben.

Für die eigentlichen Contrastphänomene hat Helmholtz überall eine Urtheilstäuschung, nicht eine Veränderung der Empfindung angenommen und man kann dafür etwa Folgendes anführen: Wir vergleichen unsere Empfindungen und Wahrnehmungen fortwährend mit einander, d. h. wir beurtheilen sie mit Rücksicht auf andere zunächstliegende Wahrnehmungen, ohne sie auf ein allgemein gültiges Maass zurückzuführen: ein Mensch mittlerer Grösse erscheint neben einem Zwerge sehr gross, eine mittelmässige Cigarre halten wir für sehr gut, wenn wir eben eine schlechte geraucht haben; man glaubt sehr langsam zu fahren, wenn man nach einer Eisenbahnfahrt eine Postfahrt macht, und sehr schnell, wenn man mit der Post fährt, nachdem man zu Fuss gegangen ist; derselbe Mensch erscheint uns sehr klug, wenn wir mit Dummköpfen zu verkehren hatten, welcher uns sehr mittelmässig begabt scheint unter sehr hoch begabten Leuten.

So können wir also erwarten, dass uns ein Grau neben Schwarz heller erscheinen wird, als neben Weiss, indem sich nicht unsere Empfindung, sondern der Maassstab ändert, mit dem wir sie messen, und mit demselben Rechte ist zu erwarten, dass uns ein mattes Roth neben einem vollen Roth so wenig roth erscheinen wird, dass wir es für weiss halten; wenn wir aber ein mattes Roth für weiss halten, dann müssen wir ein reines Weiss als grünlich ansprechen. Diese Erwartungen finden ihre Bestätigung in folgenden Versuchen: bei dem farbigen Schatten und den Spiegelversuchen erscheint der Grund so wenig gefärbt, dass wir ihn für farblos halten; der wirklich farblose Schatten wird deshalb für complementär gefärbt gehalten. Orange erscheint uns auf Roth als Gelb, auf Gelb als Roth, weil wir für die Intensität des Roth und Gelb im Orange keinen sichern Maassstab haben. Ferner ist nicht anzunehmen, dass die eine Netzhaut auf die andere Netzhaut eine solche Wirkung hat, dass sie die Erregbarkeit derselben direct verändert: wir werden dann den Smith'schen Versuch (§ 163; 4.) dahin auffassen müssen, dass das mit dem beschatteten Auge gesehene Weiss die Empfindung von Weiss giebt, diese Empfindung aber, weil wir sie mit der des andern Auges vergleichen, falsch beurtheilt wird.

Sind nun andrerseits die Differenzen zwischen zwei Empfindungen oder Wahrnehmungen sehr gross, so sind wir wenig geneigt, sie mit einander zu vergleichen: einen Kirchthurm und eine Stecknadel vergleichen wir nicht mit einander, ebensowenig eine Schnecke mit einer Locomotive, für „König Lear" und „Einen Jux will er sich machen" fehlt die Verbindung in unserm Gehirn; ebenso fällt uns der Vergleich zwischen einem intensiven Roth und einem reinen Weiss schwer; deswegen erscheint uns Roth roth und Weiss weiss; bedecken wir aber, wie in Meyer's Versuch (s. § 163; 2.) ein weisses Quadrat auf rothem Grunde mit einem weissen durchscheinenden Papier, so erscheinen uns zwei wenig unterschiedene Weiss, die wir sofort vergleichen; und indem wir das röthliche Weiss für weiss halten, glauben wir, das reine Weiss sei grün. Helmholtz hat an diesem Versuche gezeigt, wie andere Momente, welche den Vergleich hemmen, die complementäre Färbung schwächen. Legt man nämlich in Meyer's Versuch auf den rothen Grund erst das durchscheinende Papier und auf dieses das weisse Quadrat, so erscheint dies kaum grünlich tingirt, während es, unter dem durchscheinenden Papiere liegend, sehr intensiv grün scheint. Im letzteren Falle haben wir nur eine Fläche mit verschiedenen Färbungen, welche zu vergleichen uns sehr geneigt sind, im ersteren Falle aber einen selbständigen Körper auf einer Fläche, also zwei an sich verschiedene Objecte, deren Vergleichung uns weniger interessirt.

Wenn ich mich hier im Ganzen der Brücke-Helmholtz'schen Auffassung angeschlossen habe, so muss ich doch auch Fechner (*Berichte der Gesellschaft der Wissenschaften zu Leipzig, 1860, p. 131 u. f.*) darin beistimmen, dass die Grenze zwischen Empfindung und Urtheil hier schwer zu ziehen ist und führe zur Bestätigung dessen einen Versuch von Plateau (Poggendorff's *Annalen*, 1834, Bd. 32, *p. 531)* an, aus welchem derselbe auf Oscillationen in dem Erregungszustande der Netzhaut dem Raume nach schloss, den ich aber (*Poggendorff's Annalen, 1862, Bd. 116, p. 277)* anders erklärt habe: *Man bringe zwischen Fenster und Auge ein Blatt rothes Papier an und halte in einem gewissen Abstand von dem Blatt einen etwa 10 bis 12 Mm. breiten Streif weisser Pappe. Sind nun die Lagen des rothen Papiers, des weissen Streifens und des Auges zweckmässig gewählt, so werden die Ränder des weissen Streifens grün erscheinen und der mittlere Theil derselben sich sehr schwach, aber vollkommen sichtlich roth färben u. s. w.* — Die grünen Ränder des weissen Streifens sind nichts anderes, als das Nachbild von dem rothen Papier und induciren einen simultanen Contrast von Roth auf dem übrigen weissen Streifen. Halte ich das Auge ruhig auf den weissen Streifen fixirt, so erscheint dieser grün. — Blicke ich nun auf ein weisses Papier so sehe ich einen lebhaft rothen Streifen auf grünlichem Grunde, analog den in § 163, 2 erwähnten Erfahrungen von Nachbildern durch Contrast gefärbter Flächen. — Dass in diesem Versuche das Grün bald durch Veränderung der Empfindung, bald durch Verstimmung des Urtheils erhalten werde, ist zwar möglich, erscheint mir aber gegenüber den Intensitäten der Farben kaum zulässig. Man vergleiche die Beobachtungen in § 156 und in § 163, 2. Vorläufig fehlt es noch an Kriterien, ob man eine vorliegende Erscheinung nach dem einen oder andern Principe zu deuten habe.

SCHLUSS.

Verhältniss der Physiologie der Netzhaut zur Anatomie derselben.

§ 165. Nachdem wir die Funktionen des Sehorgans darzustellen versucht haben, müssen wir noch auf die in der Einleitung § 1 gestellte Frage zurückkommen: an welches anatomische Substrat die Funktionen des Sehorgans gebunden sind.

Wir haben dabei zu unterscheiden 1) die eigentliche Netzhaut oder die Ausbreitung des Sehnerven im Augapfel 2) die Verbindung der beiden Netzhäute mit einander 3) ihren Zusammenhang mit dem Centralorgane.

In ersterer Beziehung ist die Frage zu beantworten, an welcher Stelle die physikalische Bewegung in Nerventhätigkeit umgesetzt werde? Von den brechenden Medien (Lamey) und von der Chorioidea (Mamorta) können wir dabei abstrahiren und uns sogleich zur Netzhaut selbst wenden. Dass die Nervenfasern der Netzhaut es sein sollen, welche den physikalischen Vorgang zuerst in einen physiologischen umwandeln, hatte schon Volkmann (*Handwörterbuch der Physiologie, 1844, II., p. 510 u. III., 1, p. 272*) für unwahrscheinlich erklärt und es ist von Helmholtz (*Der Augenspiegel, 1851, p. 39*) der Beweis mittelst der Erscheinungen des blinden Fleckes geliefert worden, dass die Sehnervenfasern für objectives Licht unempfindlich sind. Von den übrigen Schichten hatte schon

Treviranus (*Beiträge zur Aufklärung der Erscheinungen und Gesetze des organischen Lebens, 1833. II., p. 42*) die Stäbchenschicht (Papillen) als die zur Lichtempfindung dienende angesehen, indess ist der Beweis, dass von der Stäbchenschicht das Licht percipirt werde, erst von Heinrich Müller (*Würzburger Verhandlungen, 1855, Bd. 5, p. 411*) beigebracht worden. Der Gedankengang bei Heinrich Müller ist Folgender: Die Purkinje'sche Aderfigur wird durch den von den Netzhautgefässen geworfenen Schatten erzeugt — die lichtpercipirende Schicht der Netzhaut muss folglich hinter derjenigen Schicht der Netzhaut liegen, in welcher die Gefässe verlaufen — die Gefässe verlaufen grösstentheils hinter der Schicht der Optikusfasern, nur zum Theil in derselben, aber nicht vor derselben — folglich müssen die hintersten (äussersten) Elemente der Netzhaut von dem Schatten der Gefässe getroffen werden — die Grösse der Bewegung, welche die Aderfigur bei Bewegung der Lichtquelle macht, ergiebt, dass die lichtpercipirende Schicht so weit hinter den Gefässen liegt, als die Stäbchenschicht hinter denselben bei directer Messung gefunden wird: folglich muss die Stäbchenschicht die lichtpercipirende Schicht sein.

1) Die Purkinje'sche Aderfigur kann nach Purkinje (*Beobachtungen und Versuche zur Physiologie der Sinne, 1823, I., p. 89 und 1825, II., p. 117*) durch folgende Methoden zur Anschauung gebracht werden: 1) wenn man im Finstern eine Kerzenflamme einige Zoll vor dem Auge langsam hin und her bewegt; 2) wenn man nach dem hellen Himmel blickend ein undurchsichtiges Papier mit einer kleinen Oeffnung vor dem Auge schnell hin und her bewegt; 3) wenn man das Focusbild einer Lupe von der Sonne oder einer hellen Flamme auf die Albuginea wirft und damit kleine Bewegungen machen lässt.

Nach der ersten und dritten Methode sieht man die Aderfigur blau auf gelbrothem Grunde, bisweilen an den grösseren Gefässen eine helle Verbrämung an einer Seite und einen hellen Schein um die Eintrittsstelle des Sehnerven. Ich sehe ausserdem nach der dritten Methode ein prächtig rothes Nachbild von beinahe der ganzen Aderfigur auf dunklem Grunde, wenn ich plötzlich das Auge beschatte. Nach der zweiten Methode erscheint mir die Aderfigur matt bläulich grau auf bläulichem Grunde, mit heller Begrenzung der Gefässe zu beiden Seiten (vergl. Masson, *Beiträge zur Physiologie des Sehorgans, 1854, p. 78*), aber nicht in so grosser Ausdehnung, als nach den beiden andern Methoden. — Statt des durchbohrten Papiers kann man auch die Zähne eines Kammes schnell vor dem Auge hin- und herführen; man sieht daher auch die Aderfigur, wenn man an einem Staketenzaun vorbeigeht, durch welchen die Sonne scheint, sehr schön. Dass überhaupt ein schneller Wechsel von Hell und Dunkel genügt, um die Aderfigur zu sehen, geht daraus hervor, dass sie auch erscheint, wenigstens stückweise, wenn man auf eine aus schwarzen und weissen Sectoren bestehende rotirende Scheibe sieht — je es ist mein tägliches Vergnügen, des Morgens beim ersten Aufschlagen und sofortigem Wiederschliessen der Augen die Aderfigur in voller Ausdehnung als schwarze Figur auf die weisse Decke des Zimmers zu projiciren, was ich sehn- bis zwölfmal hintereinander wiederholen kann, wenn die Beleuchtung der Decke gut ist. — Ausserdem sehe ich bei allen diesen Methoden in der Gegend des fixirten Punktes, wo die Adern aufhören, eine runde scharf begrenzte Scheibe, die ich als V e r t i e f u n g deute, etwas k l e i n e r als die gefässlose Stelle, entsprechend der Fovea centralis. BUDGE (MÜLLER'S Archiv, 1854, p. 166) beschreibt sie als eine konische Hervorragung; das ist indess Deutung; was man sieht, ist eine Scheibe, beschattet (nach Methode 1) an der Seite, wo sich das Licht befindet. Schon PURKINJE hat diese kreisrunde Stelle gesehen und abgebildet. Die Gefässe hören dicht vor ihr auf, bis auf einer in meinem rechten Auge, welches von unten her (scheinbar) kommt und plötzlich am Rande der Vertiefung scharf abgeschnitten ist.

2) Die ganze Erscheinung der Aderfigur ruft die Ansicht hervor, dass die Figur das Schattenbild der Netzhautvenen sei, die hellen Ränder aber Nachbilder dieses Schattens: dafür spricht die Dunkelheit der Figur, die Farblosigkeit, die Unsichtbarkeit von Blutkügelchen, die Verbreiterung der einzelnen Lineamente bei Vergrösserung des nach Methode 3 auf die Albuginea geworfenen Focusbildes und Verschmälerung bei Verkleinerung desselben; endlich die Art der Bewegung dieser Figur bei Bewegung der Lichtquelle.

3) Die Aderfigur macht nämlich nach Methode 3 eine mit der Lichtquelle g l e i c h s i n n i g e Bewegung. HERMANN MÜLLER erklärt dies folgendermaassen: das Focusbild der Linse auf der Albuginea ist die Lichtquelle, welche den Schatten von den Adern wirft, der Schatten muss aber wegen der Umkehrung des Netzhautbildes bei der Projection nach aussen eine gleichsinnige Bewegung mit der Lichtquelle machen, da er sich auf der Netzhaut umgekehrt wie die Lichtquelle bewegt. Nach der e r s t e n Methode, indem man eine Lichtflamme vor dem Auge bewegt, erfolgen die Bewegungen der Aderfigur in verschiedenem Sinne, je nachdem die Flamme den M e r i d i a n e n oder den P a r a l l e l k r e i s e n des Augapfels entsprechend bewegt wird. Bewegt sich die Lichtflamme in einer den M e r i d i a n e n entsprechenden Linie, so ist die Bewegung der Aderfigur gleichsinnig mit der Bewegung der Lichtflamme: denn bewegt sich die Flamme von der Peripherie nach dem Centrum (des Gesichtsfeldes), so muss sich ihr Lichtbild auf der Chorioidea auch von der Peripherie nach dem Centrum bewegen; der von diesem Lichtbilde geworfene Schatten eines Netzhautgefässes muss sich aber vom Centrum nach der Peripherie bewegen und ebenso die Projection desselben im Gesichtsfelde vom Centrum nach der Peripherie; da sich aber die Lichtflamme auf der einen z. B. der äusseren Seite des Gesichtsfeldes, die Projection des Schattens aber auf der Innern Seite desselben bewegt, so muss, wenn sich die Flamme an der äussern Seite von der Peripherie nach dem Centrum, die Aderfigur aber auf der Innern Seite von dem Centrum nach der Peripherie bewegt, die Bewegung der

Flamme und der Aderfigur gleichsinnig sein. — Bewegt sich dagegen die Flamme in einer einem Parallelkreise der Netzhaut entsprechenden Linie z. B. von unten nach oben, so muss sich ihr Lichtbild auf der Chorioidea umgekehrt von oben nach unten bewegen, der Schatten des Netzhautgefässes wieder umgekehrt von unten nach oben, also gleichsinnig mit der Flamme; folglich die Projection des Schattens im Gesichtsfelde von oben nach unten, d. h. in entgegengesetztem Sinne, wie die Flamme der Kerze. Damit sind nun die Versuche vollkommen in Uebereinstimmung. Desgleichen stimmt damit die Bewegung des Schattens der Fovea centralis, wenn man eine Grube oder Vertiefung statuirt. — Ich sehe nach dieser Methode die Aderfigur schon nach wenigen Sekunden, und vermuthe, dass anderen Beobachtern dieselbe deswegen weniger günstige Resultate giebt, weil sie nicht für einen völlig dunkeln Hintergrund, auf dem von Objecten nichts zu sehen ist, gesorgt haben.

4) Der Schatten der Gefässe muss aber offenbar hinter ihnen liegen, also in den Schichten der Netzhaut hinter der Faserschicht. Indem nun Heinrich Müller aus der scheinbaren Verschiebung eines Astchens der Aderfigur in bestimmter Projectionsweite und aus der dazu erforderlichen Excursion des Lichtbildchens auf der Albuginea die Entfernung des Schattens von dem Gefässästchen berechnete, fand er, dass derselbe 0,17 Mm. bis 0,22 Mm. hinter dem Gefässe liegen müsste. Die directen Messungen an erhärteten Netzhäuten ergeben aber für die Entfernung der Gefässe von der Stäbchenschicht der Netzhaut 0,2 Mm. bis 0,3 Mm.; eine Uebereinstimmung, die bei Berücksichtigung der mehrfachen Fehlerquellen so gross ist, dass Müller mit Recht schloss: es ist der Schatten der Netzhautgefässe, welcher bei der Purkinje'schen Aderfigur von den Stäbchen und Zapfen der Netzhaut projicirt wird. Daraus ergiebt sich dann die allgemeine Folgerung, dass der Lichtreiz überhaupt in der Zapfen- und Stäbchenschicht der Netzhaut zur Perception kommt.

Sind nun die Zapfen diejenigen Organe, in welchen die Nervenerregung beginnt, so ist die wahrscheinlichste Annahme, dass die Zapfen (und Stäbchen) Repräsentanten der empfindenden Elemente sind, und nach meinen in § 103 und § 104 gegebenen Auseinandersetzungen ist die Annahme zulässig, dass ein Zapfen der Fovea centralis einem physiologischen Punkte und einem Empfindungskreise entspricht. — Für die peripherisch von der Fovea centralis gelegenen Netzhautregionen, wo die Zapfen nicht unmittelbar neben einander stehen, sondern durch Stäbchen getrennt sind, würde anzunehmen sein, dass nur die Zapfen, nicht auch die Stäbchen die Lichtempfindung vermittelten, wenn nicht dem die Angabe Schultze's (*Observationes de retinae structura penitiori*, 1859, p. 24) widerspräche, wonach auch die Stäbchen nervöser Natur und nichts anderes als die Endigungen des Sehnerven sein sollen.

Hier hört nun der Zusammenhang zwischen Physiologie und Anatomie der Netzhaut auf: einerseits weiss man nicht, welche Funktion den übrigen Netzhautschichten zuzuschreiben sei, andererseits sind weder die von der Physiologie

postulirten Youzo'schen Fasern anatomisch nachgewiesen, noch die zu postulirende
Verbindung zwischen den beiden Netzhäuten (vergl. § 127), noch die Endigungs-
weise der Nerven im Centralorgan, ja kaum eine Spur von dem Verlaufe der
Optikusfasern im Gehirn. Wenn ich bezüglich der Youzo'schen Hypothese, p. 181,
gesagt habe, sie sei nur als ein erster Versuch zur Lösung der Frage nach der
Farbenempfindung anzusehen, so ist das eben mit Beziehung auf die anatomische
Seite der Youzo'schen Hypothese gesagt worden.   Es brauchen nicht grade drei
verschieden fungirende Fasern in den Stäbchen zu sein, man kann sich eben so
gut drei verschieden afficirbare Schichten vorstellen, oder sich etwa denken, die
Zapfen würden von den längsten, die Zapfenkörner von den mittleren, die Körner
von den kürzesten Aetherwellen afficirt — in dieser Beziehung ist also die Hypothese
völlig labil. — Wenn in neuester Zeit Heymann (Die empfindende Netzhautschicht,
Nova Acta Academiae N. c., 1864, Vol. XXX., p. 1) sich zu der Annahme neigt,
die Zapfen könnten, in verschiedenen Schichten afficirt, eine Tiefenwahrnehmung
vermitteln, und zum Belege einen sehr interessanten Krankheitsfall einer Netzhaut-
Apoplexie analysirt, so muss ich dagegen die Erfahrung geltend machen, dass die
erwiesenermaassen in verschiedener Entfernung von den Zapfen liegenden Netzhautgefässe in der Purkinje'schen Aderfigur immer in ein und derselben
Ebene zu liegen scheinen, und dass die Concavität oder Convexität des Bildes
der Fovea centralis nur erschlossen, nicht direct wahrgenommen ist.

www.ingramcontent.com/pod-product-compliance
Lightning Source LLC
Chambersburg PA
CBHW021351210326
41599CB00011B/828